中 国 国 家 标 准 汇 编

2010 年修订-35

中国标准出版社　编

中国质检出版社
中国标准出版社
北　京

图书在版编目（CIP）数据

中国国家标准汇编：2010年修订．35/中国标准出版社编．—北京：中国标准出版社，2011
ISBN 978-7-5066-6476-9

Ⅰ．①中…　Ⅱ．①中…　Ⅲ．①国家标准-汇编-中国-2010　Ⅳ．①T-652.1

中国版本图书馆CIP数据核字(2011)第187933号

中国质检出版社
中国标准出版社 出版发行
北京市朝阳区和平里西街甲2号(100013)
北京市西城区三里河北街16号(100045)
网址:www.spc.net.cn
总编室:(010)64275323　发行中心:(010)51780235
读者服务部:(010)68523946
中国标准出版社秦皇岛印刷厂印刷
各地新华书店经销
*
开本 880×1230 1/16　印张 37.25　字数 1 115 千字
2011年12月第一版　　2011年12月第一次印刷
*
定价 220.00 元

出 版 说 明

1.《中国国家标准汇编》是一部大型综合性国家标准全集。自1983年起，按国家标准顺序号以精装本、平装本两种装帧形式陆续分册汇编出版。它在一定程度上反映了我国建国以来标准化事业发展的基本情况和主要成就，是各级标准化管理机构，工矿企事业单位，农林牧副渔系统，科研、设计、教学等部门必不可少的工具书。

2.《中国国家标准汇编》收入我国每年正式发布的全部国家标准，分为"制定"卷和"修订"卷两种编辑版本。

"制定"卷收入上一年度我国发布的、新制定的国家标准，顺延前年度标准编号分成若干分册，封面和书脊上注明"20××年制定"字样及分册号，分册号一直连续。各分册中的标准是按照标准编号顺序连续排列的，如有标准顺序号缺号的，除特殊情况注明外，暂为空号。

"修订"卷收入上一年度我国发布的、修订的国家标准，视篇幅分设若干分册，但与"制定"卷分册号无关联，仅在封面和书脊上注明"20××年修订-1,-2,-3,……"字样。"修订"卷各分册中的标准，仍按标准编号顺序排列(但不连续)；如有遗漏的，均在当年最后一分册中补齐。需提请读者注意的是，个别非顺延前年度标准编号的新制定的国家标准没有收入在"制定"卷中，而是收入在"修订"卷中。

读者配套购买《中国国家标准汇编》"制定"卷和"修订"卷则可收齐上一年度我国制定和修订的全部国家标准。

3.由于读者需求的变化，自1996年起，《中国国家标准汇编》仅出版精装本。

4.2010年我国制修订国家标准共2846项。本分册为"2010年修订-35"，收入新制修订的国家标准18项。

中国标准出版社

2011年8月

目　　录

ICS 75.180.10
E 94

中华人民共和国国家标准

GB/T 21412.1—2010/ISO 13628-1:2005

石油天然气工业 水下生产系统的设计与操作 第1部分:一般要求和推荐做法

Petroleum and natural gas industries—Design and operation of subsea production systems—Part 1:General requirements and recommendations

(ISO 13628-1:2005,IDT)

2010-09-02 发布 2010-12-01 实施

中华人民共和国国家质量监督检验检疫总局
中国国家标准化管理委员会 发布

前　言

GB/T 21412《石油天然气工业　水下生产系统的设计与操作》目前包括以下十一部分：

——第1部分：一般要求和推荐做法

——第2部分：水下挠性管系统[1)]

——第3部分：过出油管(TFL)系统

——第4部分：水下井口装置和采油树设备

——第5部分：水下脐带缆

——第6部分：水下生产控制系统

——第8部分：水下生产系统中遥控作业机器人(ROV)接口

——第9部分：遥控作业工具(ROT)维修系统

以下部分正处在起草阶段：

——第7部分：修井/完井立管系统

——第10部分：连接挠性管的详细说明

——第11部分：水下挠性管系统

本部分是GB/T 21412的第1部分，本部分等同采用ISO 13628-1:2005《石油天然气工业　水下生产系统的设计与操作　第1部分：一般要求与推荐做法》(英文第2版)。

本部分附录B、附录K为规范性附录，附录A、附录C、附录D、附录E、附录F、附录G、附录H、附录I、附录J为资料性附录。

本部分由中国石油天然气集团公司提出。

本部分由中国石油标准化技术委员会海洋石油工程专业标准化技术委员会归口。

本部分起草单位：中海石油研究中心。

本部分主要起草人：李清平、姚海元、肖亚飞、白玉湖、喻西崇。

1)　未修订。

引 言

本部分旨在为石油天然气工业各个领域开发应用水下生产系统提供一般要求、推荐做法和使用指南。为了满足油气田的特殊要求、简化和完善决策过程，本部分中所规定的基本要求为用户提供了多种选择，并不是代替个人的工程经验，同时，在非强制执行的场合，可为方案优化起到积极的指导作用。

石油天然气工业
水下生产系统的设计与操作
第1部分：一般要求和推荐做法

1 范围

本部分制定了整套水下生产系统从设计到废弃各个阶段的一般要求和推荐做法，作为一个纲领性文件用于指导和制定涉及到水下生产系统各个组成部分更为详细要求的子系统标准。同时，对于子系统标准内未包括的某些部分，如系统设计、结构、管汇、吊装设备、以及颜色和标记等，也给出了较为详细的要求。

水下生产系统由一个或多个生产油气的水下井口、所依托的给定的处理设施（固定平台、浮式设施、水下设施），或岸上处理设施等各个子系统，或通过注水/气开发的水下井口等部分组成。本部分及其子系统标准的适用范围将在第四章中说明。

对那些应用范围有限的特种设备，如密闭在干式舱中的组合式采油树、采油树和管汇等，这里未做专门讨论，但本部分中的相关条款同样适用于这类设备。

如本部分的要求与其相关补充部分的要求冲突或不一致时，则优先考虑补充部分的特殊要求。

2 规范性引用文件

下列文件中的条款通过GB/T 21412的本部分的引用而成为本部分的条款。凡是注日期的引用文件，其随后所有的修改单（不包括勘误的内容）或修订版均不适用于本部分，然而，鼓励根据本部分达成协议的各方研究是否可使用这些文件的最新版本。凡是不注日期的引用文件，其最新版本适用于本部分。

GB/T 19190—2003 石油天然气工业钻井和采油提升设备(ISO 13535:2000,IDT)

GB/T 21412.4—2008 石油天然气工业 水下生产系统的设计与操作 第4部分：水下井口装置和采油树设备(ISO 13628-4:1999,IDT)

GB/T 21412.6—2009 石油天然气工业 水下生产系统的设计与操作 第6部分：水下生产控制系统(ISO 13628-6:2000,IDT)

ISO 3506-1 碳钢和合金钢制紧固件的机械特性 第1部分：螺钉、螺杆、柱头螺栓

ISO 3506-2 耐腐蚀不锈钢制紧固件的机械性质 第2部分：螺帽

ISO 10423 石油和天然气工业 钻采设备 井口装置和采油树

ISO 13628-5 石油天然气工业 水下生产系统的设计与操作 第5部分：水下脐带缆

ISO 13628-7 石油天然气工业 水下生产系统的设计与操作 第7部分：完井/修井立管系统

ISO 13628-8 石油天然气工业 水下生产系统的设计与操作 第8部分：水下生产系统中遥控作业机器人(ROV)接口

ISO 13628-9 石油天然气工业 水下生产系统的设计与操作 第9部分：遥控作业工具(ROT)维修系统

API RP 2A 推荐规划实践，海上固定平台设计和建造台 工作应力设计 第21版

DNV2.7-1 海上货运集装箱

3 术语、定义及缩略语

本部分采用下列术语、定义和缩写。

3.1 术语和定义

3.1.1

屏障 barrier

屏障是密封一个压力边界的主要组成部分，其目的是防止生产/注入液的意外溢出，尤其是流到外部环境中。

3.1.2

深水 deep water

通常指水深 610 m(2 000 ft)到 1 830 m(6 000 ft)。

注：由于任何物理环境可能因水深而变化，“深水”术语的使用意味着可能有必要考虑设计/技术更替。

3.1.3

起始点连接 first-end connection

生产管线或脐带缆安装过程的起始点连接。

3.1.4

管线 flowline

生产/注入管线，作业线或流体管道。

注：本部分中，该术语用来描述管线相关的一般方案或情况。

3.1.5

跨接缆 flying lead

用于将水下设施连接在一起的末端带有终端接口(包括各种管线连接器)的、非涂层的脐带跨接缆。

注 1：跨接管通常用于连接例如水下采油树的水下控制模块和水下控制分配单元。

注 2：这种类型的脐带跨接缆重量轻，因此可以从水下的供应箱中选择，然后用遥控作业机器人安装到指定位置。

3.1.6

挠性跨接管 jumper

两端带有对接连接器的挠性短管。

注：挠性跨接管通常用于连接管线/水下设施，例如将一条海底管线连接到安装在生产平台上的固定立管。

3.1.7

过程阀 process valve

位于采油树翼阀下游生产路径上的阀门。

3.1.8

拉头 pull-in head

用于终止出油管线或脐带管末端的设备，以便从船上加载/卸载，并通过一个 I 型/J 型管将其沿海底牵引。

3.1.9

末端连接 second-end connection

在管线或脐带缆安装过程的终点连接。

3.1.10

刚性跨接管 spool

两端带有对接头的刚性短管。

注：刚性跨接管通常用于连接海底管线/水下设施，例如将一个水下采油树连接到水下管汇。

3.1.11

超深水 ultra-deep water

水深超过 1 830 m(6 000 ft)。

注 1：由于任何物理环境可能因水深而变化，“超深水”的使用意味着可能有必要考虑设计/技术更替。

注 2：在描述温度和压力等级时，使用了适用于子系统的国际标准和其他有关标准和设计规范的定义。

3.1.12

脐带跨接管 umbilical jumper

用于将水下设施连接在一起的、末端带有终端金属接口的(包括各种管线的连接器)脐带短管。

注:脐带管跨管通常用于如将水下脐带管终端连接到水下脐带管分配单元。

3.2 缩略语

AAV 环空进入阀

AC 交流电

ADS 常压潜水系统

AIV 环空隔离阀

AMV 环空主阀

API 美国石油协会

ASV 环空抽油阀

AUV 智能水下机器人

AWS 美国焊接协会

BOP 防喷器

CRA 耐腐蚀合金

C/WO 完井/修井

DC 直流电

DFI 设计,制造与安装

DHPTT 井下压力和温度传感器

DNV 挪威船级社

EDP 紧急解脱组件

ESD 紧急关断

ESP 电潜泵

FAT 出厂验收试验

FMEA 失效模式和效果分析

FPS 浮式生产储油装置

FPU 浮式生产装置

GOR 油气比

GVF 含气率

HAZOP 危险体可操作性分析

HBW 布式硬度试验

HIPPS 高完整性管线保护系统

HPU 液压动力单元

HV 维氏硬度

HXT 水平采油树

ID 内径

IPU 管道和脐带缆总成

LMRP 底部立管总成(用于钻井)

LPMV 底部生产主阀

LRFD 载荷阻力系数法

LRP 底部立管总成(用于修井)

LWI 轻型修井作业

MEG 乙二醇
MIV 甲醇注入阀
MODU 移动式海上钻井平台
MPFM 多相流量计
MPP 多相泵
NACE 美国腐蚀工程师协会
OTDR 光时域反射计
PCS 生产控制系统
PGB 永久导向基座
PIV 生产隔离阀
PLEM 管线终端管汇
PLET 管线终端
PLS 塑性极限
PMV 生产主阀
PRE 耐点蚀当量
PSD 生产关断
PSV 生产抽汲阀
QRA 量化风险评估
RAL 德国油漆工业中采用的一种色系
ROT 遥控作业工具
ROV 遥控作业机器人
SAS 安全和自动化系统
SCM 水下控制模块
SCSSV 地面控制的井下安全阀
SEM 水下电子模块
SIL 安全完整性级别
SITHP 关井油管头压力
SSIV 水下隔离阀
SSP 水下处理系统
SUDU 水下脐带缆分配单元
SUT 水下脐带缆终端
SXT 水面采油树
TFL 过出油管
TGB 临时导向基座
TH 油管挂
TRT 采油树作业工具
ULS 极限状态
UNS 统一编码系统
UPMV 上部生产主阀
UPS 不间断电源
VXT 立式采油树
WAT 析蜡温度
WHP 井口压力

WOCS 修井控制系统

WOR 修井立管

XOV 转换阀

XT 采油树

4 系统和接口描述

4.1 概述

4.1.1 本条款总体描述了水下系统及其主要组成部分，定义了子系统间的接口和相应的规范要点。

4.1.2 水下生产系统的应用范围很广，从通过一条海底管线回接到固定平台或岸上设施的单个卫星井，到集中管汇上或丛式井管汇上多井系统通过水下处理/混输设施回接到固定平台或浮式平台、或直接回接到岸上设施。

4.1.3 典型水下生产系统的主要组成部分见图1。各部分的进一步描述参见附录A。

4.1.4 详细要求在下列条目和本部分的子系统标准中给出。某些特殊要求只在本部分中给出。它们适用于系统总体设计、材料、结构、管汇管道、颜色和标记以及吊装设备。

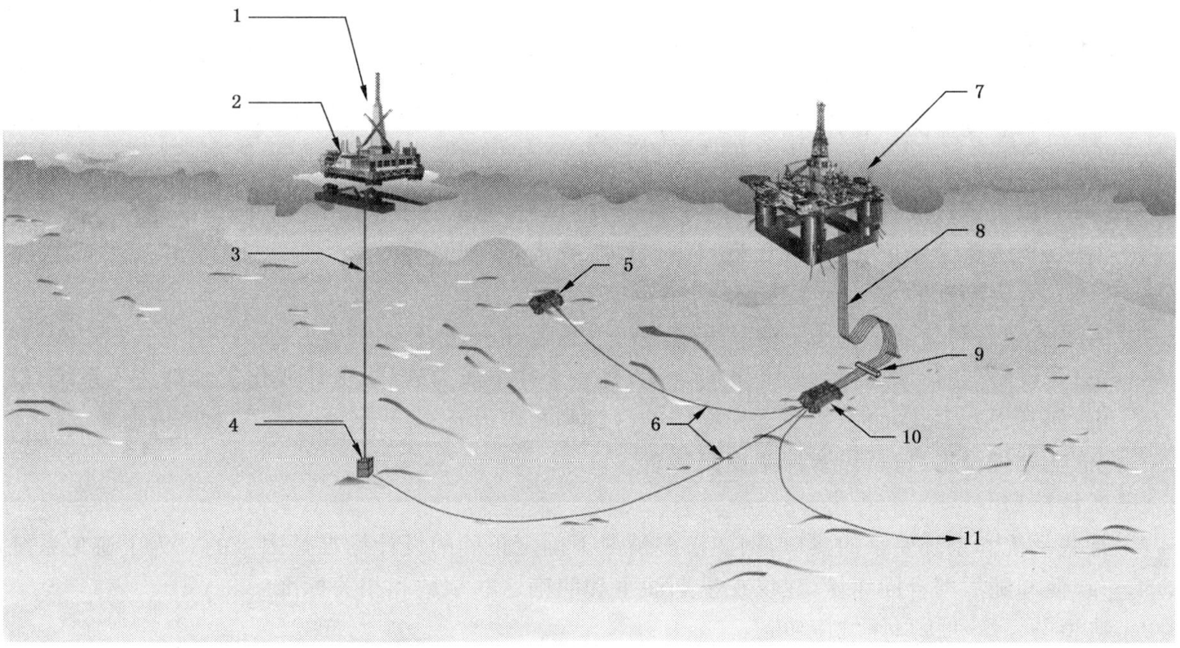

1——安装与回收工具；

2——安装与修井控制机构；

3——完井立管与脐带缆；

4——卫星井；

5——基盘；

6——海底管道；

7——生产控制单元；

8——生产立管；

9——立管底座；

10——管汇；

11——外输管道。

图1 典型的开发方案

4.2 系统描述

4.2.1 水下生产系统可以用于需从一个以上井位钻井的全部或部分油气藏，在深水和超深水情况下，传统的水面设施如导管架平台由于水深关系可能在技术上和经济上都不可行，从而潜在地要求通过水下生产系统进行油气田开发。

4.2.2 水下设备也可用于各种形式的处理/维持油气藏压力的注水/注气。

4.2.3 水下生产系统或注入系统主要包括以下几部分：

——用于定位和支持各种设备的基础结构/基盘；
——一个或多个配有相应套管串的井口系统，为油井提供的基本的基础结构和压力控制系统；
——一个或多个带有流量和压力控制阀的水下采油树；
——一个油井进入系统，用于最初的安装和废弃，及需要进入水下井口的各种维护作业；
——一套具有远程监测和各种水下控制功能的生产控制系统；
——一根可能包括电力和信号导线、液压控制/作业流体及各种需注入生产流体中的化学药剂管道的脐带缆；
——一个汇集控制不同流体的管汇系统；
——多相流量计、砂检测计/泄漏检测装置；
——水下处理设备，包括流体分离装置/泵、压缩机；
——一个或多个在水下设施和依托设施间传输生产/注入流体的海底管道；
——保护管线压力不超过关井压力等级的高完整性管线保护系统；
——一个或多个在各种海底管线和依托处理设施间传输生产/注入流体的立管；
——修井和检查，维护和修理上述所定义设备；
——水下保护结构；
——保护垫；
——清管球发射/接收器；
——压力和温度监测装置；
——配电设备；
——回接短管和跨接管；
——管线和跨接管保护装置(空气垫，岩石填埋，挖沟，监视室等)；
——以立管为基础的水下隔离阀。

4.2.4 需要从硬件和功能上将水下生产系统各组件连接在一起，包括：
——完井设备，包括地面控制的井下安全阀，每一个井下压力表、温度计或化学药剂注入系统，以及任何其他互动式元件，例如远程操作的滑套和相应设备；
——依托处理设施，包括段塞抑制控制装置。

4.3 子系统接口

4.3.1 某些系统和系统要素的接口，例如很多情况下确定正确的设计标准是困难的。为了避免系统设计的不一致性和随后的合同纠纷，建议在早期注重和明确这些领域和相关标准。

4.3.2 典型的系统和接口区域应包括：
——采油树到出油管线/脐带缆/管汇；
——采油树修井立管到完井系统；
——采油树到或海底立管；
——采油树控制系统的接口。

4.3.3 此外，系统依赖的薄弱点应给出定义和认可。

5 设计

5.1 概述

5.1.1 进行水下生产系统设计时，应采用系统的方法综合考虑水下生产系统的安装、操作、检测、维护、维修和废弃要求。

5.1.2 在设计初期，要考虑到将来扩大生产的需要。

5.1.3 水下生产系统的设计应综合考虑油气田发展各个阶段的需要、油田运行的需要、设计数据和水下生产系统安装位置的设计载荷。相应的信息应放在数据表中，典型的数据表参见附录F。

5.1.4 下面将介绍水下生产系统设计所需要的典型信息。

5.2 设计准则

5.2.1 环境数据

5.2.1.1 概述

进行水下生产系统安装位置和回接到处理设施的海底管道设计时所需的典型环境数据如下。

5.2.1.2 海洋数据

——水:深度、可见度、盐度、温度、最低天文潮、最高天文潮、电阻率、含氧量、pH值、密度、比热容、涌浪和风暴潮;

——海流:流速、剖面、方向、分布和出现周期;

——海床:土壤描述、磨擦角、土壤剪切强度、深度剖面和承载能力、麻坑、浅层气情况、地震数据、海床地貌、漩涡条件下的稳定性、电阻率、密度、海洋生物、水下障碍、火山、泥石流、冲刷、微地形学、海床水合物、导热系数、摩擦因素、岩性。

5.2.1.3 气象数据

——波浪:波高、波长、频率、方向、分布和重现期;

——气象:空气温度、风速、风向、分布和重现期;

——冰山:大小、出现频率、方向、速度。

5.2.2 油藏和流体数据

在整个油气田生产周期内不同区域所要求的典型数据有:

——油藏特性(沉积物和水数据:油藏深度、油藏类型、油田寿命);

——油藏渗流信息;

——生产特性(流动/关井压力、温度、密度、GOR、含水率、沸点、化学组成、腐蚀性(H_2S和CO_2摩尔分数)、砂、乳化性、蜡含量、WAT、沥青质含量、水合物、流量、API重度、氯化钠/盐度/生产水pH值、黏度、浊点,倾点,结垢、地层水矿化度);

——注入特性(浑浊度、油在水或气中的溶解度、结垢趋势、压力、温度、腐蚀性、过滤要求)。

参见附录F中数据表F.1。

5.2.3 完井数据

钻井作业、相应的完井和修井作业时所需要的信息如下。

注:根据油气田的具体情况,下面信息将适用于设计的不同阶段:

——井口详细资料,如尺寸、压力等级;

——井口类型,如水下井口、泥线悬挂、混合型等;

——钻井和套管程序;

——水下防喷器和钻井立管系统的详细资料,如尺寸、压力等级等;

——导向基盘的详细资料;

——井口标高和方位;

——设备安装系统:如有导向缆或无导向缆、遥控作业机器人、遥控作业工具、常压潜水系统和潜水作业系统;

——井口系统潜在的钻井载荷;

——完井/修井立管类型:双管、单管、同心管等,以及应力结点的连接、紧急解脱组件/采油树作业工具、底部立管总成(用于修井)和油管挂作业工具;

——油管和堵头短节的相关信息;

——井下控制和监测要求(如阀、泵、套筒、压力、温度和流动参数);

——油井隔离要求;

——油管挂系统和设计,如机械或液压装备、尺寸、结构等;

——完井/修井立管设施,如水下采油树的安装、油管挂的安装、钢丝绳、连续油管、制动和作业、油井增产、清洁和测试等。

5.2.4 工艺和运行数据

通常在油田整个生命周期内需要的工艺和运行数据如下：

——生产系统要求（流量、流型、流动控制要求、井口和工艺处理系统处压力（流动和关井）和温度、保温、循环和加热要求）；

——注入系统（水/气）要求：流量、流型、流动控制和过滤要求、井口和工艺处理系统处压力（流动和关井）和温度；

——化学药剂注入要求（流体的类型和特性、注入流量、流动控制要求，井口和工艺处理系统处压力（流动和关井）和温度；

——关井要求（井控要求、紧急关断要求、压井液/修井液、注入流量、井口、钻井船和工艺处理设施的温度和压力，启动和关闭时的水合物控制措施，高完整性管线保护系统）；

——管线清洗要求（环路清管/双向清管）；

——油井管理要求（流动控制要求、限产、试井/测井要求）；

——检测要求（需执行的检测类型、检测频率、路径要求、智能清管要求和隔离测试）；

——维修要求（修井方法、遥控作业机器人、遥控作业工具、常压潜水服和潜水）；

——修井频率（修井作业类型和所采用的方法）；

——同时钻井和生产要求；

——废弃要求（堵井和废井）。

5.2.5 依托设施的数据

水下生产系统与依托设施之间的接口和设施的相关接口信息如下：

——依托设施的类型，如固定平台、浮式生产设施和陆上终端；

——生产立管类型和特点，如刚性或挠性；

——可用的维修设施，如电力、液压、空气、水、化学药剂等；

——ESD 和控制系统接口；

——设备的平面布置；

——生产管线和脐带缆的接口，包括清管和压井设备；

——生产管线和脐带缆通道；

——现有的和计划安装的设施，如海底管线、平台间管线和脐带缆；

——回接设施所属安全区域内的海管和设备的保护要求（如果需要的话）；

——水下设施和依托设施之间的距离；

——浮式生产设施的运动特性；

——J 型管/I 型管的数量、规格和位置；

——上部工艺设备的额定压力/能力；

——现有管线的输送能力。

5.2.6 安全和危害

安全包括为了保护现场的人员、环境、设备和船只等进行的所有作业、技术和应急方案。

为了进行水下和泥线作业，为水下生产设备的技术设计建立相应的安全标准，预先调查以下信息是非常重要的：

——浅层气；

——渔业活动特点；

——船只活动；

——军事活动；

——海床冲刷；

——冰山活动；

——海底滑坡可能性；
——海底火山活动；
——砂波；
——管线路由；
——海床特性；
——环境保护(野生动物,繁殖季节等)；
——应急预案；
——其他基础设施。

5.3 油田开发

5.3.1 系统定义

进行油田开发方案设计时,应考虑以下几个方面：

——水深、静水压力和温度；
——油田类型：如集中式基盘、丛式井,卫星井、管汇、工艺设备等；
——已有设备和基础设施的详细资料,如平台、评价井、管道等；
——系泊/动力定位的钻井船类型,如半潜式、单体式或自升式；
——布锚方式/轨迹；
——油田开发计划,如计划开发的井、将要开发的井、将来产出液的回接方式,预留井及连接方法；
——早期试井和开发的可能性；
——人工举升要求,如 ESP、水驱和气举；
——油井增产要求,如酸化,压裂等；
——压井要求(从生产设施或修井船、压井液特性、流量和压力)；
——为增产所需采用的注气或注水要求(流量、清洁度和压力)；
——为防止水合物生成、结垢、氧化、腐蚀等需要加注的药剂或周期性注剂的要求(注入药剂的类型、流量和压力)；
——所有海管过压保护系统的要求；
——试井要求；
——修井系统类型,如常规/水下防喷管类型；
——控制和监测原理；
——维修方法,如潜水或无潜水；
——清管要求；
——洗井策略；
——设计基础数据的精确度范围；
——系泊或动力定位安装和修井船；
——储层特征；
——生产和注入流体的特性；
——委托要求。

此外,应建立油气田开发中流动安全保障策略。关于流动安全的各方面考虑参见附录 I。

5.3.2 同时作业

宜评估在安装/修井时,进行多种作业的可能性,通常可以同时进行的作业有：

——当相邻的油井同时生产时,在集中式基盘/丛式井管汇上进行钻修井；
——当钻井平台在相关区域作业时,产出液继续通过海管输送。

5.3.3 系统环境

为了保护海洋环境,系统设计应遵循合适的条例：

——水下结构和管线造成的海底布局密集；

——渔业活动和海上交通法规；

——液压液的排放；

——置换或清管液的处理；

——钻井液和岩屑的处理。

5.4 设计载荷

5.4.1 概述

在制造、储存、测试、输送、安装、钻/完井、操作和拆除等各个相关阶段，所有可能影响水下生产系统的载荷应当在设计基础中明确，并作为设计基础。

在实际应用中，项目特有的偶然载荷应通过专门的风险分析进行确认，偶然载荷可包括落物、拖曳载荷(打捞装置、锚)，非正常的环境载荷(如地震)等。

附录F中的数据表可用于定义应用载荷。

5.4.2 非承压的主要结构部件

非承压的主要结构部件的具体设计要求，例如导向基座，板座系缆环和其他起重设备，如作业工具，在附录K中给出。

5.5 系统设计

5.5.1 系统工程

水下工程是一门跨学科的系统工程，包括从油气藏到依托设施上的处理设施在内的完整系统，同时考虑油气田开发各个阶段的要求，包括工程设计、采购、建造、测试、安装、调试、运行、修井/维护和废弃。

该系统工程包括管理和技术部分。对每个特定油气田开发所需的各种系统设计过程中所需的评价应依据每个油气田的开发特性展开。

系统工程方法在附录H中有进一步描述。

5.5.2 总体设计

5.5.2.1 水下生产系统设计应在满足功能和安全要求的同时优化开采周期内的利益。

5.5.2.2 系统设计应满足：如果超过设定的作业范围，任何作业能够随时暂停，并使油井处于安全状态。

5.5.2.3 系统设计宜便于进行故障诊断，而无需回收系统。

5.5.2.4 采用简单的设计和可靠的产品(供应商的标准设备应有满意的现场使用记录)可获得较高的系统适用性。完成系统性能分析后应采用冗余设计。

5.5.2.5 宜使用文件来证明水下系统操作的可靠性。对于一些次要的和临时设备来说，要求可以适当放宽。

5.5.2.6 起关键作用的接头应有防松布置以防意外松脱。

5.5.2.7 满足安全作业要求的、保持液压系统清洁的方法应包括在内。

5.5.2.8 在设计和布置结构部件(包括那些不是整个结构固定件的部件，如升降口)时，应考虑在飞溅区域进行安装/回收作业过程中所产生的阻力/波生力。

5.5.2.9 对于类似于水下采油树和防喷器这样的应使用无导向绳进行水下作业的重型组块，在安装工具和模块时承受所有相关的载荷，并配备导向装置。承载结构宜有足够的强度用来承受由修井作业参数所确定的载荷。

5.5.2.10 水下系统宜允许液压冲洗回路放在界面连接之后。

5.5.2.11 为了提高总体适用性，宜在水下系统设计阶段评估当系统中其他部分运行时更换组件的可能性。

5.5.2.12 对水下系统中的敏感设备宜加以保护，以防这些设备遭受捕鱼工具和落物的损害。同时，宜基于概率/后果分析方法，对这些保护措施进行评价。与修井相关的保护措施，宜根据作业方法和程序对整个设计要求进行评价。

5.5.2.13 宜保护安装在适用的安全/受限生产单元区域内的水下生产设备以避免落物。这种保护宜以操作期间落物/碰击的可能性为基础进行评价。

5.5.2.14 在渔业活动区，有两套设计方案：

——建立一个限制区，如在该区域里不允许使用渔具捕鱼。此时需要耐拖网结构/连续的监视；

——如果不允许建立限制区，可能需要防拖网结构。

5.5.2.15 如需要防拖网结构，设计目的应着眼于预防水下生产设备的任何意外损坏。宜考虑到系统损坏情况将可能限制之后的进入、作业或再进入。宜使用附录F中落物保护和渔具载荷的数据表。

5.5.2.16 应明确给出水下生产系统中所有设备（如阀和接头等）全开和全闭位置和方法，这些设备可能由于作业过程的错误/未知形式引起损坏或被损坏。

5.5.2.17 水下生产系统宜有所有水下操作连接的位置指示器。

5.5.2.18 宜保护安装在维修作业包括用遥控作业机器人/潜水员作业的附近区域的设备。该保护宜以影响和隐患的可能性/后果为基础上进行评价。

5.5.2.19 水下生产系统设备宜设计为：

——配备起吊点，其中主要的承重结构应按照相关适合的要求（参见附录K）认证；

——配备相应的运输滑道；

——安全运输；

——配备需认证的、能够能连接海底紧固件的设施。

5.5.3 屏障

5.5.3.1 通常每道屏障都应检验。

5.5.3.2 作为整个水下生产系统设计的一部分，宜制定全面的屏障方法。屏障方法应对屏障的要求提供简明扼要的指导，其目的是为了防止生产/注入液的意外释放可能伤害人/环境。

5.5.3.3 对于新的水下工程，宜在详细设计开始前制定一个完整的屏障方法。这份文件宜明确在油气田各个阶段为保证设施运行所需的屏障类型和数量，包括：

——安装活动，包括井到当地管汇的回接；

——钻完井活动，包括试井和洗井；

——起吊和调试的活动；

——日常生产操作，包括生产/注水气和作业时关井模式如管线循环和清管；

——修井作业，包括重新进入井和采油树回收；

——维护活动，如更换水下油嘴；

——废弃活动。

同样，对于新的水下项目，屏障方法宜涵盖系统中所有压力容器部分，从油气藏到永久依托设施或MODU作业船上的接收/注入设施的第一个阀。

5.5.3.4 当一个项目/油气田不存在特定的屏障方法（如上所述）时（例如已有的水下生产设施），建议提出一套可操作的屏障方法或常规屏障方法，以满足在系统"例行"操作过程中所需的最低屏障要求，如生产、关井和屏障测试。针对某事件的屏障方法可在任何作业、维修等前提出，在操作/常规屏障方法文件中不包括与这些活动相关的内容。

5.5.3.5 由于油田特性和设备配置的多样性，同时考虑油气田作业者喜好、当地现有的地方法规要求也在变，不可能也无需在本部分中提供屏障标准的专门指导。不受这些限制，可以说：

——每套水下生产系统的屏障方法都应符合所适用的地方法规；

——虽然某些常规的屏障方法可能适用于许多水下生产系统，但宜以每个具体事件为基础进行评估，以确认常规的屏障方法是适用的和可用的；

——建立常规的和特定的屏障方法需要有经验的工作人员和使用一项或多项风险评估技术，如危险体可操作性分析、失效模式和效果分析，量化风险评估、任务分析/基于具体情况的风险评估；

——屏障方法宜清楚地传达给所有相关人员，包括设计工程师、设备供应商和油气田工作人员；

——屏障方法中的指导/要求宜简明扼要，例如不造成不同的解释/误解。

建立屏障方法总的指导和因素(包括测试方法)，参见附录J。

5.6 水下完井设备

5.6.1 概述

井口系统是水下完井的结构基础。针对生产系统的配置变化、环境和土壤条件，作用到井口系统的载荷可能变化很大。应使用钻井和生产作业情况下最大载荷对结构完整性进行校核。在GB/T 21412.4—2008中给出了水下井口设计的明确要求。

5.6.2 外部载荷

5.6.2.1 作用在水下井口系统的载荷包括部件的静载(质量、重量和重力)、立管载荷、海管的拖曳载荷、膨胀载荷、热膨胀和环境作用。典型载荷见图2。

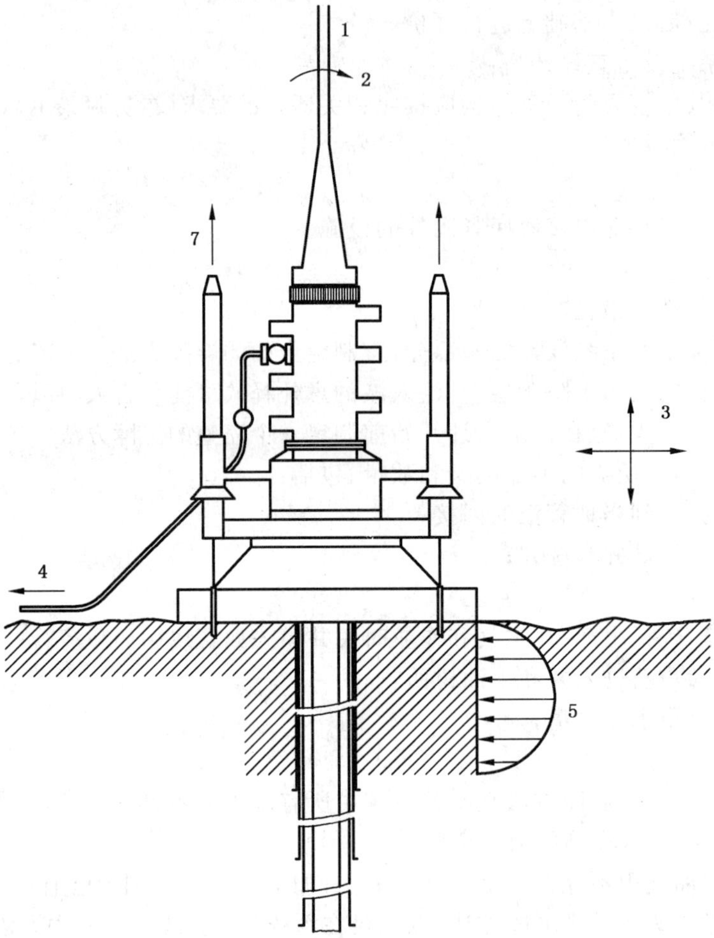

1——立管张力；

2——施加弯矩；

3——周围环境(水流、波浪作用、潜在载荷等)；

4——出油管线连接；

5——土壤作用；

6——热膨胀；

7——导向张力。

图2 水下井口系统的载荷

5.6.2.2 在钻井、完井、修井和生产时立管载荷传递到井口系统。依据水下系统的不同类型,这些载荷可以是临时性的(如水下钻井立管和C/WO立管)或永久性的(如生产立管或注入立管)。这些载荷应通过立管分析决定。进一步的指导可参见ISO 13628-7,API RP 16Q[19],API RP 2RD[18]和DNV OS-F-201[31]。在变负荷条件下(如船运动和立管波激载荷和涡激振动引起的立管荷载),可能还需要进行疲劳分析。

进一步的指导可参见适用的和可用的负荷组合(见附录F)和确定立管载荷的运行规范、立管偶然载荷的定义、任何不一致的破解代码的定义及其含义宜在系统工程中建立(见附录H)。

注:立管设计程序考虑了正常、极端和事故载荷。用于水下采油树和井口系统的设计程序通常基于正常运行条件的额定能力和工作应力形式。立管程序以工作应力(WSD)或荷载和电阻形成为基础(LRFD)。

5.6.2.3 管线拖曳载荷可能在井口区域诱发显著的剪切和弯矩。还宜考虑井筒内和附着管线的热膨胀或收缩效应,以及可能非垂直的井口导致的额外载荷。

5.6.2.4 对于集中式基盘井,油井和基盘管汇间的界面尤为关键,应分析油井和管汇的温度、压力和位置的变化,以及与定位要素有关的公差。宜以参数值考虑所有转换器,包括井的热膨胀及与管汇配管相应的井的各种全局信息,以及任何预期的基盘支撑结构的沉降。这个接口是基盘设计的一个典型的关键设计,宜仔细分析。

5.6.2.5 水下完井可能受到直接环境载荷,例如电流、波浪运动、地震、冰和土壤运动的影响。对特定场合,落物和锚或拖网的载荷也需要关注。

5.6.3 修井

为了适应修井,水下生产系统的设计宜:

——便于修井工具的定位和导向,如遥控作业机器人、遥控作业工具、修井立管;

——提供垂直井的修井进入点,或用过出油管代替;

——在预先设定的时间内,能够安全关闭和解脱立管;

——在任何关键作业情况下提供两道独立的油气藏屏障;

——回收关键部件;

——允许在规定的限度内移动钻机修井。

5.6.4 结构分析

输入土壤数据、外部载荷和反应等参数进行水下井口系统的结构分析,以确定对井口垂直高度和结构套管的合适要求。这种结构评价宜证明在钻井、安装、作业和修井过程中,所有部件以及基础将保持结构完整性。ISO 19901-2[14],ISO 19901-4[15]和ISO 19901-5[16]包含了可用于这类土壤结构分析的方法讨论。

5.6.5 井口等级

5.6.5.1 水下井口系统按给定的最大工作压力进行设计。水下井口头的设计是防喷器组和采油树直接连接到井口头上。因此,井口头必须能承受油井开发周期内预计能达到的最大压力,主要指的是关井压力和压井、增产和注入作业过程的压力,包括预期的最大温差。

5.6.5.2 应用于深水时,由于外部的静水压效应,承压物体承受的压差将显著减小。在确定这类设备的实际工作压力时,可以考虑这种效应。

注:对大气条件下所进行的压力测试应进行相应的修正。

5.6.5.3 水下井口系统的工作压力通常有三个等级:35 MPa(5 000 psi),70 MPa(10 000 psi)和104 MPa(15 000 psi)。

5.6.6 水下作业

水下井口系统应与完井后的预期修井方式相匹配。需要考虑产出液的温度、二氧化碳、硫化氢和氯化氢的含量等对质量损失、腐蚀和应力腐蚀/裂纹等有影响的因素。另外,需要对由阴极保护系统释放出的氢气所造成的氢脆危险进行评估。

5.6.7 作业工具要求

除特定的要求外，每个作业工具设计应满足以下基本要求：

——足够的绕过和通过工具的过流面积；

——外壁有足够长度以免挂在防喷器闸板槽上；

——对钻井泥浆和岩屑有较好的耐磨性；

——工具上有带台肩的接头以传递扭矩；

——外壁密封装置的保护措施；

——允许在钻井平台上拆卸和调整。

所有的作业工具应与下入管柱拉伸载荷、固井作业以及下入的套管柱的内部压力等级相匹配。

5.6.8 探井完井

某些情况下，评价井可以成为水下生产井或注入井。ISO 13628 中的推荐做法适用于这些井，以及已标识具有潜在问题的区域。对井口设施进行谨慎地检查以确保不因为油井暂时关闭而发生危险。在勘探井完井之前需要调查的事项有：

——井口在泥线上的高度；

——井口头内指定位置处的套管挂的设置；

——套管挂密封总成的工作条件和压力完整性；

——永久导向基盘的状况；

——井口头的自锁面和密封区域的状况；

——最上部套管挂内部密封区域的状况；

——仔细审阅油井历史以确定其他可能出现问题的地方。

5.7 油管挂/采油树的设计要点

5.7.1 设计系统所需考虑因素

5.6 节中关于水下井口系统设计时需要考虑的一般因素同样适用于油管挂和采油树系统。GB/T 21412.4—2008 中给出了明确的设计要求。

5.7.2 油管挂系统

特定的油管挂系统设计考虑因素如下：

——数量、尺寸和所要支撑的油管柱重量；

——油管螺纹连接的类型；

——井底安全阀及其他所需设备的控制端口数量、尺寸和压力等级；

——安装油管挂的合适支撑；

——井下监测/控制设备电接头的要求；

——制造商和主孔使用的钢丝绳或机加工 TFL 堵头剖面（如需要）类型；

——采油树设计是否允许垂直进入油管挂环形空间，这决定是否需要缆绳栓、单向阀、液压控制的套筒或其他方法以保证在拆卸采油树或防喷器时的环空安全；

——如果需要，要给出油管挂与采油树接口的位置；

——用于安装/钢丝绳作业的整体立管和单个油管回接类型；

——保护控制端口免受碎屑/液体的污染；

——采油树类型；

——井口、试油井口大四通或采油树上 TH 位置。

5.7.3 设计水下采油树时需要特殊考虑的因素

5.7.3.1 压力等级

应画出完整的井口、环空、作业通道（如果有的话）和液压管线的最大和最小压力曲线。

流动压力、关井压力、注入压力/压井压力都需要考虑。此外，过出油管采油树的最大工作压力和地面控制的井下安全阀的最大控制压力也都应考虑。对于特定的作业，要用压力与外部载荷联合作用来进行综合评价。

所有的部件和接头应与系统具有一致的压力等级。Y 型四通应与采油树其他部件具有相同的压力等级。如果位于翼阀下游，采油树回路管线应与出油管线、或与采油树部件(如果位于翼阀上游)具有相同的压力等级。采油树作业工具的压力等级应等于或大于采油树与安装管中较小的那个压力。采油树部件要进行验证、阀和堵头要进行压力测试以及气密性测试(用于气井的采油树)。选择和鉴定试验条件应遵守 GB/T 21412.4—2008 和第 7 章的规定。

5.7.3.2 保养维修

应评估采油树部件与流体的相容性。应仔细检测可能存在的流体类型和组分(数量、状态、总压和分压、温度范围)。见第 6 章。

5.7.3.3 压力补偿

应考虑安装水深以及详细的规定，设计液压和压力补偿装置。这些设备与控制系统、作业工具、阀执行机构和承压设备相关。

5.7.3.4 钻井装置类型

整套采油树和作业工具的尺寸及形状应与船体的作业空间和开孔范围相匹配。这些评估应在设计初期进行。自升式钻井船或浮式平台(锚链式或动力定位式)的使用将决定采油树所需的拉伸和弯曲应力范围。

5.7.3.5 外部载荷

除了环境载荷外，水下采油树及其上下接头主要承受两种外部载荷。一是安装载荷，包括立管载荷和海管连接载荷；二是修井时的外部载荷，这取决于采油树类型，此时可能会附着 C/WO 立管系统和海底钻井立管系统。5.6.2.2 中有适用的立管程序。

应进行结构分析，以保证一旦安装、修井作业船意外离位(钻井船离位)，并且作业工具不能立即解脱时，结构破坏点位于操作上方的特定的屏障单元，并以安全状态离开油井。运动补偿锁定宜得到处理。特定的屏障单元应在发生意外状况后保持不发生渗漏。

加载在采油树/管线上的拖拽载荷也是一个需要考虑的因素。如果是不可避免会造成破坏的载荷，就要考虑破坏点位置及破坏后采油树的性能。

如果作业管线回路连接到像阀体这类的承压部件，除了最大压力载荷以外，作用在阀体上的外部载荷也要考虑。

5.7.3.6 采油树阀的结构形式

采油树阀的布置取决于其用途。宜研究阀和孔的布置以保证安全和必要的作业灵活性，包括与井底工具、堵头、钢丝绳作业以及 GB/T 21412.3—2009 中指定的过出油管设备的兼容性。此外，流体通道也应检查是否有液体或固体聚集和冲蚀。如果采油配管/管线回路要清管，那么设计应与清管球的类型一致。

当从浮式钻井船上进行安装和修井时，应考虑使用组合阀组。这种方法具有能够承受较大的外部载荷的能力、较少的接头和结构更加紧凑的优点。每个通孔中至少有一个主阀是故障关闭阀。应考虑潜水员/遥控作业机器人 对液压阀的远程操作。

5.7.3.7 井眼尺寸

生产或注入井眼尺寸要允许油管柱中的堵头、钢丝绳回收式阀的安装和拆卸及其他井下工具的下入。也要考虑流动方向、流体类型、悬浮颗粒类型和大小以及流量。

对于 TFL 采油树，应根据 GB/T 21412.3—2009 来设计 Y 型短节。环空孔可以是从上面采油树到油管挂的直通孔，可以只是压力监测/平衡和注入口。如果需要从环空注入流体，那么注入通道的设计应能够避免冲蚀。

5.7.3.8 管线连接

管线的连接方法和类型影响到可能作用到采油树上的载荷传递和反作用。

当管线接头安装在翼阀外侧时，应与管线具有相同的设计压力等级。如果与过出油管采油树一起使用，那么管线接头的通孔应根据 GB/T 21412.3—2009 设计。5.11 中对管线接头进行了详细的讨论。

5.7.3.9 水下维修

当主要安装方法失效时，安装的类型、是否需要潜水员辅助安装或无潜水作业、如何进行后备作业都是考虑的重点。这些问题在 8.6 中将有更详细的讨论(也可参照 ISO 13628-8 和 ISO 13628-9)。

如果使用遥控作业机器人，就必须考虑遥控作业机器人的作业能力。特别需要考虑的因素有：

——路径；

——停靠/反作用点；

——所需机械和液压动力；

——遥控作业机器人的装载能力；

——特殊作业工具的设计；

——遥控作业机器人配套系统类型(系缆管理系统、作业室或水面支持系统)。

5.7.3.10 采油树控制

适合于采油树的控制系统和与之相关配置有很多种，附录 A 中有关于这部分的详细描述。在设计每个部件时，要考虑其与采油树接口处的外部载荷、布局和空间限制。

远程控制站要具备所有采油树操作所需的电/液功能。采油树控制模块(如果使用的话)应当能够安装在采油树上提供了通道和保护措施的位置。液压管线和电缆(如果使用的话)应合理布置其路径使其被破坏的可能性最小。应考虑生产控制系统模块的重量及安装位置以保持采油树布置的平衡。

5.7.3.11 配管、接头、环形槽和密封垫片

应检查配管管线走向，以便发现液体或固体可能的聚集点和冲蚀点，并且留有适当的余量以补偿预期的腐蚀/冲蚀。

5.7.3.12 采油树下入工具

对从浮式钻井船上进行的有导向绳或无导向绳作业，采油树下入工具/修井防喷器下入工具应配备一个大角度的释放接头，同时也要能快速解脱。

对每种特殊作业，都应确定大角度释放的连接角度大小和解脱时间。应考虑的因素有：

——当地法规；

——水深和天气条件；

——船体定位能力等。

5.8 完井修井立管系统

5.8.1 完井和修井立管的设计应保证裸漏在海水中作业的修井控制系统和内部的钻井隔水导管能够遵照 ISO 13628-7。

5.8.2 如果仅仅用于自升式钻井船的隔水导管内部，那么完井/修井立管设计就类似于井下油管设计。如果修井或完井立管裸露于海水中或海底钻井立管中，立管的设计分析中要包括疲劳分析，在 ISO 13628-7 有详细介绍。

5.8.3 修井或完井立管的设计要考虑水下采油树的通径和井距等。此外，特定的油田开发作业情况也要反映到立管系统的设计中。

5.8.4 应界定在特定的操作条件下的最大允许使用寿命，参见 ISO 13628-7。

5.9 泥线悬挂系统

5.9.1 系统的设计要求

泥线悬挂系统水下完井的设计一般要求与水下井口相同(见 5.6)。GB/T 21412.4—2008 中给出了明确的要求。

5.9.2 特殊的设计要求

进行泥线悬挂系统水下完井设计的特殊要求有：

——系统应与自升式钻井船/张力腿平台或其他坐底式钻井船匹配；

——套管载荷的着力点应在接近海床处，这样可以减少钻井平台载荷并提供一个解脱/回接点；

——应慎重选择张力大小、压力等级和打桩要求以便适应特殊井的要求。当选择缩径挂的时候，应予特别关注，使之与钻井程序相匹配；

——在安装和座放时，都应有足够的环空流通面积和泥线部件结合在一起，同时要评估组合后总面积和流道的情况；

——在钻井过程中，套管环空宜与地面井口相通，在安装水下采油树时可以将其隔断；

——要考虑影响泥线钻井系统的外部载荷(如波浪和海流，立管/防喷器的重量等)；

——泥线部件的旋转方向和所需要的井下扭矩应与钻井系统在安装和回收时的方向相匹配；

——应考虑废弃时的可接近性和适应性；

——需要确定下入/回接管柱与油管挂之间的最大偏心度和侧向位移；

——对于临时弃井，独立的套管立管都应拆除以满足海底高程要求；

——应根据钻井程序要求在井口安装保护帽；

——环空密封总成应安装在生产套管和中间套管之间的回接/配合点上。接口密封的选择应予特别关注。

5.10 生产控制

5.10.1 在设计生产控制系统时，应考虑5.10.2～5.10.4中所给出的因素，特殊的设计要求应遵循GB/T 21412.6—2009。

5.10.2 通过以下几个方面，控制系统的适用性可达到最大：

——选择高可靠性的总成和零部件；

——选择耐磨、耐腐蚀的零件；

——零件和系统冗余；

——潜水员/遥控作业机器人/遥控作业工具修井能力；

——备用系统旁通；

——备品备件(模块)；

——建立控制液特性和清洁度标准。

5.10.3 设计初期就应考虑系统的维修。以下设计思路可以提高水下水面设备维修能力：

——设备设计成可进入的和易于维修；

——控制系统总成设计成能独立地从水下完井设备中回收。

5.10.4 生产控制系统及其部件的特殊设计要求应遵循GB/T 21412.6—2009。

5.11 管线及其终端接头

5.11.1 概述

本子条款给出了水下生产系统中使用的终端接头和海底管线的设计、结构、测试和安装的准则。该准则涵盖了水下系统的特有因素，如高压、多相流、多管、水下接头和出油管系统。

本子条款不代替管线和出油管线的设计规范。他们的详细设计应与最终用户确定的设计要求相一致，并符合将烃类输送到其他地区的地方法规。在系统设计时，需要充分考虑不同说明书之间的界面和不衔接部分。

5.11.2 系统描述

本部分中介绍了海底管线系统的概况(见图1)，起始于水下设备上所用接头的对接部分，止于以下部分：

a) 另一个水下设施上所用接头的对接部分；

b) 水面连接的出油管线一侧或平台立管上部的焊接处；

c) 立管设计起始点(万一柔性或旋链式立管没有立管基座)。

管线的不同组件和安装方法在A.9中进行了描述。

5.11.3 设计要素

5.11.3.1 海底管线设计要素

海底管线基本设计要素如下：

a) 宜考虑海底管线的安装结构。出油管线系统可用多种配置方法，例如单管、管束、复壁管束、重叠管、管中管或控制脐带缆。

b) 安装时管线承受的载荷可能比其后的载荷要大。

c) 每一种特殊应用方法的选取用以一起铺设管线的数量、管线直径、沉没重量、水深、埋设要求、管线长度、回接距离、适合设备的可用性、端部连接方式和经济性；

在管线设计时宜考虑以下多种运行参数：

——管内流体：管线可能输送产出的烃类、水、固体、注入的化学药剂、二氧化碳和硫化氢等；

——多相流；

——流速；

——流体性质：压力、温度、粘度、密度和腐蚀电位都很重要；

——过出油管线应用：所设计的过出油管线宜使过出油管工具方便进出。宜参考GB/T 21412.3—2009[2]中有关出油管线直径、最小曲率半径和其他的要求。

d) 隆起弯曲：这是油气田开发方案概念设计阶段要考虑的一个关键问题，对管线项目投资、管线与基盘管汇之间的膨胀弯的投资和类型、管线维修费用以及穿越人口稠密地区等都有重要影响。

e) 海底地形：小山丘和沟谷会导致管线中产生段塞流、积液或气塞，并造成水合物堵塞问题；井中软硬交替层、岩层露头和泥浆滑移会造成导致管线承受过度的外部管线应力；管道无支撑跨距也会导致管线承受涡激振动疲劳或弯曲应力。

f) 海底环境：海流和静水压力给管线施加力。海底沉积物能够支撑管线，但是海水温度和含氧量影响管线的外腐蚀速率。海底沉积物运移(冲刷)会掩埋管线、移动管线的物理单元、或使管线处于无支撑状态，甚至会影响到管线的外载荷条件和外腐蚀速率。海底地形和特征也决定了海底管线遇到"虚拟锚链"的地点，这里管线与土壤的相互作用可以阻止管线的横向或轴向移动。了解这些点的位置，借助回路或管线的弯曲，有助于处理由于温度变化导致的管线的膨胀和收缩。海底其他作业，如捕鱼和船舶抛锚也会影响管线的安全。

g) 管线预期寿命：防腐要求是管线设计寿命的一个函数。管线及其终端接头的设计宜考虑满足管线整个使用寿命内修理作业的要求。需要的修理作业用于：

——最初的终端连接程序；

——日常检修；

——维护；

——修理。

h) 路由选择：虽然管线终端的位置可能是指定的，但直线连接不一定最好。如果可能，管线应避免滑塌区域、海底峡谷、岩层露头处和既定的抛锚地。路由宜避免限制将来油田的开发和运行。如何靠近连接点对于正确布置接头和调整其他设备或结构是很重要的。通过在路线上预先增加弯曲段也可以调整管线的膨胀和收缩。

i) 天气：在项目的安装阶段，宜详细评价预期的天气状况。为确定项目的最佳安装期，宜充分考虑波浪/风的季节性方向和等级以及极端海况出现的频率。

作业方法(例潜水员、载人潜水器、遥控作业机器人或遥控作业工具)的选择影响不同组件的设计、整体安装技术和管线系统的运行步骤。遥控作业机器人和遥控作业工具的界面和通用设计应分别遵循 ISO 13628-8 和 ISO 13628-9。

5.11.3.2 刚性和挠性管的设计

在进行刚性和挠性管设计时宜考虑以下因素。

a) 管线直径和壁厚的选择由下列因素决定：

适用设计应考虑其他适用的文件，从而确定管线及其终端接头每一部分的应力裕量、壁厚裕量、许用几何条件(弯曲、三通等)、压力和组合载荷条件；

——流量；

——最大工作压力；

——外部压力；

——压降；

——管线标高的变化；

——流体密度和粘度；

——管线长度；

——过出油管线或清管作业工具的使用；

——安装和维修装置的要求；

——用于过出油管线/清管、检修、回注或备用的平行管线；

——合适管线的可用性；

——腐蚀/冲蚀的壁厚裕量；

——铺设方法(S型、J型或卷筒型)；

——铺管船类型和限制；

——流体特性；

——材料等级；

——腐蚀裕量(用于CS管)；

——套管井储集层分析包层要求；

——可制造性；

——水深；

——到达流体温度。

b) 刚性管材料：不同等级和标准尺寸的刚性管宜参照 ISO 3138。壁厚许用耐磨度的变化和椭圆度限制了管线在特定环境中的应用，因为外部载荷、外部压力和低温会超出管线的材料强度，考虑到这点是很重要的。未经检验的布置越紧凑，要求的管线最小壁厚和最小椭圆度就越小，这可以提高管线的结构性能，但是需要征得制造商和用户的同意。高强度管等级(X-60 以上)或 CRA 材料需要特殊的焊接或机械连接技术以在结合处或端部接头获得同基材一样的强度。在过量安装载荷和测试压力可能超过正常管线限制的位置，应将腐蚀/冲蚀壁厚裕量考虑进应力计算中。但是，当处理就地环境载荷、膨胀/收缩载荷、最大内部工作压力、外部压力或其他就地操作条件时，不能考虑腐蚀/冲蚀壁厚裕量。

c) 挠性管材料：设计和使用挠性管时宜参考 GB/T 21445.2—2008[3]，ISO 13628-10[9] 和 ISO 13628-11[10]。了解挠性管是制造出的一种多层管、并有几个层交叉的强度单元是很重要的。许用应力、拉伸能力、曲率半径等取决于结构设计和产品的加工，在所参考的规范中有概括说明。应明确设计和生产参数由单一和联合载荷参数计划和限定。

d) 管线设计宜考虑过度弯曲和下垂弯曲变形、管拉力、静水压力、铺管船运动，并考虑到海底环境和地形。特别宜考虑到这些情况联合作用的载荷。例如，过高的安装拉力会导致管线不同的椭圆度，这反过来又会导致由深水中外部高压引起的结构破坏。

e) 现场宜考虑到下列因素影响：

——安装期间的残留载荷；

——由重力、静水压力、动水压力和管与土壤之间的相互作用力组成的环境载荷。图 3 更详细地描述了这些载荷；

——挖沟、填埋或锚定。这些方法用来增加底部稳定性、机械保护或绝缘特性。但是，这些固定措施会导致意想不到的弯曲或腐蚀；

——由于压力和温度造成隆起弯曲、膨胀和收缩。

f) 当刚性管弯曲成较小的曲率半径或遭到严重挤压时，会出现屈曲。对于水下管线，当管子应力不足、在外部压力下安装时，如在凹陷区域，或当管子承受外部结构压紧时，如在固定位置发生热膨胀时，通常会发生屈曲。一旦水下某处开始发生屈曲，屈曲就会在比初始压力更低的情况下进一步发展，直到管子的惯性矩增加/外部压力降低到足够小并能阻止屈曲发展为止。止屈器用来减轻过度的屈曲扩展。止屈器通常为焊接到管内部的比管壁更厚的小部件或套管。

g) 通过增加比结构和压力限制所要求更大壁厚值，可以增加底部稳定重量或增加腐蚀/冲蚀裕量。

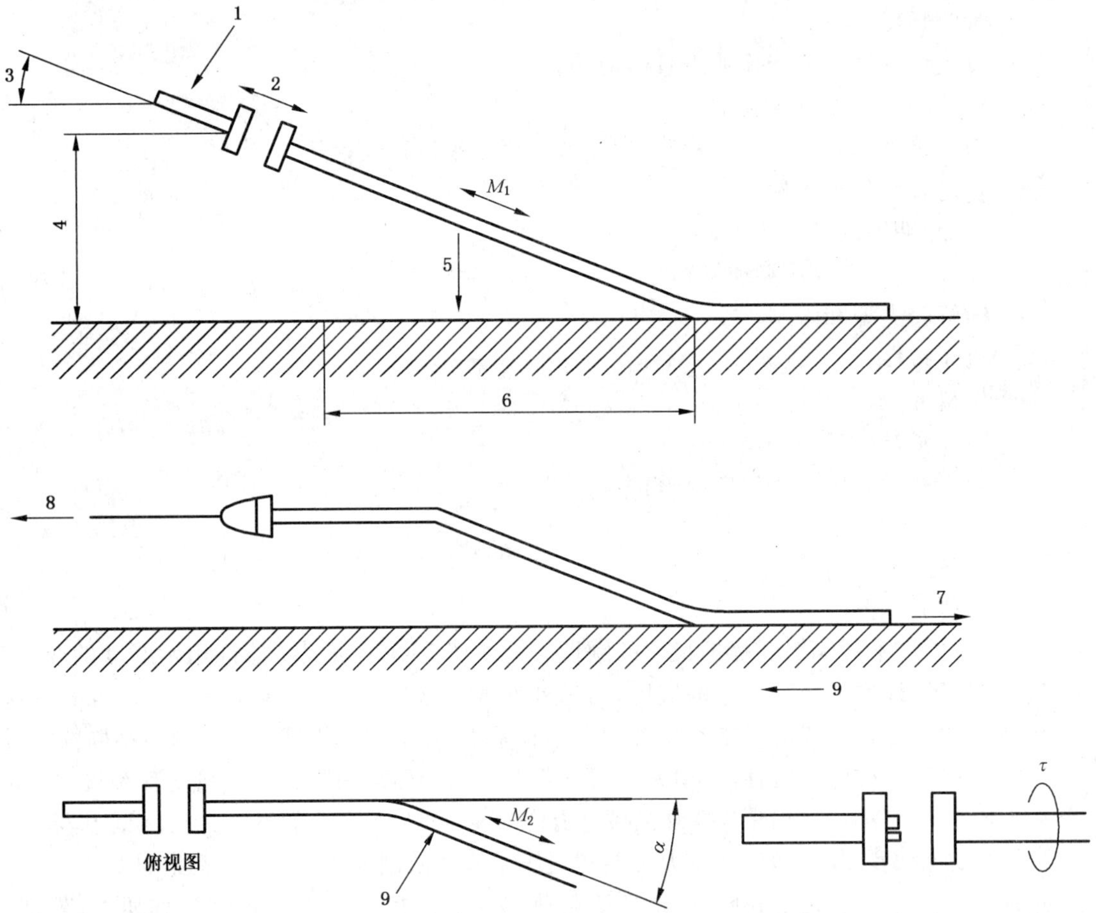

1——水下连接点；
2——连接中的附加轴向运动；
3——相对与海底的角度；
4——距离海底的高度；
5——管道重量；
6——无支撑跨度；
7——管道安装力；
8——牵引力；
9——土壤摩擦力。
M_1——管端对中过程中对管道施加的垂直弯矩；
M_2——管端对中过程中对管道施加的水平弯矩；
α——接头重新定位时的角位移；
τ——为确定合适的出口方向施加在捆扎式管道上的扭矩。

图 3 对中载荷和应力的影响因素

5.11.3.3 管线涂层

管线在外部可能包有涂层是为了：

a) 提供更好的底部稳定性，这需要通过提高管子与土壤作用力(即增加加重材料，如水泥)抵御严重波浪作用或海流较大区域内的动水压力；

b) 提供绝热作用，这有助于管内流体维持足够高的温度，从而减小粘度升高、水合物形成和结蜡的影响；

c) 为避免船舶事故或海底拖网捕鱼活动的影响提供机械保护，这需要采用管中管(输送管)设计、水泥涂层、掩埋或挖沟来实现；

d) 提供外防腐，这些涂层包括煤焦油、玛碲脂、各种有机/无机化合物或隔热包覆物。外部涂层也会减少裸露表面区域，从而减少阴极保护量。

管线阴极保护设计宜参照 ISO 15589-2[12] 和 DNV RPB 401[32]。

——为了减少生产/建造过程中的碎屑影响，管线可以加内涂层；

——加强腐蚀保护；

——缩短试运行时间；

——改善清管性能；

——改善水力性能。

5.11.3.4 刚性管设计规范

几种国际上公认的设计规范已用于海底管线的设计。这些规范包括但不局限于以下：

——用于石油天然气管输系统的 ISO 13623[8]；

——用于液体石油输送管线的 ASME B31.4[24] 和用于气体和多相流管线的 ASME B31.8[25]；

——用于海洋油气管线 API RP 1111[22]；

——用于海底管线的 DNV OS F-101[30]。

刚性管的设计规范基于大约四种管道和压力容器理论：载荷、弹性、弹塑性和弹性临界状态。载荷临界状态设计规范针对单个环箍、径向和轴向应力，并为每一种状态提供安全操作极限。这些规范被很广泛地应用，并基于公认的压力容器理论及其许多所需的许用安全因素。它们是最保守的管线设计规范，在许多情况下都很适用。弹性、弹塑性和弹性临界状态设计规范是由管道爆裂和全部的(过多的)塑性变形公式推导出的。基于这些公式的设计规则使设计者清楚普遍存在于海洋和海底管线系统中的可塑刚性管上的载荷与应力的相互作用。在这些系统中，综合外部荷载与管内压力荷载处于同一数量级。采用塑性变形理论设计的管线，其壁厚在某些极端条件下是采用荷载临界理论壁厚的 50%～80%。虽然由这些设计规范延用来的管线设计看起来不太稳固，但给出的管线设计具有相似的许用安全系数。

需要强调的是，本部分没有推荐哪一种设计理论或规范优于其他设计理论或规范，它们有其各自的应用范围。本部分的目的是表明：对于给定的设计要求，这里有几种方法来进行管线设计。某些设计可能会用到多种设计规范/理论以达到最优的管线设计。

5.11.3.5 挠性管标准

用于挠性海底出油管线的标准如下：

——用于非固定挠性管的设计、安装和操作的 GB/T 21445.2—2008[3]。

——用于固定挠性管的 ISO 13628-10[9]。

——用于立管上使用的非固定挠性管的 ISO 13628-11[10]。

虽然挠性管是一种多层复合体，但这些国际标准提供了一种经验性的方法来辨别与用于刚性管计算一样的结构常数和功能特性的挠性管，这样做的目的是将刚性管安装和设计程序用于挠性管建造中。用于系统脐带缆及其组件的特殊设计要求应遵照 ISO 13628-5。

5.11.3.6 终端接头设计

在将管线安放在海床上以后，有必要重新定位管线终端，并加以修正(如增加连接短管)，以便于不需要整体调整就能完成管线连接。管线布置和连接方法的选择及其以后的设计受到几种因素的制约，包括如下：

a) 目标区域

海底管道端口的位置和精度及其对侧向和斜向对中和相应应力的影响。

b) 海底管道安装方法

所采用的对中方法的工序和设备应与海管的其他设备的工序和设备相一致。对中设备应能够承受任何残余载荷(由安装方法/热膨胀导致的载荷)。

c) 海管端部结构形式

对中方法中所需对中力的类型和大小，受到单管、管束或加套管的设计、管道尺寸、重量、强度、刚度和 TFL 要求等的影响。

d) 海底条件

土壤摩擦力和承载能力、局部障碍物以及海底地形等因素都会影响到对中工序。

e) 连接点

其他水下设备上的连接点或海上平台的连接点，都将对海管对中设计产生影响。海上平台可提供其他的海管对中方法，例如常规的立管或 J 型管的安装。对于完成整体设计来说，连接点需要膨胀弯、解脱功能或者阀组等，因此可能需要使用跨接管满足这些连接点的要求。

f) 端口连接方法

对于端口连接的完整性来说，通过对中方法将端口定位在海管接头合适的轴向、横向和角度公差范围内很重要。对于捆扎式海管来说，也可采用旋转对中方法以保证适当的出口方向。了解在安装过程中何时进行端口连接也很重要。某些端口连接技术有利于“第一个端口”连接，即当管线刚开始铺设或管线铺设以后马上进行第一个端口连接。“第二个端口”连接有利于平台或立管连接，但是适用于绝大多数的水下端口连接技术。

g) 对中载荷和应力

海管末端附近连接的设计及对中部件受海管的强度和刚度、海管端口与连接点对中所需要的位移影响。牵引和铺设方法要求海管重新定位，这样造成了在海管和对中设备的设计中要解决的轴向载荷和弯矩的问题。利用一般短管方法可以使管线位于原铺设位置。在附件和密封组件抵消残余安装、终端连接校准力和操作应力(可导致垫片密封断裂)时，接头宜能产生足够的预加载荷力。

管线对中作业过程中影响设计载荷和导致管线应力的因素包括(参见图 3)：

——连接点的高度和相对于海底的角度；

——管线的重量(以及浮力)；

——管线的轴向和扭转刚度；

——悬跨长度；

——所对中管线的侧向和角位移；

——牵引力、管线安装残余应力和土壤摩擦力；

——(定位出口时所需要的)扭矩。

h) 管线接头

通常是在完成海管管端对中作业后进行海管与连接点之间的连接。下面所描述的各种连接方法其主要作用是形成用于承受与水下环境相关载荷的压力密封。如果使用了 TFL，则接头应符合 GB/T 21412.3—2009[2] 中的相关规定。在深水区，所有承受静液压力的密封都必须具有双向密封功能。所设计的管线接头在安装到水下以后，应能提供某种检验方法以确保垫片和接头完全起作用或被加紧。

5.11.3.7 管线接头

下面列出了几种可选择的典型的管线接头：

a) 螺栓连接法兰

螺栓连接法兰的设计和装配要求宜参照 ISO 10423[工作压力为 69.0 MPa(10 000 psi)或更高]、GB/T 21412.4—2008 和 ASME/ANSIB16.5[26]。水下螺栓连接法兰应使用金属环形接头垫片，因为在紧螺栓时垫片可被压缩。应特别考虑应用于水下的垫片。某些垫片（如 API BX 垫片）在水下操作时会在其后面圈闭一些水，导致垫片和法兰连接不合适。API SBX，API SRX 或申请专利的垫片具有排水孔/锥形密封/密封表面以阻止在水下装配时圈闭一些水。设计者应注意：API SBX 垫片允许两个法兰面进行面对面连接，而 API SRX 垫片则不可以。因此，在选择垫片类型之前还应考虑到法兰连接所要求的弯矩大小。

密封孔和垫片环凹槽应指定使用 CRA 焊接嵌入或插入套筒以具备一个抗蚀的表面光洁度，并尽可能减少 CRA 垫片和密封表面之间的电化学腐蚀。当采用 CRA 材料作为法兰体基材时，不需要采用嵌入工艺。

在装配法兰过程中，栓结法兰连接可以允许校准某种程度的初始安装误差。但是，由于螺栓孔方位的原因，使得转动校准受到限制。使用转节法兰有利于栓结法兰的定位。通常，转节法兰设置于连接处的水下设施或海上平台一侧，使固定法兰朝向外侧。

可能会考虑使用非标准法兰设计（如压紧法兰）来应用于通道受限制、角度错位或高荷载接触面等情况。栓结法兰等类型需要潜水员进行法兰装配。

注：机械性能表实例在适用于静载荷条件下的 API Bull 6AF[17]，API TR 6AF1[20] 和 API TR 6AF2[21] 中可以找到。使用这些表时应特别注意，因为分析模型并没有充分说明实际中维持密封完整所需给垫片或密封施加的力。法兰设计中螺栓数目、体积和材料强度通常决定了装配法兰和维持压力完整性所需的力大小。法兰设计基于测试压力下螺栓屈服应力的一半，并低于屈服强度，而且不考虑外部受力。API TR 6AF1[20] 和 API TR 6AF2[21] 试图深入了解当法兰材料和螺栓连接材料在不同的内部压力甚至设计压力下达到屈服强度时，法兰有多少额外的机械强度。没有任何迹象表明密封是否完整，因为法兰面在所列出的外部载荷下就开始分离。承受周期性（动）载荷的法兰连接通常应进行面对面连接，以减少螺栓疲劳断裂的危险和由于垫片损坏而导致的泄漏。

b) 卡箍

卡箍接头在原理上与螺栓连接法兰接头类似。用夹箍可以使用与螺栓连接法兰接头相同的金属环垫片，或者专用的垫片设计。当夹具拧紧时，夹具将配对的夹箍夹在一起。

因为要求使用的螺栓连接的场所较少，所以通常夹箍接头的连接要比螺栓连接法兰接头的安装更快。除了多孔夹箍以外，因为配对的夹箍没有螺栓孔，因此不需要旋转对中。相反，大多数夹箍不容许有螺栓连接法兰接头所具有的初始偏心量。

c) 专用接头

专用接头是为完成最终的对中、锁定和加强密封而专门设计的水下接头。专用接头通过各种方法将海管固定到连接点上，例如膨胀夹、锁紧夹扣或者其他机械装置。固定步骤通常包括被连接的一端或者两端的短距离轴向运动。专用接头可以分为机械式、液压式。机械式接头可以通过潜水员或者利用特殊工具（遥控作业工具）遥控作业启动。在连接操作完成后，作业工具将被回收，而只有机械部件会被留在海底。液压接头实际上是带有液压驱动装置的机械接头。一般通过多个软管的液压脐带缆对液压接头进行操作，并且在安装完成后可将液压驱动装置留在水下。专用接头通常使用专门设计的金属垫片，当接头被锁定时，这些金属垫片会发生变形。

5.12 基盘和管汇系统

5.12.1 概述

基盘是为其他设备提供支撑的框架结构，这些设备包括管汇、立管、钻完井设备、管线牵引和连接设备以及保护装置(基盘和保护框架通常是一个整体结构,无论是否需要初期钻井,通常需要安装预钻井基盘以开展钻井作业,然后将保护框架和集成管汇安装到预钻井基盘上)基盘的基础应有效地将设计载荷全部传递到海床上。不同的基盘结构参见附录A.6。

5.12.2 钻完井接口

集成基盘或预钻井基盘宜为导管和导管头的钻进、安放和锁紧提供导向,并为防喷器组的下入和座放提供足够的空间。导管可以永久性地锁在基盘上或之后解脱到导管水泥座上。基盘槽通常能够支撑导管和导管头的重量,直到水泥注入作业结束。如果要安装水下采油树,则基盘中应为采油树提供合适的机械定位和对中方法,并为安装作业留出足够的空间。

5.12.3 对中

基盘应具备为各子系统之间的物理接口提供对中能力。例如井口装置/采油树、采油树/管汇以及管汇/管线。

5.12.4 导向

基盘宜具有导向系统,以便为整个安装期间提供支持。如果使用导向绳,则基盘应具有导向柱安装空间和安装/维修能力。如果使用无导向绳方式,则基盘中应提供足够的空间和能被导向能力,以便成功地安装关键设备和部件。

5.12.5 废弃规定

如果项目结束后需回收基盘,则设计中应考虑回收要求。

5.12.6 基盘的安装要求

此外,基盘还应具有足够的能力以便满足所有的安装要求。应对不同类型的安装船,如钻井船或起重船,进行评估,技术要求包括下列条款中的部分或者全部内容:

——装载;

——运输到现场;

——下水能力;

——起重能力;

——浮起能力;

——压载/卸载系统;

——下放系统;

——定位能力;

——调平系统;

——基础接口。

5.12.7 结构

5.12.7.1 水下结构物应遵照相关的标准,如ISO 19900[13]的相关规定。同时参照下列条款:

——水下结构物应具有保证子系统之间的物理连接对中能力,例如井口装置/生产导向基座,水下采油树/管汇和配管,管汇/海管终端以及辅助安装设备之间,保护性结构(如果相关)和其他的相关接口等。

——水下结构可以是固定/锁定到水下井口系统上、也可以是独立的、而没有直接固定连接到井口的装置。因此,相应的配管应通过灵活的安装在井口/者管汇模块中来连接。

——上部可拖动结构宜能在拖网作业时提供保护防磨损保护。结构的设计方案宜通过模型测试/结合模型测试数据的几何评价进行验证。测试步骤和标准宜通过地方渔政部门/来自特定领域的具有经验的捕鱼/拖网专家的验证。

——空心部分宜配备压力平衡装置以防止塌陷。宜评估内部保护的需求。

——水下结构的尺寸应与维修方法(如遥控作业机器人、遥控作业工具或潜水员)相适应。

——配备铰接的或可移动面板的每一个井台和关键设备上面均有落物保护。

——结构边缘应进入到海底以减少磨损的危险。

5.12.7.2 井口系统传递到导向支架/底部支架的载荷取决于以下因素：

——土壤条件和井口系统的轴向刚度；

——底部支架垂直方向抗变形的结构设计和刚度；

——水下结构/井口接口设计和弹性公差(如果有)；

——套管热膨胀。

油井支撑结构应为导管头提供导向/座入/锁定能力，并为对应的井口设备和临近的采油树防喷器安装和座入提供足够的空间。

井口支撑结构/生产导向基座的设计中应允许导管头/井口头的热膨胀。

应该考虑使用钻屑处理系统。只要钻屑在结构中的堆积不干扰既定的作业，就是可以接受的。

井口支撑结构的设计应允许陆上装配和进行由其支撑的设备测试。

水下结构应使接口系统和设备上的设计载荷传递到基础中。

根据落物原理，保护结构设计/作业程序应保证水下设备不被落物、捕鱼工具以及其他相关偶发载荷损害。结构设计中还要避免遥控作业机器人脐带缆与导向绳被钩住。附录F中的数据表F4能用来记录合适的加工、安装和操作载荷。

5.12.7.3 为了实现更有效的修井作业，水下基盘、支撑结构及其设备的设计应遵循以下原则：

——所有可回收模块和结构，如果要保证安全，宜根据所选择的维修方案通过闭锁机理方法进行适当地锁紧；

——铰式保护结构宜设计成可替换的；

——安放区域和周围区域宜设计成能够承载在安放和作业过程中各自维修系统施加的载荷。对于通过导线控制的下入工具，部件的最大安放速度宜为1.6 m/s。对于通过钻井管的下入工具，最大安放速度宜为0.8 m/s；

——在工具、模块和设备下入、连接和作业过程中，宜提供合适的观测位置；

——在进行操控作业的位置宜提供合适的安放区域/附着点；

——维修系统可能对水下结构上的敏感部件造成损坏，宜对其进行保护；

——可提供设计用来方便替换声转换器的吊钩。宜避免声学屏蔽和可能的磨损；

——保护舱口和提升结构上面所有的锁定机构宜能按照确定的维修方案易于操纵；

——可更换的导向柱宜使用通过选择的维修系统操作的锁紧机构；

——需要导线附件的所有永久性安装的导向柱宜设计成新的导线可重新安装在断线或超载提升锚上；

——在作业过程中，安装在需要应用扭矩或敲击的水下结构上的设备，需要一个专门的工具和接口；

——针对选择的维修系统，设计的阳极和其他零件宜没有障碍或磨损点；

——宜评估安放速度和对软着陆系统的需要；

——从船上下入维修系统、迫使导线偏置角的操作要求宜不能约束遥控作业工具通过、减小下入间隙或不利于操作安全和可靠性；

——应提供标记，以便潜水员和/或遥控作业机器人能进行识别；

——工具、防喷器、模块和所有可回收的设备与结构的任何部分、相邻模块或设备之间应保留足够的间隙，以免在安装和回收作业期间发生意外的碰撞或挤压。在安装模块和相邻结构间不能有物理连接，即使在最差的容许误差层叠中；

——对于无导向绳作业，宜物理连接(如导向漏斗或缓冲器梁)以避免相邻装置间的碰撞。

5.12.8 基础和调平

通常，水下系统要求基盘最终位置上保持一定的水平度，以便各种部件和子系统的恰当对接和配合。典型的调平方法包括桩和桩导向装置之间的单向和双向滑动方法、基盘各角的升降装置和主动吸入法等。其中也应包括一种指示水平的方法。

桩式基盘系统应能将基盘固定到桩柱(如灌浆或锻压)。

基础和调平系统的设计要求如下：

——海底坡度、安装公差以及可能的冲刷影响；

——重新定位或者调平所造成的吸力；

——应防止土壤侵入到桩套中；

——可以使用座放或锚定在井口导管头上的油井支撑结构作为结构基础。应验证基础系统的完整性；

——对于基础和群座,应采取适当的措施以便保证在飞溅区运输过程中能释放空气以及在穿过海水的过程中能排出海水。同时要考虑到土壤的举升稳定性和冲刷等因素；

——对于自穿入结构来说,应设计成带有边缘的基础结构；

——根据需要,应装备抽吸和泵送的群座,以便进行最终的穿入、调平或者移动前的拆除等作业。应根据选定的修井方案操作抽吸和泵送系统；

——应考虑到结构(在安装过程中和使用过程中)的沉降问题；

——应考虑生产的油气等所带的热量,特别是在有天然气水合物存在时；

——新的拆除要求。

5.12.9 管汇和配管

5.12.9.1 功能要求

管汇系统应具备下列一些功能：

注：每套管汇系统都包括以下部分或全部功能。

——足够的配管,阀和流动控制功能,以保证安全地汇集生产液或分配注入液,如气体,水或者化学药剂等；

——可具备管汇单井测试功能；

——管汇宜提供合适的阀和管径尺寸,以便对海管和管汇进行清管作业；

——(在预计要清管的地方),合适的清管环路(用于双向清管)或发球器/接球器接口法兰或轮毂和合适的阀组和出油管线-井孔的面积；

——如果系统设计为 TFL 作业,则管汇中应提供配管和油井分配装置,参见 GB/T 21412.3—2009[2]；

——管汇应提供必要的进行生产/注采作业的控制和监测系统。管汇系统中可包含有控制系统的液压液/者电力供应的分配系统；

——管汇应具有与海管的连接口。管汇通常应具有足够的灵活性,以便连接或者解脱。对于大直径管汇,通常采用专用的环路来实现。出油管线的连接/断开不宜影响其他的连接。

此外,管汇系统的设计宜：

——允许在井支撑结构上进行采油树安装和回收而不影响管汇连接和其他采油树。这通常利用回收采油树时不切断管汇配管的流动基座来完成；

——根据选择的维修方案,考虑备用跨接管/管线的安装；

——包括在各阶段可能影响水下结构和管线的所有可用载荷；

——根据所确定的屏障原理调整技术要求；

——根据安装和测试方案调整所有的技术要求。

5.12.9.2 设计特点

管汇和配管系统的设计时要考虑流体的特性,包括采出的油气水等、地层水、注入的水或者气体以及所需注入的化学药剂等。

这些流体的常规设计特性包括：

——倾点；

——压力；

——温度；

——化学成分；

——黏度；

——气/油/水含量；

——砂/沥青质/水合物；

——腐蚀性。

5.12.9.3 管汇配管

在单管/汇管设计时，应根据油井预期流量和压力(包括压井和关断压力)确定生产配管的规格(直径、壁厚等)。在规划中应考虑对于注水/注气、气举和TFL作业，参见GB/T 21412.3—2009[2]。确定管线尺寸时要考虑流体速度，以便降低管道压降，并控制流体腐蚀。确定壁厚时，应考虑管道内部腐蚀余量。总体设计和配管/阀的固定应考虑到预期的段塞流引起的载荷效应。通过管汇配管的任何酸化和酸回流都会严重影响材料标准和费用。在确定压力等级时，应考虑到外部静水压力。考虑到高流速影响，要着重考虑油嘴下游配管的设计。如果焊接管汇配管，配管应进行平焊。设计的管汇配管应能将任何积液排放到出油管线接头末端。排水管线宜尽可能将积液排放进主汇管。

ASME B31.3[23]，ASME B31.4[24]，ASME B31.8[25]和DNV OS F-101[30]中的可适用部分可用于水下管汇配管系统。

需要强调的是：本部分不推荐任何一个优于其他的设计理论或标准；所有设计理论都有其适用范围。目的是说明几种针对某一特定的设计要求可行的管汇管道设计方法。但是，以上的任何推荐标准都不能特定地作为水下管汇配管系统的标准。某些设计可涉及多种标准/理论以开发最好的管汇配管系统，考虑到与重量、管线挠性和连接载荷优化等因素。

5.12.9.4 维护

系统维护是设计中的关键环节，因此在设计早期阶段就要考虑基盘/管汇系统的维护方法。需要考虑的因素包括：

——潜水员辅助或者遥控维护方法；

——采用可回收部件的必要性；

——潜水员，遥控作业机器人或者其他维护设备的出入空间；

——区分类似部件的清晰标记；

——为达到一定可见度，需高出海底的安装高度；

——设备拆除时的系统安全性；

——判断失效设备的故障分析能力。

5.12.9.5 井数

在水下井口汇集到基盘、管汇模块和管汇时，井数将根据现场的具体情况变化，同时对基盘的尺寸和管汇的设计产生较大的影响。应考虑预留备用井槽以应付意外情况，如油藏开采方案发生变化、干眼井、钻井问题或者其他不可预见的生产要求等。

5.12.9.6 井距

井距主要取决于所采用的钻井和采油设备的种类和规格、管汇的功能要求以及后续的维护和检测要求等。

应给海管、井口连接器、相应作业工具、相邻的防喷器和采油树提供安装空间，同时还要为检查和维护工具提供通道。

5.13 生产立管

5.13.1 概述

以公认的规范和标准的形式给出了关于生产立管及其部件的特殊要求。可参见GB/T 21445.2—2008[3],ISO 13628-11[10],API RP 2RD[18]和DNV OS F-201[31]中的实例。

5.13.2 设计要点

生产立管系统的设计要求明确其生产功能(流道)、管内的流体性质、施加在立管上的环境载荷以及立管所要连接设备性能等。对于给定的生产立管系统及部件的设计,可以研究和分析出所产生的载荷、力、运动和位移等。

钻井立管和刚性生产立管所用的分析方法相似。然而由于功能不同,在生产立管的设计和分析中应给与考虑,包括使用寿命、流体类型、高压以及检查频率等。

5.13.3 功能和作业考虑因素

在保持结构完整性的同时,每条管线的设计都应满足产量、压力、腐蚀、冲蚀以及温度方面的要求。作业性能方面所需考虑的因素包括极恶劣的风暴、锚定故障、海洋污浊、管线与立管之间抗外载引起连接载荷等工况下的处理措施。有关检查、维护和修理方面的长期规划也将影响立管系统的设计。生产活动,例如各种管线内的清管作业,解脱立管连接前的气体的排放措施等,也可能影响生产立管的设计。

为了得到满意的操作性能,无论是悬挂在FPU上还是在海底,立管的设计必须与其所连接的设施相对应。在FPU偏移最大时必须明确选择立管是保持连接、解脱和悬挂,还是解脱并全部回收。通过在海底混合生产的方式可减小立管的尺寸和复杂性,然而可能会增加水下设备的复杂性。

5.13.4 生产方面

生产立管的设计不仅要确立系统中可能发生的载荷,还要明确确定管线数目、规格和作业功能等以满足最初的和预期的生产系统的要求。作业要求包括产出液,产出液外输、注入液(水、气体、化学药剂等)、油井测试、环空监测/控制功能和TFL工具等。预期的修井作业要求可能是设计的主要因素之一。上游和下游设计方案的选择都将影响立管的设计。作为备选方案,可用HIPPS系统避免出油管线或下游其他设备(未达到全关井压力标准)超压。HIPPS解决方案在A.8.8中进一步描述。

生产立管的有效寿命在评估磨损和疲劳、腐蚀(包括内部和外部腐蚀)和极端载荷发生可能性等方面都是重要的考虑因素。及早决定这些问题可以简化、并达到满意的生产立管设计效果。

5.13.5 检测和维护

生产立管使用过程中所需要的检查和维护应在设计规格书中给出。检查方法可能对立管的尺寸和配置产生重大影响。检查的方式、方法必须与设备的使用寿命和规范等相协调。系统维护也可能影响到立管的空间形状和所连接的部件,从而影响立管系统的设计。

5.13.6 安装和回收

与作业载荷一样,应对立管系统安装和回收所形成的载荷进行分析。

5.14 遥控作业机器人/遥控作业工具维修系统

修井系统可通过潜水员、遥控作业机器人或专用的遥控作业工具进行作业。在ISO 13628-8和ISO 13628-9中给出了遥控作业机器人/遥控作业工具与水下生产系统及其部件的接口的特殊设计要求应符合公认的行业标准。

5.15 颜色和标记

对水下设备的颜色与标记要求在附录B中给出。

6 材料和腐蚀保护

6.1 材料评价

6.1.1 本条款适用于水下结构、管汇、管道和其他对于水下生产系统的安全和操作性具有重要意义的其他部件的材料评价。

6.1.2 选择材料应考虑以下关键因素：

——应首选市场上广泛使用的，有良好的加工和使用记录业绩的材料；

——考虑到成本、互换性和相关备件的可用性，应尽量避免选用多种不同类型的材料类型；

——设计寿命；

——操作条件；

——在类似的腐蚀条件下材料的使用和防腐方法记录；

——系统通用性要求；

——所用维修原则和系统冗余程度；

——减轻质量；

——检测和腐蚀监测可能性；

——外部和内部环境的作用，包括不同材料的兼容性问题；

——故障概率、故障模式、临界条件和后果评估。应注意所选材料对人体健康、环境、安全和资产的有害影响；

——与防腐和其他化学处理方法相关的环境问题。

6.1.3 通常所使用的材料应满足以下要求：

——为了适应于规定的设计要求，所用材料需列在相关规范中；

——材料必须是通过国家和国际标准机构认证定型的材料；

——材料最好有相应特殊应用的历史记录，比如相同类型的部件和尺寸范围。

6.1.4 如果需要焊接作业，则选用的材料具备可焊性。

6.2 金属材料

6.2.1 原油系统中的腐蚀性评价

6.2.1.1 腐蚀评价至少应包括以下内容：

——CO_2 含量；

——H_2S 含量；

——氧气含量以及其他氧化剂的含量；

——操作压力和温度；

——酸碱度，pH 值；

——卤化物浓度/水的化学特性；

——速度、流型。

6.2.1.2 如果系统中的某部分在水露点以下运行，可明确为湿气系统。

6.2.1.3 CO_2 腐蚀评估应以公认的腐蚀预测模型或者该油气田以前的作业经验基础。

6.2.1.4 进行管线防腐设计时，缓蚀剂效率应按 85% 计算，并考虑乙二醇/甲醇注入对防腐效率的影响。

6.2.1.5 除非有可用的相关的现场资料或者测试资料，否则缓蚀剂的实际效率应有缓蚀剂测试验证的记录。

缓蚀剂性能评估要完全能反应出产品组分、腐蚀性和流型相关的预期工作环境条件。

6.2.1.6 在含有冷凝水的油气管路系统中，通过应用组合了 pH 稳定剂的缓蚀剂，而不是单独使用缓蚀剂，可以降低腐蚀性。除非有相关的文献资料，否则缓蚀剂和 pH 稳定剂的共同作用效果应通过腐蚀测试进行确认和记录。

6.2.1.7 在开采周期内要评价“含硫”带来的风险，尤其是预计进行注水作业时。

6.2.1.8 应用在“含硫”场合（H_2S）的碳钢、低合金钢和耐腐蚀合金应满足 GB/T 20972.1—2007[1] 中的要求。

6.2.1.9 如果根据上述条件的规定，其应用场合确定为“含硫”场合，那么干燥法或者缓蚀剂的使用也不能降低对使用抗硫材料的要求。

6.2.2 注水系统中的腐蚀评估

6.2.2.1 注水系统包括脱气后的海水、未经处理的海水、产出水、地层水及相关注入系统设备。

6.2.2.2 在常规的脱气工艺中，进行脱气后注入海水的腐蚀分析时，应以适当的最大作业温度和以下氧气当量水平为基础：

（氧气当量$=10^{-12}$氧气$+0.3\times10^{-12}$游离氯）

90%的作业时间内的允许氧气水平为50×10^{-12}，而10%的非连续作业时间内的许可水平为200×10^{-12}。尽管脱气系统规范给出了更严格的要求，应以上述数据作为选择材料时的依据。如在正常工况下，氧气当量或者温度分别超过50×10^{-12}或者30 ℃(86 ℉)，则材料选择的依据需要经过专门评估。

6.2.2.3 低腐蚀条件下使用的碳钢作为水下注入管线，其最小腐蚀容许值为3 mm(0.118 in)。如果腐蚀裕度大于3 mm～4 mm，设计宜考虑固体耐腐蚀合金或包覆管线。

6.2.2.4 在脱气后海水和产出水/天然气经常交替流过的注水系统中，选择材料时要考虑这些因素。如果系统中出现回流，则所有与注入水发生接触的部件都应具有抗油井处理用化学药剂或者增产化学药剂的腐蚀能力。对于碳钢管道，应对最大流速对系统的腐蚀性和磨蚀程度进行评估。

6.2.3 设计要点

6.2.3.1 电化学腐蚀防护

如果不同的金属连接在一起，则需要进行电化学腐蚀评估。

6.2.3.2 碳钢焊接

对于应用腐蚀作业的管道或者注水管道，焊接需要与基体材料兼容，以免焊接区域或热影响区出现局部的腐蚀。

6.2.3.3 金属密封

对于那些暴露在海水中，又没有阴极保护的金属密封，应选用耐腐蚀的合金，如：UNS R30035、R30003、N06655和N10276等。一般而言，金属密封材料应凸出于周围的平面。

6.3 非金属材料

6.3.1 在对特殊应用性能进行全面评估的基础上，进行选择聚合材料，包括用热塑料或者合成橡胶制成的密封。针对具体应用场合的不同，对应用性能进行评价，并记录：

——在使用温度和环境条件下的热稳定性和抗老化能力；
——物理和机械性能；
——热膨胀、循环和动态位移；
——由天然气或者液体吸收造成的膨胀或者收缩；
——对高压延展或者蠕变的抵抗能力；
——气体或者液体扩散；
——在高压油/气系统中的抗减压能力；
——抗化学腐蚀性能；
——制造工艺的控制；
——注入的化学药剂。

6.3.2 对应用于承压场合的聚合材料密封应做详细记录，而且文档中应包括供应商所提供的相关材料。

6.3.3 文档中应包括与设计、应用区域/类型和设计寿命相关的所有重要记录。还应包括由相关和独立的测试/在相似设计、作业和环境条件下得到的已证实了的成功经验。基于质量试验获得的结果，使用阿雷尼乌斯曲线法来计算使用寿命。

6.3.4 所采用的聚合材料与材料质量测试中使用的材料或者有成功应用业绩的材料都必须为同一个制造商，并且都采用相同的制造方法和工艺进行制造。进行测试过程时应采用正常生产工艺生产的产品或者是正常生产工艺和常规生产设备完成的测试产品。材料的测试应在应力条件下进行。根据具体应用场合的不同,应力可以为压缩力或者张力。

6.4 应用于水下设施的螺栓材料

6.4.1 配管系统和设备中所使用的通用螺栓材料应是根据表1中的要求选择的碳钢或者低合金钢。当金属温度低于60 ℃(140 ℉)时,直径小于10 mm(0.394 in)的螺栓可以选择316型不锈钢材料。

对这些螺栓材料要采取必要的阴极保护措施。

表1 螺栓材料

温度范围 ℃(℉)	螺栓	螺母	规格范围 mm(in)
−100(212)~400(752)	ASTM A 320[29]等级 L7	ASTM A 194[28]等级 4/S4	<65(1.969)
	ASTM A 320[29]等级 L43	ASTM A 194[28]等级 7	<100(3.937)
−46(115)~400(752)	ASTM A 193[27]等级 B7	ASTM A 194[28]等级 2H	全部
−196~+60 (−320~+140)	ASTM A 193[27]等级 B8M,1类	ASTM A 194[28]等级 8MA/8MA 使用8MA等级,1类的螺栓	全部

6.4.2 水下结构物所使用的螺栓材料应为碳钢或低合金钢,并具有以下特点:

强度类别,不应超过ISO 898-1[5]规定的螺栓8.8级,ISO 898-2[6]规定的螺母8级,最大许可硬度为300 HBW或32 HRC。对于所采用的每一批次螺栓都应进行现场硬度测试。

应使用低合金螺栓连接材料的碳。根据本部分,直径10 mm或更小的螺栓应是不锈钢的。如果承受迎来部分暴露在湿润含盐环境条件下,A4合金(316合金)的金属温度应低于60 ℃。对于螺母,应参见ISO 3506-2。

6.4.3 承受循环载荷而不是压载的螺栓宜进行碰撞测试。在高腐蚀环境/使用CRA材料的地方,推荐使用防腐螺栓。如果在环境温度下,也就是在螺栓暴露在脱气的海水中,并且无法使用阴极保护时,所要求使用的防腐螺栓可以是625合金。对在实际设计工作温度的材料应具有合适的机械性能。如果有合适的文件证明,也可使用其他合金。

6.4.4 碳钢或者低合金螺栓材料应采取电镀或者其他类似的防腐措施。如果存在厚的镀锌层溶解,并造成螺栓预张力损失的风险,如在热浸电镀工艺中那样,则采用电解电镀或者磷化处理工艺。电解电镀后要进行烘烤。用于电气连接的聚四氟乙烯基的镀层也可使用,并已经得到了测量结果检验。镀镉技术不可以使用。

6.4.5 拧入到部件内部的螺栓材料应与部件本体材料兼容,在金属磨损以及部件拆除时便于进行维修。电化学腐蚀、可能的热效应以及阴极保护效果等也应考虑。

6.5 外腐蚀防护

6.5.1 基于表层镀膜和阴极保护相结合方法的防腐蚀系统宜包括在水下结构、管汇和模块的设计之中。

6.5.2 设计应保证每个部件在其设计寿命内具有可靠的电气连接,其中包括与海底管线终端相关的电气连接。针对特定设计寿命的电气连接宜考虑备用线路,以避免现有连接出现故障。阴极设计应遵循DNV RPB 401[32]、NACE RP 0176[35]或ISO 15589-2[12]。

6.5.3 水下应用中建议采用阳极焊接接头。尽可能地避免使用法兰或者螺纹连接。阴极保护系统的电气连接应通过测量所有部件和没有焊接到阳极的部分的实际测量来验证。

6.5.4 对于永久性安装在海水中且无法采用有效阴极保护措施的部件,应采用耐海水腐蚀的材料制造。允许腐蚀(即在不会破坏承压能力以及结构完整性的条件下)的部件除外。

6.5.5 选择材料时应考虑部件发生故障的可能性和后果。

6.5.6 在环境温度下，下列材料可以被认为是具有耐海水腐蚀性：

——合金 625 和其他具有相当或者更高 PRE 值的镍合金[PRE=%Cr+(3.3×%Mo)+(16×%N)]；

——钛合金，提供阴极保护条件下相关作业的性能记录。钛合金不应暴露于氢氟酸或、纯甲醇(>95%)、水银或水银基化学制剂中。如果没有文件记录钛合金在相关操作温度范围内应用的情况，钛合金不应用在水下有阴极保护而与海水直接接触的场合；

——玻璃纤维强化塑料；

——其他金属，能提供适当的证明材料。

6.5.7 6Mo 型和 25Cr 型双相不锈钢材料当温度超过 15 ℃(59 ℉)时，是临界工况而且不具有完全的抗海水腐蚀性能。如果没有阴极保护，这些材料不能用于螺纹接头。

6.5.8 应确定维修作业中的阴极保护检测点的位置和数目，并做好准备。

6.6 材料的设计限制

6.6.1 概述

所有钢材(包括螺栓在内)的推荐做法为：

——对于碳钢和低合金钢：屈服强度与抗拉强度(实际值)之比不能超过 0.9。

——对于用于焊接的材料：阴极保护(CP)会导致氢原子在金属表面形成。氢原子可以与氧分子结合或被金属体吸收。对于后者的情况，氢原子与承受高应力部件的微观结构互相作用，导致与氢相关的裂化产生并促进其发展，也就是“氢诱发应力破裂(HISC)”。对于高张力的马氏体碳、低合金和不锈钢，出现过由阴极保护诱发的破裂。铁素体-奥氏体不锈钢也宜被认为对 HISC 较为敏感。阴极保护与金属材料和涂层的相容性宜进行检验并记录存档。在存在很高局部应力时，验收合格的铁素体/马氏体和复式不锈钢也会发生阴极保护导致的破裂。对于边界处的材料，在局部设计时宜注意避免应力集中因素。对带阴极保护的水下部件可以按下列条件选择材料：对于碳钢和低合金钢，规定的最小屈服强度不能超过 700 MPa[螺栓为 725 MPa]；实际的屈服强度不应超过 900 MPa。也可以验证基础材料的实际硬度不超过 300 HBW。对于碳钢焊接，适用的最大硬度限制为 325 HV10。对于不锈钢和有色金属材料，通过限定材料实际硬度来控制氢脆，对于用做基础的材料，其硬度不低于 300 HV10，而用于焊接的材料，其硬度不低于 320 HV10。

——由于不同的要求，子系统材料可能具有不同的质量。

6.6.2 挠性管

6.6.2.1 应考虑内部/外部环境导致的钢制加强筋的腐蚀/疲劳腐蚀引起失效的可能性。如应用于“含硫”场合，则应考虑 H_2S 对加强筋的影响。通过聚合物薄板扩散的天然气可以认为是湿气。如果在钢丝加强网上进行了焊接作业，设计时要考虑由于焊接作业引起的强度降低。

6.6.2.2 进行海底生产管汇、配管和管线等与周围系统的接口设计时，要选择合适材料/采用电隔离方法以免内部发生电化学腐蚀。

6.6.2.3 当发生麻点腐蚀或者局部磨蚀穿透管线、而软管的性能和可靠性不受影响时，非键连接的管线内部金属涂层材料可用 316 型不锈钢材料(不能用于未经处理海水)。选择内部材料时要考虑在安装和调试的过程中暴露于海水中的可能性。

6.6.2.4 需要记录的内容如下：

——材料性质：用于确认设计要求与制造质量之间的符合程度。

——设计寿命：根据 6.3 中的要求，证明聚合材料对外部和内部环境具有耐受性，并且可以在系统的整个设计寿命内维持适宜的机械和物理性能。

6.6.3 分配系统

6.6.3.1 对于聚合软管，选择材料时应对所要输送的液体进行评估，但软管不能用于输送纯甲醇(含水量低于 5%)，请参见 ISO 13628-5。

6.6.3.2 环空泄放系统的材料选择应考虑暴露于产出液、甲醇、完井液和压力补偿液等混合液体中的影响。在储存和运输过程中,应对聚合物基的软管进行保护,避免紫外线照射。

6.6.3.3 应执行一套软管质量检查检验程序,包括在可代表实际工作压力的应力条件下对候选材料进行测试,除非有现有的成文验证记录。基于质量检验的结果,可以利用阿雷尼乌斯曲线等外推法计算出其使用寿命。

6.6.3.4 对于复合脐带缆中电缆的绝缘材料也必须经受相关流体测试。电器终端材料的选择应具有相似材料,这样可以保证各层之间的粘接良好。应对用于电缆外部层(分流导线)以及电力分配系统接头的金属、聚合材料和对电介质/压力补偿液、海水的相容性进行验证。独立防止海水侵入功能相对使用寿命的关系需要记录下来。

6.6.3.5 应有文献证明液压和化学药剂分配系统中的不同单元与相关流体、电介质流体和海水的相容性。

7 制造和测试

7.1 一般要求和推荐做法

7.1.1 单个部件和设备的零件应满足具体的要求并通过 FAT 和系统综合测试的验证。水下生产系统应:

——按照预先确定的质量程序和质量计划进行生产和测试;

——尽量采用经过油田现场证实合格的材料、部件和工艺来制造;

——控制尺寸使其符合设计图纸的要求,应予记录允许误差;

——进行模拟实际现场条件的测试;

——在交运前应进行 FAT 测试;

——在交运前应按要求进行保护和包装。

7.1.2 应在制造现场进行全面的验收测试程序,以确保部件的制造满足具体要求,并满足系统性能要求。出现的所有故障应修复并加以分析,以便找到故障的原因/后果,这样可以检查计算出系统可靠性,并确定误差是不是可以接受。

在整个装置运离制造场地之前,应对子系统到整套装置都进行必要的测试。

在制造过程中对设备所做的修改和改变应予记录在案。

应通过清洁总成和冲洗的方式对整个液压系统进行清洁,应在液压系统中应在方便的地方设置冲洗/排放口。

电子部件应进行"出厂验收测试"以便及时发现有潜在故障的部件。

所有的液压子系统宜通过验证能满足整个系统清洁度要求,需在发送和连接到分界面系统之前进行验证。

7.2 测试程序

7.2.1 测试程序格式

7.2.1.1 典型的水下设备综合测试程序应包括以下内容:目的/目标、范围、工装/装配要求、设施、装备、环境和人员、性能数据、变更、认可标准、合格证和参考信息。

7.2.1.2 各种不同类型的测试步骤应与综合测试和调试程序相类似。开始测试之前,应制定概要性的调试程序。因此在制定实际的测试程序之前,要明确最终用户的要求。其主要目的是尽可能地从一个阶段向下一个阶段过程中获得有用的经验。因此,出厂验收试验过程中所获得的经验在综合测试与调试过程中的测试活动中是适用的。

7.2.1.3 需要考虑的关键参数包括系统在安装和运行的各个阶段中可能承受的所有载荷、压力、环境和操作条件的模拟。

7.2.1.4 由于性能要求、材料结构或设计的要求,宜建立一个专门的鉴定/测试步骤对需要鉴定的组件或设备进行检验。DNV RP A203[33]提供了合适的准则。

7.2.2 测试类型

7.2.2.1 概述

根据生产系统的不同,可以进行多种检查。如果可能,最好用实际的水下设备和工具进行测试。如果无法进行全尺寸测试,则系统性能可通过验证分析来证明。

7.2.2.2 装配、安装以及功能

包括备件在内的所有部件都必须经过测试,以方便安装、处理和互换。应在动态和静态两种情况下分别检查接口情况。

如果无法实际检查接口部件情况,则可以使用夹具和模型进行测试。但建议在可行的情况下尽量使用实际设备。对于大批量生产的设备,至少应对最初生产的设备进行测试。

安装测试用于证实系统的导向和定向功能。在一定情况下,需要进行湿式模拟测试,以便验证部件和系统在水下功能是否正确。

在某些领域中,对新的设计或者没有得到过检验的设计应进行循环测试或者破坏性测试以验证功能的可重复性。这种测试的主要目标是测试阀功能、数据传输功能、液压和化学药剂接口和工具功能等。

偏心度检查中应考虑累积公差、累积高度、水平平面、定向和角度配合等问题。具有自对中功能的设备要有意偏心以验证其对中能力。

功能检查中应包括装配、正常的紧急释放、可逆性、重复性和压力完整性。测试的顺序应该是单个部件、作业工具、子系统和整个系统装备。

7.2.2.3 模拟

测试应包括模拟实际油田现场和环境条件下从安装到维护的各个阶段和所有操作。对于处理和运输、动态载荷和备用系统需进行专门的测试。性能测试是可用的,能提供响应时间、作业压力、液体体积、故障诊断和系统关闭等操作的相关数据。

7.3 综合测试

7.3.1 综合测试过程中将进行各种测试以检查设备的可靠性,并且用以说明公差要求以及整套系统的功能等。测试前应编制有关综合测试的详细程序。

水下生产系统的综合测试应包括下列检查:

——备有文件证明的、卸载前各部件和子系统的综合功能测试;

——最终的有文件证明的功能测试,包括井筒测试和泄漏测试;

——最终的有文件证明的、所有电气和液压控制接口的功能测试;

——有文件证明的、所有接口部件和模块的定向和导向安装测试;

——模拟实际的安装、修井和生产作业模式以验证和优化相关的作业程序和规范;

——依据实际情况,进行特殊工况、包括极限公差下的作业模拟,以发现系统、工具和程序中存在的不足;

——依据实际情况,进行相应条件下的作业,以获得系统数据,如执行关闭指令的响应时间等;

——通过测试证明设备能按计划(必要时可用湿式实验条件)装配并具有其作为一个完整系统的正常功能;

——根据要求填充相宜的流体,并进行润滑、清理、保护和储存;

——最终检测以验证完工文件的正确性。

7.3.2 整体测试范围宜在早期阶段确定。整体测试程序的一个典型案例见附录C。

7.3.3 进行所有综合测试时,人员培训、包括对设备和程序的熟练和使用都很重要,这对于提高安装作业能力、保证安全和提高效率等尤为重要。

7.3.4 再次订购已经过质量验证的产品时,可考虑减少测试范围。

8 操作

8.1 概述

本节主要用于为水下生产系统的作业提供一般要求和推荐做法。

本节中简要介绍以下作业：

——运输和装卸；

——安装；

——钻井和完井；

——连接和调试；

——维修；

——维护；

——废弃。

8.2 运输和装卸

水下生产设备应：

——允许钻机起重机进行吊装作业(如果必要)；

——较少的特殊运输要求；

——标记有专用数字、净重和起吊能力等。

进行海上设备设计时，要考虑到海上船舶的起吊能力。

8.3 安装

8.3.1 安装过程中的要求

水下生产设备安装要求如下：

——不依靠液压来维持(模块与模块)连接器之间必要的锁定力；

——允许在不影响安全前提下停止作业；

——允许在接口连接后对其进行测试/验证；

——允许进行快捷、简单和可靠的模块安装；

——如果可行，可配备有在安装前利用测试橇块就可进行测试的设备；

——在连接过程中应尽量避免水或污染物进入液压回路(这将对系统的正常工作造成威胁)；

——简化安装过程中的定位和导向；

——为海底管线的计量、清管作业提供必要的手段(临时或其他)；

——允许接口连接部位存在少量的海底碎屑，或者在安装前进行冲洗；

——允许波浪引起的载荷；

——安装和作业过程中应避免有害液体的泄漏；

——尽量避免可能造成生产液泄放的设备发生故障；

——进行定期测试，以确认系统功能完全正常。

8.3.2 安装方法及设备

8.3.2.1 应根据所选的维修策略来选择水下结构和配管系统的安装方法及设备，以确保作业过程安全和可靠。水下生产系统应满足以下要求：

——安装设备(包括临时和永久设备)不应阻碍或限制维修通道；

——应根据所选的维修策略拆除安装作业所使用过的吊索、吊梁/框架/设备，并配备备用系统；

——在安装、解脱、再连接以及拆卸过程中，安装系统不应对永久性设备造成任何威胁；

——起吊/安装布置尽量减少起吊高度；

——用于安装的起吊架(可选)上应有吊索摆放区和牵引绳连接件，必要时还需有平台和支撑用于安装仪器、临时性梯子、检查平台；

——安装方法和操作宜反映出环境条件，包括海底性质和准备要求。

8.3.2.2 水下系统应：

——录制安装作业过程图像；

——使用故障安全型作业工具；

——尽可能地不依赖独有的安装船；

——用最少的安装船进行安装作业；

——要求在指定气候窗进行安装作业时，这些天气条件应符合所使用的安装设备和安装船；

——采用正确的安装工具和相应的经文件证明的步骤进行安装；

——易于可按完全可逆顺序进行的安装技术/操作；

——与修井系统之间具有标准的界面；

——在投产阶段，如果需要为测井/洗井进行水合物/蜡/补偿控制等，则便于化学药剂注入。

8.3.3 船的考虑因素

应对使用多功能船和多艘专用工作船进行各种安装作业、调查、水下结构安装、水下连接进行比较和效益分析。

在工程设计阶段应进行安装分析及制定程序纲要，选定安装船后就应确定最终的安装程序。

特别地，考虑所有动作（包括偶然偏差的情况）时的紧急断开装置。

8.4 钻井和完井

8.4.1 在钻井和完井作业期间，水下系统能否满足与各种钻井设施接口和作业的要求对操作和安全来说是非常重要的。

这些与钻井作业相关的要求在项目初期就应明确，以保证在水下设备的设计中正确实施这些要求。

8.4.2 水下钻井和完井设备应：

——在修井模式时，紧急情况下可以关闭底部立管总成、解脱紧急解脱组件（如果适用），并应当给出基于危险分析的响应时间；

——在钻井时，如出现紧急推力，可以关闭防喷器闸板，并解脱钻井立管的 LMRP 的连接。应通过风险分析确定所需的响应时间。

8.4.3 此外，水下系统可以

——易于进行同步作业，例如钻井/完井/管线固定/模块更换等；

——易于进行钻屑清理和处理。

8.5 安装和调试

8.5.1 概述

本条款中提出了进行水下生产系统的预调试/调试的推荐做法，包括平台/船舶上部进行的所有活动。预调试/调试的主要目的在于：

——验证整套水下生产系统运行良好；

——验证水下生产系统与平台系统的所有接口；

——证明水下生产系统已作好投产准备。

预调试/调试可以被细化分解为以下几步：

——验证位于上部的水下生产设备控制系统；

——验证位于水下系统的上部公用系统；

——验证管线和管线隔离阀；

——验证水下生产系统。

8.5.2 详细要求

安装前，所有的设备应进行过全面的综合测试。预调试/调试程序应以综合测试程序和操作程序为基础，预调试/调试活动可能与本条款中的描述相关。

8.5.3 水下生产控制系统上部设备的验证

测试目的在于验证安装在上部的水下生产控制系统的功能是否正常,并验证其与其他上部系统的接口情况。紧急关断功能验证、响应时间监视也应为测试的一部分。

位于上部的水下生产控制设备可被分解为以下组件:

——上部控制单元。该单元中包括用于水下控制的应用程序,还可以包括上部调制解调器,并为水下的电子模块提供电力供应;

——液压动力单元;

注:该单元为水下生产系统提供液压动力。

——不间断电源。

注:该单元为关键部件提供电源,可以是平台通用不间断电源的一个组成部分。

如果下列功能得到验证,则可认为测试程序已经成功完成:

——不间断电源的功能测试;

——安装在平台上部的控制单元可以直接将来自安全和自动化系统的命令传递给水下控制模块,并恰当地反馈给安全和自动化系统的影像显示装置;

——从水下生产控制系统发出的关断功能测试;

——液压动力单元的功能测试;

——根据平台生产关断/紧急关断系统的指令,验证安装在平台上的控制单元是否发出了适当的命令。

在这些测试过程中,平台上需要有一个水下控制模块和控制模块测试台。

8.5.4 水下生产系统的上部公用系统测试

本测试的目的在于确认水下生产系统的上部公用系统的功能。典型的系统是指:

——甲醇注入系统;

——环空泄放系统;

——缓蚀剂注入系统;

——防垢剂注入系统。

以下验证完成后,测试程序就成功完成了:

——压力测试/泄漏测试;

——操作所有阀;

——系统功能测试。功能测试中应包括适当时候对压力调节能力/或者流量调节能力进行验证。

准备使用这些设备进行"水下测试"之前,应进行以上性能测试。

8.5.5 管线和管线隔离阀的试运行

8.5.5.1 试运行活动

管线和管线隔离阀的预调试/调试程序如下:

——管线的压力测试;

——管线的脱水;

——水下管汇阀的泄漏测试;

——上部隔离阀的泄漏测试;

——水下管汇阀的功能测试;

——上部隔离阀的功能测试;

——平台调节阀的功能测试;

——验证与平台隔离阀相关的关断系统;

——出油管线的干燥(如果出于流动安全的原因)。

8.5.5.2 管线的压力测试

进行管线压力测试的目的在于验证管线的完整性。以下验证完成后,测试程序就成功完成:

在要求的测试时间段内(通常为8 h～24 h),或者根据当地法规规定,在经过了一个适当的稳定时间段后未发现泄漏。

应为测试制定验收标准。通常定义的测试压力为最大操作压力的1.25倍。设计的选择标准将决定采用的测试压力(参见5.11.3)。

8.5.5.3 管线的脱水

进行管线脱水的目的是为投产做准备。管线可充填柴油、原油、氮气或者天然气。

8.5.5.4 系统阀门的泄漏测试

测试目的在于验证所采用阀门的泄漏量在可以接受的范围之内。在气田开发中,应考虑对上部的设备使用氮气做泄漏测试。

8.5.5.5 水下管汇阀的功能测试

测试目的在于验证水下管汇上的阀门能正常操作。这些阀门可以是遥控操作型或遥控作业机器人操作型。

以下验证完成后,测试程序就成功完成了:

——通过生产控制系统操作遥控阀门。位置指示系统的正常工作应为测试的一部分;

——遥控作业机器人操作型阀门的操作。测试过程应包括旋转作业工具与阀门之间的接口情况,进行综合测试时间验证阀门的操作和阀位指示系统。

8.5.5.6 上部隔离阀的功能测试

本测试的目的在于确认上部隔离阀的正常功能。

以下验证完成后,测试程序就成功完成:

——隔离阀的本地和远程操作(如可行);

——本地位置指示系统正确;

——SAS系统中阀位指示正确。

8.5.5.7 上部油嘴的功能测试

测试目的在于验证上部油嘴的正常功能。

以下验证完成后,测试程序就成功完成了:

——通过SAS系统进行的油嘴操作(0%到100%)(要求得到现场验证);

——SAS系统中阀位指示正确;

——验证油嘴从全开到全关所需要的时间。

8.5.5.8 与平台隔离阀相关的关断系统的验证

本测试的目的在于验证当生产关断/紧急关断所设定的情况发生时,所有在用的隔离阀都处于关闭状态。

当隔离阀针对所有预设的关闭诱因都能关闭时,测试程序就成功完成。生产关断/紧急关断因果图给出这些动作因果关系。

8.5.6 水下生产系统的试运行

8.5.6.1 试运行活动

有关水下生产系统的预调试/调试程序如下:

——测试电力分配系统的绝缘电阻和导通性;

——验证水下生产系统与控制模块间的通讯;

——外部传感器的功能测试;

——液压分配系统的泄漏测试;

——化学药剂注入分配系统和环空泄放系统的泄漏测试;

——水下采油树和管汇阀的功能测试;

——水下采油树阀门的泄漏测试;

——环空、生产井筒管汇和井下监测传感器测试。

8.5.6.2 电力分配系统绝缘电阻和导通性测试

本测试的目的在于验证电力分配系统的完整性。测试程序应遵循的策略为：在水下连接作业之前进行子系统验证。最终测试应验证从平台到水下控制模块的整套电力分配系统。

8.5.6.3 验证与控制模块之间的通讯

本测试的目的在于建立和验证平台上部控制单元（或者测试用PC机）与采用的水下控制模块之间的通讯。验证控制模块内部工作状态正确应为测试的一部分。

为了完成测试，要进行下列系统的测试：

——电力分配系统；

——安装在平台上的水下控制单元或者上部测试控制器。

以下验证完成后，测试程序就成功完成：

——根据规范要求在上部控制器与水下电子模块之间建立了通讯；

——水下电子模块传输的内部数据在上部控制单元中的显示值在可接受的范围内；

——验证内部控制模块传感器的数据合理。

8.5.6.4 水下外部传感器的功能性测试

本测试的目的在于验证外部传感器（包括压力/温度传感器，天然气泄漏探头等）向上部控制器传递的数据合理。

如果所有的被测试传感器都能向上部控制器传递可认可的数值，测试程序就成功结束。

8.5.6.5 液压分配系统的泄漏测试

本测试的目的在于验证液压分配系统中无泄漏发生。测试程序应遵循的策略为：在水下连接作业之前进行子系统验证。最终测试应验证从平台到水下控制模块的整套液压分配系统。

为进行测试，要对液压动力单元或测试单元进行验证。

如果在指定的保压时间内没有出现明显的压力下降，则可认为测试程序已经成功完成。应为各个测试制定验收标准。

水下控制模块中的控制阀有一定的泄漏量，在制定验收标准时应考虑这个问题。

8.5.6.6 化学药剂注入和分配系统、环空泄放系统的泄漏测试

本测试的目的在于验证化学药剂和环空泄放分配系统中没有泄漏现象。测试程序应遵循的策略为：在水下连接作业之前进行子系统验证。最终测试应验证从平台到水下采油树的整套系统。

为了进行测试，应验证化学药剂注采系统或者测试单元。

如果在指定的保压时间内没有出现明显的压力下降，则可认为测试程序已经成功完成。应为每个测试制定验收标准。

8.5.6.7 水下采油树上阀的功能测试

本测试的目的在于演示生产模式下水下采油树上阀门的操作功能。

为了进行测试，要对以下系统进行验证：

——水下采油树，从钻井平台上进行验证；

——分配系统；

——控制模块（通讯验证）；

——HPU或者测试单元；

——安装在上部的水下控制单元；

——甲醇注入系统或适当的测试系统；

——环空泄放系统。

以下验证完成后，测试程序就成功完成：

——所有由生产控制系统控制的水下采油树上阀门都能执行来自于平台上部控制单元的开启和关

闭指令；

——平台上部控制单元验证实际的阀门开启和关闭已通过阀定指示系统操作。

对于冗余系统，水下采油树阀的操作应分别从两条控制线路独立完成。

编写详细测试程序时要考虑阀两侧的压力平衡问题。

8.5.6.8 水下采油树阀的泄漏测试

本测试的目的在于验证水下采油树阀的泄漏率是否在可接受的范围内。未从钻井平台上进行泄漏测试或者完井后被空置了一段时间时，才需要进行这种泄漏测试。

为了进行测试，要对以下系统进行验证：

——从钻井平台上验证水下采油树；

——控制分配系统；

——电子控制模块(通讯验证)；

——HPU；

——安装在平台上的控制单元；

——化学药剂注入系统；

——环空泄放系统。

以下验证完成后，测试程序就成功完成：

——对接受测试的阀，应记录大约为 4 min 的压力值。应根据 GB/T 21412.4—2008 确定制定验收标准。在测试过程中阀压差为 5 MPa(725 psi)到 9 MPa(1 305 psi)。

应注意使用最小的压差来操作阀门。

在操作采油树阀的时候，典型的最大压差为 3 MPa(435 psi)。

附录 D 中介绍了一些典型的调试程序。

8.6 井的维护

8.6.1 可以通过垂直进入井筒或通过连接到生产站的过油管线液压泵送方式来进行井的维护。

8.6.2 通过采油树或者采油树拆除后安装的防喷器可以垂直进入井筒。对于卧式采油树，一般通过采油树进行修井作业。带有承压管线和控制回路的立管系统应将水下采油树或者防喷器连接到水面船上。应装备相匹配的水下或者水面防喷器以便满足所作业要求并符合公认的工业经验或者相应的法规。

8.6.3 在进行任何潜在的、可能与井液接触的修井作业之前，要采取可靠的措施确保水下井口的安全。断开任何压力连接之前，至少要建立两重上游压力控制屏障(如果可行，要进行压力测试)。可以通过关闭采油树阀或者 SCSSV、安装油管塞、关闭环空止回阀或利用压井液替换井筒中流体形成压力屏障。最佳程序根据具体情况确定，并应由作业者进行判断。

8.6.4 在安装或者拆卸与水下采油树/井口装置连接的工具时要特别小心，尽量避免对所安装设备造成破坏。如果可能，在拆卸和安装设备的过程中可以将钻井平台或者水面船迁移到中心以外的地点，以减小落物或者碎屑落入井筒或者临近部件的风险。

8.6.5 完成油井修井作业后，应根据原有的安装程序重新安装并测试井下和采油树部件。

可以采用过出油管方法，即通过将过出油管工具泵入管线的方式，在远处的生产站上进行井下补救作业。通常的 TFL 维护作业包括更换仪表和设备(如地面控制的井下安全阀)。

8.6.6 修井作业期间，只能通过修井控制系统实现井的控制。可以利用修井作业船对临近井进行关闭操作(通过与依托设施之间可靠的通讯)。

8.6.7 在一定范围内的、合适的修井船都可操作修井作业系统。

8.6.8 所有出现液压故障时用于切断井筒通道的阀门都应具有机械操控功能。

8.6.9 应对可回收部件/模块的可靠性进行评估。

8.6.10 宜确定安装和回收过程中设备的操作局限。

8.6.11 应评价安全处理区域的需要量。

8.7 维护

8.7.1 概述

永久安装的水下设备的维护大体分为两个方面:水下设备和水面设备维护,包括水下作业工具包和立管。

8.7.2 计划

8.7.2.1 进行水下系统和硬件设计期间就应开始制定维护计划。明确潜在的维护任务、评价可选的处理方法、并对可能的维护方法做出选择,以便将其整合到水下系统和硬件设计中。有时,采用简单和基本的维护方法就可以达到作业要求(如潜水员利用手动工具作业),而在其他时候,可能需要无潜水遥控作业工具。

8.7.2.2 在陆上测试期间时,应对专用的维护工具和程序进行全面的测试和评价。应制定测试程序纲要,同时如可行应尽量进行全尺寸测试。建议对水下硬件和维护工具进行详尽的摄影/录像记录档案。

8.7.2.3 开始进行任何水下维护作业之前,首先应制定详细的操作程序,其中应说明计划开展的工作,并明确如何协调维护作业与同期进行的其他现场作业之间的关系,同时要列出维修作业所需的、特殊材料、设备和服务清单。

8.7.2.4 负责水下设施安装作业的部门应协助进行维护工作,这样有助于确保所有的维护和其他活动安全有效地进行。

8.7.2.5 应详细的记录整个维护作业过程,在合适的地方,要求保存必要的文件证明。

8.7.2.6 维护计划宜包括水下和水面设备和系统的定期检查。

8.7.3 海底设备维护

8.7.3.1 可以通过更换模块或者就地修理的方式对位于海底或靠近海底的设备进行维护(如井口设备、采油树、控制模块、阀、管汇、基盘、海底管线、海底管线连接器、立管基座和立管等)。模块或部件更换方式包括:将需要修理/维护的部件整合到一个组合装置中,将该装置带回地面进行更换或者修理。也可以利用配置在管柱、钢丝绳和遥控作业机器人上的作业工具,或者潜水员、常压舱或者其他载人潜器等人工修井方法进行模块的拆卸和更换。

8.7.3.2 就地修理是指无需将设备带回地面而直接在海底进行维修作业,可以通过遥控作业工具、遥控作业机器人、常压或高压潜水实现。

8.7.3.3 开始进行维护作业之前,要尽力判断和明确问题所在。首先要关闭受影响的井,并保证水下设备处于安全状态,以便拆除/修理所需维护的部件。对于管汇系统,可能在隔离受影响的井的同时继续正常作业。应采取必要的措施,如使用工作资格证等,以防操作人员在部件或者相关设备处于安全状态后的误操作。

8.7.3.4 带压导管应被泄放到常压。如果可能,最好将生产液和其他可能的潜污染流体从回路中排出。

8.7.3.5 如果供电电路会对潜水员和其他维护系统造成威胁,则应关闭。

8.7.3.6 在钻杆或者电缆上进行安装和回收作业工具及模块时,必须小心操作,以免在定位或者安装作业过程中发生落物或冲击而对海底设备造成破坏。

8.7.3.7 完成海底设备的维护作业后,必须对其进行彻底的测试之后才能重新使用。应全面记录所有的维护作业。

8.7.4 水上设备的维护

水上设备(如上部立管设备、生产控制和处理设备、设施、TFL 设备)等的维护要求与其他典型的水上设备类似,当然也有一些专门用于满足水下生产系统的特殊要求,如必须遵守严格的液压液清洁度标准。水上设备的维护应进行预防性的维护以及必要的修理等工作。

8.8 废弃

8.8.1 概述

与废弃相关的可变成本因素包括堵井和弃井、必需的海底设备拆除、海底清扫以及最终勘查等。对作业环境影响最小化,如在废弃和停产过程中生产液的排放等。

水下生产系统应具有方便废弃作业的单元/特点,比如用于吊装设备的连接点等。

废弃水下生产系统时应

——可在不影响安全的前提下进行废弃作业;

——充海水之前,允许将管线、储罐、管汇等设施中生产液冲洗掉;

——允许将所有含烃设备拆除或者如果留在原地冲洗干净。冲洗后的流体应在水面进行回收,以避免造成污染。

8.8.2 设计

水下生产系统设计原则为:

——易于进行废弃作业;

——允许进行设备的整修和回收利用(如可行)。

8.8.3 废弃后作业

完成废弃作业后,应检查现场并为剩余设备(如果有)绘制地型记录。

8.8.4 基盘/管汇

8.8.4.1 概述

当决定废弃水下基盘后,回顾废弃方法时应考虑到基盘和拆除技术变化。有时,基盘/管汇可以留在原地。如果要拆除,则建议进行水下勘查以便验证基盘/管汇的实际情况。

如果安装了起吊点和压载舱系统,则其完整性是非常重要的。在收集了必要的资料后,可以制定详细的拆除计划。

8.8.4.2 基盘

拆除基盘的步骤大体如下:

拆开所有的立管、管线、流动管线、控制和电力管线等。诸如套管之类的桩基结构应在泥线以下所要求的长度处切断。在拆除基盘的过程中,被切断的桩基部分可能需要拔出,以便减少抽吸作用和起吊载荷,此时,基盘与桩之间的连接应断开,以免破坏基盘结构的完整性。

拆除基盘的作业需要精心准备。需要制定详细计划的作业包括:

——起吊分析;

——钻屑和水泥的清除;

——降低底部抽吸作用的吹扫;

——添加浮力设施;

——起吊设备。

起重船或起吊船应有足够大的功率,以便处理偶然载荷。建议用潜水员手持式或者安装在遥控作业机器人上的水下录像机对起吊作业进行水上可视化监测。当基盘被吊起并固定在驳船上后,可以将其运送到选定的处理厂。

8.8.4.3 管汇

集成在基盘上的管汇需要与基盘同时废弃。集成管汇如果被设计成利用钻井平台安装或者拆除,则可以与油气井一起放弃。而单独的管汇系统,如作为立管基础之一的管汇系统可要求进行独立的废弃分析。

8.8.5 海管

海管可采用就地弃置或者彻底拆除的方式废弃。所有就地弃置的管线要清洗干净,并充满海水或其他惰性气体。如果留在原地,应遵照地方法规进行废弃,如封闭。管线终端难以清除的部位不能超过泥线。

实际清除作业的准备和动作宜遵循用于描述基盘/管汇的相同原则。

脐带缆无论是与管线连接在一起还是分别铺设,其废弃应与海管遵循以上所述的总体作业程序。

9 文档

9.1 概述

应为设计、安全、操作、维护以及其他相关需求提供文档记录。

9.2 工程和制造

工程和制造文档中应包括：

——安装图和 P&ID 图，即工艺流程仪表布置流程图，(包括完工设备)；

——应用软件流程图；

——危险体可操作性分析和操作安全分析报告；

——测试程序与记录；

——相关的规格书和数据表；

——质量计划；

——操作和维护手册。

附录 E 中给出了作业文档指南。

9.3 操作和维护

操作/维护手册中应包括：

——操作范围；

——储存和保存程序；

——计划的正常运行模式；

——运行程序；

——备件清单；

——图纸和图解；

——卸载程序；

——相关的重量控制报告；

——相关的调试/安装程序；

——相关的废弃程序；

——设备使用寿命期间的系统改造记录。

9.4 建造/安装文档

建造/安装文档应包括以下内容：

——海底管线实际建造报告；

——测试报告和记录；

——实际建造或完工的勘查报告。

附 录 A
（资料性附录）
水下生产系统描述

A.1 概述

水下生产系统复杂性范围包括从单个卫星井通过一条管线回接到固定平台到基盘上的多井通过水下工艺设施处理和输送到固定或浮式设施、或直接回接到岸上装置。

本附录的目的是：

——描述各种类型可组装的子系统和组件、以不同方式所组成的完整水下生产系统的典型示例；

——描述与水下生产系统相关的典型井下和上部设备之间的接口；

——为水下生产系统的各方面提供某些基本的设计指导。

A.2 总体系统描述

A.2.1 概述

A.2.1.1 一个水下生产或注入系统可包括下面的一个或多个单元：

——配备有套管柱的井口系统，为生产或注入井提供一个基础结构和压力维持系统；

——配备有流量和压力控制阀的水下采油树；

——用于定位和支撑各类设备的结构基础/基盘；

——控制不同流体汇集/输配的管汇系统；

——水下处理设备，包括流体分离设备/泵/压缩机和相关电力分配装置；

——用于远程监测和控制各类水下设备的生产控制和监测系统，可能包括多相流量计、砂监测仪表和泄漏检测装置；

——化学药剂注入系统；

——配备有电缆和信号缆、用于输送液压控制流体和水下各类所需注入到生产流体中的化学药剂的导管的脐带缆；

——一条或多条管线，用于在水下完井处和依托设施海底位置之间输送生产/注入流体；

——一条或更多条立管，用于在海底管线和依托设施之间输送生产/注入流体；

——井口进入和维修系统设备，用于水下设备的初始安装和废弃，还包括对水下井的各种维修作业。

包括上述单元的典型水下生产系统图解说明见图 A.1。下面分条款中将更详细介绍以上各项。

A.2.1.2 水下生产系统组件之间需要有物理和功能上的接口，还应与下列装置有接口：

——井下完井设备，例如水下安全阀、化学药剂注入系统、井下传感器（如压力/温度传感器）和其他交互性的组件（如远程可操作流动控制装置）；

——依托处理设施，包括上部控制和通信系统以及任何处于工作状态中的段塞消除/控制装置。

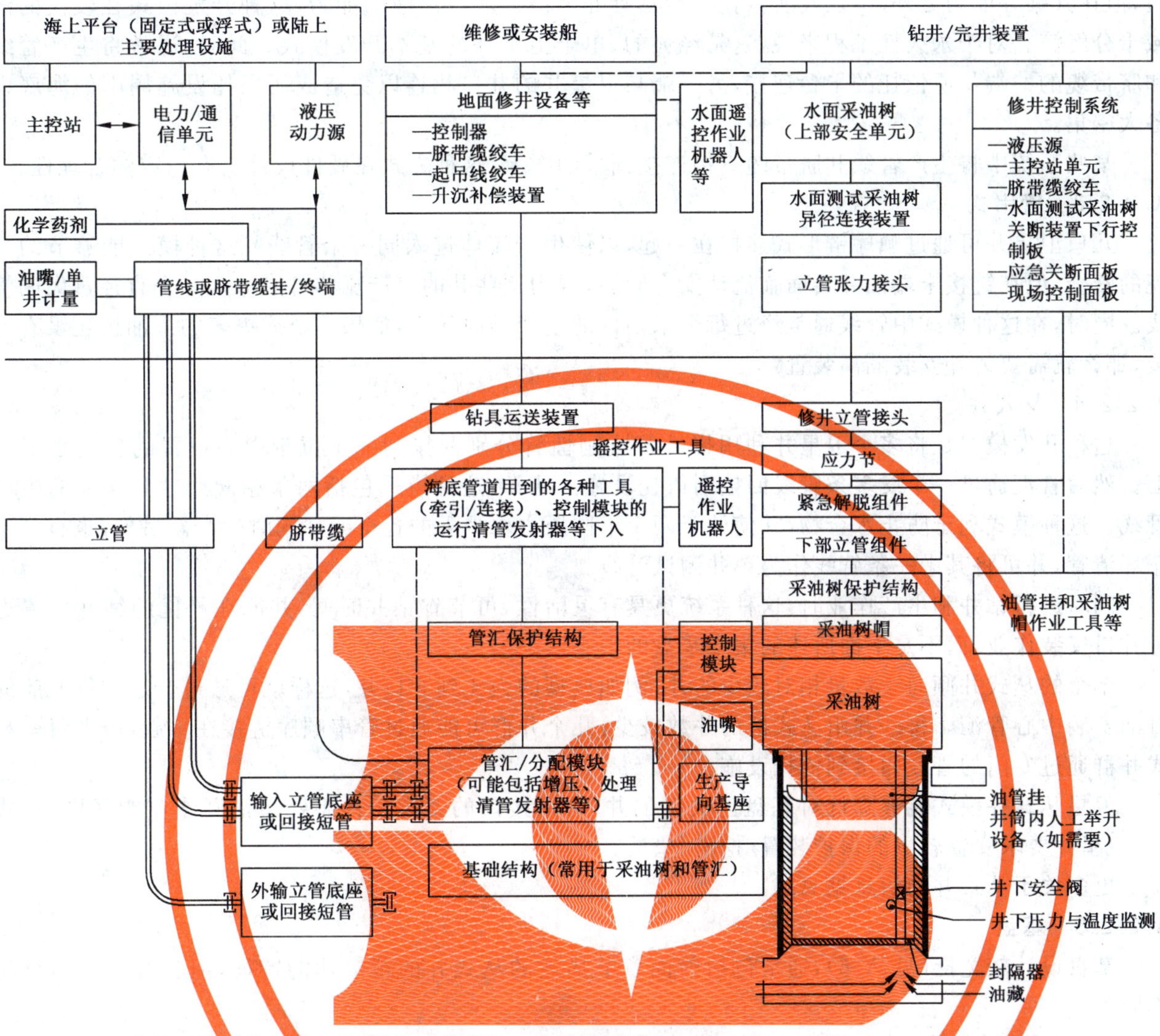

注：对于直接回接到平台的卫星井，上述提及的一些单元可减去。

图 A.1 水下生产系统中的典型单元

A.2.2 系统配置

A.2.2.1 概述

根据油气田的特点和作业者的开发策略，水下生产系统/注入系统形成了各种不同的开发模式，最常见的开发模式如下：

——单个卫星井通过各自的管线回接到依托设施；

——两个或更多的井按顺序链与一条公用的管线连接，并通过该管线回接到依托设施；

——两个或更多(丛式)井分别回接到独立的水下管汇，流体在此处汇集后再通过公用管线回接到依托设施；

——包括管汇在内的多井基盘，流体在此处汇集后再通过公用管线输送到依托设施。

下面描述这些配置的主要特征，包括其他常规的水下生产系统的特征，如单井测试设施、设备导向系统和设备保护技术。

宜注意：这里描述的开发模式并不详尽，每一种配置可能与其他模式以更广泛的方式联合应用，例如单个卫星井/丛式井可以回接到水下钻井和生产基盘。

A.2.2.2 单个卫星井

这种开发模式的显著特点是：卫星区块与所依托的、具有钻井和生产能力的平台间回接距离比较短,但在其钻井能力之外区域、其所依托平台具有处理该区块产出液的能力,这种开发模式在较浅的海域十分经济。对于永久性工程来说,这是经典的、单个卫星井的基本开发模式。此时,通常将生产管线和脐带缆的一端与所依托的平台连接,另一端与卫星井的井口相连以免造成所依托设施周围的海底设备太密集。

某些系统中将生产管线和脐带缆直接连接到采油树上,这种方式在硬件设计上有一定的合理性。

A.2.2.3 管串式

几口卫星井可通过顺序链形式连接在一起,以使生产流体进入同一个管线。这种模式能够节约可观的资金,但在链接末端油井会面临流动安全问题,因为这些井的生产流体可能流入一个直径过大的管线。同时,在这种模式中管线通常经过每个采油树的生产导向基座,如果一个或更多的采油树还没有安装,那么就需要另外安装隔离装置。

A.2.2.4 丛式井

这种开发模式是将多个卫星井利用挠性管或刚性管分别回接到一个位于中心位置的独立水下管汇。然后管汇通过一个或多条管线回接到依托设施。通常,这种模式包括两条相同尺寸和功能的生产管线。这种模式利于防止水合物,并使处于两个不同压力水平下的各个油井同时生产。另外,也有利于循环清管,并可将其中一条管线作为单井测试管线。

同时进行钻井和生产作业时,这种系统更具有灵活性,可节省钻井时间,并能在最优的钻井位置进行井口安装作业,而不是下面所述的集中基盘的中心区。

单个的丛式井倾向于数量相对较少的井,例如典型的为4到6口井,这样就可通过合适的作业船的月池安装中心管汇。每一井组丛式群的井数较少,几个井群可能通过管串顺序链接在一起,或者每一丛式井群通过专门的管线回接到依托设施。

卫星丛式井模式能够降低对基盘上关键的井/管汇接口的要求。在需要防拖网作业的区域,丛式井/卫星井要求安置较贵的保护装置/挖沟/垫层。

更多关于丛式井的信息见A.6。

A.2.2.5 基盘

基盘设计较宽泛(见A.6),通常包括前面章节描述的丛式井的很多功能特征,但也有一些明显的不同。

在多井/管汇基盘上,井口和管汇安装在同一结构上。而井管和单个井的管线和丛式井选择的结构相同,连接长度非常短,通常采用刚管连接。与丛式井相比,基盘存在一些需要额外考虑的机械容许误差问题,大型基盘还需要大型起重船进行安装。

基盘上的管汇通过一条或多条管线回接到依托设施。通常有两条相同尺寸和功能的生产管线。这种模式利于处于两个不同压力水平下的各个油井同时生产,也有利于循环清管,并可将其中一条管线作为单井测试管线,但这可能导致流动安全方面的问题。

许多小基盘(如由三或四口井组成的基盘)可通过管串顺序链接起来,而较大的基盘则倾向于使用专门的管线回接到依托设施。

A.2.2.6 单井测试设施

出于油藏管理、配产/贸易计量等方面的目的,水下生产系统可能要求有测井设施。

虽然没有正式的指导性文件,上述各目的都有其普遍认可的考虑精度:

——对于油藏管理,精度为(±5%~10%);

——对于配产,精度为(±2%~5%);

——对于贸易计量,精度为(±0.25%~1%)。

水下单井测试设施从一条专用的额外管线(通过该管线,单井的生产流体可流到依托设施以进行分离计量)到单个或多个管汇上的水下多相流量计。

也可配置专门的利用流动模型程序对油、气、水各相流量进行估计的复杂系统。这些系统需要水下生产系统不同位置对压力和温度进行高精度测量。

另一可选择的方案是，通过主生产管线内部差异进行测井能够为油藏管理提供足够的数据，但可能不适用于配产管理，更不适用于贸易计量。

A.2.2.7 设备安装的导向系统

将设备从浮式平台上安装在海床上可以使用下列两种导向方法之一，如使用钢丝绳导向或无导向再进入技术。

——钢丝绳导向方法是使用张紧的钢丝绳和装配好设备的导向套筒将设备从作业船导向安放到海底最终的位置；

——无导向缆方法通常采用一个动态位置参照系统来显示安放点和水下设备之间的相对位置。通常通过移动水面的作业船调整水下设备，直到水下设备位于安放点之上。然后设备向安放点降低，并通过机械导向安放到最终的位置。

A.2.2.8 水下设备保护装置

水下生产系统的保护结构/装置有多种形式，主要取决于捕鱼工具、落物、拖锚/流冰等影响因素对设施的风险，并考虑拖网作业的所有要求。

保护结构/装置可能包括：

——水泥块，用于防止拖网接近水下生产设施的区域；

——支柱，用于延伸每一采油树的框架，以高于可拖网角度如55°～60°下入海底；

——用于采油树和管汇的形如"蚕茧"的结构，用于部分防拖网作业和易于解脱捕鱼工具的缠绕；

——保护罩，适用于在单个采油树/管汇和基盘上完全防拖网作业；

——水下沉箱，用于保护单个采油树，主要用于结冰的水域。

水下生产系统的保护结构/装置宜设计成能够与计划的检测和维修技术全方位匹配，包括小型修井设备、遥控作业工具和遥控作业机器人工具等。

对于管线/脐带缆，可采用联合挖沟、清除岩石/垫层等方法来防止损害/冲蚀。

A.3 水下井口系统

A.3.1 概述

水下井口系统（从浮式钻井船安装）主要功能是为钻完井系统以及井筒里的套管柱提供海底支撑结构和承压锚固点。井口装置和内侧面用于支撑套管柱，并隔离环形空间。此外，井口可以为钻完井作业提供导向、机械支撑和连接的设施。

关于水下系统井口系统的更多信息参见GB/T 21412.4—2008。

A.3.2 井口组成

典型的水下井口系统主要包括以下部件（见图A.2）：

——临时导向基盘（TGB），也称作钻井基盘，具有一个中心孔，用于钻井的第一部分和安装导向附件设施。TGB起到支撑永久导向基盘的作用，能够为井口标高提供一个可控的参考点。值得注意的是，单个卫星井上，如果不需要精确控制井口的标高，就不需要临时导向基盘（TGB），在多井井口基盘上，TGB构成了井口基盘集成部分。

——永久导向基盘（PGB），也称作生产基盘，具有用于连接导管头和为钻完井设备（通用导管架，防喷器，生产采油树）导向的设备。如果永久导向基盘和临时导向基盘同时使用，永久导向基盘下侧（弧形断面，和导向基盘上的一个圆锥台面的交界面）结合一个万向节头装置来补偿由于海床面形状或者井的垂直度而引起的任何角度不对准。安装永久导向基盘通常要使得井口的上部高于海底2 m～3 m(6.56 ft～9.84 ft)以上。这个高度允许钻井废液和水泥浆返到海底处理，而不影响到水下设备的导向和安装。

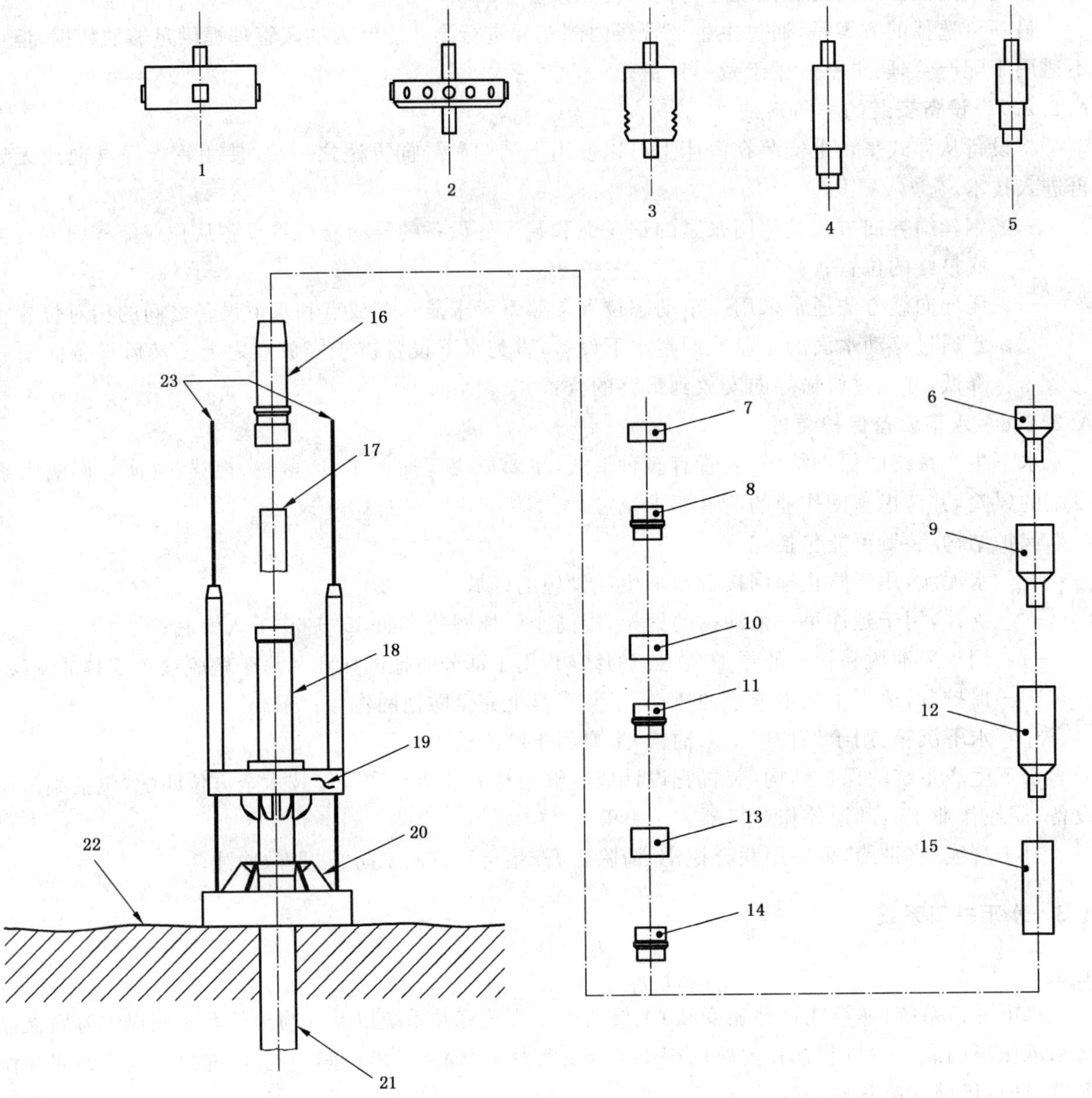

1——临时导向基盘作业工具；
2——762 mm(30 in)导管头作业工具；
3——高压井口头作业工具；
4——套管挂作业工具(钻杆或者全井筒)；
5——测试工具；
6——177.8 mm(7 in)耐磨衬套；
7——244.5 mm×177.8 mm(9 5/8 in×7 in)环空密封总成；
8——177.8 mm(7 in)套管挂；
9——244.5 mm(9 5/8 in)防磨衬套；
10——339.7 mm×244.5 mm(13 3/8 in×9 5/8 in)环空密封总成；
11——244.5 mm(9 5/8 in)套管挂；
12——339.7 mm(13 3/8 in)防磨衬套；
13——508.0 mm×339.7 mm(20 in×13 3/8 in)环空密封总成；
14——339.7 mm(13 3/8 in)套管挂；
15——井筒保护装置；
16——高压井口头；
17——套管(通常为 508.0 mm(20 in))；
18——低压导管头(通常为 762.0 mm(30 in))；
19——永久导向基盘；
20——临时导向基盘；
21——762.0 mm(30 in)导管；
22——海底；
23——导向绳。

图 A.2 水下井口系统

注：对于卫星井，在安装采油树之前，根据采油树总体配置情况，配置海底管线与采油树的拖曳和连接接头后，生产导向基盘可代替永久导向基盘。这允许在不影响管线连接情况下回收采油树。当然，生产导向基盘设计可以兼备临时/钻井导向基盘和生产导向基盘的功能，可以是永久性的或可回收的。这时海底管线可直接与采油树相连，此时需要在回收采油树之前解脱和采油树的连接接头。

——导管头(低压)焊接在导管上，这构成了固定在海床上的初始点。导管头内有一个着陆台肩用以安装井口头，导管头外面有连接永久性导向基盘的设备。导管头可以和永久性导向基盘一起安装，或者和生产导向基盘一起安装。

——井口头(高压)的内部几何结构用于支撑所有在其后安装的套管柱和油管挂，其外部几何结构能够连接钻井和完井设备(防喷器和采油树)并且座放在导管头上。

——和环空密封总成相连接的不同套管挂悬挂着套管柱，并且隔离环空。推荐采用一个下锁装置阻止套管挂在生产过程中由于热膨胀或环空压力引起的移动。套管挂覆盖任何由于环空过压而可能导致导管破裂的位置。

A.3.3　下入工具

水下井口系统各个组件的安装，测试和回收都有专用工具。这些工具既可通过钻杆进行推、拉、旋转等作业，也可以通过钻杆或专用液压管线提供的液压驱动进行作业。这些工具与相关设备上专用的处理剖面相连接。

A.3.4　其他井口设备

在钻完井作业的各个阶段用耐磨衬套和井筒保护器保护井口内部结构。采用水下防喷器测试工具来定期验证防喷器组的压力完善性。在临时弃井时，任何时候都需要一个防护帽来防止碎石、海洋生物和腐蚀的破坏。

A.4　水下采油树系统

A.4.1　概述

A.4.1.1　包括水下生产或注入井所需的完井设备，通常组合在一起称为“水下采油树系统”。生产作业时，水下采油树油管挂和井口装置在油气藏和环境之间构成一道屏障。安装/修井模式时，屏障的功能就转换为立式采油树系统的底部立管总成(用于修井)、防喷器和用于放置卧式采油树的管柱。

A.4.1.2　通常油管挂支撑着油管柱并且密封油管/生产套管环空。采油树包括遥控阀组，出于生产或安全原因关闭或启动流动。水下采油树和地面采油树功能大致相同，但具备遥控和水下作业功能。在多井开发方案中，具有更多的采油树而非更多的海底管线，典型的方案是：每个采油树都安装远程控制的生产油嘴，以使每一口井生产液进入到公用管线内。同样，如果需要一些气举井，则这些井的环空内安装有远程控制的气嘴可以连接公用气举管线，并非每口井都需要气举管线。

A.4.1.3　有两种基本的水下采油类型，立式采油树(VXT)和卧式采油树(HXT)。通钻采油树正在发展，允许油管挂象卧式采油树那样安装在井口内，而不是采油树上。油管挂向上延伸通过油管进入采油树，在此和穿过采油树的水平井孔相交。该系统在油管挂外提起采油树，因此该系统在油管挂回收时不影响到采油树，同样地，在回收采油树时也不影响到油管挂。这两种基本类型的采油树的定义差别如下：

——在立式采油树上，主阀直接安装在油管挂以上流道的垂直方向上，而在卧式采油树上，主阀安装在水平方向上紧邻翼阀的位置，除非有球阀安装在采油树内帽上，否则流道的垂直方向没有采油树阀组。

——立式采油树配置中，油管挂和油管的安装先于采油树，而对于卧式采油树，油管挂座落在采油树上，因此不需要移动采油树，就可以回收和更换油管挂和油管。当然，移动卧式采油树时需要先移动油管挂和完井管柱。

——立式采油树系统采用双通道完井立管(或具备位于底部立管总成之上井筒选择器的单通道立

管，通过水面挠性软管采用循环环空的方法实现）。卧式采油树通常采用套管管装接头，因此节省了双筒完井立管的费用，但却需要一个更复杂的下放管柱来安装油管挂。下放管柱需要隔离球阀和解脱配件，以适应特定的闸板或专用环型防喷器的标高。后续钻机的改变要求更换某些下井管柱组件以适应新的防喷器闸板和环型防喷器的标高。

A.4.1.4 基于以上特征和其他考虑（如井筒尺寸、井下完井的复杂性、立管的要求等）的优缺点比较表明：一种采油树或其他类型的采油树更适合特定油气田的开发。因此，针对一个给定的项目，在确定最后形式之前，宜仔细评估与特定项目要求相应的采油树类型。

关于立式和卧式采油树的进一步信息参阅 GB/T 21412.4—2008。

A.4.2 立式采油树系统

A.4.2.1 配制

在立式采油树系统中，油管挂一般安装在井口内，而采油树安装在井口上面。油管挂通过延伸接头连接生产/注入油管，延伸接头密封采油树底座和油管挂上部对应的密封筒。采油树包括了配套的阀座和阀组，使井流流量和压力的控制满足安全或操作要求。采油树包括一个与井口相连的连接器（如使用油管挂短接）。该连接器和井口形成了压力密封连接，然而，从采油树到油管挂的井筒延伸接头形成了从井筒和环空到采油树的压力密封导管。

外部管道提供了从采油树井筒到管线连接点的流体通道。管线直接连接到采油树或者位于生产导向基盘上的配管。连接采油树和海底管线的管线，采用 A.9.3 中描述的连接模式。

采油树帽通常安装在采油树的上部，以阻止海生物在采油树上部连接区域生长，并且起到密封井眼的作用，它可以是承压件或非承压件。承压式采油树帽为清蜡阀/钢丝绳顶部堵塞器提供了额外的环境密封，宜包含一个监视和回收前释放压力的装置。采油树帽和其他不同的控制系统组件构成了采油树控制系统的一个主要部分，比如，采油树帽能实现某种功能的转换，从修井控制模式到生产控制模式，或从生产控制模式到修井控制模式。

A.4.2.2 立式采油树

A.4.2.2.1 典型的立式采油树（VXT）有一个或者两个生产孔眼，一个能够在其整个长度上垂直运动的环空孔眼（如图 A.3 所示）。这些孔眼就构成了堵头和工具通过采油树下入到油管或者完井管柱的通道。垂向孔眼穿过系列阀（生产阀），这些阀能够把垂向孔眼隔离成不同的层次。两个或者多个水平孔眼与垂向孔眼相交，这使得流体能够流入或者流出井筒，每个孔眼上都有一个门阀（翼阀）能够断开流体管路。通常也采用转换阀以使得生产井筒和环型井筒之间实现连通。

A.4.2.2.2 最简单的立式采油树组包括一个上部的心轴、主阀组、翼阀组、进入漏斗或导向杆、防护结构、井口连接器、井口装置和油管挂。采油树直接和井口装置相连，因此，应该优先选用同一个供应商的采油树和井口装置以使得更好的连接。如果不能从同一供应商采购，则需要安装一个采油树大四通以保证连接。如果现存的井口装置遭到破坏，同样也可安装采油树大四通（见图 A.4）。

A.4.2.2.3 采油树大四通简化了油管挂的安装，它提供了一个能够使油管挂坐落在上的台肩，和一个能够使油管挂被动定位的螺旋。这些特征能够满足以下的要求：

——安装油管挂之前的套管标高检验程序（节省了钻进时间）；

——采油树安装之前的油管挂方向检测程序（节省了钻进时间）；

——防喷器选型；

——油管挂方向接头（节省钻井时间）。

对于同心型采油树设计（见 A.4.2.3），采油树大四通允许从油管挂下面进入环空。

A.4.2.2.4 两孔或者三孔完井/修井立管（见图 A.5）提供了在移动和安装油管挂时，从油管挂到平台面的垂直通道，同样也为采油树移动和缆操作过程中提供了从采油树到平台面的通道（见图 A.6）。

A.4.2.2.5 完井油管和油管挂通过钻井立管和防喷器下入到井口，在整个操作过程中，防喷器增加必要的屏障。在油管挂之上安放管柱时，通常没有独立的阀或者断开装置，因此通常要求压井和尽量缩短油管挂安装的时间。

A.4.2.2.6　既然油管挂座放在井口内的套管挂上，因此有必要检验最后套管挂的标高以保证油管锁紧机构之外具有足够的空间。这需要下入一个铅制印模到井口内以获得合适剖面的印痕。油管挂联顶环据此进行相应调整。对于具有采油树大四通的立式采油树和卧式采油树不需要进行下入印模的操作，因为这些系统中，油管挂已经放在采油树内的座放台肩上(或四通内)。

A.4.2.2.7　既然井口无法为油管挂进行定位，就需要采用一些其他的方法，比如定位销或者防喷器上的定位螺旋。这些设施附在防喷器的螺旋套筒上，或者定位销螺旋在油管挂定位接头上。防喷器组依次和导向杆或者生产基盘上的定位重返漏斗对齐。安放油管挂时，由于存在不可避免的叠放公差，在提升防喷器之前，必须用定位检查工具进行定位检查。对于具有采油树大四通的立式和卧式采油树不必进行定位检查，因为在这些采油树中，油管挂的定位是通过一个内部的螺旋实现的(或者四通)，防喷器也不需要定位。

A.4.2.2.8　在油管挂安放完毕后，最好立刻进行清洗和流动测试。对于压井液遗留一定时间会对油藏造成伤害的情况，更应立刻进行此项工作。在此时，需要一个双筒井控系统，该系统在每一个筒内都有两个阀和一个紧急断开装置(见图 A.7)。这个装置允许在洗井和流动测试过程中完井/修井立管的紧急关断和关井。

A.4.2.2.9　图 A.7 给出了一个双筒完井/修井立管示意图，但是，在完井采油树以上需要用井筒选择器时，就应该采用单筒立管。在采油树下放和修井模式时，通过挠性软管连同环空通道；在油管挂下放和洗井时，则是通过防喷器节流器和压井管线连通环空通道。

A.4.2.2.10　只有完成钻井和下套管、下入油管并锁紧在井口上之后，立式采油树才能安装在井口上。这就需要在安装采油树之前暂时封堵油管挂，把完井和修井立管以及防喷器回收到平台上。一旦采油树安装在井口上，就要把临时堵头拔掉，进行射孔和洗井，准备好采油树生产。

A.4.2.2.11　在油管挂下放操作过程中，为了对油管挂和井口进行正确定位，需要把油管挂定位接头安装在完井和修井立管上，把防喷器配备液压可收缩定位销(适应于多余的喷嘴和压井出口)或者定位套筒(楔进防喷器接头)。这需通过基盘上的导向杆或永久导向基盘来实现。对于无导向系统，需要采用其他的方法来定位防喷器，比如重返漏斗和定位键装置。如果安装采油树大四通，则防喷器销钉和油管挂接头不是必需的，因为油管挂定位可以通过采油树的内置螺旋来实现。

A.4.2.2.12　在采油树安装和修井作业过程中，为了能够实现安全关井和紧急断开完井/修井立管，完井/修井立管安装有一个具有隔离、剪切能力的底部立管总成，转向阀及紧急解脱总成。

A.4.2.2.13　底部立管总成可以忽略，但需要采油树清蜡阀具有剪切钢缆和连续油管的能力。在这种情况下，需要在采油树的生产和环空主阀之上安装转换阀，以允许完井修井立管的循环。为了紧急断开配件可以大角度释放，需要对采油树心轴进行排列。但一般不推荐这种做法，因为在任何剪切操作中都很可能破坏板阀，从而必须撤掉采油树更换新的清蜡阀。

A.4.2.2.14　购买浅水多筒完井/修井立管的费用相对较低，但是对于深水而言，该费用则变成一个主要的因素。对于多井开发方案，该费用可能会被接受，但是对于单井或两井开发方案，该费用则不能被接受。在某种情况下，在超深水中应用多筒立管的实际可行性是值得怀疑的，需要开发其他的系统。

A.4.2.2.15　图 A.8、图 A.9 和图 A.10 给出了这样一个系统，该系统采用一个单筒完井/修井立管结合一个井筒选择器连通油管挂或者采油树的生产和环空井筒。完井/修井立管的费用得以降低，因为可以采用标准的油管接头来代替双筒完井/修井立管。因为采用了螺纹连接，油管挂和采油树的安装时间也能够得到大大的降低。在这个系统中，通过一个独立的挠性管线横靠在油管接头或者通过修井管内的一个大口径水龙带实现采油树安装时的环空循环。

A.4.2.3　同心设计

A.4.2.3.1　同心采油树中阀组配置和立式采油树极为相似，所不同的是同心采油树的生产通道和采油树同心，而环空则偏心(见图 A.11)。

A.4.2.3.2 同心采油树设计的本质特征是油管挂堵头只能通过中心生产井筒安装，因此必须采用其他方法实现环空循环，如沿着完井/修井立管一侧下入挠性管线。

A.4.2.3.3 这种设计的优点是，油管挂能够在一个单独的标准油管接头上下入。因为不需要特殊的完井/修井立管，从而明显降低了费用。因为采用螺纹连接，油管挂和采油树的安装时间也大为缩短。

A.4.2.3.4 这种设计的主要问题是隔离了环空。这时可通过提升板阀或安装在油管挂上的液压滑动衬套连通环空。当安放油管挂下入工具或者采油树时，环空就实现连通，当然，当油管挂下入工具或者采油树移走时，环空则在此被阻断。已证实这些阀是设计中最薄弱的环节，因为有时气举或者循环流体内的废渣会降低弹性体阀的密封性，导致在油管挂下入工具或者采油树被移走之后阀无法关紧。

A.4.2.3.5 通过允许环空在油管挂之下的方法，可以消除与滑动衬套和提升环空阀相关的问题。此时，油管挂置于采油树大四通内，该四通配有闸阀来隔离环空（见图 A.12）。

A.4.2.3.6 采油树大四通提供了油管挂下放的精确标高，简化了油管挂的安装程序，并且，定位螺纹使得油管挂实现被动定位。这些特征减少了以下需求：

——下入油管挂前的套管标高检查程序（节省了钻进时间）；

——在安装采油树之前的油管挂检查程序（节省了钻进时间）；

——防喷器改型；

——油管挂定位接头（节省钻进时间）。

A.4.2.3.7 传统的双筒设计中，安装采油树和钢丝绳修井操作时，完井/修井立管（单柱或者单筒）需要安装 LRP 和 EDP，此时，通常沿着完井/修井立管旁边下入挠性软管实现环空的连通（见图 A.13）。

A.4.2.3.8 同心采油树只能在油管挂下入之后才能被安装在井口上。这就需要在安装采油树之前临时封堵油管挂，并把完井/修井立管和防喷器回收到平台上。一旦采油树被安装在井口上，临时堵头就可拔掉，进行射孔和洗井作业。

A.4.2.3.9 如果安装采油树大四通，后续的工作则是不同的。此时，在钻井和下套管完成且把防喷器回收到平台上之后就可以临时性弃井。然后把采油树大四通安装在井口上，防喷器重新安装到采油树大四通上。这时就可钻穿水泥塞，把油管挂下入到采油树大四通内。临时性的堵头下入到油管挂，完井/修井立管和防喷器被回收到平台上。然后，安装采油树，拔掉临时堵头，进行射孔和洗井，回收完井/修井立管。

A.4.2.3.10 操作员安装采油树大四通是很普遍的，因为他们可以选择他们认为是最好的井口和采油树系统。

A.4.2.3.11 立式采油树可不用配备过出油管维护（TFL）以对选定的井下组件进行维修，比如地面控制井下安全阀，通过井和依托设施之间管线泵出井下液体的工具。

A.4.2.4 下入工具

使用油管挂下入工具，通过防喷器组和隔水管安装或移出油管挂。当安装完油管挂的井（防止完井液对油藏的破坏）需要立刻进行射孔和洗井时，应该在油管挂下入工具上下入双筒测试采油树和应急断开接头以保证能够在紧急时进行关井和断开，然而在压井时，不必要进行此操作。

在用修井/完井立管系统或者钻杆进行采油树安装和移动操作时，需要使用采油树下入工具。当采用完井/修井立管下入时，采油树下入工具构成了下部立管配件（LRP）的一部分，主要包括一个钢丝绳/连续油管防喷器（BOP）和一个紧急断开配件（EDP），如 A.11.2.2 所述。通常，采油树下入工具包括了实现采油树上不同控制功能液压通讯方式，包括采油树连接器，所选的阀和管线接头。

在安装和修井期间，控制油管挂下入工具及安放管柱和采油树通常由修井脐带缆和位于平台上的液压动力装置实现的。不同 ESD 功能允许隔离井和断开下入管柱。

A.4.2.5 零散装置

各种零散装置，包括装卸和保护装置，测试系统，模拟油管挂等，都是典型的水下采油树系统的一部分。

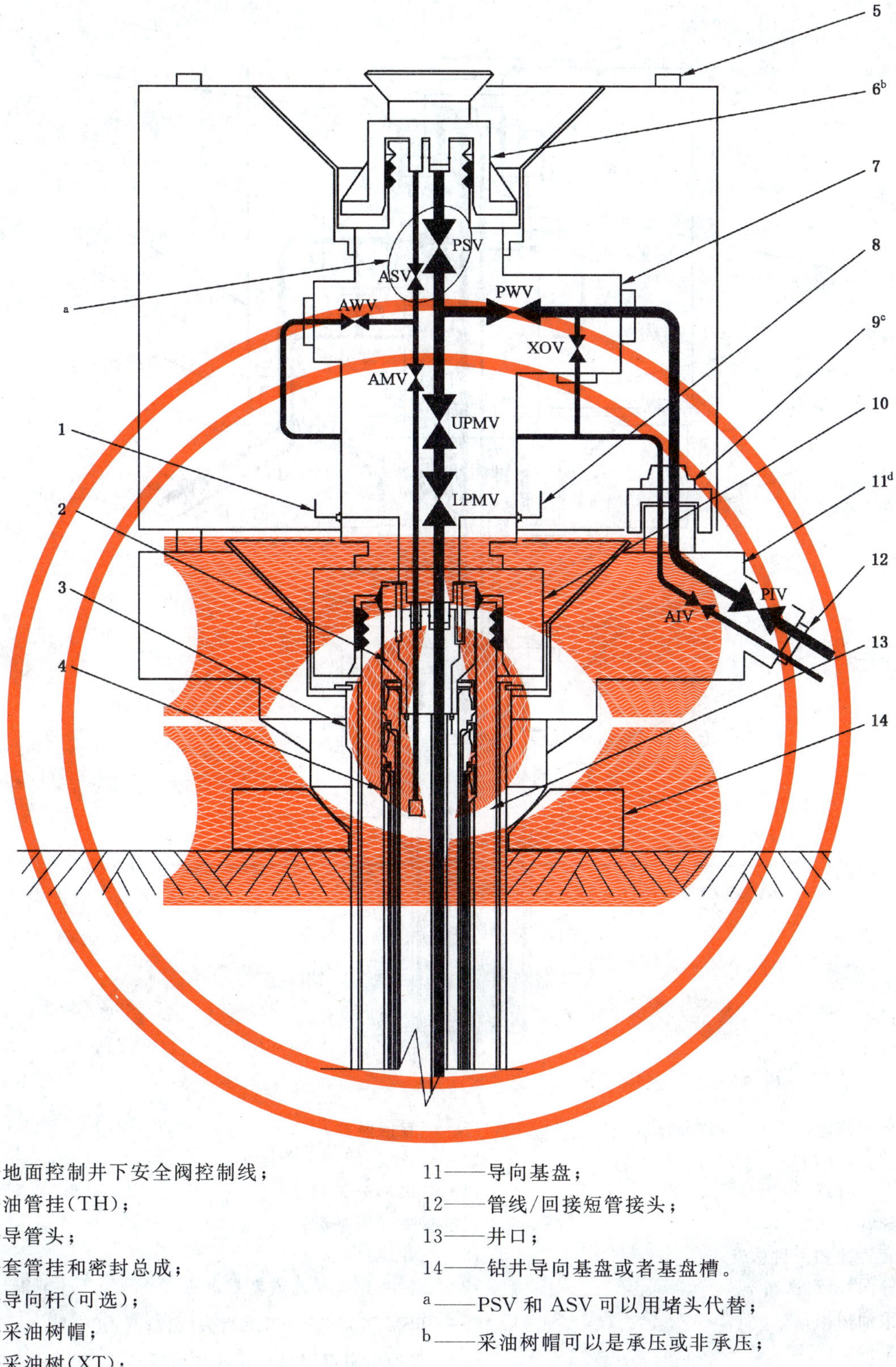

1——地面控制井下安全阀控制线；
2——油管挂(TH)；
3——导管头；
4——套管挂和密封总成；
5——导向杆(可选)；
6——采油树帽；
7——采油树(XT)；
8——DHPTT 监测管线；
9——管线接头；
10——采油树连接器；
11——导向基盘；
12——管线/回接短管接头；
13——井口；
14——钻井导向基盘或者基盘槽。
a——PSV 和 ASV 可以用堵头代替；
b——采油树帽可以是承压或非承压；
c——管线可和生产导向基盘相连，也可以直接和采油树相连；
d——生产导向基盘(允许接管线)。

图 A.3　立式采油树(VXT)

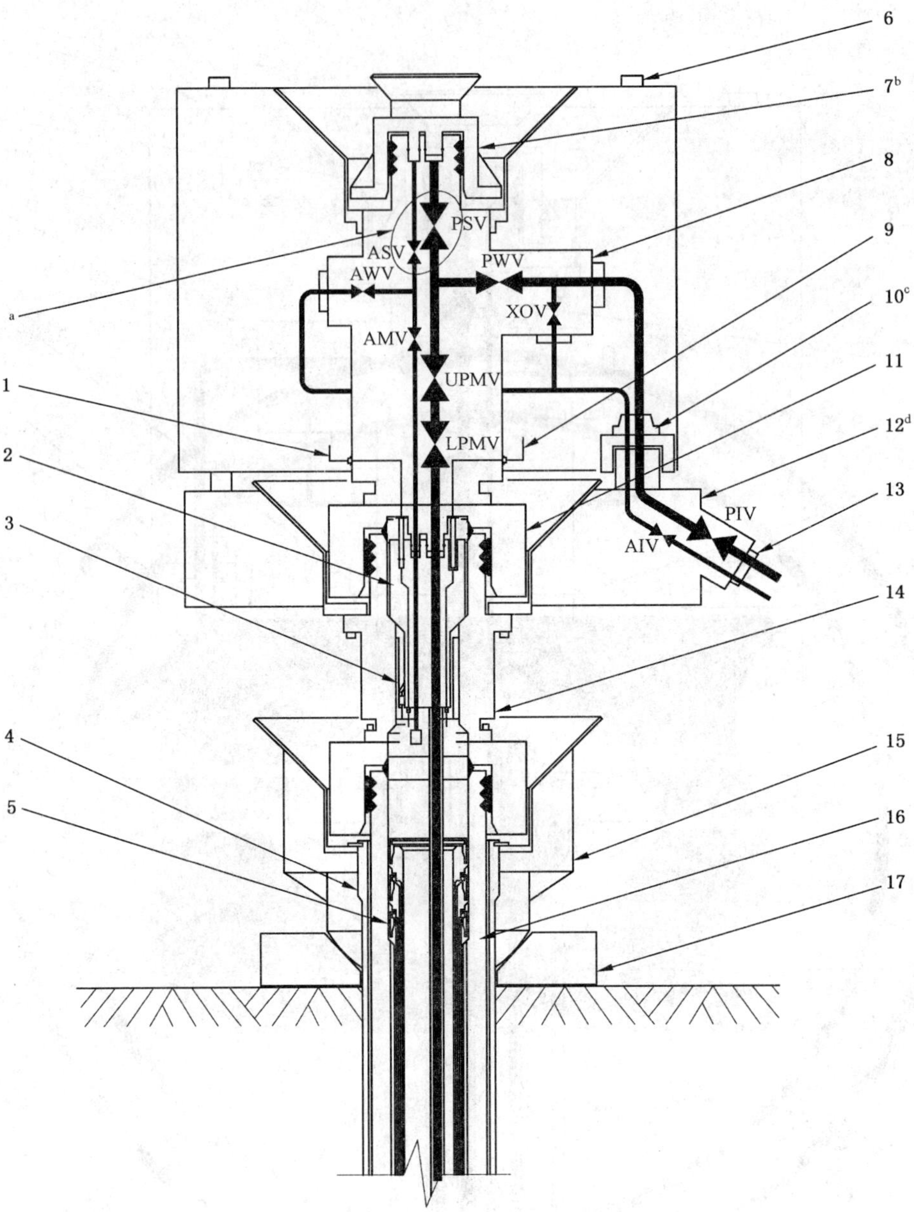

1——地面控制井下安全阀控制线；
2——油管挂(TH)；
3——定位衬套；
4——导管头；
5——套管挂和密封总成；
6——导向杆(可选)；
7——采油树帽；
8——采油树(XT)；
9——DHPPT 监测管线；
10——管线接头；
11——采油树接头；
12——导向基盘；
13——管线/回接短管接头；
14——采油树大四通；
15——采油树基盘；
16——井口；
17——钻井导向基盘或者基盘槽。
a——PSV 和 ASV 可以用堵头代替；
b——采油树帽可以是承压或非承压；
c——管线可和生产导向基盘相连，也可直接和采油树相连；
d——生产导向基盘(允许接管线)。

图 A.4　配有采油树大四通的立式采油树

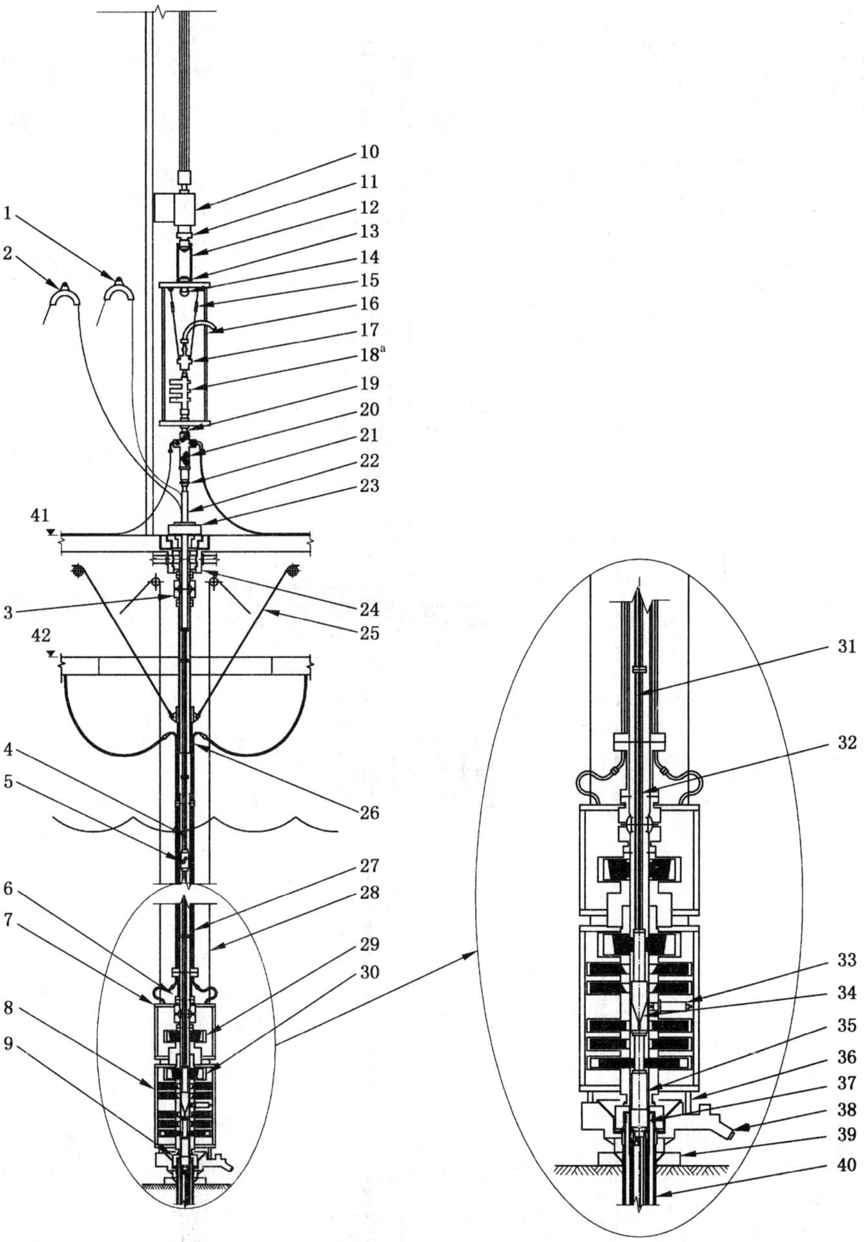

1——防喷阀脐带缆滑轮；
2——油管挂下入工具脐带缆滑轮；
3——挠性接头；
4——防喷阀脐带缆；
5——防喷阀；
6——挠性接头；
7——下部立管配件包(LMRP)；
8——防喷器；
9——防喷器接头；
10——游车；
11——顶驱；
12——方向节；
13——提升装置；
14——绞车；
15——刹车带；
16——提升支撑架(如例所示)；
17——CT 注入头(如例所示)；
18——钢丝绳/连续油管防喷器；
19——SXT 顶部适配接头；
20——平台采油树(SXT)；
21——SXT 底部适配接头；
22——耐磨接头；
23——完井立管卡盘；
24——分流器；
25——张紧器；
26——伸缩式隔水管；
27——海洋钻井隔水管；
28——导向器(可选)；
29——上部环形防护装置；
30——下部环形防护装置；
31——油管挂下入工具脐带缆；
32——双筒完井/修井立管接头；
33——油管挂定位接头定位销定；
34——油管挂定位接头；
35——油管挂下入工具；
36——导向杆(可选)；
37——油管挂；
38——导向基盘；
39——钻井导向基盘或者基盘槽；
40——井口；
41——钻台；
42——月池。
a——可代替提升支撑架直接从方向节上提起。

图 A.5 双筒完井-修井立管上油管挂的下入

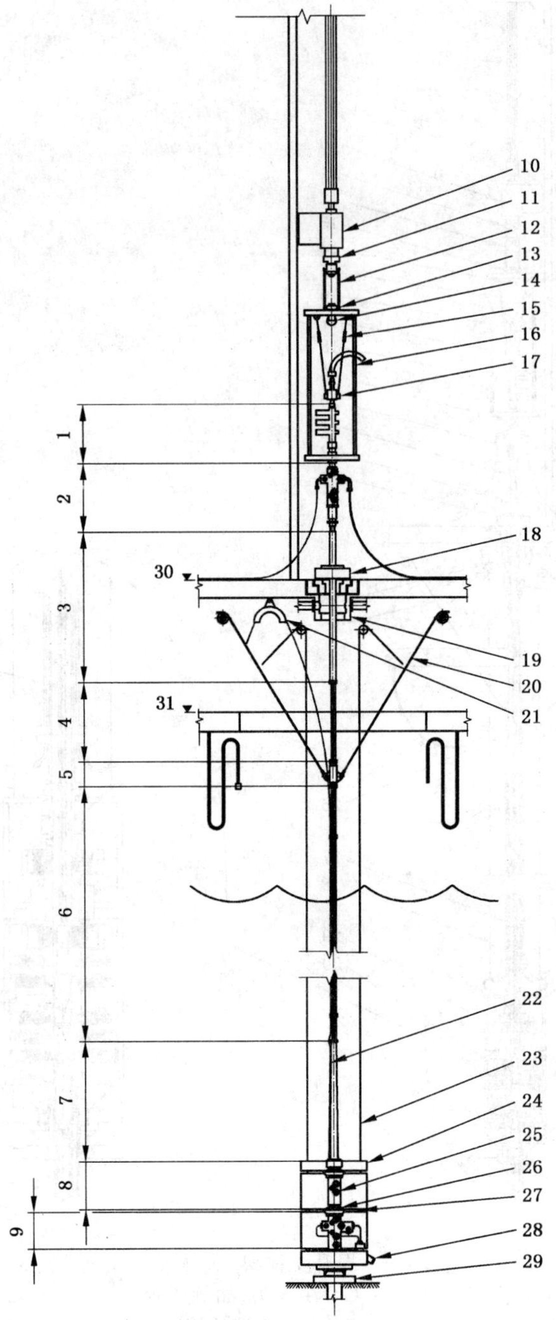

1——W/CT 防喷器；
2——SXT＋适配器；
3——耐磨接头；
4——空间接头；
5——张力接头；
6——双筒完井/修井立管接头；
7——应力节；
8——下部修井立管配件包；
9——采油树；
10——游车；
11——顶驱；
12——方向节；
13——提升装置；
14——绞车；
15——刹车带；
16——升降架(如例所示)；
17——CT 注入头(如例所示)；
18——完井立管卡盘；
19——张紧器；
20——分流器；
21——修井管线滑轮；
22——修井控制脐带缆；
23——导向器(可选)；
24——紧急断开装置(EDP)；
25——钢丝绳/连续油管防喷器(W/CT 防喷器)；
26——采油树作业工具(TRT)；
27——导向杆(可选)；
28——导向基盘；
29——钻井导向基盘或者基盘槽；
30——钻台；
31——月池。

图 A.6 双筒完井-修井立管上立式采油树的下入

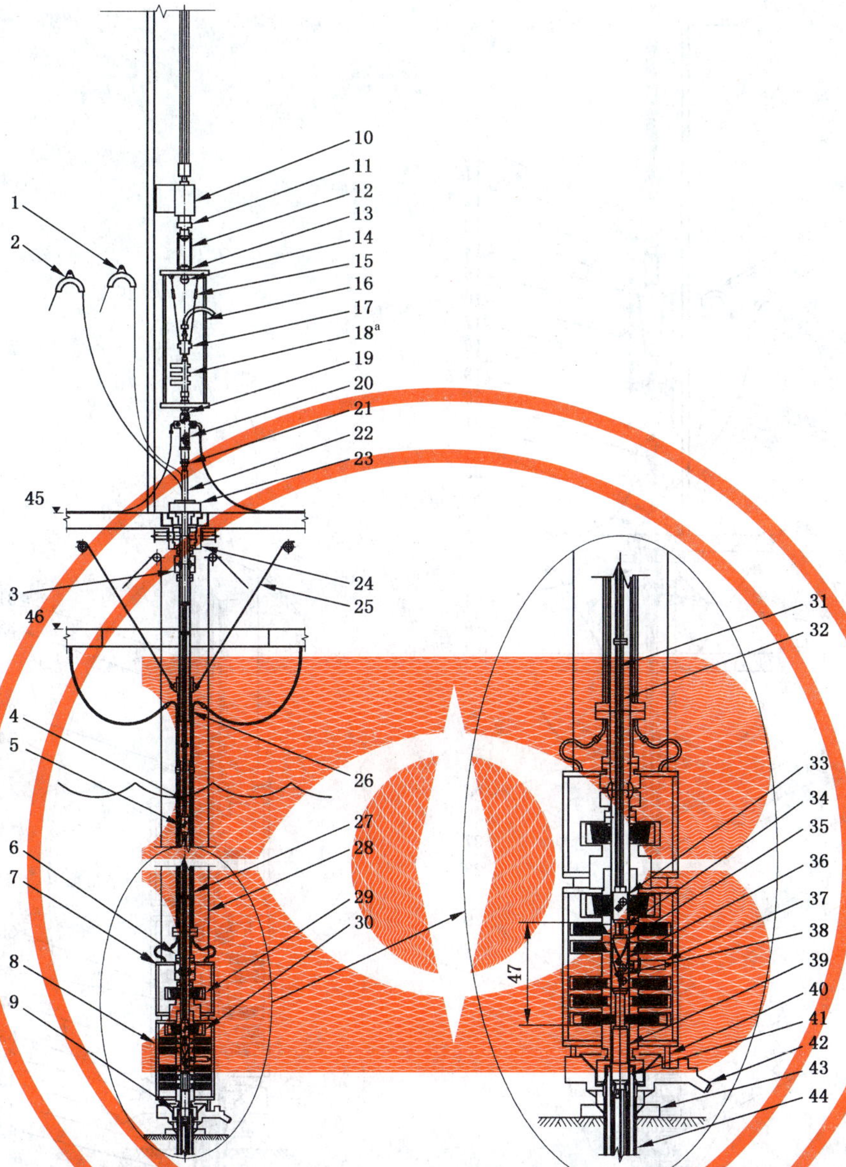

1——防喷阀脐带缆滑轮；
2——油管挂下入工具脐带缆滑轮；
3——挠性接头；
4——防喷阀脐带缆；
5——防喷阀；
6——挠性接头；
7——下部立管配置包(LMRP)；
8——防喷器；
9——防喷器接头；
10——游车；
11——顶驱；
12——方向节；
13——提升装置；
14——绞车；
15——刹车带；
16——提升装置架(如例所示)；
17——CT 注入头(如例所示)；
18——钢丝绳/连续油管防喷器；
19——SXT 顶部适配器；
20——平台采油树(SXT)；
21——SXT 底部适配器；
22——耐磨接头；
23——完井立管卡盘；
24——分流器；
25——张紧器；
26——伸缩式隔水管；
27——水下钻井隔水管；
28——导向器(可选)；
29——上部环形防喷器；
30——底部环形防喷器；
31——油管挂下入工具管线；
32——双筒完井/修井接头；
33——单向阀；
34——剪切接头；
35——应急断开接头；
36——水下双筒安全采油树；
37——油管挂定位工具定位销定；
38——油管挂定位接头；
39——油管挂下入工具；
40——导向杆；
41——油管挂；
42——导向基盘；
43——钻井导向基盘或者基盘槽；
44——井口；
45——钻台；
46——月池；
47——双筒下井管柱。
a——可代替提升支撑架直接从方向节上提起。

图 A.7 双筒管柱和双筒完井-修井立管上的下入油管挂

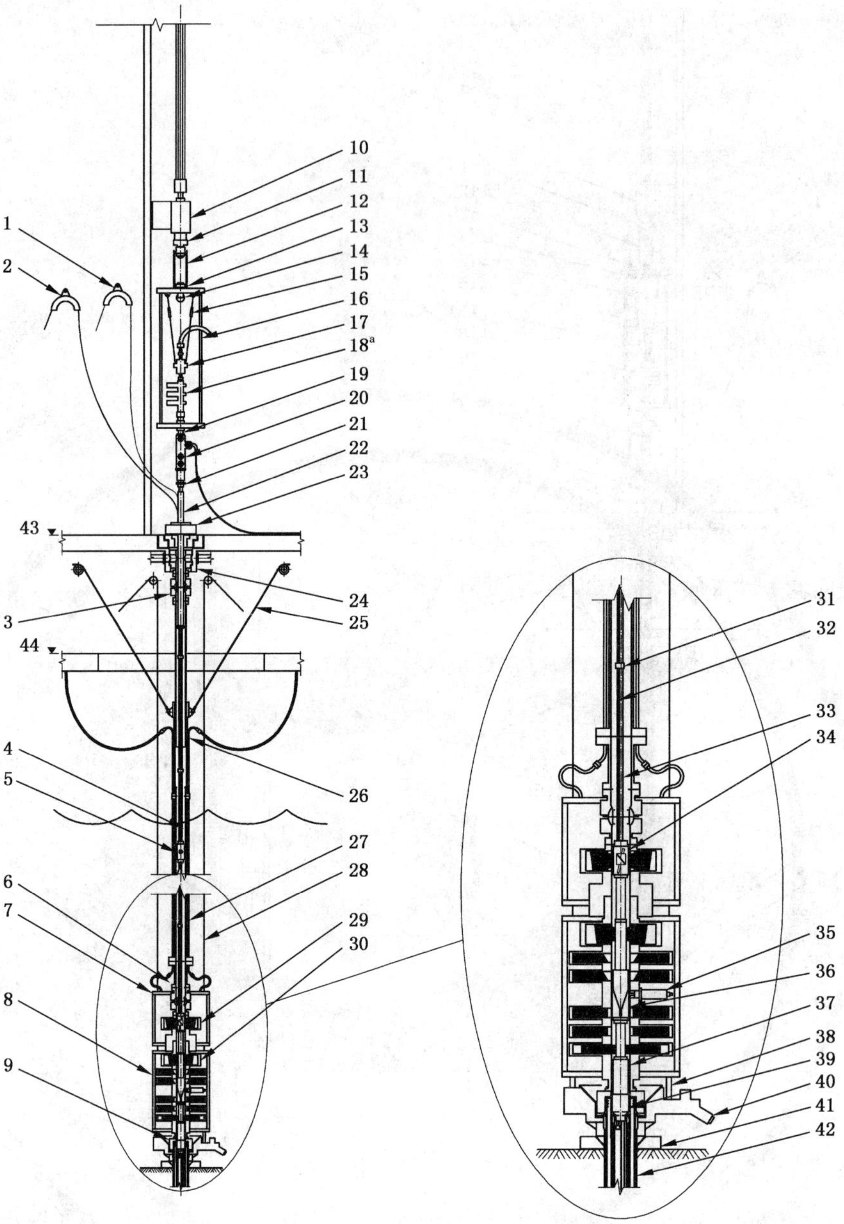

1——防喷阀脐带缆滑轮；
2——油管挂下入工具脐带缆滑轮；
3——挠性接头；
4——防喷阀管线；
5——防喷阀；
6——挠性接头；
7——下部立管配件包(LMRP)；
8——防喷器；
9——防喷器接头；
10——游车；
11——顶驱；
12——方向节；
13——提升装置；
14——绞车；
15——刹车带；
16——提升装置架(如例所示)；
17——CT 注入头(如例所示)；
18——钢丝绳/连续油管防喷器；
19——SXT 顶部适配器；
20——平台采油树(SXT)；
21——SXT 底部适配器；
22——耐磨接头；
23——完井立管卡盘；
24——分流器；
25——张紧器；
26——伸缩式隔水管；
27——水下钻井隔水管；
28——导向器(可选)；
29——上部环形防喷器；
30——底部环形防喷器；
31——油管挂下入工具管线夹；
32——油管挂下入工具管线；
33——套管油管接头；
34——井筒选择器；
35——油管挂下入工具定位销钉；
36——油管挂定位接头(THOJ)；
37——油管挂下入工具(THRT)；
38——导向杆(可选)；
39——油管挂(TH)；
40——导向基盘；
41——钻井导向基盘或者基盘槽；
42——井口；
43——钻台；
44——月池。
a——可代替提升支撑架直接从方向节上提起。

图 A.8　配有钻孔选择器的单筒完井-修井立管上油管挂的下入

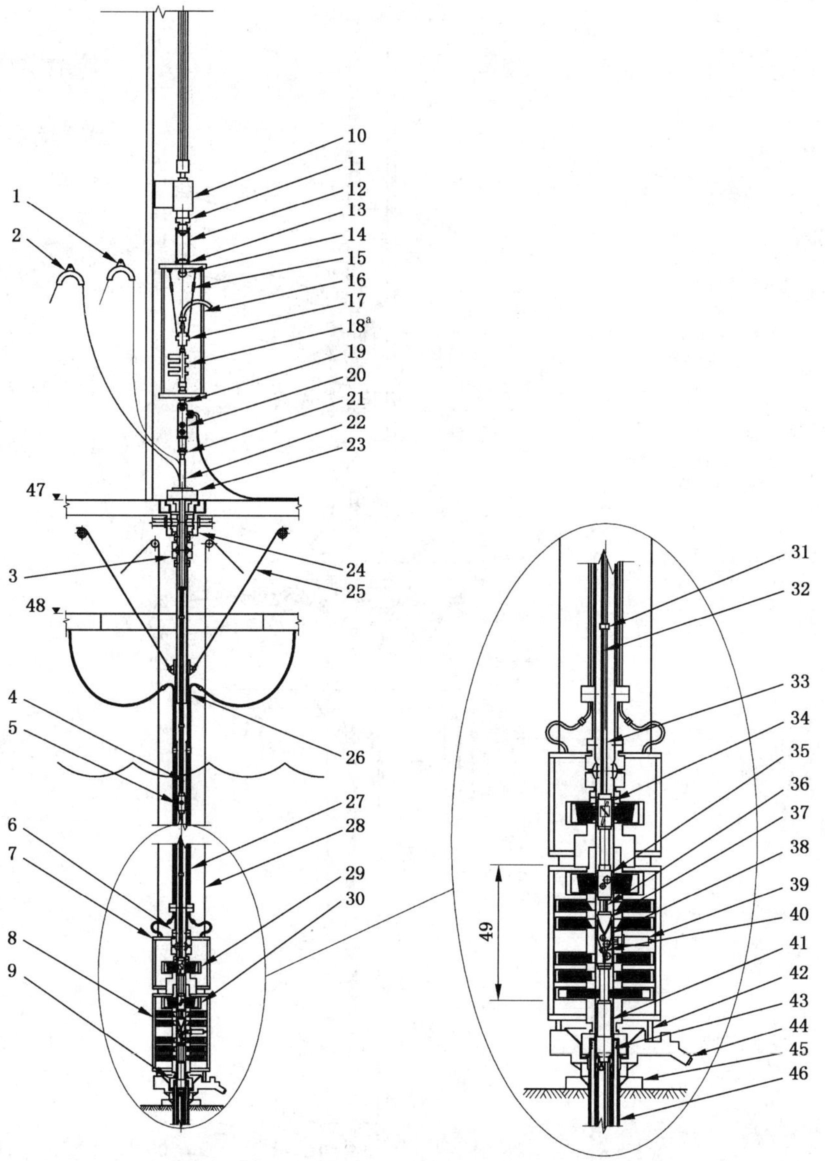

1——防喷阀脐带缆滑轮；
2——油管挂下入工具管脐带缆滑轮；
3——挠性接头；
4——防喷阀脐带缆；
5——防喷阀；
6——挠性接头；
7——下部立管配件包(LMRP)；
8——防喷器；
9——防喷器接头；
10——游车；
11——顶驱；
12——方向节；
13——提升装置；
14——绞车；
15——刹车带；
16——提升装置架(如例所示)；
17——CT 注入头(如例所示)；
18——钢丝绳/连续油管防喷器；
19——SXT 顶部适配器；
20——平台采油树(SXT)；
21——SXT 底部适配器；
22——耐磨接头；
23——完井立管卡盘；
24——分流器；
25——张紧器；
26——伸缩式隔水管；
27——水下钻井隔水管；
28——导向器(可选)；
29——上部环形防喷器；
30——底部环形防喷器；
31——油管挂下入工具脐带缆夹；
32——油管下入工具脐带缆；
33——套管油管接头；
34——井筒选择器；
35——单向阀；
36——剪切接头；
37——应急解脱接头；
38——双筒水下安全采油树；
39——油管挂定位工具定位销定；
40——油管挂定位接头(THOJ)；
41——油管挂下入工具(THRT)；
42——导向杆(可选)；
43——油管挂(TH)；
44——导向基盘；
45——钻井导向基盘或者基盘槽；
46——井口；
47——钻台；
48——月池；
49——双筒下井管柱。
a——可代替提升支撑架直接从方向节上提起。

图 A.9　配有钻孔选择器的单孔完井-修井立管和双筒井下管柱上油管挂的下入

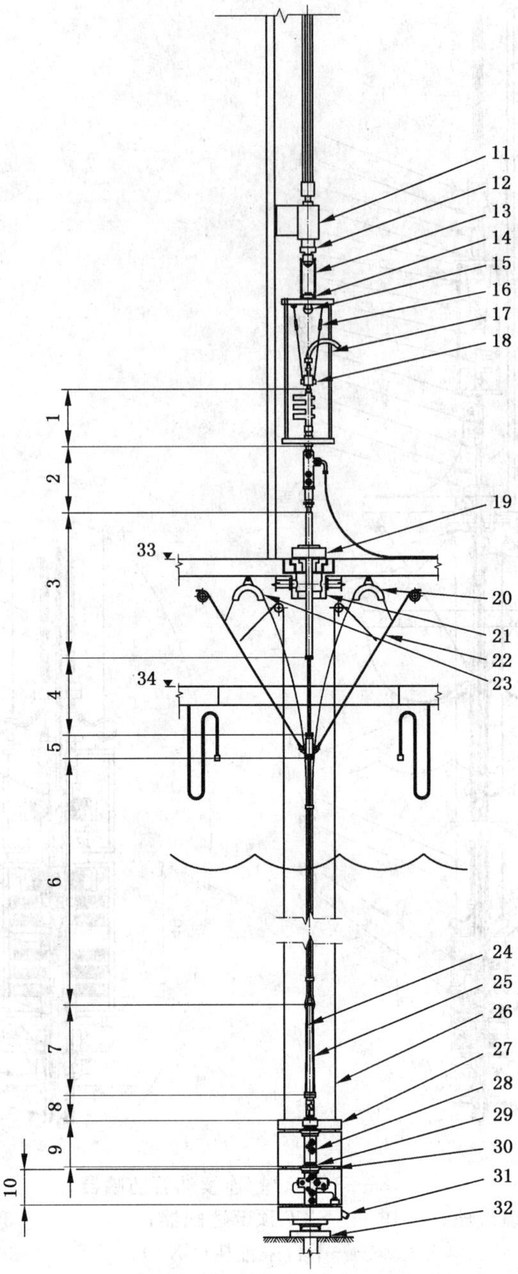

1——W/CT 防喷器；
2——SXT＋适配器；
3——耐磨接头；
4——空间接头；
5——张力接头；
6——套管油管接头；
7——应力节；
8——井筒选择器；
9——下部修井立管配置包；
10——采油树；
11——游车；
12——顶驱；
13——方向节；
14——提升装置；
15——绞车；
16——刹车带；
17——升降架(如例所示)；
18——CT 注入头(如例所示)；
19——完井立管卡盘；
20——环空连通管线滑轮；
21——张紧器；
22——分流器头；
23——修井脐带缆滑轮；
24——修井控制管线；
25——环空连通管线；
26——导向器(可选)；
27——应急断开配置包；
28——钢丝绳/连续油管防喷器(W/CT BOP)；
29——采油树下入工具(TRT)；
30——导向杆(可选)；
31——导向基盘；
32——钻井导向基盘或者模版槽；
33——钻台；
34——月池。

图 A.10 配有钻孔选择器的单筒完井-修井立管上立式采油树的下入

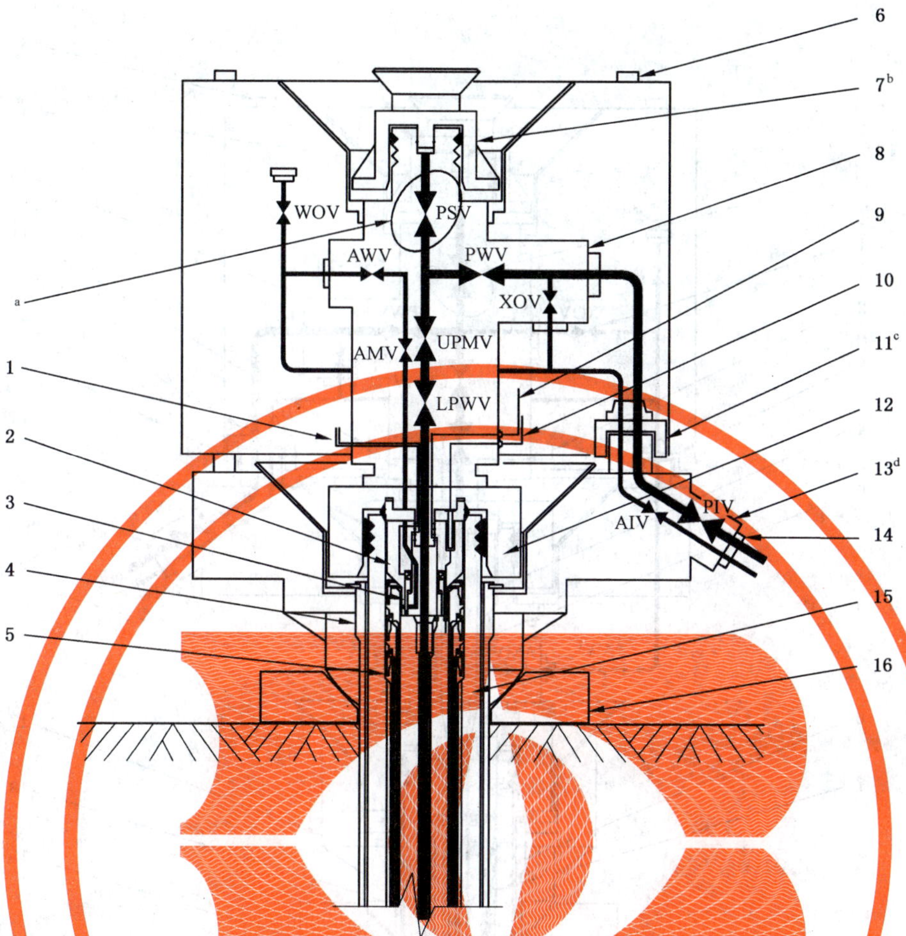

1——环空换档阀控制管线；

2——油管挂(TH)；

3——环空进入滑筒；

4——导管头；

5——套管挂和密封总成；

6——导向杆(可选)；

7——采油树帽；

8——采油树(XT)；

9——DHPTT 监测管线；

10——地面控制井下安全阀控制管线；

11——管线接头；

12——采油树接头；

13——导向基盘；

14——管线/跨接回接管接头；

15——井口；

16——钻井导向基盘或者基盘槽。

a——PSV 和 ASV 可以用堵头代替；

b——采油树帽可以是承压或者非承压；

c——管线应该和生产导向基盘相连，也可以直接和采油树相连；

d——生产导向基盘(允许接管线)。

图 A.11　同心立式采油树

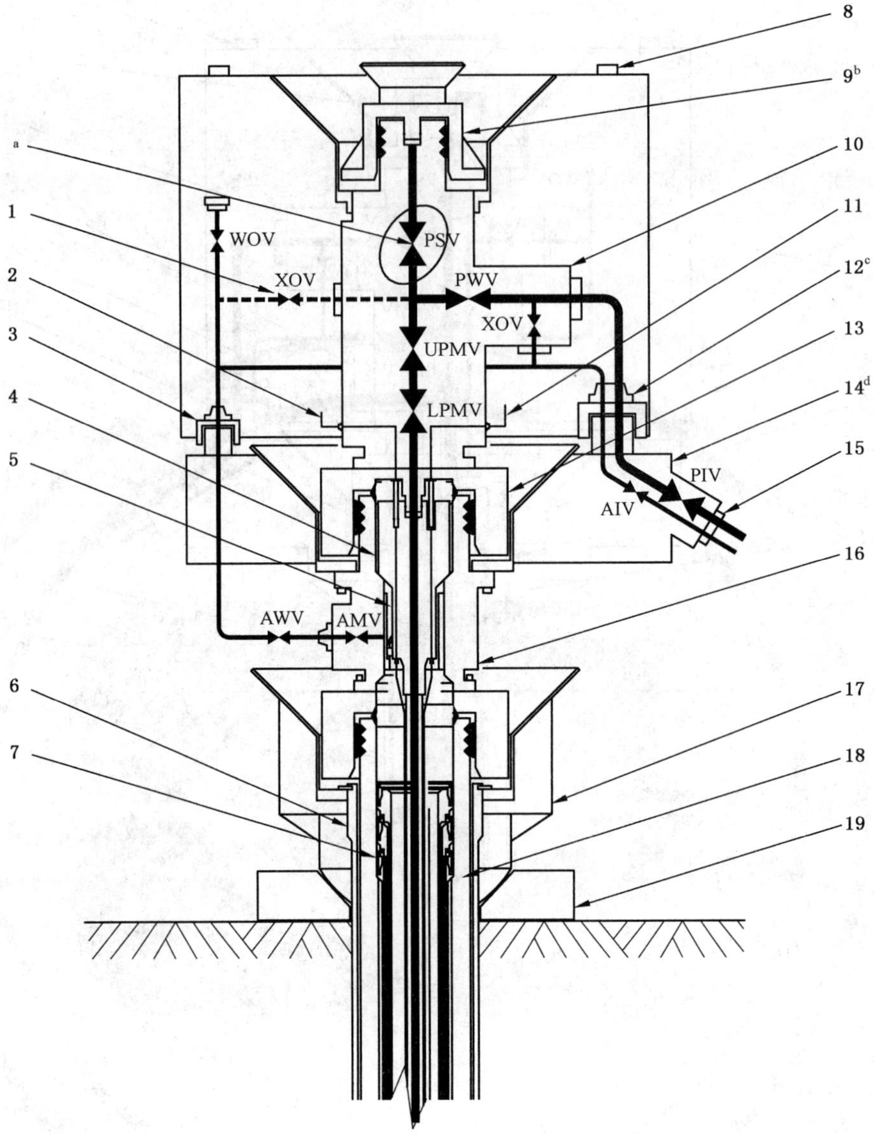

1——XOV 的切换位置；

2——地面控制井下安全阀控制管线；

3——环形接头；

4——油管挂(TH)；

5——定位衬套；

6——导管头；

7——套管挂和密封总成；

8——导向杆(可选)；

9——采油树帽；

10——采油树(XT)；

11——DHPTT 监测管线；

12——管线接头；

13——采油树接头；

14——导向基盘；

15——管线/跨接管回接短管接头；

16——采油树大四通；

17——采油树导向基盘；

18——井口；

19——钻井导向基盘或者基盘槽。

a——PSV 和 ASV 可以用堵头代替；

b——采油树帽可以是承压或者非承压；

c——管线可和生产导向基盘相连，也可以直接和采油树相连；

d——生产导向基盘(允许接管线)。

图 A.12 配备采油树大四通的同心立式采油树

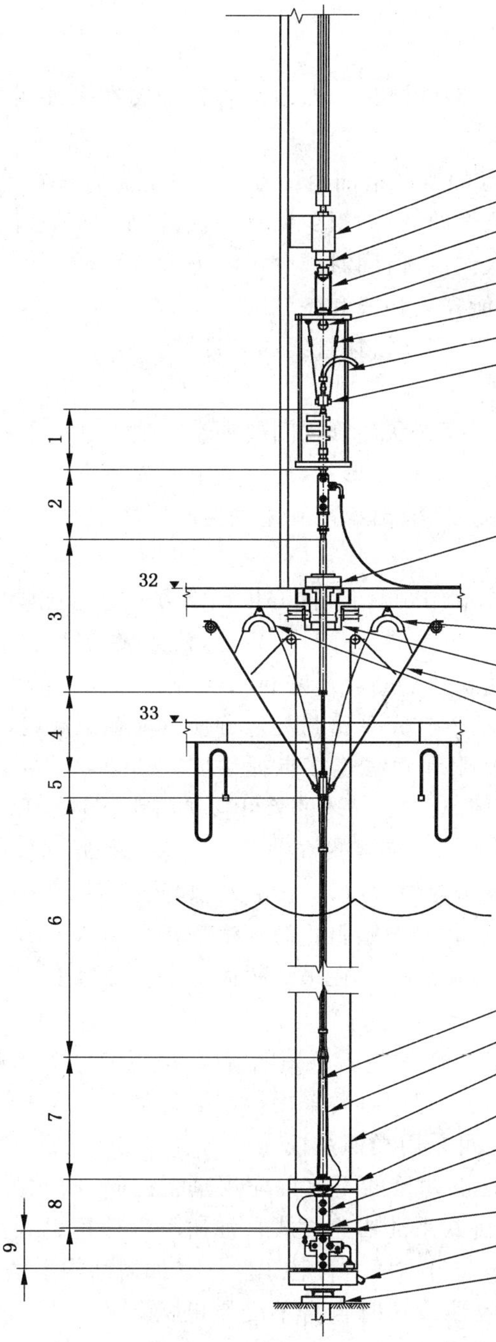

1——W/CT 防喷器；	12——方向节；	23——修井控制脐带缆；
2——SXT+适配器；	13——提升装置；	24——环空连通管线(图示为直接和采油树相连)；
3——耐磨接头；	14——绞车；	25——导向器(可选)；
4——空间接头；	15——刹车带；	26——应急断开配置包(EDP)；
5——张力接头；	16——升降架(如例所示)；	27——导向器(可选)；
6——套管油管接头；	17——CT 注入头(如例所示)；	28——采油树下入工具(TRT)；
7——应力节；	18——完井立管卡盘；	29——导向杆(可选)；
8——下部修井立管配置包；	19——环空进入管线滑轮；	30——导向基盘；
9——采油树；	20——张紧器；	31——钻井导向基盘或者基盘槽；
10——游车；	21——分流器头；	32——钻台；
11——顶驱；	22——修井脐带缆滑轮；	33——月池。

图 A.13 配有钻孔选择器的单井筒完井-修井立管上同心采油树的下入

A.4.3 卧式采油树系统

A.4.3.1 结构

卧式采油树系统中,采油树安装在井口上,然后油管挂安装在采油树内部。油管挂构成了生产/注入管柱和采油树的连接。

图 A.14 给出带生产导向基盘的典型采油树配置。这种配置允许在采油树回收时不影响管线和脐带缆。显然,随着回收采油树可能性的减小,很少用到基盘,在某些情况下,生产导向基盘可以和采油树四通结合在一起,从而节省了下入作业,但同时减少了系统灵活性,如:

——只有安装采油树之后才能安装管线和脐带缆;

——如必须回收采油树脐带缆,则会损坏管线和脐带缆。

A.4.3.2 油管挂(TH)

油管挂支撑着油管柱并且隔离套管和油管之间的环空。油管挂向下锁在采油树内。

在卧式采油树中,油管挂是典型的单筒形式,通过其上面或者下面的侧面进入环空。油管挂需要在采油树内定位,以便油管挂侧面的生产液出口能和采油树心轴相应的入口相对正。

A.4.3.3 水下卧式采油树

A.4.3.3.1 卧式采油树包括一个阀组,阀门和阀心以如下方式进行配置,即允许因生产和安全原因对井流和压力进行控制。采油树包括连接器与井口头相连,该连接器和井口形成压力密封连接。井的主井筒、环空和采油树的密封是由油管挂上的环形密封来实现的。从采油树底部延伸出来的插入式完井密封贯入并且密封上部套管挂。插入式完井密封的螺旋使其能在下放时实现对油管挂的被动定位。

A.4.3.3.2 外部管道为采油树孔眼和管线连接点提供流动通道。管线可以直接连接在采油树上,或通过生产导向基盘上的配管。选用 A.9.3 描述的管线接头将水下管线和采油树连接在一起。

A.4.3.3.3 堵头安装在油管挂的上部,密封贯穿油管挂的垂直孔眼,采油树内帽安装在采油树的内部上端,成为第二道保护屏障。采油树内帽可以是盲端或是堵头接头或是球阀以使得钢丝绳/连续油管易于进行维修作业。采油树的上部安装岩屑帽阻止海洋生物在采油树上部的生长。卧式和立式采油树的主要不同是:卧式采油树中,油管挂接头安装在采油树而不是在井口上。更换井下完井设施时无需移动采油树。

A.4.3.3.4 最初采用卧式采油树主要是为了应用电潜泵,以适应井筒内频繁的修井作业需要,但是现在即使自喷井也能采用卧式采油树。它们具备采用标准油管接头下入油管挂而不是采用双筒完井立管的能力,现在立式采油树系统中也可采用类似系统。

A.4.3.3.5 卧式采油树的大通径设计显然不允许应用垂直孔阀,因此卧式采油树的阀孔都是水平布置在采油树本体上的。这就使得卧式采油树比立式采油树可以使用更大生产油管。显然,油管挂和采油树之间的密封至关重要,因为该密封本质上代替了立式采油树结构中的阀门和阀座。

A.4.3.3.6 卧式采油树具备回收油管挂时自身不受影响的特点,因此,对于井下设备频繁回收作业(潜油泵,智能完井等)的井,安装此类采油树具有相当大的优势。在深水边际油田中应用立式采油树和电潜泵的方案已被证明是非常不经济的,这主要是因为经常修井作业而产生的昂贵费用。对于卧式采油树则不同,因为完井回收作业相对简单。

A.4.3.3.7 卧式采油树也适用在高产井或者注水井,特别是适用于基盘或者丛式结构。此时一旦使用卧式采油树,就可能代替两个立式采油树。

A.4.3.3.8 在卧式采油树设计中,通过在采油树内下入油管挂并且结合采油树下部的定位螺旋就可以消除与传统双筒采油树相关的油管挂叠积和定位问题。同时取消了套管标高和油管挂定位检测程序,也不需要防喷器的定位销钉和套筒。

A.4.3.3.9 卧式采油树只有在所有的钻井和下套管作业完成之后才能安装在井口上。这就需要在完井之前将防喷器回收到平台上,并暂时封井。采油树安装在井口上之后,再次下入防喷器,但这次是锁在采油树的上部。一旦防喷器锁在采油树上部,就钻穿临时水泥塞,完井管柱和油管挂就下入座放在采油树上。紧接着下入采油树内帽,回收防喷器。至此,卧式采油树安装完毕,准备投产。

A.4.3.3.10 在钻井和完井阶段回收防喷器对单井而言是不利的,但是,对于批钻井的开发方案而言,则希望回收防喷器,因此,立式采油树和卧式采油树系统安装基本是一样的。

A.4.3.3.11 完井之前,除了立式采油树之外还需更多的设备,因此,为了判断额外的最新投入,必须保证较高的钻井成功率。

A.4.3.3.12 图 A.15 给出了卧式采油树典型的下入系统配置。在油管挂下入和修井操作过程中,位于油管挂下入管柱配件包内的防喷器闸板、压井和节流管线以及自动保险阀用于提供井的屏障(见图 A.16)。

A.4.3.3.13 宜强调的是,卧式采油树任何组件的失效都需要在全面修井和压井之后,回收采油树进行修理。统计分析表明,井下工具、特别是地面控制井下安全阀和潜油泵的失效概率要比采油树组件失效概率高几个量级,因此在卧式采油树配置的事故模式和影响分析选择时应加上权重。

A.4.3.3.14 卧式采油树的设计变化为采用了独立的油管挂,这允许在回收采油树之前不必回收完井管柱,但遗憾的是,需要一套复杂的环空隔离系统。独立的使用立式采油树就可以避免采用这样的系统。

A.4.3.4 通钻设计

A.4.3.4.1 标准卧式采油树设计的一个变化型式称为通钻采油树,它具备卧式采油树的优势,同时增加了额外的通钻模式(见图 A.17)。

A.4.3.4.2 这种模式把使用防喷器的次数减少到一次,因为所有的钻井和完井操作都直接穿过采油树不需要回收防喷器。

A.4.3.4.3 井口的设计需为小口径,即标准 16 3/4 in(或 13 5/8 in)的内径和 18 3/4 in 的外径。这不但允许在采油树的上部使用标准的 18 3/4 in 井口直径以使得套管通过,也允许一个正向下入台肩使得在采油树内下入套管挂。

A.4.3.4.4 进入超深水钻井作业时,不断增大的立管张力、泥浆体积和套管储备装置导致应用 21 in 钻井立管和 18 3/4 in 的防喷器作业非常困难,因此必须开发其他系统。其中之一就是使用 16 3/4 in(或者 13 5/8 in)的防喷器,14 in 的小井眼钻井立管和小井眼套管柱设计。

A.4.3.4.5 通钻设计的缺点之一是:尽管采油树具备原位井眼保护器,但是在钻井操作时仍可能破坏敏感的密封区域。这是因为所有的钻头、套管挂、磨刷和密封总成都通过采油树。正确地设计井眼保护器,小心下入和起出会明显地减少此类问题。

A.4.3.4.6 如果井眼保护器密封失效,特别是应用地面控制井下安全阀控制和 DHPPT 监测时,也会出现泥浆堵塞侧面射孔孔眼和套管水泥的问题。正确设计井筒选择器会减小这种问题。

A.4.3.4.7 另一个缺点是:当钻穿 13 3/8 in 套管柱时,要求钻头尺寸限制在 16 in 内。改进扩容钻头,下部扩眼和磨料喷射钻头会减少这类问题。

A.4.3.4.8 钻井操作过程中采油树必须就位的事实,使得通钻采油树系统在三种采油树中费用最高,因此钻井费用也特别高。这种不利因素意味着,需通过考虑减少钻井和完井费用来平衡。

A.4.3.4.9 在油管挂下入和修井操作中,油管挂下入管柱配件包内的防喷器闸板、压井和油嘴管线以及故障安全阀为井筒提供屏障。

A.4.3.5 作业工具

卧式采油树可以通过钻杆安装,或用钻进防喷器组合隔水立管把它从原来的海底位置安装到井口上。用油管挂下入工具经过防喷器和隔水立管安装或移出油管挂。井下测试采油树,在线阀门和紧急解脱配件包都是通过油管挂下入工具下入的。

A.4.3.6 零散设备

零散设备包括装卸和保护设备、测试桩、油管挂模型等,都是典型的水下卧式采油树的组成部分。

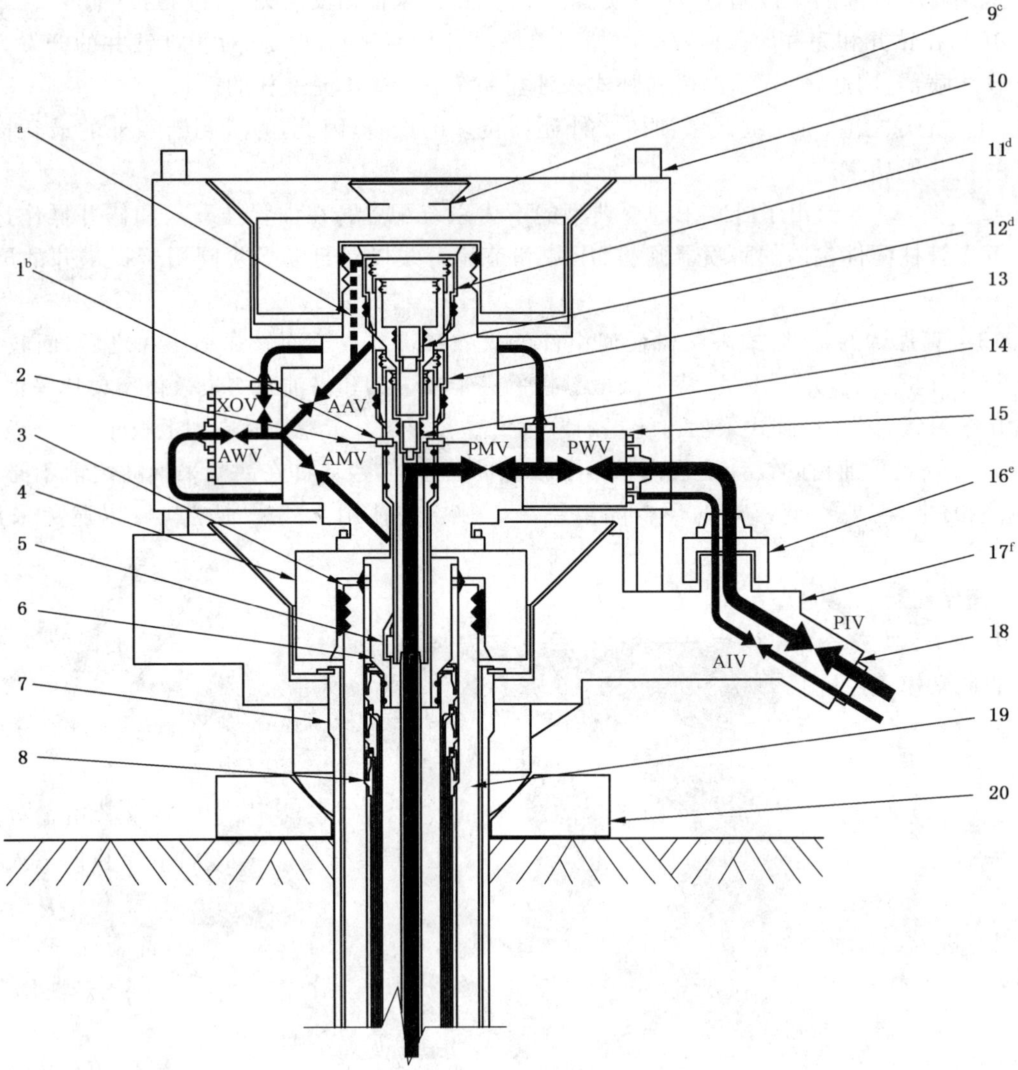

1——水平连轴器/接头；
2——地面控制井下安全阀和 DHPPT 管线；
3——井口；
4——采油树接头；
5——油管挂定位螺旋；
6——完井插入衬套；
7——导管头；
8——套管挂和密封总成；
9——采油树帽；
10——导向杆(可选)；
11——采油树内帽(ITC)；
12——采油树内帽堵头；
13——油管挂(TH)；
14——油管挂堵头；
15——采油树(XT)；
16——管线接头；
17——导向基盘；
18——管线/短管回接接头；
19——井口；
20——钻井导向基盘或者基盘槽。
a——可以不移出内部采油树接头而实现环空连通；
b——液压/连续油管管线可由静态密封机构构成；
c——采油树帽可以是承压的也可以是非承压的；
d——所示的采油树内帽带有堵头，采油树内帽可以是堵头或者配备球阀；
e——所示的管线是和生产导向基盘相连，也可直接和采油树相连；
f——所示生产导向基盘允许接管线。

图 A.14 卧式采油树

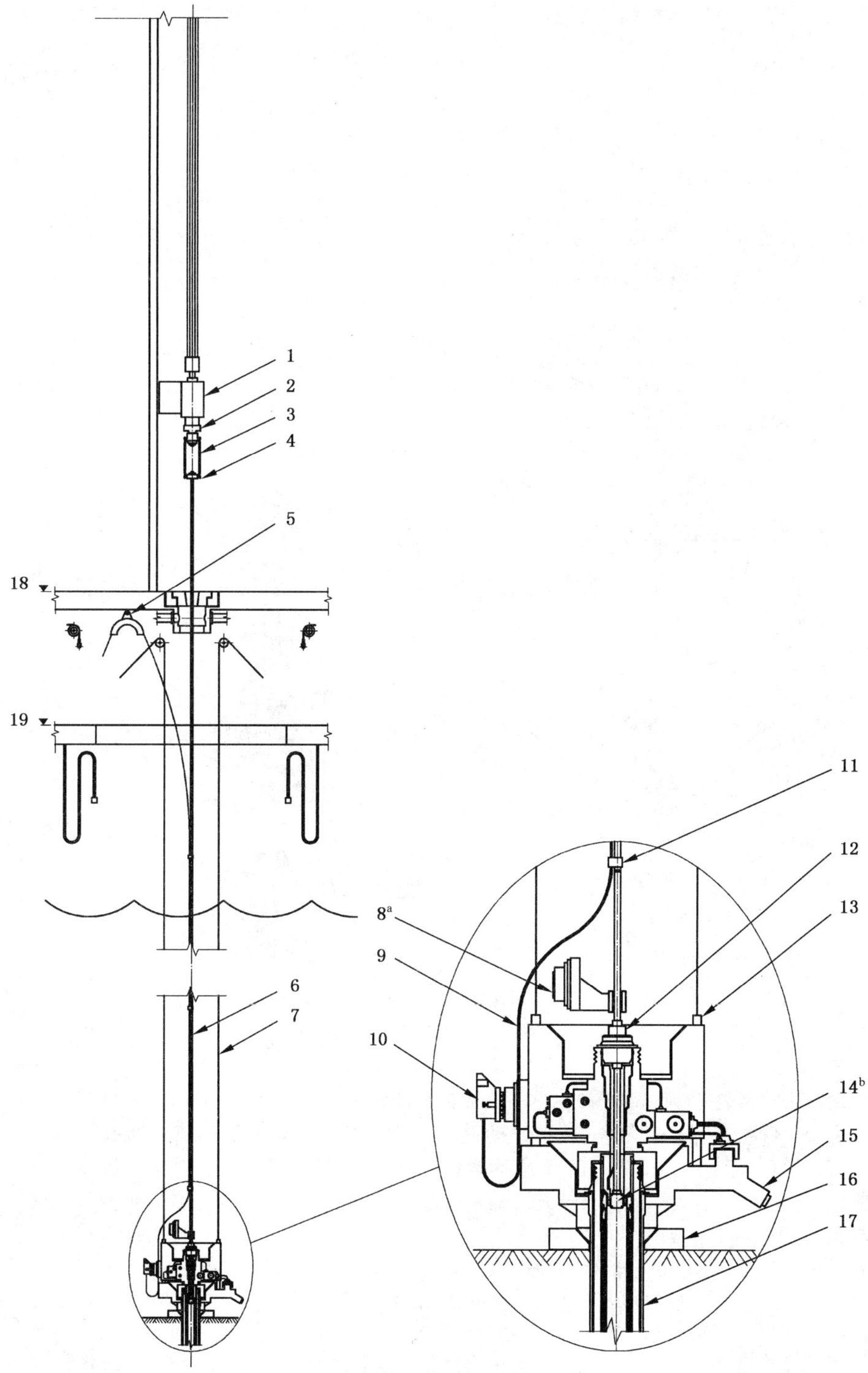

1——游车；
2——顶驱；
3——方向节；
4——提升装置；
5——修井控制脐带缆滑轮；
6——钻杆；
7——导向器(可选)；
8——修井接头停靠板；
9——修井脐带缆；
10——修井控制接头板；
11——修井控制管缆夹(typ)；
12——采油树下入工具；
13——导向杆(可选)；
14——完井密封测试接头；
15——导向基盘；
16——钻井导向基盘或者基盘槽；
17——井口；
18——钻台；
19——月池。
a——修井接口可经由采油树上部；
b——可以通过其他方法进行测试。

图 A.15 安装在钻杆上的卧式采油树

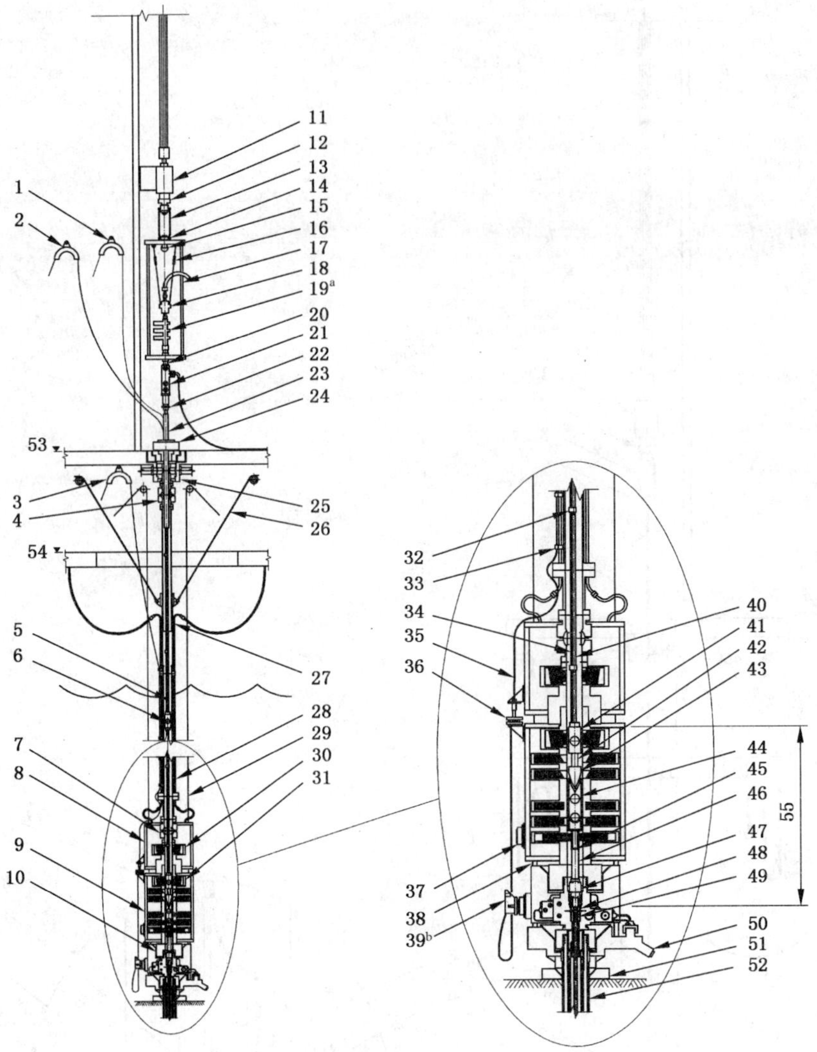

1——防喷阀脐带缆；
2——油管挂下入工具脐带缆滑轮；
3——修井控制脐带缆滑轮；
4——挠性接头；
5——防喷阀脐带缆；
6——防喷阀；
7——挠性接头；
8——下部立管配件包(LMRP)；
9——防喷器；
10——防喷器接头；
11——游车；
12——顶驱；
13——方向节；
14——提升装置；
15——绞车；
16——刹车带；
17——提升装置架(如例所示)；
18——CT 注入头(如例所示)；
19——钢丝绳/连续油管防喷器；
20——SXT 顶部适配器；
21——平台采油树(SXT)；
22——SXT 底部适配器；
23——耐磨接头；
24——立管卡盘；
25——分流器；
26——张紧器；
27——伸缩式隔水管；
28——海洋钻井隔水管；
29——导向器(可选)；
30——上部环形防护装置；
31——底部环形防护装置；
32——油管挂下入工具脐带缆夹；
33——修井控制脐带缆夹；
34——油管下入工具脐带缆；
35——修井控制脐带缆；
36——脱离扣面板；
37——停靠板；
38——导向杆(可选)；
39——修井控制口面板；
40——套管油管接头(typ)；
41——单向阀(RV)；
42——剪切接头；
43——应急解脱接头(EDC)；
44——水下安全采油树(SST)；
45——转换接头；
46——适配接头；
47——油管挂下入工具(THRT)；
48——油管挂(TH)；
49——油管挂隔离衬套；
50——导向基盘；
51——钻井导向基盘或者基盘槽；
52——井口；
53——钻台；
54——月池；
55——下入管柱。
a——可以直接从方向节上升降代替升降架；
b——修井接口也可经由采油树顶部。

图 A.16 卧式采油树上油管挂的安装

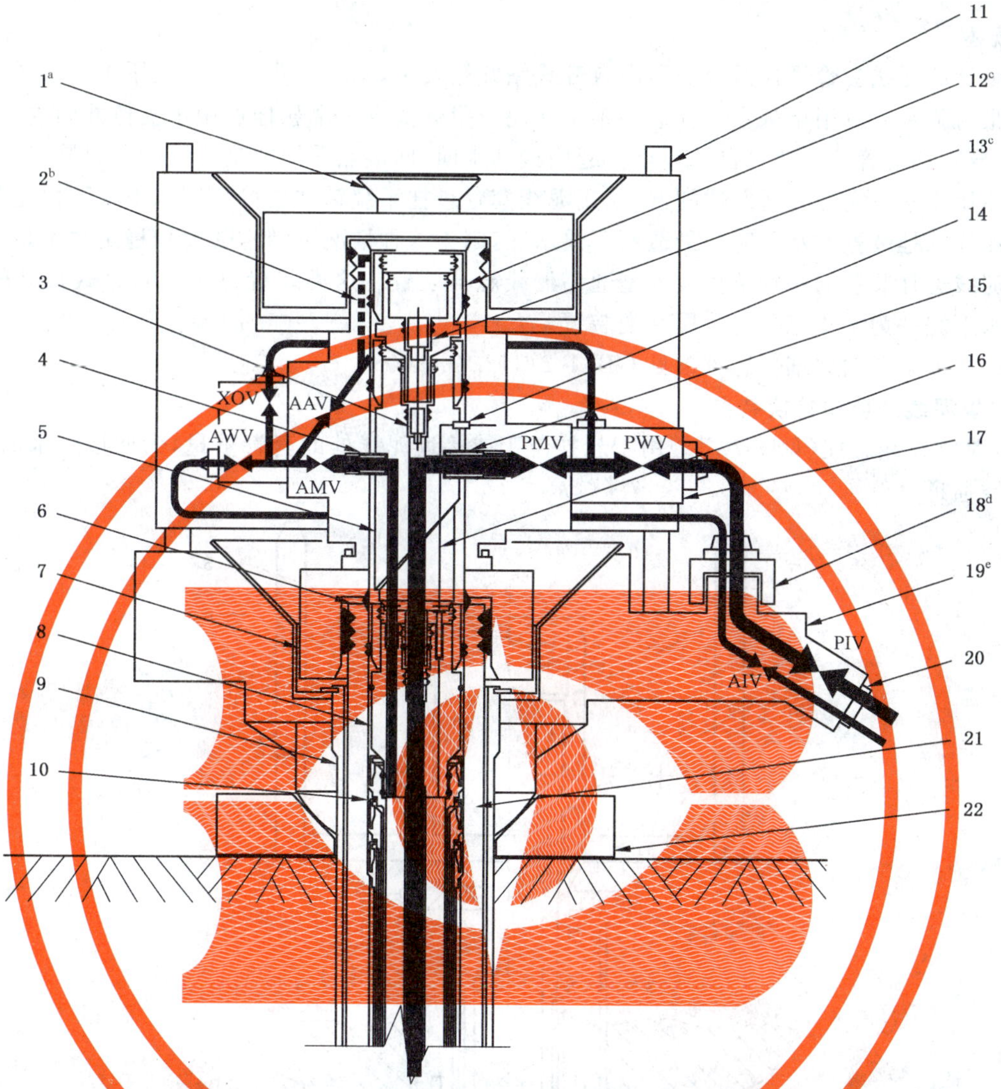

1——采油树帽；
2——环空进入可选路线；
3——转换跨接堵头；
4——环空扣；
5——跨接短管(图中配有定位螺旋)；
6——井口；
7——采油树接头；
8——油管挂；
9——导管头；
10——套管挂和密封总成；
11——导向柱(可选)；
12——采油树内帽(ITC)；
13——内部采油树帽塞；
14——水平缝制接箍/接头；
15——生产扣；
16——地面控制井底安全阀和 DHPTT 管线；
17——采油树；
18——出油管线接头；
19——导向基座；
20——出油管线/固定短管接头；
21——井口；
22——钻井导向基座或基盘槽。
a——采油树帽可以承压或非承压；
b——不移除采油树内帽就可形成环空通道；
c——图示内部采油树帽配备了堵头。内部采油树帽可以是盲板或配备球阀；
d——图示出油管线连接到生产导向基座上，但也可直接连接到采油树；
e——图示生产导向基座(允许连接出油管线)。

图 A.17 通钻采油树

A.5 泥线套管悬挂系统

A.5.1 概述

最初设计的泥线套管悬挂系统是利用自升式钻井船安装，采用干式井口时应用于浅水区，尽管目前也常通过张力腿平台应用于深水区。这些系统在泥线附近提供一个悬挂点用于支撑井筒内套管柱的重量。通常，导管和套管柱以及各自的环空一起回接到水面，回接点采用的是传统的井口装置。

如采用用于水下完井合适的适配器，采用泥线套管悬挂系统钻井也可采用水下采油树完井。通常，基于常规泥线悬挂装置的水下完井最适用于浅水区，因为这种情况下结构强度和稳定性不是主要问题。

常规泥线悬挂装置的一种替代装置是通钻泥线悬挂装置。这类装置也采用自升式钻井船安装，当预期可能水下完井为干式完井时采用这类装置。

这两种类型装置的详细信息可参见 GB/T 21412.4—2008。

A.5.2 常规泥线悬挂和转换装置

A.5.2.1 常规泥线悬挂(见图 A.18)用于悬挂位于或接近泥线处的套管重量，为回接到水面井口提供压力和环空通道。

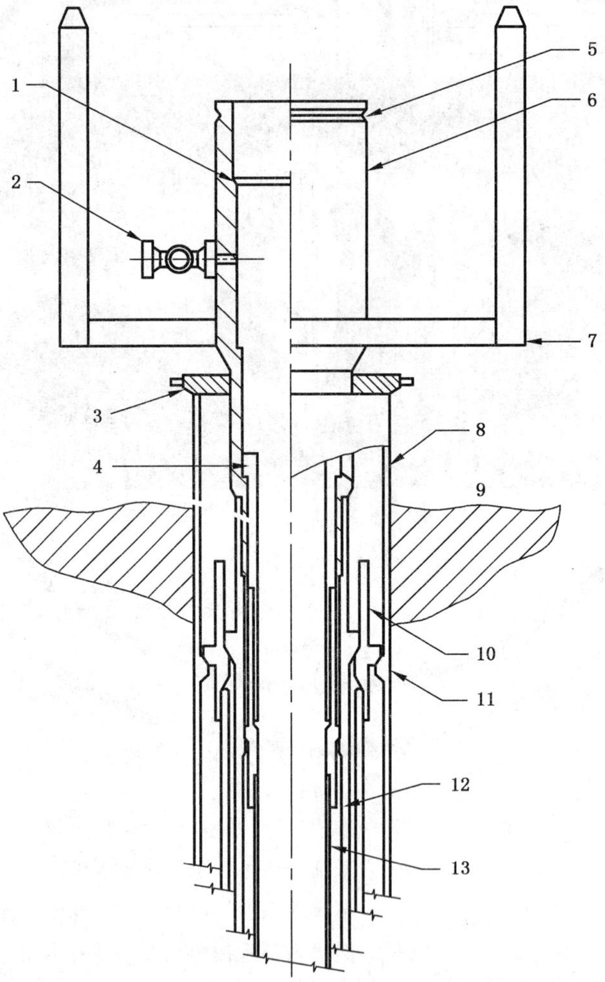

1——油管挂剖面；
2——环空出口；
3——结构支撑环(可选的)；
4——套管挂回接适配器；
5——连接器剖面；
6——井口适配器；
7——导向栓结构；
8——762 mm(30 in)导管；
9——泥线；
10——508 mm(20 in)套管挂；
11——762 mm(30 in)座放环；
12——339.7 mm(13 3/8 in)套管挂；
13——244.5 mm(9 5/8 in)套管挂。

图 A.18 用于套管适配器的带有井口适配器的典型泥线系统

A.5.2.2 典型的常规泥线悬挂系统主要设备安装包括：

——一个座落接头[通常 762 mm(30 in)]和提升环；

——套管挂。

A.5.2.3 自升式钻井作业过程中，防喷器组位于水面。套管环空不在泥线悬挂处密封，因此，在进行水下完井之前，有必要安装转换装置来隔离环空并为油管挂和水下采油树提供安放界面。

完成这种转换所需安装的典型装置包括：

——一个回接工具(回接接头)和 339.7 mm(13 3/8 in)套管柱的附属套管；

——一个水下井口异径接头[通常 346 mm(13 5/8 in)]连接到 339.7 mm(13 3/8 in)回接管柱的上部；

——一个四桩导向基座，用于校准和定位水下采油树、下入工具和再进入装置。

A.5.2.4 井口异径接头安装在泥线悬挂器后，井筒再入系统通过高压立管到位于钻井船上的水面防喷器系统而建立。安装套管挂回接异径接头并下入和检验环空密封总成，然后就能将油管挂安装在水下井口异径接头(或附加油管挂大四通)中。将堵头安放进油管挂，移走防喷器组和立管，把采油树安装在井口异径接头(或油管挂大四通)上。

A.5.2.5 用于水下完井设备安装和检测的下入工具和零散装置，和安装在水下井口上的立式采油树要求相似。

A.5.3 通钻泥线悬挂装置

A.5.3.1 通钻泥线悬挂装置位于泥线附近，用于悬挂套管质量并且实现压力控制，通钻悬挂装置用于预期水下完井的场合。

A.5.3.2 通钻装置不同于常规泥线装置，因为表层套管是通过井口头悬挂的，并且其后的套管柱使用井口头悬挂器和环空密封组合。悬挂器具有正向座落台肩，因其外径太大而导致不能通过套管回接管柱。通常采用具有一定额定压力的立管以及同径防喷器来安装套管悬挂器、密封总成、内置弃井盖和油管挂。井口头必须包括必要的剖面以便向下锁住油管挂，并且具有一个外部剖面使水下采油树锁在井口头上。

A.5.3.3 通钻泥线悬挂设备需要的主要部件包括：

——一个导管头；

——一个水面套管挂；

——井口头[典型为 346 mm(13 5/8 in)]；

——套管挂；

——环空密封总成。

A.5.3.4 类似于把水下采油树安装在常规井口头，同样需要水下完井装置测试和安装的下入工具和零散设备。

A.6 水下管汇和基盘系统

A.6.1 概述

A.6.1.1 管汇是一个由集油管头和用来集输或输配的分支管道组成的系统。通常，管汇包括用来控制流体打开/关闭的阀门，也可能包括未安装在单个采油树上的其他流动控制装置(如油嘴)。管汇可用来汇集采出液，有选择的将井流引向单井测试管线，还可以给每个井分配注入流体(气或水)或气举气。可使用一个多路转换开关代替每一分支管线上的单个阀门，例如，可遥控转换开关将指定的井流引向测试管线，而其他井流则流向主生产管线。

A.6.1.2 过出油管服务管线、环空监测/排放管线、化学药剂注入管线和控制系统功能(液压和电力)也可以集成在管口上，如集成在生产/注入管汇相同的支撑结构上或采用一个独立的水下脐带缆分配单元。

A.6.1.3 管汇包括回接管线/脐带缆/到依托设施的连接点，以及单个生产井的连接点。管汇需要某种类型的框架结构来为各种管线和阀门等提供结构支撑。有时支撑结构和管汇同管束集成在一起，管汇终端(PLEM)比较常见。如下所述，可能需要独立安装的基盘来支撑管汇。

A.6.1.4 基盘是一个固定在海底的结构，包括一个结构支撑和一个基座(入土/吸力桩或重力基座)，为不同的水下设备提供支撑。这些设备包括：

——水下井口和采油树；

——管汇(用于生产、注入、试井/化学输配系统)；

——控制系统组件，如水下控制模块、液压管和电缆等；

——钻完井设备；

——管线牵引和连接设备；

——生产立管。

A.6.1.5 基盘通常也包括保护架/外罩，以防止落物和捕鱼造成破坏。

A.6.1.6 基盘的设计要符合这些功能要求，从简单的间隔基盘到多井管汇基盘其复杂性各不相同，如下所述，现有基盘可能具备多种这些基盘的特征。

A.6.1.7 宜注意“基盘”这一术语也常用来描述组合单元，如基盘保护结构和管汇。

A.6.2 间隔/回接基盘

A.6.2.1 间隔/回接基盘是一个多井基盘，在某一海底位置进行预钻井时可作为钻井导向装置。

A.6.2.2 通常，在基盘上部的水面设施安装前使用这类基盘，各个井顺序回接到基盘(见图 A.19)。也可以通过水下采油树和单个水下采油树上的独立生产立管进行完井，并回接到位于基盘上部的浮式或固定式依托设施上。而管汇可以在随后安装在基盘上，从而有效地将这一系统转变为一个多井管汇基盘，如下所述。

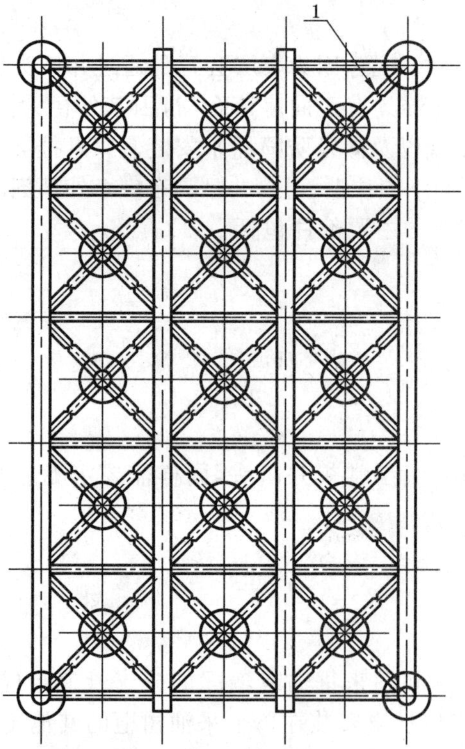

1——典型的采油树导杆座(如要求)。

图 A.19 间隔井/支撑基盘

A.6.3 立管支撑基盘/立管基座

A.6.3.1 立管支撑基盘是一个简单的基盘，可以支撑生产立管或承载终端，并在其使用寿命期限内分担立管上承受的载荷(见图 A.20)。这种基盘可以与其他类型的基盘(管汇基盘或多井管汇基盘)组合使用。

A.6.3.2 立管支撑基盘和相关的配管以及立管与管线接头也可组合在一起，参见立管基座。

图 A.20 立管支撑基盘

A.6.4 管汇基盘

A.6.4.1 管汇基盘是一个位于中心位置管汇输配、汇集采出液/注入流体的基盘(见图 A.21)。这一布置中，单个的卫星井分布在管汇周围，可通过挠性或刚性跨接管回接到管汇。这种基盘也包括去往/来自管汇的出油管线或生产立管到依托设施的连接点。

A.6.4.2 主脐带缆的终端可在基盘上，以便化学药剂分配单元、液压管/电缆能够安装在基盘上。单根脐带缆跨接管可用来将每一口井连接到位于管汇/丛式基盘的化学药剂/液压液/电力系统上。而主脐带缆的终端也可在独立的水下脐带缆分配单元，通过一根脐带缆跨接管直接连接每一口井，从而减少管汇/丛式基盘上多余的连接和复杂性。

A.6.4.3 管汇基盘与相关的管汇通常作为一个单元进行安装，并且要足够小以便可以通过相应的移动式海洋钻井装置的月池，与使用大型起重船相比，节省了可观的费用。通常，出于维修的目的，管汇和其他不同类型的组件可以独立于基盘结构本身进行回收和再安装。

A.6.5 多井/管汇基盘

A.6.5.1 多井/管汇基盘(也常指钻井和生产基盘)是一个可进行多井钻完井作业的基盘，结合用于汇集采出液/分配注入液的管汇系统，及生产立管支撑，见图 A.22。这种基盘也包括去往/来自管汇的出油管线或生产立管到依托设施的连接点。

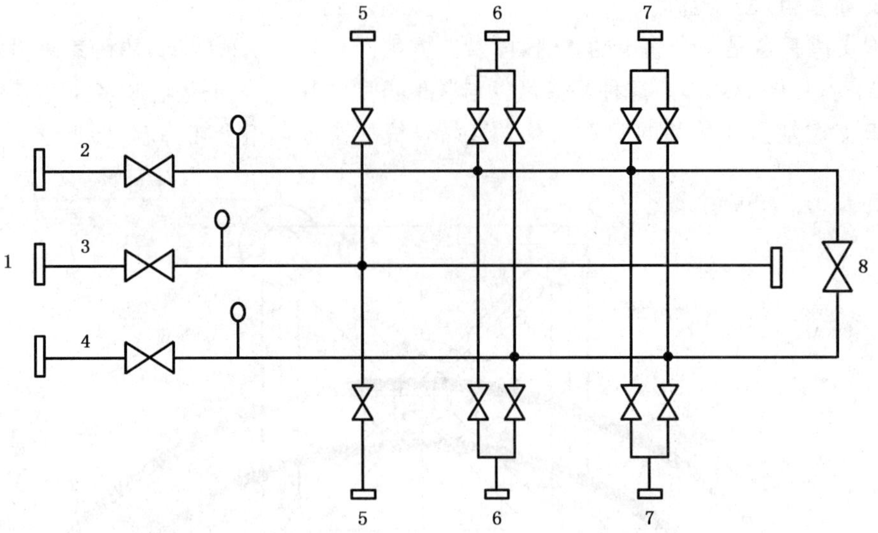

1——去海底管线或者立管系统；
2——生产管线；
3——注水管线；
4——油井测试管线；
5——去注水采油树；
6——去生产采油树；
7——去生产采油树；
8——可选清管阀。

图 A.21　典型管汇示意图

A.6.5.2　多井/管汇基盘包括可用工作船安装的简易双井基盘，也包括连接多井的基盘，重达数百吨，需要重型起重船才能安装。

A.6.5.3　对于这类基盘，主脐带缆的终端通常在基盘上，单井的化学药剂单元、液压管、电缆/SCM 也能安装在基盘上。然而，单根控制线等可通过预先安装在基盘上的多路连接器连接到每一口井。

A.6.5.4　通常，管汇零散功能组件与基盘一起进行安装，根据尺度和复杂性，并且出于维修目的，根据装置的尺寸和复杂性可以对全部或部分独立于基盘进行回收和再安装。

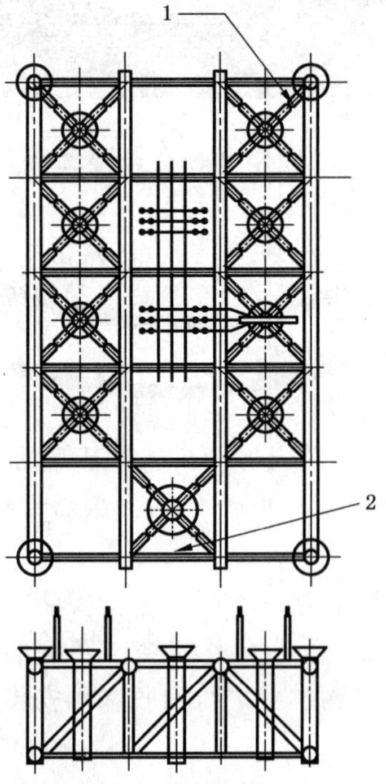

1——导向柱(如果需要的话)；
2——生产立管底座。

图 A.22　带生产立管的管汇/多井基盘

A.6.6 间隔式和多井基盘结构

A.6.6.1 鉴于立管支撑基盘和管汇基盘通常作为单个单元进行安装，间隔式/回接基盘和多井/管汇基盘可作为一个单元或一系列模块在海底组装和安装。

A.6.6.2 鉴于单个基盘的尺寸，有可能通过单体船的月池进行基盘安装，与使用大型起重船相比节省了可观的费用。如需要在一个小基盘上容纳更多口井，模块式基盘则具有更大的优势。通过在基座(通常是第一口井)周围安装一系列钻井导向装置就可在海底组装装配式基盘，可以是或不是悬臂式设计。如果计划随后将管汇安装在基盘上，以便将这一管汇同单井通过刚性管连接起来，装配式基盘设计就会出现较大的叠加容量限度问题。

A.6.6.3 另一类单个基盘使用折叠式设计，在作业过程中(可通过移动式海洋钻井装置的月池下入)基盘外部折叠在垂直位置，在该单元安装在海底/地层以后(通常是第一口井，导管套筒作为基础地层)，展开在永久的水平位置。折叠式组件是典型的钻井导向装置、出油管线边沿/清管组件边沿，从而为基盘中心的管汇后续安装预留空间。由于折叠式组件通常总是连接到基盘的其余位置，并不会出现与标准装配式基盘设计相关的叠加容量限度问题。

A.6.6.4 术语“模块式”也可应用于构建基盘系统中其他组件上。例如，如果管汇、清管阀总成等在基盘之后安装，一个多井/管汇基盘就可描述为模块式(即间隔基盘作为单一部分，如设计上描述的折叠式设计)。可选方案为安装一个多井/管汇基盘一体化集成单元。这种基盘通常指整体基盘，需要大型起重船安装。

A.7 水下工艺(SSP)系统

A.7.1 概述

A.7.1.1 通常，水下工艺系统包括井筒内或海底进行的所有分离及增压作业，这里提及的早期水下工艺技术包括：

——两相及三相分离系统；

——多相增压泵和湿气压缩机；

——水处理系统。

A.7.1.2 鉴于目前大部分可用的水下工艺设备都需要大量的电力，因此关于电力的管理也在此一并讨论。

A.7.1.3 水下工艺设备性能的优化需通过对工艺参数及连续运行下设备情况进行监测而实现，见A.7.7中所描述。

A.7.2 设计原则

A.7.2.1 考虑将水下工艺设计用于特定开发方案时，需要考虑以下问题：

——SSP用于降低成本、增加回报，还是用作新技术?

——特定的应用场合最佳的工艺技术是什么?

——工艺系统的最佳位置在哪?

A.7.2.2 SSP技术可用于不同目的，例如，利用井下采油泵、井口多相泵或安装在井口的气液分离单相泵来提高油井产量。最优工艺方法的选择需要综合评价各种SSP技术、使用期内的费用以及针对每一个系统的操作问题。

将SSP作为一个特殊的开发技术来评价其潜能时宜考虑但不限于以下各因素：

——提高产量，提高总采收率；

——SSP本身的设备费；

——使用SSP技术后油田减少的相关资金投入，例如：减小了管线尺寸/保温层以及上部设施的要求、减少井数等。

系统后期预期操作费包括水下维修费用、化学药剂注入费用和附加的电力要求。

A.7.2.3　各种重要因素影响了SSP系统的性能及最佳位置，这些因素主要包括：

——井深；

——油藏压力；

——流体物性及在整个油田开发期内的变化(密度、气液比、含水率、黏度等)；

——回接距离；

——水深。

A.7.2.4　井深(海床以下的垂直深度)是影响泵送设备最佳位置有重要因素，对于比较浅的井，将泵安装于井下与安装在井口，其性能差异并不大，增加的维修费用和井筒内泵的复杂性都相对较高，意味着倾向于使用泥线增压泵。此外，在较深的以及欠压油藏中，在井筒内安装增压泵在技术上是可行的。

A.7.2.5　生产流体及其携带固体的物性及其在整个油田开发期内的变化都会对SSP系统的设备设计及性能带来很大的影响。通常，在油田开发后期要求采用工艺系统来提高产量。随着含水率和气油比增加，使实现水下分离成为一个有吸引力的提高产量的方法。单一固定系统设计可能不适用于整个油田生产周期，模块化、灵活的工艺设计是可能优化的解决办法。许多供应商正在开发模块化的SSP系统。

A.7.2.6　通常，尽可能将工艺设备安装于靠近油藏的地方，原因如下：

——由于气液比较低，从而能提高泵的水力效率；

——黏度较小有利于分离；

——如脱水后，可减少系统背压；

——改善流动特性；

——改善流动安全保障。

A.7.2.7　例如，在欠压油藏中，油藏没有足够的压力将生产流体输送到位于海床的多相增压泵进行增压，这时，就需要安装井筒内增压泵进行生产。

A.7.2.8　在大多数情况下，考虑到流体的物性、热力学特性以及机械效率，倾向于将增压及分离系统尽可能地安装在靠近油藏的地方，但考虑技术因素以及设备维护等因素时，会尽可能地将增压及分离设备安装在下游位置。在油田开发中要综合考虑这两个矛盾，然后选择一个技术上可行又比较经济的方案。

A.7.2.9　在深水短距离回接开发项目中，将SSP系统安装于井口或立管底部对其水力特性影响不大。此时，将设备安装于立管底部将更有利于从依托设施上进行维修和维护，而不需要使用单独的维修船。

A.7.3　分离

A.7.3.1　概述

A.7.3.1.1　应用水下分离系统有各种原因，和应用水面分离系统的原因不同。水下分离被用作一种典型的提高产量、最大化采收率以及克服上部设施局限性的方法，此时可通过在油藏附近或海底去除和处理不期望产品(如水)，降低生产系统背压。采用水下分离系统后，允许使用高效的单相增压系统，从而弥补上部设施的局限性，例如：水处理能力。采用水下分离系统的另外一个重要目的就是克服由未经处理的多相井流导致的流动安全问题(例如水合物、腐蚀和段塞等)。

A.7.3.1.2　根据水下分离系统的要求，水下分离系统的效率可能没必要象陆地分离系统要求那么高。例如，如果水下分离系统的作用是为了提高长距离回接管线增压系统效率，那么采用高效的气液分离与中等效率的气液分离相比，不可能带来可观的效益。这是因为在外输管线中压力和温度的损失会导致相变，使液体管线中产生气体闪蒸或者气体管线中产生液体凝结。由于相变而在管道中产生的气体和液体的量与由于使用中等效率的分离系统而进入管道中气体或者液体相比而言要大得多，需要尽可能对任何分离系统的效率做出准确的说明，以便下游工艺系统的有效设计。

A.7.3.1.3　SSP系统中采出固体(例如砂)的管理是一个重要问题，可在设计中推动井下出砂控制技术的应用，应用水下砂监测装置是非常必要的。

A.7.3.2 油水分离

A.7.3.2.1 油水分离是将大部分采出水从井流中除去,分离出的采出水要么排海要不回注到合适的地层。井口附近将采出水分离能给某些油田带来可观的经济效益:

——降低井口背压,从而增加油井产量或提高总采收率;

——减少了输送到上部设施去的流体总量,因而允许采用小直径输送管道;

——解决上部设施存在的瓶颈问题,从而减少多余采出量;

——减少或最小化上部采出水分离、净化以及处理量。

A.7.3.2.2 除去生产流体中的大部分水有助于减少一些流动安全问题,特别是腐蚀和水合物形成,同时也能减少化学药剂注入量/管线保温层的需求量。

A.7.3.2.3 海床上水下分离既可采用传统的重力式分离器,即经过分离后的油和气再混合后通过一根单独的管线进行输送,也可采用紧凑型分离器,紧凑型分离器分为两级,一级分离器为气液分离,二级进行油水分离。紧凑型分离器通常是基于旋流或者离心原理设计的,一些水力旋流器的设计对进料必须为水作为连续相有一定的要求,这就要求生产流体的含水率较大或者是经过预处理分出大部分油。

A.7.3.2.4 海底水下脱水的备选方案是安装于井下与潜水泵一起组合使用的井下水力旋流分离器。

A.7.3.2.5 分离得到的水中含油率是一个重要的性能指标,而分离得到的轻烃中油中含水率就不是那么的重要,我们能接受的油中的含水率指标高达20%。通常,油中含水率在这个程度下不会产生高黏度乳状液同时也能保证油作为连续相,这就减少了水与管壁的接触,从而可减少防缓蚀剂的用量。然而,如果水下分离系统目的是为了减少水合物抑制剂的使用量,将要求分离出的轻烃中的含水率降到相对较低,油中含水率将是一个重要的设计参数。

A.7.3.3 气液分离

A.7.3.3.1 可以利用传统的重力式分离设备或者设计紧凑型(经常是旋流式)分离器进行气液分离,气液分离后,分离出的液体可允许使用高效的单相泵输送,同时将水中的酸性气体与生成水合物的轻烃从水中分离出后,有利于克服流动安全问题,特别是水合物的形成和管道腐蚀问题。在井口处进行气液分离也能有效地抑制或减少段塞流的产生。

A.7.3.3.2 气液分离主要目的是通过降低油藏的背压增加产量、提高采收率。水下气液分离系统经常和液体泵送系统联合使用,最早的控制分离器液位的方法是通过控制泵的转速来实现。两种气液分离系统如下:

——重力式分离系统:重力式分离器有立式和卧式两种设计,可将入口构件并入壳内从而增大系统的体积。分离器的设计通常基于现有上部设施的规范,包括分离停留时间和压力容器设计。

——旋流分离系统:旋流分离器系统利用流体的动能可在气体与进入系统的液体之间产生较大的分离力,与重力式分离器相比旋流式分离器体积较小。

A.7.3.3.3 尽可能将分离器安装于井口附近或立管底部,通常在平衡最佳操作性能和最小的经济投入时选择此安装位置。最佳的操作性能倾向于将分离系统安装于尽可能靠近油藏位置,而最小的经济投入则侧重于将分离系统安装于立管底部。最佳安装位置取决于生产系统的特性和安装分离系统的主要原因,基于各种情况,所需考虑典型问题如下:

——对于回接距离较长的管线,基于水力特性考虑,应首选将分离系统安装于井口位置。这是因为大部分压力损失发生在多相管线的输送过程中,减少这部分的压力损失能有效的降低油藏背压。

——对于深水,当井场与立管高位差较小、回接距离较短时,应优先考虑将分离系统安装于立管底部。由于系统大部分压力损失和问题如段塞流、低温发生在立管段,所以将分离系统安装于立管底部是有吸引力的。同时如能通过依托设施而不需要其他工作船进行分离器维修的话,还能有利于降低操作费。

A.7.3.4　三相分离

水下三相分离也是可能的，但是要得到可靠的系统性能面临巨大的挑战，如下：

——对分离容器内部水、乳状液、油、泡沫和气之间的界面准确可靠的测量（了解进一步相关信息，见 A.7.7）；

——通过注入相对可靠的不同剂量的化学药剂来减少分离器内乳化和泡沫，从而使界面的测量变得容易些，同时增大有效分离的空间；

——提供一种高可靠的水下控制阀门用来控制分离器内流出的不同流体的流量；

——水中含油率的精确在线测量；

——从分离器内除去砂及其他固体的方法。

A.7.4　增压

A.7.4.1　概述

A.7.4.1.1　水下增压泵可应用于井下或海床上，多相增压泵（MPPs）通过给系统增加能量提高产量，将生产流体增压到自然流动条件之上，有以下几个好处：

——增加产能（缩短油田寿命）以及提高采收率；

——为自喷产量低的井（低压力、低气油比、高含水、深水）提供举升；

——增加管线进口压力保证长距离回接管线能将流体输送到依托设施或岸上；

——通过为低压井增压来平衡井流的压力（油嘴）。

A.7.4.1.2　一个典型的水下增压系统由以下子系统组成：

——泵，包括叶轮或螺杆、泵壳、轴承、径向/推力轴承、轴向密封、阀门和管道；

——动力系统，如电机或水力透平；

——动力传输系统（电力或水力）；

——控制监视系统，包括带有电源的仪器、阀门和控制器；

——润滑和发电机冷却系统，包括储罐、泵、过滤器、阀、冷却器、密封和润滑油。

A.7.4.1.3　与上部液体泵和气体压缩机相比，通常水下泵有更多的应用，由于气体中携带大量的液体以及液体中携带的气体造成了水下应用中来流组成更不容易控制，同时流体中经常含少量的固体颗粒。这些因素导致了水下增压系统的设计要能承受变化的多相流动条件和携带固体颗粒的流体，这通常导致了水下泵系统比传统的水面泵和压缩机效率较低。

A.7.4.2　潜油泵

A.7.4.2.1　井下电潜泵 ESPs 和水驱潜油泵（HSPs）在陆上已应用了很多年了，近期已更多的应用到水下井中。

A.7.4.2.2　井下潜油泵基本上是多级渐进壳式泵，采用电机或水力透平驱动。

A.7.4.2.3　根据水力特性，通常把泵安装在离油藏较近的位置时效率较高，这是因为随着气体含量的增加和泵进口压力降低，泵的效率将降低。因此，从增加产能和系统效率方面，采用井下泵是比较好的一个方案。同时当考虑采用井下泵则需考虑许多因素，包括：

——单井单泵的费用；

——可能需要一个旁通经过泵的流体/井下工具；

——泵尺寸的影响和套管上流体旁通尺寸的选择；

——考虑使用井下泵对水下采油树设计的影响（例如：需要湿式电接头为电潜泵提供动力，另外需要额外井下液压管线来控制流体旁通流量，同时从进入维护和更换泵的难易程度权衡卧式和立式采油树；

——使用井下泵所配发电、配电及控制系统的费用；

——预期可靠性及泵维修和更换费用。

A.7.4.2.4 在水下油井使用井下潜油泵有许多不利因素，当然也有一些特殊情况下井下潜油泵比海床底泵更有吸引力。考虑到以上各因素后，能对可比较设备形成一个总体评估，以助于在某一开发方案中鉴别最优的设备。

A.7.4.2.5 潜油泵也可撬装在位于海床井口处或在生产立管底部靠近依托设施的沉箱内，主要取决于油田的具体需要。

A.7.4.3 海底多相泵(MPP)

A.7.4.3.1 通常海底多相泵分为以下两类：

——旋转动力泵，工作原理为将动能转换为势能(水头)，例如螺旋轴流泵；

——容积泵，是在低压端形成一个封闭的空间，压缩后将其释放到高压端。例如：双螺杆泵，活塞泵以及单螺杆泵。

A.7.4.3.2 两种类型的泵都有其自身的优缺点，选择应用于某场合前宜清晰了解。

A.7.4.3.3 对于回接距离短的深水开发，可接受选择为将多相泵安装在临近依托设施的立管底部而非安装在井口及附近，这样可直接从依托设施处对系统进行维修和维护作业。

A.7.4.4 湿气压缩机

A.7.4.4.1 湿气压缩机的设计与多相泵具有基本同样的作用，但它适用于较高气体体积含量(GVFs)的场合。湿气压缩机气体体积含量(GVFs)正常操作范围大约在95%～100%。特殊类型的多相泵可以处理多相流体，包括具有高气体体积含量的流体，至少可短时间内工作。

A.7.4.4.2 经过压缩后的湿气能体积缩小、压力提高，这就使水下设备和依托设施之间管线的管径变小，从而大大节约了投入资金。

A.7.5 水处理

A.7.5.1 采出水典型的处理方式为排海或回注到合适的地层，与当地法规要求和可接受实践一致。

A.7.5.2 直接将泵出水排放到环境中时需要对排放水中的含油率进行精确的在线测量，以保证水中的含油率在事先确立可接受的排放限制内。鉴于在水下环境达到此目标的实际难度以及对设备零排放的要求，通常选一种更好的方式将生产水回注到合适的地层。

A.7.5.3 成功将生产水进行回注的要求如下：

——回注水与地层间的化学兼容性，这使得注水后地层不能结垢。

——对回注水中的含油率、固体含量进行监测以保证其适合长期回注到所选的特殊地层中。

A.7.5.4 如果注水是为了维持地层的压力，将分离出的水回注到合适地层减少依托设施注水要求。然而将生产水回注地层并不能完全填补地层中所有的孔隙，因为它不能替代采出油的体积。

A.7.5.5 除非应用井下分离技术，否则将采出水回注通常需要额外钻完井。

A.7.5.6 注水作业可导致油藏酸化，起初的低硫油藏在进行海水的回注后会酸化(水淹)。最可能引起油藏酸化的原因可能是在海水与地层水进行混合后产生的硫酸盐还原菌的不断生长。脂肪酸和硫酸盐被用在出现硫酸盐还原菌的地方以抑制其增长，完全消除是不可能的，因此唯一的补救方式就是设计酸化作业。

A.7.6 电力管理

A.7.6.1 现应用的很多水下工艺系统需要大量电力，通常为几兆瓦。电力通常用于泵的运转、包括用于采出水处理与回注，或为生产液进行增压，以提高产量。另外其他电设备也可包括静电聚结器，湿气压缩机和离心分离器。

A.7.6.2 考虑到为水下工艺系统供电所需配电、连接控制大量辅助设备，包括水下电机、变压器、高压湿式电接头、变频器和VFDs等。

A.7.6.3 在长距离输送中,直流电传输系统与交流电传输系统相比具有很多优点,包括:

——直流输送系统传输损失较低;

——直流系统本身相对简单并灵活,尤其在结构和装载模式的变化方面;

——谐波共振在交流系统中是一个重要的问题,而直流系统中不存在;

——直流系统的电缆分类比较简单,取决于功率和电压降,然而对于交流系统就需针对大量的影响因素进行比较,这些因素包括可接受的谐波畸变范围、电压波形以及传输损失。

A.7.6.4 宜注意的是,直流电机与交流电机相比更需要定期对不同的部件进行维护。高压直流电转换为交流电的水下装置在目前还没实现。针对具体应用选择何种通常取决于对生产周期投资的评估。

A.7.7 水下工艺系统的监视

A.7.7.1 水下工艺系统的优化设计需要对工艺条件和工艺设备自身的条件进行监测。

A.7.7.2 除水下生产系统中常规的压力和温度需要监测外,需要监测/测量的水下工艺系统其他工艺变量,包括:

——流量,单相及多相流;

——水下分离器中油、水、乳状液和泡沫界面的位置(采用核磁液位计测量液位是解决水下分离器中此问题的最佳方案);

——分离出的水中含油率(需要一种精确的在线监测仪,以确保排放到环境中和注入到井下合适的地层中的水质一致可接受;

——分离出的油中含水率。

A.7.7.3 虽然可以间接通过监测工艺参数的变化趋势来推断水下工艺设备工作状态,但最好是直接监测水下工艺设备状态以进行性能优化和准确建立设备的可靠性磨损趋势,监测参数包括:

——泵进口和出口的压力和温度;

——泵/电机转速,轴的摆动和轴承温度;

——转动部件的轴向和径向振动;

——电功率供应特性,例如:驱动电流和谐波;

——关键部件的校准功能,例如液位监测器、液位控制阀、水中含油率的监测、化学药剂计量系统、屏蔽液系统等;

——工艺容器中砂的产出/堆积(油田中出砂是可预测的,除砂系统也是必需的)。

A.7.7.4 设计之初,就应把所有需要的工艺/性能/集成监测系统整合到总的水下工艺系统设计中,还应考虑环境中较大的电干扰对传感器的影响以及将所有数据传输回依托设施的通讯系统的带宽。

A.8 生产控制系统(PCSs)

A.8.1 概述

A.8.1.1 水下生产控制系统为水下生产或注采设施提供远距离控制与监测的方法。

A.8.1.2 水下生产控制系统由水上和水下设备两部分组成,参见图 A.23。

A.8.1.3 根据系统设计和油气田现场的要求,水上部分的设计可以从简单的带集成控制面板的液压动力机组到较先进的包括多信号与水上处理设备控制系统集成在一起的操作界面。水下界面可以是执行器/传感器,或一个水下控制模块。水下控制模块可装配为对一个或多个水下采油树具有作业或监测功能、井下功能/管汇功能。

A.8.1.4 几种类型的 PCS 用来进行生产操作。基于从依托设施到水下生产系统的脐带缆(提供电力、通讯和液压液)的常规系统的综合性能见表 A.1。由于选择控制系统时有诸多的变数以及作业者的优先选择,只可能进行与系统相关联的比较。每个系统的重要特征在以下条款中进行描述。每种系统共同点是为水下控制功能提供高压液压液。这通常由布置在水面的 HPU 来完成,但也可能改为由水下 HPU 完成。

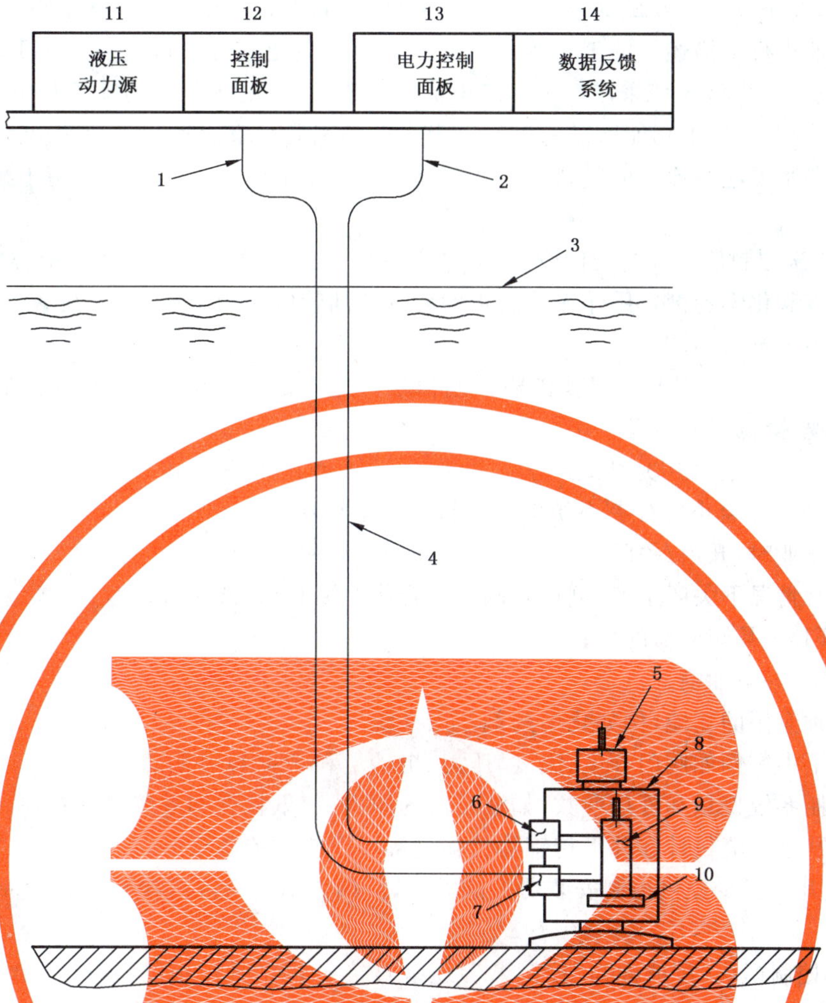

1——液压控制线；
2——电力控制线；
3——海平面；
4——电力和液压控制线集成为一根脐带缆(可选)；
5——采油树帽；
6——电动控制线终端；
7——液压控制线终端；
8——水下采油树；
9——控制模块；
10——控制模块基板；
11——液压动力源；
12——控制面板；
13——电力控制面板；
14——数据反馈系统。

图 A.23 典型卫星井生产控制系统原理图

表 A.1 各类控制系统的性能

特征	复杂程度	响应速度		水下离散控制功能	数据重复	脐带缆		
系统名称		信号	执行			类型	尺寸	控制距离
直接液压	低	慢	慢	有	如果需要，则分开	液压	大	短
离散导向液压	中低	慢	快	有	如果需要，则分开	液压	中等大	适中
顺序导向液压	适中	慢	快	无	如果需要，则分开	液压	小	适中
直接电液压	适中	非常快	快	有	如果需要，则分开	液压和电力或合成	适中	长
复合电液压	高	非常快	快	有	整体式	液压和电力或合成	小	长

A.8.1.5 目前最常用的是复合电液系统，因为它们能够提供非常快速的关闭响应时间，并能集中监测很大数量的水下参数。

A.8.1.6 为了减少下面所介绍的典型 PCS 的复杂性，除了特别需要注意的地方外，只对与复合电液控制系统相关的特征进行了描述。关于其他各类水下的 PCS 的更多细节可查阅 GB/T 21412.6—2009。

A.8.1.7 典型的复合电液系统采用一个多芯电液脐带缆，以专用或公共的铜管传输控制信号(通常是复合数字数据)以及各种水下功能所需的操作电力。电子编码和解码逻辑在水面和水下都需要。这种方法减少了电缆和水下电力连接的复杂性。在独立终端设备上的数据过滤源可用于减少大量数据的常规传送。

A.8.1.8 除了传送控制信号和电力的管道，多芯电液控制脐带缆通常包括各种流体管道，为水下设备提供所需的液压液和化学药剂。用作液压管道的软管和油管应采用碳钢、耐腐蚀钢或热塑性材料制造，关于脐带管的更多信息见 A.9。

A.8.1.9 某些电液系统采用电力载波传输控制信号。这就是通常所说的“电力载波通讯”，减少了所需独立的通讯电缆，降低了脐带缆费用。

A.8.1.10 信号也可以选择用光纤或声学方式进行传输，将在 A.8.2 和 A.8.3 中分别描述。

A.8.1.11 多功能的复合电液控制系统即可执行以下全部功能：

——在正常作业时，开启/关闭所有井下、采油树、管汇和出油管线的阀门；

——在非正常情况下关闭生产，例如有碳氢化合物泄漏和高/低压迹象时；

——变更 TFL 工具转向器的位置；

——控制水下/井下油嘴的位置；

——操作各种有用的功能，例如化学药剂注入系统；

——监测水下参数例如阀门开度、温度、压力、出砂量和 SSP 设备的状况；

——监测控制系统变量和管理参数，如液压液的压力、通讯状态和系统电压；

——将数据从多相流量计和井下传感器传输到依托设施的控制系统。

A.8.1.12 PCS 几乎很少提供控制安装功能的方法，例如关闭水下液压接头或操控垂直进入阀门和压力检测端口。

A.8.1.13 水下控制模块(常被称为“控制盒”)通常直接安装在所控制的设备上，例如水下采油树/管汇上，需要时可将它从基座上移动以便维修。控制盒是控制管线、液压供应、电力和所监测的水下设备之间的接口，提供从依托设施传来的液压和电力信号。控制盒同时包括用做控制、通讯和数据采集的电子元件。

A.8.1.14 增压的控制液用来执行水下功能；它们可对潮湿部分进行润滑并防腐。液压控制回路可以是开环或闭环的。如，当水下功能被执行后，它可能排海或回流到依托设施。生物所能分解的水基、石油或合成材料液都可以用作控制液。只有生物可分解的水基液可以在开环系统中使用，失去效能的液体可以排海。油基控制液只能在闭环系统中使用，失去效能的流体返回到流体储能器。控制液性能要求和测试信息包含在 GB/T 21412.6—2009 中。

A.8.1.15 测试标准等，可用来保证控制系统设备的功能在安装之前符合所有的操作规范。

A.8.1.16 PCS 通常需要一个专用下入工具，以便控制盒如需要维护能取出和重新安装。

A.8.1.17 现场安置的控制浮筒(描述见 A.8.4)也是一种常规多芯海底脐带缆控制系统的替代。

A.8.2 光纤

A.8.2.1 光纤缆也是在依托设施和水下设备之间进行控制和监测信号的传输。由于水下生产系统包括井下压力/温度测量/多相流量计，大量的数据需要传送到依托设施的主控站。针对这些应用，光纤提供的高速数据传输速率和宽带比传统的铜芯电缆通讯有很大的优势。

A.8.2.2 光纤通讯系统的其他优点有：

——不受干扰电磁和交叉通讯；

——与铜电缆相比质量轻；

——消除电气火花和火灾的危险；

——高频传输时比同轴电缆传送损失低，从而降低了长距离传送对转发器的要求。

关于光纤缆更多的信息见A.9.1.3。

A.8.3 声学控制系统

A.8.3.1 由于使用范围受限制以及在井场区对发电的要求，目前水声学控制系统的应用受限。通过使用高压直流窄电波系统可以实现相对较低的电源需求。

A.8.3.2 声学系统的性能受海水性质，包括盐度、温度、深度和表面波噪音影响很大。水深是其中非常重要的一个因素，因为在相对浅水中（例如北海）声波有向海平面弯曲的趋势，从而极大地限制了通讯的范围。

A.8.3.3 声学系统的响应时间也需要考虑在内，因为在海水中信号的传输速度与声音的传输速度一样快，且必须同时对每条信息进行循环冗余检查，如GB/T 21412.6—2009所述。

A.8.3.4 通过管壁传送和接收信息的声学控制系统也是可能的，但是目前还没有广泛应用。

A.8.4 控制浮筒

A.8.4.1 使用现场放置的控制浮筒可以替代依托设施和水下设备之间的多芯脐带缆。

A.8.4.2 控制浮筒可以锚固在水下设备附近，为水下设施提供通讯，通常依托设施和控制浮筒间采用无线电通讯，因此浮筒与水下设施之间通过相对短的动力脐带缆连接。控制浮筒也可为水下设施提供电力和液压源、抑制剂和防缓蚀剂等化学药剂。

A.8.4.3 当选择是从依托设施引出的多芯脐带缆还是现场的控制浮筒时，需要考虑以下多面因素：

——健康和安全因素，包括人员上下浮筒时的风险、浮筒上的应急逃生、浮筒中储存的化学物品的危害性以及浮筒内的常规工作情况/注意事项，例如狭窄入口空间的危险性、浮筒内大设备的处理以及运行故障的可能性；

——环境因素，包括动力脐带管中化学药剂泄漏以及补充作业中化学药剂溢出的可能性；

——装运风险和防止外物非授权进入浮筒；

——整个系统的有效性，包括为了紧急维护，在各种天气情况下进入浮筒的可能性评估；

——生命周期费用对比，包括控制浮筒及其相关抛锚系统和动力脐带缆的检查和周期性维护费用。

A.8.5 多相流量计(MPFM)

A.8.5.1 所设计的多相流量计无需提前分离即可在管线中在线测量气、油、水各相流量。但是，一些多相流量计要求仪表上游的流动条件为某些流型。流量测量由两个或多个传感器组成，组合数据处理后就转换为单相流速。

A.8.5.2 多相流量计在水下油田开发中潜在的优势可能包括：

——有效节约资金，降低对单井测试分离系统的要求，该系统包括相关的水下管汇，回接到依托设施的测试管线以及依托设施上的测试分离器。

——与利用测试管线和测试分离器进行的离线测试相比，通过集成在水下常规生产系统上的在线多相流量计，可以更快获得更多有用的结果，这主要是因为：

  ——无需为了获取有效测试结果进行测试管线扫线和等待其内流动稳定。这在深水或长距离回接应用中极为重要。

  ——通过将其放进一个具有不同液压特性的系统，无需改变井背压，因此无需调节水下采油树上的油嘴，例如，通过多相流量计流到普通的生产线是既现实又简单、在常规井流情况下可能实现的测试。

——在最初的清除期监测井的能力，可以提供关于完井过程有效和有用的重要信息。

——更实时的连续数据（特别是当多相流量计安装在每个独立的井上，而不是装在一个管汇上），有利于提高油藏理解和管理。

——当流体混合到一个共同的管线系统前，可以评估不同作业者的油田的产能。

——实时监测每个井生产特性的能力，因此可对段塞流、不良气举特性等的流动问题快速反应。这点可使优化油藏并延长油田寿命。

——与维护和操作一个完整的测试线和分离器系统的整个操作费用(包括管线和压力容器的完整监测费用)对比，使用多相流量计更为节省。

多相流量计的精度根据仪表的类型和应用的范围有所不同。通常工业所需的测量精度要求为：

——油藏管理：(±5%～10%)；

——配产：(±2%～5%)；

——贸易计量：(±0.25%～1%)。

A.8.5.3 现在的多相流量计不适于做贸易计量，如果在特定应用中选择合适的仪表，则能潜在地满足油藏管理和生产分配的需要，与选用的其他系统相比，可以大大减少费用。

A.8.5.4 大多数多相流量计或者通过测量三相流量函数的流动参数或者通过测量相速度参数和管截面相分率参数来进行工作。

测量这些参数最基本的仪表包括：

——差压装置；

——双能伽马密度计；

——电阻和微波装置。

A.8.5.5 迄今为止，没有任何仪器能在所有气体体积含量、流速、压力、含水率以及流型范围内精确的测量出三相流量。例如，当在气体体积含量超过90%应用时，大部分多相流量计都会有很大误差。

A.8.5.6 所设计的流量计用于测量气体体积含量超过95%、液体含率等于或小于1%时，可用的测量流量的仪表通常叫做湿气流量计。在凝析气田、湿气气田、高气油比油气田可能需要这种仪表。为了选用在性能、费用、可靠性等最优的多相流量计，基本得考虑所有以下因素：

——基于过去使用经验和内行专家而得出的这类仪表的可信度，包括考虑较小量程的同种仪表是否无需进行全部测试便可按比例增加量程；

——使用放射源所伴随的安全和环境问题；

——仪表是否是可插入的，是否会出现蜡、垢、沥青质沉积的问题；

——仪表适宜性与根据气体体积含量、流速、压力、含水率和流型而确定的操作量程之间的关系；

——整个油田的寿命周期内，当流体物性和流型改变时，则可能要求校准；

——售后服务水平，包括供应商人员培训、校准、仪表维护等；

——整套系统的尺寸和质量，包括相关联的均混器，以及是否考虑需要按特定配置安装，如水平或垂直安装；

——根据之前在水下应用的部署以及是否容易回收，宜掌握特定仪表的演变过程详细信息；

——这个仪表是标准程序包还是一个大而全面的储量管理包的一部分，该系统包括其他监测/流动控制设备；

——整个油田寿命中仪表的投资和预期操作费。

A.8.5.7 多相流量计的使用可以有效地与其他技术联系在一起，包括井下压力/温度监测、流动控制/分离、以及海底分离/多相增压，提供一种经济优化的油田开发方案。另外，在某些应用场合中，目前的一些可用软件可取代多相流量计或作为一种选择。

A.8.6 砂检测器

对于水下工艺系统而言，宜慎重考虑使用砂检测设备。一般，最好将砂检测器安装在单井上，而不是混合流动的管汇下游，以有利于独立识别和管理出现问题的井。水下砂检测器有两种主要类型：

a) 非插入式：

一个声学套环可安装在水下采油树管道上，检测砂击打管道内壁的声音。声学探测器对于外部的噪声十分敏感，因此会受到流型、流速、气油比、水油比等因素的影响。为了获取可靠的结果，必须进行油田校准。

超声波测量仪可以夹在水下采油树管道上，测量管壁的厚度，进而探测到由于砂粒磨蚀造成的壁厚损失。显然，这些探测器要安装在管道中最易受磨蚀位置。通常都安装紧管在生产油嘴下游，但是如果油嘴阀损坏(如被砂磨蚀)，将导致流体进入到不受监测的管段。

b) 插入式

一个电阻探测器可安装在水下采油树管道中，通过一个已知横截面上的电阻增加量测得累积磨蚀量。这些探针随着生产液体的温度而改变，为了获取可靠的结果，这些探针必须进行油田现场校准。通常都安装在生产油嘴下游，但是如果油嘴阀损坏(例如被砂冲蚀)，可导致被监测流体远离探针。

监测器性能将随着油田及使用时间变化，作业变化如引入气举、流动井口压力以及气液比的变化而变化。

同时宜注意：为了使砂检测器有效工作，宜配备充分的支持条件，如数据趋势的常规分析和更新定义所需的警报响应。

A.8.7 泄漏检测系统

A.8.7.1 很多泄漏检测技术可用来监测水下烃类化合物承压设备的完整性。为了监测水下采油树和管汇的泄漏，一些系统在落物保护盖上集成了一个“屋顶”，烃类化合物探测器就放在屋顶的最高点上。

A.8.7.2 有许多技术可用于检测出油管线的泄漏，包括以下几种：

——用带有贯穿出油管线长度的光纤缆的 OTDR 做温度剖面检测。这种技术依靠由于温度变化所以局部光缆响应特性的变化进行测量，局部温度变化是由从管线里溢出的气体膨胀和冷却、或溢出的热液体引起的。

——在管的一端或两端安放压力传感器进行负压力波检测。这种技术通过检测一次膨胀波而进行工作，当压力管线发生非灾难性管壁破裂时就会产生膨胀波。

——使用按设立距离沿管线安装在管壁的声波探测器进行声波反射检测。这种技术的难点在于如何区别湍流流动的噪音与泄漏引起的增量噪声。

——质量平衡计算和瞬态流动模型。这两种技术都依赖于对进出口质量流量及进出口处压力和温度的测量。

——监测管道压力。这种技术通常只在长输气体管线中使用，并且可能探测不到小的泄漏，尤其当泄漏离管线出口远时。

A.8.7.3 除了 OTDR 外，以上所有技术的性能，应用于挠性管线时都会有所降低。不同油田的实际操作效果，例如迅速/大的流速变化和清管作业，在系统设计中都应考虑，以尽可能减少误报。

A.8.8 高完整性压力保护系统(HIPPSs)

A.8.8.1 高完整性压力保护系统可以在关井井筒最大压力下保护下游设备。因而允许：

——使用的压力等级不必是最高关井压力的管线；

——将新的“高压”生产系统回接到已有的或新的“低压”工艺设施上。

A.8.8.2 当开发新的“高气压”油气田时，以上两种应用都可以大大减低初始投资，这将决定一个油田是否可以开发。

A.8.8.3 所有高完整性压力保护系统的主要要求是在任何情况下将系统的低压等级部分与 SITHP 可靠地隔离开来。为了保证实现这一目标，宜对高完整性压力保护系统(设备设计、操作程序以及测试程序)进行全面分析，例如使用失败模式效应、危险程度分析以及事件驱动模拟技术。在安装高完整性压力保护系统之前，宜确定该系统起作用的设计使用寿命，这是因为由于油气藏压力的逐渐减低，可能意味着压力保护只在油田生产中最初阶段的需要。

A.8.8.4 带有常规 PCS 的高完整性压力保护系统的控制系统的集成等级宜在设计阶段予以仔细考虑。倘若高完整性压力保护系统在损失电气/液压供给的情况可接受失效安全，那么两个系统使用共同的电气/液压供给是可行的。

A.8.8.5　高完整性压力保护系统的可靠性能要求宜根据 IEC 61508[34] 中详细说明所要求的 SIL 来定义。

A.8.8.6　为达到特定的 SIL，必须满足三种主要类型的要求：

——定量的要求，即按要求执行所设计的功能时，可承受的最大失效概率；

——定性的要求，即在具有安全功能的子系统上的建立约束条件，例如使用潜在的失效安全组件；

——有关采用何种技术和测量方法来避免和控制系统失效的要求，如传感器与执行机构的多样性和冗余性。

A.8.8.7　一个典型的高完整性压力保护系统具有两个隔离阀将低压等级部分与 SITHP 完全隔离，同时在两个阀门的每一边上和中间都有双重冗余压力传感器。压力传感部分通常定位成垂直的，以便它们可以用甲醇冲洗，保持端口没有水合物，并允许系统测试。

A.8.8.8　隔离阀宜为失效安全关闭，因此当高完整性压力保护系统上电气/液压的任何损失都导致隔离阀的自动关闭。在高完整性压力保护系统压力传感器上的一系列高压读数也宜导致隔离阀的自动关闭。通常，要对压力传感器传出的信号进行排列，如高压输出低电流信号时使得低压给高电流输出信号，因此允许传感器作为决策系统的一部分，即使传感器断电也可关闭隔离阀。高完整性压力保护系统宜经常进行详细的可靠性和维护性(RAM)分析。

A.8.8.9　次级阀同样需要释放节流在上游/关闭的隔离阀中的进口压力，以重置压力传感器，并在生产系统回管线之前开启隔离阀。

A.8.8.10　通常隔离阀安装在常规的管线上游的生产管汇处。然而，当满足关闭时间要求的大孔径阀很难与管汇尺寸配合时，就会出现问题。此时有必要在主管汇的分支线上安装隔离阀进入主管汇，在某些情况下，甚至可以用每个水下采油树上的 PMV 作为其中一个隔离阀。然而，这种配置有一些缺点，包括：

——与常规管汇上的隔离阀相比，每条附加分支线的可靠性降低；

——如果随后有新井加入到生产系统中，就需要额外的高可靠性组件(隔离阀和 HIPPS 控制系统)；

——由于需要额外的双重冗余电磁阀，需要更高的电力消耗；

——额外的压力传感器、甲醇阀和次级阀；

——在系统各部分之间可能有长而弯曲的路线，例如 HIPPS 水下控制模块以及独立的隔离阀之间(特别是如果水下采油树的 PMV 用做隔离阀，系统中包括卫星井时)。

A.8.8.11　需要特别注意开发和执行 HIPPS 的操作和测试程序。

A.8.8.12　宜应用常规测试确保正在进行的 HIPPS 的完整性。这种典型测试包括：

——隔离阀的部分关闭测试，确认隔离阀能够响应命令并确保阀位置指示器正确运转；

——用甲醇冲洗压力传感器端口，确认它们没有被阻塞；

——完整功能测试，确保系统的正确操作以及隔离阀的密封性能。

A.8.8.13　上述宜在系统整个寿命中执行的功能测试周期的定义，与油田的运行特性相联系，是系统失败分析的产物。例如，在油田生命周期的某点，SITHP 可以将管线/处理设备的压力等级降到足以满足 SITHP，因此不再需要 HIPPS 系统。

A.8.8.14　系统的测试周期可能预期对系统的总体可靠性有着重要的影响。

A.8.9　化学注入系统

A.8.9.1　化学注入系统通常包括安装在依托设施上的化学注入单元(包含泵和液体蓄能器)、将化学药剂分配到所需地点的分配系统(包含液体管道和阀门等)。各种化学药剂管道通常组合在控制脐带缆中，出于这个原因，化学药剂注入系统通常作为 PCS 的一部分。由于这种方法可以提供一个便捷的工作划分，有助于降低对这一重要系统的要求。

A.8.9.2　由于各种各样的原因各类化学药剂注入到系统中。所注入的典型化学药剂与防止/减少在附录Ⅰ中描述的流动安全问题有关。也可能由于腐蚀控制和其他原因注入化学药剂。

A.8.9.3 井少的简单系统中，脐带管中的专门化学药剂注入线直接连到各个井。在井数更多的系统中，需要化学药剂注入系统管口，以减少脐带管内化学药剂及管线的总数量。此时通常要求水下流动控制阀确保所需的足够的化学药剂可以输送到每个井/管汇注入点。

A.8.9.4 确认化学药剂注入系统和生产系统（注入点的下游）所使用的材料与化学药剂的兼容性是非常重要的。一些化学药剂，例如甲醇，会渗透热塑性的软管，所以就须在脐带管中使用金属油管。

A.8.9.5 不配伍的化学药剂也可以互相作用以致在化学药剂注入系统内的各个点上形成难以定位和清除的阻碍物。尤其在系统寿命内改用别的化学药剂时更可能出现这种情况。即使在药剂转换过程中使用中性流体进行冲刷，新的化学药剂仍然可以在脐带缆中与浸析在软管壁上的旧化学药剂发生反应。

A.9 管道和脐带缆

A.9.1 管道和脐带缆组件

A.9.1.1 概述

为了描述不同类型管道和脐带缆组件，将它们分为流体输送管线，如压力管道和非流体输送管道，如电缆和光纤。

除了管道本身，每一条管线和脐带缆也有必要包括管道两端的某种连接装置，以便可以连接到其他水下/水上装置实现其预期功能。这些连接装置也可包括其他组件，如短管或跨接管，这些组件位于主管线或脐带缆与水下/水上设备之间，其设计是为了减少主管线和相关水下/水上设备连接的成本和工作量。显然，每一管道末端连接器的选择需要与优选的末端连接技术相匹配，参见 A.9.3.2。

主管线组件（包括不同类型的末端连接器）在 A.9.1.2 和 A.9.1.3 中进行论述。

A.9.1.2 压力管道

水下生产系统中使用的压力管道包括：

——输送未处理油气藏流体的生产管道（包括汇集管线和试井管线）；

——输送直接注入油气藏的流体如气或水的管道；

——供给管线，如化学药剂注入管线、气举管线、环空监测线、压井管线、通过出油管线作业的专用管线和集束加热管线；

——用来输送开启和关闭不同类型执行装置的液压流体的管线；

——输送处理后的油气到设施或下游如后分离/增压部分的输出管线。

压力管道可用刚性管/钢管（通常是碳钢或不锈钢）或挠性管来建造。小口径管线，如液压管线、化学药剂注入管线/环空监测管线，也可用热塑性管建造。

压力管道上末端连接器取决于管线的尺寸和功能，和所采用的安装/连接技术。通常，在管线安装在海底之前，在水上安装末端连接器。下面所要描述的典型连接器的主要目的是形成一个压力密闭，防止与海底环境相关的误操作。

——栓结法兰设计使用在紧固螺栓时压缩的金属环形连接器垫圈。栓结法兰连接可以允许一定程度的初始对中误差。然而，旋转对中受限于螺栓孔的定位。可使用旋转连接器法兰有利于螺栓孔对中。

——夹紧卡箍连接器在原理上同栓结法兰连接器相似。夹紧卡箍连接器可使用与栓结法兰连接器所使用的相同的金属环垫圈，或者采用专用垫圈设计。

——特殊设计专用连接器可在水下执行最后的对中、锁定和强化密封任务。用连接器通过不同的方式如扩张式夹头、锁紧装置或其他机械装置将出油管线同连接器连接在一起。

——液压接头是专用连接器的一种特殊类型，通常用来在水下连接小口径管线如内径小于25 mm，即 0.984 in。这些连接器的关键功能是在水下连接和解脱作业时防止海水进入管线，防止系统受到海水污染。这一特点对于控制系统液压管线和化学注入管线尤为有用。

——水下进行管线焊接通常采用两种干式焊接方法之一完成，使用常压舱或与周围水压一致的充满惰性气体的高压舱。如果不采用特殊的有效程序,水下焊接所采用的较高压力和气体混合物会对焊接质量有影响。湿式焊接技术不使用带有高压舱的焊接管线也是可以的。

A.9.1.3 电缆和光纤缆

电缆可用在水下生产系统中用于为复合电液生产控制系统/多相泵工艺设备提供电力。由于这两种系统所需要的电力截然不同,分别需要独立的电缆。电缆也可用于管线的感应加热,用于辅助防范/补充蜡和水合物流动安全问题。

复合电液过程控制系统中控制信号/数据也可能需要独立的电缆。同时,控制信号/数据可能加载到输出的电力上,通常被称为"电力载波"。

另外,光纤缆可以用来在依托设施和水下设备之间传输控制信号/数据。

对于电缆和信号线以及光纤,需要湿式接头以便在水下可靠地连接和解脱。湿式电气接头可以是感应型或传导型。

A.9.2 管线和脐带缆结构及安装技术

A.9.2.1 概述

设计水下生产系统的管线和脐带缆时需要考虑很多因素。综合考虑生命周期内的设计要求、安装方式选择和使用周期费用会影响到优选结构和安装技术的选择、以下描述的基本部件。

A.9.2.2 单独管线

单独管线可使用下述的S型铺设、J型铺设、卷筒法铺设(包括管中管)/拖管法进行安装,如下:

——S型铺设:

管线在铺管船上水平或近似水平的位置进行连接,随着铺管船向前移动,管线以延长的"S"形被下放到海底。

——J型铺设:

管线在铺管船上垂直或近似垂直的位置进行连接,以几乎垂直的方向被下放到海底。这种方法消除了S型铺设时的过弯曲区。

——卷筒法铺设:

管线在岸上连接好并卷在绞盘上。管线在被运送到预定位置后,被回卷释放到海底。绞盘的轴可是垂直的或水平的。

——拖管法铺设:

出油管线可岸上或海况较好的环境下连接,然后被拖到最终位置。在该位置,调整浮筒将管线下放到海底,并提供足够的基础稳定性。有不同版本的拖管法,包括近水面拖管、控制水深拖管、近海底拖管和底部拖管。拖管法主要不同在于对浮筒控制要求和它们对拖管时环境载荷的敏感性。

所有的这些技术对于最大管径管线的预制和安装都有局限性。卷筒和拖引对于在单次操作或独立单元中预制和安装的管线长度也有某些限制。

鉴于卷筒法管线端部上拉成J或I型管,绝大多数其他技术依靠在管线末端端部使用短管/跨接管。在回接到浮式生产储油装置时,单个刚性管或挠性管末端可从浮式生产储油装置上悬垂下来形成立管,如A.10.3所述。

单根独立安装的管线的端部连接方式的选择在A.9.3中详细描述。

A.9.2.3 管束

少量的管线/脐带缆在滚筒作业时被捆绑成管束下放到海底。这种结构具有管线基础稳定性好等优点,但是这一优点也有局限性,即每一管线应至少部分地设计在一个独立基础上。

加钢套管的管束可以结合大量的管线,包括绝热生产和服务管线,以及所有的液压和电力控制线、化学药剂注入管线等通常安装在独立多芯脐带缆中的管线。管束中也包括流体循环管线,用来循环热流体以防止/消除流动安全问题。

管束任一端部有一个就接头，通常称之为 PLET。在某些情况下，在管束位于油气田现场的那端可能包括管汇，此时 PIET 就变成了 PLEM。因此单井可以回接到从式井管汇的管束，而不需要单独的管汇。

使用近水面、控制深度、近底部或底部牵引技术就可采用加钢套管的管束。

这类管束的建造会很复杂，管束最大长度受加工地点面积、移动管束到海边并水运到油气田现场的能力的限制，因为管束通常比较大、重而且相对不可弯曲。

使用刚性/挠性短管/跨接管就可对复合管束进行连接，见 A.9.3 中描述。

短管/跨接管通常用在管束的端部，将单根管线同主立管/水下设施如基盘和管汇连接起来。

A.9.2.4　多芯脐带缆（MCUs）和集成管线脐带缆（IPUs）

多芯脐带缆由两根或更多的管线（通常是不同的功能类型）组成，包括液压管线、电缆、光纤，有时也包括小口径的作业管线（如化学药剂注入管线）。多芯脐带缆通常由钢丝进行铠装，但也要足够的挠性以便使用安装船上的绞盘或传送带。鉴于制造/运输能力的限制，通常在将脐带缆运送到安装船之前，可在多芯脐带缆沿其管长不同点布置干式连接器。

另一种形式的脐带缆是集成管线脐带缆，包括一个或多个生产/注入管线/不同的服务管线、液压管线、电缆/光纤等。传统的多芯脐带缆的不同在于含有相对较大口径的服务或生产管线集成管线脐带缆。

这类集成管线脐带缆可能有多种结构，除了包括电缆/光纤以外，还可包括挠性管、热塑管、金属管/金属油管的不同组合形式。集成管线脐带缆通常加套但并不铠装，因为大口径管线除了为管线稳定性提供足够的重量以外，通常还提供足够的抗拉强度以抵抗安装作业时产生的力。同多芯脐带缆类似，集成管线脐带缆使用安装船上的绞盘或传送带进行铺设。

多芯脐带缆或集成管线脐带缆的水下端部通常终止于提供所有管线连接的水下脐带缆终端（SUT）。SUT 可直接与水下生产设施（如水下采油树或管汇）相连接，或与水下脐带缆分配单元（SUDU）连接从而为多井开发提供多个连接点。然而，基于尺寸和操作的限制，可采用 SUDU 同 MCU/IPU，从而避免在海底的湿式连接。

通常，SUDU 利用防沉板或桩基支撑在海底。

MCU/管道和脐带缆总成的水面部分通常由固定在依托设施上的 J 型管/I 型管进行牵引，或从浮式生产设施（如张力腿平台或 FPU 上形成动态立管）上提起和悬浮在水中，从而避免在海底的其他连接。要特别注意 MCU/管道和脐带缆总成尾部的承压组件要满足所有必要的设计要素，在这种情况下要适当考虑每一个立管设计要素。

A.9.3　管线和脐带缆末端连接

A.9.3.1　概述

为了使管线和脐带缆实现其预期功能，有必要将同其相关的水下/水上设施装备连接起来。许多技术都可完成这一任务，包括利用潜水员在出油管线水下部分安装挠性跨接管，预先安装在生产平台上的 J 型管将多心脐带缆提起来。对于连接到水下/水上设备的出油管线和脐带缆，最基本的操作步骤如下：

——牵引连接器的两部分，使界面校准并靠近（然而，连接之间的间隙可通过附加的短密封（称为跨接管或短管）实现跨接）；

——连接器两部分的连接；

——完全连接后的测试，以确保成功的连接。

在介绍现有末端连接技术之前，定义一些常见的术语很有用，包括：

下面描述的许多连接技术同样适用于第一个末端和第二个末端连接（见 3.1.3 和 3.1.9），有些则不适用，也就是说，它们仅仅适用于第一个末端或第二个末端连接。

宜注意：在某些结构中，可使用两种或更多种的不同连接技术。例如，对于管束中的多重线，使用挠性跨接管(3.1.6)连接PLET的不同生产管线和水下管汇管道系统,而可用浮动跨接管连接控制系统管线和SUDU,由此处连接到水下采油树上的各个水下控制模块。

A.9.3.2 末端连接技术

A.9.3.2.1 概述

对于经济有效的可靠连接的要求,尤其是无潜水水深的情况,促使连接技术的较多组合,下面对基本的组合进行描述。

A.9.3.2.2 短管/跨接管方法

短管/跨接管方法(见图A.24)使用一个短管/跨接管来连接出油管线末端和水下设施(如采油树、PGB、管汇或立管基座)上的连接点。这种方法也常用来连接临近的水下设施,例如水下采油树到附近的水下管汇。短管和跨接管可用在水平和垂直连接结构中,可利用潜水员协助或无潜水员技术来完成连接。

刚性短管通常在水下设备安装之后预制,这样就可精确测量设备的相对位置。此时,短管部分就可避免使用潜在泄漏的球接头和可伸缩接头。在将刚性短管放置在水平结构上之前,一个刚性短管可与挠性管在任一端进行装配,以提供所需的挠性进行垂直连接。

短管/跨接管一般是从专用水面船只下放入位,可使用临时浮筒以便使短管/跨接管足够轻便,宜于操作入位。在使用刚性短管时,水面船只一般在遥控作业机器人帮助下操作短管,以便末端连接能准确安放入位。挠性跨接管更常放在大致准确的位置,然后利用水面/水下绞车或遥控作业机器人操作的绞车将跨接管托/牵引到位。

短管/跨接管末端适用的连接器类型主要取决于是否潜水员协助操作或无潜水员协助操作。潜水员协助操作更常用于栓结法兰、夹紧卡箍或机械专用连接器,而无潜水员协助连接更常用于专用机械或液压连接器,在A.9.1.2中进行了描述。

对于非铠装的脐带缆跨接管(也就是浮动导线),经常使用一种被称为"浮动连接"的方法。该方法通过水面提升线将提升篮/框架中的浮动导线放到海底,随后利用遥控作业机器人提起跨接管的末端,将它们连接到合适的水下设备,例如从水下脐带缆分配单元到水下采油树上的水下控制模块。

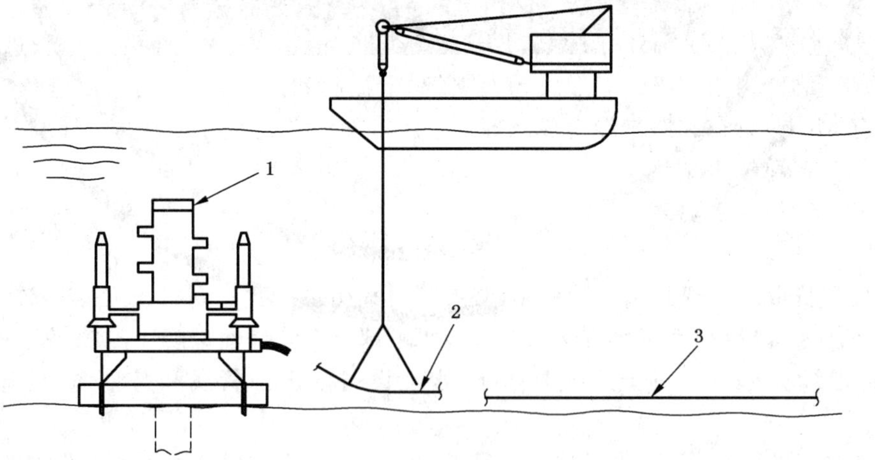

a) 总体布置

1——水下设备;

2——跨接管;

3——管线;

4——刚性跨接管;

5——挠性跨接管。

图A.24 短跨接对中方法

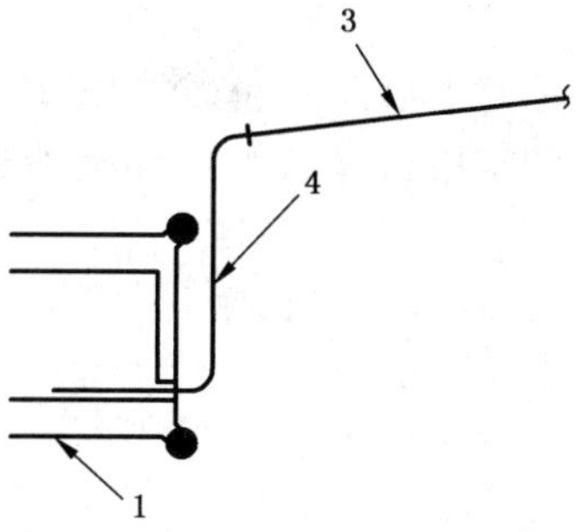

b）刚性跨接管

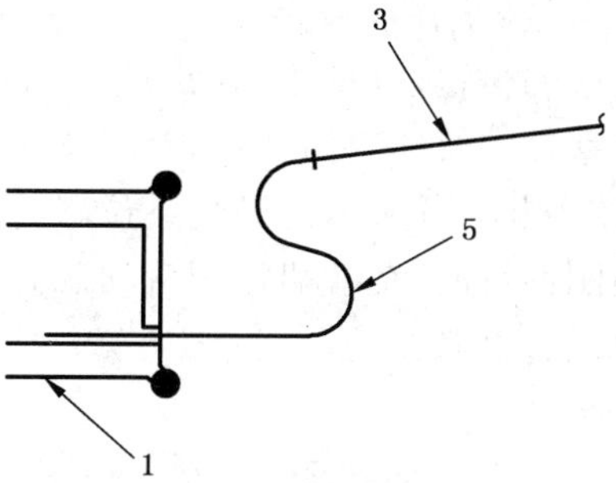

c）挠性跨接管

图 A.24（续）

A.9.3.2.3 牵引方法

牵引方法（见图 A.25）通过一根固定到管端（牵引头，见 3.1.8）的钢丝绳将海管拉向它的连接器来实现管线对中。最后对中和定位可能要用到专用工具或对中架。临时浮筒或挠性跨接管可用来减小牵引力及力矩。在无潜水员作业时，牵引可以通过遥控作业工具来导引。

这些工具要用足够大的动力将管线拉、吊、弯曲和旋转到最终连接位置。同一工具也可用于辅助将管路锁定到连接点，并检验连接情况。

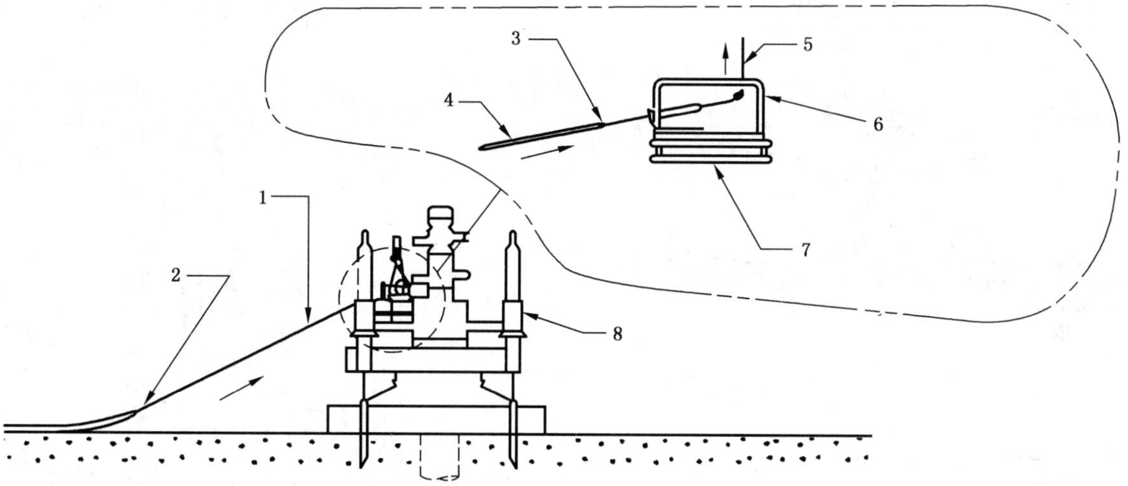

1——牵引缆；
2——牵引头；
3——牵引头；
4——管线；
5——牵引缆；
6——牵引专用工具；
7——水下结构物；
8——水下结构物。

a）一般布置

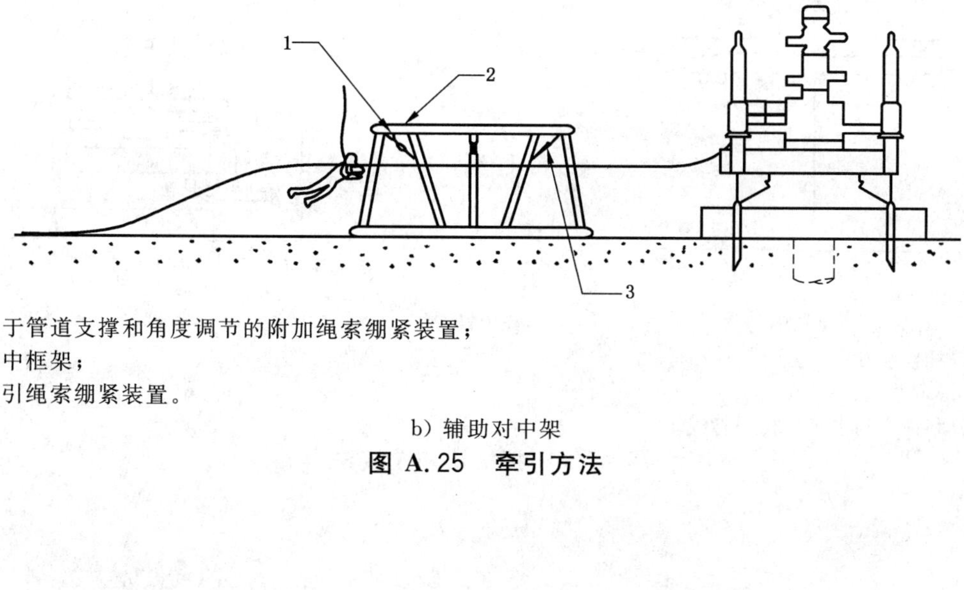

1——用于管道支撑和角度调节的附加绳索绷紧装置；
2——对中框架；
3——牵引绳索绷紧装置。

b）辅助对中架

图 A.25 牵引方法

A.9.3.2.4 接插法和铰接法

接插法和铰接法(见图 A.26)是指将海底管线或脐带缆端部垂直下放到海底,并锁定到水下结构物上。然后移动铺管船,将管线铺到其安装位置。当铺管船移动,在使用机械或液压连接器进行连接之前,管线铰接起来并被撞击进最终位置。

安装刚性管时,铺管船需配备动态升沉补偿装置,用于降低海底管线一旦锁紧到水下结构物时管线发生扭曲或过度张紧的几率。

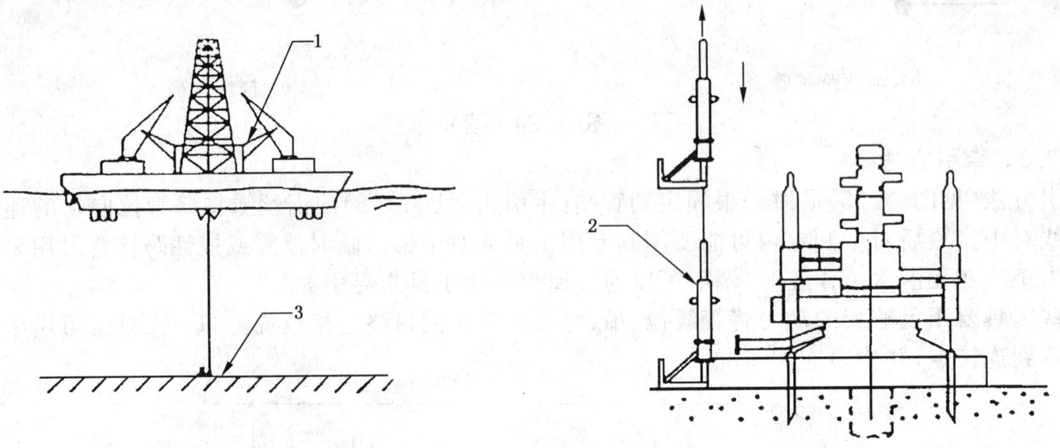

a) 接插和锁紧的初始位置

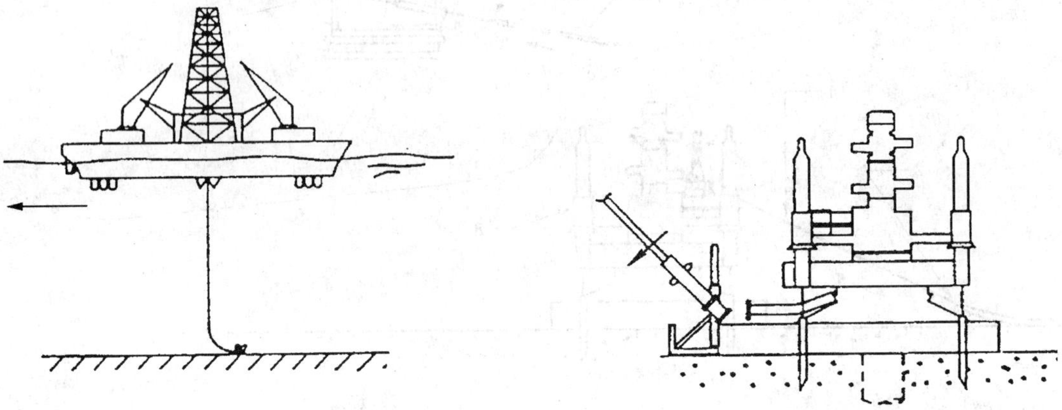

b) 铺管船开始随铰链移动

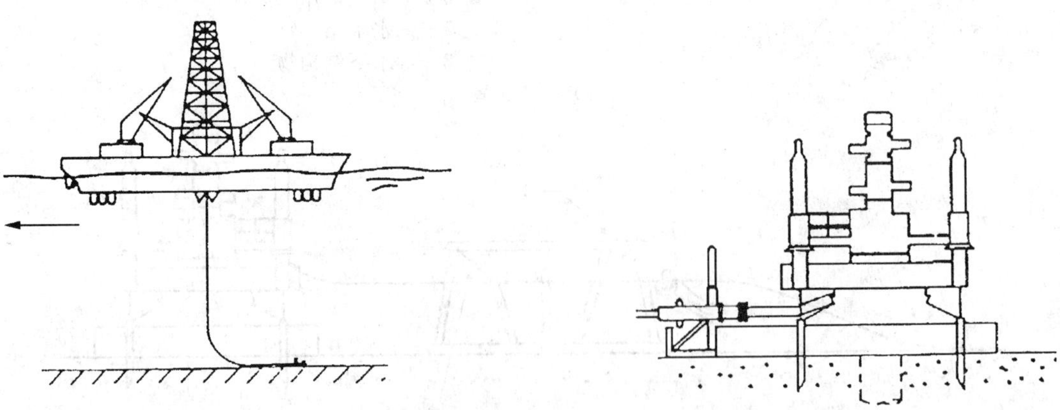

c) 管线铺设

1——升沉补偿装置;
2——Trunion 总成;
3——下放和锁定到水下结构的管线。

图 A.26 接插法和铰接法

A.9.3.2.5 直接铺管法

使用这种方法(见图 A.27),将出油管线或脐带缆从安装船/卷线船牵引到采油树安装船的月池,在安装前与采油树连接起来。显然需要采油树安装船和卷线船的密切协作。当采油树下放到海底,卷线船放松出油管线并开始驶离采油树安装船,以免管线承受过度弯曲。

1——铺管船;
2——挠性管线;
3——完井立管;
4——采油树。

图 A.27 直接铺管法

A.9.3.2.6 偏斜连接法

这种方法(见图 A.28)通常用于第二个端部回接,铺管船沿着海底管线或脐带缆在预定的位置预先安装浮筒和锚链。当管线或脐带缆的末端安装到预定的目标区域之后,回接船松开链条,调查以确定合适的定位和浮筒浮力。然后管线末端的牵引头通过钢丝连接起来,经由水下设备到所要连接的管线,直到引入绞车。然后偏转管线,使牵引头放置在水下结构的牵引边缘的前面。遵循与普通牵引相同的原则,使用牵引和连接工具完成连接。当管线正常偏转时,注水作业以完成连接。

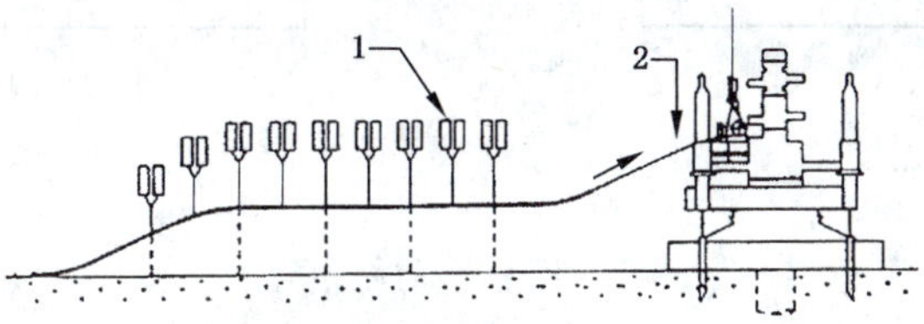

1——临时浮子和链条;
2——牵引缆。

a) 牵引操作

图 A.28 偏斜连接法

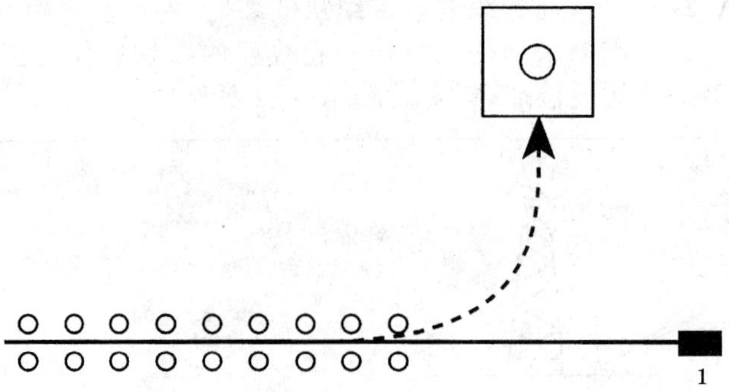

1——牵引头。

b）牵引之前的情况

图 A.28（续）

A.9.3.2.7 垂直连接方法

在垂直连接方法(见图 A.29)中,管线端部为液压驱动的连接器,连接器直接座落到位于水下结构物的垂直对接口内。所有的操作由铺管船自身来完成。对接安装后,可通过遥控作业机器人工具或与来自水上液压动力管线将提供液压压力连接器锁入对接口。

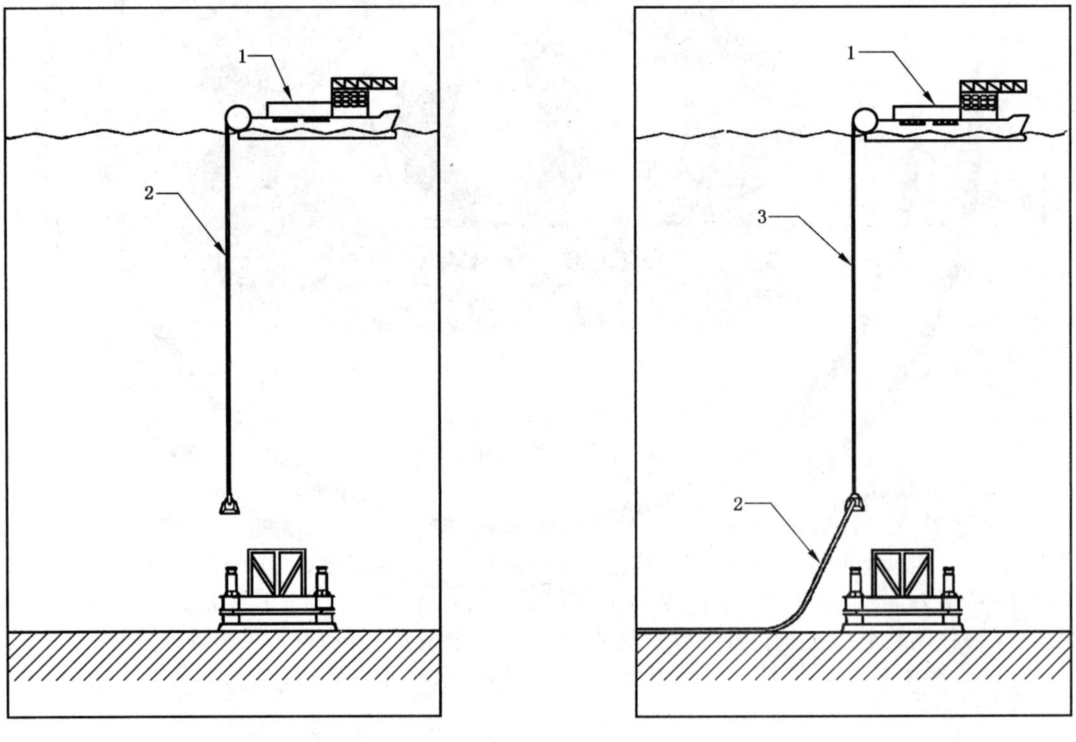

a）第一个端部连接　　　　b）第二个端部连接

1——铺管船；

2——挠性管线；

3——缆。

图 A.29 垂直连接方法

A.9.3.3 专用连接设备

与管线和脐带缆连接相关的具有不同功能的专用连接设备包括：

——多芯管线连接器

经由单个连接点就可完成多芯管线连接的装置。基于管线清管要求、孔径尺寸等，这类连接器使用偏心或同心设计。

——安全接头(弱点连接)

在达到预定结构载荷而失效的装置。通过出油管线或脐带缆施加的过载可导致水下设施、生产平台或其他设施的损坏，在这种情况就可使用安全接头。对于液压控制管线在脐带缆中的情况，如果脐带缆由于意外载荷而裂开，可提供一个连接弱点以保证系统不发生憋压，这通常利用安装在水下设施终端板上的单向阀来实现。

——牵引工具

在准备作业时，该装置用于牵引和对中位于水下设施、生产平台或其他点上的出油管线、脐带缆或管束的末端。

——连接工具

通过驱动夹箍、专用连接器或其他装置将连接器的两个匹配部分装配起来的装置。

——组合牵引/连接工具

兼有牵引工具和连接工具功能的装置。牵引和连接工具可通过修井控制系统或专用维修控制系统从水上，或通过遥控作业机器人或潜水员在水下进行控制。

A.10 立管

A.10.1 概述

从海底到水面连接的部分称为立管。立管的功能是为海底设备和依托生产平台之间的生产流体/注入流体提供通道。为便于区分如海洋钻井立管和完井/修井立管等其他类型的立管，将该类立管称为生产立管。

根据水下生产系统回接到的生产依托设施的类型，生产立管可进行分类，也就是底部固定结构(如钢结构导管架平台或混凝土重力基础平台)，或张力腿平台或浮式生产系统(如船、半潜式平台或SPAR平台)。

生产立管回接到浮式结构物上比回接到固定平台上复杂得多，其原因是需要适应浮式结构的移动，基于该原因，将回接到浮式平台的生产立管称为动态立管。

宜指出的是，立管设计和海底管线和脐带缆的设计具有明显不同的因素，这个问题在设计管线和立管时要进行仔细考虑，特别是使用生产立管作为管线的末端位置布置时，更是如此。

A.10.2 用于固定平台的立管

对于固定的、与海底接触依托平台结构，其生产立管通常为刚性立管(参见图A.30)。刚性立管与依托固定平台可以在各个位置/各种水深范围内进行连接。此外，预先安装在固定结构上的J型管和I型管可以通过刚性或者挠性生产立管形成刚性通道，避免使用水下管夹/其他设备来连接新的立管到现有的结构上，或者也可以避免在立管底部使用管线接头，对于刚性立管，需使用J型管，但对于挠性立管，使用J型管和I型管中任何一种都可以。

各种类型的管线都可以连接成单一的管线和脐带缆总成，管道和脐带缆总成主要由一根或者多根刚性/挠性生产管线/注入管线以及各种服务管线、液压管线、电力/光纤等组成。如果这类管道和脐带缆总成安置在海底，则管道和脐带缆总成的末端可以通过连接到固定平台上的现有的或者各式J型管/I型管将水下设备回接到固定平台，避免了附加的管线连接。

注：也可以通过连接到固定平台上的现有的或者各式J型管/I型管从水下设备回接到固定平台的多芯控制管缆，避免了在平台底部附加的连接。

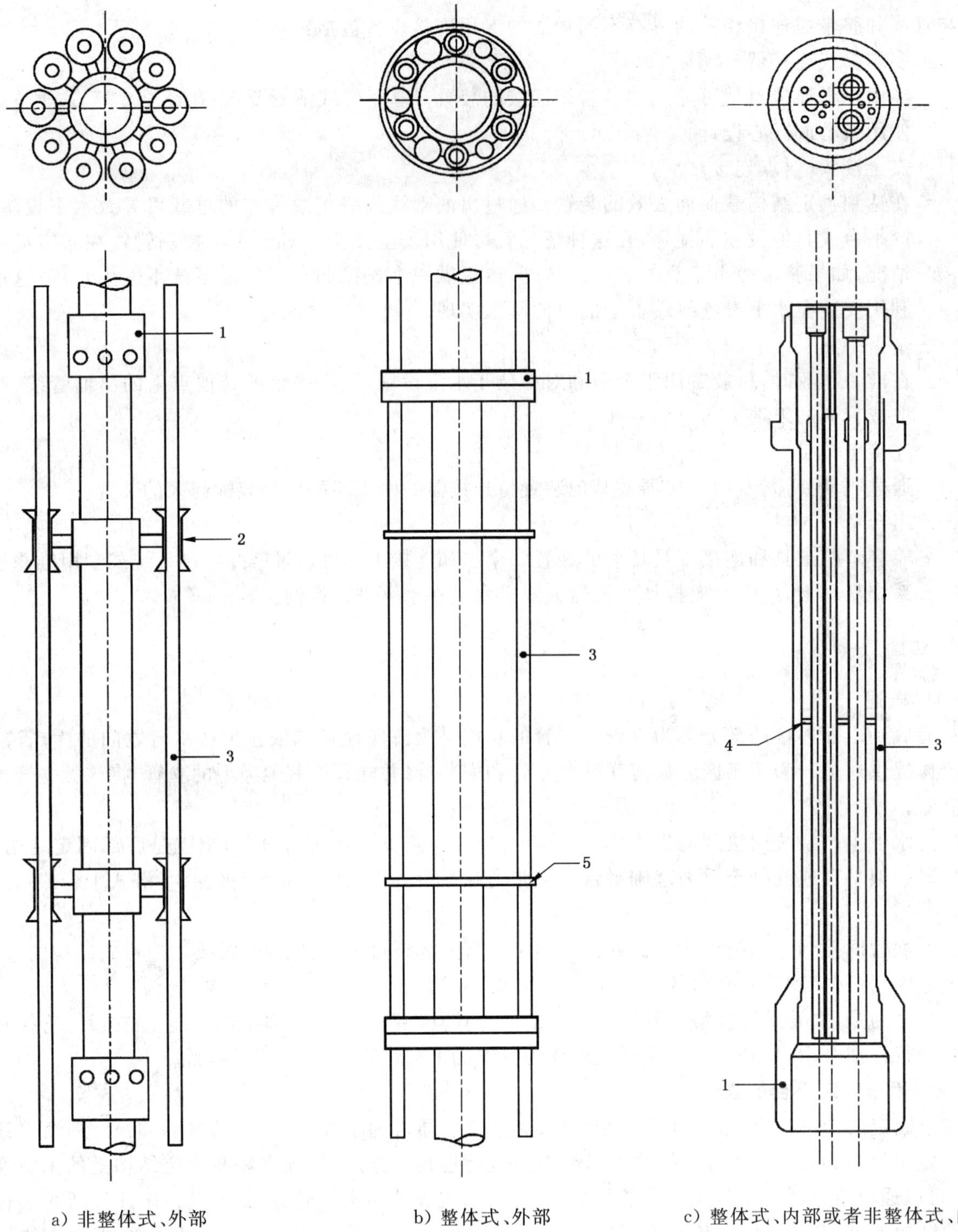

a）非整体式、外部　　b）整体式、外部　　c）整体式、内部或者非整体式、内部

1——耦合装置；
2——导向装置；
3——管线；
4——扶正器；
5——稳定结构。

图 A.30　刚性立管

A.10.3 用于浮式结构物上的立管

A.10.3.1 布置形式

用于将水下生产系统的立管主要分为以下四种类型，回接到如 TLP 和浮式生产储油装置(都包括，这里简化为 FPS)等浮式结构物上：

——悬挂在浮式生产储油装置上的挠性管，分为自由悬链式/S 型或波型立管；

——悬挂在浮式生产储油装置上的金属管，其形式为自由悬链式立管；

——多孔混合立管，即由浮力块支撑的、位于水下立管底部的刚性立管和与浮式生产储油装置连接挠性管组成；

——多孔顶部张紧刚性立管，从水下立管底部基础到浮式生产储油装置所有部分都是刚性立管。

注：在某些情况下，立管组件也是集成在一体的或者通过浮式生产储卸的锚泊系统(浮式生产储油装置)连接；如，刚性/挠性管集成在单根锚泊腿和与悬链锚泊腿相连接的挠性管内。

上述四种基本的立管类型也可以组合起来或者为下面各种管线提供支撑：

——外输管线；

——服务管线；

——化学药剂注入管线；

——液压管线；

——电力/光纤电缆等。

通常用于描述包含多根管线的各类立管术语包括：

——整体式；

——非整体式；

——集成式和多芯式。

应用时，每条术语可以提供简要的描述。

A.10.3.2 挠性立管

挠性立管典型特征是采用多层多种材料的复合结构，因此可以允许有较大幅度弯曲而不会给管线造成负面效应。该产品可以以一根长管线、也可以通过接头连接交货。

挠性立管可以在通过管线连接之间增加的管线长度来实现相对运动。所增加的管线长度可适用于不同的模式，这取决于环境条件、所承受的载荷、相对运动以及相对于海底连接点的浮式生产平台的位置等因素。

图 A.31 给出目前常用的悬链式立管结构。“自由悬挂”式立管以单悬链线的方式从浮式生产设施下到海底。L-S 形(低弯度 S 形)立管以双悬链线的方式从浮式生产设施下到海底，中间部分由水中浮筒支撑。水中浮筒位置通过重力锚的链或缆来维持。S-S 形立管与 L-S 形(高弯度 S 型)立管相比，除了位于浮筒和立管底座之间的挠性立管下部作为张紧构件使用之外，两者基本相似，而立管底座可以替代重力锚。在 L-W-S 形(懒波形)和 S-W-S 形(陡波形)立管设计时，在立管沿线使用了一种适当的小型浮筒模块，以替换管式浮阀塔盘和水中浮筒。

在这种布置中，虽然单根挠性立管可能在浮式设施和海底与其他立管之间有公用的连接点，但它不与其中任何管线连接，每根立管在维修/更换时，可以单独回收。

挠性立管主要有下面多根管线组成：

——整体式挠性立管

整体式挠性立管包含不能单独回收的多根管线的组合，这种立管的结构形式可能变得相对简单，如许多挠性生产管线可以集成在一根普通的铠装结构内，铠装结构内部的管线布置可以是很复杂的，比如下面描述的管道和脐带缆总成和多孔挠性立管。

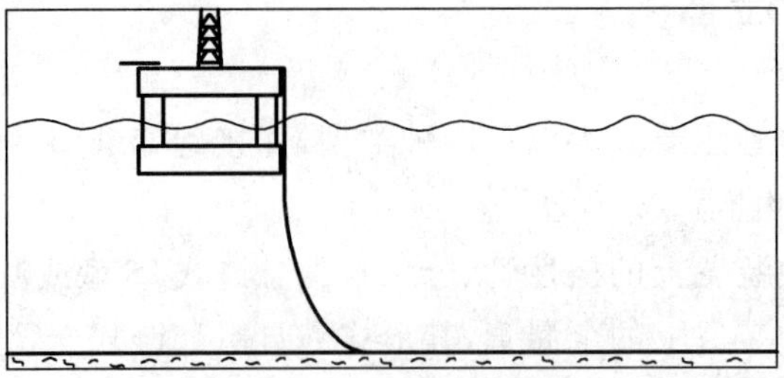

a) 自由悬挂式立管

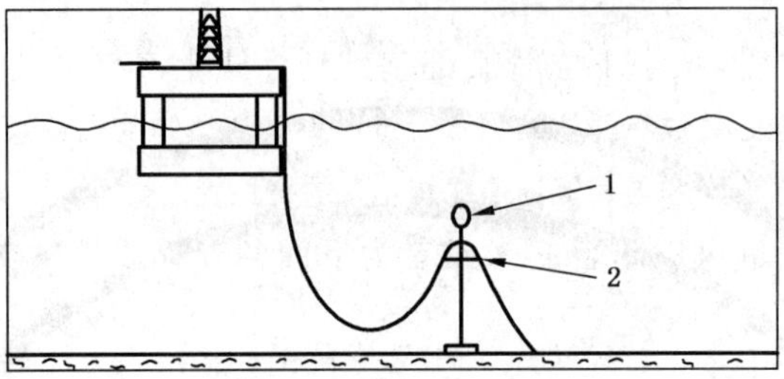

b) L-S 型惰波型立管

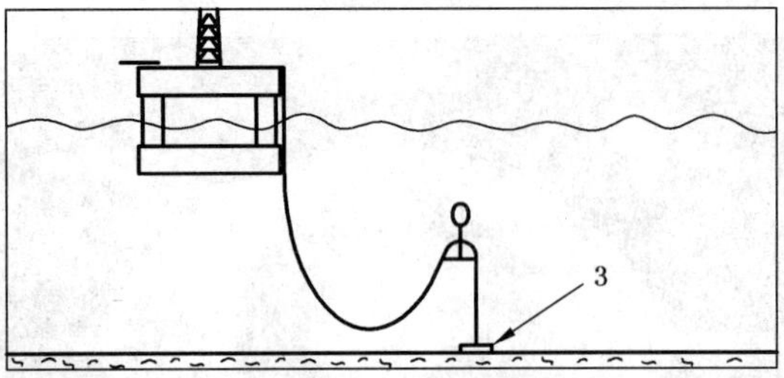

c) S 型陡波形-S 型立管

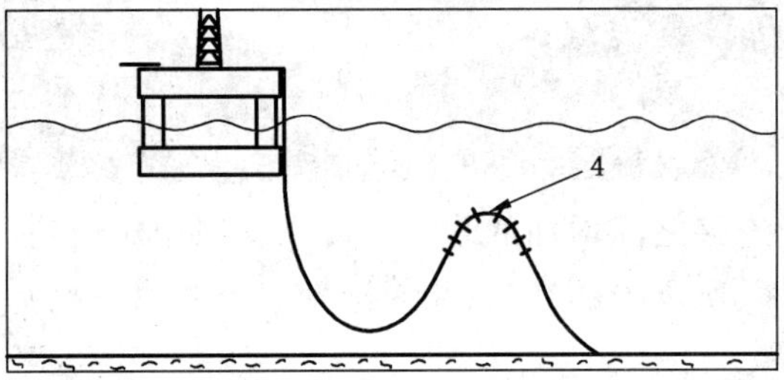

d) 懒波型立管

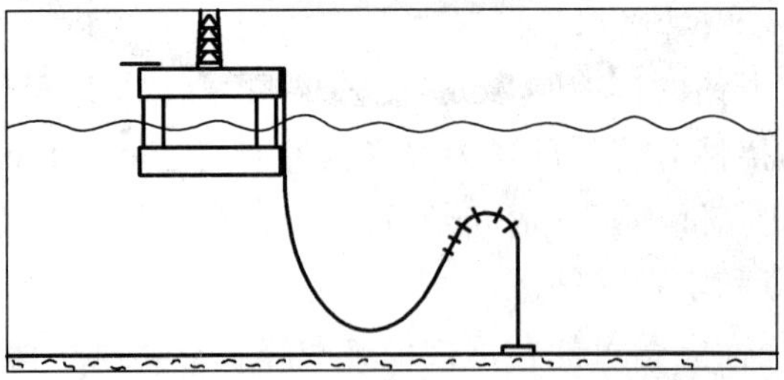

e) 陡形波形型立管

1——浮筒；

2——管线轨迹；

3——立管底座；

4——浮筒分布。

图 A.31　挠性立管

单根管道和脐带缆总成是由中心布置较大直径生产管线、注入管线和服务管线，在这些较大直径管线周围分布的服务管线、化学药剂注入管线、液压管线、电力管线/光纤缆等多根小管径立管的集成。如果中心管线使用挠性管，在周围分布的小直径管线通常使用热塑性软管，当然有时也可以使用金属管。如果管道和脐带缆总成管布置在海底，管道和脐带缆总成的末端会被简单的拖起后悬挂到浮式生产储油装置，以避免增加额外管线连接。

多管挠性立管可以仅由挠性生产立管、注入/服务管线组成，或者也可以由单根或多根多芯控制管缆或管道和脐带缆总成，其目的是为了建立海底设备和浮式生产储油装置之间立管的输量。

——非整体式柔性立管

非整体式柔性立管(捆绑式)为多个单根挠性管线在通过立管长度方向的一个或多个中间点约束在一起的总成。这些约束装置可为一个管式浮阀塔盘、一个公用浮力装置或者多个分隔条。根据公用连接点的设计，单根管线可以或不可以进行单独回收由公用连接点的设计决定。

A.10.3.3 金属悬链式立管

典型的金属悬链式立管采用自由悬挂布置且由钢和钛建造而成。金属悬链式立管有一个触地区域，当浮式生产储油装置由于波/潮的作用上下移动时，立管在该区域被拽起且悬挂在海底。需要控制涡激振动以及调节立管顶部的屈曲的特殊设备。

由于金属悬链式立管比挠性立管适用的水深更深，因此更需要对立管进行保温，其目的是为了由于温度的降低引起的流动安全问题，如立管中水合物和蜡的沉积。和挠性立管一样，金属悬链式立管也是将服务管线、化学药剂注入管线、液压管线、电力供应/光线缆等小管径管线集成在普通的铠装结构内后形成管道和脐带缆总成。如果中心管线使用金属管，则在这种布置中普遍采用小管径的金属管输送流体；如果这种类型管道和脐带缆总成布置在海底，管道和脐带缆总成的末端会被简单的拖起后悬挂到浮式生产储油装置，以避免增加额外的管线连接。

A.10.3.4 多芯混合立管

多芯混合立管可以为从海底到浮式生产储油装置之间提供多个通道，由从海底到浅水位置通过浮筒支撑的自由悬挂刚性立管(也称为立管塔)与浮式生产储油装置顶端钢管相连接的双根自由悬挂悬链式挠性立管组成。

这种类型的立管系统在立管塔里面包含了所有的小管径的服务管线(如气举、化学药剂注入管线等)，但控制系统功能(液压、电力信号/光纤缆)通常独立自由悬挂在浮式生产储油装置上，这就避免了这些关键管线的附加连接。立管塔通常是保温的，以避免由于温度降低带来的水合物和蜡形成的流动安全问题。

立管塔刚性部分的施工和下面介绍的多芯顶部张紧刚性立管类似。

A.10.3.5 多芯顶部张紧刚性立管

A.10.3.5.1 概述

顶部张紧金属刚性立管由多段管段装配而成，以满足所需的管线数量和长度，这种刚性立管需要张力以克服屈曲和侧向载荷。这种立管可以是整体式或非整体式的，可以安装在依托设施的内部或外部。

顶部张紧金属刚性立管也可以将所有的小管径服务管线(如气举管线、化学药剂注入管线等)合在一起，但控制系统(液压、电力信号/光纤缆)通常在独立自由悬挂在浮式生产储油装置上，这就避免了这些关键管线的附加连接。单根管线/整根刚性立管是保温的，以避免由于温度降低带来的水合物和蜡形成的流动安全问题。

整体式刚性立管无法进行分别回收，有外部管线的整体式立管包含一个中心构件，该构件除了通过外部支架为管线提供结构支撑外，还可以输送流体或执行其他功能。有内部管线的整体式立管可以沿接头在中间位置支撑这些管线，以防止管线屈曲。

任何整体式立管类型，结构末端都需要装配耦合装置。生产立管的每段由结构件、管线和耦合装置组成,因此称为“立管接头”;当整体式立管的两接头连接时,耦合装置可引起在全压设计时所有管线同时连接,整体式立管具有结构紧凑和操作简单的特点,但是在维修/更换时需要系统关闭和回收。

A.10.3.5.2 非整体式的刚性立管

非整体式立管的管线间及主构件之间分开回收,非整体式立管包括一个张紧的中心构件,该构件除了通过外部支架为管线提供结构支撑和导向外,还可以输送流体或执行其他功能。构件装有支撑/导向装置,用于单根管线的定位和导向。

构件的两端装有耦合装置的两个二分接头,由耦合装置和导向装置的构件称为“连接装置”。而相关的管段称为连接,独立于中心管接头,每根管线连接的两端,装有机械式/压力式接头,典型形式为螺纹盒和栓。在构件安装和张紧之后,其他管线才能逐个安装。这些管线应该在构件回收前分别回收。

这种设计的优点是结构简单,允许单根管线(如维修/更换)期间,无需关闭和回收整个系统。其缺点是作业或回收速度慢。

A.10.4 生产立管部件

生产立管系统中具有大量的部件,包括:

——单根立管段;

——流体通道接口设备,如耦合和端部连接器;

——流体控制、隔离和净化设备;

——张紧和运动补偿系统;

——浮筒部件;

——屈曲控制设备;

——稳定结构;

——扶正设备;

——减少静方向节荷效应设备;

——监测和控制系统;

——导向(再进入)装置;

——防污染装置;

——消防和损害保护系统;

——保温。

生产立管的设计范围变化比较大,从相对简单设计(如浅水单根挠性立管)到复杂设计(如深水中多孔混合立管),因此有可能涉及到上述列举部件的很少或者几乎所有组件。对于复杂的设计,需要大量的工程实践,以确保立管适应各种立管组件和其他系统组件之间的机械和功能接口。

A.11 修井系统装备

A.11.1 概述

多种设备可以用于实现井下及水下设备的作业。这些装备大体上可以分为四类,如下:

——完井/修井立管系统(在安装和大修期间采用);

——小型修井系统(在井位上直接进入井筒,而不需要使用移动海上钻井设备/钻井隔水管);

——海底设备修井系统(不直接进入井筒);

——其他维修技术,如通过管线修理,清管和管线内的连续/挠性修井。

注:这里的作业包括安装,维修和废弃。

A.11.2 完井/修井(C/WO)立管系统

A.11.2.1 概述

完井/修井立管系统用于水下完井系统的初始安装和油井大修期间。这些系统一般需要使用配备了全井眼压力控制设备的可移动式钻井船。这些系统的两个基本组成为完井/修井立管和修井控制系统，基本描述如下：

在任何油田开发方案的概念设计阶段，安装和整个开发周期内的作业方案的确定十分有必要。应该确定一种可靠的修井方式，以实现修井/操作员工、环境，水下设备以及修井工具的潜在伤害最小化。另外，也要求这种设备能够在给定的环境操作条件下有效高效地实现预期的目的。

下面将对这些系统中的每个设备进行简要的描述。

这些设备的具体细节请参见 ISO 13628-7。

A.11.2.2 完井/修井立管

完井立管是一种立管，它能通过钻井隔水管和水下防喷器组，用于安装和回收水下井口的井下管柱及油管柱。既然完井立管通过钻井隔水管的里面，因此，它不受到环境力，如风、浪、流的作用。

修井立管是一种立管，它提供了水下采油树的上部连接和平台上部的连接通道，这就使得测井电缆能够进入到井下。修井立管不通过钻井隔水管，因此它需要承受外界环境的载荷，如风、浪、流的作用。修井立管常用于安装和回收水下立式采油树，以及需要全井眼贯通的井筒再进入，但不包括油管的回收。

在安装和回收水下卧式采油树时，不需要修井立管，这是因为采油树可以通过钻杆或者钻井隔水管在射孔之前安装在油管或者油管挂上。但是，修井立管系统应该通过卧式采油树用于提供全井眼进入，以实现井下作业而不用移出油管，见 A.11.3.1。

这两种立管提供了压力的连通和全井眼进入井下油管。这两种立管也阻止了质量和压力载荷以及船体运动的水动力载荷，迄今，这两种载荷仍旧未被运动补偿系统完全实现减阻。

实际上，完井和修井立管是一种常见的系统(典型常见如完井/修井立管)，然后附加或者减掉一些设备以实用于不同的工作任务。

一个典型的立管包括如下设备(见图 A.32)：

——油管挂下入装置；

——油管挂定向设备(除非这个包括在油管挂本身设计中，例如，就象是否采用一个水下卧式采油树，或者在一个立式采油树上是否应用油管挂一样)；

——一种密封工具，用于立管内部的防喷器组实现压力测试和井控；

——一个井控水下测试采油树，以实现紧急状态下解脱；

——止回阀，以保证在紧急断开时能够保持立管内具有流体；

——过渡立管接头；

——防喷阀，在长测井工具串加载或卸载时隔离立管；

——一个地面采油树，用于井筒的压力控制，并且为水面管缆防喷系统提供连接点；

——一个立管张紧工具，保证其在自身重量下部屈曲。

典型的修井立管包括如下部分(见图 A.33)：

——采油树下入工具。

——连续油管防喷器缆线，能够抓住、切断和密封挠性管和电缆。

——一个大角度释放的紧急断开包。

——止回阀，保证紧急断开时立管内留有流体。

——应力短节，吸收和 LWRP 固定点的立管弯曲应力。

——中间立管接头。

——防喷阀，在长测井工具串加载或卸载时隔绝立管。

——井筒压力控制的地面采油树，能够为表面管缆防喷系统提供连接点。

——一个立管张紧工具，保证其在自身重量下部屈曲。

立管系统中所需要的导管的数目与考虑的设计因素数目有关，包括如下：

——油管柱/过油管挂的垂直井筒数目(通常水下立式采油树为 2 个，卧式采油树为 1 个)。

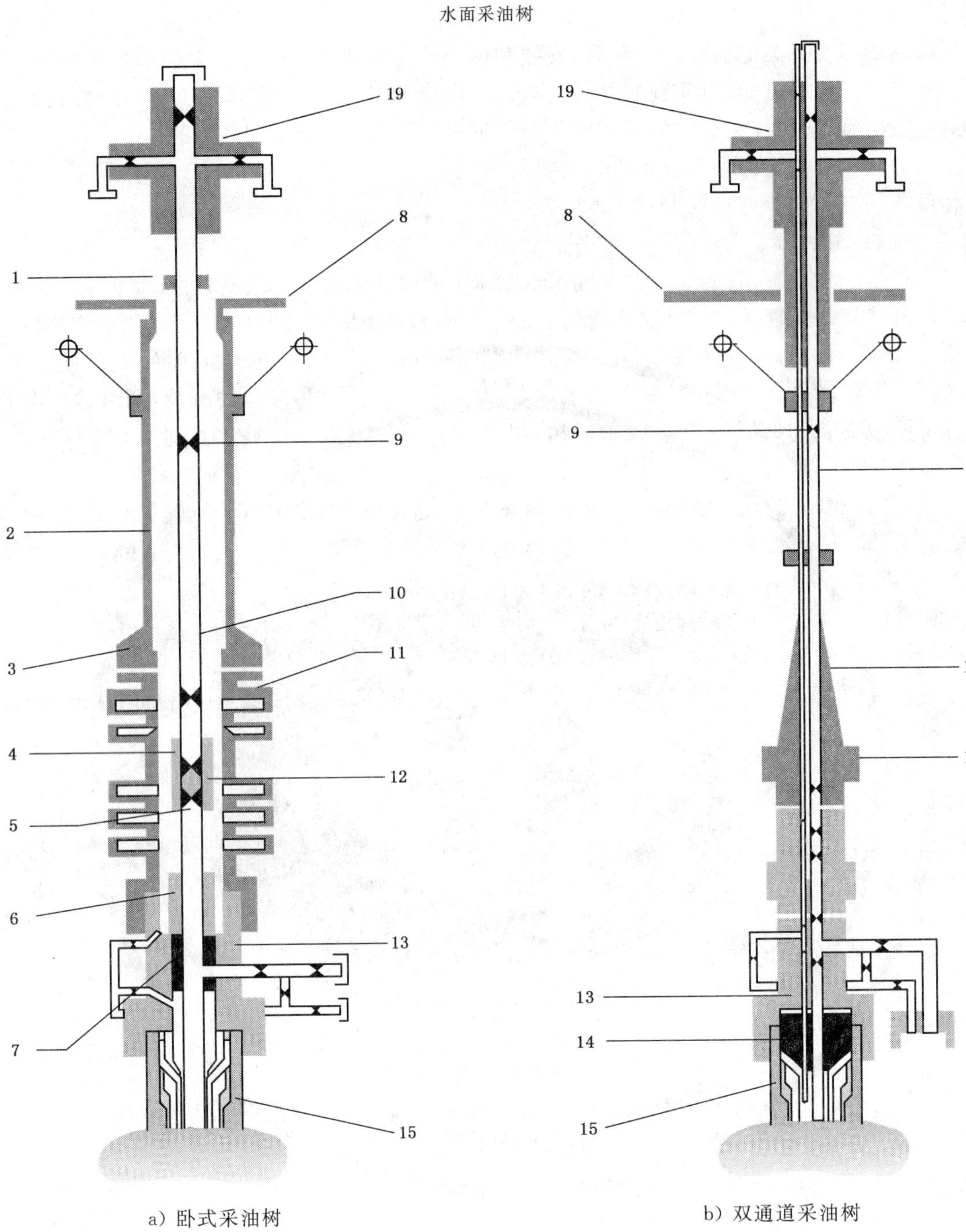

a) 卧式采油树　　b) 双通道采油树

1——旋转接头(可选)；
2——海底立管；
3——挠性接头；
4——EDP；
5——切割阀；
6——油管挂作业工具；
7——油管挂；
8——钻台；
9——防喷管阀；
10——座放管柱；
11——防喷器环空；
12——水下安全采油树闸板；
13——采油树；
14——油管挂；
15——井口；
16——修井立管；
17——立管应力接头；
18——EDP/LRP；
19——表面采油树。

图 A.32　典型的水下采油树和立管系统

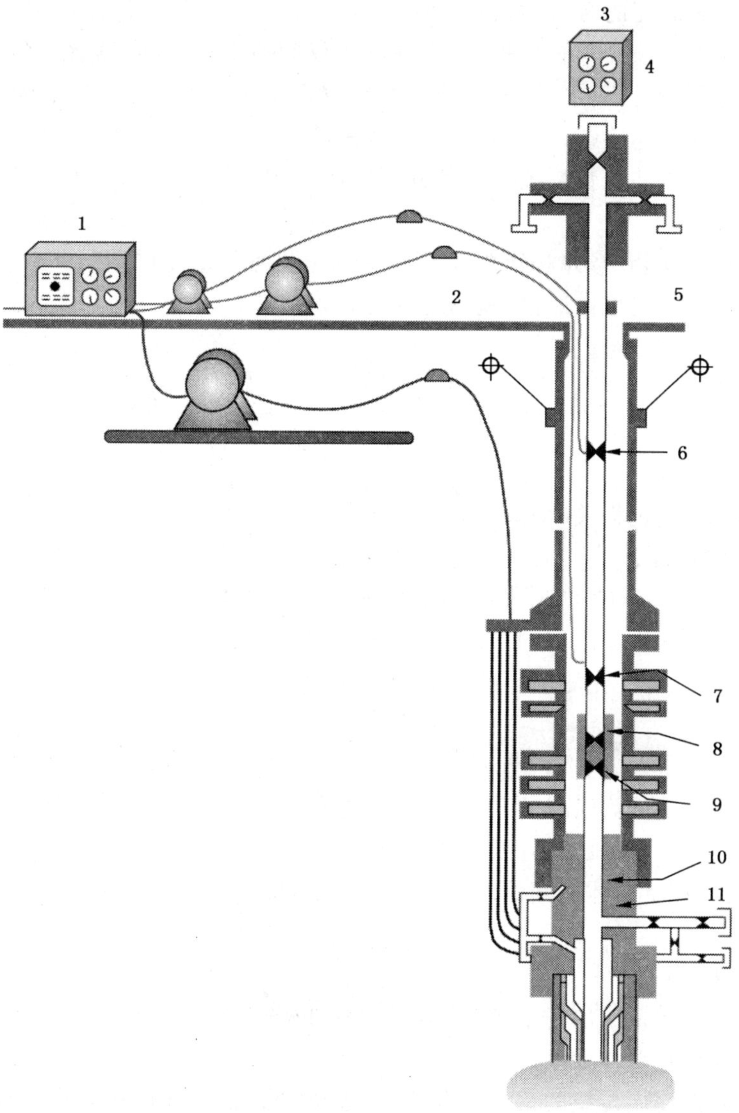

1——HPU 和控制面板；

2——旋转接头(可选)；

3——局部控制面板；

4——水面采油树；

5——钻台；

6——防喷管阀；

7——止回阀；

8——EDP；

9——切割阀；

10——油管挂作业工具；

11——油管挂。

图 A.33 典型的卧式采油树和修井系统

——通过生产环空循环流体的方法，例如，对一个典型的双筒水下立式采油树通过一个小孔的管柱，对卧式采油树而言，通过一个挠性软管进入到修井脐带缆。

——立管系统的生产管柱烃类的冲洗方法，先于从水下设备的断开(一般是通过环空通道实现的)。

——作业模式，如完井作业在钻井隔水管和防喷器组内进行，而修井作业中往往不用隔水管。

依靠所需导管数目、水深、环空要求、操作可能次数等，采用整数或者一个非整数的立管系统具有更多的经济吸引力。

——非整数立管是由独立的管柱组成。这些立管是建立在钻柱的单个管柱(需要最接近环形空间)，或者是一个或者多个生产油管沿着它们下入的长度方向夹在一起，就象井下双管完井管柱。在任意一种情况下，修井控制功能是通过一个安装在立管不同节上的脐带缆提供的。

——整数立管包括预先装配的短节/组合，这些短节/组合的某一端是双孔连接，因此能够简化搬运和安装操作。在那些预计具有高张力/或者弯曲载荷的立管上，应包括一个外部结构壳以提供额外强度。在这种情况下，水力/电力控制缆也被安装在预先装配的短节中，但是，这种方法明显引入了一些额外的连接(因此具有潜在失效短节)。

根据不同的系统，完井/修井立管系统需要各种不同的专用的运行、测试、处理工具。

A.11.2.3 修井控制系统

修井控制系统也通常指安装/修井立管总成，为修井/完井操作的不同阶段提供完井/修井装备，水下采油树和井下设备的所有功能提供遥控/监测途径。

修井控制系统通常包括以下组成：

——泵单元，提供液压；

——主控制台；

——钻井平台上的遥控台；

——生产测试设备附近的过程关断台；

——发动机绞车上的脐带缆。

由于水深的变化及不同C/WO的直接水力激发，水下采油树和井下功能能够或者不能在紧急条件下提供足够的反应时间。在深水应用中，必须采用液电联合水下修井控制模式(安装在C/WO立管紧急断开短节/水下采油树)，以保证充分不同的控制功能达到反应时间的要求。

A.11.3 轻型修井系统

A.11.3.1 概述

水下轻型修井系统可以定义为这样的系统，它能够提供一些不需采用海上钻井装置或者标准的钻井隔水管而直接进入井筒的方式。已经开发了很多这样的系统，包括传统的刚性修井立管、水下钢丝绳系统和连续油管系统，具体如下所述。其他的轻型修井系统，如挠性立管系统，也是可行的，可能会在将来被采用。

A.11.3.2 刚性修井立管系统

最传统的轻型修井系统包括应用于半潜/单体船的标准刚性修井立管系统(如A.11.2所述)，如一个带潜水支持的作业船或者轻型作业船。

刚性修井立管系统允许使用传统的钢丝绳和连续/卷轴油管技术进行井下修井/服务作业。应用于水下卧式采油树的修井立管系统需要使用大口径的组件(如一个476 mm(18 3/4 in)采油树接头，大孔径的阀和大口径立管)，以保证和卧式采油树上部连接，能够回收安装在油管挂上或内部采油树帽上的大口径堵头。

从作业角度来看，该系统能够提供最大限度的操作灵活度包括井下作业，它所需设备能力也较大，包括船体尺寸、保持能力、甲板空间、可变甲板载荷、立管系统工作设备等。

A.11.3.3 水下钢丝绳系统

水下钢丝绳系统涉及到水下压力控制设备的使用(包括一个防喷阀)，直接安装在水下采油树上部。典型的水下钢丝绳系统使用修井船上水面安装的钢丝绳绞车/卷轴、也可以包括使用水下采油树上的绞车，这就把缆的垂直运动和船体的运动分开。但是，这种系统也会使得钢丝绳操作人员失去相应的操作感觉，以及潜在的额外的泄漏通道和更加复杂的水下机构。

水下钢丝绳系统主要设计特征是，烃类流体在操作过程中是否返回到修井船。如果烃类流体能够/预计返回到水面，那么船的等级要求就会比那些烃类不会/不打算返回到水面的船更高。

一个典型的水下钢丝绳系统(如采用表面安装的钢丝绳绞车/卷轴)包括如下主要组件：

——采油树接头；

——下部防喷阀组合，包括管缆切断阀和管缆防喷器，以实现在紧急断开时候的进行压力控制；

——上部防喷阀组合，包括接头、工具捕获器、防喷阀部分、钢丝绳防喷器组、盘根盒和注密封脂装置（单芯电缆）和钢丝绳工具的卸载装置；

——安装在水面的钢丝绳绞车/卷轴（安装有运动补偿系统）；

——一个控制系统，类似于 A.11.2.3 所描述的修井控制系统，控制水下采油树和井下安全阀以及所有的阀和功能，包括水下钢丝绳装置；

——一个处理系统，使用和回收水下装备（通常是导向缆）；

——一个用于作业支持的遥控作业机器人，用于观察和手工操作等。

通过水下钢丝绳系统，钢丝绳可进入双筒立式采油树的生产和环空管道，尽管这需要回收和重新配备一些设备，使其在不同的孔之间转换。对于卧式采油树而言，可以通过采用水下钢丝绳控制脐带缆中的小孔径的挠性管来控制环形空间的压力通讯，这依赖于采油树管道和阀的精密构造。

安装在水下卧式采油树上的、所设计用于修井的水下钢丝绳控制系统，需要使用大口径的组件（如一个 476 mm(18 3/4 in) 采油树接头、大孔径的阀和大口径立管），以保证和卧式采油树的上部连接，能够回收安装在油管挂上或者内部采油树帽的大口径堵头。

如果水下钢丝绳系统中的防喷阀部分足够大，就有可能使用牵引技术进行井下操作，该操作不涉及泵入流体到井下，因此避免了需要使用在某些作业中使用连续油管/卷轴油管。

A.11.3.4　水下连续油管系统

水下连续油管系统和水下钢丝绳系统是相似的，因为它们都涉及到使用水下压力控制设备（包括防喷阀），直接连接在水下采油树的上部，然而卷筒是固定在修井船上的。

水下连续油管系统的构造与水下钢丝绳系统是相似的，实际上，一个系统可以被配置成处理连续油管和钢丝绳操作。

典型的水下连续油管系统包括以下几个主要组件：

——采油树接头；

——下部防喷阀组合，包括一系列的、不同的盲端/剪切和管道防喷器组，以实现突发事件的井压力控制；

——上部的防喷阀组合，包括接头、旁通（适应于不同的井下工具的长度）、油管闸板防喷器、油管盘根盒（保持井的压力）、注入组合（控制油管进入和提出井筒）、油管拆卸器（阻止海水进入注入组合）、油管切断/打弯装置（用于紧急工况油管切断和弯曲）、一个挠性油管导向器（保证油管在通过注入组合时不会突然弯曲）；

——水面安装的油管卷筒；

——控制系统，类似于 A.11.2.3 所描述的修井控制系统，控制水下采油树和井下安全阀，以及水下连续油管上的阀和各种功能；

——处理系统，使用和回收水下装置（通常是导向缆）；

——一个用于作业支持的遥控作业机器人，用于观察和手工操作。

不同于水下钢丝绳控制系统，其需要运动补偿系统以实现维持精确的井下工具下入深度，而连续油管控制工具的深度是通过水下注入总成，因此这种控制能够和修井船的运动解耦，即不需要运动补偿系统。

A.11.4　海底装备维修系统

A.11.4.1　概述

水下生产系统维修作业包括使用潜水员、遥控作业机器人、智能水下机器人/遥控作业工具系统。不同的系统应用在不同的油田开发阶段，例如，潜水员可以用在水下设备的初始安装阶段，然后所有的进一步维修工作则只能使用遥控作业机器人技术。

与水下设备相关的维修通常考虑包括如下几方面，宜考察任何的水下油田开发方案。

——水深（影响到选择潜水员、遥控作业机器人/智能水下机器人或者遥控作业工具）；

——流剖面(影响到潜水员/遥控作业机器人的脐带缆);

——海底情况,如低承载的软海底和很差的能见度;

——结构方向,尤其是强流海域(对潜水员遥控作业机器人/智能水下机器人及测点操作模式的测点保持);

——通道考虑(对于能够移动和不堵塞潜水员/遥控作业机器人/智能水下机器人是很重要的);

——水下装备和修井工具的结合;

——免予失效,该装备应该被设计成这样,即,在潜水员/遥控作业机器人/智能水下机器人或修井设备的电力中断时,所有的连接到水下装备的/遥控作业机器人/智能水下机器人/POT 能够以可靠的方式释放,返回地面;

——免予损坏装置,修井装置应考虑到最小化定位,停靠,操作过程中的潜在的破坏。修井界面的可回收部分,如于遥控作业机器人/智能水下机器人/遥控作业工具相连接的部分,应该设计成在固定在水下装备部分出现破坏之前进行回收;

——载荷响应,设计中应该考虑施加在结构和修井设备上的载荷。通常,载荷施加面需要考虑通过修井设备结构的复杂的加载路径而使得接触面更好。

A.11.4.2 潜水员维修

在过去的多年中,在水下设备的安装和维修活动中,潜水员维修已经有了广泛的实践。与遥控作业机器人和遥控作业工具相比,潜水员的明显优势是能够对未预料的/未计划的需要能够迅速做出反应。但是所有的潜水操作都给潜水员带来相关的危险,这种危险宜给与合适的管理。

传统的潜水技术,比如常压潜水、饱和潜水,已经通过使用常压潜水系统得到很好的补充,尽管这些系统的优势和高级的遥控作业机器人和遥控作业工具系统相比已经变得逐渐边缘化。

A.11.4.3 遥控作业机器人/智能水下机器人维修

遥控作业机器人可以定义为具有平衡浮力的能够自由移动的潜水设备,可以通过一个脐带缆从水面对其进行遥控。

智能水下机器人可以定义为具有平衡浮力的能够自由移动的潜水设备,可以通过船上预编程控制系统进行控制。

这两种作业工具能够执行很宽泛的水下任务,尤其是那些水深和环境比较苛刻或者非常危险而不适合于潜水员工作的区域。至今,智能水下机器人已被局限于用于执行相当简单的任务,这些任务能够通过船上控制系统进行预编程,例如,管道检测。据预测,智能水下机器人将会继续发展并能应用于执行更加复杂的水下生产设备的维修任务,尤其是在深水区域,在那里水下设备安装在已有的表层井深结构上,避免了使用昂贵的、专用的遥控作业机器人支持母船。

但目前许多复杂的水下维修作业需要使用遥控作业机器人,这些遥控作业机器人是通过一个专用的支持母船、安装船或者移动式海上钻井平台来控制。遥控作业机器人被广泛用于安装和维修作业。其中一部分作业仅仅用遥控作业机器人的照相/操纵功能,而其他作业需使用一个专用的遥控作业机器人工具包。所设计的遥控作业机器人维修任务包括以下几方面:

——水下作业的观测;

——装配时的辅助指导;

——提升线/导向杆连接器和水下设备的搭接;

——更换井口垫片;

——更换导向基盘上的导向杆;

——在装配开始之前清理设备的表面;

——安装或拆除承压和不承压的保护壳和保护帽;

——阀的操作;

——执行机构部件的更换,如采油树阀;

——在液压进入小口径的管线,如封锁 SCSSV 或者测试管道连接器;

——引入、连接和测试水下采油树/管汇的挠性管道/主要脐带缆;

——使用、连接和测试水下采油树/管汇和脐带终端/分配单元之间的轻型脐带跨接管。

遥控作业机器人可通过使用可变浮力系统更换工具包,更换其他一些相对较轻的水下设备,如油嘴、多相流量计、水下控制模块、HIPPS 模块等。宜记住的是,遥控作业机器人通常不具备潜水员所具有的灵活度和适应性,因此,遥控作业机器人的作业宜在现场使用之前进行测试和详细的设计。遥控作业机器人和水下生产系统界面的指导说明可以参阅 ISO 13628-8。

A.11.4.4 遥控作业工具维修

遥控作业工具定义为专用的、无人水下工具,用于遥控模块安装或者更换作业,而这些作业所需要的提升能力是遥控作业机器人/智能水下机器人所无法达到的。完整的遥控作业工具修井系统一般包括具有专用控制系统的缆线悬挂工具和支撑/处理系统。

遥控作业工具主要使用提升钢丝绳或者提升钢丝绳/脐带缆的组合。一些遥控作业工具被设计成使用钻杆。工具的辅助导向是通过导向管线、专用的推进器/遥控作业机器人辅助完成。

典型的遥控作业工具作业任务包括以下几方面:

——引入,连接和测试水下采油树/管汇的管线。

——引入,连接和测试水下采油树/管汇的主要脐带缆(而对于轻型的脐带缆跨接管,则主要使用遥控作业机器人技术)。

——以维修为目的,回收或者更换模块化的水下设备(与主要的水下设备无关,而这些模块正是安装在这些主要的设备上)例如:

  ——油嘴;

  ——多相流量计;

  ——砂检测仪器;

  ——管汇插入阀;

  ——水下控制模块;

  ——化学注入模块;

  ——液压蓄能器模块;

  ——水下泵/马达;

  ——水下清管器发射/清管器装载盒。

关于遥控作业工具维修系统的进一步指导参阅 ISO 13628-9。

A.11.5 过出油管线系统修井

TFL 能够用于执行水下井不同的修井操作,包括:

——安放或者回收流动控制设备,比如堵头(井下或者井口)、静止截流阀、气举阀和插入水面安全阀;

——通过使用井下仪器收集井下压力和温度信息;

——酸化、捞砂、通井、打捞、射孔、洗砂、除蜡和压井等。

TFL 服务包括关闭目标井,然后从依托设施通过管道/服务管线泵入所需的工具到水下完井,从而到井下。一旦工具被泵入到合适的位置,通过应用不同的压力去剪断销钉、移动衬套等来实现所需功能的激发。在完成所需的任务后,TFL 工具串通过管道/服务管道被泵回到依托设施。

一些水下生产系统的组件需要经过特殊的设计以适应应用 TFL 服务技术,包括如下:

——管道/服务管线尺度和连接设计;

——水下管汇和采油树管道的尺度和弯曲半径;

——管汇/采油树/油管挂通过的孔径;

——TFL 式采油树和管汇,包括工具转向器,直接把 TFL 工具串下入或提出合适的井/孔眼;

——井下油管尺寸；

——TFL式井下完井，包括不同的独特的短节剖面(用于TFL工具的定位)，以及循环路径控制设备，允许TFL工具串在TFL泵入操作时，限制和阻止了流体被泵入到生产层而是从某一个方向泵入。

在TFL操作时，除了特殊的水下设备，也需要在依托设施上具备一些不同的水面设备，包括：

——服务泵；

——TFL控制管汇；

——TFL控制台；

——工具防喷阀；

——流体储存和混合池；

——分离器；

——相关的管道。

TFL系统设计和操作的详细指导以及TFL水下采油树的设计分别参阅GB/T 21412.3—2009和GB/T 21412.4—2008。

A.11.6 清管

A.11.6.1 水下管道清管有不同的原因，包括

——新管线试运行的一部分，如排水；

——从多相流管线内清除液体段塞；

——清除管线内较低位置的水；

——除掉管线内砂、蜡等沉积物；

——辅助防腐剂在管道内的平均分布；

——智能检查管线，以保证其能够适应于连续的服务；

——一个旧管道废弃程序的一部分。

A.11.6.2 水下管线的清管可以应用以下操作之一进行

——一个回路，清管球只沿一个方向运动，即从依托设施到水下设施向下沿着一个管线，然后通过另外一个和其尺寸近似的管道回到依托设施；

——双向清管球可以被泵入到一个管道内，然后又从该管道内返回(主要应用于回路管道的尺寸和清管球尺寸相比非常大/非常小，以至于清管球不能回收)；

——水下清管球发射器，单向清管球可以在水下发射，并被泵送回依托设施，这可以通过依托设施上另外的管路或者从生产管道内推回。

A.11.6.3 典型的清管器类型包括

——胶质清管球；

——泡沫清管球；

——碗/盘清管球；

——球状；

——智能清管球。

A.11.6.4 在这些清管球中，只有胶质清管球能够通过管线上的所有可能的管径变化和弯曲半径。泡沫清管球、碗/盘和球型清管球能够被设计成通过明显管径变化和相对小的弯曲半径，但这也增加了操作的难度，同时也增加了清管黏附/破裂在管道内的风险。

A.11.6.5 显然，上述所有的因素都宜在清管开始之前进行详细设计，以保证把合适的特点考虑到设计之中，例如

——通过系统中可接受的管径的变化；

——管线突然变换方向时合适的曲率半径；

——导向安排，保证清管球在管线接头处能进入正确的管线；

——提供流体循环通路和相关的阀；

——提供上部/水下清管球发射和接收装置安装的空间。

A.11.6.6 如果不能使用智能清管，则应决定使用 CRA 管线，以保证管道内减少未被发现的腐蚀的风险。在碳钢管线内，也可采用注缓蚀剂系统和不同的腐蚀检测技术相结合的方法。

A.11.6.7 水下清管发射器主要设计成能够仅仅发射驱扫清管球，就是说不能发射智能清管球。水下清管发射器通常使用一个装有多种清管球的盒式装置，这就保证了常规的驱扫管线，而不需要在每次发射时都要通过作业装入一个清管球。

A.11.7 连续油管修井管线

在某些情况下，也可能采用连续油管/卷筒管区清除接近于依托设施的管道内部分的阻塞（如蜡和水合物）。

A.12 井下设备和特殊依托设施设备的接口

A.12.1 概述

A.12.1.1 常规的水下完井涉及到一定数量的和井下设备的物理和功能接口（诸如 SCSSV 和井下化学药剂注入系统），但是，越来越多高级完井的使用使得水下控制系统和井下设备的接口在数量上和复杂程度上大大增加。

A.12.1.2 目前安装在水下生产系统上的不同的检测设备（包括井下压力/温度仪器及多相流量计）产生了大量的数据，导致了水下 PCS 在通讯传递速度和数据处理方面的剧增，以及其和依托设施控制系统接口的重要性的增加。

A.12.1.3 所有的这些都意味着地下、水下和地面控制系统工程师综合小组宜在早期给予这些接口充分重视，指出所有的功能执行问题和保证所安装的设备在实际中能够充分发挥价值。

A.12.1.4 下面对这些方面提供了基本的指导，进一步的关于智能井的井下接口，水下和上面控制系统指导可以参考 GB/T 21412.6—2009。

A.12.1.5 同样，过去通常认为水下生产系统的末端在依托设施生产立管的顶部（即处理设施不被看作是水下生产系统的一部分），段塞消除装备在依托设施上的应用，引入了另外一个功能接口，这个功能接口应该在整体设计中给予重视，如下所述。

A.12.2 地面控制井底安全阀 SCSSV

A.12.2.1 因为可靠性的原因，目前大多数水下井应用的 SCSSV 都是可回收油管阀。

A.12.2.2 SCSSV 的液压控制回路通常要比水下采油树阀所采用的液压要高。这个特点应该在设计水下采油树时进行考虑，例如，在立式采油树上，围绕着 SCSSV 延伸接头的密封环型空腔，在采油树本体底座和油管挂之间，宜在系统未发现的泄漏发生时，能够经受起 SCSSV 的操作液压压力系统。

A.12.2.3 当油管内部压力高需要使用平衡的 SCSSV 设计时，对串联的 SCSSV 构造/平衡管线而言，从油管挂通过到合适的控制管线和封锁管线需要考虑额外的贯穿。应考虑在井的一侧环空内需要一个井下安全阀。这种特点可能涉及到一个井下环空安全阀或者一个 SCSSV 直接安装在油管挂下面（对立式采油树）。如果在环空中安装一个井下环空阀或者 SCSSV，油管挂内需要进一步的贯穿。

A.12.2.4 SCSSV 除了产生动态活塞密封外，优先在活塞冲程两端产生一个独立的静态密封空间，这就意味着当动态活塞密封不断磨损后，减小了井筒/环型空间流体流回到水下控制系统的可能性。

A.12.2.5 如果有封锁管线，对于液压回路实效的 SCSSV 的远程遥控封锁，应该把更多的注意力放在这些系统的设计中，以便系统内任何滞留的流体在井进行投产和 SCSSV 封锁时能够膨胀（由于加热原因）。

A.12.2.6 如果在油管柱中使用直通连接的 SCSSV，那么正常的操作阀应该在这两个阀门之上，以便于从井筒泄漏到上部 SCSSV 控制系统中的液体能够被不常用的下部 SCSSV 所封闭。同样，如果一个分离的管线 SCSSV 插入接头被安装在油管柱上，它就应该被安置在可回收油管 SCSSV 的最下面。

A.12.2.7 SCSSV 安放的典型位置是建立的地温梯度的基础上，在水合物生成深度之下。如不可行，就宜把注意力放在井的关井和开井的设计方面。

A.12.2.8 考虑到昂贵的更换/修理 SCSSV 的费用，宜小心设计水下井口的 SCSSV 系统。正是这种原因，宜考虑在 SCSSV 液压回路上使用密封控制管线，优质的控制管线保护装置和特殊的过滤器。

A.12.3 井下化学药剂注入系统

A.12.3.1 化学药剂需要被注入到井下或者被注入到水下采油树生产液管线。此时，把化学药剂注入到油管上 SCSSV 之上的某个点，以保证 SCSSV 系统整体作为紧急关断是可行的。

A.12.3.2 在这种情况下，注入点应该在安装 SCSSV 深度之下，然后需要在井下/水下采油树安装合适的设备阻止井筒内的液体回流到化学注入系统，并且在移除水下采油树时，使得绕过 SCSSV 的潜在可能性减至最小。井筒液体回流进化学化注入系统内可能会导致快速的不可恢复化学注入系统的小孔径的堵塞。

A.12.3.3 应该考虑采用一个侧向口注入化学药剂，因为这会使得在完井操作期间比较容易隔离化学注入系统，并且可以提供一个途径来安装和替换井下回流保护装置，虽然这需要管线作业。

A.12.4 生产和地层传感器

A.12.4.1 生产传感器包括 DHPT 仪以及测量从一个或者多个储层流出的流体的不同特性的设备，包括流量、流体密度、水侵、出砂、结垢等。

A.12.4.2 地层传感器包括固结在套管后面的电阻率阵列、压力阵列和地震阵列。安装这些井下传感器需要进入水下采油树和油管挂。

A.12.4.3 标准的水下 PCS 设计，包括脐带缆以及 SEM，应该进行改进以适应于日益增加的电力需求和井下传感器的数据传输速率，以保证井下设备能够全面发挥价值。

A.12.4.4 依赖于井下传感器在井内的精确安装位置，需要配备合适入井导管的生产座封器。

A.12.5 遥控操作流动控制设备

A.12.5.1 智能完井也需要不同的设备来控制单个油层的流量。这些设备可以通过液压、电液或者电力系统遥控，但在一些情况下，也需要通过水下采油树和油管挂的进入。

A.12.5.2 如果采用液压系统，应该注意防止井筒内的流体回流到液压系统中，以及防止在移除采油树时绕流过 SCSSV 的附带风险。

A.12.5.3 对于液/电控制的井下流动控制设备，应该考虑到电力的需要。

A.12.6 控制和通讯系统

A.12.6.1 水下系统采用的越来越复杂的监测设备，如 DHPT 仪和多相流量计等，对控制和通讯系统提出了更高的要求，以满足更加充分的传输、储存、处理和大量通讯数据的要求。

A.12.6.2 应该直接采用这些“软”功能借口，以保证数据传输过程的通畅性。

A.12.7 段塞抑制/控制设备

A.12.7.1 各种快速作用智能流动控制的系统可安装在依托设施上，用来消除/减少生产流动管线的段塞。大多数这些系统涉及到立管底部的压力控制，使用顶端控制阀或者通过位于依托设施之上小分离器控制气液的流量。

A.12.7.2 因为段塞在某些情况下会产生一些严重的操作问题，因此正确分析潜在的段塞，确立采用什么样的技术/设备来控制段塞非常关键，它们和系统设计，包括上部处理控制系统的设计是一致的。

附 录 B
（规范性附录）
颜色和标记

B.1 概述

B.1.1 水下生产系统中所有能够进行水下维修的设备都应具有唯一的颜色和标记系统，以便用于简单唯一、准确无误的识别。

B.1.2 进行维修作业的颜色和标记系统应作为一种指南图，主要通过以下方式来实现：

——识别结构和方向；

——识别安装在结构上的设备和维修接口；

——识别结构的某个给定部位相对于整个结构中的位置；

——识别设备的操作状态，比如连接器锁定/解脱以及阀的开关情况等。

B.1.3 通过使用标记系统可以主动地识别出包括导向柱和锁紧卡箍等可回收部件的终端/锁紧位置。

警告——水下设备和水面操作设备上的缩写具有通用性这对维持设备的安全运行非常重要。

B.1.4 当控制设备具有多用途时，为了减少混乱并提高安全性，建议在水下设备及其控制单元上使用ISO 13628中本部分列出的通用缩写进行功能标识。

B.1.5 如果阀的布置是非常规的，文件中应清楚定义用在该设备标记中的缩写。

B.1.6 如采用潜水作业，应采用有光泽的涂层以便潜水员可视和容易区分。当使用遥控作业机器人作业时，应采用无光泽涂层，当遥控作业机器人光照射到有光泽的涂层时将使过多的发射光进入遥控作业机器人的低感光摄像系统，引起图像模糊或虚反射。

B.2 颜色设计

B.2.1 颜色设计的主要因素包括：

——主体颜色；

——背景颜色；

——前景颜色；

——相关的物体尺寸。

B.2.2 在使用强度可调的人工照明系统并且红色部分强度最高时，标注颜色至少在10 m(32.8 ft)之外可以清晰地识别。

B.2.3 在较大的结构部件上不能使用深色，同时应避免在大型结构部件上使用白色。栅栏（可能要求能看透）应使用较深的颜色，比如金属灰（未经涂刷），以避免光反射。另外，不要使用可能造成误解的颜色（比如阴影/底色等）。前景颜色应比设备主体或者背景颜色的亮度更小。

B.2.4 吊耳板、提升装备、接头等的维修作业中“活动”部件都应刷成橘红色。

B.2.5 因为考虑到主轴与扭矩工具之间的公差要求，遥控作业机器人操作主轴（阀主轴/阀杆延伸）上不用涂刷。

B.2.6 在本附录中已经给出了建议在水下生产系统中使用的颜色及其相当的RAL、蒙赛尔代码和美国国家标准595A[36]代码。

B.3 颜色设计标记要求

B.3.1 标记可以分为主要标记和次要标记。

B.3.2 主要标记是为了操作、安装和回收作业，对所需标记的主要结构部件和系统所进行的标记。建议使用的标记符号高度为 170 mm(6.693 in)到 500 mm(19.685 in)。

B.3.3 次要标记是指在主要系统或者布置内部，对包括阀、液压操作部件、传感器中的局部采集点、探头等进行识别的标记。使用的字符尺寸应为 50 mm(1.969 in)到 150 mm(5.906 in)。如果无法使用指定的尺寸，则可以使用较小的字符。

B.3.4 识别标记的位置不能影响设备或者部件进行作业，同时应将标记被损毁的危险性降低到最低。

B.3.5 在永久性安装的设备上应使用防海生物标记。

B.3.6 应在所设计的结构、设备或部件的机械系统连接上进行标注，这样在维修作业中这些标记就可以保持原位并不至于受到损坏。

B.3.7 在生产管道不要使用焊接连接法。如果使用粘合法，则必须经过详细测试和确认。

B.3.8 针对水体中颗粒成分的不同，在人工光源条件下，至少可以在 5 m(16.4 ft)之外清晰看到。

B.3.9 在整个水下生产系统的设计寿命内都要求保持这些标记免受海洋污染。

B.3.10 标记上的所有指示性语言都要求用英文(或中文)书写。

B.3.11 标记上的所有符号、字符、图形等都应易于识别，并与操作文件相互对照。

B.4 水下结构标记

B.4.1 水下结构应较好地定向标识，这样可使钻井作业过程中钻井船的方向和基盘的方向保持一致。可以使用如下标记及其缩写：

——结构的前侧：FORE

——结构的右舷：STB

——结构的左舷：PORT

——结构的后侧：AFT

B.4.2 在上部结构的右舷和左舷上，主要的标记符号应大小适当，以便对整个水下生产系统进行主动识别。主识别标记上应至少显示油田名称、区块号和安装设备名称。

B.4.3 保护结构上的 FORE 应与钻机上的 FORE 保持方向一致(也就是与钻井船的方向一致)。对于基盘结构，井槽的编号(指井槽)可以从 FORE-STB 角的一号槽开始，然后按顺时针方向编号。对于其他非井槽的槽号，则应从 FORE 上的槽开始，然后按顺时针方向编号。建议对井槽和导向柱的计数方式采用与保护结构相同的编号方式。

B.4.4 侧面上的标记应位于结构的上部和下部，这样在结构外就清晰可见。在结构内部，标记应位于结构部件上，这样可以保证主动和易于定位。可以将这种标记安装在垂直部件周围，例如井槽，而标记朝向槽的中心。

B.4.5 标记应位于合适的高度以便在各自区域进行预期的工作。

B.5 导向柱的标记

导向柱的编号应适合预期钻井船方向和钻井船导向索的编号系统(右前方导线索为 1 号，以此按顺时针方向类推)。应在导向柱顶部以下 200 mm(7.874 in)的地方用黑色圆圈标记并注明导向柱编号。

对于可回收的导向柱应安装易于读取的状态指示标记，以便显示锁紧机构的锁定(“L”)和解锁(“U”)位置。

B.6 管汇阀的标记

应建立一种专用的阀编号系统，以便于辩识各个阀及其功能。所有的管汇阀上都应采用“XY”数字形式标记，其中：“X”表示与管道连接的槽或者该阀所隔离的主管线。而数字“Y”则表示该槽中的阀编号(如果管线中有若干个阀)以及相应管线的功能等。

阀上应至少在靠近阀体的地方有一个向上的标记。该标记可以设置在阀体与阀帽或者临近结构之间的阀接口法兰的支撑盘上。

B.7 配管系统的标记

与管汇阀一样，应为配管系统建立唯一的标记系统。应根据已建立的编号系统来标记井槽和引入边缘之间的管道系统（包括生产和注入管线），以便识别各条管线。

为了检测方便，可在不同的地方用防海生物的材料做成的彩色条纹来标记管道。

B.8 管廊的标记

应在管廊上做标记以便识别管线的种类。

电力和液压脐带缆的管廊应在上部上标注“E”或者“H”。如果使用的是电液复合脐带缆，则管廊上应标注“E/H”。

管线和化学注入/作业管线的管廊上应做如下标识：

——生产管线：P

——注入管线：WI

——注气管线：GI

——测试管线：T

——化学注入：C

——甲醇注入：M

除了这些字母外，还应在每条通道上加注数字以便反映管线或者脐带缆的编号。

B.9 导引坡道的标记

如果使用了导引坡道，则应标记一条直线以便指出管廊的理想中心线。此外每边上还应加一条直线指明最大允许角度偏心度。

坡道上导引通道入口处每隔一米上都应标注一条横线。在不对中线的旁边应标注其距离，以便遥控作业机器人在引入操作过程中记录剩余长度。

B.10 水下采油树系统的标记

所有的水下采油树阀上都要至少标识两个字母，以便遥控作业机器人在适当的位置用工具观察。例如生产主阀上标识为(PM)。

每个水下采油树上都应在遥控作业机器人操作面板上标记一个数字，能够唯一的识别。同样，采油树帽上也要标记一个专用的识别数字。

B.11 状态指示器

状态指示器上应标记有清晰可读的参照点。符号“U”＝解锁，“L”＝锁定，“O”＝打开，“S”＝关闭，“B”＝排出，这些符号应当被用来定义参照点。

状态指示器箭头或者标识与观看方向的参照点之间的距离要尽可能地近，以便降低观看位置对遥控作业机器人的敏感程度和影响。作业方向应用箭头指示。

B.12 控制系统部件的标记

B.12.1 应为控制系统各个组成部件提供标识，应有规律，以易于识别所有的控制系统部件。

B.12.2 控制模块上应至少在一个位置上标识有一个识别数字，并且该标识应在遥控作业机器人接近模块的时候清晰可见。该字符的最小尺寸不应小于 100 mm(3.973 in)。

B.12.3 所有的电气和液压管线上都应有标识，以便于识别。设计原则如下：

——每条管线上都应标识有一个字符以便区分各条管线及其功能。标识应在靠近连接点的适当位置上；

——进入遥控作业机器人面板的管线，在面板的两侧都要做标记；

——可回收的遥控作业工具导向柱标记(如有)也需要标记。

B.12.4 遥控作业工具导向柱上每隔一米应标记一个水平环形标记，可以将导向柱的顶端作为参照平面。

表 B.1 规定了在水下生产系统中各种设备和组件的颜色。

表 B.1 颜色标记

	黑色	红色	橙色	黄色[a]	无着色	白色[a]	灰色
涂刷代码:RAL	9017		2004	1004	na	9002	7038
涂刷代码:蒙赛尔	N 0,5		1,25YR 6/14	1,25Y 7/12	na	10Y 8 5/1	5Y 7/1
涂刷代码:美国国家标准 595A[36]	27038	31136	32246	33655 33507	na	27875	26440
a) 结构							
保护结构	×(文字)			×			
底座结构	×(文字)			×		×	
导向柱	×(标记)			×		×	
牵引边缘/牵引斜面	×(标记)			×(斜面)		×(潜水员入口)	
阳极或经锌或铝处理的组件					×		
吊耳，铰链和遥控作业机器人附件/维修点等		×[b]	×[b]				
b) 工艺管汇							
管汇结构				×		×	
配管				×		×[a]	
管汇阀门				×		×	
阀作用点，遥控作业机器人附件/维修等			×				
阀杆					×		
阀门状态	×(文字)			×(背景)		×(背景)	
端部接口		×[b]	×[b]				
端部接口卡子和保护帽等		×[b]	×[b]				
c) 控制系统							
水下控制模块本体			×				
水下控制模块遥控作业工具接口					×		
控制模块接头卡子					×		
遥控作业机器人操作面板				×			

表 B.1（续）

	黑色	红色	橙色	黄色[a]	无着色	白色[a]	灰色
遥控作业机器人操作阀门手柄，遥控作业机器人附件/维修等			×				
控制分配系统结构				×			
d） 水下采油树系统							
采油树结构				×		×	
配管				×		×	
采油树阀				×		×	
阀作用点，遥控作业机器人附件/维修点等			×				
阀杆					×		
阀门状态	×（文字）			×（背景）		×（背景）	
终端接口		×[b]	×[b]		×		
终端接口卡箍\保护帽等		×[b]	×[b]	×			
接头/终端着落点或定位	×（文字）			×（背景）		×（背景）	
e） 遥控作业工具和更换架系统							
钢结构			×				
遥控作业机器人操作手柄，遥控作业机器人附件/维修等			×				

[a] 通常黄色用于遥控作业机器人维修作业，白色用于潜水员维修作业。

[b] 根据项目要求。

附 录 C
（资料性附录）
水下生产设备的完整性试验

C.1 概述

C.1.1 在开始完整性试验之前，应制定水下生产设备的完整性试验程序计划，设备的准备工作应该包括在计划中。操作和维修手册应该作为编写试验程序的指南。每个试验步骤结束后，应在试验程序上做相应的签署。

C.1.2 在试验过程中应该撰写日志，在日志中应该简要描述试验的过程与结果，应该建立一个可处理所有试验结果的查询系统，其中包括矫正结果的程序。在完整性试验阶段，承包商与客户之间应安排定期的日常会议。

C.1.3 在试验期间，客户代表应该可以接触到所有的试验设备。客户可监视或者见证所有的试验，所有的试验结果应提供给客户。重点应放在客户的海上人员对系统功能、系统操作和故障诊断方法的认识上。

C.1.4 为了验证是否满足合同的要求，承包商应该制定必要的程序和检查清单；完整性试验程序应保证试验可以在模拟操作条件下进行；完整性试验的所有程序应该在完整性试验进行之前提交客户审核且得到客户批准；试验程序中应该包括验收标准。

C.1.5 当设备安装到水下以后，在将来的故障诊断工作中影像记录具有重要的价值。推荐使用全息摄像和视频记录。

C.1.6 在实际应用中，建议将完整性试验分成以下部分：

——现场验收检查；

——陆地试验；

——浅水试验；

——深水试验。

C.2 现场验收检查

C.2.1 现场验收检查的目的在于验证分承包商所运送设备到货后是否损坏，能否正常工作；通过现场验收检查的目的不是为了重复全部的 FAT 程序。

C.2.2 现场验收检查程序应该包括试验程序和设备接受程序索引。应该更进一步识别设施、设备和材料以及其他现场验收检查程序所要求的项目。

C.2.3 现场验收试验应该包括以下部分：

——开箱、组装和检查设备与系统；

——检查液压液的清洁度；

——试验所有的机械和液压功能。同时对于水下控制模块，应该从试验 PC 中发送所有的应用命令，合适的应答和动作应该验证（如果相关）。

C.2.4 现场验收试验适用于所有设备，包括用于完整性现场试验或其他现场试验的租用的设备。

C.3 陆地试验

陆地试验步骤如下：

——子系统试验；

——系统试验；

——互换性试验。

C.4 子系统试验

C.4.1 子系统试验将整个水下生产系统分解成能够同时试验的子系统，也可使故障检查更加容易。

C.4.2 为了证明“系统限度”，子系统试验可以将相关设备处于可能在操作期间发生的异常状态下，比如低液压压力、低电压等。

C.4.3 子系统试验应该分成下列活动：

——使用生产控制系统进行的采油树试验

本试验的目的是为了验证生产控制系统和采油树作为一个整体系统的可操作性。采油树应被置于能够实现井筒和环空加压、油管可回收水面控制的水下安全阀连接和井筒监测传感器连接的试验架上。在试验中可使用试验用的 PC 和 HPU。

——使用维修控制系统进行的采油树/LRP/XTRT 试验

本试验与使用生产控制系统的试验类似。

——生产控制系统的试验

本试验的目的是为了验证水下控制系统与平台 PCDA、紧急关闭系统的界面。系统控制和监测所有生产井的能力（包括预留的能力）；在试验期间可使用水下控制模块模拟器的组合。

——维修系统试验

本试验的目的是试验维修系统中不同组件的功能（如遥控作业工具系统），包括遥控作业机器人工具。

子系统试验是在各个子系统 FAT 试验和全部水下生产系统试验之间进行的中间过程。对于实际的项目，须确定子系统的试验范围。

C.5 系统试验

C.5.1 系统试验的目的是为了模拟在海上实际作业能完成的所有操作（是陆地应用的扩展），验证所有永久性的安装在海底的设备/系统。在试验中，所有与维修相关的部位都应该加以考虑。

C.5.2 应该进行下列的试验：

——油管挂的安装和回收；

——采油树的安装和回收，包括采油树所有附加部件（采油树帽、底部立管总成和作业工具等）；

——验证全部操作的装配连接情况，如在采油树和管汇之间的连接；

——使用修井控制系统进行采油树功能试验；

——水下控制模块、油嘴和插入式阀门等的安装和回收；

——脐带缆（液压/化学药剂注入管线和电信号连接）和出流管线的牵引和连接；

——重新安装后的管汇的公差检查（如果适用）；

——使用水下生产控制系统的采油树功能试验；

——维修试验；

——试验采油树的验证（如果适用的话）。

C.5.3 对于所有上述试验，进行人工控制的功能性试验是很重要的。维修试验的目的是为了验证接口，以及遥控作业工具系统和遥控作业机器人系统和工具的功能。另外，为了验证接口和功能，还应该进行盖板操作、导向柱/小型柱更换和连接器的机械控制，以及进行客户所提供部件的试验等。

C.5.4 进行模型结构验证操作是为了验证模型结构是否与实际结构相一致。

C.6 互换性试验

互换性试验适用于所有已交付系统（如采油树系统和水下控制模块等）。互换性试验的目的是为了验证在井槽上的采油树、采油树帽、采油树上的水下控制模块、管汇系统和其他系统的互换性。因为对所有的组合进行实验是不现实的，所以应该建立主系统。模拟基盘井槽的特制试验架可用于验证采油树的互换性。

C.7 浅水试验

C.7.1 在水下安装、完井和试产期间，可靠的钻井船和专业技术人员对整个项目的成功至关重要。浅水试验的一个重要目的是通过优化安装程序，使海上安装人员熟悉相关设备和设备操作技术以提高水下井口在安装和操作时的效率和安全性，更有利于项目的成功实施。

C.7.2 可选的浅水试验可以使用模型结构执行。

C.7.3 应进行下列试验：

——油管挂的安装和回收；

——带有所有附加组件的采油树的安装和回收；

——采油树和管汇间的安装连接；

——水下控制模块，采油树油嘴和插入式阀门等的安装和回收；

——脐带缆和管线的牵引和连接；

——使用修井控制系统进行的采油树功能试验；

——使用水下生产控制系统进行的采油树的功能试验；

——遥控作业工具系统的操作；

——使用遥控作业机器人进行接口、可接近性和功能试验，包括有意使用遥控作业机器人的安装工作；

——验证修井立管连接在安装和动态载荷期间维持螺母预应力的能力。

C.7.4 从操作的角度看，在此阶段试验所有的备份系统都是必要的，比如，从手动控制中获得操作经验等。通过浅水系统试验，仅运行一个系统就足够了。

C.7.5 宜采用水下应用的实际遥控作业机器人/遥控作业工具及设备对所有新的遥控作业机器人/遥控作业工具操作进行测试。宜在黑暗中(如只能在遥控作业机器人/遥控作业工具的光线下)进行相关的测试工作。

C.8 深水试验

如果应用的子系统中包括新设备的开发，则应考虑对子系统进行深水试验。

C.9 后期完整性试验

在设备的完整性试验之后和安装之前，应该进行如下工作：

——按程序进行维修(检查相关性和质量)；

——应用过程中必要的试验工作的修正和重复；

——翻新；

——保存；

——将所有文档更新到“已试验”状况；

——运输和交付的准备。

C.10 试验设施

完整性试验现场对设施的最低要求如下：

——带有起吊能力的测试设施，该设施能吊装和支撑采油树及其组件(XT，LRT，XTRT，采油树帽，试验框架和作业工具等)；

——试验设施宜保持清洁，并不会被其他工作破坏；试验设备作业不宜包括任何产生颗粒的活动，如研磨等；
——试验设备宜适合于使用精密的计算机设备进行水下生产控制系统的系统试验；
——足够的用于储存设备的室内设施；
——如果浅水试验期间需用一个平坦的海底区域适合于安装模拟模块，这个区域宜尽量靠近陆上设施以减少浅水试验脐带缆长度；
——为了得到满意的试验效果，根据具体设备和操作等来确定浅水试验现场所需的水深；
——海底区域宜适合于进行管线和脐带缆牵引；
——在浅水试验期间，宜有能够模拟钻井船作业的合适的船舶或设备；
——办公设备。

附 录 D
（资料性附录）
典型的试运转程序

D.1 典型试运转过程案例

D.1.1 案例1:典型的水下油井启动程序

初始状态:关闭所有的遥控操作阀门(假设为VXT);由生产控制系统监测到的井筒压力为17 MPa(2 500 psi);甲醇注入管线加压到7 MPa(1 000 psi);PMV和SCSSV之间的压力大约为18 MPa(2 609 psi);关井压力为18 MPa(2 600 psi);管线加压到18 MPa(2 600 psi)。

典型的启动程序步骤如下:

a) 启动甲醇注入泵,并将压力设定为7 MPa(1 000 psi),打开上部隔离阀,使甲醇直接进入甲醇注入管线;
b) 将甲醇流入压力调节到17 MPa(2 500 psi)以减小通过MIV的压差;
c) 打开MIV;
d) 将甲醇流入压力调节到18 MPa(2 600 psi)以减小通过PMV的压差;
e) 打开PMV;
f) 将甲醇流入压力调节到20 MPa(2 900 psi)以使甲醇能够注入油藏,监测井筒中压力的上升情况,当井筒中的压力停止上升时,通过SCSSV将甲醇注进油藏;
g) 打开SCSSV;
h) 将所需数量的甲醇注入到井中;
i) 确保管线被加压到18 MPa(2 600 psi)以减小通过PWV的压差;
j) 打开PWV;
k) 打开平台隔离阀;
l) 打开平台油嘴,接着打开油嘴程序;
m) 将甲醇流量调节到生产所需流量;
n) 监测井中的温度上升过程;
o) 当油嘴的产出液温度高于水合物生成温度时,停止注入甲醇(关闭MIV)。

在试验成功进行完毕后,程序结束。

D.1.2 案例2:典型的PMV泄漏试验程序

初始状态:关闭所有的遥控操作阀门,打开LMV阀;生产控制系统监测到的井筒压力是17 MPa(2 500 psi);甲醇注入管线加压到7 MPa(1 000 psi);PMV和SCSSV之间的压差大约为10 MPa(1 500 psi);关井压力为18 MPa(2 600 psi)。

a) 启动甲醇注入泵且调节压力设定点到7 MPa(1 000 psi),打开顶部隔离阀,使甲醇直接进入甲醇注入管线;
b) 将甲醇流入压力调节为17 MPa(2 500 psi)以减小通过MIV的压差;
c) 打开MIV;
d) 隔离甲醇泵,从甲醇注入管线中排放甲醇,直到其压力达到10 MPa(1 500 psi)以减小通过PMV的压差;
e) 打开PMV;
f) 将甲醇流入压力调节到10 MPa(1 500 psi),打开上部隔离阀;
g) 将甲醇流入压力调节到20 MPa(2 900 psi),监测井筒中的压力上升情况,当压力达到18 MPa,

并停止上升时，通过 SCSSV 将甲醇注入油藏中；当井筒中的压力停止上升时，停止注入甲醇；

h) 关闭 PMV；

i) 将甲醇注入管线的压力降到 13 MPa(1 900 psi)，使通过 PMV 的压差降为 5 MPa(750 psi)[5 MPa(750 psi)仅为一个例子]；

j) 关闭 MIV，监测井筒中的压力上升 4 min。

D.2 环空、生产井筒以及井下监测传感器验证

试验的目的是为了验证传输到平台上部水下控制设备中的井筒和环空压力、井筒压力/温度等数据的正确性。

为进行试验，应该验证以下系统：

——水下采油树；

——分配系统；

——水下控制模块；

——HPU；

——安装在平台上的水下控制单元；

——甲醇注入系统；

——环空排放系统。

完成下面的验证，试验就将能成功完成：

——安装在平台上的水下控制单元至少可以读出三种不同的压力等级(低、中和高)，并与井筒和环形空间的压力与实际压力相吻合；

——井筒数据和实际"期望"值相吻合。

D.3 试运转过程

与水下生产系统相关的试运转过程可被分成以下几步：

——SCSSV 的泄漏试验；

——SCSSV 的性能试验；

——油井启动。

以上步骤宜一次完成。

D.4 SCSSV 的泄漏试验和性能试验

试验的目的是为了验证 SCSSV 的泄漏量是否在验收标准范围内，此外，对 SCSSV 的操作性能(打开/关闭)也宜进行验证。

案例：典型的 SCSSV 的泄漏试验和性能试验程序：

初始状态：关闭所有的遥控操作阀门；当生产控制系统监测的井筒压力是 17 MPa(2 500 psi)；甲醇注入管线加压到 7 MPa(1 000 psi)；PMV 和 SCSSV 之间的压力大约为 18 MPa(2 600 psi)；关井压力为 18 MPa(2 600 psi)。

a) 启动甲醇注入泵并将压力设定为 7 MPa(1 000 psi)，打开上部隔离阀，使甲醇制剂进入甲醇注入管线；

b) 将甲醇流入压力调节到 17 MPa(2 500 psi)以减小通过 MIV 的压差；

c) 打开 MIV；

d) 将甲醇流入压力调节到 18 MPa(2 600 psi)以减小通过 PMV 的压差；

e) 打开 PMV；

f) 将甲醇流入压力调节到 20 MPa(2 900 psi)，使甲醇注入油藏中，当井筒中的压力停止上升时，

将甲醇注入量降到最小值(150 L/h);

g) 打开 SCSSV(性能试验),验证生产控制系统是否响应;

h) 关闭 SCSSV(性能试验),验证生产控制系统是否响应;

i) 将甲醇管线卸压到 11 MPa(1 600 psi),得到通过 PMV 的差压为 7 MPa(1 000 psi)[7 MPa(1 000 psi)仅为一个例子];

j) 关闭 MIV,监测井筒中的压力上升时间 30 min;

k) 关闭 PMV 或者继续投产程序。

D.5 文档

预调试/试运转期间宜撰写日志,在日志里宜对试验结果加以描述。

在项目初始阶段(在和承包商签合同之前),应完成根据本部分编写的针对特定项目的试运转;完整性试验和 FAT 试验程序应该基于调试大纲,以确保整个工程的连续性,通过参与前期活动,并基于 FAT 和完整性试验的经验,人员就可以大量地获得从事“下一阶段活动”的经验,从而使预调试/试运转过程的更新变得更加容易。

附 录 E
（资料性附录）
操 作 文 档

E.1 范围

此附录定义了宜适用于操作阶段的技术信息，主要的目的是为了确保只有相关信息得以保留和维护，以便于安装过程安全、有效和合理的操作和维护。

所有的信息宜更新至“完工图”状态，且采用电子文档形式。

E.2 系统设计报告和系统用户手册

系统设计报告和系统用户手册宜详细说明选择相关系统参数的原因，典型的内容包括：

——系统描述及参考图；

——操作条件数据和范围；

——介质组分；

——材料选择；

——腐蚀评估；

——选择和使用腐蚀抑制剂的依据；

——注入点的位置；

——取样点的位置；

——腐蚀控制设备的区域位置；

——高应力和需要额外检测的管线区域和短管；应该参考相关的计算和应力分布图。

该文档可以分成设计报告和系统用户手册。

宜首先使用供应商的标准用户手册。如果用户没有标准用户手册，也宜专门为供应的设备准备用户手册。

E.3 制造和验证文档

E.3.1 概述

制造和验证文档意味着所需的建造、制造、试验、报告和认证文档可证明建造、设备、材料和制造系统符合法定条例和特殊要求的规定。

该类文档宜按本附录的要求准备，以满足用户操作阶段的需要。

E.3.2 一致性认证

一个文档宜包括完整的合同/订单。承包商/供应商宜确认已满足合同/订单中关于设计、计算和试验要求。

所有的不一致之处宜在同一认证书中注明。

E.3.3 材料可追踪性、焊接和无损检测文档

操作文档宜包括所用材料的材料数据表或证书。对于每种类型和尺寸的材料，宜予以编号分组，从而可用相关组的文档(图)来跟踪组件。

焊接和无损检测文档的可追踪性应该保持与承包商/供应商自己的内部系统一致，不需要作为操作文件的一部分。

E.3.4 证书清单

证书清单宜包括型号/类型/制造商及试验机构的名称作为参考；至少应包括以下证书：

——起吊证书；

——标定证书；

——生产阀门证书；

——维修设备证书；

——型式认可证书；

——压力试验证书。

在保证期内，宜按照用户的要求提供以上证书。

吊装证明宜跟随设备，并可在设备使用的任何时间地点可用。

E.3.5 第三方认证和证书

如认证机构或操作者要求，则宜提供第三方验证和认证证书。

E.3.6 DFI 概要

DFI 概要在一些地区是一种规范要求，它宜根据设计、制造和安装阶段的文档提供安装时的简要描述。

在整个安装期间，关于检测和维修计划的所有信息都宜包括在 DFI 概要里面。

该文档宜提供验收标准所依据的基本假设和投入使用的安装描述。

E.3.7 标签索引

宜提供标签索引，包含所有标记的批量组件/安装的组件和无关类型的信息。宜包括下面信息：

——标签代码；

——标签描述，相关功能；

——区域位置代码；

——专业(标记“业主”)。

以上条款需参考：

——制造商；

——型号/类型；

——组件的序列号；

——零件清单包括零件识别代码；

——备用端子和线芯清单；

——防火区域划分。

为了有效地追踪和更新有关信息，描述设计的文档宜交叉引用所有标记了相关的功能位置。宜包括下列信息：

——文档；

——交叉引用标记；

——符合代码系统的文档编号；

——标签代码。

E.3.8 健康、环保和安全

健康、环保和安全数据应该根据法定条例提供。应该提供全部安装过程的安全数据表。

E.3.9 质量数据

宜按照当地要求和主要组件的质量规格书、供应商的质量数据规格书、散件和设备称重程序的要求提供相关信息。

E.4 设备的摄影记录

E.4.1 概述

目的是为了获得整个生产系统的照片/视频文档用于参考资料，还有助于进行水下安装和维修作业。

施工工作、标记和喷漆工作完成以后，进行拍摄相片时，脚手架、盖子和磁带等宜移去。

可随后进行小的修改，在文本/相片拍摄过程中应该很好的加以解释。在施工早期，应该拍摄详细的细节，并能清晰地显示出来，而在随后的施工工程中不应该加以变更。

调查文件应可用于投产及随后的生产等阶段。

E.4.2 相片拍摄

E.4.2.1 原则/组成

除了管线和脐带缆，完整的水下生产系统的相片最少宜包括以下部分组成：

——基盘和管汇系统；

——水下生产控制系统；

——采油树系统；

——终端设备(卡箍式连接器、终端接头)。

E.4.2.2 一般要求

拍摄重点宜放在为制定维修作业计划和执行维修作业提供支持上。因此，拍摄应该突出反映出有关设备上的遥控作业机器人工作。

宜从多个位置和角度拍摄每个结构/管汇的布局情况。

此外，宜涵盖模块里的所有组件，特别注意接箍、法兰、连接器和配件等细节以及遥控作业机器人操作阀门。

宜包括独立安装的模块(独立的及连接到相关模块后的模块)。

可拆除的格栅和保护舱口等宜在某些相片上为拆除或打开状态，以便观察到一些部件，如配管、管道支撑和隔离阀等。

E.4.3 摄像检查

摄像检查作为相片拍摄的补充，作为计划和实施维修作业的参考，重点用于遥控作业机器人人员的培训；摄像检查重点宜放在显示维修方法和维修(遥控作业机器人/遥控作业工具)接口区域以说明维修原理。

为了将来使用方便灵活，摄像检查宜以"原始材料"交付，即没有进行过编辑的；在摄像检查时包含时间代码，有利于将来对视频记录的编辑。

此外，摄像检查宜通过模拟遥控作业机器人相对于对应模块工作面的运动为检测作业的计划和实施提供参考。

典型的摄像检查宜包括下列维修作业：

——作业、顶部舱口的更换和安装；

——牵引连接；

——热插拔，力矩工具和阀门控制等操作；

——带遥控作业机器人工具接口的管汇区域；

——探测管汇配管和结构等的遥控作业机器人路线；

——检测采油树等的遥控作业机器人路线；

——用于电气备用电缆安装的电缆托架。

这些操作宜在不需要使用实际的遥控作业机器人的情况下进行演示。

附 录 F
（资料性附录）
数 据 表

为方便本部分的用户，本附录给出了典型水下生产系统的数据表。

宜达成协议说明文档存放地点(操作者或供应商)和时间。

提供以下的数据表示例：

——水下数据表 F1:油田的一般数据

——水下数据表 F2:生产要求/油藏管理

——水下数据表 F3:操作范围

——水下数据表 F4:水下结构

——水下数据表 F5:落物和打捞作业载荷

水下数据表			NO. F1
油气田：			页码 1/2
标题:油气田常规数据			
位置(区块/UTM)：			
水深：		井数：	
设计寿命：		生产井：	
		注入井：	
		拆除要求：	
设计能力,油气田：		最大	最小
产油量	$Sm^3/SD(bbl/SD)$		
产水量	$Sm^3/SD(bbl/SD)$		
总的采液量	$Sm^3/SD(bbl/SD)$		
注水量	$Sm^3/SD(bbl/SD)$		
产气量	$10^6\ Sm^3/SD(Scuf/SD)$		
注气量	$10^6\ Sm^3/SD(Scuf/SD)$		
水下结构接收压力	MPa(psi)		
设计能力,单井数据：			
生产井	Sm^3/SD		
注水井	$Sm^3/SD(bbl/SD)$		
注气井	$Sm^3/SD(bbl/SD)$		
井口最大流温	℃(℉)		
井口最大注入温度	℃(℉)		
最大压井压力	MPa(psi)		
井口最大注入压力	MPa(psi)		
生产期间的最大井口压力	MPa(psi)		
生产期间的最小井口压力	MPa(psi)		
最大关井压力	MPa(psi)		
保护需求：			
落物			
油田简图			

水下数据表	NO. F1
油气田：	页码 2/2
标题：油田一般数据	

油藏/流体性质

	最大	最小
油藏温度℃(℉)		
油藏压力 MPa(psi)		
气油比 Sm^3/Sm^3(Scuf/bbl)		
硫化氢含量在泡点释放出的摩尔百分比		
CO_2 在泡点释放出的摩尔百分比		
含水率 %		
其他		

地层水的组分

阳离子 mg/L	
钡离子 Ba^{2+}	
钙离子 Ca^{2+}	
铁离子 $Fe^{2+/3+}$	
钾离子 K^{1+}	
镁离子 Mg^{2+}	
钠离子 Na^{1+}	
锶离子 Sr^{2+}	
锌离子 Zn^{2+}	
银(汞)离子 $Hg^{1+/2+}$	

阴离子 mg/L	
氯离子 Cl^-	
硫酸根离子 $SO_4{}^{2-}$	
碳酸根离子 $CO_3{}^{2-}$	
碳酸氢根离子 HCO_3^-	

其他特性

在 20 ℃(68 ℉)和 1 013 kPa (14.7 psi)条件下的 pH 值	
在油藏条件下的 pH 值	
在 20 ℃(68 ℉)和 1 013 kPa (14.7 psi)条件下的相对密度	

水下数据表					NO. F2
油气田:					页码 1/1
标题:生产要求/油藏管理					
化学药剂注入系统设计参数					
化学药剂种类	数量	注入管线	注入点	设计压力 MPa(psi)	参考
甲醇					
缓蚀剂					
防垢剂					
防蜡剂					
数据采集和油井测试/要求					
传感器	生产商	注入器	测试精度	备注	
井口压力					
井口温度					
井下压力					
井下温度					
烃泄漏探测					
砂传感器					
三相流量计					
其他					
可调油嘴					
试井					
井液取样					
生产测井频率					
套管测井频率					
测井电缆尺寸					
钢丝绳要求/尺寸					
连续油管要求/尺寸					
取芯					

水下数据表	NO. F3
油气田:	页码 1/1
标题:操作条件	

输送要求/方法/极限(最大重量/最大范围)

风暴重现期:	年		
安装,拆除			参考
有效波高	m(ft)		
谱峰值周期范围	s		
海流速度(平均)	m/s(ft/s)		
在海平面以上 10 m(328 ft)处,1 h平均风速	m/s(ft/s)		
操作条件			
最大波高	M(ft)		
光谱峰值周期范围	S		
海底流速	m/s(ft/s)		
舱口操作时流速	m/s(ft/s)		

轻型修井

土壤条件

水下数据表	NO. F4
油气田：	页码 1/1
标题:水下结构物	

用于定义相应载荷的载荷矩阵

制造	
储存	
试验	
装载	
安装	
运输	
近岸吊装	
海上水上吊装	
海上水下吊装	
海上吊装就位	
海上吊装再定位	
贯入/调平	
打桩	
牵引和连接海底管线	
试验和试运转	
作业	
钻井	
维修工作载荷	
油井连接载荷	
泥浆滑动载荷	
环境载荷	
地震载荷	
座放载荷	
打捞装置载荷	
落物	
拆除	

水下数据表			NO. F5
油气田：			页码 1/1
标题:落物和打捞作业载荷			
以下落物和打捞作业载荷宜适用于： 落物的碰撞载荷宜以 PLS 条件进行处理。作用在结构上的实际冲击力宜作为最初设计载荷。另外,可采用以下载荷：			
类　别	冲击能	碰撞面积	物体直径
1. 多井结构	50 kJ	集中载荷	700 mm
	5 kJ	集中载荷	100 mm
2. 其他结构	20 kJ	集中载荷	500 mm
	5 kJ	集中载荷	100 mm
打捞作业载荷			
设计载荷类型	设计载荷		
拖捞网	2×200 KN	0°～20°水平方向	极限状态
拖捞板超载提升载荷	300 KN	0°～20°水平方向	极限状态
拖捞板撞击	13 KJ		极限状态
拖捞板作用力	600 KN	0°～20°水平方向	塑性极限状态
拖网接地-绳索作用力	1 000 KN	0°～20°水平方向	塑性极限状态
拖网板作用在出油管线上的力	600 KN		塑性极限状态
基础是其他拖网打捞作业的载荷。			

注：用于实际应用的相关载荷和载荷组合宜在特定项目设计基础中进行定义。

附 录 G
（资料性附录）
结构、工艺阀门和管道

G.1 结构设计准则

对于上部可防拖网结构，应采用下列设计准则：

a) 保护结构宜能躲避所有的捕鱼装置。

b) 结构边缘与水平最大夹角宜为58°，优化到有利于躲避拖网和拖网线。

c) 边缘、坡面和等效结构宜贯入海底来避免妨碍拖网翘曲线和底绳。宜考虑安装误差和预期冲刷造成的影响。

d) 结构的整体几何形状和出口尺寸宜避免拖网通道进入结构中。

e) 如果包括洞口侧面支柱，应使其间隔开以防止拖网装置侵入和旋转，而不影响水下结构进出维修系统。

f) 所有的突出部分宜设计成能避免钩住渔网。

g) 所有不属于严密防护结构上的外部边缘/部件宜具有250 mm(9.843 in)的最小半径。

钩住渔网宜被认为是一种异常作业(PLS状态)，而由捕鱼装置造成的短暂的碰撞和摩擦载荷宜被认为是正常的作业，除非以拖网频率来认为其是一种异常作业。

可采用模型试验来论证更小的载荷。另外，在使用这些设备的位置宜考虑横向拖网施加的载荷。

如果一个上部可拖网/防拖网的方案能通过模型试验或几何评价并结合相关模型试验的数据来验证，就可忽略拖网船和拖网底绳钩住结构以及拖网船钩住管线的危险。

如果进行模型试验，宜调查结构的上部可拖网性及其可承受的拖网载荷。模型试验宜最少模拟如下参数：

——拖网装置类型(otter/cotesi，beam等)；

——拖网速度；

——水深；

——海底和结构物上的摩擦力；

——翘曲线的长度/刚度和角度；

——翘曲线、绕线管和底绳的最小断裂强度。

试验步骤和装置宜由当地渔政部门/一个在特定领域有经验的捕鱼、拖网专家进行审核。试验装置可有所变化以匹配当地的试验设施。

结构部件的设计和布置，包括那些不是整个结构上的刚性部件(如舱口)，宜在降低并有水柱通过时特别考虑动力。尤其是宜考虑加上质量和水进入/排放载荷的水动力。

G.2 工艺阀门的设计准则

G.2.1 一般设计要求

工艺阀门(见3.1.7)设计宜满足ISO 10423和ISO 14313的适用技术要求。

在阀门设计时宜考虑尽量减少水合物形成的风险。对于装配有流动通道平面和阀室/阀杆垂直面的阀门，阀门设计宜尽量减少砂或固体在阀室中的积聚。系统设计宜避免将阀门和阀室/阀杆放置在立轴上。

在阀门设计时宜考虑连接管线的拉力、压力和弯曲的最大载荷等级。阀门的性能宜不受连接管线施加载荷的影响。如有必要，系统设计宜隔离来自阀门和管线连接的较高载荷。对于焊接管线连接上的阀门，宜考虑过渡部分以优化结构的完整性。

对于工艺阀门，可能对密封性能有要求。该类设计部件的例子包括：

——冗余阀杆密封；

——可移除/可展开的承压堵头；

——阀杆后座。

G.2.2 可清管管线中的阀门

对于可清管管线中的阀门，采用的清管器和堵头类型宜由最终的用户/买方来指定。阀门设计宜适用于所有指定的清管器和堵头，而不限制或妨碍其在两个方向上的运行。阀门的内部剖面宜能尽量减少碎屑的积聚或能排除会造成清管器或堵头损坏的物体。可清管管线中的阀门宜能验证在清管之前，阀门是否处于正确的全开位置。

G.2.3 设计寿命

在没有客户特别要求下，阀门的设计寿命宜为 20 年，同时保证不间断操作 200 次。

对于应用于较高频率操作或者较长使用时间情况，应该考虑阀门关键部件的更换问题，例如执行器、阀杆/阀帽组件和阀芯密封机构。

G.2.4 位置指示

遥控操作阀门宜有可遥控监视其状态的方式(通过电动或者光电互联)以及/或者有可视化监视其状态的方式(通过遥控作业机器人或潜水员)，依据购买人的合同规定。

遥控作业机器人界面的设计宜遵循 ISO 13628-8。

G.2.5 手动执行机构或过载机构

在最恶劣工况下，遥控操作阀门的手动/遥控作业机器人操作机构和机械过载机构应该在设计上最小满足在满差压最大操作载荷时的 1.5 倍。用于计算最大设计载荷的摩擦因子宜基于恶劣工况下采取的措施，如流体污染、没有填充油脂、采用典型材料、整修、装配和移动部件的容许误差。

宜设计手动/遥控作业机器人操作和替换的功能以便施加的力或力矩在超出最大作业要求时不会导致承压容器内部件的破裂。也就是，设计的阀门宜使得过载导致的失效发生在主要密封和阀盖密封的一侧。合适的安全因子宜考虑材料特性和其他变量的极限。

G.3 位于水下结构上的管汇管线设计

管汇管线的设计通用推荐做法如下：

——尽量减小管线水平方向的起伏，这些地方容易聚集液体(导致水合物堵塞、腐蚀等)；

——在管线的测试、安装或停产时应降低对管线造成破坏的风险；

——应减少管线中直接被砂或者颗粒冲蚀的管段，例如弯头、三通等；

——应减少管线的支撑。

下边是应用于可进行清管操作管线系统的推荐做法：

a) 可清管管线中的弯头半径最小应为管线内径的 3 倍；

b) 连续的弯头、阀门、分支管以及如此的连接都应该用长度不小于 3 倍管线内径的竖直腿分开。对于包括两个不同内径管线的管汇，内部清管回路的最短长度不应小于最小管径的 5 倍；

c) 连接与可进行清管操作管线上的分支管设计上应避免清管时造成清管物的堆积，分支管应高于可进行清管操作管线的中心线。可进行清管操作的管线上的制造三通和装置应该在设计上满足清管的要求，带有滤网的三通应在设计时降低对表盘造成的潜在破坏等；

d) 进行清管的管线内径应该一致，查看 DNV OS F-101[30]，同时如果需要的话应满足来回清管的要求。

附 录 H
（资料性附录）
水下油田开发中的系统工程

H.1 水下油田开发系统工程的一个基本例子就是流动安全，比如，成功地优化现场的流动能力需要把统一论（即系统层面）的方法应用于开发的各个方面。系统工程应用于水下油气田开发所具备的潜在好处的另一个例子就是能使得各学科的交叉干扰减至减小，这种交叉干扰是因为不同的学科使用不同的工程标准而产生的。

H.2 应用系统工程方法的第一步就是定义一套全面的、意义明显的、完备的且能够和已定开发目标相一致的要求。广义地讲，任一给定的开发目标体现为以下三类之一：

——成本（包括操作成本，维修成本和废弃成本，即生命周期成本）；

——规划（包括投产的时间及油田寿命）；

——质量（包括贯穿整个开发过程的健康，安全和环保目标，以及功能性，操作性和可行性的要求）。

H.3 宜以所有关键人物的实践和理解为基础提出系统工程的要求，即一个团队不仅包括项目人员，还应该包括操作代表和供应商。

H.4 系统工程要求宜定义系统的功能要求和不同子系统之间界面，而非阐述一个直接的物理解。这些功能需求宜可达到的和可验证的，并且能够用一种清楚且简洁的方法来阐述，包括定义采用的验证方法，例如，检测、分析/证明。

H.5 一套完整的系统工程需求包括一个相互一致的规定，这些规定没有矛盾或者相似的单个需求，并且在所有的需求中对同样的条款采用同样的术语。

H.6 所采用的参考文献如法律、法规、标准和规范等都通常含有一定程度的强制要求，指导和信息在里面（信息虽然是非捆绑式的阐述但却能够明显地影响前后关系、意义以及对其他需求的理解）。因此，复合性的期望水平宜清晰地建立在系统工程需求的开始阶段，即哪些是强制性的、哪些是指导性的、哪些是信息性的。在使用这些文献时，建议定义等级顺序和适用限制，以减小任何可能存在的不一致的影响。

H.7 在开始阶段如果因为缺少一些关键的信息就无法建立完整的系统工程需求，那么就宜制定获得这些所缺少数据的计划，以保证在系统、子系统和组件设计之前具备足够的信息。

H.8 进一步强调的是，初始系统工程需求宜为以下方面提供指导：

——期望的利用率和正常运行时间（即系统的可靠性和可维护性的结合）；

——维修，维护和修理方法；

——设备所需要的标准化程度；

——资料选择方法；

——操作策略；

——所需要的适应度以适应油藏的不确定性和未来系统的扩大需求；

——新技术的应用（包括如何管理相关的风险）；

——成本，规划和质量贸易所采用的基础；

——界面的责任；

——将要采用的定义、规格书、标准、规章和制度（包括对规范缺失时的指导）。

H.9 宜采用以上的信息去建立一个内部一致的、详细的、覆盖不同的子系统和组件的设计基础。使所涉及的当事人在这些子系统和组件工程开始之前就能对此具有很好的理解。

H.10 对每一个子系统和组件而言，详细设计基础应包括以下的基础系统特征：

——系统结构格式；

——功能性要求；

——工艺/操作环境参数；

——界面定义(形式,配合,功能等)；

——设计约束。

H.11 系统工程在整个油田开发阶段都需要进行系统的维护,因为在整个油气田开发周期内需求倾向于发生演化,宜通过以下几方面来确保维护：

——关键里程碑的系统设计回顾；

——需求的跟踪能力和验证能力；

——变化控制。

H.12 在水下油田开发中,系统工程所需求的文献起着很关键的作用。它是所涉及关键人物保持一致联系的基本源泉,也是其他开发项目文献的来源,比如计划验证。它对已经确定了的需求而言是一个有效的工具,是描述整个系统如何配合和一起工作的用户手册和其他文献的基础。

H.13 在本部分中,不对通用系统工程方法进行详细的描述,因为在其他不同的出版标准和文献中会有相应的阐述。

附 录 I
（资料性附录）
流动安全保障注意事项

I.1 流动安全保障

I.1.1 本附录的目的是为流动安全保障提供概括性说明，这些问题影响到包括水下多相流动生产系统油气的经济回收。

I.1.2 流动安全保障是一个广泛应用的与流动相关的术语。典型问题包括：

——水合物形成；
——结蜡；
——沥青质形成；
——乳状液；
——起泡；
——结垢；
——出砂；
——段塞流；
——与材料有关问题。

I.1.3 当所有这些问题直接与将要开发的油气田的特定油气藏/产出流体物性有关时，就需要评价每个问题对开发过程的潜在影响。对于位于深水且与依托设施距离远的水下生产系统，上述提及的很多问题将使连接水下采油树、管汇与依托设施之间的生产管线和立管由于低温而面临严峻的挑战。

I.1.4 可以想象地是，在将来，水下油气处理工艺设施的应用能消除或减小许多此类流动安全保障问题的影响，但目前这些问题还是决定了越来越多水下油气田的开发成本和可行性。

I.1.5 通常，对每一个新开发的水下油气田宜对上述影响生产系统性能的流动安全保障问题的潜在影响至少进行一次初评。这次初评宜在开发计划阶段尽早进行，以便发现任何一个关键缺陷。评估宜涵盖整个系统，从井筒到依托设施/钻井平台上的处理设备，同时考虑油气田开发的整个开发期，包括：

——安装；
——试运转；
——常规操作；
——修井和维护；
——弃井。

I.1.6 对特定油气田开发而言，各种因素对流动安全保障有重要影响，包括：

——生产和关断情况下，生产管线/完井立管中的静水压头；
——海床温度剖面；
——依托设施/钻井平台上的立管和过程管道组的水柱和大气温度剖面；
——海床地形剖面；
——单个管线中计划和非计划的生成液流量变化，如由于自然产量下降将单井改向至测试线以测单井液量，以及由于机械故障而导致的关井等；
——整套设施生命周期内油气藏/生产液物性的变化，如油气藏压力降低、除砂启动、含水率上升和气油比变化等；
——注入产出液管流中任一种化学药剂的化学兼容性。

注：从实用的角度看，最好由一个供应商提供整个水下系统所需的所有化学药剂，以利于进行必需的兼容性试验和使用可兼容的化学药剂。

I.1.7 对于那些在开发周期内可能对系统造成重大影响的流动安全保障问题，宜进一步评估其范围和严重性，确定可能需要的预防和补救措施。

I.1.8 通过一个综合学科小组能很好的完成这样的评估，这小组能应用与油田开发阶段相关的专家知识，即从完井到最初井的清扫，日复一日的运行直到最终的弃井。

I.1.9 对给定生产系统，正确评估流动安全保障问题有两个关键：

——准确掌握产出流体的物性。这主要基于一系列对项目勘探阶段采集的流体样品的经验观察和测量来实现；

——建立从地下到依托设施间准确的流体流动的模型，包括预测瞬态和稳态流动条件下的常规流型、详细的压力和温度剖面。

I.1.10 通常，流体建模在钻完勘探井后进行，并在获得进一步资料时可修正和改进。但是，一旦钻井设备从井场转移，勘探井流体取样程序中存在的缺陷就很难矫正。因此，在钻勘探井/评价井之前，宜着眼于充分明确流体取样程序的要求，为将来生产设施的优化收集足够的数据。

I.1.11 确定流体物性，并与整个系统的流体流动模型相结合，应能为全面评估潜在的流动安全保障问题提供足够数据。一旦进行这一评估，宜开发出包括以下部分的运行方案，并定期更新：

——防止/减小固相沉积等的预防技术；

——如果固体沉积发生，用于恢复沉积处原来流动状况的补救措施；

——如有段塞，如何控制段塞；

——提高和降低产量的方法；

——停输(有计划的和无计划的)和启动(冷启动、热启动、加压启动和降压启动)的方法；

——保证系统按照设计运行的监测工艺；

——如何测试水下和水面的安全阀；

——如何进行常规测井。

I.1.12 一旦发生流动安全保障问题(如去除非预期的沉积、投产后更改设备设计等)，加上相关的减产，仔细权衡不同方法的经济性和风险至关重要。某些情况下，采用低投入策略来获得有限的操作灵活性，增加生产中断的风险是可接受的。

I.1.13 下述条款逐一提供了上述流动安全保障问题的详细信息，然而，对于各例问题，它们并不能完全地或任意替代专业知识的恰当应用。

I.2 水合物问题

I.2.1 水合物形成

I.2.1.1 气体笼形物或水合物是由水形成的笼形结构包络气体分子如甲烷、乙烷、丙烷、异丁烷、二氧化碳和硫化氢等形成的，是一种结晶状化合物。

I.2.1.2 只要气体分子和水分子存在，在一定的高压和低温条件下就能形成水合物。对给定油气藏流体而言，二氧化碳、氮气、硫化氢、油和溶解盐的存在相当程度上改变水合物形成条件。

I.2.1.3 水合物以晶体的形式生长并最终形成大的块。它们的密度同冰相近，基本上与压力无关。水合物的形成并不局限于气体系统，在某些气体存在的多相系统以及“黑油”系统中，可能生成水合物。在油相系统中形成的水合物类似于比较软的褐色雪花，而在气体系统中形成的水合物则象比较硬的白色雪花，但是不易于归纳出水合物的性质，因为每一种水合物的性质取决于很多因素，包括：流体组分、水合物类型、流型和过冷度。

I.2.1.4 油气系统中的水合物可导致井筒和管线的压降增大，最终完全堵塞流道。水合物在大多数液相中形成，并趋于在流动受约束的地方聚集，如油嘴。一旦水合物形成，堵塞长度可达数十米。

I.2.1.5 值得注意的是，即使水合物晶体在特定温度和压力下形成，但在这些条件下并不一定出现水合物堵塞。有证据表明：在没有水合物堵塞的情况下，低温和高压的情况是可以接受的，因此用来预测水合物形成的水合物生成曲线会导致保守的系统设计。

I.2.1.6 可靠的预测水合物形成主要依靠于较好的井流组分数据(包括产出水的盐度)和整个生产系统中压力和温度梯度的准确建模。因此,为了能获得最可靠而经济的水合物管理方法,组分数据和流动建模应尽可能准确。

I.2.2 预防水合物堵塞

I.2.2.1 概述

下面阐述四种在油气流动系统中避免水合物堵塞的基本方法。

I.2.2.2 机械控制

清管器用来去除管壁处的水合物晶体,也清除管道系统低洼处中的水。

I.2.2.3 热控制

采用被动和主动的方法来给系统保温/给系统加热能防止水合物形成。

被动的热控制技术包括使用隔热管/管线/埋管以保持系统中足够的热量,使得系统在所有稳态流动条件下都处于水合物形成区域之外。保温方法提供了一定的冷却时间,在流体冷却下来并开始形成水合物之前,在这期间可采取措施重启系统、降压或冲洗出形成水合物的流体。

系统冷却时间取决于绝缘层特征、系统的热传递和周围的环境。因此,当某些材料/方法(如氮)由于其低密度和低热传导性可作为很好的绝热体,它们也具有低热质,一旦生产中断就可使得系统快速冷却,从而限制了有限的反应时间。同样地,井下真空绝热管的使用可使流动温度较高,限制了套管柱和临近井孔结构的加热,导致在生产关闭期间有更短的冷却时间。

有效的热控制技术包括管线的电加热(传导或感应)或通过管束中相邻管线中的热流体循环加热。通常这些方法能被工程应用,即使生产系统关闭很长一段时间,也有可能防止管线中的产出流体生成水合物,从而不需要水合物补救措施。

I.2.2.4 注化学药剂—热力学抑制剂

热力学抑制剂,如甲醇和乙二醇(MEG),通过与井流中的游离水结合降低水合物的分解温度。因此,含水率越高,就需要更多的甲醇/乙二醇来获得所要求的水合物分解温度。这些化学药剂的用量越大,对水合物分解温度影响也越大,但是为了达到抑制效果就需要大量抑制剂(与泵出水流量有关),通常为含水率的10%～60%。

许多证据表明,甲醇作为抑制剂比乙二醇稍微有效一些。而且,乙二醇比甲醇黏度高,使其在高流速下长距离输送更困难。化学药剂注入使长距离输送的压降增加,这是为什么更高黏度的热力学抑制剂,如二甘醇和三甘醇,未被应用于水下系统中的原因。

但是,在运输和储存时,甲醇比乙二醇更危险,而且对注入泵、阀门和配件上的密封有更强的腐蚀性。根据管道材料、时间和内部流体压力,甲醇也能从脐带管中的热塑性软管渗透出来,结果导致临近软管中控制流体的污染/泄漏到环境中。

通常,热力学抑制剂从井口注入到管流中。在某些系统中,通过装置向井下某处即由自然地热梯度确定的使水合物稳定存在的位置以下提供注入抑制剂设施也是可行的。

显然,在井口安全阀以下注入到井筒中有可能造成阀周围泄漏,这一问题在油气井设计时就宜适当说明。

使用热力学抑制剂过程中常常忽略的一个重要问题就是在大量使用抑制剂时没有考虑盐分可能从地层水完井液中析出。宜评估这一问题发生的可能性,甲醇/乙二醇宜以某一流速注入来保持溶解盐浓度低于其最大溶解度。

使用热力学抑制剂的一个显著优点就是如注入管道系统中的足够量的抑制剂能持续起到抑制作用,因此,关闭和连续启动都不会出现水合物形成的条件。对于绝热的管线,则需要定期的注化学药剂或加热以保证水合物完全溶解。

这些热力学抑制剂的成本高,需要注入量比较大,及其在蒸汽和液相中的损失等,都影响了热力学抑制剂的成本效率。

I.2.2.5 注化学药剂—低剂量水合物抑制剂

为了减少热力学抑制剂需求量，近来已开发出了许多种低剂量水合物抑制剂。这些化学药剂也通常在井口处注入井流中，与伴随流体（如甲醇）混合占水相的1%～10%（质量百分比）。这种化学药剂划分为下面三类。

a) 成核限制剂（也称作临界水合物抑制剂或水合物动力学抑制剂）是一种聚合体，它通过阻止水分子接合来延长水合物晶体的形成。对于每个特定的应用，这些化学药剂都需要定制，因为它们并不适用于所有场合，也没有精确的预测模型。

停输时间较长时，成核限制剂就可不能有效地阻止水合物形成，用实际井流测试过冷度也会降低其在流动系统中的效力，但是它们不受水量的影响。

b) 生长控制剂（也称作动力学水合物抑制剂）是一种比成核限制剂更大一些的聚合体，通过环绕生成的水合物晶粒来阻止水合物进一步生长。流动系统中生长控制剂的效力也受过冷度的影响，但它们不受水量的影响。对于每个特定的应用，这些化学药剂都需要用实际井流测试定制，因为它们并不适用于所有情况，也没有精确的预测模型。

c) 防聚剂（也称作分散剂）通过形成油包水乳状液，使水合物晶粒在水滴中生成但不会聚集成大块以至堵塞。在依托设施上通过加热可以破乳。

这些化学药剂不受过冷度影响，但必须要有液相存在，而且油相为主相，含水率一般低于40%～50%。对于每一种特定的应用，这些化学药剂都需要用实际井流测试定制，因为它们并不适用于所有情况，而且也没有精确的预测模型。

虽然以上提到的水合物抑制技术可以单独使用，但两种或两种以上的这些技术联合使用还是很常见的。例如，在稳态流动条件下通过绝热管来保持足够的热量防止水合物生成，系统重启时在易于形成水合物的区域与甲醇/乙二醇注入设备相结合共同抑制水合物形成。

I.2.2.6 其他非典型防治水合物的方法

通过分离和去除井流中的水也可防止水合物形成，这种方法通常在水面设备上的气体输出管线中应用。但对于水下系统而言，这种方法需要水下分离，采出水回注或水下排放。

通过分离出形成水合物的分子也可以防止水合物形成，例如通过气液分离。输气管线还需要化学抑制剂，但输液管线（包含油和水）就可正常运行而没有水合物生成。若应用于水下系统，这种方法需要水下气液分离和液泵。

I.2.2.7 仅适用于停输时间的水合物防治方法

I.2.2.7.1 流体置换

由于系统关闭，在温度降低到水合物形成温度之前可将管线中的流体置换出来。

I.2.2.7.2 降压

由于系统关闭，在温度降低到水合物形成温度之前使系统压力降低。

对深水多相流管线/立管系统降压的有效性可能受到高程的影响。

在一个向上倾斜的系统中，当系统关闭并降压时，在系统冷却过程中管线/立管中保持的液体静压力，就完全有可能促使在管线上游末端形成稳定的水合物。

相反地，向下倾斜的管线使液体流向立管底部并形成段塞，在降压过程中段塞就将管线上游末端的气体滞留在系统中。管线中截留的气体将保持下去，最终管线中压力将保持在水合物形成压力以上。对于高气油比的产出流体而言，这一状况更为严重。

I.2.3 水合物清除

I.2.3.1 概述

典型的水合物清除方法包括下面将要描述的降压、加热和注化学药剂等方法。

I.2.3.2 降压法

管线降压被认为是目前清除水合物堵塞最普遍的方法。给气管线中的水合物堵塞降压时宜高度注意,因为水合堵塞两端的压力不平衡可能导致水合堵塞高速弹射出去。通过使用同时降低水合物堵塞两边压力的设备就能避免这一问题。

前面(与水合物防治相关)所提到的深水多相流管线/立管系统降压过程中潜在的困难,也相应存在于此。虽然可能通过改变设计或进行特定操作可消除某些系统存在的这些困难,但是在进行系统设计和操作时仍要十分小心以保证首先不形成水合物。

I.2.3.3 加热

通过给管线加热也可融化水合物堵塞。管束式管线结构中,可通过相邻管线中的循环热流体给存在水合物堵塞的管线加热。但是,这需要水面设施上配备特殊装置。

给管线进行电加热(传导或感应)也可消除水合物堵塞。但是,这需要在管线上预先安装必需的装置。

通过热化学反应也可给管线加热,这需要将化学药剂泵送到适当位置。但是,如果管线完全被水合物堵塞,这就不大可能使化学药剂就位。

宜注意的是,由于水合物堵塞溶解释放出气体,任何一种通过加热来溶化水合物堵塞的方法都可能产生较高的压力。因此,需要充分的安全分析和工作计划。

I.2.3.4 化学药剂注入

如果水合物没有完全堵塞管线,产出流体仍能流动并能将化学药剂输送到水合物形成区域,此时,注入热力学抑制剂消除水合物堵塞通常是唯一可行的办法。通过严密监测管线中的压降通常就能判断初始的堵塞。

在溶解水合物堵塞方面,甲醇比乙二醇更有效。这是因为甲醇具有更小的分子,能在水合物固体表面更快地发生反应。

因为每一个油气井开发都是独特的,这主要表现在流体物性、回接距离、水深和其他很多影响水合物形成的因素(绝热管线成本、化学药剂成本、化学药剂储存和泵局限性等)。因此,没有任何一种方法可适用于所有开发方案。最优系统的选择通常要对采用可选择的水合物预防和消除措施的成本与生产故障风险进行比较分析。通常,气体和气体/凝析油管线多采用非绝热管,并需要连续的化学药剂注入。油和多相流管线多采用绝热管,在停输前和再启动过程中需要注入化学药剂。

设计时,宜计划有毒抑制剂的回收。

I.3 蜡问题

I.3.1 结蜡

I.3.1.1 蜡通常定义为高分子量的石蜡,它会由于原油中轻质凝析物的损失/温度的降低而从原油中析出。

I.3.1.2 蜡包括直链、支链或环状的石蜡,碳数目通常在C15和C70+之间。蜡的熔点随碳数目的增加而增大,而其在原油中的溶解度则随碳数目增大而降低。

I.3.1.3 蜡溶解度受温度的影响比受压力影响更大,水的存在也会产生很小影响。

I.3.1.4 如果蜡在生产系统中沉淀出来,可能导致三类基本难题:

——沉积在内壁面,导致受影响区域的压降增大,流动受限并可能形成堵塞;

——流体黏度增加,需要提高能量/压力来输送原油;

——如果发生长时间的停输,在长距离管线中原油就可能成为凝胶状,需要更高的能量/压力来重新使原油流动。

I.3.1.5 原油中的蜡含量是预测蜡析出的一个重要因素。其他因素,如沥青质的存在,也会影响到蜡析出,因为仅仅由蜡含量并不能确定蜡的析出。

I.3.3.6　虽然蜡析出通常是可逆的，但在低温和低压条件下与原油中其他组分，如沥青质的不可逆相互作用也可能发生。

I.3.1.7　析蜡温度(WAT，通常也被称为浊点)是当原油冷却时，第一个蜡晶粒出现对应的温度，而倾点则是指在该温度以下，原油就不能再流动了。

I.3.1.8　即使大部分原油的温度在析出温度以上，蜡也可能沉积在冷的金属表面。当蜡最初沉积在管壁上时，一般比较松软，能轻易被管流剪切掉并随之流动，不会造成大的问题。但是，随着时间的延长，重组分继续向冷管壁扩散，蜡将越来越硬，因此就需要更强的蜡清除技术。

I.3.1.9　准确测量析蜡温度，结合系统的生产剖面和热力学建模，可用来预测结蜡发生的时间和位置。不幸的是，实际上测量析蜡温度很困难，即使在实验室条件下也很难测量。这主要依靠取样质量和所采用的处理方法。

I.3.1.10　为了尽可能最好地估计实际析蜡温度：

——样品宜尽可能的代表真实的产出流体(由于轻组分的损失，原油通常表现出析蜡温度和倾点增大的情况，因此，如果可行，在底部取样是最好的)；

——仔细处理样品，以免在传输过程中组分的损失等；

——因为每一种方法都有各自的局限性和误差，至少宜采用几种可行方法中的两种测量析蜡温度。

I.3.1.11　除了在环境条件下测量析蜡温度以外，如果样品足够多，宜在井底、井口、管线和分离器这些可预期环境条件下测量析蜡温度。

I.3.1.12　原油组成可也被特征化，因此蜡沉积模型也可用来预测蜡相的特性和沉积包络线。但是，目前这些模型大多适用于单相流管线。

I.3.1.13　在某些情况下，预测不同管线条件下原油的黏度和管线再启压力也是可取的。

I.3.2　预防和清除技术

I.3.2.1　概述

预防和清除结蜡的技术有很多种、各不相同，可分为下面所描述的四个基本类型。

I.3.2.2　机械控制

可用清管器、钢丝绳工具、过出油管工具和连续油管等不同方法防止蜡聚积/除去油管和管线内壁的蜡沉积。

I.3.2.3　热控制

被动的热技术，如凝胶封隔流体、真空隔热管和绝热管线，可用来预防结蜡，而主动的加热技术，如管束中热流体循环加热或直接给管线电加热，都可用来防止和清除蜡积聚。

目前，另一个可行的技术是利用两种化合物就地混合发热来融化积聚的蜡。

I.3.2.4　流体置换

对于计划性停输，在管线内流体温度降低到析蜡温度之前可能将管内流体置换出来。

I.3.2.5　注化学药剂

I.3.2.5.1　下面介绍可用的蜡处理剂：

——结晶改良剂(或抑制剂)可以预防蜡沉积，但是只有在温度高于析蜡温度的地方连续注入才有效果；

——表面活性剂(或分散剂)可用来防止蜡沉积或去除存在蜡沉积。通常在连续注入的情况有效；

——可使用溶剂来再溶解蜡沉积，如凝析油、柴油、二甲苯和二硫化碳。通常使用批次处理方法来进行。

I.3.2.5.2　批量处理需要渗透时间，因此需要中断生产。在某些情况下，对于气举井，可通过向气举气中添加化学药剂实现连续注入。

I.3.2.5.3　蜡处理剂与系统中所用其他化学药剂在系统中相容性是很重要的，例如，蜡溶剂和分散剂能溶解缓蚀剂形成的保护膜。结晶改良剂较高效，且不会影响缓蚀剂性能。

I.3.2.5.4　制定整个流动安全保障计划时，宜考虑在油气田开发周期内可能改变蜡沉积的因素。这些因素可能包括如下：

——开发周期内油气藏条件的变化对系统中某些部分潜在的蜡沉积影响。

——所设计的油井处理作业和配注方案宜避免向有利于蜡沉积的方面改变。需要特别考虑所选的注入井流中的化学药剂，如缓蚀剂和破乳剂。

——含水率的增加不利于蜡处理剂连续注入方案的实施。

但是，通过升高流动温度也可以缓解结蜡问题：

——气举通常会降低流动温度并促进蜡沉积；

——蜡也可与沥青质互相作用并在某些条件下一起沉淀。因此，任何蜡处理方案都需要考虑蜡和沥青质相互发生作用的可能。

I.4　沥青质问题

I.4.1　沥青质形成

I.4.1.1　沥青质是与石蜡表观上十分相似的有机固体，在油气田现场很难从视觉上把两者区别开来。但是，它们的化学性质很不同，宜使用与蜡处理方法不同的方法来处理沥青质。

I.4.1.2　虽然对于沥青质的确切物性尚存争议，一个普遍接受的定义是：沥青质是原油的一部分，不溶于轻质正烷烃，而可溶于芳烃溶剂。它们实际集聚的条件就是从溶液中沉淀出来所对应的条件。

I.4.1.3　绝大多数原油中存在沥青质，通常认为树脂围绕沥青质颗粒形成一层膜，从而使沥青质稳定存在。树脂是具有极性基团的象表面活性剂的分子，这些分子可吸引沥青质中的极性基团和溶于原油中的其他石蜡分子。

I.4.1.4　当沥青质和树脂之间的平衡被打破后，树脂从沥青质分离开，沥青质则趋于絮凝。当原油受到较高的压降/剪切时，平衡就可能被打破，但是其他因素如，不同原油的混合、气举、混相驱、CO_2 驱和酸化等也可使沥青质絮凝。

I.4.1.5　温度变化也可导致沥青质絮凝，因为沥青质和树脂之间的极性作用力随温度升高而减小。但是，可通过提高温度增大沥青质在原油中的溶解度来加以弥补。所以，根据温度和原油的确切组成，就有可能确定温度变化时絮凝增加和减少的位置。

I.4.1.6　通常，由于绝大多数的原油含有的沥青质比较稳定，沥青质很少导致运行事故。与其相矛盾的是，对于含有欠饱和气体和常常包含少量沥青质的轻质原油来说，其中沥青质溶度和每单位压降的相对变化是最高的。相反地，常常存在于重油中的芳香烃含量越高，就可使沥青质越稳定，高沥青质含量的原油在生产过程中就不会发生相应的事故。

I.4.1.7　因此，记住下面这点很重要：与蜡不同的是，原油中绝对沥青质含量不能反映出发生沥青质问题的可能性。也就是说，沥青质的质量百分比少于 0.1%时发生沥青质问题，而高沥青质含量的原油（如质量百分比 15%）也未必出现沥青质问题。

I.4.1.8　虽然在油气藏和生产设施中，从井下管道到输出泵的所有通道都可能发生沥青质絮凝和沉积，但绝大多数发生在生产流体流经泡点的位置，通常在配管的上面。能在泡点以下降压并未发生沥青质沉积的流动流体在下游就不大可能出现沥青质沉积。

I.4.1.9　沥青质在油气藏中的沉积会大大地降低油气藏的渗透性，而生产设施中的沥青质沉积则可能导致压降增大、设备（如油嘴、阀门和泵）故障，有时甚至导致整个管道的堵塞。沥青质絮凝也可导致球形（菱形）颗粒的形成，这些颗粒非常坚硬并具有磨蚀性。

I.4.1.10　沥青质在金属表面上的沉积能够促进蜡沉积。在某些条件下，蜡和沥青质也能互相作用并一起沉积下来。任何一种沥青质处理方案都需要考虑到蜡和沥青质相互发生作用的可能性。

I.4.1.11　如果沥青质絮凝和沉积能导致严重的生产事故，在油气田开发的早期阶段准确评价原油中所含沥青质的稳定性就至关重要。需要利用现场原油测量不同井流混合、气举气体等对沥青质的影响，而目前有些软件包的应用可以减少对这些原油的需要，但是利用现场油样进行分析测试仍是目前最为可靠的方法。

I.4.1.12 最初评估沥青质问题时就需要进行现场原油的全组分分析，也就是测量一定温度和压力范围内原油中沥青质的含量。滤砂器，底部取样的脂肪族烃滴定和减压可全部用来确定原油中的沥青质是否稳定。SARA 特征包括将原油分解为四种假组分或溶解度等级，然后给出每一种所占的百分比。四种假组分是饱和剂、芳香烃、树脂和沥青质，因此，SARA 由这四种组分英文的首个字母组成。

I.4.1.13 唯一有效的防止沥青质沉积的方法就是避免沥青质不稳定的条件/注入具有同原油中天然树脂相似功能的抑制剂。沥青质抑制剂是合成有机聚合体，具有比天然树脂更强的同沥青质结合的能力，因此，在可能不稳定的变化范围内，沥青质抑制剂也能更好地稳定沥青质。

I.4.1.14 但这样的抑制剂在沥青质变得不稳定和絮凝开始之前加入。因此，这些抑制剂通常在井下注入。

I.4.1.15 显然，在 SSV 下面某一点将抑制剂注入到井筒中就可能导致阀门周围泄漏，这一问题在设计井时宜适当阐述。

I.4.2 沥青质清除技术

I.4.2.1 概述

下面描述去除沥青质的典型方法。

I.4.2.2 机械方法

这些方法包括使用钢丝绳工具、TFL 或清管器进行机械刮擦；或使用一个涡旋式连续油气单元来清洗。虽然这些去除沥青沉积的方法在陆上使用有效益，但对于水下开发来说就不大可能具有经济性。

I.4.2.3 溶剂清洗

碳氢化合物溶剂（如甲苯、二甲苯和其他溶剂，例如嘧啶和二硫化碳）可能在溶解沥青质沉积方面有效，但基于它们的成本、应用难度、相关安全和环保等因素，这类溶剂不太适用于水下系统。

I.5 乳状液

I.5.1 乳状液是不同种类的系统，包括至少一种不能混合的液体以直径不超过 0.1 μm 的液滴分散于另一种液体中。这些系统表现出热力学非稳定性，但如果经过表面活性组分的稳定，就可永久稳定。

I.5.2 因为乳化作用涉及到系统自由能的增加，不是一个自发的过程。通常，宜施加以搅动形式存在的外力使其形成乳状液。对于油田乳状液，生产流体从井下到水面储存设施的湍流流动使其得到充分的搅拌。生产系统中的任何流动限制，如油嘴或湍流、气举注入点，都强化了乳化过程。

I.5.3 当压力降底，气体从乳状液中脱离出来引起额外扰动，这也可导致乳状液形成。原油中气油比越高，这样的影响就越大。

I.5.4 乳状液可能是油包水型，指的是常规乳状液，也可能是水包油型，称为反相乳状液。

I.5.5 乳状液主要是一个难题，因为乳状液使分离设备很难有效地运行。因为容器上的液面控制器可能识别不出相界面，导致一相被另一相携带出去。最糟糕的情况下，如设备根本不能出任何界面，就可能完全失去控制。

I.5.6 乳状液的反复剪切就可能导致流体黏度发生戏剧性的变化，尤其是当含水率低于 50% 的情况下。

I.5.7 原油乳状液的稳定性取决于以下很多因素：

——温度；

——乳化剂的存在；

——水的 pH 和盐度；

——大部分原油的黏度和密度；

——两种液体的密度差；

——分散液滴的体积含率和大小；

——乳状液形成时间等。

I.5.8 对于长期稳定存在的乳状液来说，它宜包含有乳化剂，如表面活性组分。这些组分可能是肥皂或清洁剂，大分子稳定剂或完全分散的非溶性固体，如沥青质和树脂。某些固体的微小颗粒，如腐蚀副产品、水垢、沥青质或砂尘，也可促进乳状液稳定存在。

I.5.9 防止乳状液形成的推荐措施都与以上的影响因素密切相关，包括：

——在相分离之前尽可能的保持流体的温度；

——在任何可行的情况下减少对生产流体的剪切次数和扰动，如避免过多的节流；

——减少生产系统中的固体含量，如在合适的位置使用缓蚀剂、防垢剂和清管器；

——避免沥青质沉淀，因为沥青质对于形成特别紧密（很难分解）的乳状液及其稳定性有重要影响；

——在没有对用于混合井流的合适破乳剂进行充分的验证之前，避免不同原油的混合。

I.5.10 破乳技术通常包含三个方面：加热、放置时间和破乳剂的应用。破乳剂通过改变一种或多种相关流体的表面张力起作用，可以有效地降低乳状液的稳定性。

注：破乳的第四个机理就是使用静电力。这是个新技术，但是安装测试表明该技术具有较好结果。

I.5.11 大量参数影响乳状液稳定性使得每一种原油乳状液都有其独特性，使得在选用合适的破乳剂的时候需要大量的经验。任何给定破乳剂对某种乳状液有效，但对另一种乳状液可能就完全失效。

I.5.12 选用的破乳剂应与系统中存在或加入其他化学剂如水合物抑制剂、缓蚀剂、防垢剂、消泡剂和蜡处理剂相兼容。曾发现在某些系统中，缓蚀剂可以增加乳状液的稳定性。由于生产系统随时间的变化而变化（含水率或其他化学药剂的添加），最适宜的破乳剂通常也随时间变化而变化。

I.5.13 破乳剂可在不同地点注入到流动系统中，乳状液形成处的上游或下游均可。最好是在乳状液形成处的上游注入破乳剂以防止乳状液形成。

I.5.14 水包油乳状液也可能形成，并对排放到环境或回注到地层中的生产水可接受的品质有很大影响。水包油乳状液外观上表现为模糊的白色、咖啡色或黑色等不同颜色。乳化的油量（体积分数）从 $100\times10^{-6}\%$到 2%不等。

I.5.15 如果在勘探/评价井生产测试过程中形成乳状液，宜考虑乳状液分解需要的时间。当水滴完全稳定以后，在油层进行取样，通过离心分离来确定含水量、乳状液的量和固体含量。

I.5.16 宜利用勘探/评价井底的样品进行流体测试，以确定乳状液发生的可能性。一般地，并非需要实际的地层水来形成乳状液，因为乳化剂通常在油中稳定。但是，地层水分析有利于配制一种典型的合成盐水。合成盐水溶解的固体总量需要同地层水相似，包括 pH 值。

I.6 泡沫

I.6.1 泡沫通常定义为气体以一定比例分散于液体中，此时，泡沫的容积密度更接近于气体的密度。释放完气体的纯液体很少起泡。

I.6.2 泡沫可导致同乳状液相似的问题，因为泡沫使分离设备很难有效地运行。由于容器上的液面控制器可能识别不出相界面，导致一相被另一相携带出去。在最糟糕的情况下，如果设备根本不能出任何界面，就可能完全失去控制。这可能使液体携带于气体当中，导致下游压缩设备和其他设施的关闭。

I.6.3 气体处理液起泡通常在天然气处理工艺流程中遇到。这会导致处理液损失，生产能力降低和产品不合格。

I.6.4 在新开工的工厂中，附着在金属表面上的油和焊剂通常是泡沫促进剂。所以宜对新设备进行仔细清洗。

I.6.5 可以在生产分离器上游加入消泡剂或防泡剂来解决起泡沫问题。选用的化学药剂应该与系统中存在的或加入的其他化学成分（如水合物抑制剂、缓蚀剂、防垢剂、破乳剂和蜡处理剂）相兼容。

I.6.6 缓蚀剂本身就是表面活性剂，一般也是很强的起泡剂。

I.6.7 也可使用机械方法来辅助克服起泡沫问题。例如,已证明安装在分离器出口处的轴向旋流除雾器可有效减少起泡沫问题。

I.6.8 宜利用勘探/评价井底的样品进行流体测试,以确定系统发生起泡沫问题的可能性。

I.7 结垢

I.7.1 所有的油气藏都含水,这些水溶解有油气藏岩石中的盐并处于饱和状态,在某些情况下这些水就同油气一起被开采出来。压力和温度的变化以及同注入海水的接触都可导致油气藏中的水变为过饱和状态,导致过量的盐分沉淀,这就是所谓的结垢。

I.7.2 这些无机化合物的沉积就会导致在油气藏/整个生产系统中出现结垢,可能分别会对油气藏和系统压降造成严重后果。在水垢沉积处下面的腐蚀也常常更为严重。

I.7.3 水垢形成趋于自我聚集,例如在水垢形成的地方更易于进一步结垢,因为水垢本身就具有低能量表面,在这表面上另外的水垢就能形成。此外,内壁的水垢沉积使流动受约束,致使压降增大,这些增加了在这些位置发生结垢的可能性。这意味着在流动受限的地方(如井底阀和水下节流阀)可能发生严重的结垢,最终导致这些设备出现故障或完全失效。

I.7.4 虽然在适当的条件都可能大范围地形成结构,油田生产中最普遍的垢是碳酸钙($CaCO_3$),也称为方解石和硫酸钡($BaSO_4$),也称为重晶石。在高压高温油气藏中,也可能发生其他类型的垢,如碳酸钡、碳酸锶等,这里不详细阐述。

I.7.5 通过应用热力学和对结垢和注入盐水的组分分析,在某些情况下就可能评估出某一生产系统中结垢问题的严重程度。

I.7.6 需要一份有代表性的形成结垢的水样来确定结垢的趋势。如果在较长时间内没有产出地层水,就很难从勘探井/评价井中获取这样的水样。当井下取样工具试图从砂中获取水时,通常仅仅得到钻井滤出液。

I.7.7 结垢水样的几种性质在取样后会很快发生变化,最好进行现场测量。水样应尽用跟油气藏温度和压力相同的容器转运,这样做是为了在水样测试前避免发生沉淀而导致碳酸盐和硫酸盐的损失。

I.7.8 方解石沉淀的主控因素就是生产系统中压力的降低,这致使 CO_2 从水溶液中释放出来,引起方解石沉淀,同时使盐水 pH 值增加,这大大降低了生产水中方解石的溶解度。

I.7.9 在含水率为 10%到 15%之间通常发生方解石结垢,并常常首先在井下配管中沉淀。在油田生产周期内,随着油气藏压力的降低,方解石形成位置向井下移动,甚至开始在穿孔处、砂砾层或井孔结构本身发生结垢。

I.7.10 准确预测碳酸盐结垢是很困难的,因为这需要几个准确的井下数据变量:pH、重碳酸盐浓度和 CO_2 分压。这些变量可能并不互相独立,它们都可能引起重大的测量误差。

I.7.11 影响硫酸盐结垢的主要因素是注入海水(较高硫酸盐阴离子)和地层水或原生水(包含钡、锶和钙的阳离子)的混合。

I.7.12 在地层水和注入水混合点的下游的任何位置都可能发生重晶石结垢。硫酸盐结垢发生结垢的可能性很大程度上受促使注入水和地层水更充分混合的因素影响,如油气藏不同组分和水锥。

I.7.13 虽然油气藏中形成重晶石的质量通常比生产设备中的少,但其对流动的影响可能更严重。重晶石结垢的严重性在系统使用期内逐渐增加,因为重晶石的溶解度随系统温度和压力的降低而降低。当注入海水大约在 10%时,形成的重晶石是最多的。

I.7.14 重晶石结垢带来的更进一步的问题就是通常形成包含钙、锶和镭的混合结垢,而且镭本身就是一种放射性物质。这最终会形成放射性结垢,也就是通常所说的低放射性结垢。显而易见,在进行除垢操作和修井/弃井作业时,需要对结垢/或涂层设备进行处理,这对人员的健康有很大威胁,处理这些问题很困难也很昂贵。因此,如果可能,最好是预防结垢发生而不是以后采取补救措施去消除结垢。

I.7.15 通常,硫酸盐结垢预测模型被认为是相对比较准确的。

I.7.16 结垢预防技术受油气藏开发策略和油井类型(也就是垂直/斜井与水平井)的影响较大。因此，在油气田开发初期就要对开发策略和井型进行详细说明，其目的是使所设计的设施与防结垢必需的设备(如脐带缆中用于单井的结垢抑制剂注入管线)相结合。

I.7.17 如下所述，油气田开发策略影响到结垢发生的可能性：

——由于自然损耗而造成的油气田耗竭，硫酸盐结垢并无大碍，但是会发生碳酸盐结垢，这需要进行结垢抑制/酸洗和压榨处理。

——对于通过注入海水来维持油藏压力的油气田来说，都可能发生硫酸盐和碳酸盐结垢。典型的是，硫酸盐结垢问题的持续时间和严重性直接与注入策略有关，如海水注入到蓄水层会导致长期的硫酸盐结垢问题，而海水注入到油支管会造成短期的结垢，但结垢会更严重。

——对于油藏中钡含量很高的油田(如质量分数大于 $1\ 000\times10^{-6}\%$)来说，如果纯海水注入到地层，就很难利用化学药剂去预防结垢发生。在这种情况下，可以注入部分脱硫海水以维持油藏压力，从而减少发生硫酸盐结垢的可能性。通常采用后一种方法，因为给大量海水脱硫很昂贵，如果发生碳酸盐结垢仍需要进行酸洗和结垢压榨处理。

——对于产出水回注以维持油藏压力的油气田，通常采出水会在依托设施上掺混海水以达到所需的量。这种混合会导致硫酸盐/碳酸盐结垢，因此在依托设施上需要添加结垢抑制剂。在这一阶段，在注入管线低于油藏温度的情况下结垢抑制剂应能长时间有效。如果抑制剂注入量不够，在到达油藏之前就发生了结垢，就会削弱注入效果。

——对于利用蓄水层的水回注以维持油藏压力的油气田，就不会发生硫酸盐结垢问题，但仍可能发生碳酸盐结垢，从而影响注入效果。

I.7.18 垂直井通常比水平井具有更高的水位降，更易于产生碳酸盐结垢。水平井较低的水位降也可消除井口处碳酸盐结垢问题，而相同的垂直井则不行。

I.7.19 预防结垢发生主要是通过注入基于磷酸盐或聚合体的化学药剂来实现。如何选择适用于某一特定应用的确切种类的化学药剂需要考虑很多因素，包括：

——明确需要抑制的矿物；

——结垢发生的位置；

——抑制剂与产出盐水化学性质的兼容性；

——抑制剂与注入到井流中其他化学药剂的兼容性；

——使用过程中所处温度下抑制剂的热稳定性。

I.7.20 通常，对于某一结垢问题而言，有很多种抑制剂都适合。这就需要进行一个比较性的观察实验，以确定出最有效和最经济的抑制剂。

I.7.21 发生结垢的位置也决定了抑制剂的传输方法，因为为了使抑制剂发生效用，应在结垢发生以前的位置注入抑制剂。抑制剂可以下面两种方式进行应用：

——在穿孔下游某一点将抑制剂注入到井流中：

这种方法通常用来防止生产设备中结垢。可以在水下采油树或井下注入，这取决于在油田开发周期内距上游可能发生结垢的位置。

这种注入方法需要连续进行，通常需要为每口井提供一条专用线，这样可以在依托设施上而不是在水下对化学药剂种类和剂量进行管理，很显然，注入到 SSV 下面某点处的井筒可能导致阀门周围发生泄漏，在井设计时宜对这一问题进行适当描述。

——将抑制剂压注到地层：

这种方法通常是用来防止结垢在油藏的井孔周围区域发生。这种压注处理方法可以通过一条生产/服务管线/螺旋形的油管串注入到井中。

对于水下井来说，挤入压井是首选的方法，因为连续油管需要昂贵的修井。但是，应该记住：因为不能很好的控制化学药剂的准确位置，挤入压井并不是将抑制剂挤入水平井中的最好方法，因此应用并不理想。这意味着挤入压井可能无效或有效时间较短。

为了使抑制剂更有效，抑制剂宜能在低浓度的情况下防止/阻滞结垢发生。同时，抑制剂宜与油藏中本源物质互相作用以获得延长的抑制剂返回剖面，也就是使抑制剂长时间内有效。

I.7.22 通常采用下面两种方法之一来消除已形成的结垢：

——化学清除方法

通常使用无机酸(如盐酸或硝酸)来清除碳酸盐结垢。如使用盐酸，宜同时注入缓蚀剂以减少腐蚀破坏，尤其是对于铬钢而言。另一方面，可使用有机酸(如乙酸和蚁酸)来降低对铬钢的破坏。

硫酸盐通常比碳酸盐更难清除，已开发出一系列基于螯合剂的具有专利的溶解装置组合。

水垢消溶剂典型地用在去除井下顽固堵塞物，在重新生产前浸泡。按照与压缩阻垢剂有关的注释，顽固堵塞物少于水平井中最佳位置的化学物质。

——机械清除方法

用机械方法清除水下采油树上或其下面的结垢都需要修井，这对水下井来说是很昂贵的。它们包括：

——研磨(在连续油管上)；

——水喷射(使用或不使用酸)；

——穿孔；

——压裂地层；

——结垢装置/损毁装置的替换。

I.7.23 显而易见，这些方法都没有独特的优势，很少有选择，对位于水下采油树下游装置到流体流入上部设施处之间的装置而言，上部设施中的结垢更易于处理。

I.8 砂问题

I.8.1 出砂

I.8.1.1 由于流体的产出，当施加到地层的曳力超过地层抑制力时，油井就可发生出砂。

I.8.1.2 区分可携带固体(砂)的产出和细小颗粒是很重要的。通常细小颗粒并不认为是地层机械结构的一部分。某些细小颗粒总是同井流一起产出来，这实际上是有利的，因为这有助于提高地层的可渗透性。

I.8.1.3 大量出砂会导致一系列的问题，包括：

——穿孔通道的堵塞；

——井下井筒的堵塞；

——管线和小管径公用管线的堵塞；

——由于部分堵塞的配管/管线中，流通面积有所减小，从而增加了摩阻压力损失；

——设备(尤其是阀门、节流阀和管弯头/T形管的磨蚀；

——砂床下面腐蚀单元的形成增强了井筒/管线的腐蚀；

——由于砂沉积在主要部位，造成设备(如阀门)的故障；

——在水面容器中沉降，导致设备功能的减弱，清洗作业时的减产和处理问题。

I.8.1.4 出砂的可能性以及井出砂量取决于很多因素，包括：

——产量

井产出速度越高，压力降低越快，因此地层中曳力减少越多。

——流体物性

流体黏度越高，地层上的曳力越大。

——岩石物性

出砂普遍存在于第三纪油藏中。油藏岩层越老越牢固，出砂问题就不严重。地层渗透性也影响到出砂的趋势，因为渗透性越低通常会导致越高的水面下降。

——完井设计

井倾斜度、打孔技术和油层隔离都能影响出砂的趋势。

——时间

油藏/流体物性随时间的变化能影响油井的出砂性能。例如，细颗粒侵入或沥青质/结垢沉积在油藏中可导致渗透性降低和更高的水面下降。同时，在很多情况下，当井开始产出水或气并伴随烃类液体时，出砂会大幅增加。

I.8.1.5 由于涉及影响因素很多，很难获得所需要的数据，也不易对井下环境进行准确建模，这些都使得可靠地预测出砂很困难。

I.8.1.6 某些井下测井工具可以测量不同地层的力学特性。这些数据可以同所测量出的油井产出岩心的实际力学特性相关联，就可对可能失效的区域和某一生产压差下的出砂进行预测。

I.8.1.7 目前也有基于油藏地质几何学仿真的出砂预测模型。这些模型使用油藏和生产数据以及测量的每一生产地层的孔隙压力数据，来评估在某一系列条件下哪一个地层会发生故障并能产出多少砂。

I.8.1.8 当评价新井/油气田中的出砂可能性时，也可以考虑相似地层其他已有生产井的相似数据。

I.8.1.9 宜根据对出砂可能性和可能的出砂后果的评价（由于出砂而引起的生产系统以某种方式衰变/失效的整体风险）来制定每一口井的完井策略。基于这些评估，就可决定是否在井下安装砂控制装置或以其他某种方式来控制潜在的出砂问题。

I.8.2 砂控制

I.8.2.1 砂控制是通过在井下使用特殊的方法/设备来防止砂从井孔中产出来。这些方法/设备包括：

——采用化学方法来巩固地层；

——防砂剂、有槽衬垫和过滤器；

——内部套管和裸井砂砾堆积；

——支柱断裂，包括使用树脂复模砂。

I.8.2.2 以上的方法/设备会带来很多问题，在做出最后选择之前应该在个别的基础上充分考虑这些问题。这些问题包括：

——安装成本和难易程度；

——在垂直井、斜井和水平井中的应用性；

——狭长区域的适用性；

——带状绝缘的限制；

——方法/设备的使用寿命和修井费用；

——水位降低/流速对生产指标的限制和影响。

I.8.3 出砂管理

I.8.3.1 出砂控制的一个替代方法是出砂管理，这包括在整个油气田开发周期采取措施在容许极限内来最小化、监测和管理出砂，并不依靠井下砂控制设备/方法。

I.8.3.2 虽然这方法低成本优势并能使生产速度最大化，但是这主要依靠于预测整个油井开采期内可能出砂量。这也需要实时监测每口井的出砂量和所伴随风险的管理。

I.8.3.3 用来减少出砂的完井技术包括：

——使用水平井、长射孔段、高密度穿孔/大直径穿孔来减小生产压差；

——使用定向射孔以保证最大的射孔稳定性，为了防止在底层中形成定向应力差；

——高强度地层的选择性射孔；

——使用清洁完井液和欠平衡射孔。

I.8.3.4 在完井以后宜尽快进行砂清扫测试，在整个生产期内也要定期进行，以把集聚的砂从系统中清扫出去。这样的测试可用来确定井目前的出砂量，从而优化容许的生产压降/产量；但是，宜注意保证这些测试不会导致砂填塞井/设备和采取昂贵的补救措施。

I.8.3.5 作为出砂管理策略的一部分，流速宜低于特定的侵蚀流速限定值。这些侵蚀流速限定值由于井口压力和气液比的变化可以随时间进行调整，因为这些变化可能导致液体流速的较大变化而使其出于侵蚀流速范围内。

I.8.3.6 保证管线中的液体流速足够高以确保较好的输砂能力，这有助于抑制在管底部的侵蚀和管道堵塞。与其相矛盾的是，低流速并不一定造成较少的侵蚀，虽然砂颗粒的能量是有限的，但是撞击管壁的颗粒数目却相对较高。

I.8.3.7 设计的水下设备宜能减轻磨蚀的影响，例如在油嘴上使用耐用材率、增加管壁厚度、在管线中使用大半径弯头或定向 T 型接头。可能受到磨蚀影响的水下部件(油嘴内件)的可替换性也是出砂管理策略的一部分。

I.8.3.8 宜充分考虑使用水下出砂监测装置，无论采用哪种方法，即出砂控制或出砂管理。出砂控制装置失效较快，可能导致严重的出砂问题，包括在依托设施处检测砂之前就发生的水下设备损坏问题。同样，砂管理方法需要确定出砂量是否在预测值范围内，从而对系统衰变/失效的危险适当地加以控制，使其与最初设计相一致。

I.8.3.9 通常，在每口井上安装砂检测器而不是安装在混合后井流的管汇下游，因为可单独地确定出有问题的井并加以管理。在依托设施上的备用砂检测系统也是有用的，因为更易于用它与水下设备的结果进行交互校准。

I.8.4 水下砂检测器

水下砂检测器主要分为两大类：

——非插入式

在水下采油树配管上安装一个声学长箍来检测砂撞击管内壁的噪音。声学检测器对外部噪音很敏感，因此这些仪器可以感应出流型、流速、气油比和油水比等。为了获得可靠的结果，需要进行油田现场校准。

超声波检测仪也可卡在水下采油树配管上来测量管壁厚，从而检测出砂颗粒对管壁的侵蚀量。显然，选择将这些检测器安装在配管易受侵蚀的地方是很重要的。通常是安装在紧靠生产油嘴下游的地方。但是，如果油嘴损坏(如被砂侵蚀)，可能导致流体流向管道中未被检测的一侧。

——插入式

在水下采油树配管上安装电阻探针来测量由于管界面阻抗增加而反映出的累计侵蚀量。这些探针易受生产流体的温度的影响，为了获得可靠的结果，需要进行油田现场校准。通常是安装在濒临生产油嘴下游的地方。但是，如果节流阀损坏(如被砂侵蚀)，可能导致流体向远离探针的方向流动。检测效果因油田不同而不同，也随时间而发生变化，并与运行条件相对应，如气举的影响、井口流动压力和气液比的变化。

宜注意到：为了使检测器更有效工作，宜需要给其充分地支持，如定期对数据趋势进行分析，对必需的报警程序进行更新。

I.8.5 除砂

I.8.5.1 从水下生产系统中清除砂一般包括：

——从修井船上使用连续油管对井下管道进行除砂；

——使用双管线的往返式清管或使用一个水下清管发射器对海管进行清管除砂；

——在依托设施上通过旋风分离器或常规分离器来除砂。

I.8.5.2 除砂方式的选择与其应用场所有关，包括：

——在水下环境下的清洗和处理应首先遵守有关法规；
——通过回注井进行回注；
——使用商业性的处理或使用方法将砂包装并运送到陆上。

I.9 段塞流

I.9.1 概述

I.9.1.1 气体和液体同时流动，即所说的多相流几乎在油气工业的每个场合都会遇到。多相流通常存在于井筒、管线和上部处理设施中，在水下生产系统中尤为重要，生产设备的可行性和成本直接与流体流动特性相关。

I.9.1.2 多年来对多相流已进行了广泛深入的研究。在最近的15年中，在流型预测和建模方面取得了很大进展，建立了相关的压力/温度剖面。

I.9.1.3 目前已定义了100多种多相流型和子流型。对于垂直管中的流动(管道与水平位置的倾角在10°和90°之间)，通常公认的流型有：泡状流、段塞流、弹状流和环状流，而水平管中的流动(管道与水平位置的倾角在0°和10°之间)，通常公认的流型有：泡状流、段塞流、分层流和环状流。

I.9.1.4 虽然不同的流型可以画在一张流型图中(表观液速为Y轴，表观气速为X轴)，但是由于涉及变量很多，流型之间的边界从没有被清楚地刻画出来，并且变化很大。

I.9.1.5 在所有的多相流型中，水下多相生产系统中通常最感兴趣的是段塞流。段塞流是间断产出液塞和气泡的流动，有些液塞和气泡能达到数百米长。如果不进行合适的预测和管理，很可能导致整个生产系统中压力和流量的剧烈波动。这样剧烈的波动会导致：
——由于振动、冲击荷载/腐蚀增加而导致设备的损坏；
——分离设备中的巨大扰动，影响了相分离效果；
——压缩机负荷变化大而快，造成压缩机运行效率低下和多余的燃烧；
——频繁关闭/采取限制运行措施都会导致产量的大幅减少。

I.9.1.6 需要对生产系统的水力和热力特性进行精确建模，为了能够预测出段塞问题，基于所需得到的系统运行特征(包括正常运行时间/可用性)，同系统操作员所说明的一样，就能开发出一个经济高效的设计。

I.9.1.7 深水水下生产系统复杂性/回接到依托设施距离的增加意味着：在很多情况下，为了优化系统设计，需要对整个系统从井底到输出泵建立综合的水力/热力模型。这些模型不仅适用于稳态条件，而且需要适用于瞬态条件，因为通常使用瞬态条件作为设计范围的外边界条件。

I.9.1.8 准确的稳态和瞬态水力/热力建模需要好的数据支持：
——管道结构，也就是说油管和管线直径、表面粗糙度和流动限制等；
——管道路由，也就是指井流通道、基于海床地形的管道路由、立管剖面；
——产量；
——流体特性；
——以上任何一个变量随时间的变化(短期影响，如关井期间在井上部的气体隔离；以及长期影响，如油藏压力降低和含水率增加)。

I.9.1.9 从这些模型中，可定义不同的输出量，包括如：
——一定产量和压降范围内最优管道尺寸；
——最小化/消除侵蚀所需的最大流速限制；
——需要优化的最小流速；
——油管中的持液量(为了把液体举升出油井)；
——管线系统中的持液率(为了使流量的不超过依托设施上液体处理装置的限制)；
——井筒和管线系统不太倾斜部分处砂层的结构和位移；

——系统中段塞流特性；

——人工举升方法的需求和影响，包括气举(井下、海底管汇/立管基座处)和水下泵(井下或海床上)。

I.9.1.10 值得注意的是，不同于单相系统，在多相系统中，管线/导管的直径越大并不意味着就一定有更大的输送能力。同样，在深水系统中，大多数的压降和温降通常发生于立管中。

I.9.1.11 显而易见，系统的优化设计通常涉及折衷考虑不同的方面，包括以上提到的参数和很多其他的实用参数：

——标准设备/管线尺寸的使用；

——所选设备的温度限制；

——安装所选设备的可行性和成本；

——测井要求；

——系统将来扩展所需提供能力；

——充填系统的要求(如果气体或气体/凝析油系统的生产终端就会导致严重的经济方面的损失)；

——所安装系统总的成本。

I.9.1.12 如上所述，水力/热力建模的关键输出量之一就是预测系统出现段塞流的趋势。

I.9.1.13 段塞流建模通常采用“单元格”模型，它将流动描述成是由单一液塞和气泡组成的一长队列，气泡从管底部液膜上移动(在水平或中等倾斜的管线中)。由于该模型相对简单并且计算效率高，在很多情况下都具有优势，如在段塞流不是主要流型/对参数稳态值进行分析的情况(需要评估大量的假设)时。

I.9.1.14 但是，对于海上依托设施(存在间距和重量的严格限制)上设备的优化，更为详细的对段塞流建模对开发出经济高效的设计大有裨益。这些艺术级的模型通常被称为“段塞跟踪”，其目标是预测当段塞沿系统运动时单个段塞形成、互相作用和消失。这些模型可以预测气体和液塞的体积、速度和频率，以及瞬态和稳态压降。

I.9.1.15 根据段塞形成的机理，生产系统中的形成的气液段塞可分为如下两类：

——水力(常规)段塞；

——地形段(严重)段塞。

I.9.1.16 段塞的影响也依赖于系统操作，如启动、关闭、流量变化和清管操作。

I.9.1.17 在某一时间内，一个系统中可能出现这些不同段塞形成机理中的几个，如果它们互相作用，会给分析带来极大的困难。

I.9.1.18 水力段塞(也称之为常规段塞)通常发生在中等气速和液速下。当在液体上面移动的气体相对速度增大时，液体出现波浪，一直到在某一位置液体波浪的高度接触管上部并形成段塞。这些段塞通常在系统入口处或其附近形成，由于倾角/压缩性影响，段塞在其形成处下游会增大或缩减。

I.9.1.19 水力段塞主要是管线直径的函数(但是段塞长度通常相对较短，为20到40倍管径)，因此使用两个较小直径的管线代替直径较大一些管线就有助于控制这种类型的段塞。但是，宜注意到，由于地形/其他因素影响，这些高频率的短段塞也可合并成低频率的长段塞。

I.9.1.20 地形段塞是管线中较低位置处大量液体积聚而成的。一旦液体接触到管道上部，液塞上游截流的气体开始压缩，直到压力足够超过液体的静水压头，不规则的喷涌扩散随后发生。

I.9.1.21 当段塞沿管线上坡流动时，液体从段塞尾部流出并回流到斜坡的低点，而同时分层的液体在段塞前部被铲起并添加进来。如果没有足够的液体被激起添加到段塞前部来代替损失的尾部，在段塞到达管线最高点之前段塞就崩溃了。在具有稳定液体流入的系统，管线中的液量最终积聚到地形段塞成功出现在系统中的地方。由于重力影响，在向下流动的管线中地形段塞更不易形成。

I.9.1.22 在最低点(也就是立管底部)，地形段塞通常很引人注目，一直也被称之为严重或立管段塞。当某种流动条件下液体积聚于立管底部一段时间后，就出现严重段塞，特别是在立管底部处有下坡和低流速的情况。尤其在深水生产系统中严重段塞是一个重要问题，因此不管是从分析的角度还是有关建议的解决方案来说,都引起了很大的注意。

I.9.1.23 操作段塞也被定义为段塞,这是由于系统操作的预期变化引起的,如清管作业、启动、扫线和流速变化。

I.9.2 推荐的解决方案

I.9.2.1 概述

虽然这里给出一系列不同的推荐解决方案,宜注意到对于严重段塞而言并没有万能的解决办法,为了得到最经济有效的解决方案,每一种情况都需要专门考虑。许多推荐的解决方案也能有助于防止、减少或控制水力/操作段塞。

不同段塞解决方案的分类有些任意,宜记住:两种或更多中解决方案的组合可以提供最好的全面的解决方案,例如一个管径稍微小点的管线结合在其上部安装的节流阀就能有效地控制段塞在某些情况下的出现。下面讨论各种的段塞控制方法:

I.9.2.2 流道设计选择

下面介绍的流道设计选择是可行的:

a) 减小油管、管线/立管尺寸

虽然管径减小通常可以减小段塞发生的趋势和严重性,但是这样减小管径宜与压降优化以至系统生产能力相平衡。相对管线而言,立管尺寸的减少会给系统的清管作业带来困难。

b) 使用不同尺寸的多条管线

使用多条尺寸稍小的管线代替一根直径较大管线也可减少段塞发生的可能性和严重性,并能增加测井和关井作业的灵活性。但是,这些优点应与由此增加的多条管线和附加立管的成本相平衡。

c) 改变管线路由

在某些情况下,改变管线路由宜避免在海床上出现低点/保证管线能倾斜到立管基座位置(宁可这一距离至少是立管高度的好几倍),这些都是可能和可行的。

I.9.2.3 气举和气体旁通的选择

通过从井筒、管线上游末端或立管基座处向管流中注气来增加气体体积可以对系统中段塞特性产生有益的影响。从立管基座向管线注气可通过外部或内部小直径管线来实现。补充的气体有助于将液体举升出立管,从而阻止在立管基座处形成液塞。

这一技术的缺点是需要增加额外的立管/管线以及水下阀门、依托设施上的一条控制脐带缆和气体压缩设备等。为了在注入点防止水合物形成和材料限制条件(低温),需要对气体加热/添加抑制剂。

I.9.2.4 立管基座处气体旁通简易方法

替代从立管基座处向管流注气的方法是安装一条旁通管线,使得液塞(在立管基座处开始形成)上游截流的气体能够从液塞上部进入立管,从而减小了立管中的静水压头并有利于较小的段塞向立管流动。

这样的旁通管线可以是外部的或内部的,并可具有单个或多个入口点。这一技术的缺点是需要在海底额外增加管线和阀门等,旁通管线与管线多余的连接点需要与立管基座上游留有足够的距离以保证不会被将要抵达的水力/地形段塞中的液体所堵塞。

I.9.2.5 上部控制选择

下面介绍的上部控制方法是可行的:

——增大系统背压

增加系统背压是通过改变管线中的流型来减小段塞发生的趋势和严重性;但是,这对系统的产能也会带来不利影响。

——节流

通过立管上部控制阀门的节流可以稳定立管中的气液两相流,这是因为立管中液柱压力的降低(当液塞后面的气体进入立管中)会造成的立管中液体的加速,而液体加速引起流经阀门的摩擦压降增加,两者最终互相抵消。控制严重段塞这个方法的缺点是流经控制阀的压降达到立管高度的液体压头,在深水立管条件下会给系统带来施加很大的背压。

——智能节流阀和段塞抑制装置。

一系列不同的技术和设备被提出/开发出来,它们是通过使用快速作用的"智能"控制系统试图减小/消除严重段塞。这些系统通常包括使用上部控制阀控制立管基座处的压力,或依托设施上的微型分离器控制气体和液体流速。所设计的这些装置使施加在系统上的背压尽可能小,从而降低了对系统产能的负面影响。由于这些设备是最近刚开发出来,还需要现场应用经验来证明其应用范围。

I.9.2.6 水下设备选择

下面介绍的对水下设备的选择是可行的:

——水下段塞捕集器

水下段塞捕集器可安装在立管基座处来捕捉和分离进入的气塞和液塞。然后气体可自由流向立管,而液体被泵送到另一个立管以减小由液体静水压头引起的系统背压。这样的系统已在油田被成功安装和应用,但是这一技术资本开支较大,并且需要使用井下泵(电潜泵),该泵需要回收进行日常维护。

——水下分离

使用安装在管线上游末端的水下分离器将产出流体分离成气体和液流,这与使用水下段塞捕集器的概念并没用根本上的区别。但是,它具有某些优势和劣势,如流体在上游的分离大大地减少了防止水合物生成的抑制剂用量和气管线中的腐蚀,但是却通常需要两条全长的管线(气体和液体管线各一条)和为液体管线增压的水下泵。在立管基座处也可使用水下气液分离器,这种情况下的优点和缺点同水下段塞捕集器十分相似。

I.9.2.7 清管

对管线进行清管作业可能有很多原因,包括

——液体总量控制;

——检测;

——清除沉积物,如砂和蜡;

——辅助应用缓蚀剂。

当清管器在管线中移动时,它将管线中残留的液体推送到其前面,直到形成一个段塞。由清管作业引起的段塞可通过优化作业频率并结合使用特定的作业程序来进行控制。例如,高频率的清管可使管线中的持液量低于稳态值,这样就保证只有相对较少量的液体在每次清管时被扫出来,从而就避免需要较大的液体处理设备。同样,宜严格控制清管器速度,以保证管线中液塞速度不超出液体处理设备的处理能力。显然,在清管器从水下发射器进入管线后,如果通过另一条管线来输送推进的流体,而不是依靠自然流动推动清管器,这种方法将变得更容易实现。

I.9.2.8 启动和扫线

当系统关闭时,液体就会流回系统中较低的位置。当系统重启时,这些积聚的液体就会形成段塞。避免这一情况出现方法就是在系统关闭之前,增大流速降低管线中的持液量。

在扫线过程中,高气速也可产生瞬时的水力段塞。

I.9.2.9 流量变化

在凝析气系统中,如果管线中含有大量液体,气速的增加就可导致水力段塞的增加。管线中液体含量受下列因素影响:

——产出液中的液产量;

——管线直径;

——稳态条件下的流体速度;

——管线中低点的存在。

在凝析气系统中，向上流动管线的水力特性受管线与水平位置夹角影响很大，但对于向下流动的管线影响就没这么明显。由于稳态条件下管线中的液烃相和水相可能发生分离，在含水率很高时，流速的较大变化也能产生段塞，并可能超出依托设施上水处理设备的处理能力。

I.10 与材料相关问题

I.10.1 概述

虽然术语“流动安全保障”通常用来描述直接导致生产流体流量减少的现象（通过增加障碍/提高压降），但这里也有两个与材料相关的问题，它们直接同其他流动安全保障问题相互影响，因此有必要进行简要叙述。

宜注意到：有关全部材料问题的详细指导说明在第6章和ISO 13628中的不同部分给出。这里讨论的只是限于直接与流动安全保障有关的方面。

I.10.2 腐蚀

腐蚀受不同流型的影响，如在两相流动中并且抑制剂存在于液相的情况下，碳钢管线的化学抑制剂就可能没有效用。同样，段塞流或高强度湍流就可将缓蚀剂从管壁处冲走。

整个系统的压力和温度剖面也影响到缓蚀剂的效用，宜在设计生产系统时加以考虑。腐蚀在砂床或结垢下也会增强，并且在与侵蚀作用相结合时，腐蚀也会加速。

缓蚀剂和所添加的用于防止/补救流动安全保障问题的其他化学药剂宜进行化学药品与材料相容性检验。例如，蜡溶剂和分散剂会破坏缓蚀剂形成的保护层，而纯净的缓蚀剂实际上会引起某些钢材的加速腐蚀。

缓蚀剂有时也能稳定乳状液并导致严重的起泡，因此在确定/改变用于系统的缓蚀剂之前宜进行流体测试试验。

I.10.3 极限温度

在对长期生产的系统进行加热之前，当气体流经油嘴，井孔上部的气体就会经历焦耳-汤姆逊冷却，在系统启动或重启过程中就可能出现低温。焦耳-汤姆逊冷却也可能导致深水立管基座气举系统（用来控制严重段塞）内出现低温。

降压过程中出现的等熵冷却也会导致低温。

低温能导致不适应材料的脆裂/促进水合物形成/集输系统和管线中的蜡沉积。

低温问题宜考虑到用于系统的材料详细说明和操作程序以保证不发生此类问题。

所用系统单元，包括管线，都有一个最大的温度界限，这一界限取决于结构的材料、产出含水率及其组分（包括pH）。在某些情况下，这一温度界限在生产流体的温度范围内，因此需要使用不同材料的结构。

附 录 J
（资料性附录）
屏 障 原 理

J.1 概述

这里所提供的指南旨在帮助为已有或计划中的水下生产系统发展屏障原理。尽管由于现场特征、设备构造、当地调控需要和现场操作员的喜好不同而导致的差异在所难免。该指南本质上是提供更多信息，寻求促进术语和方法的统一。

J.2 屏障原理的发展

J.2.1 屏障原理通常是阐述在各种情形下，需要多少种屏障，即什么是可以接受的屏障构造。为了使这些需求明显清楚，首先宜清楚定义所用的不同的术语，在某种程度上和当地规定要求（如果存在）和现场操作人员的方法保持一致。在J.3中对障碍的特征和分类建议进行描述。在定义障碍方法文献中所用的术语时，需要考虑以下两个关键问题。

——考虑到在GB/T 22342—2008中，允许地面控制井底安全阀低速渗漏，SCSSV质量是一个屏障么[4]？

——什么构成一个独立的屏障？水下采油树上的多路阀能遇到这种标准么？假定一种特殊类型的单个事件（例如拉锚）能令人信服地同时去除采油树上的阀门/使其失效。

一旦定义了不同的术语，就能开始建立通用的屏障构造需求（采用J.3中所列的技术）。这样需求的例子如下：

——在生产活动中，在油藏和环境间至少宜有两个独立的屏障是一直可用的；

——单个屏障的失效，不管是操作/人为错误还是设备失效，宜不导致井控失效；

——当井上的一个屏障丢失/失效的情况下，宜关井。然后才能评估用减少或者更换屏障功能度来保持持续生产的可能性；

——在正常生产过程中，装备而不是井，包括明显数量的烃类（如管线和管汇），宜提供至少一个被动障碍（如管壁，法兰，垫圈/压力密封帽）总是把烃类和周围环境隔离开来。

图解法对清晰解释屏障需求通常是非常有用的。

J.2.2 在建立了通用需求后（建立在完整屏障方法的基础之上，见5.5.3.3所述），宜考虑一些特殊情况下的某些独有的特性，例如：

——当油藏没有采用某种人工举升方法就不能生产时，就宜对多个/两个和一个屏障的对比需求进行评估；

——对采油树上的翼阀下游维护（例如，在把新井接入管汇，安装清管发射器或者更换水下油嘴期间），就宜对管汇/管线里的烃类和环境之间的流动管路的一个和两个屏障进行评估。

J.2.3 屏障原理宜包括各种屏障测试，如：

——需要的测试压力；

——测试/检测方法的方向，如ISO 10417:2004；

——可接受的泄漏值；

——安装和替换泄漏测试要求；

——常规测试的频率；

——如果屏障测试失效采取的措施。

J.2.4 在当地规定的要求范围内，定义不同于常规屏障的要求，这也是可以接受的。例如，当井上的

SCSSV 失效时，关井并不比井内流动时安全，在这种情况下，一个有限持续“异常授权”（建立在这种特殊情况下的风险评估）就是适合的，使得该井能够在持续生产过程中等待修理/替换失效的 SCSSV。

J.3 屏障类型的分类和特征

J.3.1 屏障可以被划分为以下三类的一种：

——被动的；

——主动的；

——临时的。

J.3.2 被动式的屏障是典型的“永久”屏障，一旦它们被安放好就不会被驱动或者被常规扰动，比如：

——胶结（适用于地下岩层）；

——井下封隔器（包括井眼密封扩展）；

——井下组件，比如气举和化学注入的心轴和阀；

——水下井口（包括井口垫片）；

——套管和油管管柱（包括悬挂器和密封总成）；

——水下采油树主体和阀组（包括接触垫片）；

——管线系统（包括跨接管、连接器主体、垫片和管道）；

——采油树和管汇；

——压力密封帽（包括垫片）。

J.3.3 典型的主动式屏障是能用常规方式驱动的屏障，比如手动（例如潜水员或水下机器人），或者一些形式的遥控（比如通过生产控制系统），或者回流（比如单向阀），如下所述：

——井下 SCSSV 和 SSCSV；

——水下采油树阀（包括生产和环空流道上的阀，以及液压和注化学药剂管路上的阀）；

——管汇阀（包括在管汇上和立管上部的阀）；

——单向阀（包括井下气举阀和注化学药剂管线上的阀）。

井下滑套可以归类为被动式或者主动式屏障，这取决于激发方法和期望的激发频率。

J.3.4 典型的临时性的屏障是特定的活动中在相当有限的时间期限内设计成承压，需要给与持续的注意力以保证其有效性，比如：

——加重钻井液，比如，在油管或者在油管/生产套管环空；

——井下油管塞，这些不留在井内。

J.3.5 以上列出的所有屏障构成了可操作的水下生产系统。在完井和修井作业中所用的不同的屏障可以采用同样的方法进行分类。这些屏障包括：

——水下钻井和钢丝绳、BOP 组（包括平板式和环空防喷器）；

——水下测试采油树（包括执行机构）；

——TH 和采油树下入工具；

——C/WO 立管（包括在 LMRP 上和水面采油树上的阀门）；

——钻井液。

J.3.6 定义屏障的特征对于理解整个风险是一个很有价值的步骤，而这种风险是以取决于在给定的设备和操作结构中所具有的特殊的屏障类型为代表的。宜考虑的特征如下：

——密封机构的类型，例如金属-金属密封与弹性体密封的比较；

——屏障是否失效安全关闭型（典型采用弹簧），或者是否需要手动执行机构关闭；

——失效安全机构失效时，屏障是否能过渡关闭；

——屏障能否在流动方向上检测屏障，在正常的服务中用于不同预期压力；

——当屏障关闭时，是否允许有一定的泄漏量，比如 SCSSV；

——在操作过程中的临界点上，屏障的位置状态能否被正向确定；
——在假定的条件下，没有按照预先的功能对失效进行反应，各个屏障之间的独立性如何；
——屏障是否包含有具备可能漏失路径的子单元，例如水下采油树门阀的管径密封和注油配合；
——屏障对于磨损、腐蚀、冲蚀以及其他老化机理的灵敏度，比如封隔液内的加重物质的放射性沉淀物；
——在同样条件下，屏障在过去的服务中所表现的可靠度如何，包括压力，温度流体组分等。通常被动式屏障比主动式屏障更可靠一些，因为它们很少因为运动而退化；
——在屏障失效时，替换/修理的难易程度；
——是否需要双屏障功能/阻塞供给设施。

J.4 可接受屏障的确定方法

J.4.1 为了确定在不同条件下可接受的屏障结构，通常采用风险分析工具，包括 HAZOP，FMEA，QRA，任务分析/模拟方案风险评估。例如，模拟方案风险评估能用来评估在不同情况下一个或者几个屏障失效而引起的风险(即概率和后果)，比如：
——落物(比如钻铤或者防喷器组)；
——拖拉 MODU/施工船锚；
——捕鱼设备的影响；
——非目的层油藏流体的侵入(泥浆损失)；
——组件的腐蚀，冲蚀和疲劳；
——由于人为原因的误操作。

J.4.2 开发和考虑这样的失效情况需要采用有经验和多学科组，包括生产操作人员，维修人员，钻井和完井人员以及水下工程师。

J.4.3 在评估假定情况的可能性时，宜考虑相关各种屏障失效的可能性以及这种情况的自身可能性。当某些屏障在较短时间内无法提供有效屏障的情况所要求的特殊考虑，如当钻铤通过防喷器组的剪切闸板时。

J.4.4 当评估给定情况的后果时，宜考虑以下许多因素，包括：
——某个特定的屏障发生失效时，漏失到环境中的可能速度；
——漏失到环境中的流体组分；
——在油田生命期内可能出现的变化，比如设备老化和油田压力的衰减。

J.4.5 与各种不同失效情形相关的风险一经确认，就可准备可接受的屏障结构图。水下采油树屏障结构图的例子见 GB/T 21412.4—2008。

附 录 K
（规范性附录）
提升装置和常压结构组件的要求和推荐做法

K.1 设计和性能要求

K.1.1 概述

本附录提出了一个提升原理满足或超过了世界上许多工业上使用的现有要求。其目的就是选择最好的设计范例并利用简单的安全因素规程以保证设计满足安全要求。这些要求和推荐做法与ISO 10423、ISO 13535、ISO 13628-4、DNV 2.7-1和API RP 2A相一致。

K.1.2 荷载能力

海上提升需考虑有效荷载和提升设备之间的相对自由度和相对运动。许多提升标准使用全面的安全系数，包括动态和斜扭因子系数，这系数考虑了动态运动（相对加速度、碰撞、冲击载荷、钢绳速度、海浪和风的条件）和不同于垂直（斜角）方向提升荷载的影响。基于天气、海况、提升物品的静载荷和当地实践经验，这些标准为这些因素提供了图形或图表。这些系数结合在一起就可使荷载能力的安全系数从1.25增加到1.5。但是，有些提升会包括对提升荷载进行水下（海底）配置。这些实例中，就应该考虑流体动力阻力和“附加重量”。此时，安全系数就可能升至1.75。所以，为了满足任何一个预期或意外的提升要求，推荐API RP 2A的实践经验，就是使用一个单一“海上”乘数（安全系数）2来用于所有的海上吊装，而不考虑荷载质量、位置或预期工作。这一荷载安全系数满足保守的提升设备的设计，并不依赖于荷载质量或操作条件。

注意以下情况也很重要：在某些条件下，本附录推荐了极大的起重装备尺寸。如果为了保持起重装备尺寸的合理性而与本附录要求有所偏差，就需要合理的工程判断力，但是这绝对不意味着设计就低于工业要求。

K.1.3 设计

K.1.3.1 概述

提升能力最需要考虑的就是安全系数，以用来确定提升点、工业用提升设备和起重设备设计荷载。具体如下：

——所有起重设备（如锁紧卡环、主链接、旋转接头、旋转提升环和有眼螺栓等）设计所用安全系数应是考虑到所标示安全工作荷载破坏强度安全系数的5倍；

——所有吊具设计所用安全系数应是所标示工作荷载破坏强度安全系数的5倍；

——所有提升机架、结构、伸幅杆装置等的设计安全系数应为所标示材料屈服应力安全系数的2倍；

——单点提升系缆环板设计安全系数应为所标示安全工作荷载的材料屈服应力安全系数的5倍。系缆环板可被机加工成提升物体的一部分，也可设计成一个完全贯穿的焊接；

——多点提升系缆环板设计安全系数应为所标示安全工作荷载的材料屈服应力安全系数的3倍；系缆环板可被机加工成提升物体的一部分，也可设计成一个完全贯穿的焊接；为了防止横向弯矩，系缆环板应与吊具沿提升物体中心排列成行。换句话说，吊具载荷应该作用在系缆环板平面上；

——用于多点提升的“N-1”原理：提升装置的每一条腿和所配属的系缆环板在一条腿失效后仍能支撑设计载荷。例如，承载10 t的一个四条提升绳套应设计成这样：如果第四条绳套断裂，其他三条绳套能够安全支撑10 t的载荷；

——应遵循GB/T 21412.4—2008对提升系缆环板进行清晰的颜色标记，并标明其安全工作荷载。

海底固定或装卸系缆环板不需要颜色标记，但需要标明荷载限制。

如果没有超过应力标准，产品设计应该在承载额定荷载时不能变形到违背其他任何一个变形要求的程度。支撑管状物体的产品设计应该在承载额定荷载时不能破坏螺纹或压坏低于通径的管状物体。提升设备也需要通过标准的工程分析、FEA 或检验测试来论证它们的荷载能力与推荐设计安全系数相一致。

K.1.3.2 其他提升装置

其他提升装置，如需要考虑承压或压力控制要求的送入工具，在提升操作过程中应设计成承压的。荷载能力应包括内部额定工作压力引起的应力。应按照 GB/T 21412.4—2008 中的说明，将荷载能力标记在所有提升设备上。见 GB/T 21412.4—2008 中有关这些工具的附加推荐做法。

K.1.4 设计文件

设计文件应包括方法、假设、计算和设计要求。设计要求应包括但并不局限于有关尺寸、测试和操作压力、材料、环境和 ISO 标准要求的这些标准，以及其他设计要遵循的适当要求。设计文件介质应该清晰、易读、可复制和可替换的。所有设计要求应记录在制造商的说明书(应反映出本附录的要求)中、购买方的说明书或制造商自己的要求中。制造商的说明书可以由文本、绘图和计算机文件等组成。

K.1.5 设计审查

应通过有资质的第三方而不是原设计方对设计文件进行审查和核实。

K.1.6 对产品提升能力验证

K.1.6.1 概述

产品提升能力的验证包括以下两个主要方面：

——性能验证测试，其目的是验证一般产品系列的性能，作为特定产品变型的样品。

——荷载测试，确定特定“出厂”条款的操作能力并参考最后装配试验和相关性能验证试验数据进行验证。

使用这些性能检验程序对设计进行验证的设备或固定装置在设计、尺寸和材料方面都能代表生产样品。如果产品设计在装配、形状、功能或材料方面有任何改变，制造商要将这些改变对产品性能的影响记录存档。如果产品经过较大的改变，这就变成了需要重新测试的新产品了。较大的改变指得是在预期作业条件下影响产品性能的改变。较大的改变也可认为是影响产品性能或预期作业的原有合格结构的变化或材料选择的改变。如果制造商能够验证新材料的适用性，材料的改变并不一定要进行重新检验。

K.1.6.2 检验测试

如果需要对一个设计进行检验，需要施加 1.5 倍于所标示安全工作荷载的载荷进行设计检验。组件应承受的性能测试载荷应该三倍于此时的载荷，即在该载荷下的测试过程中如果没有发生畸变且在一定程度上没有影响到其他任何性能要求。应存档检测文件。

K.1.6.3 荷载测试

提升装置的荷载测试包括如下部分：

——所有的提升系缆环板都应进行局部性地荷载测试，施加荷载为其垂直方向上标示安全工作荷载的 2.5 倍。另外，在进行荷载试验前后，都要按照 ISO 10423 中的规定对系缆环板、焊接部位和与系缆环板提升孔濒临的区域进行磁力探伤或染色渗透测试；

——伸幅杆和机架应对其标示的安全工作荷载进行荷载测试；

——三腿或四腿吊具的主链接的荷载测试应在 6 倍于单腿荷载额定值下进行；

——所有其他提升装置都应在 2 倍于其标示安全工作荷载下进行。

K.1.6.4 测试文件归档

制造商宜记录使用的工艺规程和遵循本附录对设备所有性能的检验结果。另外，文件应记录操作和见证试验的人员、测试的时间和地点。

K.2 材料

结构组件通常应是适用普通结构钢焊接的结构。所使用的任何强度等级应与设计要求相一致。

如果限定了“冷气候”条件，对于所有的提升设备和系缆环板，都应选用韧性和抗冲击性等级得到提升的合金材料。如果没有其他说明，其他结构组件和机架没必要提高其韧性/抗冲击性。

K.3 结构组件的焊接

结构焊接应为非承压焊接，并宜遵循 ISO 10423、GB/T 21412.4—2008 或一个文件性的结构焊接规定，如 AWS D1.1/D1.1M[37]。

K.4 质量控制

K.4.1 结构组件

对结构组件焊接的质量控制和测试应遵循 ISO 14023 中有关非承压焊接的规定说明。

K.4.2 系缆环板

所有的提升系缆环板都宜进行局部性地荷载测试，施加荷载为其垂直方向上标示安全工作荷载的 2.5 倍。另外，在进行荷载试验前后，都宜按照 ISO 10423 中的规定对系缆环板、焊接部位和与系缆环板提升孔濒临的区域进行磁力探伤或染色渗透测试。

K.5 设备标志

K.5.1 系缆环板

按照 GB/T 21412.4—2008 中的有关说明，所有提升系缆环板和其他提升点的提升能力宜清楚标记出来，可以识别出安全工作荷载、提升角度和提升点。

K.5.2 其他提升装置

K.5.2.1 提升装置

每一个提升装置至少宜标记如下信息：

——制造商或公司标识；

——零件标记和尺寸；

——示踪能力/序列号；

——对于锁紧卡环、吊钩和提升环：标出垂直工作荷载额定值(断裂强度的 5 倍)；

——完成的荷载试验日期。

K.5.2.2 吊具

每一个吊具都有一个永久性的标签，上面至少含有如下信息：

——制造商或公司标识；

——吊具材料；

——示踪能力/序列号；

——单个腿的垂直工作荷载额定值(断裂强度的 5 倍)；

——完成的荷载试验日期。

参考文献

[1] GB/T 20972.1—2007 石油天然气工业 油气开采中用于含硫化氢环境的材料 第1部分:选择抗裂纹材料的一般原则(ISO 15156-1:2001,IDT)

[2] GB/T 21412.3—2009 石油天然气工业 水下生产系统的设计与操作 第3部分:过出油管(TFL)系统(ISO 13628-3:2000,IDT)

[3] GB/T 21445.2—2008 石油天然气工业 海底生产系统的设计与操作 第2部分:用于海底和海上的挠性管系统(ISO 13628-2:2000,IDT)

[4] GB/T 22342—2008 石油天然气工业 井下安全阀系统 设计、安装、操作和维护(ISO 10417:2004,IDT)

[5] ISO 898-1 碳素钢和合金钢紧固件的机械特性 第1部分:螺栓、螺钉和螺柱

[6] ISO 898-2 紧固件的机械性能 第2部分:有规定检验载荷值的螺母 粗牙螺纹

[7] ISO 3183 石油天然气工业 管道输送系统 管道用钢管

[8] ISO 13623 石油天然气工业 管道输送系统

[9] ISO 13628-10 石油天然气工业 水下采油系统的设计与操作 第10部分:粘合软管的规范

[10] ISO 13628-11 石油天然气工业 水下采油系统的设计与操作 第11部分:应用于水下和海上的挠性管系统

[11] ISO 14313 石油天然气工业 管道输送系统 管道阀门

[12] ISO 15589-2 石油天然气工业 管道输送系统的阴极保护 第2部分:海底管道

[13] ISO 19900 石油天然气工业 近海结构的一般要求

[14] ISO 19901-2 石油天然气工业 近海建筑物的特殊要求 第2部分:地震设计规程和标准

[15] ISO 19901-4 石油天然气工业 海上结构的特殊要求 第4部分:土工技术和基础设计的考虑内容

[16] ISO 19901-5 石油天然气工业 海上结构的特殊要求 第5部分:设计和施工中的重量控制

[17] API TR 6AF 关于组合载荷下API法兰能力的技术报告

[18] API RP 2RD 浮动生产系统(TLPs)和稳定的半潜式钻井平台用提升设备设计的推荐实施规程

[19] API RP 16Q 水下钻井立管系统的设计、选择、操作和维护的推荐实例

[20] API RP 6AF1 关于组合载荷下API法兰上温度降低额的技术报告

[21] API RP 6AF2 关于组合载荷下API法兰能力的公告—阶段Ⅱ

[22] API RP 1111 海底油气管线的设计、建造、操作和维护(限于设计)

[23] ASME B31.3 工艺管线

[24] ASME B31.4 用于输送液态烃和其他液体的管线输送系统

[25] ASME B31.8 气体传送和分配管道系统

[26] ASME/ANSI B16.5 管法兰和带法兰管件$\left(\text{NPS}\ \frac{1}{2}\sim\text{NPS}\ 24\right)$

[27] ASTM A193 高温作业用合金钢和不锈钢栓接材料标准规范

[28] ASTM A194 高温和高压设备用碳素钢与合金钢螺栓和螺母的规格

[29] ASTM A320 低温作业用合金钢螺栓材料标准规范

[30] DNV OS F-101 海底管线系统规范

[31] DNV OS F-201 动态立管
[32] DNV RP A401 阴极保护设计
[33] DNV RP A203 新技术授权程序
[34] IEC 61508 电气/电子/可编程序的电子安全相关系统的功能安全(所有部分)
[35] NACE RP 0176 海上固定式钢质石油生产平台的腐蚀控制
[36] 美国联邦政府标准 595A 政府采购中使用的颜色
[37] AWS D1.1/D1.1M 钢结构焊接规范

ICS 75.180.10
E 94

中华人民共和国国家标准

GB/T 21412.5—2010/ISO 13628-5:2002

石油天然气工业 水下生产系统的设计和操作 第5部分:水下脐带缆

Petroleum and natural gas industries—Design and operation of subsea production systems—Part 5:Subsea umbilicals

(ISO 13628-5:2002,IDT)

2010-09-02 发布

2010-12-01 实施

中华人民共和国国家质量监督检验检疫总局
中国国家标准化管理委员会 发布

前 言

GB/T 21412《石油天然气工业 水下生产系统的设计和操作》分为九个部分：

——第1部分：一般要求和推荐做法；

——第2部分：用于海底和海上的挠性管系统；

——第3部分：过出油管(TFL)系统；

——第4部分：水下井口和采油树装置；

——第5部分：水下脐带缆；

——第6部分：水下生产控制系统；

——第7部分：修井/完井立管系统；

——第8部分：水下生产系统中水下机器人(ROV)接口；

——第9部分：遥控操作工具(ROT)干预系统。

本部分为GB/T 21412的第5部分。

本部分等同采用ISO 13628-5:2002《石油天然气工业 水下生产系统的设计和操作 第5部分：水下脐带缆》(英文版)。

本部分等同翻译ISO 13628-5:2002。

为便于使用，本部分作了下列修改：

——"ISO 13628的本部分"改为"GB/T 21412的本部分"；

——删除国际标准的前言；

——对ISO 13628-5:2002中的疑误进行了更正，并在相应之处用脚注进行了说明。

本部分的附录A、附录B、附录C、附录E为资料性附录。附录D为规范性附录。

请注意本标准的某些内容有可能涉及专利。本标准的发布机构不应承担识别这些专利的责任。

本部分由全国石油天然气标准化技术委员会(TC 355)归口。

本部分起草单位：海洋石油工程股份有限公司。

本部分主要起草人：周美珍、张维庆、程寒生、高光才、李小军、张艳春、杨博、郭建文、赵淑文、李红、牛勇。

引　言

本部分基于 API Spec 17E:1998 第二版和 API RP 171:1996 第一版。

采用本部分的用户应当注意，对于特定的应用场合可能需要不同于该标准的要求，或者是比标准中规定内容更深入的要求。本部分无意禁止供货商提供产品或买方去接受供应商所提供的产品，对于特定的应用场合，尤其是在技术上存在革新或发展的情况下，可选择替代的设备或工程办法。当采用替代做法时，供应商应当对不同于本部分的做法进行标识并提供详细说明。

石油天然气工业
水下生产系统的设计和操作
第5部分：水下脐带缆

1 范围

GB/T 21412 的本部分规定了水下控制系统、化学药剂注入、气举、公用脐带缆及相关附属设备的设计、材料选择、制造、设计验证、试验、安装和操作要求，并给出了推荐做法，用于石油天然气行业。

GB/T 21412 的本部分适用于单独的电缆、光纤、热塑性软管或金属管的脐带缆，或它们组合的脐带缆。

GB/T 21412 的本部分适用于静态或动态运行的脐带缆，其路径可为水上-水上，水上-水下和水下-水下。

GB/T 21412 的本部分不适用于相关部件接头，除非这些接头影响到脐带缆或其附属设备的性能。

2 规范性引用文件

下列文件中的条款通过本部分的引用而成为本部分的条款。凡是注明日期的引用文件，其随后所有的修改单(不包括勘误的内容)或修订版均不适用于本部分，然而，鼓励根据本部分达成协议的各方研究是否可使用这些文件的最新版本。凡是不注明日期的引用文件，其最新版本适用于本部分。

ISO 527(所有部分)　塑料　拉伸性能的测定

ISO 1402　橡胶、塑料软管及软管组合件　液压试验

ISO 4080　橡胶和塑料软管及其组合件　透气性的测定

ISO 4406　液体传动　油液　固体颗粒污染等级代号

ISO 4672:1997　橡胶、塑料软管　低温曲挠试验

ISO 6801　橡胶或塑料软管　容积膨胀的测定

ISO 6803　橡胶、塑料软管及软管组合件　无挠曲液压脉冲试验

ISO 7751　橡胶、塑料软管和软管组合件　试验压力、爆破压力与设计工作压力的比率

ISO 8308　橡胶和塑料软管及非增强软管　液体壁透性测定

IEC 60228　电缆的导体

IEC 60502-1　额定电压 1 kV(U_m=1.2 kV)到 30 kV(U_m=36 kV)挤包绝缘电力电缆及附件　第1部分：额定电压 1 kV(U_m=1.2 kV)和 3 kV(U_m=3.6 kV)电缆

IEC 60502-2　额定电压 1 kV(U_m=1.2 kV)到 30 kV(U_m=36 kV)挤包绝缘电力电缆及附件　第2部分：额定电压 6 kV(U_m=7.2 kV)到 30 kV(U_m=36 kV)电缆

IEC 60793-1-1　光纤　第1部分：总规范　总则

IEC 60793-2　光纤　第2部分：产品规范

IEC 60794-1-1　光缆　第1部分：总规范　总则

IEC 60794-1-2　光缆　第1部分：总规范　光缆性能基本试验方法

ASTM A 370　钢制品力学性能试验的标准试验方法和定义

ASTM A 450/A 450M　碳钢、铁素体合金及奥氏体合金钢管常用要求的标准规范

ASTM E 562　用系统的人工逐点计数法测定体积因数的试验方法

ASTM G 48　使用三氯化铁溶液测定不锈钢和相关合金耐点蚀和缝隙腐蚀标准试验方法

BS 5099 电缆火花试验规范

3 术语、定义和缩略语

3.1 术语和定义

下列术语、定义和缩略语适用于GB/T 21412的本部分。

3.1.1

附属设备 ancillary equipment

脐带缆系统的附件,不构成主要功能用途的一部分。

例如:弱连接、浮圈和I型管或J型管密封等。

3.1.2

弯曲限制器 bend limiter

通过机械方法使脐带缆的弯曲半径受到限制的装置。

注:一般由一系列互锁的金属环或模制环组成,用于脐带缆上。

3.1.3

弯曲加强件 bend stiffener

通过提高局部抗弯刚度而限制脐带缆弯曲半径的装置。

注:弯曲加强件通常是用在脐带缆上的一种模制装置,根据所需的负载有时需要加固。

3.1.4

钢丝打结 bird-caging

由于脐带缆铠装层上的轴向和径向应力集中,随着节圆直径增大和/或减小,局部铠装金属丝会重新排序的现象。

3.1.5

束 bundle

加外护层之前,脐带缆内绞合的功能部件及相关的填充物。

注:束内典型的功能部件包括软管、金属管、电缆和光缆。

3.1.6

转盘 carousel

脐带缆存储装置,在驱动机构带动下能环绕垂直轴转动。

注:环形传送装置由内卷轴和外缘结构构成,二者共同支撑脐带缆。脐带缆以零张力存储。没有外缘结构的传送装置通常称为转筒。

3.1.7

履带牵引装置 caterpillar

是将脐带缆托放在传动带之间,输送脐带缆的装置。

3.1.8

特性数据 characterization data

与部件或脐带缆相关的数据,表明性能指标,但不作为特定的接收/拒收标准。

3.1.9

网套 chinese finger

借助脐带缆外径来固定脐带缆的卡子或固定装置,由许多的螺旋编织网线组成并系在锚固装置上。

3.1.10

芯线 core

通用术语,用于描述单根绝缘导体。

3.1.11

偏行铺设　crab lay

安装船舷侧或尾部沿铺设路由移动的安装方式称为偏行铺设。

3.1.12

设计寿命　design life

使用寿命乘以一个适当的安全系数后得出的数值。

3.1.13

设计工作压力　design working pressure(DWP)

软管或金属管连续运行时的最大工作压力。

3.1.14

设计工作载荷　design working load

最大工作载荷乘以一个适当的安全系数得出的数值。

3.1.15

终端　end termination

安装在脐带缆末端的机械装置，将安装和操作的载荷、流体和电气设备的信息传递给水下或水面安装的配套设施。

3.1.16

工厂接收试验　factory acceptance test(FAT)

生产完工后，为验证其完整性而在整个脐带缆系统上进行的一系列试验。

3.1.17

功能部件　functional components

包含在脐带缆内，用于满足操作需要的部件。例如，软管、金属管、电缆/光缆。

3.1.18

功能规格书　functional specification

为规定整体性需求的文件(包括质量保证要求)，应说明产品性能或功能的特征、特性、工艺条件、界面和其他要求。

3.1.19

依托设施　host facility

固定的或浮动的设施，脐带缆与其实现机械和功能上的连接，并通过脐带缆来实现功能和提供服务。例如：平台、浮筒、浮式生产系统。

3.1.20

吸氢剂　hydrogen getter

光纤系统内的介质，该介质可以通过化学方法消除氢。

3.1.21

成缆　lay-up/cabling

将芯线或光纤组成电缆或将软管、金属管、电缆、光缆组成束或多个子束的操作。

3.1.22

装船　loadout

采用倒缆或吊装的方式将脐带缆或脐带缆系统从存储装置转到安装/运输船上的操作。

3.1.23

制造商规格书　manufacturer's written specification

制造商根据买方和GB/T 21412本部分的要求，编制的有关脐带缆、脐带缆部件及其制造的规格书。

注：规格书可包含多种文件(如设计计划、检验和试验计划、试验程序等)。

3.1.24

最大工作载荷 maximum working load

指脐带缆在搬运和/或安装过程中，在不发生损坏或性能降低的情况下，能连续承受的最大拉伸工作载荷。

注：当脐带缆的弯曲半径减小时，最大工作载荷随之降低。

3.1.25

引缆钢丝 messenger wire

用于转接初始拖拉装置，安装或预先固定在I型或J型管中，通常为绳子，为拖拉脐带缆穿过管子而提供的方法。

3.1.26

最小弯曲半径 minimum bend radius

功能部件在生产、卷缆和放缆、储存和安装、使用和回收过程中不出现损坏的最小弯曲半径值。

注1：可弯曲的典型功能部件包括电缆/光缆、软管、金属管、脐带缆等。

注2：最小弯曲半径是从弯曲中心点到功能部件外径的弯曲内侧点的测量值，该值可以随着作用在部件和脐带缆上的载荷不同而变化。

3.1.27

最小破断载荷 minimum breaking load

当载荷直线作用在脐带缆上时，脐带缆在产生机械破断前所承受的最小拉伸载荷。

3.1.28

月池 moonpool

船甲板与海水之间的垂直敞开通道，通过它起放设备和产品。

3.1.29

多路耦合器 multi-coupler

一种多路接头，包括两个插接板组件(相互耦合连接的两半)，其中一个由多个液压和/或电气和/或光纤耦合接头组成，每个接头都完成一个独立的功能，当两个插接板组件连接到一起时，相应的耦合接头同时相互匹配。

3.1.30

拖拉头 pull-in head

位于脐带缆的末端，便于脐带缆装船/卸船和沿着海床和/或穿过I型管和J型管拖动。

注：某些设计中，终端铠装可用来锚定I型管和J型管顶部的脐带缆。该拖拉头通常包含一个流线型的圆柱管套，脐带缆铠装层及功能部件的终端包含在其内部，可以快速拆卸，方便组件的测试和监测。拖拉头也可用在脐带缆的水下末端。

3.1.31

卷轴 reel

用来储存脐带缆或其组件的装置，由两个凸缘、滚筒组成，滚筒的轴线通常是水平的。

3.1.32

使用寿命 service life

即脐带缆系统应能满足功能要求的规定时间。

3.1.33

S-N 数据 S-N data

该数据由循环应力水平与失效时对应的循环次数所绘制的图表而得到。

3.1.34

连接 splice

将部件或分部件的长度接起来，以达到需要的产品长度。

3.1.35

水下终端接口　subsea termination interface

用于脐带缆和水下终端或水下脐带缆分配单元之间实现转接的装置。

注：典型的接口装置由脐带缆铠装终端、弯曲加强件、软管和/或金属管端部接头组成。如果脐带缆包含电缆，终端接口还应包括电穿透器和/或电接头。

3.1.36

水下脐带缆分配单元　subsea umbilical distribution unit

将单根脐带缆与多个水下系统独立进行机、电、光和/或液连接的机械装置。

注：本文中的流体包括生产系统服务流体、生产流体、控制流体和气举流体。

3.1.37

水下脐带缆终端　subsea umbilical termination

用于脐带缆或跨接管束与水下系统连接的装置，实现其机、电、光和/或液的连接。

注：本文中的流体包括生产系统服务流体、生产流体、控制流体、井下作业流体和气举流体。

3.1.38

脐带缆　umbilical

指电缆、光缆、软管、金属管群，既可以单独又可相互组合在一起成缆，具有柔性，并用外护套和/或铠装提高机械强度。

3.1.39

脐带缆接头　umbilical joint

是指将两段脐带缆连接来实现修复或形成所需产品长度的装置。

3.1.40

脐带缆系统　umbilical system

由脐带缆、终端及其他附属设备组成，安装在固定平台、浮式生产设施或陆地设施与固定平台、浮式生产系统或水下系统之间，提供控制、数据通讯及生产系统服务流体和/或公用供应之间的传输。

3.1.41

非老化典型试样　unaged representative sample

脐带缆或其内部部件的试样，该试样预先未承受载荷、应力和/或高温。

例：电缆、软管、金属管和光缆。

3.1.42

公用脐带缆　utility umbilical

安装在两个固定平台之间、固定平台与浮式设施之间、或固定平台/浮式设施与陆地设施之间，用于电/液动力、工艺流体和数据通讯传输的脐带缆。

3.1.43

原材料　virgin material

原库存料　virgin stock

由材料制造商提供的全新的、未使用过的材料。

注：原材料或原库存料不应包括或含有重复加工、重复利用、重复处理、重复使用或其他类似的材料。

3.1.44

弱连接　weak link

用来保证在特定载荷和位置上，可将脐带缆分开或切断的装置。

3.2　缩略语

GB/T 21412的本部分中，应用下列缩略语：

AC　　交流电

AVE　　表观容积膨胀

DC　　直流电

DWP	设计工作压力
FAT	厂家接收试验
FIR	全盘指示读数
d	内径
KP	千米点
LAT	最低天文潮
NDE	无损检测
D	外径
OTDR	光时域反射计
QA	质量保证
ROV	水下机器人
σ_y	规定的最小屈服应力
TAN	滴定法酸值
TVE	真实容积膨胀
UV	紫外线
t	壁厚

4 功能要求

4.1 总要求

4.1.1 脐带缆

脐带缆及其部件应具有以下特性：

a) 能承受所有设计载荷和载荷组合，并在规定的设计寿命内完成其功能；

b) 在设计寿命期间，能在规定温度下储存和运行；

c) 材料：适应所处的环境，并与腐蚀控制及介质相容性要求一致；

d) 电缆：能以要求的特性传输电力和信号；

e) 光纤：在衰减要求范围内，能以要求的波长传输信号；

f) 软管和/或金属管：能在要求的流量、压力、温度和清洁度下传输流体；

g) 如果部件出现渗透，能以可控的方式进行排放；

h) 按制造商规格书的规定，能回收和再安装。

4.1.2 终端及附属设备

脐带缆部件的终端接口是一个关键部位，在设计审查阶段应引起注意。

终端和附属设备至少应满足与脐带缆相同的功能要求。若应用，应按下列各项进行论证：

a) 终端应在脐带缆和支撑结构之间提供结构接口；

b) 终端应在脐带缆和弯曲限制器/弯曲加强件之间提供结构接口；

c) 终端不应降低脐带缆的使用寿命，或使系统性能低于功能要求；

d) 腐蚀保护应满足设计寿命的要求；

e) 安装过程中，将终端应急回收或按计划回收到水面，不应降低脐带缆的使用寿命或系统性能。

4.2 工程特定要求

买方应规定脐带缆的功能要求。

当买方对功能无特定要求时，或买方有规定，但其规定功能会影响到脐带缆的设计、材料、制造、试验、安装和运行，应由制造商规定。

注 1：附录 A 规定了规格书的基本要求。

注 2：如果买方无特定要求，且没有此要求并不影响上述工作，则制造商将承担买方无要求的责任。

5 质量保证

依据GB/T 21412的本部分要求制造的设备应遵守认证的质量保证(QA)程序。制造商应编制规格书说明如何执行质量保证程序。

6 设计要求

6.1 概述

脐带缆及其部件的设计应满足GB/T 21412本部分中功能和技术的要求。需求分析应基于脐带缆的风险评估。考虑的因素有脐带缆的工作环境和运行条件，以及性能失效的后果。

6.2 设计方法

设计方法至少应包括以下方面：

a) 理论基础的描述。为了满足第四章规定的功能要求，包括评估脐带缆设计参数的计算程序和方法及需要满足的准则；

b) 设计寿命的评估方法。遵循6.3的要求；

c) 理论基础的验证。按照7.6,7.8.7,7.9.7和10.2的规定，通过对部件试样和完整的脐带缆试样进行样机试验。验证应包括脐带缆各结构层的能力。如果不影响其他结构层应力计算的可靠性，对非关键层(如防磨层)的校核采用简化保守的分析方法是可以接受的；

d) 应力集中系数的确定基础。考虑金属结构部件的几何因素，包括终端接头及其内部、夹具附件、刚性连接面、制造公差及由载荷引起的缝隙；

e) 制造和设计的公差、制造产生的应力、焊接以及影响结构性能的其他因素。

除非有文件证明脐带缆的设计不受以下因素的影响，设计方法应考虑各层的磨损、腐蚀、制造工艺、安装载荷、尺寸变化、蠕变和老化(包括机械、化学和热老化)的影响。

如果脐带缆的设计超出了以往的、已验证的设计范围，制造商应进行样机试验来验证新的设计方法。样机试验应证实那些超出以往、已验证的设计范围的设计参数的适应性。

6.3 分析

6.3.1 概述

作为设计评估内容，制造商应考虑与脐带缆设计有关的分析结果，包括安装、动态应用及结构分析。

分析结果应用于证实脐带缆适于安装，并在其设计寿命内仍然适用。

分析结果应在设计验证试验中，或在工厂接收试验中得到验证。制造商可提供典型的历史数据验证所用的模型或计算，以代替部件/脐带缆的物理试验。

6.3.2 载荷分类定义

载荷按功能、环境(外部的)或者偶然性进行分类，其定义如下：

a) 功能载荷指制造、安装和运行期间，作用于脐带缆上的载荷，包括脐带缆在水下承受的下列载荷(风、浪、流载荷除外)：

1) 由脐带缆(含介质及附件)的重力和浮力产生的载荷，包括永久性和暂时的载荷；

2) 软管和金属管内的压力；

3) 热胀及收缩产生的载荷；

4) 外部压力；

5) 试验压力，包括安装、调试和储存压力；

6) 因挖沟、埋设或抛石引起的外部土壤或岩石的反作用力；

7) 由支撑和保护结构产生的静反力和变形载荷；

8) 临时安装或回收载荷，包括受到的拉伸和断裂载荷、冲击载荷及导向产生的载荷；

9) 在运行期间，脐带缆结构中的残余安装载荷；

10) 压力和张力引起的旋转产生的位移；

11) 铺设或卡紧脐带缆的相互作用；

12) 由于刚性或柔性管交叉或跨越引起的载荷；

13) 安装时由于定位误差引起的载荷；

14) 检修工具引起的载荷。

b) 环境载荷　指那些由各种环境参数直接或间接产生的外部作用力，作用于脐带缆上产生的载荷，包括波、流和船舶运动产生的载荷。

c) 偶然载荷　指直接或间接地由非计划性行为产生的载荷，包括但不限于以下情况：

1) 落物；

2) 拖网渔船碰撞；

3) 锚缆故障；

4) 火灾和爆炸；

5) 舱壁损坏或非正常进水；

6) 推进器故障；

7) 安装船舶的动力定位故障；

8) 外部过压；

9) 内部过压；

10) 转塔驱动系统故障。

6.3.3 载荷组合与工况

脐带缆的设计应证明其满足作用在脐带缆上的各种设计载荷组合的要求。由脐带缆装置及其支撑(包括环境和土壤条件)所产生的载荷是随时间而变化的，应对其影响进行分析。

分析的设计载荷工况应包括工厂接收试验、安装和运行。

对于买方规定的任何临时工况，应进行设计校核，且应与设计载荷工况采用相同的设计标准。

所分析的设计载荷应来源于以下载荷组合：

a) 功能载荷；

b) 功能载荷和环境载荷；

c) 功能载荷、环境载荷和偶然载荷。

在考虑载荷组合时，尽可能地描述作用于脐带缆的相关载荷条件。例如，脐带缆铺设过程中，仅出于监控目的，通常加压到一个比工作压力低的压力水平。因此，这种条件下的组合载荷可能与工作条件下承受的载荷有较大的不同。同样，对于动态应用场合，在恶劣的海况下井口控制系统可暂停运行，从而可避免正常工作压力与大的轴向载荷和附加弯曲载荷组合的情况。实际上，不可能对所有载荷的组合进行评估。在临界载荷和可控载荷组成评估基础的条件下，设计分析将是一个选择的过程，通常不考虑非临界和不可控的情况。

6.3.4 安装分析

安装分析应用于确定安装期间施加在脐带缆上的载荷，包括由于内部监控压力、船舶运动、安装设备、夹紧、挖沟作业、抛石、挤压、海床稳定性和拖拉作业所带来的载荷。

安装分析应用于确定下列参数，在脐带缆的设计中应考虑：

a) 脐带缆在海床上触地点与船舶间的允许偏移量，为海况和海流的函数；

b) 沿着脐带缆张力和曲率的变化，为海况和海流的函数；

c) 沿着脐带缆多点的张力和曲率时域图，包括已确定的具有最大张力值和最小曲率半径的点；

d) 为避免脐带缆过应力所允许的船舶运动；

e) 挖沟作业的残余张力；

f) 在脐带缆失效前，铺缆船可定位的最长时间周期，为海况的函数；

g) 由于抛石产生的冲击力；

h) 由于在储存和通过电缆线盘期间产生的断裂载荷与任何内部监控压力及铺设拉伸载荷的组合产生的横向变形。

如果安装涉及I型管或J型管，应在考虑海床上及I型管，或J型管内部摩擦力的同时，确定脐带缆上的最大拖拉力。

脐带缆的设计载荷、最小弯曲半径和许用断裂载荷应在安装分析确定的限定范围内。

6.3.5 动态分析

动态分析应用于确定脐带缆的载荷，这些载荷由于自重、海流、水面波动的影响，船/浮筒运动，脐带缆的结构等引起。

动态分析应用于确定以下数据：

a) 沿着脐带缆张力和曲率的变化，为海况和海流的函数；

b) 沿着脐带缆多点的张力和曲率时域图，包括已确定的具有最大张力值和最小曲率半径的点。

在考虑疲劳寿命性能时，应适当的考虑疲劳寿命的随机特性。尤其应注意动态运行中，脐带缆内产生的涡激振动，以及从I型管底部直至海床部分的涡激振动。在计算疲劳寿命与要求的使用寿命之间，应保持合适的安全裕度。

由于弯曲加强件和附属设备会影响脐带缆的载荷，故设计的弯曲加强件和附属设备应保持脐带缆在其允许的操作范围内。

注：安全系数取决于分析水平及各种必要的假设，典型的安全系数为10。

6.3.6 结构分析

结构分析应用于确定脐带缆及其组件的设计，它们应能承受设计载荷和制造、装船、回收、修复和安装过程中设想的工况，同时也能承受整个设计寿命期间的操作工况。

在各部件设计的条款内，规定了与脐带缆部件结构分析的相关要求。

结构分析应证实和证明脐带缆系统内使用的金属和非金属材料，其设计满足材料在整个设计寿命期间的使用要求。如可能，应使用认可的标准和适用的安全系数进行结构分析。

设计过程应考虑以下方面：

a) 在使用寿命内，由于老化导致材料性能退化和降低；

b) 材料选择，包括金属元件的腐蚀、阴极腐蚀和粘接元件的脱胶；

c) 海床的稳定性，包括需要的附加压载和其他安装作业中的碰撞；

d) 铠装金属丝、弯曲加强件、聚合物和保压部件的疲劳；

e) 最小破断载荷；

f) 环境条件的影响(例如，紫外线、温度、臭氧和长时间浸泡在海水和渗透的流体中)；

g) 在整个制造、搬运、安装过程中，铜导体、铠装金属丝、金属管和光纤的累积应变；

h) 光纤的应变。

7 部件设计、制造和试验

7.1 概述

脐带缆部件的设计和制造应满足脐带缆的功能和技术要求，并通过验证和接收试验证明其适用性。

当新部件的设计与以往验证过的设计相似，且能以较高的可信度预测新部件的性能时，可用部分或全部部件的接收试验涵盖设计验证试验。对于非常规的设计或与以往验证过的设计有重大差异时，设计验证试验应按单独的程序进行。

如果部件的设计与以往验证过的设计相似，且脐带缆安装在类似的环境和操作工况下，可以用早期的设计验证的数据代替设计验证。

如适用，对终端、中间接头及附属设备，宜考虑进行验证和接收试验。

注：本条款中规定的部件，在制造期间和完成时进行的验证和接收试验汇总见附录B。

7.2 电缆

7.2.1 概述

带有绝缘导体的电缆应能在海水浸没的环境中连续运行。

7.2.2 工作电压

7.2.2.1 动力电缆

动力电缆电压等级的选择范围应从 0 V 到标准额定电压 $U_o/(U \cdot U_m)=3.6/(6\times7.2)$kV(rms)，其中 U_o、U 和 U_m 按 IEC 60502-1 和 IEC 60502-2 定义。

7.2.2.2 信号电缆

所设计的信号电缆应传输电控和通信信号，电压范围应从 0 V(rms)到 $U_o/(U \cdot U_m)=0.6/(1.0\times1.2)$ kV(rms)，其中 U_o、U 和 U_m 按照 IEC 60502-1 和 IEC 60502-2 定义。

7.2.3 结构

7.2.3.1 概述

为获得最终的长度要求而需要的电缆连接，应按制造商规格书规定的合格程序进行。连接应遵循与绝缘导体和电缆同样的技术指标和验收标准。

芯线和电缆应按连续长度制造。

在多芯电缆内，其结构应保证芯线在做电缆端头时易分离、不粘附，或不与护套、填充物、包扎带及相邻的芯线粘连。

如必要，宜提供铠装或其他保护形式。

由于在多数情况下，电缆芯线采用套管密封法进行密封。其绝缘表面应圆整、平滑，没有影响密封的疤痕、凹陷和表面缺陷等。

对于在成缆和/或深水使用中产生的拉压力及潜在的破坏力，应根据规定的设计基础考虑导体应力的释放。

7.2.3.2 导体结构和类型

导体应用高导电率的铜线制作，并应遵守 IEC 60228 中有关导电率和材料的要求。导体应采用圆截面的退火铜线制造。

如绞合，每根导体至少应由七股线构成。导体最小的标称截面积应为 2.5 mm^2(0.004 in^2)。导体的标称截面积应满足第 4 章的功能要求。

7.2.3.3 动力电缆

动力导体应进行绝缘、绞合和/或铠装，并可按制造商规格书进行屏蔽和加外护套。

选择的绝缘材料应是原材料，适于连续、无缝、圆形、单次/多次挤压成形，并应满足 IEC 60502-1 和 IEC 60502-2 的要求。对于制造厂商规格书中说明的水下工况，最小允许绝缘厚度应满足认可的和适用的国内外标准的要求。

7.2.3.4 信号电缆

信号导体应进行绝缘、绞合和/或铠装，并可按制造商规格书进行屏蔽和加外护套。信号电缆的设计应满足所采用的通信系统电信号的传输特性。

选择的绝缘材料应是原材料，适于连续、无缝、圆形、单次/多次挤压成形，并应满足 IEC 60502-1 和 IEC 60502-2 的要求。对于制造厂商规格书中说明的水下工况，最小允许绝缘厚度应满足认可的和适用的国内外标准的要求。

7.2.3.5 导体编码

绝缘导体应采用颜色或数字进行识别。若使用数字识别，在每根芯线上每隔一定距离(不超过 100 mm(4.0 in))打印上数字。所使用的数字和/或颜色应列举在制造商规格书中。

编码在加热老化状态下应稳定，并不应失效，以满足第 4 章的要求。

7.2.3.6 **成缆**

各芯线的绞合应采用螺旋成缆设备进行。

对于成缆中的操作，电缆芯线应用带子螺旋重叠绕包在一起，以保证线束的稳定和圆形的横截面。

成缆操作应使芯线之间的压力最小，绝缘的变形程度最小。

7.2.3.7 **填充物**

为了获得固定的圆形结构，绞合时芯线间的间隙应加入填充物，并用绑扎带把包扎好的各部件捆扎在一起，或采用直接将聚合物挤包在芯线周围的方法，直接填充间隙，使绞合的芯线固定。填充物和绑扎带的材料应与电缆里的其他材料，特别是电气绝缘材料相容。这些材料应遵循制造商规格书中的规定。

7.2.3.8 **屏蔽**

如要求，电缆应采用裸退火铜带或镀锡退火铜带，或是由铜塑复合带进行屏蔽。厚度、层数和最小截面积应遵循制造商规格书中的规定。屏蔽在整个电缆的长度上应电气连续，并使用这样的屏蔽方式，在设计寿命内电气连续性不会被间断。

对于电缆或单根动力芯线，金属屏蔽带应对其芯线提供100%的包覆。应采用螺旋重叠缠绕。屏蔽不应直接包覆在绞合的芯线上。

如果有排扰线，它至少应由三股线组成且总截面积不小于0.35 mm^2(0.000 5 in^2)。排扰线应与屏蔽的金属部分保持接触，结合成一个整体。

7.2.3.9 **护套**

电缆护套应是整体抗紫外线和臭氧的聚合材料，并应与制造商规格书中规定一致。所选的材料应连续同心的挤包在绞合的芯线四周，以便制作出均匀的截面。材料应与海水和规定的工作介质在整个制造、安装和运行中相容，并不应降低其在成缆中可能接触到的其他材料的质量。

应使护套与其他电缆的护套和/或其他部件的摩擦系数减至最小。

由于电缆护套在多数情况下采用套管密封法进行密封，绝缘的表面应圆整、平滑，没有可能影响密封的疤痕、凹陷和表面缺陷。

7.2.3.10 **标识**

电缆应按照制造商规格书的要求唯一标识。标识至少应包括以下内容：

a) 制造商；

b) 唯一的组成标识(如芯线3用阿拉伯数字“3”标志)；

c) 批号；

d) 电压等级。

不允许采用浮凸印刷。

7.2.3.11 **终端接头**

电缆的设计应考虑将电缆终端做成某种形式的水密接头，水密接头应在整个设计寿命期间起作用。

注：GB/T 21412的本部分未对水下的电气接头提出具体规定。

7.3 电缆的性能要求

7.3.1 导体电阻

每根导体的直流电阻不应超过IEC 60228的限定值。

7.3.2 绝缘电阻

每根电气芯线的直流绝缘电阻不应低于制造商规格书的规定值，在500 V DC时不低于500 MΩ·km。

7.3.3 屏蔽层电阻率(非金属层)

对于含有半导体屏蔽层的动力电缆，其电阻率不应超过以下值：

a) 导体屏蔽：1 000 Ω·m；

b) 芯线屏蔽：500 Ω·m。

7.3.4 性能特征

7.3.4.1 信号

对于每对信号导体，在所推荐系统的运行带宽中的频率下，下列特性应限定在上下限值之内：

a) 频率衰减；

b) 特征阻抗；

c) 电感；

d) 电容。

上述传输特性及导体对之间干扰的限制应在制造商规格书中说明。

7.3.4.2 动力

动力电缆的设计应考虑：

a) 额定电压；

b) 额定电流；

c) 相数；

d) 最高环境温度；

e) 最大电压降。

7.4 电缆的结构分析

考虑6.3.6中规定的脐带缆结构分析形成的数据，针对导体上的拉伸、压缩和疲劳载荷，应进行电缆结构分析以验证电缆设计的可接受性。

7.5 电缆的制造

7.5.1 导体绞合

绞合工艺应保证各股线和绞合导体不承受拉压载荷，这些载荷可引起股线或绞合导体截面的扭结或变形。

在绞合操作中，施加在股线上的拉力在制造过程中应均匀控制，并按照制造商规格书的要求，定期检查。

复绞导体应为同心绞合结构并通过连续的螺旋行星式绞合而成，不应采用其他的结构。在绞合操作期间，绞合导体不应显示螺旋扭曲的倾向或不均匀的外观。

7.5.2 绝缘挤压

在挤压期间，下列工艺参数应连续测量和记录：

a) 挤压机料筒/机头温度；

b) 融化的压力/温度；

c) 转动速度/动力要求；

d) 牵引速度。

绝缘应以一个连续的长度进行挤压成形且无缺陷，并按照制造商规格书，在挤压过程中进行检查和火花试验。不允许修复绝缘。

绝缘厚度和外径最少应在90°夹角的两个位置连续测量和记录。

挤压后，绝缘导体应储存在一个有覆盖物的专用区域，防止阳光直射、灰尘和其他可能的污染。

7.5.3 成缆

只有用连续螺旋方法绞合的单一电缆和复合电缆的芯线，才可用于制造符合GB/T 21412的本部分要求的脐带缆。只有通过应用验证后，其他成缆工艺方可接受。

在成缆过程中，导体不应承受拉压载荷，这些载荷可引起股线或绞合导体截面的扭结或变形。

若有必要，应加入填充材料形成紧凑的圆形束。这些填充物可以填充在绞合好的芯线的间隙中，或者可作为后续的护套制作中的填充部分。

在成缆时，绞合的芯线应经常进行外观检查，以确保芯线和填充物相容成缆。

如果制作中使用绑扎带，电缆弯曲时不应妨碍各芯线间的相对移动，为此应施加一个均匀拉伸载荷。

成缆完成后，成缆的芯线和/或成缆的电缆元件应储存在一个有覆盖物的专用区域，防止阳光直射、灰尘和其他可能的污染。

7.5.4 护套挤压

压出的护套上应无缺陷或间断。允许修复护套，但应按照制造商规格书的要求进行。

绝缘厚度和外径最少应在90°夹角的两个位置连续测量和记录。

7.6 验证试验

7.6.1 外观和尺寸检查

电缆芯线应进行100%外观检查，且无损伤，导体没有扭结或缺陷。应包括材料可能污染需进行的检查，及尺寸和结构的核实。导体应按照IEC 60228的要求检查。

7.6.2 导体电阻测试

每种绝缘导体应取两个试样，进行同类直流导体的电阻测试，每一试样至少1 m(3.28 ft)长。从一根成品电缆两端各截取一试样。每根导体的直流电阻测量值校正到20 ℃(68 ℉)时，不应超过IEC 60228规定值的2%。

7.6.3 屏蔽层电阻率

成品电缆线芯内，半导体屏蔽层的电阻率不应超过7.3.3中的规定值。

7.6.4 绝缘电阻

直流绝缘电阻测试必须在每种绝缘导体的两个试样上进行，每一试样至少长1 m(3.28 ft)。试样从一根成品电缆两头截取。

单独的绝缘导体应浸没在自来水中测量绝缘电阻。试样应能承受最小为3.5 MPa(500 psi)静水压或工作水深的最大静水压(取较大值)，并至少维持22 h后，压力处于稳定状态下测到的绝缘电阻，其值应不小于7.3.2中的规定值。

如果绝缘导体的金属屏蔽层覆盖了整根电缆，该试验可按所处环境条件下实施，而不用浸入水中。

7.6.5 高压直流试验

应在绝缘导体上取两个试样进行高压测试。每一试样至少1 m(3.28 ft)长。从一根成品电缆两端各截取一试样。

单独的绝缘导体应浸没在自来水中测量绝缘电阻。试样应能承受最小为3.5 MPa(500 psi)静水压或工作水深的最大静水压(取较大值)，并至少维持22 h后，测试绝缘电阻。信号导体的直流试验电压应为3 kV，动力导体的直流试验电压应为5 kV或三倍的U_o。每一个绝缘导体应承受每一压力水平下导体和水之间直流电压，并不少于5 min。在每一个阶段的结束时，测量的漏电流应不超过制造商规格书中的规定值。

如果绝缘导体的金属屏蔽层覆盖了整根电缆，该试验可按所处环境条件下实施，而不用浸入水中。

如果绝缘电阻测试首先完成，该试验可按7.6.4中的规定，用同一试样与绝缘电阻测试重合进行。

7.6.6 高压交流试验

完成7.6.5中规定的高压直流试验后，以相同静水压进行绝缘导体高压交流试验。

除非在制造商规格书中另有说明，该试验，应采用频率在40 Hz～62 Hz之间的正弦波形交流电压。采用的试验电压值在表1中列出。这个电压应施加到导体和水之间，按7.6.9中规定的比率增加直至全压值，并维持全压值5 min，绝缘不击穿。

如果绝缘导体的金属屏蔽层覆盖了整根电缆，该试验可按所处环境条件下实施，而不用浸入水中。

表 1 交流试验电压

电缆设计电压		试验电压,V(rms)
信号电缆	$\leqslant U_o/(U \cdot U_m)=0.61(1.0\times1.2)$kV	1 500
动力电缆 $\leqslant U=600$ V	$\leqslant 6\ mm^2$ (0.009 3 in^2)	1 500
	$>6\ mm^2$ (0.009 3 in^2)	3 000
动力电缆 $>U=600$ V	$\leqslant U_o/(U \cdot U_m)=3.6/(6\times7.2)$kV	7 500
注：U_o、U 和 U_m 参见 IEC 60502-1 和 IEC 60502-2 的定义。		

7.6.7 击穿电压

完成高压试验后,长度至少为 1 m(3.28 ft)的四个试样应承受完整的直流击穿试验。应从一成品电缆的两端各取两个试样。

每个试样应以 7.6.5 相同的方法进行试验,即两个试样按所处环境的静水压试验,另外两个试样按 7.6.5 中规定取较高压力进行。直流电压应按 0.1 kV/s 的比率增加,直到击穿电压发生,并记录每个试样的试验结果。如果采用三倍 U_o 电压前,无击穿电压出现,应认为绝缘导体是合格的。

7.6.8 局部放电试验

对于额定电压高于 $U_o/(U \cdot U_m)=1.8/(3\times3.6)$kV 的电缆,应按照 IEC 60502-1 和 IEC 60502-2 的要求进行局部放电试验。放电量不应超过 10 pC。

7.6.9 试验电压施加速率

除非另有规定,所有的电压试验,从初始输入电压到规定的试验电压应均速增加,并在 10 s 内不大于 100%,60 s 内不低于 100%。初始输入电压应不大于 500 V。

7.6.10 电感特性

应使用一根长度至少为 10 m(32.8 ft)的成品电缆试样,测量其电感系数。电缆中每对导体的电感应按制造商规格书中规定的固定频率进行测量。测量值应满足 7.3.4 中所规定的、包括实际值与规定值之间限制偏差的要求。

7.6.11 电容特性

应使用一根长度至少为 10 m(32.8 ft)的成品电缆试样,测量其电容。电缆中每对导体的电容应在制造商规格书中规定的固定频率下测量。除非制造商规格书中另有规定,每根动力导体的对地电容应以传输频率进行测量。测量值应满足 7.3.4 中规定的、包括实际值与规定值之间限制偏差的要求。

7.6.12 衰减特性

若信号附加在动力电缆上,应在信号和动力导体上进行电缆衰减特性测试。

应使用一根长度至少为 10 m(32.8 ft)的成品电缆试样,评估其衰减情况。电缆中每对导体的衰减应在制造商规格书中规定的频率下测量或导出,并给出衰减对应频率的曲线。测量值应符合 7.3.4 规定的要求。

7.6.13 特性阻抗

应使用一根长度至少 10 m(32.8 ft)的成品电缆样品,测量其特性阻抗。电缆中每对导体的特性阻抗应在制造商规格书中规定的频率下测量或导出,并给出阻抗对应频率的曲线。结果应满足 7.3.4 规定的、包括实际值与规定值之间限制偏差的要求。

7.7 电缆部件验收试验

7.7.1 外观和尺寸检查

在制造过程中,每根导体和芯线应进行 100%的外观检查,应没有损伤、扭结、缺陷或污染。应对原材料进行保护并防止污染。芯线绞合、绑扎、护套、填充与铠装、屏蔽等也应进行外观检查。应按照制造商规格书的要求定期监测制造参数。导体检查应遵循 IEC 60228 的要求。

7.7.2 火花试验

所有芯线在绝缘挤压期间应进行火花试验，如果护套直接覆盖在屏蔽或金属铠装层上，则所有的护套也宜进行测试。为了通过这个测试，在挤压过程中不应出现缺陷。在绝缘和护套挤压过程中，最低的电压水平应遵照 BS 5099 关于绝缘层和护套厚度的要求。

说明：含半导体层的芯线不能做火花试验。

7.7.3 直流导体电阻测试

至少在下列制造阶段，应对整根长度的导体进行试验：

a) 绝缘挤压后；

b) 芯线绞合后；

c) 电缆制作完成后。

当进行放置损耗校正时，测量每根导体的直流电阻，并校正到 20 ℃(68 ℉)，其值不应超过 IEC 60228 规定值的 +2%。

7.7.4 绝缘电阻测试

绝缘挤压后，应按 7.6.4 中规定的程序和验收值对整根导体进行该项试验。成缆后，在不要求浸入带压的自来水中，也应重复进行该项试验直至电缆制作完成。

7.7.5 高压直流试验

绝缘挤压后，应按 7.6.5 中规定的程序和验收值对整根导体进行该项试验。成缆后，在不要求浸入带压的自来水中，也应重复进行该项试验直至电缆制作完成。

7.7.6 电感特性

在电缆制造完成后，其电感特性应按照 7.6.10 中规定的程序和验收值进行下列测试：

a) 从整个长度上取长度至少为 10 m(32.8 ft)的试样；或

b) 若整个长度不会导致不真实的结果，则取电缆全长。

7.7.7 电容特性

在电缆制造完成后，其电容特性应按照 7.6.11 中规定的程序和验收值进行下列测试：

a) 从整个长度上取长度至少为 10 m(32.8 ft)的试样；或

b) 若整个长度不会导致不真实的结果，则取电缆全长。

7.7.8 衰减特性

在电缆制造完成后，其衰减特性应按照 7.6.12 中规定的程序和验收值进行下列测试：

a) 从整个长度上取长度至少为 10 m(32.8 ft)的试样；或

b) 若整个长度不会导致不真实的结果，则取电缆全长。

7.7.9 特性阻抗

在电缆制造完成后，其特性阻抗应按照 7.6.13 中规定的程序和验收值进行下列测试：

a) 从整个长度上取长度至少为 10 m(32.8 ft)的试样；或

b) 若整个长度不会导致不真实的结果，则取电缆全长。

7.7.10 干扰

对于含有独立导体对的电缆，若须将干扰减至最小，应在额定电压、电流和额定频率范围内，对整个电缆长度采用适当的方式测量导体对之间的干扰。

测量值不应超过制造商规格书中的规定值。

7.7.11 时域反射计

时域反射计曲线应从每个导体的两端测得。脉冲宽度应足以允许在整个导体长度上进行扫描。生成的曲线应描述全部主要点，如导体的起始点、终点或连接点等。该试验的结果用于表示在电缆或电缆元件中导体的特性，并不构成接收/拒收的标准。

7.7.12 交付给脐带缆制造商

成品电缆从电缆制造厂运输到脐带缆制造厂，所有芯线交货后和成缆前应进行下列试验：

a) 按7.7.3中规定，测量直流导体的电阻；

b) 按7.7.4中规定，测量绝缘电阻；

c) 对高压屏蔽动力电缆，按7.7.5中规定，进行直流高压试验。

7.8 光缆

7.8.1 概述

光缆应能在海水浸没的环境中连续运行。

7.8.2 光纤类型和色码

光纤类型可以是单模也可以是多模设计。设计应按照制造商规格书中规定进行，应采用不同颜色标识不同的光纤。

7.8.3 光缆结构

光纤应封装，防水并使氢与每根光纤接触减至最少。在脐带缆内的光缆切断情况下，用于机械防护的载体封装及其封装物应设计成能阻止水的侵入。

附加的防氢措施应在吸氢剂(3.1.20)形成中加入。

光缆设计应提供机械防护，防止光纤拉伸和断裂载荷。

注：拉伸防护可用中心加强元件和/或外部铠装(金属或纺织线)的方法。机械防护可用聚合物或金属管封装(不带或带外部铠装)。

7.8.4 结构

7.8.5 终端接头

光缆的设计应考虑某种形式的端部水密接头，水封结构在设计寿命期间起作用。

结构材料或设计不应妨碍终端接头的长期稳定性。

注：对于水下光纤端部接头设计，GB/T 21412的本部分不适用。

7.8.6 性能要求

7.8.6.1 光的衰减

在规定波长下，每条光纤中光的衰减应满足第4章中规定的要求。

7.8.6.2 光纤应变

脐带缆和光缆的设计应避免可能的破坏应变水平作用在光纤上。

7.8.6.3 光缆熔接

7.8.6.3.1 光缆

若制造长度限定，可将光缆各段接续在一起。接头应按照制造商规格书要求，电缆接头与光纤接头合并，或用接续盒(即通过设置的尾光纤允许接头完成，接续的光纤不承受拉伸和弯曲应力)。无论用哪种方法，应防止水和氢进入与光纤接触。

7.8.6.3.2 光纤熔接

光纤熔接允许采用合格的高强度熔接技术。可接受的接头损耗应与制造商规格书中的规定相同。接头应进行单独的拉力试验，并达到制造商规格书中规定的载荷等级。

接头部位应进行适当的防护。接续后，光纤的性能应满足第4章的要求。

7.8.7 验证试验

7.8.7.1 传输和光学特性

光纤的传输和光学特性应根据IEC 60793-1和IEC 60793-2验证。

7.8.7.2 机械性能

光纤的机械性能应根据IEC 60794-1-1和IEC 60794-1-2验证。

7.8.7.3 环境性能

光缆对于海水、氢和工作介质的环境性能应根据制造商规格书验证。

7.8.7.4 外部压力试验

最小长度不小于 1 m(3.28 ft)的光缆试样应承受外部静水压试验，试验压力与脐带缆最大安装深度产生的静水压相等，且持续时间为 14 天。试样光纤应串联接续并根据制造商书面规格书定期监测。测量的任何衰减变化在系统设计寿命内不应引起系统性能的降低。

试验完成后，应剥开试样，对结构或纤维的变化迹象进行检查，这些变化可能降低系统的设计寿命。

7.8.7.5 光纤接续

光纤接续应根据制造商规格书验证。

7.8.8 部件验收试验

7.8.8.1 外观和尺寸检查

在制造过程中，每条光缆应进行 100%外观检查，并且没有损伤、扭结或不规则。光缆绞合、承载管装配、护套和铠装过程中应进行外观检查。制造参数应定期测量，并与制造商规格书一致。

7.8.8.2 光时域反射计(ODTR)

在制造商规格书中规定的波长下，光缆内每条光纤应从两端接受光时域反射计(OTDR)测试。

生成的曲线应描述全部主要点，如光缆的起始点和终点、接续点(如果有)。衰减值应满足制造商规格书的要求。

7.8.9 交货给脐带缆制造商

如成品光缆从电缆制造厂运输到脐带缆制造厂，所有光纤交货后和成缆前，应按照 7.8.8.2 中规定，进行光时域反射计(OTDR)试验。衰减值应满足制造商规格书的要求。

7.9 软管

7.9.1 概述

软管应能在海水浸没的环境中连续运行。

7.9.2 软管规格

所有软管应标注公称内径和设计工作压力。

注：优先选用的软管内径和设计工作压力见附录 C。

公称内径公差不应超过表 2 规定的值，并且软管内、外径同心度应在表 3 限制范围内。

出厂软管外径 D 不得超过制造商规格书内规定值的±4%。

若要求软管内衬承受外部静水压力，就需要增加内衬厚度以防止软管压溃，因此允许加大壁厚和同心度公差。这些公差值应在制造商规格书中规定。

表 2 公称内径和壁厚公差

公称内径		公差/%	内衬壁厚	
mm	(in)		mm	(in)
6.0～10.0	(0.233～0.394)	+5.0 −3.0	±0.2	(0.007 9)
10.1～20.0	(0.395～0.787)	+3.0 −2.0	±0.2	(0.007 9)
20.1～38.1	(0.788～1.5)	+2.0 −1.5	±0.25	(0.009 8)

表 3 同心度

公称内径		同心度,FIR	
mm	(in)	mm	(in)
≤25.4	(1.0)	1.0	(0.040)
>25.4	(1.0)	1.5	(0.060)

7.9.3 软管结构

7.9.3.1 概述

软管包括三部分:内衬、增强层和护套。软管处于自由受压状态时,结构应无明显挠曲或绕轴旋转。

7.9.3.2 软管内衬

内衬应是连续、无缝、圆形及同轴挤压成形,由未使用过的热塑材料制作,并应与预期的工作介质相容。

如果单层结构不能满足使用要求,可选用多层结构内衬。如处于外部高压的状态,可结合使用内支撑。

对于抗压溃软管,内衬可设置一个内部结构,如嵌入式骨架,以抵抗外部静水压作用。

挤压成形的材料不应在软管通道内产生颗粒污染,包括由于输送流体的萃取或化学反应产生的污染,以致于不能保持流体的清洁度。

7.9.3.3 增强层

增强层应由环绕在内衬的一层或多层合成纤维组成。

7.9.3.4 软管护套

软管护套应是连续、无缝、圆形挤压成形,用防臭氧和紫外线的热塑材料制作。

若特殊流体/软管内衬结合可能引起渗透率增加,则护套应提供渗透流体的出口。在整个设计寿命内,护套材料应与缝隙填充材料及脐带缆内其他护套材料相容。设计的护套应防止增强层和内衬遭受磨损、侵蚀和机械损伤。

应使护套与其他软管护套和/或其他部件之间的摩擦系数减至最小。

7.9.3.5 标识

在整根软管的外部护套上,其间隔不超过 1 m(3.28 ft),至少应标识下列信息:

a) 制造商;

b) 批号;

c) 公称内径;

d) 设计工作压力;

e) 厂商零件号;

f) 唯一的组成标识(如"管线 6")。

7.9.3.6 终端接口

软管材料的构成应不妨碍管接头和/或端部接头的长期密封性和耐久性。使用的全部材料应适用于长期浸没在海水中,且满足制造商规格书要求。如果端部接头卷曲或咬合在软管外护套上,将导致端部接头泄漏或与软管分离;因此应给予特别关注,确保从软管渗入的流体不减弱或降低护套材料的性能。

在脐带缆内,用于连接两根软管的管接头应是一体非螺纹型式。在刚性脐带缆接头内,不考虑两连接部分的机械连接要求,用于连接的软管接头应是螺纹型式和/或一体式设计。

附属装置连接部分的附件应使用径向卷边或纵向压制程序完成。每一卷边或压制连接应用合适的检测工具,以保证装配正确。

在端部接头或管接头的设计和装配中,应考虑由于潜在腐蚀可能形成裂纹。

刚性连接的端部接头或管接头应用阻水层保护,或具有与阴极保护系统相连的设施。

若由于扭矩、振动等导致端部接头或管接头螺母产生松动的危险,则应设合适的互锁机构,以防止螺母转动。

7.9.4 性能要求

7.9.4.1 设计压力比率

根据 ISO 7751,表 4 表示热塑软管试验压力和爆破压力与设计工作压力所要求的比率。

当设计工作压力额定值和/或公称内径比附录C规定值大，采用较低爆破压力比率是可接受的，但应符合制造商的规格书。对于较高工作压力的软管，应按7.9.7进行设计验证。

表4 试验压力、爆破压力与设计工作压力的比率

试验压力与设计工作压力的比率		爆破压力与设计工作压力的比率
A[a]	B[b]	
2.0	1.5	4.0

a 适用于在软管制造完成后，通常使用一次。

b 适用于交货后的软管和脐带内的软管。

7.9.4.2 压溃压力

若在零内压(表压)下注满安装/工作介质并弯曲到最小弯曲半径，软管组合件应能承受施加的最小外部压力而不压溃。外部压力最小值应是静压头差值的1.5倍，该差值是最大设计深度处外部静水压所引起的静压头，减去由于内部安装/工作介质在该水深下产生的静压头。

如果环境和/或工作介质显著影响软管的物理性能，在性能要求中要考虑这些因素。

7.9.4.3 长度变化

当压力从常压加压到设计工作压力时，软管设计的长度变化应在－1.5％～＋2％范围之内。

7.9.5 结构分析

考虑6.3.6中规定的脐带缆结构分析形成的数据，结构分析应确认软管在试验和使用期间，可承受设计载荷，并确认软管是合格的。

7.9.6 软管制造

7.9.6.1 内衬挤压

为避免污染物侵入，应在真空状态下将原材料从密封的容器装置输送到挤压机。

在挤压期间，应连续监测和记录下列工艺参数：

a) 挤压机料筒/机头温度；

b) 融化压力/温度；

c) 转动速度/动力要求；

d) 牵引速度。

内衬应以一个连续的长度进行挤压成形，在单独受控的输入区域内无接缝或缺陷。应在相距90°的两个位置连续测量外径；内衬壁厚应在四个位置连续测量，各点相距90°，并连续记录。制作中的软管壁厚和直径应沿管长进行测量。

在挤压过程中，应经常观察挤压机机头，并应连续监控挤压机具上可能堵塞的沉积物。如果沉积物挤入或附着到内衬表面(内或外表面)，应分析它们的影响。若影响超出制造商规格书的要求范围，内衬应报废。

在挤压过程中，应按照制造商规格书有关外观缺陷(如颜色改变、起泡或夹杂物)检验要求，对内衬进行外观检验。挤出工艺应对挤出的内衬提供全方位观察。制造商规格书应包含用于缺陷接收/拒收的标准。

挤压成形后，应密封内衬两端以防污染物进入。等待包覆增强层的内衬应储存在可控干燥的环境里，有覆盖物可防止阳光直射、灰尘、紫外线(如未添加紫外线稳定剂)及其他潜在污染物。

若使用骨架层，宜考虑清除加工用润滑剂。为了获得产品长度进行焊接时，还应考虑有关焊接质量和外形的要求。

7.9.6.2 增强层的应用

在储存期间，应保护增强纱线以防灰尘和紫外线的影响。在使用之前，应根据材料供货商建议，使受湿度和/或温度影响的纱线线圈达到要求。

应从每批次增强纱线中取试样，进行线密度和断裂强度试验，以确认材料性能在规定范围内。

增强纱线要均匀缠绕在编织线轴上，务必使绒毛减至最少并防止尘土、油或来自包装的其他外来物进入。每根纱线的拉力应控制在规定拉力允差内。应定期去除编织机上的无关纤维和绒毛。

每次制作开始时，对每一个线轴应检查软管制作期间施加到增强纱线上的拉力，其后应按制造商规格书要求，保证定期检查全部线轴。

应对编织瞬态的强拉力及产生的环向力带来的影响提出建议，以确保孔径尺寸一致。

若所供的软管仍满足性能要求，允许编织的纱线有接头，接头应按制造商规格书制作及检验。每一编织层内及各编织层间的纱线接头应交叉排列，无接头重合。在制造商规格书中，应规定沿软管轴向测量的两接头间距离值。

在采用增强层时，缠绕过程中应检查编织的内衬，以确保无明显的缺陷。

为保护增强纱线免受大气污染和防止紫外线辐射的影响，编织完成后，应立即全部覆盖存储的滚筒。编织过程中，已编织的内衬应储存在有覆盖物、可控的干燥区域，防止阳光直射、灰尘、紫外线辐射和其他潜在的污染。

7.9.6.3 护套挤压

除检测和记录骤冷槽真空度和壁厚不适用外，软管的护套挤压应遵循与内衬挤压相同的工艺要求。

增强的软管内衬在进入挤压机之前和挤压过程中均应保持干燥。外护套包覆期间，务必保证增强的内衬不应拉长，且增强纱线不被扰乱。

在护套挤压期间，产品应进行外观检查，保证连续均匀包覆，且护套内没掺入其他材料。允许护套进行修复，但应根据制造商规格书的要求进行。

若软管计划用于可能渗透到内衬的流体(典型的如甲烷和甲醇)，护套应充分排气以防止内衬和护套之间建立压力。应确定排气要求，排气方法应符合制造商规格书的要求。

7.9.7 验证试验

7.9.7.1 概述

为验证每一根软管的设计和提供特性数据，应进行下列试验。

若软管的设计由管接头连接多根软管时，对于7.9.7.5～7.9.7.7规定的试验，至少有一个试样应带有实际所用材料制作的接头。若一整体管接头用相同的连接设计和相同的方法，将软管与脐带缆软管的端部接头连接，唯一的要求是按7.9.7.6中的规定进行爆破试验，以验证所用的管接头。此外，若采用了螺纹接头，试验过程应按7.9.7.5的规定进行。

若选用的材质强度高于已验证的设计值，不再要求进行脉冲试验，按7.9.7.5和7.9.7.6中的规定，仅进行泄漏试验和爆破试验。

若端部接头设计无要求，可选择专用碳钢设计，但不能降低试验性能要求。

7.9.7.2 试验液

试验液应为制造商规格书中规定的标准试验液。每次试验所用的液体应记录在报告中。除非另有规定，所有压力应在软管入口处进行测量。

7.9.7.3 外观和尺寸检验

未老化试样应从一根成品软管两端取样，其最小长度为150 mm(5.91 in)。在尺寸检验时，应对软管进行外观检验，软管各结构应无破损，缺陷和不合格外观。每个试样应根据制造商程序测量下列参数：

a) 内径；

b) 增强层外径；

c) 外径；

d) 软管同心度；

e) 内衬壁厚。

制造商规格书应包括软管的尺寸规格，明确规定上述参数的数值和制造公差。数值和公差不应超过7.9.2中的规定值。

7.9.7.4 长度变化试验

未老化试样应从一根成品软管两端取样，在软管端部接头之间进行测量，试样长度应不小于400 mm (15.75 in)。在试验压力等于设计工作压力的状态下，根据ISO 1402关于液压软管长度变化试验的规定，对每根试样进行试验。

测量的长度变化应在7.9.4.3中规定的范围内。

7.9.7.5 泄漏试验

未老化试样应从一根成品软管两端取样，每个试样的两端应以指定的材质和端部接头设计进行装配，在软管端部接头之间进行测量，试样长度应不小于400 mm(15.75 in)。根据ISO 1402关于液压软管泄漏试验的规定，对每根试样进行试验。在试验期间或完成试验时，软管应无泄漏迹象。

7.9.7.6 爆破试验

未老化试样应从一根成品软管两端取样，每个试样的两端应以指定的材质和端部接头设计进行装配。应再准备两个试样，并根据制造商规格书制造的每个试样增强层内最少有一个接头。这两个试样应清晰地标记出每个接头的具体位置。在软管端部接头之间进行测量，试样长度应不小于400 mm (15.75 in)。在标准实验温度下，根据ISO 1402关于液压软管爆破试验的规定，对每一个试样进行试验。分别记录有接头和无接头试样的试验结果，爆破压力应不小于7.9.4.1中的规定值。

完成首次长度变化试验后，爆破试验可与7.9.7.4中规定的长度变化试验合并进行。

7.9.7.7 脉冲试验

由成品软管两端分别取两个未老化的试样(共四个)，再准备两个试样，并根据制造商规格书制造的每个试样增强层内最少有一个接头。通常，接头应位于试样的中部，其部位应清晰地标识。

应采用与实际接头连接相同的工艺，将端部接头连接到每一个试样上。至少四个端部接头应与实际使用过程中的接头具有相同的设计、制造材质。用ISO 6803规定的公式计算出试样的长度。

在脉冲试验开始前，所有软管组合件应承受ISO 1402规定的试验压力试验。在55 ℃±3 ℃ (131 ℉±5 ℉)试验液温度下，试验应按ISO 6803规定的脉冲试验程序进行。开始试验前，应确定试验液与软管内衬材质的相容性。试验压力应为1.33倍的设计工作压力，软管最少承受200 000次循环且无任何泄漏和失效。

对于公称内径大于25.4 mm(1 in)的软管，或工作压力高于表C.1规定的软管，或带有内骨架支撑以抵抗外部静水压的软管，根据制造商规格书的规定，试验安装配置，压力波和/或循环次数，两者选一构成接收/拒收标准是可接受的。

7.9.7.8 低温弯曲试验

由成品软管端部取一个未老化的试样。在软管端部接头之间进行测量，试样长度应不小于400 mm (15.75 in)。试验温度为−40 ℃±3 ℃(−40 ℉±5 ℉)时，根据ISO 4672:1997方法B规定的低温曲挠试验进行试验，如果出现任何泄漏、扭曲或龟裂的现象，则试样试验失败。

7.9.7.9 压溃试验

将端部接头之间长度不小于500 mm(19.69 in)的软管试样装入压力容器内并弯曲到最小弯曲半径。软管应充满水直至软管另一端的量管。然后将容器充满水，并按制造商规格书中的速率逐步增压。

随着压力增加，软管中的液体以极小几乎察觉不到的流速进入量管内，液体容积也增加。记录容积迅速增加时的压力，此压力即软管的压溃压力。

软管破坏时的压力应超过7.9.4.2中的规定值。

7.9.7.10 容积膨胀试验

根据附录D中包含的程序，一个未老化、典型软管试样应进行容积膨胀试验。此试验结果应用于描述软管设计特性,并不能构成接收/拒收标准。

注:在试样上所做的容积膨胀测定与已安装的脐带缆系统中的软管膨胀无直接联系。如长液压管线内的摩擦损失、相邻软管的存在、由于已安装的脐带缆垂直段产生的静水压头、水下静水压力等诸因素,皆是产生误差的原因。

7.9.7.11 端部接头防旋转试验

两根未老化,且长度不小于 600 mm(23.62 in)的软管试样仅在其一端设置实际设计所选用的旋转内螺纹接头。

另一端可用不影响试验结果且便于连接的任何端部接头,设计所选用的内螺纹连接应与相同材质制作的外螺纹过渡管接头相匹配,并按制造商推荐的密封扭矩拧紧。装置的一端应被夹紧,另一端在拧紧之前应留有最小 90°的扭转量。在试验装置中心处,扭转方向应是沿要求的配对接头拧松的方向。

以每分钟小于 1.5 次的频率,在 0 和 1.5 倍设计工作压力之间的静水压力循环变化值应连续进行 10 次,试验压力上升和衰减时间最短为 10 s。完成 10 次循环后,压力应以 1.5 倍设计工作压力保持不变,且时间最短为 10 min。应检查试样是否泄漏和扭曲,任何的泄漏和扭曲迹象将视为试验失效。

7.9.7.12 介质相容性试验

7.9.7.12.1 概述

相容性试验是为了证实规定的工作介质与软管结构材料的相容。

除非制造商能提供文件,证明以前做过相同介质与材料组合的相容性试验,否则应对每一种建议的介质与材料组合进行试验。介质/材料组合和适用的试验程序应在制造商书面规格书中规定。

利用试片或哑铃状试样进行的浸没试验仅用来确定软管内衬和护套材料与工作介质间是否有明显的不相容性。此方法可用来预测软管护套的相容性,但对于内衬,浸没试验应有对整个软管试样进行压力循环试验的支持,并据此预测最小的设计寿命。

通过相容性试验确定最小设计寿命的预测应与制造商规格书一致。

制造商也应证明增强层和外护套材料与海水和渗透流体在整个最小设计寿命期间相容。如果制造商根据实际使用经验,能提供证明满足相容性的文件,可以不要求软管护套的相容性试验。

7.9.7.12.2 浸没试验

按制造商规格书要求,在各级别的变形状态下,借助自重使试样处于受力状态。

试样材料特性测定应包括容积膨胀和 ISO 527 中描述的断裂状态下的极限拉伸应力和伸长率。

7.9.7.12.3 压力循环试验

压力循环试验至少应在 6 个典型试样上进行。试样与实际端部接头具有相同的连接设计特征,可以方便连接,每一根试样长度约为 1 m(3.28 ft)。试验前,软管组合件应按 7.9.7.4 进行长度变化试验,随后再按 ISO 1402 进行耐压试验。连接的软管浸没在自来水中,保持温度在 40 ℃±1 ℃(104 ℉±1.8 ℉),浸没持续时间为 12 个月。若持续时间不允许 12 个月,对少量的试样,在较高温度下,持续较短时间是可接受的。在这种情况下,持续时间和温度应在制造商规格书中规定。若使用高温,应注意失效机理的代表性,不超过材料温度限定值。

每月应更换一次水。

连接的软管应注满所确定的工作介质,软管内的压力在零压和设计工作压力间以每小时一个周期的速率进行循环。增压和减压周期各为 5 min±10 s,零压停留时间为 10 min±10 s。

在规定的时间间隔,应从试验组件中取出部分软管试样,剩下的软管重新连接并进入试验程序。应检查拆除的试样,测量内衬的物理特性,并与同一批标准试样进行比较。

如果满足下列条件,则软管/介质组合应通过这一相容性试验:

a) 在压力循环期间,软管未失效;

b) 制造商规格书预测最小设计寿命比规定的使用寿命长。

除压力循环试验外,满足这些要求的新试验方法也可以接受。

7.9.7.13　**渗透试验**

7.9.7.13.1　**概述**

应进行渗透试验以确定软管内衬是否渗透规定的工作介质。试验温度和压力应遵循制造商规格书。试验结果用于表示软管设计特征，但不构成接收/拒收标准。

按制造商规格书的规定，可以要求其他介质的渗透试验。

除下述试验外，其他试验也可以接受。

注：进行渗透试验时，应注意对某些材料来说，渗透率是温度和压力两者的函数。

7.9.7.13.2　**液体**

使用 ISO 8308 描述的试验装置，在长度至少为 1 m(3.28 ft)的试样上，测定内衬对液体的渗透率。需要时，应每天检查充氮压力并进行调节，其余全部时间应保持"主阀"和"放空阀"紧闭。在至少 30 天的一个周期内，应每天检查液体的损失，或者直到量管内的液位下降到最低标记(如不久后出现)。绘制出液体损失与所耗时间的曲线图，该曲线图的平均斜率将用作确定特定液体/材质组合的渗透率特性。

7.9.7.13.3　**气体**

根据 ISO 4080，用长 1 m(3.28 ft)的试样测定内衬对气体的渗透率。

7.9.8　**部件接收试验**

7.9.8.1　**外观和尺寸检查**

在制造过程中，挤压和编织的增强层应没有损坏、缺陷或杂质。也应对原材料进行杂质检查。制造参数应周期性监控，并遵守制造商规格书要求。

根据制造商规格书要求，至少应对下列尺寸进行检查：

a)　内衬：d，D，同心度、壁厚；

b)　增强层：D，(每一层的)节距；

c)　护套：D，同心度；

d)　成品软管：d，D，同心度。

使用通端/止端量规，应对直径(d)进行测量，证实内径在制造商规格书规定的公差之内。

7.9.8.2　**试验液**

对于试样试验，试验液应符合制造商规格书要求。对每根成品软管所进行的完整性试验，试验液应是下述一种：

a)　指定系统的标准液：按制造商规格书的规定，采用指定系统的标准液，适当的过滤，达到系统允许的最终清洁度；

b)　自来水加一定量的防冻乙二醇：若标准液与预期的井口工作介质有潜在的化学反应，或制造商规格书已规定，用自来水加入一定量的防冻乙二醇作为试验液，并按 7.9.8.2a)规定进行适当的过滤。若试验液有微生物生长的风险，应添加合适的生物杀灭剂；

c)　自来水：若软管中的液体不结冰，自来水作为试验液，并按 7.9.8.2a)规定进行适当的过滤。

最终选择的压力试验液输入软管时，应考虑相关系统和环境因素的影响，并应经买方同意。

对于试验液 a)和 b)，在脐带缆制造、装船、运输和安装整个过程中，试验液应保留在软管内。对于试验液 c)，宜用规定的安装/工作介质代替水作为最终的冲洗/清洁作业的一部分。

为防止结冰发生，试验液应储存在运输集装箱和软管中。试验液要清洁，避免试验液在运输和压力/流量试验时进入杂质。在未进行试验时，软管两端要密封。

任何情况下，试验液温度应保持在制造商规格书中规定的允许范围内。

注：在脐带缆制造、装船和安装过程中，使用两种不同试验液时，可能需要两套试验设备。

7.9.8.3　**内衬爆破试验**

挤压成型后，从两端切取一长为 1 m(3.28 ft)的内衬进行爆破试验。使用标准薄壁圆筒理论，以最小壁厚、最大内径和内衬材质在 20%伸长率的拉伸应力作为计算依据，爆破试验压力应不小于计算爆破压力的80%。

7.9.8.4 长度变化

制造完成后,从每根成品软管两端取一未老化的典型试样,根据7.9.7.4规定的程序进行长度变化测量。

7.9.8.5 爆破试验

软管制造完成后,除对各试样所带有的增强层接头或产品管接头/端部接头不要求做爆破试验外,应从成品软管的两端切取一未老化的试样按7.9.7.6规定的程序进行此项试验。

该试验可以与7.9.8.4的长度变化试验合并进行。

7.9.8.6 试验压力/压力衰减试验

软管制造完成后,应进行压力试验。应以控制速率对软管加压,直到表4中规定的试验压力。应在软管的两端测量试验压力,试验压力在最短30 min期间内应保持在规定值的±5%范围内。试验结束后,若压力仍维持在规定范围内,应切断压力源,并在最短60 min期间内监测压力衰减特性。

在整个试验期间,应连续监测环境温度。在试验期间或试验结束时,软管应无明显的泄漏或失效迹象。

注:图D.1给出了试验布置和典型的压力响应曲线图。

7.9.8.7 交货给脐带缆制造商

成品软管从软管制造厂运输到脐带缆制造厂,全部软管在交货后及成缆前,应以1.5倍设计工作压力的试验压力,按7.9.8.6规定进行试验压力/压力衰减试验。

7.10 金属管

7.10.1 概述

金属管应能在海水浸没的环境中连续运行。

7.10.2 管子规格

7.10.2.1 公称内径和设计工作压力

所有管子的主要参数为公称内径和设计工作压力。

公称内径、壁厚和椭圆度的偏差应符合制造商规格书中的规定值。

注:优先选用的公称内径见附录C。

7.10.2.2 管子壁厚

7.10.2.2.1 壁厚计算

壁厚计算包括:

a) 内、外腐蚀裕量;

b) 最小壁厚;

c) 最大内径;

d) 内、外最大允许管偏差;

e) 材料最小屈服强度。

7.10.2.2.2 应力计算

典型的载荷分类见6.3.2,分析管子上的作用力时,应同时考虑单独和组合的载荷。应考虑下述三种应力分量:

a) 环向应力

 1) 在运行、试验和安装作业中,由内压所产生的环向应力分布;

 2) 在安装和运行作业期间,由任何扭转载荷的作用产生的剪切应力。

b) 径向应力

 在运行和试验作业期间,由内、外压所产生的径向应力分布。

c) 轴向应力

1) 在制造,安装或运行作业期间,由于直接拉伸载荷作用产生的轴向应力;

2) 在试验,安装或运行作业期间,产生的弯曲应力;

3) 管子增压时,端帽的应力。

为了使脐带缆制造商可以确定各种载荷工况和载荷组合工况,买方说明各种设计的操作工况是非常必要的。为了确定等效应力 σ_e(由于要考虑全部载荷工况),应根据米塞斯(Von・Mises)屈服准则对正应力和剪应力进行组合。该应力应与材质的最小屈服强度(SMYS)相等,按表5中规定的适当系数进行修正,由此即可计算出所要求的壁厚。

环向应力 σ_h 可根据下式计算:

当 $D/t_{nom} > 20$ 时: $$\sigma_{hav} = \frac{p \cdot d}{2t_{nom}} \quad \cdots\cdots(1)$$

当 $D/t_{nom} \leqslant 20$ 时: $$\sigma_{hb} = p\frac{(D^2 + d^2)}{(D^2 - d^2)} \quad \cdots\cdots(2)$$

式中:

σ_{hav}——管壁上的平均环向应力,单位为牛顿每平方毫米(N/mm^2);

σ_{hb}——管径的最大环向应力,单位为牛顿每平方毫米(N/mm^2);

p——管内压,单位为兆帕(MPa);

D——公称外径,单位为毫米(mm);

d——公称内径,单位为毫米(mm);

t_{nom}——壁厚,单位为毫米(mm),$t_{nom} = \frac{(D-d)}{2}$。

径向应力:

$$\sigma_{rb} = -p \quad \cdots\cdots(3)$$

式中:

σ_{rb}——管径上的最大径向应力,单位为牛顿每平方毫米(N/mm^2)。

下列壁厚应用于应力计算:

对承压计算:

$$t = t_{nom} - \Delta t_{fab} \quad \cdots\cdots(4)$$

对运行工况:

$$t = t_{nom} - \Delta t_{fab} - \Delta t_{corr} \quad \cdots\cdots(5)$$

对运输和安装工况:

$$t = t_{nom} \quad \cdots\cdots(6)$$

对柔性挠度计算:

$$t = t_{nom} \quad \cdots\cdots(7)$$

式中:

t_{nom}——公称壁厚,单位为毫米(mm);

Δt_{fab}——壁厚制造偏差,单位为毫米(mm);

Δt_{corr}——腐蚀裕量(如适用),单位为毫米(mm)。

此外,应考虑管子外径承受外部静水压力的作用,同时应考虑整条脐带缆长度中内压对外部静水压力的反作用,还应考虑脐带缆中各部件间的载荷分布及端部作用。在曲挠分析时,也应考虑温度限制对材料机械性能的作用。对于外覆或内衬的管子来说,其外覆层或内衬的强度作用可以忽略不计。

7.10.2.3 强度准则

7.10.2.3.1 概述

管线设计应遵循下列机械失效模式和变形:

a) 屈服;

b) 屈曲；

c) 疲劳；

d) 椭圆度。

7.10.2.3.2 **对于静态脐带缆，载荷组合产生的应力**

最大等效压力 σ_e 不超过：

$$\sigma_e \leqslant F_e \cdot \sigma_y \qquad (8)$$

式中：

σ_e——最大等效应力，单位为牛顿每平方毫米（N/mm^2）；

F_e——等效应力设计系数，见表5；

σ_y——规定的最小屈服应力，单位为牛顿每平方毫米（N/mm^2）。

表5 等效应力设计系数

设计工况	载荷型式	F_e
正常运行[a]	功能载荷	0.67
	功能及环境载荷	0.87
非正常运行[a]	功能、环境或偶然载荷	1.0
安装[b]	功能及环境载荷	1.0
压力试验	功能及环境载荷	0.96

[a] 正常和非正常仅适用于环境和偶然载荷。非正常定义为每年超过 10^{-4}，正常定义为每年超过 10^{-2}。

[b] 由于铺设设备尺寸限制，在安装时可能产生一些塑性弯曲变形。安装设计系数参照安装时由悬链载荷、压缩载荷和扭转载荷产生的等效应力级别。宜考虑由任何塑性弯曲产生的残余应力。

7.10.2.4 **允许应变**

7.10.2.4.1 **概述**

如果应用下列条款，设计中应考虑应变准则：

a) 在盘卷、装船和安装过程中，计算累计的最大塑性应变要小于母材和焊接材料限定的最大应变；

b) 脐带缆外形由外加的变形或位移控制；

c) 在超过允许应变前，脐带缆的位移受几何形状限制。

7.10.2.4.2 **应变时效**

若有的话，在设计过程中应考虑应变时效效应。

7.10.2.4.3 **应变硬化**

对于任何呈现明显的应变硬化现象的材料（即屈服极限 σ_y 的变化大于10%），管子试样应进行低循环塑性疲劳试验。为了获得合格材料，应对试样进行塑性变形，宜使其达到制造和安装期间出现的最大变形，然后进行矫直。该过程应重复循环多次，反映制造、装船和安装阶段的特性。变形后，管子进行标准拉伸试验并应分析得到的机械性能，然后与母材性能进行比较，证明应变硬化材料仍应在其韧性限制范围内。连续和对焊管子试样应进行试验和比较，结果应满足制造商规格书规定的要求。

7.10.2.5 **屈曲**

对于特殊使用（如深水）的脐带缆，搬运时应考虑下列屈曲模式：

a) 由于外压、轴向拉伸或压缩，弯曲和扭转，或这些载荷组合，管子产生的局部屈曲；

b) 屈曲扩展。

7.10.2.6 **疲劳寿命确定**

脐带缆截面和部件承受循环载荷作用时会疲劳，应进行疲劳分析，目的是：

a） 证实初始裂纹未发生；

b） 安装工况下若可进行内部检查，规定疲劳检测要求。

疲劳分析包括制造、安装、回收、再安装及运行期间的载荷循环预测，并将载荷循环转成公称应力或应变循环。

在确定抗疲劳特性时，应考虑平均应力、内部（使用）和外部（环境）塑性预应变和循环负载率的影响。

抗疲劳特性既可根据典型部件上得到的S-N坐标数据评定，也可按断裂力学疲劳寿命评定。安全系数的选择应考虑设计中抗疲劳特性预测固有的不准确性。

7.10.3 结构

7.10.3.1 概述

有很多材料类型和管子制造方法可选择。基于母材，管子可以施加防腐措施。

7.10.3.2 材料

管子母材的选择应考虑下述因素：

a） 安装环境；

b） 安装负荷；

c） 可焊性和焊接可靠性；

d） 在海水环境和工作介质下的腐蚀；

e） 加工性能；

f） 在线维修。

制造商应用规定的工作介质进行腐蚀试验，或提供以往试验文件证明，工作介质与母材在规定设计寿命内相容。

7.10.3.3 管子成型

脐带缆内安装的管线应为有缝或无缝管结构。

注：由于制造条件限制，无缝结构管可能要求大量焊接接头才能达到最终产品长度。

7.10.3.4 腐蚀/侵蚀保护

耐腐蚀设计寿命应进行论证，且应考虑最高的连续温度。

在设计温度范围内，并在海水中输送规定的工作介质，管子应具有抗点蚀/抗裂隙腐蚀能力。

在海水环境下，由易于受到外部腐蚀的母材制造的管子应有合适的保护。可采用下列一种或多种保护方法：

a） 热塑材料的外敷层；

b） 不同金属外敷层，提供阴极保护；

c） 把牺牲金属填充物加到成缆管子的间隙中；

d） 增加腐蚀余量。

由于与输送的工作介质接触，易于受到内部腐蚀和侵蚀的母材制造的管子应有合适的保护。可采用下列一种或多种保护方法：

a） 钝化或其他化学处理方法形成内缓蚀层；

b） 增加腐蚀裕量；

c） 增加侵蚀裕量。

对于内部和外部状态，若能充分地证实其适用性，其他的防护方法也是可以接受的。无论采用何种方法，对于规定的管线设计寿命应提供充分有效的保护。对含有粘接材质的保护方法应安装耐海水环境和工作温度的粘接方法。

为了获得最终的产品长度，或者由于修复原因，若采用接头，则接头区域应重新进行防腐。此外，若防腐发生损坏，应根据制造商规格书进行修复。

7.10.3.5 管子标识

由管子制造商提供的全部管子应根据 ASTM A 450 中的最低要求进行编号和标识。标识还应包括管子的尺寸($D \cdot t_{nom}$)、制造商、炉号、批号和管号以及无缝管或有缝管。

如果管子外敷热塑性聚合物,依靠色码或特殊标记可得到唯一的组成标识。

7.10.3.6 终端界面

端部接头的设计和材料应适合于管子的设计和管子的制造材料,接头的设计不应削弱管子的设计工作压力和防腐性能。

在压力等于最大设计值时,所有接头及管件应与规定的工作介质和海水相适应。

7.10.4 性能要求

7.10.4.1 设计压力比率

管子的设计应能承受的最小试验压力为 1.25 倍的设计工作压力。

7.10.4.2 最小弯曲半径

在不降低管子压力等级或不影响管子性能的情况下,其最小弯曲半径应与制造商规格书的规定一致。

7.10.4.3 腐蚀

耐腐蚀设计寿命应进行论证。在整个设计寿命期间,管子总成承受的最高温度也应作为腐蚀评估的一部分。如适用,材料应具有超过最高工作温度的临界点蚀温度和临界裂隙温度。

7.10.4.4 结构分析

结构分析应考虑由 6.3.6 规定的脐带缆结构分析获得的数据,以确认在试验和运行期间每一条管子的设计承受载荷的可接受性。

7.10.5 管子制造

7.10.5.1 制造工艺

7.10.5.1.1 概述

对于有缝管和无缝管,制造商应严格控制和监测制造过程。制造工艺应保证原材料,半成品和成品管不与污染物接触。

从原材料的接收到成品管运输的控制,所有制造步骤应在制造商规格书中说明,对每个制造步骤应确定主要变量。

7.10.5.1.2 主要变量的变化

在制造过程中,下述的改变应要求重新鉴定制造工艺:

a) 协定的合金元素增加/减少超出了管子制造商规格书的范围;

b) 金属冶炼工艺、添加合金元素操作规程、轧制或工作条件和热处理的更改;

c) 焊接的接头和对中设计更改,及焊接工艺的更改。

7.10.5.1.3 金属冶炼

使用管子制造商规格书规定的原材料,并遵循操作工序和保持在主要变量范围内,利用合格工艺冶炼金属。如买方要求特定的工艺类型,应在管子制造商规格书中详细说明该工艺。

制造操作规程、保证正确控制制造工艺变量及容许偏差的仪表,以及所含杂质/夹渣的接受等级均应在管子制造商规格书中详细说明。

在着手开始制板、带材或成形管材之前,应检查冶炼好的钢坯/钢锭以满足表面粗糙度的要求。

所有元素包括控制材料性能所增加的元素均列在材料规格书中,并检查其是否与规格书一致。

7.10.5.1.4 板材和带材制造

板材和带材制造时,应按照操作工序且保持在认可的制造规格书的主要变量范围内。制造操作规程及保证正确控制制造工艺变量及偏差的仪表应在管子制造商规格书中规定。

板和带的焊接修补是不允许的。

7.10.5.2 管子制造

采用规定的原材料，应按照操作工序且保持在认可的制造规格书的主要变量范围内。把管子制造成规定长度，除非另有规定，否则不允许带有接头。

制造操作规程及保证正确控制制造工艺变量及偏差的仪表应在管子制造商规格书中规定。

制造过程中，为检查诸如污染物、刮痕、擦伤、变色等缺陷应根据制造商规格书中的要求对管子进行外观检查。

7.10.5.3 除油

如果管子制造工艺需要用润滑剂，则在热处理之前，内外表面的润滑剂应彻底清除。

7.10.5.4 防腐

整管防腐是产品完全可靠的关键因素。因此，涂敷工艺应严格控制和监测，关键工艺参数应连续测量记录。

如果管子与外覆层的粘结膜或层用来提供粘接和/或阻水，则膜或层的厚度应均匀和紧密，且应100%涂敷在母材表面。

整体防腐的实施应连续不中断。在应用过程中，应频繁对可见缺陷(如颜色改变、气泡、夹渣物、气孔或其他表面缺陷)进行外观检查。制造商规格书中应有对前述缺陷的接收/拒收标准。

根据制造商规格书进行防腐，至少应考虑：

a) 采用防腐机理的管子母材表面的粗糙度以及预处理；

b) 涂层厚度/公差及附着级别；

c) 表面预处理与防腐涂敷的最大时间间隔；

d) 防腐涂敷前对已处理好的管子的储存；

e) 防腐涂料/层不得含有结块、粗糙区域、松散附着颗粒、气泡、裂缝、裂口和气孔等缺陷，并达到全周向涂敷；

f) 底漆的涂敷、厚度、致密性以及它们的特性对有效防腐的防腐机理的影响；

g) 外覆管和包覆材料间的电气连续；

h) 防腐机理缺陷/损坏的修补；

i) 在管子连接期间，防腐机理的重新构成。

7.10.5.5 内部清洁

制造完工后，管子内部应按程序清洗以去除残留液体和微粒污染物。内清洗应按制造商规格书规定的程序进行。至少应考虑：

a) 要求的清洁度和达到该清洁度的方法；

b) 若应用清洗液，清洗液应与管材和/或内部钝化表面相容；

c) 管子不超载达到清洁度等级的流量。

清洗过程不应使管子性能降低，清洗完成后，管端应进行密封以防污染物进入。

7.10.5.6 管子焊接

7.10.5.6.1 概述

管子焊接应根据评定认可的焊接工艺由专门资质的人员进行，所有工厂焊接接头均应按认可的国内或国际标准进行射线检测，以检查对中、全焊透、熔合和接头的完整性。

应提供详细的焊接评定程序和无损检测程序。这些程序应包括工厂自动化焊接和手工焊接程序，手工焊用于不适合采用自动焊的海上修复焊接。

所有焊接操作应在一清洁专用的区域进行，并保持操作免受环境因素的危害。应定期地对焊接设备进行清洁度检查，也应定期地目视检查焊条的外观、位置、机械和火花电蚀损害情况。若使用自动填丝系统更应定期检查焊丝或焊条位置和操作是否正确。

7.10.5.6.2 退火

若制造工艺要求退火处理以达到所要求的机械性能，退火处理应按管子制造商规格书规定的经评定合格的工艺进行。退火处理完成后应清理管子表面并在装运前清除管子表面所有的杂质（如化学酸洗液、刷洗液、打磨或喷砂加工粉尘等）。

7.10.5.6.3 管子预处理

管子预处理应根据评定合格的焊接工艺，并应考虑如下事项：

a) 清除管端最小规定距离内的外涂层；

b) 管端部预处理，包括：

  1) 以管子纵轴为基准，切割端所允许的角偏差；

  2) 去除内外毛刺；

  3) 防止切屑进入管内；

c) 与需要焊接的端部相邻的管子的表面进行机械和/或化学清洗；

d) 根据认可的焊接工艺进行管端焊接时管与焊件头部的对中；

e) 必要时进行气体吹洗。

7.10.5.6.4 自动或手工焊

由自动及手动工艺管对管的环缝焊接应使用评定合格的焊接工艺进行。除非管子壁厚要求多道顺序焊，否则全部焊缝采用单道熔透焊，具有均匀焊角和光滑的表面。在自动焊接过程中，应定期检查自动焊头动作和顺序是否正确。

7.10.5.6.5 焊接准备

按制造商评定合格的焊接工艺进行准备，应考虑如下问题：

a) 在规定公差范围内，焊缝的径向对中；

b) 焊接设备的安全、准确定位；

c) 周围环境的控制；

d) 焊接设备参数的控制。

7.10.5.6.6 焊接工艺评定

按国内或国际标准，或其组合，对特种管材、孔径和壁厚进行焊接和评定。

所有焊接操作应按认可的焊接工艺由有资质的人员进行，而全部焊缝均应由有资质和经批准的人员进行100%外观检查和无损（NDE）检测。

注：ISO 9606和ISO 9956中给出了适用的经验和培训案例。

7.10.5.6.7 焊缝修复

在使用单道焊接工艺产生缺陷的情况下，不允许进行修补。应将有缺陷的焊缝及热影响区全部切除。

对于多道焊接工艺产生的缺陷，若缺陷发生在第一道焊，应按单道焊接工艺进行处理；若发生在后几道焊，允许按制造商的合格修复工艺进行修补。修复后，所有的焊缝应进行100%外观检查和无损检测（NDE）。

7.10.5.7 管子修复

承压部件的修复要求将缺陷部分，含有对焊的裸露管端或有同样设计的插焊和对焊短节全部切除。

对形成管子结构和/或防腐机理的塑料和/或金属外敷层应按制造商规格书进行修复，但任何的再修复均应保持外敷层的功能及其设计目的。

7.10.6 验证试验

7.10.6.1 概述

作为最低要求，应进行以下规定的试验，以验证设计的每一条管线并提供特性数据。

7.10.6.2 **外观和尺寸检查**

每条管子应进行100%外观检查，无内外表面缺陷。包括管子材料的杂质检验，尺寸和结构的验证。下列参数应根据制造商规格书测量：

a) 内径；

b) 外径；

c) 任何中间层直径；

d) 椭圆度；

e) 同心度；

f) 管子壁厚。

制造商规格书应包括管子尺寸规格，规定上述参数的数值和制造公差。

7.10.6.3 **拉伸试验**

拉伸试验应根据 ASTM A 450 进行，其结果应满足材料规格书的要求。

7.10.6.4 **压扁试验**

压扁试验应根据 ASTM A 450 进行，其结果应满足材料规格书的要求。

7.10.6.5 **硬度试验**

硬度试验应根据 ASTM A 370 进行，其结果应满足材料规格书的要求。

7.10.6.6 **扩口试验**

扩口试验应根据 ASTM A 450 进行，其结果满足 ASTM A 450 的规定。

7.10.6.7 **化学分析**

应进行全面的化学分析。管材为高合金钢时，根据 ASTM E562 的规定，化学分析应包括铁素体含量的核查，管材中各种元素含量和铁素体含量应限制在制造商规格书规定的范围内。

7.10.6.8 **腐蚀试验**

管子包括焊缝(若适用)均应按 ASTM G48 中方法 A 的要求进行腐蚀试验。试样的外形尺寸、预处理、试验温度、温度监控、pH 膜和试验验收准则应与制造商规格书一致。

7.10.6.9 **焊接评定**

所有焊接操作应根据适当的标准进行评定。包括但不限于以下标准：

a) ISO 9956；

b) ISO 14732；

c) ASME B 31.3；

d) ASME，第 IX 卷。

如焊接工艺有重大改变，必需进行重新评定。重大改变包括但不限于以下几项：

——热输入参数；

——气体组分；

——焊接耗材。

7.10.6.10 **无损检测(NDE)**

所有管子应按 ASTM A 450 或更严格的标准进行无损检测，其最大允许缺陷值应在工作工况偏差范围内。所有无损检测程序和检测人员应按相应的标准进行资格认证。这些标准包括但不限于以下几项：

a) ISO 9712；

b) ASME B 31.3；

c) ASME，第 V 卷。

全部焊接应按合格的焊接工艺中具体的使用方法和接受准则进行无损检测，不符合工艺接受准则的焊接应认为是不可接受的。

7.10.6.11 爆破试验

从成品管子两端取一典型试样，且试样应与预期的材质和设计的端部接头组装在一起。若试样不含有相应的对接焊缝，再取两试样且至少应有一个试样带有对接焊缝。焊接应按脐带缆中金属管使用的合格工艺进行。两端部接头间的试样长度至少应不小于 400 mm(15.75 in)。

按制造商规格书确定的最小爆破压力应不小于由材质机械性能最小值计算所得出的值。

7.10.7 验收试验

7.10.7.1 外观和尺寸检查

在制造过程中，管子、半成品管子和母材应保持免受损坏、缺陷或污染。

制造参数应周期性监测，并满足制造商规格书的要求。根据制造商规格书应进行如下尺寸检查：

a) 外径 D；

b) 公称壁厚 t_{nom}；

c) 内径 d；

d) 同心度。

超出制造公差的管子应作报废处理。全部焊缝应根据所使用的焊接评定工艺进行外观和尺寸检测。

7.10.7.2 无损检测(NDE)

为检测全长无缝管壁厚的缺陷和有缝管纵向焊缝的完整性，应采用合适的无损检测方法和技术。

考虑到使用的任何无损检测方法常受灵敏度、标定值及其局限性影响，因此，为能进一步检测，并有可能进行修复，应找出非接受缺陷的部位，并标识和分类存放。

7.10.7.3 试验液

对于试样的试验，试验液应符合制造商规格书的要求；对成品管进行的整体性试验，试验液应为下列中的一种：

a) 指定系统的标准液：按制造商规格书的规定，采用指定系统的标准液，适当的过滤，达到系统允许的最终清洁度；

b) 自来水加至少 25%的乙二醇：若标准液与预计的井口工作介质有潜在的化学反应，或制造商规格书已规定，用自来水加至少 25%的乙二醇作为试验液，并按 7.10.7.3a)规定进行适当的过滤。

c) 自来水加生物灭杀剂：若加注管内有微生物生长的可能，或制造商规格书已规定，用自来水加生物灭杀剂作为试验液，并按 7.10.7.3a)规定进行适当的过滤。

最终选择的压力试验液输入管子时，应考虑相关系统和环境因素的影响，并应经买方同意。

对于试验液 a)和 b)，在脐带缆制造、装船、运输和安装整个过程中，试验液应保留在管线内。对于试验液 c)，宜用规定的安装/工作介质代替水作为最终的冲洗/清洁作业的一部分。

若在铺设期间，管子需进行中间焊接作业时，则应在焊接前把液体排放掉。

船运集装箱和管子中，储存的试验液应为防冻液。试验液应清洁，并应在试验液运输及压力/流量试验期间防止污染物进入。在未进行试验时，管子两端应密封。

自来水的氯含量等级不应对不锈钢制造的管子造成腐蚀。

在脐带缆制造、装船和安装期间，不推荐使用两种不同的试验液，因为这样可能要求配置两套试验设备。

7.10.7.4 爆破试验

7.10.7.4.1 单炉号产品

根据制造商规格书的要求，从生产批号中选择有代表性的管子试样。为达到试验目的，端部接头间试样长度应不小于 400 mm(15.75 in)。爆破试验压力应根据制造商规格书确定，其值应不小于由材质机械性能最小值计算所得出的值。

7.10.7.4.2　多炉号产品

根据制造商规格书的要求，从每一个炉号中选择有代表性的管子试样。为达到试验目的，端部接头间的试样长度应不小于 400 mm(15.75 in)。爆破试验压力应根据制造商规格书确定，其值应不小于由材质机械性能最小值计算所得出的值。

7.10.7.5　压力试验

管子制造完成后，应根据制造商规格书要求承受 1.25 倍设计工作压力的压力试验。

8　终端及其附属设备的设计

8.1　概述

电缆、光缆、热塑软管或金属管的水下端部可以与水下配对的接头组件的一半连接。另外，脐带缆的部件可直接与水下控制模块或接线盒端接。脐带缆的水上端部(如应用)应装有端接的铠装加强构件，并用与Ⅰ型或J型管顶部连接的法兰悬挂，使电缆和光缆、软管和金属管易与平台上的设备连接。

脐带缆终端及其附属设备一般是专门针对一特定的脐带缆系统设计的，因此，其详细的技术参数超出了 GB/T 21412 本部分的范围。以下信息仅供参考：

a) 在审查终端及其附属设备的设计要求时，应考虑部件试验参数对终端及其附属设备内活动元件的影响；

b) 若应用，终端的设计应考虑脐带缆为无进水结构；

c) 对金属结构的终端设备，若要求防腐，可提供独立的阴极保护，也可提供电气连接到阴极保护系统的一个装置。在选择终端的材质时，宜考虑其耐腐蚀性能，还宜考虑由阴极保护导致的裸露金属表面的钙化作用；

d) 若需要的话，应安装弯曲限制器/弯曲加强件，防止脐带缆在装船、铺设及运行期间受到破坏力。

8.2　终端

8.2.1　铠装终端

铠装脐带缆与终端连接，所具有的最小负载能力应等于或大于脐带缆的最大工作载荷。

8.2.2　电缆终端

对永久性安装在水下的电/光缆终端(如穿透器、接头等)，在电缆入口处，若使用插脚－插脚接头及抽头，设计时应考虑有效水封的要求。若使用粘接及/或非压力平衡设计，则设计应考虑在整个设计使用寿命期间粘接的可靠性(包括阴极分层的可能性及/或在海水环境中的密封机构)。

若接头没有与配套的另一半相连，可能外露长期浸没在海水中，则应安装合适的全封闭构件。如果连接电缆芯线间通电，全封闭构件在相邻插脚间应提供机械防护和防止电解作用两项功能。

电缆终端应当根据制造商规格书进行试验。

8.2.3　拖拉头

拖拉头应用于沿海床或通过Ⅰ型或J型管拖拉脐带缆。设计的拖拉头应承受安装载荷，且不损坏脐带缆及其功能组件。

如可能，拖拉头的设计应使其在滚轮或滑轮上连续地移动及通过Ⅰ型或J型管不被损坏或卡住。制造商应规定Ⅰ型或J型管内径和拖拉头直径间的相互尺寸关系。

设计的拖拉头应能容纳软管、钢管、电缆及光缆终端。

电缆和光缆应密封，防止海水进入。

8.2.4　上部悬挂

上部悬挂应用于把脐带缆紧固到Ⅰ型或J型管的顶部或紧固到其他位置。设计的悬挂装置应经受住静载或与船舶运动和安装力关联的动载，并在不损坏脐带缆或其组件下传递破断载荷。

悬挂的设计应考虑：一旦安装，在Ⅰ型或J型管顶部设置检查进入通道是不现实的，所以对承载部件潜在的长期腐蚀或蠕变应设法采取应对措施。

8.2.5 水下终端接口

水下终端接口应用于转接脐带缆及其水下终端或水下终端分配单元。

在装船、下放和水下拖拉期间，弯曲限制器/弯曲加强件的设计应考虑水下终端的尺寸大小、质量和重心对脐带缆的影响。

8.2.6 水下脐带缆终端

脐带缆终端应用于将脐带缆与水下系统进行机械和功能连接。

注：若需要，在装船和安装期间，可用合适的搬运设施。

如设计中包括隔离阀及电缆、光纤短路检查和测试点的进入通道时，其设计应能易于接近和操作。接近和操作方法应规定在制造商规格书中。

8.2.7 水下脐带缆分配单元

水下脐带缆分配单元与水下脐带缆终端作用相似，应用于将脐带缆与几个水下系统进行机械和功能连接。若连接的系统庞大，消除脐带缆的弯曲变形时应考虑其尺寸、质量、重心、下放和拖拉的影响。

8.3 附属设备

8.3.1 接线箱

接线箱应用于连接各分段的脐带缆，以达到要求的总长或用于修复损坏的脐带缆。若采用这种方式，已连接的每个脐带缆端部应有一铠装终端。使用套筒或套管连接的铠装终端应允许负载从某一分段传递到另一分段。在脐带缆设计寿命期间，套筒或套管的连接方式应便于拆除。

接线箱应是流线型设计，(若要求)每端有一弯曲加强件，并且尺寸应紧凑，便于盘卷、储存和满足安装要求。

在接线箱内电缆、光纤、软管和金属管的连接应符合制造商规格书的要求。

接线箱不能位于动态运行的脐带缆部分。

8.3.2 弱连接

弱连接是一个可选部件，防止脐带缆及与脐带缆相连的设备过载，弱连接启动的载荷应在制造商规格书中规定。弱连接的设计使用寿命应等于或大于脐带缆的设计使用寿命。

对于与脐带缆集成在一起的弱连接设计，为了便于安装和回收，当弱连接安装到海底后，应有一便于拆装和更换的旁路机构，在旁路机构作用时，在弱连接不启动或遇机械故障的情况下，弱连接应能承受脐带缆的最大拉伸载荷。

当弱连接起作用时，功能管路应能被清洁地分隔。在弱连接起作用期间，确保脐带缆内部件不超载，使设备的损害应最小。弱连接的设计应考虑启动后，便于脐带缆的维修。

弱连接也可以设计成截流器的形式，作用于安装在水下脐带缆终端/分配单元与水下系统间的跨接软管或电缆上，跨接线应可水下更换。

弱连接设计的其他方法(如多路耦合器装置)也是可以接受的，但应规定在制造商规格书中。若要求弱连接，制造商规格书应说明设计所采用的弱连接类型。

当弱连接起作用时，在任何情况下，其操作应不得妨碍井口和采油树设备的安全关断。分隔的液压管路中的液压压力应能降低到与井口/采油树设备所连接的脐带缆处的压力。

8.3.3 浮性附件

取决于安装的配置，动态的脐带缆可能需要浮圈、浮筒等形式的浮性附件，以达到所要求的配置和运动状态。附件连接不应在脐带缆护套内产生应力裂纹，若采用夹紧的方法也不允许在附件挤压区域内产生过大的应力松弛现象，更不允许脐带缆及其附件产生过大的变形。

9 脐带缆的设计

9.1 温度范围

脐带缆及其组成部件和材料应能在−15 ℃～40 ℃(5 ℉～104 ℉)的温度范围之内正常工作。对于寒冷气候条件下应用的脐带缆，可能要受到低于规定的最低温度(如储存、装船与安装，以及运行期间水面上的一段)。另外，对某些安装条件(如热带气候条件下 I 型或 J 型管在密闭的环境中紧靠生产立管等)和储存而言，脐带缆可能承受的温度高于规定的最高温度。因此，在规定的设计寿命和规定的工作温度下，脐带缆应能连续地运行，根据第 4 章的功能要求，最高和最低温度应规定在制造商规格书中。

注：连续或频繁地暴露在高温之中可能影响脐带缆的设计寿命。

9.2 最大工作载荷

脐带缆的最大工作载荷应不低于制造商规格书内的规定值。

9.3 最小破断载荷

当脐带缆处于拉直状态时，其最小破断载荷应与制造商的规格书一致。

在任何情况下，规定的载荷等级应是：在各种可能的安装和运行条件下通过分析形式证实有足够的安全裕度。

9.4 最小弯曲半径

在不影响脐带缆性能的情况下，脐带缆的最小弯曲半径是指储存和运行期间可弯曲的最小半径，应与制造商规格书的规定一致。电缆、软管、金属管和光缆的最小弯曲半径也应与制造商规格书的规定相一致。

9.5 动态使用寿命

当脐带缆以动态形式并承受载荷运行时，由分析得到足够安全系数的情况下，为达到规定的设计寿命，脐带缆应设计成抗疲劳型，其弯曲和运动次数应满足第 4 章的要求。

注：确立的安全系数为 10 是合适的，但主要取决于分析水平和方法。

9.6 海床稳定性

设计的脐带缆在铺设到海床时，对于海床地质条件和海流数值，应具有足够的稳定性并满足第 4 章的要求。

9.7 运行环境

在规定的设计寿命内，脐带缆及其组成部件应设计成适合于在海水中浸泡，同时还应考虑下列因素：

a) 安装前的储存；

b) 与工作介质接触；

c) 海床及水面在辐射、臭氧、温度和化学方面的环境；

d) 自由悬挂区域施加的动载工况；

e) 防落物保护。

9.8 横截面布置

脐带缆的设计应满足第 4 章的功能要求、第 6 章的设计要求以及制造商规格书中的机械性能。同时还应考虑：

a) 横截面应尽可能紧凑；

b) 横截面宜尽可能对称，可使用辅助部件或填充物达到；

c) 在脐带缆含有电缆的情况下，电缆可以靠近脐带缆束的中心布置，电缆子束沿脐带缆束周边布置也是允许的。在这种情况下，电缆及子束的设计应考虑额外的拉伸和压缩载荷施加到电导体上，并不损害设计寿命；

d) 若脐带缆内含有钢管，同时还有热塑性软管和/或电缆，应考虑在制造、盘卷、安装和运行期间，钢管对热塑性软管和/或电缆施加的挤压力；

e) 如果在脐带缆内的间隙处加填充物，在选择填充物时，宜考虑脐带缆制造、安装、运行时对脐带缆束的挤压力；

f) 对于深水安装的脐带缆，横截面的布置应考虑脐带缆不进水的要求，在安装期间所受的外力不损坏脐带缆各部件。

注：a)和 b)要求不总是一致的。

9.9 成缆

各个功能部件（如电缆、光缆、软管、金属管、填充物等）组合成脐带缆束或子束。

若需要，束的成缆过程应在软管带压的状态下进行，使用的压力等级应符合制造商规格书的要求，并足以防止软管的变形。随后，全部成缆作业应在将软管加压至相同的公称压力下进行。

9.10 子束

子束可由电缆、光缆、软管、金属管单独构成，也可组合构成，其设计和外型尺寸应为圆形构造。子束的设计尽可能以中心轴对称。

为了保持子束部件成缆后的稳定性，绑扎带应以固定的螺旋角绑扎。

对于有几何形状及/或机械的要求（如与电穿透器的连接），捆扎和绑带分部件可用热塑材质加外护套并与制造商规格书一致。

任何护套应易于拆除，以确保各部件表面不受损伤和刻痕等，即可能危及套管密封。

9.11 内护套

当脐带缆进行铠装时，内护套应包覆在绑扎的管束上，以提供机械防护，并增强束的稳定性，为铠装金属丝提供一垫层，护套的结构为：

a） 对于静态应用：采用连续挤压成形的热塑性材料或采用一层螺旋包覆的合成粗纱纤维。该材料应足以抵抗装船和安装期间的磨损和应力开裂；

b） 对于动态应用：采用连续挤压成形的热塑性材料。

内护套不应含杂质、瑕疵和其他缺陷。护套应具有足够的厚度以确保铠装金属丝和束之间径向压缩能够合理的分布。护套厚度以及护套厚度公差和同心度公差应与制造商规格书一致。

护套挤压工艺应与制造商规格书一致。制造商应选择挤压工艺以使其适于随后的铠装工艺（若应用），并确保束部件在弯曲和扭曲时彼此能够自由独立的移动。

9.12 铠装

对含有电导体和/或光纤，但不含有承载金属管的脐带缆应进行铠装，或应设有合适的应变元件。对于需要达到扭矩平衡和/或承受强拉伸载荷的脐带缆，其铠装应有两个或两个以上反向螺旋包覆的铠装钢丝层（若需要，达到规定性能的其他合适材料也可使用）。

各铠装金属丝所受拉力应均匀，当脐带缆的拉力从零变到最大轴向工作载荷时，应能限制其旋转。对于动态脐带缆，铠装还可在动态运行期间帮助提供平衡，以获得必要的稳定性。对多层铠装和/或平衡装置，在邻近各层的反方向应包覆辅助铠装层。铠装金属丝的尺寸和包覆长度应由制造商规定，在脐带缆的设计寿命期间，提供必要的抗拉强度、轴向延伸率、弯曲刚度和重量。

注：EN 10257-2 提供了合适的钢丝的规格。

对于含有钢管的脐带缆，如果其内又设有电导体，成缆的钢管可能具有内在的抗拉能力，以形成应力释放。在这种特殊的情况下，应确定合适的钢管壁厚，以适应在运行和/或安装期间由加压和拉伸载荷导致的应力。

若脐带缆处于复杂的安装环境和/或运行工况，各部件机械防护的铠装层内含物或脐带缆的平衡装置应视为设计性能分析的一部分。

如需要，可以使用热塑填料棒代替铠装金属丝，使水下脐带缆的拉伸强度和/或质量减至最少。填料应和钢丝一样均匀分布。

9.13 外护套

应用的外护套为：

a） 连续挤压成形的热塑护套；

b） 使用纺织粗纱，成螺旋形包覆。

对于动态应用，应根据9.11的要求使用连续挤压成形的热塑护套。

在安装过程中，为了提供扭曲的目视标识，应沿脐带缆长度方向使用高能见度的对比色。

9.14 长度标识

脐带缆的长度标识除首尾两段的100 m以10 m为步长外，其余均应以100 m(328 ft)为步长顺序标识。在脐带缆的储存、装船、安装期间，标识应耐用，同时对潜水员或水下摄像机提供全方位(360°)清晰的能见度，标识字高不应低于25.4 mm(1.0 in)。

10 脐带缆的制造和试验

10.1 脐带缆制造

10.1.1 成缆

成缆操作应在干净、专用、受控、并定期清洁的区域进行。

若成缆刚度相对较大的部件，应给予下述考虑：

a) 使部件与成缆机间的接触力减至最小和设计适宜的路径，以防止损坏部件；

b) 按照制造商规格书的规定，无论何时，保持弯曲半径等于或大于要求产生最大允许弯曲应变的半径；

c) 定型的各部件便于脐带缆束或子束的制造；

d) 成束过程中，将各部件的内在扭曲降至最低。

对行星式和摇摆式成缆，各部件、子束、填充物均不应承受过大的拉压载荷。若部件或子束的重量可能产生破坏性载荷，放缆滚筒应以动力驱动。

为尽量降低对各部件外表面的损坏，部件和成束机之间的接触力不应超过制造商规格书中的规定值。为进一步减少表面损坏，应考虑将滚轮设置在接触力相对较大的地方。

应进行连续检查，以确保各部件在成束过程中没有擦伤、划痕或其他的损伤。

当储存在加工滚筒上或经过成束机时，部件的弯曲半径均应保持等于或大于要求产生最大允许弯曲应变的半径，此最小弯曲半径应规定在制造商的规格书中。

已成束的或成束的部件应储存在专用受控的干燥区域内具有合适尺寸的滚筒或转盘式装置上。缠绕的张力和/或层数应不使束结构或各个部件产生破坏变形。

10.1.2 内护套

束(或子束)在经过挤压机之前和过程中应保持干燥。

在挤压过程中，应依据制造商规格书测量并记录下述工艺参数：

a) 挤压机料筒/机头温度；

b) 融化压力/温度；

c) 转动速度/功率要求；

d) 牵引速度；

e) 外径。

若内护套由粗纱组成，则应使这些粗纱具有相同的张力。每次制作开始时，应检查每只绕线轴施加到粗纱细股线上的张力，并应符合制造商规格书要求。粗纱内接头的制作和确认也应符合制造商规格书的要求。

在护套制作期间，应经常对产品进行外观检查，以确保护套连续均匀包覆，且无异物进入护套内。在此过程中，还应小心以确保束(或子束)不被拉伸，且不扰乱绑扎带。

允许对护套进行修复，修复工作应根据制造商规格书进行。

10.1.3 铠装

该操作应在干净、专用、受控、并定期清洁的区域进行。

应对每批号的铠装金属丝试样检测破断强度、屈服强度及负载延伸率，以确认材料性能在规定值范围之内。

铠装金属丝应均匀地缠绕到铠装卷筒上，在随后的生产过程中应使其免受损坏、不降低镀锌层(如果有)的功效，或不受异物污染。

在铠装制作过程中，束及其部件不应承受过大压缩载荷而导致其变形或损坏。若在铠装层之间使用隔离层，则施加的张力应均匀。每次制作开始时，应检查各线轴施加在铠装金属丝上的张力，并使其与制造商规格书一致。

在铠装制作过程中，应经常对产品进行外观检查以确保铠装连续均匀包覆，并且没有异物进入铠装层内。在此过程中，还应小心以确保带护套的束未拉伸，且不受干扰。

若铠装层内的金属丝有焊接接头，这些接头应交错排列并按制造商规格书制作。

10.1.4 外护套

外护套制作应遵循内护套一样的工艺要求。

根据制造商规格书的要求，应对纵向条纹进行外观检查，以判断外护套的连续性和脐带缆是否存在扭曲迹象。

10.2 验证试验

10.2.1 概述

进行验证试验的目的是为证实脐带缆的性能。验证采用的方法是：在主要产品生产前，使用单独的脐带缆段进行验证；若风险较低，可直接从成品取样。

若脐带缆中包含电芯线，下述电气试验应视作机械试验整体的一部分：

a) 在脐带缆内，串联连接每根导体，连续检查导体的通路。在试验开始和结束时，测量的直流电阻值不应超过7.7.3中的规定值；

b) 在机械试验过程中和完成后，均应测量其绝缘电阻，测量值应符合7.7.4的要求。

如果脐带缆中含有光纤，光信号检测应作为机械试验整体的一部分。

如果试验要求对脐带缆施加拉伸载荷，则试验时固定的机械方法应采用与运行的脐带缆系统相同的设计原理。

注1：10.2中规定的脐带缆的验证试验见附录B。

注2：对于深水应用，无进水试验及验证其内部部件的承载整体性的外部静水压试验可能是必要的。

10.2.2 拉伸试验

考虑了脐带缆各部件的端部效应和间距长度后，选取一段典型的成品脐带缆，应进行二步拉伸载荷试验。

第一步包括三次载荷循环，拉伸到最大的设计工作载荷，以确定脐带缆装置的残余变形和残余扭曲；第二步继续加载，确定脐带缆在失效范围内各部件所承受的载荷及其抗拉强度极限。

试样两端端接方法是：对于已铠装脐带缆，应夹紧铠装金属丝；对于非铠装脐带缆，应牢固地夹紧内部部件。在试验台上加载时，试样在拉伸载荷作用下应有转动的自由度。在内含软管/金属管的脐带缆的拉伸试验期间，对于静态缆应加压至规定的安装压力；若为动态缆，应加压至制造商规格书中的规定值。对电气试验(若应用)应按10.2.1的要求进行，而光纤应检测其光导连续性。

拉伸载荷应以最小10的增量施加，直至达到最大的设计工作载荷，并应记录每次载荷级别下的拉伸载荷、延伸率和循环次数。到达最大工作载荷时，应降低载荷并采用在施加载荷时的相同步骤在卸载期间逐步卸载。该步骤应重复用于第二次和第三次循环。

完成三次载荷循环及解除压力后，应增加载荷直至机械失效产生，或达到最小的破断载荷，无论哪种状态先产生，都应记录脐带缆首先出现的功能失效。在拉伸试验结束时，如果脐带缆各功能部件发生过早的失效，应对试样进行分解并进行目视检查。

10.2.3 弯曲刚度试验

成品脐带缆的典型试样应进行弯曲刚度试验，试验程序应符合附录D的规定。

注：一般情况下，该试验属特性试验，除非制造商规格书中另有规定，否则没有接收/拒收标准。

10.2.4 压扁试验

成品脐带缆试样应承受横向加载，以测定其抗变形能力。

若脐带缆内含有液体管路，对于下列各工况，应获得横向载荷能力：

a) 软管/金属管不承压；

b) 软管/金属管加压至推荐的安装压力；

c) 所有软管/金属管加压至制造商规格书中规定的共用压力。

对于静态脐带缆，适用于a)和/或b)工况；对于动态脐带缆适用于a)和/或b)和/或c)工况。金属管可以不承压。

上述a)，b)，c)规定的横向变形试验应用各自试样进行，且试样先前未进行试验。

若脐带缆内设电芯线，应按10.2.1或制造商规格书中的要求进行电气试验。若脐带缆内设光纤，应检测其光导连续性。

试样应置于两块平行板之间，板长度不小于250 mm(9.84 in)，并彼此相对放置在一个压缩载荷装置内。随着软管加压至各自规定的压力值，两块板应以不超过5 mm/min(0.196 9 in/min)的速度相向移动。

加载板之间脐带缆直径的缩减量应连续记录，并被看作施加载荷的函数。当载荷达到制造商规格书中规定的最大加载值或变形达10%时，无论哪个先出现，加载板应以不超过5 mm/min(0.196 9 in/min)的速度移开。当载荷降到零，试样应切开和检查，同时应测定和记录所加载荷对脐带缆和功能部件的影响。

对于静态和动态两种脐带缆，宜考虑下水过程模拟试验，如有必要，用弯曲试验装置进行静态试验。对于动态脐带缆，需要考虑的其他方面包括装船和运行。

注：试验加载系统比一对加载钢板更可能代表安装系统。

10.2.5 疲劳试验

应对脐带缆进行机械试验以确定其抗疲劳性能。选择的试验方法应证明，在制造、倒缆、装船、I型或J型管拖拉、埋设以及动态安装和整个使用寿命的运行期间，脐带缆的特殊设计或设计特性适合承受持续的反复扭曲。

试验方法应符合制造商规格书的要求，并应考虑安装/运行参数，以及设计和分析的结果。

注：由于脐带缆受到疲劳工况的范围广泛，因此，为涵盖所有可能发生的疲劳工况，统一和规定试验方法及参数是不可能的。作为替代，试验可以按不同情况进行。附录E中提供了疲劳试验过程的指导性说明。

对静态脐带缆，应将软管和金属管加压至其推荐的安装压力。除非分析显示，用时间(或周期)依赖性改变压力更具有代表性，否则动态脐带缆中的软管和金属管应加压至其最大的运行中的工作压力。但是，如果脐带缆内含有多种工作压力下的软管和金属管，为了方便可采用一共用的压力。对电芯线应不间断的监测其直流连续性。对光纤应不间断的监测其光导连续性。在疲劳试验的开始和结束时，以及制造商规格书中规定的间隔期内，应测量电缆的直流电阻、芯线的绝缘电阻以及光纤的衰减。

如果部件中含有接头，应对接头的影响进行疲劳试验评估。

11 脐带缆工厂接收试验(FATs)

11.1 概述

本章所述试验内容是对制造的每段脐带缆的最低要求。若任一项试验不满足验收标准，应调查失效的原因并提供书面报告。

在终端设备安装之前或之后，应进行工厂接收试验。

注1：某些类型的终端装配后，可能妨碍进行某些试验，或者说，修改/降低试验参数可能是必需的。例如，某些电气接头不可承受高压试验。

可以要求由额外的设计或设计验证要求，或子束组装引起的附加工厂接收试验，目的是为了确定各部件或脐带缆的整体性和性能一致性。若必需，这些试验包括接收/拒收标准(若应用)应规定在制造商规格书中。

注2：第11章规定了水下脐带缆所需完成的工厂接收试验，并在附录B中进行了概述。

11.2 外观和尺寸检查

在制造过程中，各部件、脐带缆的半成品和成品应没有损伤、缺陷或杂质，也应检查原材料有无杂质。同时，根据制造商规格书的要求，应定期监测制造参数，并认真执行。

11.3 电缆

脐带缆制造完成后，应对电芯线进行下述出厂接收试验：

a) 按7.7.3中规定的导体直流电阻测试；

b) 按7.7.4中规定的绝缘电阻测试；

c) 按7.7.5中规定的高压直流试验；

d) 按7.7.6,7.7.7,7.7.8,7.7.9中规定的传输线路特性试验；

若总长足够短，且不引起不真实的结果，那么应进行电感、电容和阻抗的测量；

e) 按7.7.10中规定的干扰试验；

f) 按7.7.11中规定的时域反射试验。

11.4 光缆

脐带缆制造完成后，光缆应按7.8.8.2的规定，进行光时域反射试验。

11.5 软管

脐带缆制造完成后，软管应进行如下工厂接收试验：

a) 试验压力/压力衰减试验：按7.9.8.6的规定试验，试验压力为1.5倍的设计工作压力；

b) 流量试验：要求通过每根软管的额定流量应在制造商规格书中规定，制造商还应计算在额定流量下对指定液体所预期的压降，并且要求试验应以额定流量通过软管。供给的持续稳定高压流应与每根成品软管一端连接，而另一端出口与大气相通。试验液应通过软管，直至软管入口的压力读数稳定在5%范围内，并且流量稳定在5%范围内，应记录通过软管的流量、压降及进出口试验液温度。同时应对实际压降和计算压降进行比较，两者间的差值不应超过制造商规格书规定的容许值；

注1：在紊流状态下，可预期适当相关性；但在层流状态下，可预期少量的相关性。对于短的脐带缆(典型长度小于200 m)，可预期少量的相关性。

c) 动态响应：该试验为选择性试验，按附录D规定的程序进行。其试验结果用来反映脐带缆内软管的特性，但不作为接收/拒收标准的一部分；

d) 液体清洁度：所有其他接收试验结束并获得满意结果后，还应使用规定的试验液对制造商规格书中规定的每根软管进行冲洗。应尽可能采用最高流量，但不会造成软管入口压力超过设计工作压力，同时还应连续监测软管进出口温度，以确保不超过软管温度的额定值。各管子应彻底冲洗直至其清洁度等级达标。冲洗期间，按照ISO 4406规定的程序，以不少于10 min的间隔对各软管内液体连续取样三次，其清洁度等级应满足或超过制造商规格书中的规定值。

注2：方便起见，可将各短软管段连接在一起，以简化冲洗过程。对于压力超过69 MPa(10 000 psi)的软管，由于受冲洗设备能力的限制，可能导致进口压力低于软管的设计工作压力。

注3：流量试验和液体清洁度试验可以合并进行。

11.6 金属管

脐带缆制造完成后，金属管应进行以下的工厂接收试验：

a) 按照11.5a)中的程序进行压力试验，试验压力为1.25倍的设计工作压力；

b) 按照11.5b)中的程序进行流量试验；

c) 按照11.5d)中的程序进行液体清洁试验。

12 储存

12.1 概述

工厂接收试验圆满结束后，脐带缆应存放在传送盘、卷筒或转台上，或者盘绕在储存电缆池中，直至装船。如证明内部温度影响部件的性能，不应将脐带缆储存在阳光直射的地方。

若脐带缆长期存放（一般超过六个月）和/或在极限温度中储存，应考虑长期存放对软管和金属管内的液体有影响。如有必要，管子中的液体应更换为更合适的液体。制造商规格书应规定要求更换的液体和类型，同时应详述检查和测试的频率，以确认产品的完整性。

若脐带缆存放在卷筒上，卷筒凸缘的直径至少应超出最外层脐带缆一倍的管缆直径。卷筒的直径应考虑终端的尺寸以及弯曲加强件/弯曲限制器的限制。当脐带缆从卷筒移出时，应采用足够的反向张力，将脐带缆绕在储存卷筒上（可以用运输卷筒和/或安装卷筒），使自转产生的风险降至最小。

储存期间或储存结束，为了便于试验，脐带缆两端部应易于接触到。

储存在卷筒上，还是在传送盘上，脐带缆的层数不应对下层管缆造成破坏力。卷筒和传送盘应置放在坚固平坦的地面和安全区域，远离会产生腐蚀及/或损害产品的机械装置及/或工艺设备，远离持续工作的区域。只要允许，应架设合适的挡板，使与通行的车辆相撞所造成的损坏风险降至最小。

12.2 脐带缆保护

12.2.1 电缆

电芯线应加帽并密封，防止水进入。

12.2.2 光缆

光缆应加帽并密封，防止水进入。

12.2.3 液压管

脐带缆包含软管或金属管时，每根软管/金属管应充满液体，两端装上适当的保压管件。当储存时间超过六个月时，除非制造商规格书另有规定，否则应将软管/金属管加压至 7 MPa（1 015 psi）。制造商应按其规格书的规定记录每根软管/金属管的压力，直至装船。所记录的任何压力变化若不是由温度变化引起的，应进一步进行调查。

此要求不适用于备用管。

12.3 备用管

备用管可作为一个单独产品进行制造，或者是主脐带缆的超长部分。12.2 中所叙述的预防措施应适用于备用管，但不需要对软管/金属管加压。根据制造商的规格书的标识要求进行标识，备用管的标识点应清晰、且不易擦掉。

12.4 维修工具

用于连接脐带缆的维修工具应储存在合适的带盖容器中，以防止工具损坏或性能降低，并为海上运输提供防护。容器应贴上清晰标签，对成套工具中各部分（如：树脂、溶剂制品等），标签上应标注限定储存寿命的失效日期。

12.5 整体试验

对脐带缆进行整体试验可能是必需的。在脐带缆长度短、重量相对轻的情况下，试验可以不在制造商场地进行。应注意所有脐带缆的运输或搬运，确保没有违反任何搬运或储存参数的要求，或造成脐带缆的损坏。

制造商应制定运输和搬运的程序，并应规定在各个阶段搬运脐带缆的责任方。所有的运输和搬运均应按此程序进行。

13 安装前的工作

13.1 脐带缆数据

制造商至少应提供下列脐带缆的安装接口数据：

a) 外表面粗糙度,包括干湿两种摩擦系数;
b) 设计工作载荷;
c) 极限抗拉强度;
d) 轴向刚度;
e) 弯曲刚度;
f) 空气中的重量(软管/金属管中充满安装介质时);
g) 水中的重量(软管/金属管中充满安装和工作介质时);
h) 长度(及长度的公差和精度);
i) 长度的标识及其方向;
j) 公称直径和公差;
k) 安装条件下的最小弯曲半径;
l) 载荷-扭矩特性(扭矩平衡);
m) 单位长度上的最大断裂载荷;
n) 铺设期间,脐带缆承受的轴向稳态与疲劳载荷的许用组合和循环次数;
o) 修复的接头尺寸及装配程序;
p) 装船和安装过程中,作用在软管和金属管上的压力;
q) 软管/金属管尺寸,适合于软管连接和设计工作压力的终端详细资料;
r) 电力/信号/光特性;
s) 装船前,储存的详细资料;
t) 监测扭曲用纵向线的确定;
u) 脐带缆终端试验接头的详细资料。

13.2 路由资料

沿着整个路由,要求提供下列海床及环境资料(包括标识用于铺设剩余段的区域):

a) 沿着拟定的路由和要求/协定宽度的海床地貌;
b) 沿着路由中线的海床水深分布图;
c) 海床的状况(例如:露出岩石、卵石、沉积物、碎石以及障碍物等);
d) 在海床上和任何埋设中,与脐带缆稳定有关的岩土技术参数;
e) 相邻的或跨越的管道、电缆及其他海底结构物(存在的或计划的);
f) 与脐带缆的铺设和海床稳定性有关的海流及潮汐资料。

13.3 终端及附属设备资料

关于拟定的脐带缆终端,至少应向安装方提供下列资料:

a) 尺寸;
b) 在空气中的重量;
c) 在水中的重量;
d) 同水下结构物一致的功能接口的详细资料;
e) 终端、弱连接、接线盒、产品/修复接头及附属件(若应用)的吊装方案;
f) 平台上临时和永久的悬挂布置;
g) I型或J型管引缆钢丝/绳(若配置)。

13.4 依托设施资料

买方应提供与平台有关的详细资料,至少包括:

a) 导管架和上部组块的平面/立面/包络图;
b) I型或J型管的尺寸、基座吊耳、立管卡子和绞车在平台上的外形尺寸和位置;
c) I型或J型管喇叭口密封的详细资料,以及弯曲限制器/加强件接口的详细资料(如应用);

d) 管线及立管的位置；

e) 在安装作业期间，工作现场的其他作业计划；

f) 与I型或J型管顶部及周围区域相关的详细图纸，包括I型或J型管顶部安装的方法；

g) 区域和/或范围的划分等级。

买方应告知安装方许可工作方式和所有已知障碍物的特征和位置。

作为必需，应在平台上提供合适位置，用于安装方固定适当的船舶定位系统站、安装辅助装置及牵引绞车。应提供依托设施上(如有)可用的工作资料。

13.5 水下结构物资料

买方应提供水下结构物及设备的详细资料(若相关)，便于按计划拖拉脐带缆终端。

13.6 调研买方设施

安装方应察看固定的和/或浮式的海上设施，检查I型或J型管及悬挂位置，目的是确定牵引绞车、临时起重设备、试验和监控设备的位置。同时应当确定关于安全区域划分和其它适用的设备要求。若计划在海上设施上操作ROV，其可行性也应进行评估。

14 装船

14.1 概述

各阶段搬运脐带缆的职责应明确规定。作业开始前，作业中从一方运到另一方的准确地点应得到双方同意。

注1：下列条款假定，装船场地的全部操作由安装方协调和控制。

注2：有时，例如脐带缆完成了整体试验，可能不在脐带缆制造厂装船。

14.2 对装船设备的技术审查

安装方宜调研装船场地和检查计划使用的陆地设备，并评估作业时设备及场地的可接受性。

在调研过程中，考虑的事项至少应包括：

a) 安装船舶：

1) 有关船舶吃水和其他尺寸的限制；

2) 系泊和适航性要求；

3) 码头与船舶之间的起吊作业。

b) 脐带缆的储存设施：

1) 储存系统；

2) 到达设施的通道；

3) 终端与附属设备的布置；

4) 由于脐带缆参数(如质量、最小弯曲半径、断裂载荷限制)和终端/附属设备，储存时搬运的限制；

5) 储存期间的保护措施。

c) 岸上脐带缆传送系统：

1) 系统的类型；

2) 控制与通信方法；

3) 配备人员要求(包括24 h工作的必要性)；

4) 额定传送速度；

5) 与储存设施的接口；

6) 与船舶脐带缆输送系统的接口；

7) 预备辅助设备的要求(如移动式铺缆设备、可移动轨道等)；

8) 由于脐带缆参数(如质量、最小弯曲半径、断裂载荷限制)和终端/附属设施，储存时搬运的

限制;

9) 搬运终端和附属设备的起吊设施和台班。

应对现场人力、支持性功能和安全要求一起进行审查,并应核查起吊设施的证书。

14.3 装船程序

装船程序应由安装方制定,描述推荐做法和确定所使用的全部陆地设施。制造商应提供支持资料,用于陆地装船作业并包含在安装方的操作程序内。应说明需首先装船的脐带缆系统的某一端,同样,在多根脐带缆装船时,应说明装船顺序。该程序应详述搬运终端、接头、弱连接、辅助设施等中所用的方法和设备。

14.4 装船前会议

安装方与制造商应召开多次会议,确定装船作业条件并确认脐带缆责任移交的地点。检查和强调的关键方面应包括但不限于以下方面:

a) 作业指挥及责任移交地点;

b) 装船作业的职责及员工的配置;

c) 安装方与制造商的界面;

d) 通信程序;

e) 审查装船作业程序与应急程序;

f) 装船作业的时间表,包括必需的出入许可证的时间表;

g) 终端/附属设备以及任何中间接头的搬运;

h) 制造商在装船前后脐带缆试验时给予的协助;

i) 提供所需的全部资料,用于船东计算船舶稳性;

j) 安全程序与安全计划的编制。

14.5 装船前试验

14.5.1 概述

如果脐带缆已由制造场地运送到另一现场,或储存已超过三个月,应在装船前进行试验。

试验应在装船作业前进行,但应有足够的时间间隔,以便进行修正(如必要)。

注:附录B提供了所要求的试验程序的信息。

14.5.2 电缆

14.5.2.1 导体直流电阻测试

应按11.3的规定测量经温度校正的导体直流电阻值,其值应在工厂接收试验(FAT)期间测得值的±2%误差范围内。

14.5.2.2 绝缘电阻测试

应按11.3的规定测量各导体之间及导体与屏蔽和/或接地之间的绝缘电阻值,与工厂接收试验(FAT)期间测得的值进行比较,并评估其所有变化。

14.5.3 光缆

应按11.4的规定获得各个光纤的光时域反射计(OTDR)曲线,如可能,应从光纤的两端进行。

获得的曲线应与工厂接收试验(FAT)期间获得的光时域反射计(OTDR)曲线进行比较,并应评估其所有变化。

14.5.4 软管/金属管

14.5.4.1 液压控制软管/金属管

试验液应满足7.9.8.2或7.10.7.3的规定。

14.5.4.2 软管试验压力/压力衰减试验

按11.5a)的规定,脐带缆中的每根软管应进行试验压力/压力衰减试验,但试验压力为1.1倍设计工作压力。

若可能，应在软管的两端测量试验压力和试验液的温度。

14.5.4.3 金属管试验压力/压力衰减试验

按11.6a)的规定，脐带缆中的每根金属管应进行试验压力/压力衰减试验，但试验压力为1.1倍设计工作压力。

14.6 装船作业

安装船舶停泊后，装船主管应布置的事项为：

a) 向参与作业的人员简要介绍装船作业采用的程序，包括通信程序及装船时间表，应重点强调有关作业的安全方案；

b) 对所使用的陆上与船舶设备，应检查其标定证书和功能试验记录，并确认这些设备均在有效期。

当准备工作圆满完成后，应允许装船作业开始。

14.7 中止和开始装船

所有作业由装船主管进行协调，应防止人身伤害及贵重设备及/或脐带缆的损坏。在作业过程中，任何一位作业人员发现问题(或潜在问题)，均应有权利以可控方式中断作业的进行。一旦作业中止，重新开始装船的指令应只能由装船主管发出，并且只有在问题解决后，或潜在问题防止后才应发出。

14.8 脐带缆的搬运

14.8.1 概述

在装船期间，脐带缆、终端和附属设备的搬运应以不易受损伤的方式进行，并进行监测。

14.8.2 扭转

在整个作业过程中，应对脐带缆进行外观监视以观察扭转状态。一旦出现严重的扭转，应进行调查研究。

14.8.3 弯曲

在装船作业期间，脐带缆的弯曲半径应始终大于制造商规格书中规定的最小弯曲半径。

14.8.4 起吊脐带缆

如果需要起吊脐带缆，应使用弯曲底托或吊带。任何时候不应用钢丝绳直接悬挂在脐带缆上起吊。如果使用吊带，应注意通过使用多个吊带，避免超过最小弯曲半径的要求或引起屈曲。

若适用，允许使用网套。

14.8.5 跨距输送

如脐带缆传送中无支撑，脐带缆的张力导致的悬链线应不超过最小弯曲半径。在跨距的每一端，脐带缆应用适宜半径的弯曲底托、滑轮、斜坡或喇叭口支撑。

应仔细监控脐带缆的悬链线，并相应地调整装船的速度，以保证悬链张力及外形维持在装船程序规定的限制范围内。

如船舶不是旁靠在脐带缆的储存设施旁，可采用门架传送脐带缆上船。或者，可使用辊轴式或履带式输送装置。

14.8.6 终端

终端的搬运应使用内置的起重装置，如带吊环螺栓或吊耳。大型终端的搬运应予以特殊考虑。当对终端进行起吊作业时，应注意不要由于刮擦，而磨掉零件表面防护涂层。作业实施应进行规划，以便确保终端装船作业不会将无法接受的张力、扭曲或弯曲传入终端附近的脐带缆。

水下终端应紧固在船甲板上，其位置留出脐带缆的试验通道，其所需的方向(相对于垂线)确保后续拖拉作业和水下结构物的连接。

14.8.7 弱连接

装船开始前，应检查弱连接(若配备)，以验证在装船及后续下放期间，其旁路装置(如应用)应在适当的位置，且没有误动作的可能。

14.9 装船监测

14.9.1 概述

对于装船涉及从陆地储存装置到安装/船运储存装置的脐带缆卷筒输送，应对脐带缆进行监测，并按14.9.2至14.9.6中的程序进行。

14.9.2 电缆

在装船作业中，应不间断的监测直流导体连续性，所使用的监测系统应能记录导体连续性的短暂间断。如出现不连续，应停止输送作业，并按7.7.3的要求测试每根电缆的直流导体电阻。

14.9.3 光缆

在装船作业中，应使用光时域反射计(OTDR)连续监测光纤信号衰减现象。如发现光纤信号衰减有变化或光纤有明显的不连续情况，应停止作业，并进行调查研究。

14.9.4 软管/金属管

除非制造商规格书另有规定，每根软管/金属管应加压至7.0 MPa(1 015 psi)的表压。当达到规定压力的±5%范围内，且每根管线两端的压力值相同时，应切断压力源并监测装船期间压力与时间的特性曲线。

在装船的全过程中，应连续监测环境温度。在装船前、装船过程中及完成后，都应无泄漏或损坏迹象。

14.9.5 外观检查

在装船作业中，应检查脐带缆是否出现扭曲、弯折、表面损伤、直径增大、铠装导体的打结迹象或其他缺陷。应在脐带缆的100%管长上进行检查。

14.9.6 脐带缆长度

安装方应保证装到船上的脐带缆长度满足要求，后续铺设作业所要求的长度标识应标记在脐带缆上。

14.10 用卷筒或转盘装船

当脐带缆不是从陆地的转盘/卷筒传送到船舶的转盘/卷筒，即储存装置就是施工船的储存装置，不要求对装船进行监测，但应进行装船后的全部试验。若作业涉及由储存装置到储存装置的早期输送，其作业的监测应和装船监测完全一样。

14.11 装船后试验

装船作业后，应立即进行以下试验：

a) 电缆(见14.5.2)
   1) 导体直流电阻；
   2) 绝缘电阻；
   3) 对额定电压超过1 kV的电缆进行直流高压试验(见11.3)。

b) 光纤(见14.5.3)
   光时域反射计(OTDR)。

c) 软管/金属管(见14.5.4)
   1) 软管试验压力/压力衰减试验；
   2) 金属管压力试验。

每根绝缘导体应进行直流高压试验。应在每条导体间及导体与铠装层间测试直流耐压，时间不少于5 min。在测试结束后，应检测漏电量，其值不应超过制造商规格书中的规定值。

15 安装作业

15.1 概述

由于安装作业根据路由、铺设形式和采用的保护措施可用多种不同方法进行，因此本章提供的是一般性资料。

15.2 安装船舶和设备要求

安装船舶和其设备应处于良好的、正常运转状态，并在船舶动员前，根据相关规范和安全规则进行验证。

所用吊装设备应有相应的证书。

船用设备要求应包括，但不限于：

a) 通信设施；

b) 导航及定位系统(水面和海底)，包括适用的记录、处理、显示、绘图和存储设备；

c) 铺设托缆架，其尺寸避免超过脐带缆的最小弯曲半径限制；

d) 移动脐带缆的传送系统不存在不受控制的悬空，除搬运和储存装置外，不应与其他表面接触；

e) 铺缆设备；

f) 动力/非动力滑轮；

g) 挖沟/埋设设备；

h) ROV 及配套设备；

i) 潜水设备；

j) 拉力测量设备，能连续监测和记录脐带缆承受的拉力，系统内应有报警系统；

k) 长度测量装置；

l) 脱离角测量设备，能连续监测脐带缆离开船舶的角度，系统内应有报警系统；

m) 脐带缆的功能试验设备；

n) 安装辅助设备；

o) 紧急情况下，切断脐带缆的设备和自动夹紧装置。

应确保脐带缆及其相应的终端可以搬运和横穿船甲板移动，并以安全的方式入水，没有因锐边、粗糙表面和障碍物造成损伤和阻碍的可能性。

无论何时，安装方的船上均应携带备用部件，在任何时候应保证合适的备件可用于快速维修所有必要的设施。

15.3 安装前的勘查

15.3.1 概述

开始安装脐带缆前，安装方应沿拟定路由和宽度进行安装前勘查，除非买方已经安排其他方进行勘查。

安装前勘查所用定位和导航设备应与安装作业期间所用设备等效。

勘查作业应确定可能危及脐带缆或妨碍脐带缆铺设的任何海床障碍物和碎石。安装方应为有必要清理的海床拟定合适的作业手段，并应完成这些清理。

15.3.2 勘查的要求

安装前勘查应考虑的事项如下：

a) 利用旁侧扫描声纳或水下机器人(ROV)监测设计的路由，以证实前期数据并为脐带缆施工船勘查行进路由；

b) 确定任何毗邻管线、电缆、脐带缆和其他结构的位置；

c) 沿着规划的路由确定位置并辨别存在的碎石块。若清除碎石有必要并可行，随后可着手进行；

d) 在脐带缆末端着海床前，为了避开碎石，或遵循应急方案，或用完过剩脐带缆的长度，勘查路由的偏移量可能是必需的；

e) 勘查的依托设施区域，包括 I 型或 J 型管，及脐带缆末端着海床区域；

f) 确认所有预设的引缆钢丝及其附件处于良好状态并可用；

g) 确认所有跨接管线的水下准备措施全部就绪；

h) 若必需，下放临时安装辅助设施(如路由的拐点处)及水下终端处的水泥垫块；

i) 在路由的关键位置(如管路跨接处)和水下终端安装的目标区域，配置的无线电应答器或浮标；

j) 用浅地层剖面仪和旁侧扫描声纳勘查路由；

k) 在勘查期间，沿着路由全长勘查纵剖面图、海床状况和水深，随后考虑预测的潮汐来修正最低天文潮；

l) 沿路由用磁力仪勘查。如果此项勘查和声纳勘查间有异常，宜进一步调查。

15.3.3 报告

勘查报告应包括如下内容：

a) 拟定路由的报告，包括任何危险的详细识别、海床需采取措施和需要清除的岩屑。该报告应着重强调给安装方提供的资料与勘查结果之间的差异；

b) 一套勘查录像带，包括显示录象头的位置；

c) 路线图，标示出水深，可能的路由偏离量和任何危险或岩屑的位置。

15.4 I型或J型管的拖拉作业

15.4.1 概述

在脐带缆安装的过程中，通常必须进行至少一次I型或J型管的拖拉作业。尤其是依托设施与依托设施之间的连接，这两种作业是必需的。

15.4.2 准备工作

在开始拖拉前，为保证作业顺利完成，应进行一系列工作：

a) 审查安装计算书，确定拖拉作业的限制载荷；

b) I型或J型管的测量(清管)，以检查I型或J型管无障碍物和污垢；

c) 在I型或J型管中安装引缆钢丝；

d) 确定依托设施上的拖拉设备和操作人员，包括安装绞车及其辅助索具，还包括载荷监测和脐带缆功能试验设备，并准备悬挂布置。

e) 检查通讯设施。

15.4.3 拖拉作业的气候窗

在开始作业前，应确定适宜的气候窗。要求的气候窗应考虑预计拖拉和铺设的持续时间，及施工船和设备的能力，并考虑有关海况与脐带缆载荷相对应的安装分析结果。

现场具体的天气和波浪预报，应每天更新一次。

由于入水处脐带缆的局部弯曲，对施工船可停留在某一位置的持续时间应给予应有的重视，不会对下放脐带缆形成损坏。

15.4.4 拖拉作业的开始

15.4.2中描述的依托设施的准备工作完成后，即可进行拖拉作业，而施工船也可靠近依托设施。

当铺缆船进入平台周围，其作业应遵循平台相关的规章制度，包括得到必需的许可证。

15.4.5 外观堪查

铺缆船进入依托设施区域后，应利用水下机器人(ROV)或潜水员对海底和I型或J型管的入口状况进行外观检查。目的是检查I型或J型管的实际条件和海底情况，并绘出I型或J型管的路径图，以确认安装预勘查的结果。

如果I型或J型管的底部设置有盲法兰，也有必要拆除这个盲法兰。如果需要后续作业，此时可在I型或J型管的喇叭口上系一个应答器。

在此阶段应确定引缆钢丝的标识、位置和状态，若引缆钢丝拴在重块上，应确定重块的精确位置。若在狭窄相邻空间有多条I型或J型管，该作业尤其重要，因此，也需要多条重力引缆钢丝。在后续作业中,确保两条或多条的引缆钢丝无缠绕可能性也是必要的。

15.4.6 **引缆钢丝回收**

在依托设施上,绞车的牵引钢丝应与I型或J型管的顶部的引缆钢丝系牢。然后将引缆钢丝的底部与安放在铺缆船上的甲板绞车系在一起。当依托设施绞车放松牵引钢丝时,应利用甲板绞车把引缆钢丝回收到铺缆船甲板上。

注1:当引缆钢丝系在I型或J型管喇叭口的挡板上时,可能需要足够的张紧力。

注2:一旦引缆钢丝端部拉到铺缆船的甲板上,应拆除重块(如果存在),继续进行回收直到牵引钢丝端部拉到甲板上。然后可将脐带缆的端部与牵引钢丝连接。

15.4.7 **脐带缆的拖拉**

拖拉头应从铺缆船入水,随后从船上缓缓放出脐带缆。应调整铺缆船的位置以获得要求的悬链线,保证脐带缆以正确的角度进入I型或J型管,不会沿着海底过度拖拉或过度弯曲。

拖拉作业的监测应采取以下方式:

a) 依托设施上的张力监测设备;

b) 铺缆船上的张力监测设备;

c) ROV直观监测I型或J型管入口附近的脐带缆,以确定悬链线的形状,与海底接触的范围(如果有)、脐带缆的弯曲半径和扭曲;

d) 脐带缆放出的总长。

拖拉张力应仔细的监测并与预先计算值相比较。若张力的增加高于预先的协定值应停止作业,并对升高的原因进行调查研究。

拖拉头在J型管喇叭口入口附近时,为清除拖拉头可能的阻碍,应重点放在由ROV视频摄像头提供的信息上。当I型或J型管密封和弯曲加强件靠近I型或J型管入口(若它们预安装在脐带缆上)以及I型或J型管所要求的位置时,同样也应特别注意。此时可要求铺缆船缓慢移动,确保拖拉头进入不受阻碍。

15.4.8 **依托设施上的脐带缆固定**

在靠近甲板相应位置,应紧固脐带缆。

注:拖拉前,若终端未连接到脐带缆上,一旦完成拖拉就可安装永久悬挂装置,该装置可用铠装金属丝机械终端,也可用金属丝树脂灌封。但是,永久悬挂方法耗时太长,可进行临时紧固(用对开式压紧装置,网套等),以便不延误测试和铺设的进行。之后,可安装永久性悬挂装置。

15.4.9 **I型或J型管密封和化学保护**

在早期阶段,应确认管内所用的全部化学产品及其最终混合物与接触的脐带缆材料是相容的。

若脐带缆悬挂没有密封I型或J型管顶部,配置一个合适的顶部密封是必要的。若需要,应对顶部密封和悬挂装置采取化学处理措施。

I型或J型管的底部可密封,这是安装作业应明确规定的。若拖拉前,密封预安装在脐带缆上,在某些场合下,且没有进一步的修正,拖拉作业结束后,密封投入运行。在其它情况下,可能需要潜水员或水下机器人(ROV)采取某些形式的修正以使密封运行。在没有预安装密封的情况下,拖拉和悬挂作业完成后,必须安装密封。

可将化学抑制剂、生物杀灭剂和除氧剂放入I型或J型管内,为I型或J型管材料提供保护。

15.4.10 **另一端的拖拉**

在依托设施间铺设脐带缆的情况下,要求该项作业;同样,在一个依托设施与首先铺设水下脐带缆的情况下,也要求该项作业。由于脐带缆铺设完成并与施工船呈悬链线形式存在,虽然与开始端的拖拉有许多相同之处,I型或J型管另一端的拖拉比铺设开始的拖拉作业更复杂。

拖拉程序应包括张力的控制、悬链线外观监控、海底脐带缆的移动和I型或J型管的进入。

15.4.11 铺缆船移离依托设施

在起始端拖拉情况下，为了清理依托设施周边区域，拖拉一结束，铺缆船应沿设计的路由进行脐带缆的铺设。如铺设和埋缆同时作业，在放缆前需要起动埋缆机，除非拖拉前已完成了该项作业。在进行该项作业时，如果监控由依托设施方执行，脐带缆测试和监测设备与依托设施的连接应已完成。除非程序中另有规定，否则除依托设施毗邻区域外，未经确认，不应沿路由开始进行干线的铺设，确认事项包括：一是脐带缆测试已圆满完成；二是监测设备已连接并可运行；三是已完成加压（若应用）。

当完成另一端的拖拉时，铺缆船应离开。

15.5 水下终端的安装（起始端）

若作业的初始工作是安装水下终端，可用上述条款描述的“I型或J型管的拖拉作业”进行。

对海床应采取措施的全部工作完成后，终端装置应入水并落放在其设定的海床位置。终端装置应设有一应答器和灯标，协助监测位置。入水前，应确认所有的压力平衡配置适合安装和使用。依据系统设计，设定的位置可能是最终位置；或者，可能要求下放后继续拖拉到管汇处。当终端装置下放时，应仔细监测和控制脐带缆的位置和张力，避免脐带缆产生松弛。一旦终端装置落在海床上并合适地固定后，远离终端装置的脐带缆路由应按照设计的路由。

作为替代方案，铺设方法可用于起始端的水下终端。该状况下，铺缆船应将起始端的脐带缆终端装置送到钻机下方并进入到月池内。在月池内有一导向基座或将与脐带缆连接的采油树。相关测试（见15.19）完成后，把导向基座或与脐带缆终端连接的采油树下到井口并固定，该作业完成后，铺缆船应沿路由开始脐带缆的干线铺设。在选择船舶阶段，应已经核实船舶在允许作业的设计环境条件下，在上述作业期间可以保持定位。

由于海流、船舶的升沉或推进器引起的尾波，若设计的终端可能引起显著的水动力上升，应给予特别注意。因为终端的转动，这些力可以引起脐带缆较大的扭曲率。

15.6 铺设路由

脐带缆铺设路由应以路由走向图表示，诸图应表示路由的位置、沿路由方向的坐标变化及脐带缆铺设范围内的航道，还应详细表示出任何需要辅助保护的范围和位置（如筒式保护或垫块保护装置）、已有的其他脐带缆和立管、管线、管线跨越点，并标出脐带缆水下终端装置安装的目标区。

15.7 干线铺设作业要求

干线铺设期间，主要的机械要求应是：

a) 避免由于低张力/大脱离角，在触地附近引起过分松弛，排除形成环形的可能性；
b) 在触地点不小于最小弯曲半径；
c) 避免脐带缆大比率的扭曲，减少形成环形和钢丝打结的可能性；
d) 避免施加可能使脐带缆过应力的额外张力；
e) 避免靠近入水处的脐带缆发生挠曲，该处悬链载荷最大；并排除由于周期延长，触地处的脐带缆结构产生疲劳破坏的可能性。

15.8 铺缆船定位达到要求的触地点

由ROV连续监测脐带缆的触地点，以证实脐带缆正按路由走向图规定的航线范围内铺设，该项作业应利用与ROV有关的船上有声应答器完成。同样，可用ROV高分辨率声纳器（若配置），通过参照海床其他特征确认脐带缆维持在规定航线内。若ROV存在技术性的问题，不能执行监测功能，应停止铺设。

当铺缆船改变航线时，控制长度是特别重要的。在路由转弯的情况下，考虑脐带缆触地点的回调，通过使用脐带缆铺设的参考点坐标，铺缆船从一改变航线处移到下一点。ROV应监测触地位置，确保沿正确的航线铺设脐带缆。

如果采用偏行铺设，由ROV应答器指示的铺缆船与触地点的偏移量可以用来评估海流和潮汐的影响，以便及时调整铺设路线。

注1：在预安装勘查期间，放置的海底信标可以帮助沿路由关键点处的定位。

注2：若铺缆船朝铺设方向前移，脐带缆是通过船尾部斜槽铺设；由于涡流或潮汐的存在，脐带缆由铺缆船路由正后方导致的任何偏离可以容易判断。在后续任一转弯处，可以考虑任何潮流使铺缆船产生的微小偏离（若需要考虑）。

注3：在较深水域，触地点可以用侧扫声纳或由一单独勘查船配置的 ROV 进行监测。

15.9 控制和检测铺设长度

沿着计划路由，应对比已行进的距离以监测所铺设的脐带缆长度，目的是：

——检测已铺设的脐带缆长度是否过长；

——在确保水下终端装置正确定位在预定下放的目标区域之内的同时，允许一固定长度的脐带缆铺设在规划的路由上。

应连续测定脐带缆的铺设长度。

当每条脐带缆的标识通过铺缆船上专用的基准点时，应记下航行坐标，并且应记录和/或计算以下信息：

a) 时间和日期；

b) 航行坐标参考数；

c) 下水点的坐标；

d) 触地点的坐标；

e) 铺设路径的距离（千米点，KP）；

f) 通过基准点标识的脐带缆长度；

g) 脐带缆长度测量的测量仪记录；

h) 由最终计算所得的剩余长度；

i) 累积剩余长度；

j) 到铺设末端的距离；

k) 距基准点，脐带缆剩余在船上长度；

l) 在入水点的悬链张力；

m) 脐带缆铺设的平均速度。

注1：上述的某些信息可以预先估算，以便简单迅速的核查铺设是否按照计划进行。

注2：有关铺设完工的长度控制细则见 15.12。

15.10 铺设期间的完整性监测

15.10.1 概述

若首次作业为Ⅰ型或J型管拖拉，可以由依托设施进行完整性监测。在首次作业为铺设一水下终端的情况下，应由施工船进行完整性监测。

15.10.2 电缆

在铺设作业的过程中，应连续测试导体的连续性。如果连续性间断，应中止作业，并根据 7.7.3 对每根电缆进行直流电阻测试。

注：某些终端的配置可能妨碍该试验的实施（如电感偶合器）。

15.10.3 光缆

应利用光时域反射计（OTDR）连续监测每条光纤，如果有明显的衰减变化，或连续性中断，应中止作业并研究光纤出现问题的原因。

15.10.4 软管/金属管

除非制造商规格书另有规定，每根软管/金属管应加压至 7 MPa（1 015 psi）的表压，并且该压力应在脐带缆铺设的持续时间内锁定，每根软管/金属管内的压力应连续记录。如果出现不可解释的压力损失，或者某根软管/金属管与其他管子的特性有显著区别，此时应停止作业，调查研究压力损失的原因。

某些环境中，加压是不可能的，买方和制造商之间可就此达成共识。

15.10.5 外观检查

在铺设期间，应目视检查脐带缆是否有变形、扭结、表面损坏、铠装金属丝打结的迹象，或安装规格书规定的其他缺陷，应对脐带缆全长进行100%的检查。

15.11 埋设作业

15.11.1 概述

若需要，挖沟或开沟应按单程作业进行。若达不到要求的埋深，就应采用其他方式提供需要的防护，但应用的补充防护措施不应对脐带缆造成危害。

以任何水下设施为中心，50 m(152 ft)半径的范围内，不应使用/回收开沟器和挖沟机。

15.11.2 埋设作业期间的监测

埋设作业由埋设装置的上的仪表和上部设施两者进行连续监测，也可以用ROV和上部勘测、导航及声纳装置两部分进行连续监测。

至少应监测以下参数：

a) 拖拉力(对开沟器)；

b) 脐带缆上受到的载荷；

c) 脐带缆进入埋设装置之前及通过埋设装置的形状；

d) 埋设深度；

e) 埋设装置和铺缆船的位置；

f) 挖沟机前面区域的障碍物。

在任何情况下，如果检测仪表或外观检查显示脐带缆可能已发生损坏，安装方应停止挖沟或开沟作业，并由潜水员和/或ROV视频检查损坏的区域。

15.11.3 与脐带缆的交互作用

脐带缆埋设时的最小弯曲半径不应小于制造商规格书规定的数值。

15.12 水下终端定位方法(另一端)

当水下终端接近安装位置时，通过仔细监测铺设距离，在要求的脐带缆长度范围内保持和增加或减少路由长度，应确保终端到达正确位置。安装期间，终端上应设置一个应答器，便于终端触地时精确定位。

安装终端之前，路由偏离的任何应急计划应已被认可，并作为初始设计程序的一部分。

连续地将已铺设的脐带缆长度与路由位置比较，再将未铺设的脐带缆长度与计划的路由距离比较，确定距安装目标区域仍需铺设大约1 km～2 km(0.62海里～1.24海里)。如需要，应提出修正的路由以适应保留的脐带缆长度。该步骤应重复进行，而路由应修正到合适距离(初始状态一般是100 m到200 m(328 ft到656 ft)，当铺设位置离触地点200 m(656 ft)范围内时，可减少到25 m(82 ft))。采用此方法，所有多余的脐带缆可以逐步用完，因此可避免在终端装置安装的区域内需处理大量多余的脐带缆。若脐带缆需埋设，最好是尽可能多地埋设脐带缆，使要求额外保护的长度减至最少。

另外，在管线、设施密集区域，所采用的铺缆方法可能是限制在海床上铺设多余长度。在这种情况下，从最终目标区检测距离，脐带缆以较短路由朝最终点铺设，这样脐带缆的实际多余长度即可以确定。随后，在作业现场，可以减少多余长度，对脐带缆进行端部连接和试验。

15.13 水下终端的下放

在路由走向图上，应标出终端装置下方目标区的尺寸和位置，并在海床上设置应答器。在软土地层条件下，垫块的铺设应作为预安装工作的一部分。

脐带缆最终进行的多余长度铺设，应以“S”、“C”形或其他形式搁置在海床上，这样拖拉时不会使脐带缆小于其最小弯曲半径。

注：虽然脐带缆事先的试验和监测满足要求，且轻微的风险增加到脐带缆上也许认为此项工作不必要，但脐带缆和水下终端装置还可能进行下放前的试验。

应立即为终端入水做准备。把灯标和应答器与绞车缆末端或起重机吊钩及/或终端装置连接，便于在目标区上正确地控制终端的下放。

随铺缆船按要求移动，保持脐带缆在要求的铺设路由上，应将终端下放至水中。当终端接近海底时，安装方在不危及脐带缆完整性的状态下，应确认安装的位置和方向是否正确。若需要，应从海底提起终端并重新定位。

15.14 水下终端的拖拉

在配置多路接头的情况下，拖拉终端进入最终位置应实现功能连接，或者，功能连接由跨接软管及/或跨接电缆完成，但需拖拉后实施。

在配置多路接头的情况下，终端相对于水下结构物的角度定位特别关键。

依据特定的设计，应为最终拖拉阶段准备详细的程序，其考虑的因素包括：

a) 机械紧固件的详细情况；

b) 阴极保护绑带的安装。

一旦终端放入规定的最终位置，应安装必需的机械紧固件。在配置多路接头的情况下，这就完成了连接及拖拉。若采用跨接，安装时应注意任何临时的跨接连接，这些连接可作为冲洗或试验程序的一部分。

15.15 管线的交叉

任何管线的交叉设计应考虑管线与脐带缆间的完全分离。

当铺缆船接近交叉区域时，应检查交叉位置，同时应用 ROV（和使用声纳）目视检查交叉区域，并在整个交叉区域仔细监测触地点。应答器应安装在交叉区域，以确保可以获得准确位置方位，这样，在交叉点能取得脐带缆的正确定位。

对于交叉埋设作业，有必要把挖沟铲/绞刀送达到没有交叉点的海床上，再把挖沟机械返回到船甲板上固紧。在交叉（跨越）期间，不允许挖沟机/开沟器跨越管线，应将挖沟机/开沟器紧固在甲板上。跨过另一侧时，应重新开始挖沟/开沟作业。

应进一步加强保护，确保脐带缆在跨越处免受损坏。

15.16 弱连接的配置

弱连接（若安装）应在完成以下事项后配置：

a) 采用开沟器或挖沟机（如需要）进行脐带缆的埋设；

b) 另一端拖拉和终端连接；

c) 限制结构的弱连接附件。

上述各项应在安装试验之前完成，此处所指的试验是拖拉后的试验或最终系统功能试验。

15.17 铺设后的勘查

在铺设和埋设作业同时进行的情况下，铺设和埋设后的勘查应联合进行。

为了确认脐带缆按位置铺设且没有损坏，应进行铺设后的勘查（通常由安装方完成）。

若采用的是铺设和埋设分开作业，两者可视作单项作业分别由 ROV 视频进行监测；若铺设和埋设作业同时进行，由开沟器/挖沟机进行监测。

录像应显示所摄位置的坐标和方位。

15.18 埋设后的勘查

埋设后，应立即对整个脐带缆的路径进行勘查（通常由安装方完成）。勘查结果应显示完成的埋设作业符合规定要求。

由 ROV 进行勘查并应包括：

——脐带缆路由全长视频勘查；

——脐带缆未埋设或悬空长度的位置识别。

若需要，安装方应进行适当的补救作业，在这种情况下，相关区域应重新进行视频勘查。

文件应包括下列各项：

a) 勘查结果的书面报告；

b) 一整套勘查录像带；

c) 表示脐带缆埋设的位置及埋设深度的轮廓图。

15.19 拖拉后的试验

如果可行，一旦水下终端被拖拉到最终位置，应进行以下试验：

在配置多路接头的情况下，拖拉终端进入最终位置应实现功能连接，在这种情况下，拖拉后的试验变成连接后的试验。

这些试验包括：

a) 电气(见 14.5.2)

   1) 导体直流电阻；

   2) 绝缘电阻。

b) 光纤(见 14.5.3)

   光时域反射计(OTDR)。

c) 软管/金属管(见 14.5.4)

   1) 软管的试验压力/压力衰减试验；

   2) 金属管的压力试验。

对于水下至水下安装的试验，应制作合适的临时终端，使全部电气和液压运行形成环路用于试验。如果提供了这样的装置，应适合潜水员或 ROV 操作。

15.20 连接后的试验

一旦完成水下功能连接，如果可行，应进行以下试验。应注意这些试验不损坏控制系统。

这些试验包括：

a) 电气(见 14.5.2)

   1) 导体直流电阻；

   2) 绝缘电阻。

b) 光纤(见 14.5.3)

   光时域反射计(OTDR)。

c) 软管/金属管(见 14.5.4)

连接后的液压试验压力：控制管线为 1.0 倍设计工作压力，化学药剂管线为 1.1 倍设计工作压力。

1) 软管试验压力/压力衰减试验；

2) 金属管的压力试验。

15.21 安装辅助设备的回收

当脐带缆安装成功后，安装方应负责回收所有临时的水下设施和依托设施安装需要的辅助设备。

15.22 应急程序

安装方应对预测可能发生的事故进行风险评估，包括一般形式的失效，并提交合适的程序。

作出与应急程序相关行动的决定应是程序中指定机构的职责。

15.23 修复

每项修复工作应根据安装要求进行。脐带缆的修复程序在安装前应准备好并得到认可。

当怀疑有损坏时，为能进行调查和评估应停止安装作业。若需要的话，应进行试验，以评估可能损坏的特征和范围，以及任何发生损坏的确切位置。

当铺缆船工作暂停,应记录铺缆船和触地的位置、日期、时间和环境状况,作为后续调查的参考。

15.24 安装后的勘查

安装方应沿脐带缆的整个海底路线进行勘查,包括I型或J型管的喇叭口及水下终端。勘查应利用侧向扫描声纳和/或安装在ROV上的视频摄像头,并应装备远程监视器,以便观察可能发生的问题。

勘查应确认脐带缆和相关附件(如密封、弱连接、弯曲限制器、保护等)已根据规格书的相关要求进行安装,所有的临时辅助安装设备已拆除。

安装后的勘查也包括所有脐带缆终端和锚定位点,应检查其泄漏和损坏。

记录应显示/叠加显示设备的位置坐标和方位,以便记录各部件的铺设位置。

如果勘查显示没有满足安装规格书的要求,安装方应采取适当的补救措施。

注:如果不损坏系统的完整性,各种勘查(铺设后/埋设后)可以合并成一次安装后检查。

附 录 A
（资料性附录）
买方功能规格书中提供的信息

A.1 概述

该附录用于水下脐带缆系统的买方功能规格书提供信息指南，对于组成脐带缆系统的脐带缆，其设计、制造、试验及安装的详细标准可参照 GB/T 21412 的本部分。下述指南不作为强制性规定，仅为脐带缆制造商提供足够的信息以方便参考，确保脐带缆设计正确，适合于其预期的功能。

当买方对可能影响脐带缆/脐带缆系统的设计、材料、制造、试验、安装和操作的功能要求没有明确规定时，可由制造商在其规格书内规定。

买方基于下述条款，可在其功能规格书中规定工程特定的设计要求和考虑。

A.2 提供的信息

A.2.1 开发的范围

制造商宜了解脐带缆系统的开发范围及其所处的位置(作为开发的一部分)。买方可通过叙述性的描述和布置示意图提供此信息。

此外，制造商也宜了解所推荐的将要安装的脐带缆系统的安装顺序和方法。

A.2.2 供货范围

宜清晰定义脐带缆系统的供货范围，包括但不限于以下内容：

a) 各条脐带缆设计的数量和长度，包括备用长度；

b) 所需的终端/附属设备的类型，包括修补接头的成套工具、浮性附件。

A.2.3 适用的法规、标准及规定

宜清晰定义适用于或可能有影响的脐带缆/脐带缆系统的设计、制造及试验的法规、标准及规定，包括国内、国外的以及买方规格书。此外，买方对 GB/T 21412 的本部分要求的任何修改宜明确规定。

A.2.4 工作环境

宜清晰定义适用于脐带缆和脐带缆系统设计、安装和操作有关的运行环境。提供但不限于下列内容：

a) 打捞：所处位置的强度和方法；

b) 区域：安装区域的地理数据；

c) 水深：设计水深，脐带缆区域的水深变化以及潮汐变化；

d) 海水：最低和最高温度；

e) 温度：在储存、安装和运行过程中的最低和最高气温；储存/运行(包括局部区域遭遇的)极端温度，例如：浮式生产系统转塔中的脐带缆靠近高温油管的情况；环境温度(相邻过流管线的影响)；

f) 生存条件；

g) 海床条件：沿脐带缆路由的类型、密度、剪切强度、摩擦系数、海床冲刷、沙波和变化；

h) 海生物：沿路由长度方向的最大值和变化；

i) 冰：最大重叠冰，或浮冰和冰块；

j) 海流：水深、方向以及重现期的函数，并包括已知的当地海流现象的影响；

k) 风：方向、速度和频率；

l) 海浪：有效波高和最大波高、相关的周期、作为方向及重现期函数的波谱；

m） 船舶的信息和响应振幅；转塔的运动。

注：进行安装和使用分析时，将需要更多的环境数据。

A.2.5 买方的特定要求

A.2.5.1 概述

宜明确定义以下买方油田开发的特定要求。

A.2.5.2 使用寿命

宜明确所要求的使用寿命，而不要求明确制造商的保证或设计寿命。

A.2.5.3 目标可靠性数据

宜明确系统所要求的可靠性目标。

A.2.5.4 脐带缆的长度

宜明确每个脐带缆系统所要求的脐带缆的长度，包括制造公差。

注：安装时，通常规定长度负偏差为0，正偏差为+1%。

A.2.5.5 功能要求

宜明确每个部件的数量、类型、尺寸以及载荷额定值。

A.2.5.6 脐带缆特性

若脐带缆的特性对整个系统的性能非常重要，宜明确规定这些特性。

对于静态脐带缆，若最大工作载荷、最大质量、最小弯曲半径可能影响运输和/或安装设备，通常进行限制。

对于动态脐带缆，还宜表明以下内容：

a） 考虑空隙填充的海水，单位长度水下重量与直径的比值[(N/mm)/m]；

b） 浮性附件(数量，位置，浮力)；

c） 在关键接口处的载荷及最小弯曲半径(一般用与海流和船舶运动有关的安装结构的数学模型产生)。

A.2.5.7 部件特性

若部件特性对于整个系统的性能很重要，应明确规定这些特性。

注：对于电缆，当脐带缆内包含独立的动力和信号电缆时，通常限制衰减、特性阻抗、电容、电感和干扰。对于光缆，通常限制衰减。对于软管，通常限制容积膨胀和抗外部水压(由测量的压溃压力定义)。对于金属管，限制材料的选择。

A.2.5.8 工作介质

买方应详细说明标准液、连续和临时进行化学处理的注入液(注入量、接触时间、浓度和频率)以及可能的生产液(混合物)。在流体混合物规格书中，至少应说明以下流体：

a） 液体，包括油水混合物和乙醇；

b） 注入的化学药剂，包括乙醇以及防腐剂、水合物抑制剂、石蜡抑制剂、防垢剂和防蜡剂；

c） 腐蚀介质，包括细菌、氯化物、有机酸及硫化物；

d） 芳基成分；

e） 气体，包括氧气、氢气、甲烷及氮气；

f） 定义使用条件的所有参数，包括硫化氢和二氧化碳分压、水相的酸性(pH)、TAN(符合 ASTM D 664 或 ASTM D 974)和水的成分(生产水、海水和游离水)。

A.2.6 一次性的功能要求

宜明确仅需满足一次性，但又是脐带缆/脐带缆系统安装或运行所必需的的功能要求。

A.2.7 接口

宜明确脐带缆与相连装置的接口范围。宜详细说明脐带缆两终端接头的要求，包括接头类型、焊接规程、密封类型和尺寸。

接口的详细信息宜包括，但不限于：

a) 买方提供的拖拉和连接工具、终端和配合测试接头等；

b) 几何形状、尺寸和施加的载荷值；

c) 买方提供的安装辅助工具和设备；

d) 脐带缆连接的结构物，包括固定和浮式的依托设施、水下采油树和管汇。

A.2.8 安装要求

买方宜详细说明所要求提供的安装性能要求，至少考虑以下方面：

a) 由买方安装时，买方可详细说明有关载荷限制、夹紧/张紧装置载荷、下水斜坡、安装误差及其他设施限制的要求；

b) 由制造商安装时，买方可详细说明有关季节、环境、船舶限制、安装误差、相关交叉作业限制的要求，以及安装范围（包括挖沟、埋设、试验、检查、勘测以及记录）的要求。

买方宜明确脐带缆在其使用寿命内的可修复性和可重复使用性。

附 录 B
（资料性附录）
脐带缆试验

B.1 试验执行计划（作为制造商质量保证程序一部分）

表 B.1～表 B.5 列出 GB/T 21412 的本部分中包含有关信息的对应条款。

表 B.1 电缆/电缆部件

试验项目	验证	部件接受	交付接受[a]	脐带缆接受
外观和尺寸特性	7.6.1	7.7.1	—	—
导体电阻	7.6.2	7.7.3	7.7.12a)	11.3a)
屏蔽层电阻率	7.6.3	—	—	—
绝缘电阻	7.6.4	7.7.4	7.7.12b)	11.3b)
高压直流	7.6.5	7.7.5	7.7.12	11.3c)
高压交流	7.6.6	—	—	—
完全击穿电压	7.6.7	—	—	—
局部放电	7.6.8	—	—	—
电感特性	7.6.10	7.7.6	—	11.3d)
电容特征	7.6.11	7.7.7	—	11.3d)
衰减特性	7.6.12	7.7.8	—	11.3d)
特性阻抗	7.6.13	7.7.9	—	11.3d)
干扰	—	7.7.10	—	11.3e)
火花试验	—	7.7.2	—	—
时域反射计	—	7.7.11	—	11.3f)

[a] 若部件从制造厂运到脐带缆制造厂，应进行上述试验。

表 B.2 光缆

试验项目	验证	部件接受	脐带缆接受
外观和尺寸特性	—	7.8.8.1	—
传输特性	7.8.7.1	—	—
机械特性	7.8.7.2	—	—
环境性能	7.8.7.3	—	—
外部压力	7.8.7.4	—	—
光时域反射计	—	7.8.8.2	11.4

表 B.3 软管

试验项目	验证	部件接收	交付接收[a]	脐带缆接收
外观和尺寸特性	7.9.7.3	7.9.8.1	—	—
长度变化	7.9.7.4	7.9.8.4	—	—
泄漏	7.9.7.5	—	—	—
内衬爆破试验	—	7.9.8.5	—	—
软管爆破试验	7.9.7.6	7.9.8.5	—	—
试验压力/压力衰减	—	7.9.8.6	7.9.8.7	11.5a)
脉冲	7.9.7.7	—	—	—
低温弯曲	7.9.7.8	—	—	—
压溃	7.9.7.9	—	—	—
容积膨胀	7.9.7.10	—	—	—
端部接头防旋转	7.9.7.11	—	—	—
流体相容性	7.9.7.12	—	—	—
渗透	7.9.7.13	—	—	—
流量试验	—	—	—	11.5b)
动态响应[b]	—	—	—	11.5c)
液体清洁度	—	—	—	11.5d)

[a] 若各部件从部件制造厂运到脐带缆制造厂，应进行上述试验。

[b] 若买方要求，应进行的选择性试验。

表 B.4 金属管

试验项目	验证	部件接收	脐带缆接收
外观和尺寸特性	7.10.6.2	7.10.7.1	—
拉伸试验	7.10.6.3	—	—
压扁	7.10.6.4	—	—
硬度试验	7.10.6.5	—	—
扩口	7.10.6.6	—	—
化学分析	7.10.6.7	—	—
腐蚀	7.10.6.8	—	—
爆破试验	7.10.6.11	—	—
试验压力	—	—	11.6a)
无损检验	7.10.6.9	7.10.7.2	—
流量试验	—	—	11.6b)
液体清洁度	—	—	11.6c)

表 B.5 脐带缆

试验项目	验证	部件接收	脐带缆接收
外观和尺寸特性	—	11.2	11.2
拉伸	10.2.2	—	—
弯曲刚度[a]	10.2.3	—	—
压扁	10.2.4	—	—
疲劳	10.2.5	—	—
[a] 如买方明确要求，应进行的选择性试验。			

B.2 试验执行计划（作为安装方装船和安装程序一部分）

表 B.6～表 B.9 列出 GB/T 21412 的本部分中包含有关信息的对应条款。

表 B.6 电缆

试验项目	装船前[a]	装船后	安装监测	拖拉后	连接后
导体电阻	14.5.2.1	14.11a)1)	—	15.19a)1)	15.20a)1)
绝缘电阻	14.5.2.2	14.11a)2)	—	15.19a)2)	15.20a)2)
高压直流	—	14.11a)3)[b]	—	—	—
连续性	—	—	15.10.2	—	—
[a] 上述试验仅要求用于存储期超过 3 个月的脐带缆。 [b] 额定值超过 1 kV 的电缆要求试验。					

表 B.7 光纤

试验项目	装船前[a]	装船后	安装监测	拖拉后	连接后
光时域反射计	14.5.3	14.11b)1)	15.10.3	15.19b)1)	15.20b)1)
[a] 上述试验仅要求用于存储期超过 3 个月的脐带缆。					

表 B.8 软管

试验项目	装船前[a]	装船后	安装监测	拖拉后	连接后
试验压力/压力衰减	14.5.4.2	14.11c)1)	—	15.19c)1)	15.20c)1)
压力完整性	—	—	15.10.4	—	—
[a] 上述试验仅要求用于存储期超过 3 个月的脐带缆。					

表 B.9 金属管

试验项目	装船前[a]	装船后	安装监测	拖拉后	连接后
试验压力/压力衰减	14.5.4.3	14.11c)2)	—	15.19c)2)	15.20c)2)
压力完整性	—	—	15.10.4	—	—
[a] 上述试验仅要求用于存储期超过 3 个月的脐带缆。					

附　录　C
（资料性附录）
优先选用的软管和金属管尺寸

表 C.1　优先选用的软管尺寸/压力等级

公称内径/ mm(in)	设计工作压力(DWP)/ MPa(psi)	最小爆破压力/ MPa(psi)
6.3　(1/4)	20.7　(3 000)	82.8　(12 000)
9.5　(3/8)	20.7　(3 000)	82.8　(12 000)
12.7　(1/2)	20.7　(3 000)	82.8　(12 000)
15.9　(5/8)	20.7　(3 000)	82.8　(12 000)
19.0　(3/4)	20.7　(3 000)	82.8　(12 000)
25.4　(1)	20.7　(3 000)	82.8　(12 000)
31.8　(1¼)	20.7　(3 000)	82.8　(12 000)
38.1　(1½)	34.5　(5 000)	138.0　(20 000)
6.3　(1/4)	34.5　(5 000)	138.0　(20 000)
9.5　(3/8)	34.5　(5 000)	138.0　(20 000)
12.7　(1/2)	34.5　(5 000)	138.0　(20 000)
15.9　(5/8)	34.5　(5 000)	138.0　(20 000)
19.0　(3/4)	34.5　(5 000)	138.0　(20 000)
25.4　(1)	34.5　(5 000)	138.0　(20 000)
6.3　(1/4)	51.7　(7 500)	206.9　(30 000)
9.5　(3/8)	51.7　(7 500)	206.9　(30 000)
12.7　(1/2)	51.7　(7 500)	206.9　(30 000)
6.3　(1/4)	69.0　(10 000)	275.9　(40 000)
9.5　(3/8)	69.0　(10 000)	275.9　(40 000)
12.7　(1/2)	69.0　(10 000)	275.9　(40 000)

表 C.2　优先选用的金属管尺寸

公　称　内　径	
mm	(in)
6.3	(1/4)
9.5	(3/8)
12.7	(1/2)
15.9	(5/8)
19.0	(3/4)
25.4	(1)

表 C.2（续）

公称内径	
mm	(in)
31.8	(1¼)
38.1	(1½)
50.8	(2)
63.5	(2½)
76.2	(3)
88.9	(3½)
101.6	(4)

附　录　D
（规范性附录）
软管和脐带缆的特性试验

D.1　软管

D.1.1　容积膨胀试验

容积膨胀试验应根据 ISO 6801 或等同的方法进行。

该方法要求对新的、未老化的软管进行测定。

两端部接头之间的样品长度不应小于 3 m(9.8 ft)，且制造完成的软管在 24 h 之内不应用于试验。在进行容积膨胀测定之前，需对软管试样进行预处理，采用水或者其他相容且不可压缩液体对样品进行加压达到设计工作压力。维持设计工作压力 5 d，在这期间，每天一次将压力降低到大气压再恢复到设计工作压力。在完成 5 d 的压力循环之后，在 48 h 之内采用下述程序对试样进行 3 次容积膨胀测定，选择从最高压力开始的压力范围。

容积膨胀测定压力范围的定义是从设计工作压力降低至设计工作压力的 10%。压力变化的步长应小于 7.0 MPa，通常减小至 10%的设计工作压力等级。连接管汇之间的试验组件时，注意不应使软管扭曲。用水或其他相容且不可压缩的液体灌满系统和试样，清除掉所有进入的空气。

在进行容积膨胀测定之前的 1 h(±5 min)，在相同的压力升高速率下将试样加压到设计工作压力(±5%)，并且确保量管内液位设定正确。

一旦达到设计工作压力，打开控制阀，见图 D.1 所示，然后用可控的方式让软管减压，试验液体进入量管，直至达到第一压力等级。关闭控制阀并记录量管内的体积变化。

对于剩余的预定的压力等级，重复上述程序，每一级减压的时间间隔为 45 s(±5 s)。如有必要，释放液体以维持选定的压力等级。容积膨胀测定值的记录应该在达到定义好的增量测量水平的 5 s 之内完成。

由量管读出的测量结果采用 $cm^3/m(in^3/ft)$ 或者容积变化百分比表示，既可以用真实容积膨胀(TVE)，也可用表观容积膨胀(AVE)表示。

表观容积膨胀(AVE)是未修正的量管内的液体体积，即还没有减去在相同压力变化下计算出的试验液体积的变化。真实容积膨胀(TVE)是已修正的量管内的液体体积，因此测量得到的体积变化仅适用于软管结构。

注 1：从软管试样测量液体排出量的时间周期要求，需要系统考虑软管的黏弹性。大多数液体会在几秒钟内从软管中逸出。剩余液体将在合理的时间内逸出。

注 2：长时间间隔和短时间间隔所得到的容积膨胀测定值会有差别。从一个数据点到另一个数据点的、明显不同的排放时间进行测定的容积膨胀值，重复性很差。依据所用排放时间的不同，容积膨胀与压力曲线的斜率有轻微的不同。因此，为了进行可供比较的测定并得到最佳的容积膨胀测定精度，必须采用固定的排放时间。

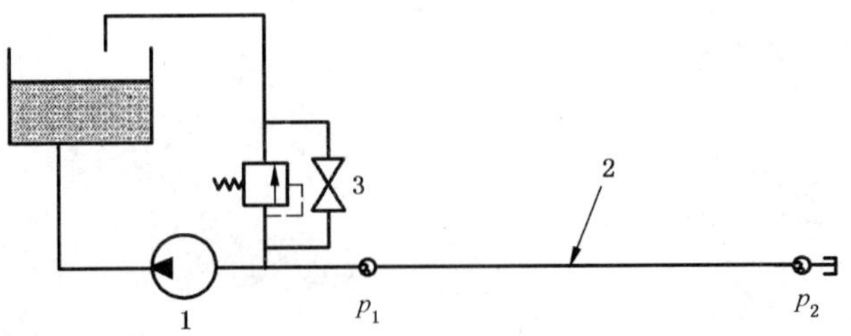

a) 试验布置图

图 D.1　试验压力/压力衰减试验布置图

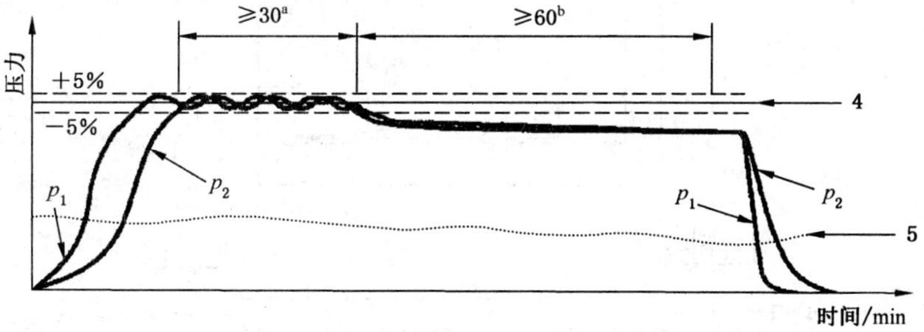

b）试验期间压力随时间变化曲线

1——泵；

2——试验中的软管；

3——控制阀；

4——试验压力；

5——温度；

p_1——软管出口处的压力；

p_2——软管远端的压力。

[a] 压力维持在±5%的时间，见7.9.8.6；

[b] 压力衰减的时间，见7.9.8.6。

图 D.1（续）

D.1.2 软管动态响应试验

D.1.2.1 概述

本试验方法详细说明了确定热塑性软管的动态响应特性的程序。本试验用于模拟水下设备的应急关断，并为液压性能的仿真提供资料。试验应用储存在卷筒或转盘上的成品脐带缆中的指定软管进行试验。典型的试验装置见图D.2。

D.1.2.2 试验程序

脐带缆内每一根指定的软管应依次连接到液压源，并注入指定的标准液。排放阀及连接排放阀与排液储罐的跨接软管的尺寸选择应使排放液的阻力最小。

对需试验的脐带缆内的每一液压控制软管，其试验应重复两次。

排放软管的空气后[1)]，关闭脐带缆远端的全流量排放阀。先将软管加压到设计工作压力(DWP)，压力上升和衰减率每分钟不大于1.0 MPa(150 psi)，并稳压5 min(±10 s)。然后将软管加压到设计工作压力并再次稳压。在5 min±10 s稳压期间，重复该程序直到软管A、B两端的压力维持在各自的2%以内，及最大工作压力的3%以内。

在稳压最终结束、关闭脐带缆供液端的充液阀和启动记录器运行的同时，快速打开排放阀。

记录器应保持运行直到A、B两端的压力差[2)]为B端压力的1%以内，或者A端的压力不再继续下降为止。

应记录大气温度和试验液的温度。

1） 疑有误，原文为改变排放软管的空气。

2） 疑有误，原文为A端的压力。

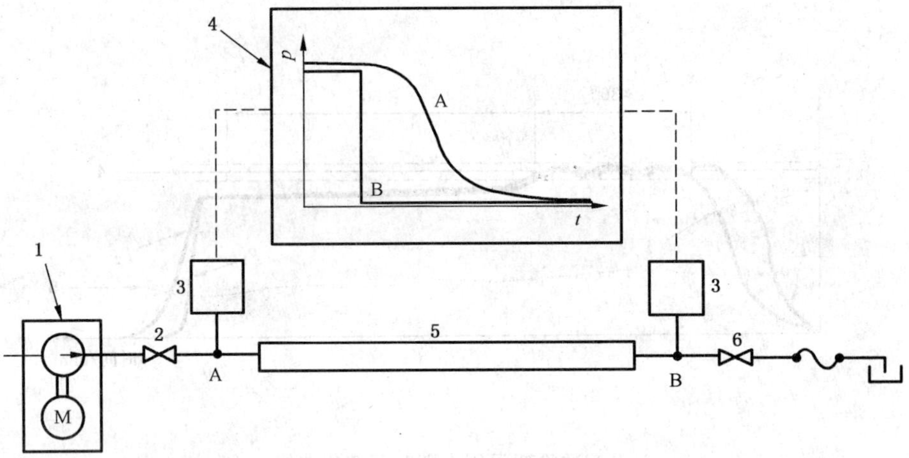

1——液压动力源；
2——充液阀；
3——压力传感器；
4——具有典型压力-时间轨迹的纸带记录器；
5——脐带缆；
6——排放阀。

图 D.2 软管动态响应的试验装置示意图

D.2 脐带缆弯曲刚度试验

成品脐带缆试样应承受一系列弯曲状态，以确定其内在的弯曲刚度。这是一项选择性试验，除非制造商规格书中另有规定，否则其结果不构成接收/拒收标准的一部分。

对于含有软管的脐带缆下列各工况，应获得弯曲刚度：

a) 软管加压至推荐的安装压力；

b) 所有软管加压至制造商规格书中规定的共用压力。

对于静态脐带缆，适用于 a)工况；对于动态脐带缆，适用于 b)工况。

测量弯曲刚度的试样，其长度不应小于 2 m(6.56 ft)。

为具备固定端部条件，脐带缆的一端和已连接的所有部件应锚固。应施加横向渐增载荷到脐带缆另一端，并在加载 30 s±5 s 后测量弯曲。在再次施加增量载荷前，时间应不超过 30 s±5 s，用同样的方式减小载荷。可用工程上的悬臂梁理论来计算弯曲刚度，并记录试样截面模量。

附 录 E
（资料性附录）
疲 劳 试 验

考虑安装和使用参数，试验方法应与制造商规格书一致。应设计试验，并与分析结合以证实所要求的使用寿命。如必需，应有一个适当的安全裕度，以涵盖设计分析和资料中任何未确定的因素。

通过设计论证脐带缆能承受主要在安装过程中受到的各种载荷和弯曲，应证实安装后脐带缆能适应静态运行。通常，最关键部位是脐带缆在安装中的入水部分，铺设期间可能受到强拉伸载荷和反复弯曲。通过严格分析确认最关键区域是非常重要的。典型的脐带缆安装图如图 E.1 所示。

选择的试验方法应证实脐带缆将满足制造商规格书中所规定的载荷循环最少次数和/或协定的持续时间，规格书中说明了所要求的使用寿命。

若证实弯曲是关键问题，确定安装铺设期间的抗疲劳性能试验将基于典型脐带缆试样，反复弯曲试样到预定的半径，并施加张力载荷使其拉直。对于预测的安装工况，施加的载荷和弯曲频率应具有代表性。在不削弱脐带缆的功能或部件失效情况下，试样应承受规定的弯曲次数。如部件已采用摇摆法成束，脐带缆经受弯曲的区域则应包括部件内的方向变化。

可适用于疲劳工况的疲劳试验布置的实例，如图 E.2 和图 E.3 所示。此外，制造商可通过数学模型分析证实适合性，该分析通过理论计算和实际物理测量与/或历史数据的比较证明是适用的。

通过设计论证脐带缆能承受在整个使用寿命期间受到的各种载荷和弯曲，应证实安装后脐带缆能适应动态运行。依据安装布置（典型布置如图 E.4 所示）和主船舶的运动，脐带缆可能承受整个频谱范围的弯曲工况（典型工况如图 E.3 所示），可能包括以下一种或多种工况：

a) 伴有小角度弯曲的高轴向载荷；

b) 伴有大角度弯曲的低轴向载荷；

c) 伴有大角度弯曲的高轴向载荷；

d) 伴有小角度弯曲的低轴向载荷。

对于浅水安装，在船的悬挂区域可能存在大角度弯曲的低轴向载荷。对于深水安装，在船的悬挂区域可能存在小角度弯曲的高轴向载荷。由于安装布置的不同，可能产生其他工况（如中深水浮筒）。由于上述因素，动态脐带缆可能受到大范围环境变化的影响，而试验方法应考虑这些变化。通常，通过安装系统分析确定这些变化对脐带缆中轴向载荷和弯曲度的影响。针对所定义的疲劳运动，通过此分析开发一个试验模型是可能的（见表 E.1 示例）。

分析的结果可能显示：大量的弯曲循环在角偏移很小时发生。在这种小角偏移时，电导体和铠装金属丝内的循环应力水平可能很低，以致于不能在 S-N 曲线上观察到。在这些情况下，有必要考虑进行小角度下的疲劳试验。作为最低要求，选择的试验方法可将同级别的潜在破坏性疲劳应力施加到脐带缆上，脐带缆在使用寿命期间，可能承受这种应力。

为了验证船舶下水区脐带缆的疲劳性能，脐带缆应承受固定端部接头试验时拉力下的弯曲。该试验的典型布置图如图 E.5 所示。若在运行时，该固定端部接头含有弯曲加强件或其他应力释放措施，则在试样内应含有同样设计的加强件或者应力释放装置。

表 E.1 动态脐带缆弯曲疲劳试验的典型试验模型

试样	载荷/ kN(klbf)	循环次数	偏移角度/(°)	周期/ s	持续时间/ d
A	250(56.2)	1.45×10^{6}	±2	4	66.7
B	260(58.5)	5.1×10^{5}	±3	4	23.5

表 E.1（续）

试样	载荷/kN(klbf)	循环次数	偏移角度/(°)	周期/s	持续时间/d
C	280(62.9)	4×10^5	±4	5	23.0
D	300(67.4)	2.5×10^5	±5	6	17.3
E	320(71.9)	1.7×10^5	±6	8	15.6
F	350(78.7)	2.15×10^5	±8	10	24.7
G	400(89.9)	2 500	0～+10	10	0.3
H	400(89.9)	2 500	0～−20	10	0.3
总计		3×10^6			5.7 个月
仅说明了载荷、角度、循环次数和周期。实际上宜通过分析得出。					

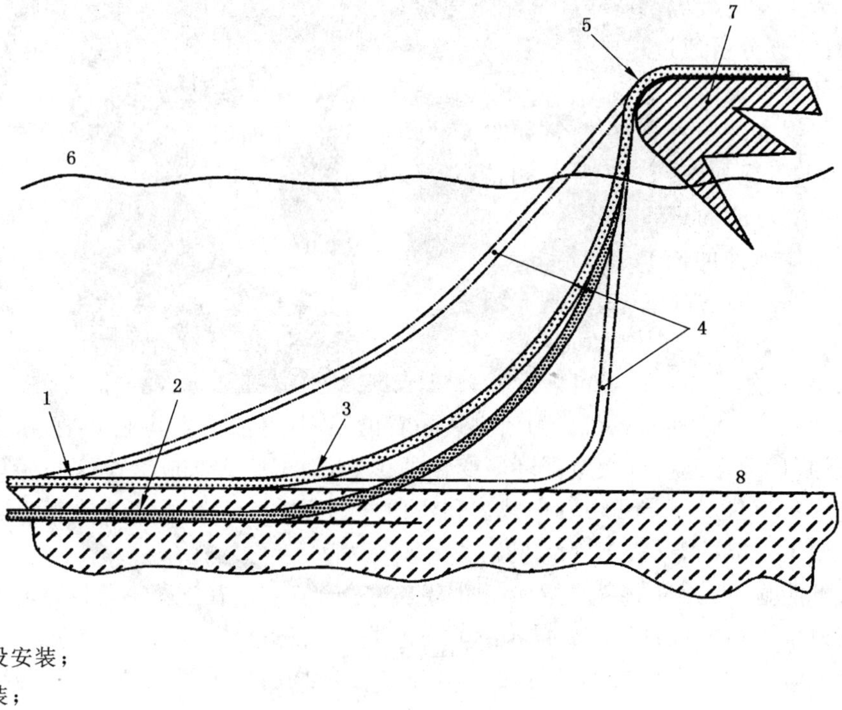

1——自由铺设安装；

2——挖沟安装；

3——触地区域；

4——极端工况位置；

5——弯曲区域(船舶运动或移动产生)；

6——海平面；

7——带有入水装置的安装船；

8——海床。

图 E.1 典型脐带缆安装示意图

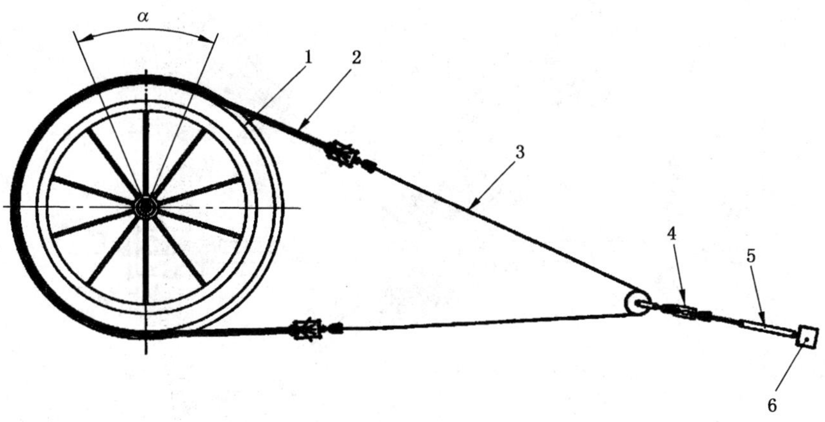

1——绞缆轮；
2——脐带缆；
3——钢丝绳；
4——测力计；
5——液压缸；
6——锚固点；
α——绞缆轮运动角度。

图 E.2 脐带缆沿摇摆绞缆轮进行疲劳试验的典型布置图

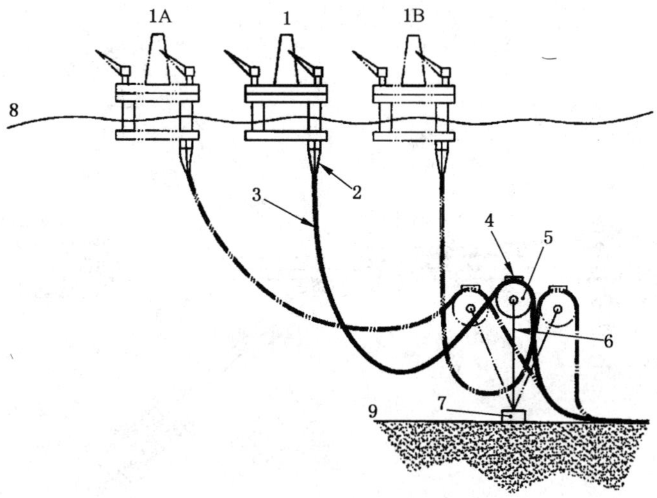

1——正常位置；
1A——远端位置；
1B——近端位置；
2——弯曲加强件；
3——脐带缆；
4——夹具；
5——浮筒；
6——系链；
7——压重块；
8——海平面；
9——海床。

图 E.3 脐带缆模型疲劳试验的典型布置图

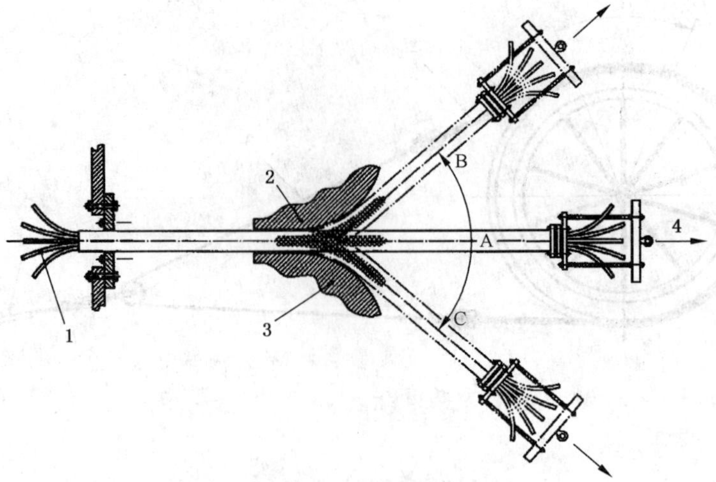

1——脐带缆部件；
2——成形器；
3——疲劳区域；
4——拉伸载荷。
注：A-B-A 为不可逆向的弯曲，A-B-A-C-A 为可逆向的弯曲。

图 E.4 典型动态脐带缆安装的偏移外形图

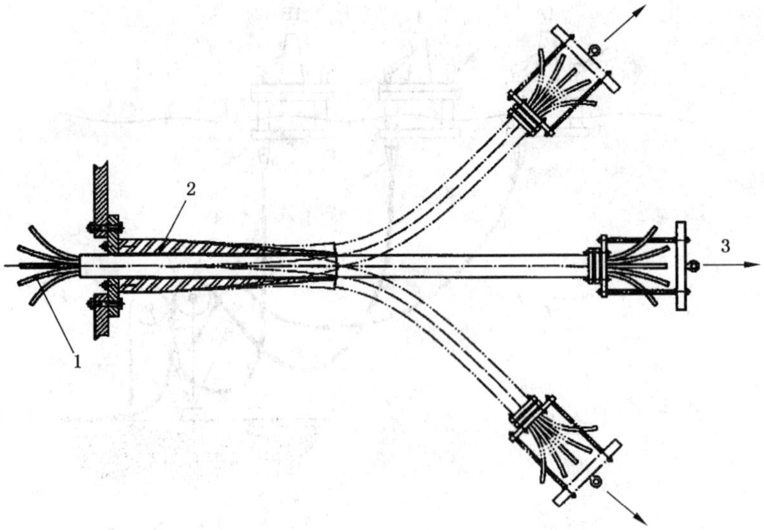

1——脐带缆部件；
2——弯曲加强件；
3——拉伸载荷。

图 E.5 典型试验布置图——脐带缆承受固定端部接头拉力下的弯曲

ICS 75.180.10
E 94

中华人民共和国国家标准

GB/T 21412.8—2010/ISO 13628-8:2002

石油天然气工业 水下生产系统的设计和操作 第8部分:水下生产系统的水下机器人(ROV)接口

Petroleum and natural gas industries—Design and operation of subsea production systems—Part 8:Remotely Operated Vehicle (ROV) interfaces on subsea production systems

(ISO 13628-8:2002,IDT)

2010-09-02 发布　　2010-12-01 实施

中华人民共和国国家质量监督检验检疫总局
中国国家标准化管理委员会　发布

前　言

GB/T 21412《石油天然气工业　水下生产系统的设计和操作》目前包括以下 9 个部分：

——第 1 部分：一般要求和推荐做法；

——第 2 部分：水下和海洋使用的挠性管系统；

——第 3 部分：过出油管(TFL)系统；

——第 4 部分：水下井口和采油树设备；

——第 5 部分：水下脐带缆；

——第 6 部分：水下生产控制系统；

——第 7 部分：完井/维修立管系统；

——第 8 部分：水下生产系统的水下机器人(ROV)接口；

——第 9 部分：遥控操作工具(ROT)维修系统。

本部分是 GB/T 21412 的第 8 部分。

本部分等同采用 ISO 13628-8:2002《石油天然气工业　水下生产系统的设计和操作　第 8 部分：水下生产系统的水下机器人(ROV)的接口》(英文版)。

本部分等同翻译 ISO 13628-8:2002。

为便于使用，本部分做了下列编辑性修改：

——"ISO 13628 的本部分"改为"GB/T 21412 的本部分"；

——用小数点"."代替作为小数点的逗号"，"；

——删除国际标准的前言和引言；

——规范性引用文件增加了在正文中引用的两个标准：GB/T 21412.1 和 ISO 13628(所有部分)；

——计量单位以我国法定计量单位为主，即我国法定计量单位值在前，英制单位的相应值标在其后的括号内(为不改变原标准公式、曲线的形状特征、常数和系数，原使用英制单位的，仍沿用英制单位)。

本部分的附录 A、附录 B、附录 C、附录 D 和附录 E 均为资料性附录。

本部分由中国石油天然气集团公司提出。

本部分由全国石油天然气标准化技术委员会(TC 355)归口。

本部分起草单位：中海石油(中国)有限公司研究中心。

本部分主要起草人：李玉光。

引　　言

GB/T 21412 的本部分内容主要提出了水下生产系统的 ROV 接口的技术要求，不涉及利用钻杆或导向缆收放的专门工具即遥控操作工具(ROT)进行的维修作业，仅在情况合适时作为 ROT 接口的参考。水下生产系统的接口对 ROT 工具和 ROV 同等适用。

石油天然气工业 水下生产系统的设计和操作 第8部分：水下生产系统的水下机器人(ROV)接口

1 范围

GB/T 21412 的本部分给出了用于石油天然气工业水下生产系统的水下机器人接口的功能要求和指南，既可用于水下生产设备的水下机器人接口的选择和使用，也为接口的设计和操作要求提供指导，以便将标准设备和设计原则的潜力发挥到最大化。ROV 作业系统可根据接口提供的水下系统的可识别的信息进行对接和动作，而这些信息正是设计水下生产系统接口时需要考虑的。本部分提出的框架性和详细的技术要求将让使用者能在特定应用条件下正确选择接口。

2 规范性引用文件

下列文件中的条款通过 GB/T 21412 的本部分的引用而成为本部分的条款。凡是注日期的引用文件，其随后所有的修改单(不包括勘误的内容)或修订版均不适用于本部分，然而，鼓励根据本部分达成协议的各方研究是否可使用这些文件的最新版本。凡是不注日期的引用文件，其最新版本适用于本部分。

GB/T 21412.1 石油天然气工业 水下生产系统的设计和操作 第1部分：一般要求和推荐做法(GB/T 21412.1—2010,ISO 13628-1:2005,IDT)

ISO 10423 石油天然气行业 钻采设备 井口和采油树设备

ISO 13628(所有部分) 石油天然气工业 水下生产系统的设计和操作

3 术语、定义和缩略语

下列术语、定义和缩略语适用于本部分。

3.1 术语和定义

3.1.1

功能要求 functional requirement

为达到给定目标而应满足的最低标准。

注：功能要求以性能为导向，可应用于广范的开发概念。

3.1.2

指南 guideline

在综合考虑合适的法定要求、行业标准、标准做法和原则的基础上推荐公认做法。

3.1.3

制造商 manufacturer

负责接口制造的公司。

3.1.4

操作者 operator

操作 ROV(包括供应商)的公司。

3.1.5

遥控操作工具;ROT　remotely operated tool;ROT

一种通常由提升缆或钻柱上收放的专用工具。

注：横移能通过导向缆、专用推进器或ROV协助完成。

3.1.6

水下机器人;ROV　remotely operated vehicle;ROV

一种能在水下浮游的机器，可完成诸如阀门的操作、液压操作和其他常规任务。

注：ROV也能携带工具包执行诸如柔性出油管和脐带缆的回接和连接，以及部件更换等特定任务。

3.2　缩略语

CCO　部件更换

FAT　出厂验收试验

FMECA　失效模式影响及临界状况分析

HIPPS　高完整管线保护系统

MQC　多用快速接头

MTBF　平均无故障工作时间

ROV　水下机器人

ROT　遥控操作工具

SCM　卫星井控制模块

TDU　工具收放装置

4　维修原则和功能要求

4.1　概述

进行水下生产系统的接口设计时，需要制定维修原则，包括作业内容、每项任务采用的维修方法、使用工具类型、为有效完成维修任务而通过对接或定位使ROV保持稳定的方法，以及对接近通道的要求。维修原则宜综合考虑不同维修任务，使之合理化，以便采用统一的方法，使一系列维修任务得以完成。

一旦需要完成的维修任务确定，ROV维修方式宜随之建立。

图1至图34给出了不同的ROV系统及接口。

4.2　使用ROV维修

ROV是能浮游的水下机器，能执行诸多水下作业任务，比如阀门操作、液压操作和其他一些常规任务。ROV也能携带工具包执行特定的任务，如出油管、脐带缆与刚性管线短节的回接和连接以及部件更换。ROV主要有以下5种执行维修任务的方式：

——使用机械手直接操作接口；

——使用机械手握持工具；

——使用TDU；

——使用双缆(使用ROT)；

——使用成橇工具或框架。

接口工具宜尽可能设计成能可用多种ROV作业，而不仅限于一种，这样能增大ROV和维修船提供使用的机会。典型的ROV如图1所示。

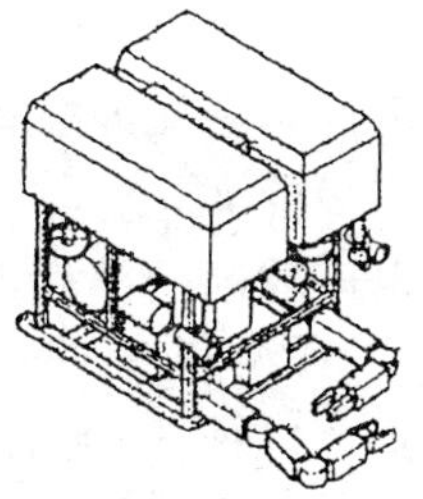

a）带机械手的 ROV

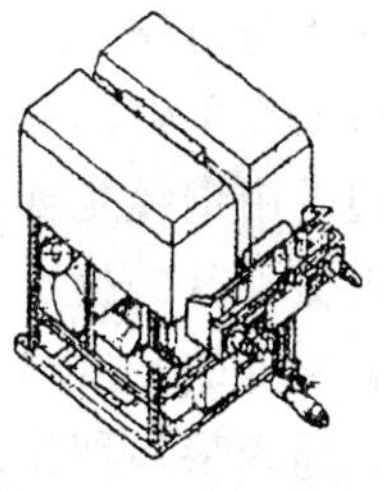

b）两对接点系统

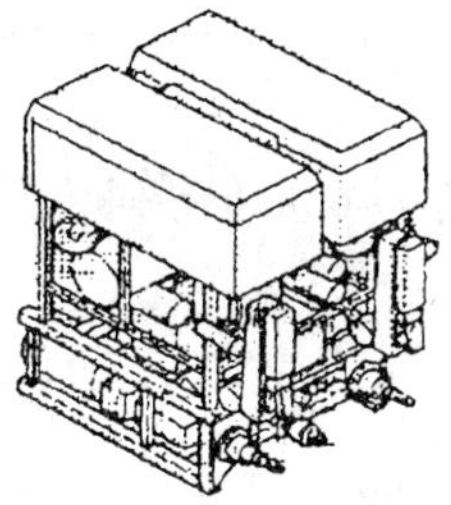

c）下装成橇工具

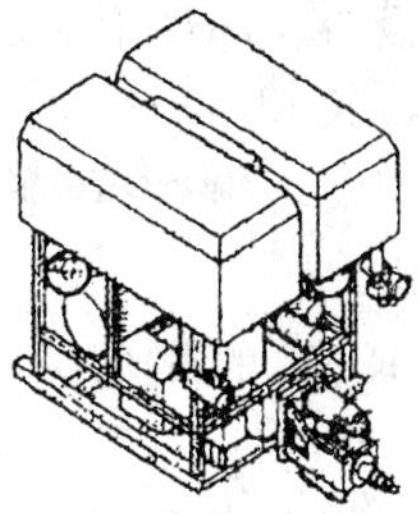

d）单对接点系统

图 1　典型工作级 ROV 的操作结构

ROV 及典型采油树上的接口如图 2 所示。

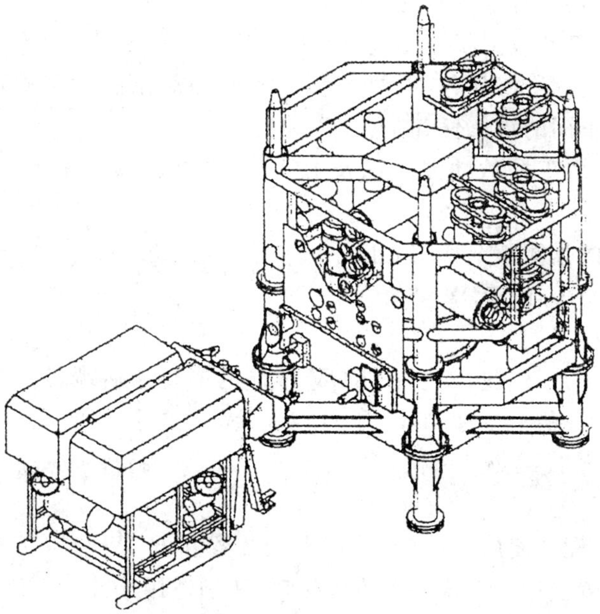

图 2　典型采油树上的 ROV 和接口

4.3　ROV 维修任务类型

4.3.1　带机械手的 ROV 维修

机械手是可自由活动关节的机械臂(如图 1 所示),机械臂与 ROV 本体相连。机械臂的关节越多,其自由度越大,因而用途更多。

在机械臂的末端有一个抓爪,它通常由 2～3 个手指组成,用于执行作业或稳定 ROV 时抓握把柄、物体和结构部件。

当 ROV 作业时,能带 2 个机械手,一个用于 ROV 自身的稳定,另一个用于作业。

由 ROV 作业的机械手系统在功能性和可控制性方面会有很大变化。当使用 ROV 机械手或机械手握持工具完成水下生产系统的任务时,需要特别考虑以下几个方面的问题:

——接口的位置应在机械手的工作范围(典型的机械手工作范围参见附录 C);

——工具本体与机械手握持工具的把柄之间具有柔韧性，以便工具灵活插拔，从而使机械手的肘节活动角度在手臂的其余部分插拔时不必精确移动(图 19 是设计考虑在即插式接头和机械手把柄之间采用钢缆延伸件柔性连接的一个例子)；

——根据机械手臂的提升和作业能力来确定在机械手工作范围内可移动的部件重量；

——在决定任务的难度时应考虑精确性、准确性和可重复性；

——为工具插入接口留出足够的通道和空间以便插入接口并与临近操作，如即插式接头的操作，保持合理间距；

——水下设备和部件承受机械手、工具和(或)ROV 工作时产生的载荷和扭矩的能力；

——对设备采取保护措施以防止 ROV 的碰撞。

应考虑可对成功维修和完成上述特定任务产生影响的环境条件，应选择下列稳定 ROV 方法中的一种：

——停靠 ROV 的靠近接口的水平台面、施加推力使其靠近台面，允许从垂直或水平方向接近接口；

——使用一根允许 ROV 抓爪(具有一定自由度的机械手)抓握的水平杆或垂直杆(见图 6)；

——ROV 对接点(见图 7，图 15，图 16，图 18 和图 22)；

——采用便于吸盘安装的相对平滑的表面。

为使作业不受限制，对接点宜至少与海床面保持 1.5 m(4.92 ft)以上的净空。

宜避免采用需要移动、打开或关闭才能进行其他维修任务的 ROV 平台。

设计者宜合理考虑不同的维修任务，以便在水下设施上采用统一的 ROV 对接方式，这样 ROV 就能在一次潜水作业中完成不同的维修任务。

在某些特定地理位置，由于松软的泥土以及 ROV 推进器对海床冲刷，在建立海床面时需要特别小心。

与局部工具载荷相关的具体细节如图 8 所示。

4.3.2 带工具收放装置(TDU)的 ROV 维修

4.3.2.1 概述

TDU 是一种专门设计的工作包，安装在 ROV 本体的前端或后端，通过笛卡儿装置(如图 3 所示)来准确引导和定位，根据任务的复杂性和 TDU 对接位置与工具接口的相对位置确定是 1 个、2 个还是 3 个自由度。TDU 装置能替代或协助机械手作业。

4.3.2.2 两对接点系统

TDU 与两个对接插头配合使用并锁合，使笛卡儿装置和 ROV 与水下生产设备相连，两对接点笛卡儿装置能从同一对接位置接近一个或多个维修接口，特别适用于执行一组与操作盘有关的接口任务。典型的两对接点 TDU 装置如图 3 所示。

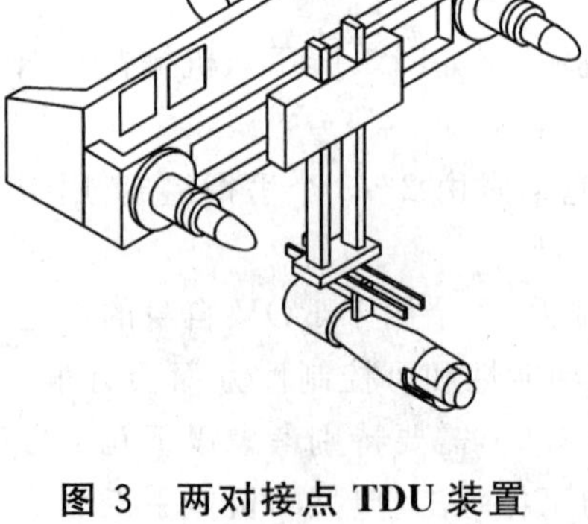

图 3　两对接点 TDU 装置

4.3.2.3 单对接点系统

单对接点系统与两对接点系统相似，只是在操作上存在某些差异。单对接点的 TDU 也是一个安装在 ROV 上的工作包，提供类似方式通过 y-z 笛卡儿装置精确引导和定位。单对接点系统与两对接点系统对接方式基本相同，但它能围绕水下设备更加自由地移动，推荐用于单个布置(或一对隔开的)接口或者相邻结构物对其有限制的情况。典型的单对接点 TDU 装置如图 4 所示。

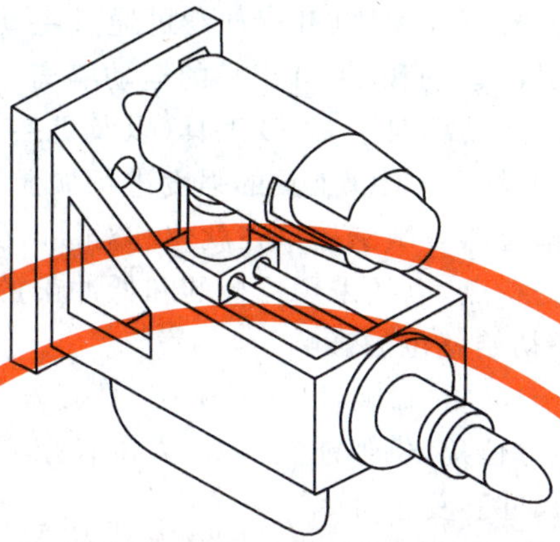

图 4 单对接点 TDU 装置

4.3.2.4 对接和 TDU 操作通常需考虑的事项

通常，单对接点 TDU 最多有两个维修接口，能从单一对接点操作。理想的情况是接口直接垂直排列在对接点上方(见图 10)。

笛卡儿装置操作限制和工具对接点的相关位置决定两对接点 TDU 的接口应布置在一个特定范围内(见图 9)。

其他需要考虑的事项如下：

——与两对接点 TDU 相比，单对接点 TDU 通常要求更轻的接口工具载荷条件；

——与两对接点 TDU 相比，单对接点 TDU 能对水下设备的对接结构和接口工具施加更大的由 ROV 产生的动载荷和静载荷；

——两对接点 TDU 需更多的接近空间以便从以下几个方面满足笛卡儿装置的需要：ROV 工具框架、ROV 收放系统(绞车和水面支持装置)、中继器(TMS——tether maintenance system)、水下设备(特别是对接口不是位于外侧的设备)；

——TDU 框架需设计成能承受环境、ROV、TDU 对接插头和接口工具产生的载荷和扭矩；

——两对接点 TDU 通常装配在 ROV 的上半部分，使工具对接点位于笛卡儿装置的下方[为了使作业不受限制，对接点宜至少与海床面保持 1.5 m(4.92 ft)以上的净空]；

——单对接点 TDU 通常装配在 ROV 的基座附近，使工具对接点的位置位于上方[为了使作业不受限制，对接点宜至少与海床面保持 1.5 m(4.92 ft)以上的净空]。

在某些特定地理位置，由于松软的泥土以及 ROV 推进器对海床冲刷，在建立海床面时需要特别小心。

与工具局部相互作用载荷有关的详细情况见图 8。

4.3.3 双缆维修

4.3.3.1 概述

控制模块和油嘴等水下部件能利用一种叫 CCO 工具的提升架(见图 23)更换。CCO 工具通常在提升重量超出浮游式 ROV 的提升能力情况下进行部件安装和回收作业。CCO 工具利用提升缆或钻杆从维修船上收放，这是第一根缆，该缆用于支撑 CCO 工具和所更换部件的重量和动载荷。第二根缆是 ROV 的脐带缆或 TMS 系统。为了避免缠绕，建议将上述两根缆分开布置在维修船的不同区域。

4.3.3.2 使用双缆操作通常需考虑的事项

CCO 工具横移和转动可由导向缆或导向桩(至少两个)控制，一个无导缆的漏斗形接口可在推进器或 ROV 协助下轻推入位。如果使用导向缆，宜确保这些缆是升沉补偿式的，并且要避免与提升缆或 ROV 脐带缆缠绕。如果使用无导缆漏斗形接口，漏斗形接口宜为内置螺旋，以便和 CCO 工具上的定位销对接来引导 CCO 工具定位。

其他需要考虑的事项如下：

——提升缆或钻杆宜是升沉补偿式的，在升沉倾斜较小的维修船上作业时更应这样，因而 CCO 在一个升沉周期内不被提升或下放太快(升沉补偿可通过主动升沉补偿吊机实现或者使用小浮筒将提升缆构成 S 形把升沉运动和 CCO 工具的运动隔离开)。

——应量化由于维修船的升沉运动相对于 CCO 工具(以及更换部件)缓慢移动产生的拖拉而引起的运动和动载荷，并对提升缆和 CCO 工具的强度进行加强。

——为避免诸如液压或电力耦合器等敏感接口在就位和对接时受到损坏，CCO 宜配备柔性就位减震器或具有避免硬接触的特点，以便采用可控的和低冲击的方式作业而不受维修船升沉运动和 CCO 工具在水下设备初始就位的影响。

——无导缆漏斗型接口应有±180°的螺旋，以便 CCO 工具旋入合适的方位。ROV 可协助 CCO 工具定向，这样可缩小就位方位角，例如能在±45°方位轻推 CCO 工具进入漏斗形接口，从而减小无导缆漏斗型接口的尺寸和复杂性。

——宜对导向柱和 CCO 工具漏斗型接口的间隙及由于间隙所引起的倾斜角进行检查(如果间隙太小，CCO 工具和更换部件可能发送安装错位)。

——CCO 工具的接近通道一般是垂直向上的，水平通道也可(垂直通道导向框底部也应开口以免杂质沉积)。

——为了使作业不受限制，CCO 工具在水下设备上的就位点宜至少与海床面保持 1.5 m(4.92 ft)以上的净空。

在某些特定地理位置，由于松软的泥土以及 ROV 推进器对海床冲刷，在建立海床面时需要特别小心。

有导缆收放 CCO 工具接口的例子见图 24～图 28。

4.3.4 利用成橇工具维修

4.3.4.1 概述

能由 ROV 上的 CCO 提升工具完成控制模块和油嘴等水下组件的更换。成橇的 CCO 工具通常用于组件安装和回收，这些在海床上进行的独立、可控的作业不受维修船运动影响。该组件重量通常超出浮游式 ROV 的提升能力，因而成橇工具应增加浮力或调整重量，或者同时采用，以便 ROV 上不利载荷的传递不影响 ROV 的水动力特性。

成橇工具另外的一个用途是在超过 ROV 标准配置情况下提供动力(液压的、电力增压、流速、流量等)，用于诸如液压即插接头、压力测试、压力冲洗，清淤等各种维修作业。

4.3.4.2 成橇工具作业通常需考虑的事项

成橇工具通常安装在 ROV 框架的前部、后部或底部(如图 1 所示)。作为另外一种选择，也可将成橇工具安装在 TMS 上或独立收放并在海床上与 ROV 合为一体。这样 ROV 就可以浮游方式在海床上操作成橇工具。宜将成橇工具安装在不妨碍管线或 ROV 推进器推进(从水平方向和垂直方向)的位置。

其他需要考虑的事项如下：

——使用 CCO 工具橇进行部件更换时要求成橇工具具有可变浮力系统特性或固定浮力和配置系统特性，以便在 CCO 工具橇空着或抓握水下部件时保持适当平衡；

——所设计的 CCO 工具橇本体应能承受 CCO 工具的提升载荷、传送物载荷、ROV 及环境载荷，特别是需考虑工具橇对 ROV 水动力特性施加额外拖曳力的情况；

——CCO 工具橇宜适用于 ROV 工具框、ROV 收放系统(绞车和水面支持设备)、TMS 系统、部件的通道以及水下设备周围的通道；

——CCO工具的接近通道一般而言从上面来看是垂直的，但是水平接近通道也是可接受的（垂直的路径引向框需要从底部打开以便让沉积的碎屑通过）；

——为了使作业不受限制，CCO工具橇在水下设备上的就位点宜至少与海床面保持1.5 m（4.92 ft）以上的净空［工具橇安装在底部时就位点应更高，使工具橇至少与海床面保持1.5 m（4.92 ft）以上的净空］。

在某些特定地理位置，由于松软的泥土以及ROV推进器对海床冲刷，在建立海床面时需要特别小心。

4.3.5 其他部件维修

4.3.5.1 概述

除控制模块和油嘴以外，还可考虑使用CCO工具来安装和替换的部件有：

——插入式阀门（管汇或清管）；

——阀门执行器组件；

——清管球发射器；

——储能器组件；

——插入式多项流量计；

——插入式多项泵；

——化学注入模块或管汇；

——保护帽和承压帽；

——采油树或管汇的传感器（测量压力、温度、地层砂含量等）。

确定更换合适的部件时需考虑的主要因素有：

——设备所在位置；

——水深；

——更换频率；

——部件尺寸；

——部件重量。

4.3.5.2 出油管和海管的连接

尽管经常出现使用ROV收放系统进行出油管、海管和跨接管连接的情况，然而，到目前为止出油管连接还没有通用接头。

能由ROV作业的水下生产设备接口系统的设计不仅需要对设备进行局部改造，而且能对如组件布置的主要区域产生影响。接口系统的基本要求可进一步参考附录E。

4.3.5.3 控制跨接管的连接

大量已安装的控制系统脐带缆的跨接管（软管）的连接系统是由ROV完成的。这些系统由机械手安装、或者由TDU或CCO工具橇安装。可有不同的电动或液压连接的支撑板，这取决于用途和接口内各耦合器的数量。但是，这些连接还远没有标准化。然而，用于铺设和安装跨接管的接口类型和相关关系应设计为能由出油管连接的维修工具来安装的形式，这样可减少专用工具的开发需求（见图32和图33）。

4.4 水下设施系统设计

4.4.1 概述

首先，主要应考虑ROV和工具接近接口通道对系统设计的影响。如果维修方式和接口所处位置不同，需要的通道会有很大不同，因而宜在设计初期就明确地记录在维修原则中。其次，系统设计考虑的内容在第6章讨论，推荐的设计步骤见图5。

在GB/T 21412的本部分描述和提出的水下生产设施接口宜能让ROV或ROT以机械手或TDU模式接近。与总规则的特殊差异在本部分已强调。

4.4.2 总体设计原则

ROV维修宜以一种可靠的方式来完成，把对水下设施、维修工具、ROV、操作人员以及环境的潜在损害降到最低程度。这样就要求将设备设计成在操作条件下能有效执行预定作业。

4.4.3 失效保护

接口及相关操作设备应设计成这样:在ROV或维修设备的动力供应中断时,所有由ROV装配到水下设备上的工具能以有效可靠方式释放,以便让ROV能成功回收。

4.4.4 潜在损害最小化

接口宜设计成这样:在维修设备定位、对接和作业过程中将潜在损害尽量降到最小,维修接口的可回收部分应设计成固定在水下设备的那部分发生损坏之前能脱开。

4.4.5 相互作用载荷

在设计时应考虑维修设备施加在接口上的载荷。通常,载荷直接作用于结构体上的接口设计时应考虑通过设备和结构之间的多载荷工况。

4.4.6 减少干扰

设计接口时应尽可能减少与脐带缆、下放缆以及维修设备之间发生缠绕。

4.4.7 定位控制

在水下设备上进行作业时应提供主动的稳定措施。在与设备接触时,应避免出现需要使用ROV或维修工具推进器进行定点控制的情况。但这并不排除使用连续的水平推进或垂直推进以确保整个维修作业过程中与接口保持接触状态。

4.4.8 对接近通道的要求

4.4.8.1 概述

使用ROV完成维修任务的水下生产设备能由以下3种位置布置接口:

——外部接口;

——从外部穿入;

——内部接口。

在接口上操作ROV所需要的接近通道的数量取决于接口所在位置。所需通道宜考虑ROV的高度以及宽度再加上多功能机械手所需的“肘活动空间”和机械手的操作空间。在设计过程中,应充分考虑任何一种ROV工具包的高度和宽度或有效载荷的大小。需要确保工具周围有最小的间隙以便留出ROV的活动空间。如果海流大,则宜考虑更大的空间。另外,还宜考虑在维修中计划使用的ROV的类型及能力。应考虑断电时,能安全回收工具。

4.4.8.2 外部接口

位于水下生产设施外侧的接口可简化ROV作业、降低接近通道的空间要求以及减少对设施产生的潜在损害。因此这是优先采用的接口位置,能通过将装置布置在设备的外侧或通过使用延伸杆从外侧操作。然而,设备布置或保护要求并不是经常能做到。因而有时需要使用ROV作业。

4.4.8.3 从外部穿入

使用ROV工具系统穿越结构物外表面接近接口,而将ROV本体停留在结构物外面的情况更需要对空间要求进行考虑,但是这样可不需要使用延伸杆进行操作,也不需要对ROV接口进行额外的机械保护。这种方法在ROV工具插入深度小于1 m(3.28 ft)时非常适用。而对插入深度大于1 m的情况,对接近通道的要求会变得更为复杂,并且可能对ROV及相应的工具包或两者的设计产生影响。设计中应考虑使用TV摄像头监控操作过程。

4.4.8.4 内部接口

4.4.8.4.1 概述

操作接口通常位于距设备的保护面或外边缘0.5 m(1.64 ft)范围以内。当大于1 m(3.28 ft)时,通道应满足ROV及工具对接和操作的要求。采用这种方法,接口通常直接安装在设备上,这样能减少使用延伸阀杆或其他遥控装置的需要。

内部操作通常用于带有大型保护结构的水下装置,这样的保护结构会使接近设备的通道受到限制。但是,如果在设计阶段予以充分考虑,就可把这种影响降到最小。提供内部接近通道时需要考虑的事项将在 4.4.8.4.2～4.4.8.4.4 中论述。

4.4.8.4.2 通道宽度

接近水下结构物内部的任一通道的宽度由以下问题或因素决定：

a) 是否有垂直通道到达工作位置？

b) 如果 ROV 需要穿越一个大于其长度的水平距离，则接近通道的宽度宜足够大以便允许 ROV 掉头，包括需要为 ROV 脐带缆提供足够的空间。

c) ROV 的选择仅限于带有倒车功能的 ROV 吗？

d) 在给 ROV 供电的电源断电时，通道允许 ROV 及其工具能回收回来，这一点是必不可少的。

通道的最小宽度或者以所选择的最大 ROV 的宽度确定，或者根据 ROV 或 ROV 及其负载的迴转半径确定。

4.4.8.4.3 通道高度

通道高度由以下几个因素决定：

a) ROV 本体的高度；

b) 系缆/脐带缆的最小弯曲半径和需要综合考虑的本体顶部以上的间隙；

c) 任何负载/作业包的高度；

d) 在给 ROV 供电的电源断电时，通道允许 ROV 及其工具能回收回来，这一点是必不可少的。

最少宜在 ROV 活动的空余空间总计算高度上下各留出 0.5 m(1.64 ft)的净空。而对于长通道的情况，净空还宜增加。

ROV 后面宜至少留出 1 m(3.28 ft)的间隙，以便在对接和定位操作时留出一些自由空间，以及满足具有不同特性的机械手的作业需要(参见附录 B)。

然而，需要考虑的另外一个因素是与最小活动高度有关的对接位置高度，如果对接作业需要 ROV 在接近通道底部以上留有超过 0.5 m(1.64 ft)的净空时，通道高度(至少是局部高度)应相应地增加。

4.4.8.4.4 垂直通道

带有垂直通道的工作点需要为 ROV 留出额外的进入空间。该空间大小取决于工作点的深度。

从 ROV 本体最低点到维修作业(检查、清洗、工具对接等)的垂直距离宜不超过 0.3 m(0.98 ft)。

推荐的空间要求或到结构物内的垂直深度见表 1。

表 1 推荐的空间要求及进入结构物内的垂直深度

进入结构物内的垂直深度/[m(ft)]	ROV 尺寸的余量
≤1.0(3.28)	5%
≤2.0(6.56)	10%
≥3.0(9.84)	20%

5 性能设计

5.1 概述

接口设计宜满足水下设备形成一个整体的要求。宜进行适当的验证以确保接口在整个设计寿命内都具有操作性能。

5.2 材料

不同功能的接口设计应按第 10 章的要求选择材料。

操作使用者对选材负责，然而，操作使用者也可明确服务要求，由供应商自由推荐合适的解决方案。

5.3 承载能力

接口应能承受设计载荷而不变形或者对油田寿命内的安全操作不产生影响。宜进行适当的验证以确保接口在整个设计寿命内都具有操作性能。

5.4 操作力或扭矩

接口设计应符合设备制造商要求的操作力和扭矩的技术要求或本部分的要求。

5.5 提升装置

提升装置应满足当地适用法规或行业规定的要求。

5.6 质量控制

5.6.1 概述

本部分中提到的设备的质量控制要求应符合 ISO 10423 的相关规定。

对 ISO 10423 指定的质量控制要求中没有涉及到的部件应与制造商的书面技术要求一致。

5.6.2 结构部件

结构部件的质量控制和焊缝检测应符合 ISO 10423 中“非压力容器”的要求。

5.7 温度等级

本部分所涉及的水下设备应按照－15 ℃～45 ℃(5 ℉～113 ℉)的操作温度范围进行设计和标定,设备的地面试验温度应与此要求相匹配。

5.8 颜色和标记

在选择颜色和标记系统时,水下的可视性是主要考虑因素,见 GB/T 21412.1。

6 设计注意事项

6.1 概述

已确定的维修原则对水下生产设备上的接口而言是简单可靠的,下面的指导原则描述了在设计阶段宜考虑的系统性能。

6.2 概念设计

6.2.1 评估要求

在水下生产设备设计完成之前,所有水下生产系统的安装、操作、检查、维护、维修和部件回收都宜明确并进行评估。

在这一工作中应考虑以下因素:

a) 使用 ROV 作业的必要性(是否能避免使用 ROV);

b) ROV 作业的频率(比如:是协助安装还是操作阀门);

c) 作业敏感性(比如:是关键性的作业/非常必要的作业/有帮助的作业);

d) 废弃;

e) ROV 接通道要求;

f) 整个水下系统的预期寿命。

6.2.2 失效模式影响和临界状况分析(FMECA)

建议对系统安装进行失效模式影响及临界状况分析(FMECA)。FMECA 分析宜考虑系统生命期内包括安装和回收的各个阶段。也宜以失效的后果和期望的 MTBF(平均无故障工作时间)为基础来确定子系统/部件的相对临界状态。

6.2.3 维修方法

应对基于 ROV 的系统、ROT 系统或同时使用两个系统完成特定任务的方法进行检查。通过将水下维修要求或应用进行分类,能对可选择的维修方法进行评价,然后选择其中最适合方法使操作简化。

6.2.4 维修频率

尽管维修频率取决于很多因素,但是它主要是由部件更换的需要决定的。而部件更换的频率又是由其可靠性或性能以及调整或启动的频率决定的。

如果需要频繁维修,对接口的选择宜以简单和考虑重复使用为出发点。

6.2.5 标准工具

在可用相似方法完成大量维修项目的情况下,宜考虑使用标准工具,从而避免工具的频繁更换。

6.2.6 载荷

6.2.6.1 概述

设计时应考虑满足水下作业时 ROV 受到的不同载荷条件。这些载荷可能单独作用或同时作用,需要在设计阶段予以考虑。

施加于 ROV 和设备接口处的载荷有：

a) 工具咬合和反作用；

b) 环境作用力(海流以及异常的环境、波浪)；

c) 由于波浪和流的作用而产生的脐带缆载荷；

d) 由于水面浮式平台的漂移或脐带缆绞盘不当操作而产生的脐带缆载荷；

e) 由于 ROV 和水下设施间碰撞而产生的撞击作用。

6.2.6.2 载荷的设计

可通过以下不同方法考虑接口载荷的设计：

a) 设计的接口满足由上述载荷情况施加的所有载荷；

b) 限制施加给接口的作用力(比如：允许 ROV 脐带缆绞盘在载荷条件下进行补偿或限制 ROV 推进器的最大作用力)；

c) 接受一定载荷情况下发生的损害。

应考虑不同载荷的组合和评估的最大组合载荷，但并不一定需要将接口设计成满足所有载荷累加的最大值。

6.2.6.3 工具产生的作用力

应限制 ROV 工具产生的作用力，以便在常规作业对正在操作的设备工具接口不产生损害。采用预防的方法允许工具产生"过载"力，应采用一种机械装置而不是操作程序来避免损伤(比如：可在操作转换开关、启动互锁装置或采用软件控制上面安装一个简单保护帽)。

6.2.6.4 海流

宜考虑作用在脐带缆和运载工具上的海流及其潜在的影响，包括以下几个方面：

a) 对脐带缆的拖曳力，这样会影响 ROV 在维修区域的可操作性；

b) 对 ROV 运送设备、TDU 或工具包的拖曳力；

c) 当 ROV 协助 ROT 操作或定位操作时产生的拖曳力；

d) 在靠近海床操作时海流对可视性产生影响。

宜在维修区域提供合适的净空空间，牢记脐带缆收放系统的类型，防止脐带缆缠绕在水下结构或设备上。

6.2.6.5 碰撞

没有采取保护措施的水下设施和部件可能受到浮游式 ROV 的撞击，因此宜设计成能抵抗运载工具(特别是带有相应携带水的运载工具)以 1.5 m/s(4.92 ft/s)* 速度移动时产生的碰撞损害。然而，如果 ROV 在一个结构体内进行操作或对接时，撞击速度会降低。

6.3 详细设计

根据对 ROV 维修要求的评估(见 6.2.1)，为了减少使用不同的 ROV 技术和所需接口的数量，宜为水下系统建立一套维修原则。设计阶段的基本步骤如下：

a) 定义任务；

b) 编写接口技术要求，通常和相关的 ROV 承包商和水下设备供应商一起完成；

c) 选择对接方式和工具收放或机械手的操作原则；

d) 定义维修接口(宜在系统、子系统和部件的各层面明确、说明和规定维修接口，一旦明确规定，在设计中引入和应用时就要严格监控，一直持续到建造和安装的整个阶段)；

e) 对使用 ROV 接口实施作业的主要水下设施的详细设计进行定义；

f) 定义 ROV 工具、接口、动力供应和控制；

g) 编写文件(设计、维修和操作原理)；

h) 对设计定期审查直到最后设计阶段，使设计与推荐和指导原则一致；

i) 确保子系统供应商在他们的设计中考虑到 ROV 作业和维修作业，以便使这些操作或维修要求

---

* 原文为 3.64 ft/s，疑为有误，故改正。

和技术与水下系统安装的总体设计原则及本部分的内容保持一致。

设计阶段应主要关注在水下系统最容易失效的那些部分，对这些组件彻底检查。设计上宜考虑简单化、持久性和冗余度或易于替换。

在常规潜水操作范围内，使用ROV接口的水下生产系统宜也能由潜水员手工或使用工具进行操作。

在水下生产设备的设计阶段，为避免使用ROV作业时受到干扰，宜考虑控制管缆的下入方式和定位，特别是在建造阶段考虑需要控制管缆在现场下入时，推荐的作法是不下入柔性管缆。下入刚性管缆时宜采取一定保护措施以避免对管线产生损害和与ROV的操作产生干扰。控制系统不推荐使用滑动导缆如滑动跨接缆。图5给出了一个典型的设计步骤。

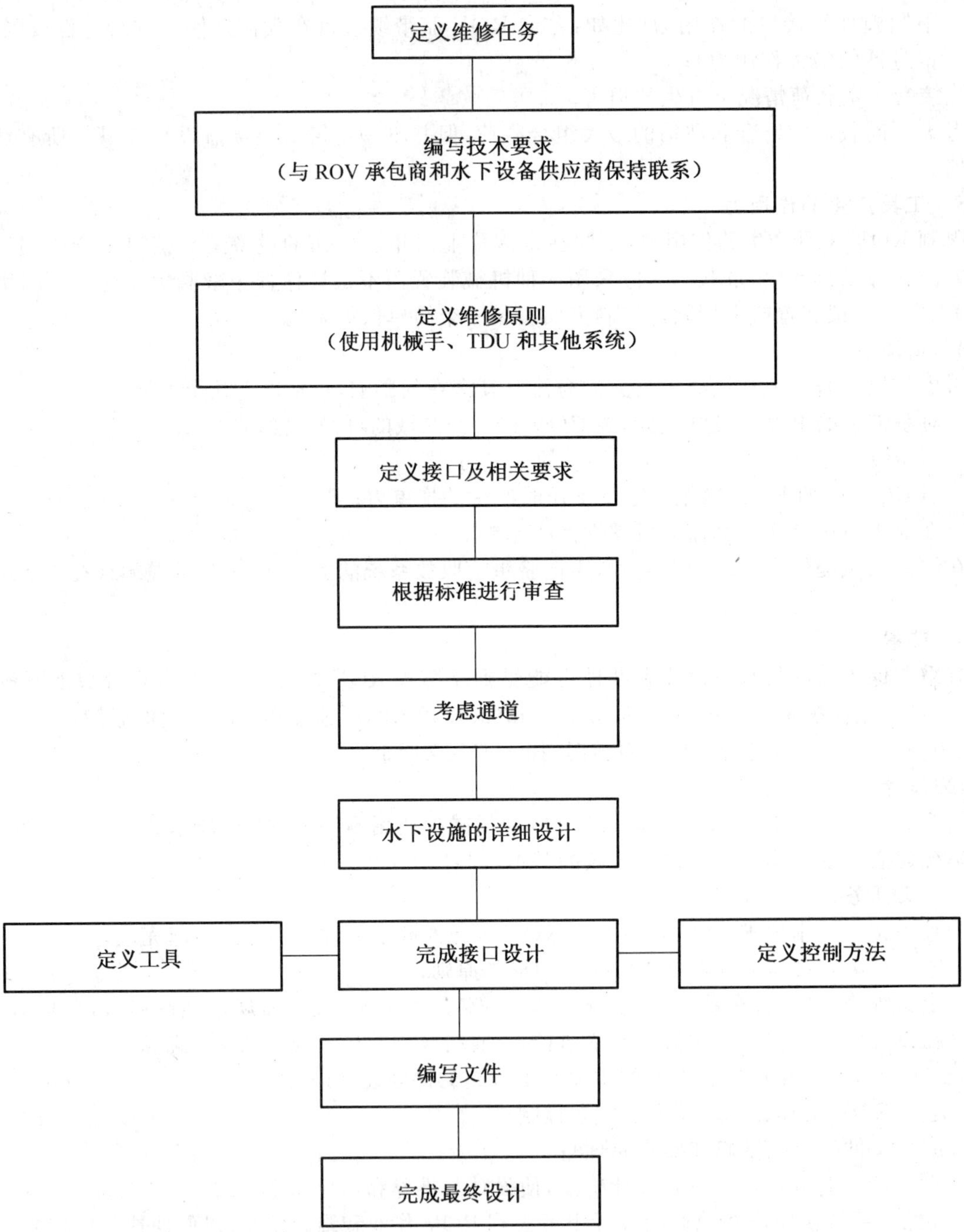

图5　ROV工具作业接口的常规设计步骤

6.4 期望的设计特性

6.4.1 监视装置

配备监视装置是最基本的要求,宜包括以下几个方面功能:

a) 显示位置(例如:ROV 在结构上的当前位置);

b) 观察角度(在可能情况下,监视装置宜在需要监视的区域来回移动,不仅是向前或向后移动;如果不可能实现要求,则倾向于使用定位器,当装置移动到端部时显示器突然呈现强烈反差);

c) 处于观察或操作状态下的阀或设备的状态(例如,对阀而言,状态显示器宜对转动的次数或合适的行程距离提供清晰的显示);

d) 测量(例如监视装置宜表明相关组件的开、关或开关程度的状态);

e) 对部件类型的识别。

监视装置能用标签、喷涂标记或操作状态指示器表示操作状态。

也可参见 GB/T 21412.1 相关内容。

6.4.2 颜色推荐

见 GB/T 21412.1。

6.4.3 防污方法推荐

放在海里的任何物体最终会由于海生物或沉积物的附着或二者兼而有之而受到污染,因此设计者有责任确保设计的监视装置在设备的指定生命期内都能被清晰的辨识(见 GB/T 21412.1)。

在水下安装物寿命期内的任何时候都可能需要操作的液压接头、ROV 接口以及其他带有敏感表面的部件,宜安装防污帽。同时配合使用防污材料、漆或涂层。这样将防止海生物或沉积物在系统需要操作或连接时产生阻碍。

保护措施宜采取保护帽、堵头等形式,不需要采用水密封。这是因为在结构物安装前放置在接口表面密封会形成一个密封压力,该压力会使得在需要时不能打开密封。在需要采用水密封的情况下,应使用一种合适的不可压缩液体充满任何"内部"空隙。同时,在堵头设计中宜考虑打开密封的方法。如果使用塑料,宜关注材料的尺寸稳定性。

需要采用机械保护的接口,宜在临近接口的地方设有一个保护装置的停放位置,但该位置应不妨碍海生物清除作业。

6.4.4 停放位置

当 ROV 需要对一个特定位置长时间观测时,应给 ROV 提供一个停靠位置、抓杆或平台,这会确保连续性的观察位置。在平台上停泊的情况下,ROV 采用逆向平台向下推进的方式比浮游模式更容易保持位置不变。

6.4.5 导向

如果 ROV 工具由机械手收放,需要在工具或对接系统容易插入点的周围设置导向锥。导向锥上端宜是开口的,允许碎屑通过,也可安装一个合适的防碎屑帽。

6.4.6 导向柱

结构物上所有导向柱不宜伸出最后安装部件的下入漏斗型插口,因为它们是 ROV 阻碍物,也是引起脐带缆缠绕的物体。不能回收的带导向柱的子结构物宜带有以可移走的导向柱。

6.4.7 观察任务

"开放式框架"设计使 ROV 更容易执行观察任务。

6.4.8 结构物方位

水下结构物方位宜考虑所有环境参数的影响和以后容易进行 ROV 作业。对 ROV 作业而言没有一个最优的方位,任何可能的方位要求都宜根据具体情况进行评价,宜考虑以下方面的因素:

a) 油田布置要求;

b) 海流(也可见 6.2.6.4);

c) 可视性。

6.4.9 过扭矩情况下的阀杆保护

能通过以下措施提供阀杆保护：

a) 对最大安全扭矩进行视觉判断；

b) 确定脱扣扭矩、操作扭矩和破坏扭矩间的关系；

c) 采用谨慎的操作方法，例如：

1) 为ROV选择合适的液压马达；

2) 释放ROV液压压力，以避免产生过扭矩；

3) 在作业前对ROV工具扭矩进行地面校核；

d) 对于球阀，宜采用主动的机械停止装置(应设置)而不是阀内装置；

e) 采用合适的末端受动器形状(参见附录D)。

6.5 不期望出现的设计特性

6.5.1 缠绕

宜努力避免出现ROV软缆/脐带缆、打捞设备、安装和操作缆等等产生缠绕的特征。

例如：在受保护的结构物内的“目标杆”型阳极、无线电应答支架、松弛软管/电缆、小型导向杆、指示杆或指示帽会使软缆/脐带缆产生绞缠。

宜避免使用带锋利边的部件，任何像这样多余的部件都宜在结构物安装前去除。

例如：不必要的系吊眼板、脚手架支架或者结构支撑框架。

6.5.2 阀门

为了大多数机械手能直接安全地操作，阀的最小尺寸是12 mm(0.5 in)。

6.5.3 控制杆

通常，设计者宜考虑在执行滑动操作任务时会出现潜在困难(例如，需要将控制杆推上去、推下来或推到一边)，由于机械手与其控制系统间的机械连接具有一定的排列方向，目前对ROV来说，很难在垂直(上下)方向或水平(推拉)方向上操作滑动控制杆柄。只要把柄的左侧或右侧留有方便于机械手插入的空间，就可从左边或右边操作滑动控制柄。

应承认，随着机械手技术的不断进步，移动的范围可延伸到“笛卡儿”和“轨道”操作，设计者宜注意到这种应用潜力。

6.5.4 接头

避免使用快速接头(需要在把接头推到接口的同时把挡圈拉回来)，这是因为单一机械手不能灵活使用抓爪在同一时间完成两个操作。然而，有几种不需要将挡圈拉回来就能完成连接的接口(例如，将挡圈推上去)。

6.5.5 掩蔽显示器

应将显示器放在进行操作时能看得见的地方。

6.5.6 操作高度

宜避免出现从同一位置但与结构物相隔不同距离同时又在不同高度间进行操作的情况。

不宜在泥线附近对部件进行作业或检查，这些作业宜在泥线以上1.5 m(4.92 ft)的地方实施。这是为了确保运载器能接近接口的通道和对接位置。设计者在不能辨别泥线的情况下确定接口的最小高度时，应考虑ROV的接近通道、能见度以及ROV推进器对海底产生的影响。这样，接口的高度宜在包括钻屑床高度在内的有效海床面以上1.5 m(4.92 ft)。

参见附录B。

7 ROV接口和水下系统

水下系统的许多部件与ROV有接口，本章列举了那些在系统设计时宜考虑的关键部件。

下面按字母顺序的列项宜与适当的标准一起理解。

水下设备宜遵循本部分进行设计。

设计中宜特别考虑下列内容：

a) 水下采油树：

注意：在验收试验或与之类似检验中，水下采油树应与其合适的工具对接进行测试，这些工作宜在安装水下采油树之前完成。

1) ROV 接近通道，包括在设备受到结构物阻碍时的主要观察位置；
2) 选择正确的维修系统；
3) ROV 作业模式下的载荷限制；
4) 采油树的设计宜最大限度减少潜在的缠绕产生；
5) 清晰、独特的识别标记；
6) 阀组放在一个操作面上；
7) 在泥线以上的接口高度；
8) 确认 ROV 操作时是否需要载荷的反作用力点并适当设计；
9) 考虑 ROV 的备用方案。

b) 管汇：

1) ROV 接近通道，包括在设备受到结构物阻碍时的主要观察位置；
2) 选择正确的维修系统；
3) ROV 作业模式下的载荷限制；
4) 管汇的设计宜最大限度减少潜在的缠绕产生；
5) 清晰、独特的识别标记；
6) 接口在泥线以上的高度；
7) 确认 ROV 操作时是否需要载荷的反作用力点并适当设计。

c) 管汇或采油树的水下阀门：

注意：在阀门集成和进行验收试验时，ROV 接口也宜使用夹具或工具正式进行检验。

1) 考虑 ROV 的接近通道；
2) 选择正确的维修系统；
3) 一台液压马达的能力宜能满足卸开及操作时的扭矩要求；
4) ROV 操作模式下的载荷限制；
5) 考虑使用可视化的并且耐用的显示系统；
6) 考虑以手动操作 ROV 作为备用方案的可能性；
7) 对即插式接头及相关阀门位置进行密封性能试验。

d) 水下油嘴(ROT 技术也应考虑在这方面的应用)：

1) 可能需要更换油嘴；
2) 考虑更换油嘴的可实施性，这可能会对维修系统的选择产生影响；
3) 考虑更换工具的接近通道；
4) 模块的尺寸和重量以及更换时所使用工具的能力；
5) 考虑油嘴的安装角度以利于回收(通常是垂直或水平安装)；
6) 考虑能以一种安全方式在钻井船上手动提升进行回收；
7) 在实施更换期间，由小型 ROV 在油嘴座上安装防屑帽；
8) 如果使用多种密封方式，则需要对密封试验的设施进行优化；
9) 对暴露在外的插口利用保护帽进行必要的保护。

e) 控制模块(应考虑 ROT 技术在这方面的应用)：

1) 更换控制模块的可能性；
2) 考虑更换操作的可实施性，这会对维修系统的选择产生影响；
3) 考虑更换工具的接近通道；
4) 考虑模块的尺寸和重量及更换时所使用工具的性能；
5) 模块安装位置所处的角度应有利于回收(通常为垂直角度)；
6) 考虑能以一种安全方式在钻井船上手动提升进行回收；
7) 考虑为ROV诊断检查或显示观察到的状态留出连接点；
8) 考虑为各个接头留出摄像通道；
9) 适当对排出口作上标识；
10) 考虑ROV清洗工具需要的通道；
11) 考虑更换模块时对接插头采取保护措施。

f) 多相流量计(也应考虑ROT技术在这方面的应用)：
1) 考虑多相流量计更换的潜在需求；
2) 考虑更换操作的可实施性，这可能会对维修系统的选择产生影响；
3) 考虑更换工具的接近通道；
4) 考虑模块的尺寸和重量及更换时所使用工具的性能；
5) 模块安装位置所处的角度应有利于回收(通常为垂直角度)；
6) 考虑能以一种安全方式在钻井船上手动提升进行回收；
7) 如果使用多种密封方式，则需要对密封试验设施进行优化；
8) 为ROV诊断检查或ROV实施状态显示观察留出连接点；
9) 对暴露在外面的插口采用保护帽保护。

g) 高完整管线保护系统(也应考虑ROT技术在这方面的应用)：
1) 考虑满足HIPPS模块更换的潜在需要；
2) 考虑更换操作的可实施性，这将会对所选择的维修系统产生影响；
3) 考虑更换工具的接近通道；
4) 考虑模块的尺寸和重量及更换时所使用工具的性能；
5) 模块安装位置所处的角度应有利于回收(通常为垂直角度)；
6) 考虑能以一种安全方式在钻井船上手动提升进行回收；
7) 如果使用多种密封方式，则需要对密封试验设施进行优化；
8) 考虑ROV的备用方案；
9) 考虑对暴露在外面的插孔口采用保护帽进行必要保护。

h) 脐带缆跨接管：

注意：脐带缆跨接管通常是在大型设备连接时安装的长度相对较短的管缆。因此，大型设备的安装步骤和脐带缆的回接步骤的协调一致就非常重要。

1) 考虑跨接管的刚度；
2) 考虑脐带缆的曲率半径，如果曲率半径太大，将会导致脐带缆连接不上；
3) 考虑跨接端的重量和ROV安全拖带跨接管到安装位置的能力，跨接管的安装方式是所熟知的"浮移到位"的安装方式；
4) 确认连接端，确保正确安装；
5) 有必要逐条安装大刚度的脐带缆(浮移引导)；
6) 考虑跨接管回接点与泥线的相对位置，因为跨接管安装的难易程度会受到连接点到海床距离范围内的脐带缆曲率半径大小的影响；
7) 可能需要停放平台；
8) 宜考虑电动和液压接头的清洁处理及可操作性。

8 作业注意事项

建立维修接口设计原则时,设计者宜考虑到所涉及维修任务的类型。进行部件更换或提升时,通常宜提供垂直接近通道。对于阀门操作、即插式接头或电接头的对接以及其他轻型作业,在尽可能情况下优先考虑水平接近通道。宜设计专用工具以保证 ROV 对接到接口进行维修操作时能保持位置不变。在设计接口时,宜注意避免采用需要复杂工具作业的刚性设计。

执行作业任务过程中,宜避免使用需通过导向来控制 ROV 的机械手或操作工具。ROV 经常用于引导物体从水面吊放或自己携带或拾起放在海床上的物体。

9 显示系统

远程接口操作通常需要给 ROV 作业者提供可视化方式,这种可视化指示能通过几种方式达到,但宜满足下列要求:

在装有 ROV 接口的独立模块或组件上的所有阀、接头的高程及位置的显示器均宜为可视的。所设计的可视化显示器宜具有如下特征:

a) 自我注释,给操作者提供清晰的设备状态显示;

b) 进行相关操作时中,可观察到其位置;

c) 易于使用标准 ROV 摄像系统从不同角度观察;

d) 在常规可视范围内,至少可观察到 0.5 m(1.64 ft)的距离;

e) 足够坚固和耐用,达到水下部件或设备的设计寿命;

f) 避免机械损伤;

g) 在适当的情况下应能提供计数功能。

10 材料选择

10.1 概述

负责材料选择的设计者应提供建造接口所使用材料的详细说明。通常来说,与 ROV 有关的接口及工具所使用材料宜设计成适合水下频繁使用。设计者应把永久性的水下设备和在维修操作中短时间使用的设备区分开来。永久性的水下设备应根据 ISO 13628 相关部分的内容进行设计,其接口宜考虑以下因素:

a) 屈服应力;

b) 极限抗拉强度;

c) 疲劳特性;

d) 频繁使用时接口的内磨损;

e) 腐蚀;

f) 海生物附着。

10.2 选择标准

选择用于制造接口设备的材料时,需要考虑的关键因素如下:

——装配在水下生产系统上的接口宜比 ROV 或 ROT 上的接口强度更高,在操作中出现意外事件时能避免接口受到损害或不能工作;

——所设计接口应在整个水下时间都能正常工作,并且宜与它连接的设备的设计寿命相等;

——为防止腐蚀,宜使用防腐材料、合适的涂层和阴极保护系统。在水下生产系统寿命期内,仅使用几次的维修设备可选用仅适用于海水间歇浸泡的材料;

——宜充分考虑将接口装配在水下结构物上的方式,以便在对接口进行操作时能保证接口的安全性。

11 文件记录

11.1 概述

准确记录实施和维护情况能对以后操作和系统设计起到不可估量的作用。

这些记录主要应用于：

a) 水下设备设计阶段(定义接口及工具作业)；

b) 测试阶段(干式压力容器测试)；

c) 安装阶段(确定设计有效性)；

d) 现场终生维护(能更加准确地预测未来需求)。

11.2 设备设计

在项目工作的早期阶段记录与所有水下维修任务、接口技术要求以及对工具的要求等有关的信息是非常重要的。如果在项目开始阶段制定维修原则，随后在整个详细设计阶段进行修改，就能避免由于需要对设备进行改造或改变技术要求所引起的巨大费用风险。

维修原则会在不同阶段有所变化，但宜作为以后规定接口、工具作业和 ROV 能力的重要参考。

设计过程成果也宜详细说明以下内容：

a) 陆上测试、要求、测试设备、工装夹具和程序(以及观察结果)；

b) 在采用新的工具作业时需要进行资质验证；

c) 维修频率。

11.3 测试

一旦选择好接口，在建造期间把接口装配到水下设备上时，宜进行简单的检验或出厂验收试验(FAT)。试验记录除了能证实现场设备是合适的以外，还能为检测设备安装后以及其在整个工作寿命内的性能提供基础资料。同时，记录的某些方面是关注维修本身的，其他一些方面(比如操作时间)可为以后操作时，对不同类型的接口和工具选择(比如机械手或 ROV 工具或潜水员)进行比较。

11.4 信息反馈

在安装期间获得的信息提供了在操作条件下的设备性能详细的原始资料。在现场运行期间的信息能并且宜反馈到设计过程中。

12 ROV 接口

12.1 概述

本章考虑单独的接口以及其各自的功能，明确所需要的关键特性并为接口的制造提供详细技术要求。在选择一个接口时，宜参考本部分内容的前面章节。

12.2 稳定性

12.2.1 概述

不管使用机械手还是使用专门的工具，执行任务期间 ROV 需要保持稳定性。ROV 接口的稳定性可通过不同方式达到，包括：

a) 工作平台；

b) 吸盘；

c) 抓握；

d) 对接。

12.2.2 工作平台

12.2.2.1 功能

如果需要执行的任务要求留出垂直或垂直和水平的接近通道，最好的选择是将工作平台应用到水下结构物上。

12.2.2.2 **应用**

能利用水下结构物的一部分形成工作平台，比如利用结构物的保护罩或专门建造的平台。

12.2.2.3 **设计**

平台能制造成格栅式结构以提供足够的面积来支撑 ROV。该平台宜是平直的并且不受别的物体妨碍。

12.2.3 **吸盘**

12.2.3.1 **功能**

吸盘通常安装在 ROV 上的某一机械手末端，ROV 通过吸盘与结构物吸连，从而保持与接口的相对位置。

12.2.3.2 **应用**

吸盘通常在进行控制性操作时使用，如清洗、观察或操作单阀等。

12.2.3.3 **设计**

作为 ROV 延伸部分的吸盘，要求水下结构物的接口是一个平滑的表面，可使吸盘从不同方向接近工作区域。

12.2.4 **抓握**

12.2.4.1 **功能**

为执行任务时保持维修系统位置而提供的一种标准接口。由 ROV 的机械手以平口夹钳或 TDU 的类似结构产生抓握的动作。

12.2.4.2 **应用**

在水下生产设备(见 12.2.4.4)的各部件中都宜提供一个接口，以便允许 ROV 作业时能通过抓握动作保持稳定。

12.2.4.3 **设计**

抓握柄的结构见图 6 所示。

单位为毫米(英寸)

抓握柄杆直径=20 mm(0.75 in)
抗拉强度=450 N/mm^2(65 kip/in^2)

a) 类型 A

抓握柄杆直径=51 mm(2 in)或 20 mm(0.75 in)
抗拉强度=450 N/mm^2(65 kip/in^2)

b) 类型 B

图 6 保持 ROV 稳定的抓握柄

抓握柄的设计应考虑从任何方向最少承受 2.2 kN(500 lbf)的作用力和紧握力。附录中给出的方法可供选择。

12.2.4.4 **操作**

抓握柄能用于代替对接接口，或通常作为对接接口的补充使用。抓握柄应具有缓冲功能，以便保护接口面板。

12.2.5 对接

12.2.5.1 功能

标准的对接接口牢固地将 ROV 连接在水下结构物上以保证 ROV 准确定位，从而提供一个能保持位置不变的维修系统，同时为重复执行任务提供可靠位置。对接插孔的剖面图见图 7。

12.2.5.2 应用

在水下设备接口出现不期望的载荷情况，如在对针形阀或即插式接头进行操作时需要操纵更大的载荷，就需要进行对接作业；同样，在需要对跨接板进行连接或当出现控制盘上的许多接口靠得很近得情况，也需要进行对接作业。

通常在使用单对接点 TDU 或双对接点 TDU 操作工具结构时进行正面对接，也用于机械手操作时提供确定的稳定性能。对接的插孔与安装在 ROV 上的对接插头配合使用。对接插头是一种典型的液压操作工具，具有故障自动释放机构和过载限制的特性。

对接插孔安装在水下设备的结构体上，能在水平或垂直轴方向上进行定位，插孔是水下设备的一部分，能是独立的螺栓或焊接的元件。

单位为毫米（英寸）

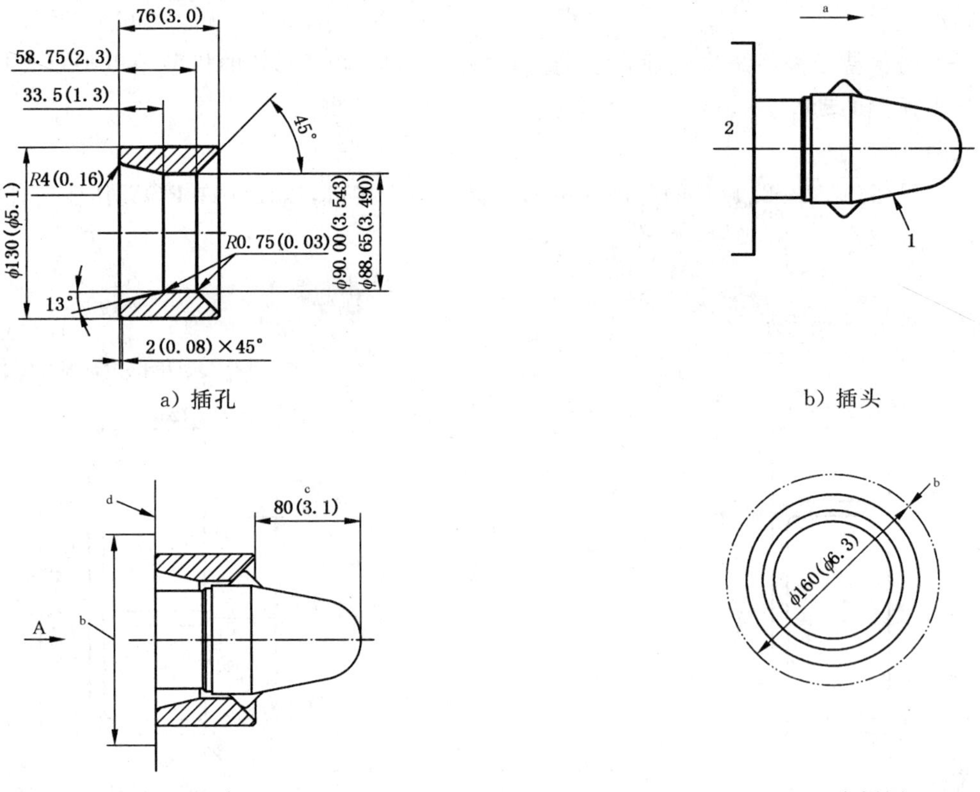

a）插孔　b）插头

c）间隙　d）A 向视图

1——对接插头；

2——ROV 工具。

a 对接方向；

b 无障碍物区域；

c 插头间隙；

d 对接面。

图 7　对接插头和插孔

对接插孔可单独使用、成对使用或以不同组合使用，以便允许 ROV 对接并且在结构物上布置工具来满足不同的特殊应用。图 9 给出了一种带有推荐位置空隙的垂直面双插头对接布置图。该布置图反映了应用阀操作或在水下生产树上跨越操作。图中所示工具能力范围展示了一个标准区域,工具接口可安装在该区域,这样就可通过工具系统或机械手臂够到探头。

12.2.5.3 **设计**

图 7 所示的对接插孔由一个单管组成,该单管前面带有进入角和后面具有锁定功能。

在把对接插孔装到一个水下结构体上面时,推荐至少设计一个支撑结构以承受如图 8 所示的作用力和运动。可使用表 2 中给出的参数,这些参数值是以一个典型工作级 ROV 对接操作和对接到插孔上的情况为基础获得的。

对于所设计的任何系统,宜评估其特殊要求并且根据需要调整表中给出的参数值。图 7 给出了插孔周围的最小区域,这个区域应当保持通畅以便对接插头能顺利插入。总之,插孔放在平整区域比放在隔离位置更有利于 ROV 对接。

从制造材料上讲,对接插孔应宜至少具备 450 MPa(65 300 psi)的抗拉强度,但也可针对不同载荷选择其他材料。

在多数环境条件下,应对海生物生长和腐蚀采取保护措施,因此宜考虑采用抗腐蚀材料或涂层。

对接插孔的连接方式是可选择的。

表 2 典型的对接参数

对接速度	0.25 m/s(0.82 ft/s)
侧流流速(在对接时)	2.5 m/s(8.2 ft/s)
ROV 插入程度(在对接时)	100%

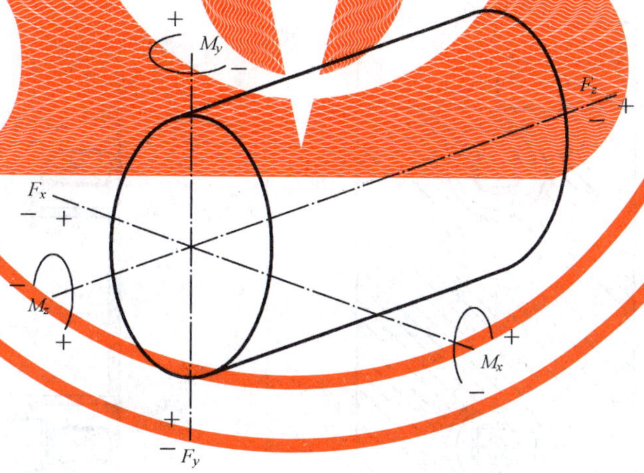

M_x	±1 570 N·m(1 158 lbf)	F_x	±3 800 N·m(854 lbf)
M_y	±6 080 N·m(4 484 lbf)	F_y	±980 N·m(220 lbf)
M_z	—	F_z	±5 060 N·m(1 137 lbf)

图 8 对接插孔载荷图

12.2.5.4 **操作**

ROV 接近对接位置,采用浮游方式将对接插头插入对接插孔内,插头随后由 ROV 驱动,锁定在背部剖面的孔边缘上。

单位为毫米(英寸)

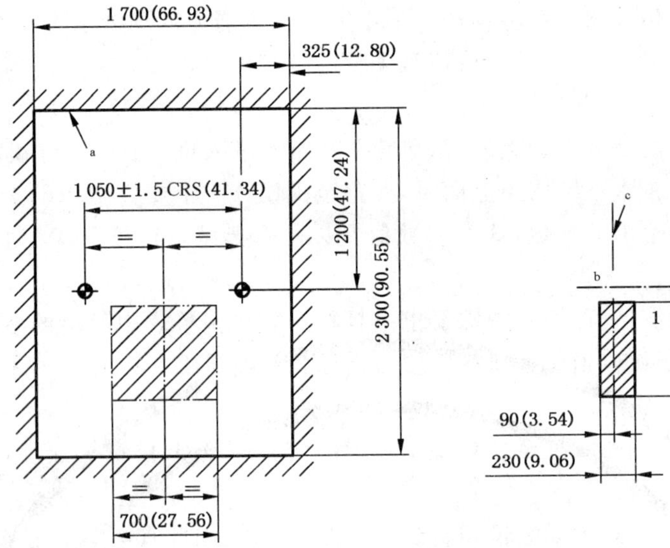

1——扭矩工具；

[a] 为摄像、支架留出通道的推荐间隙区域；

[b] 对接插头的中心线；

[c] 对接面。

注 1：穿入结构体的典型范围在 140 mm(5.5 in)内，专用工具能设计更大的穿透深度；

注 2：MQC 盘的安装要求范围比对接点位置要低，见图 33。

图 9　典型的双对接点 TDU 工具的能力范围

单位为毫米(英寸)

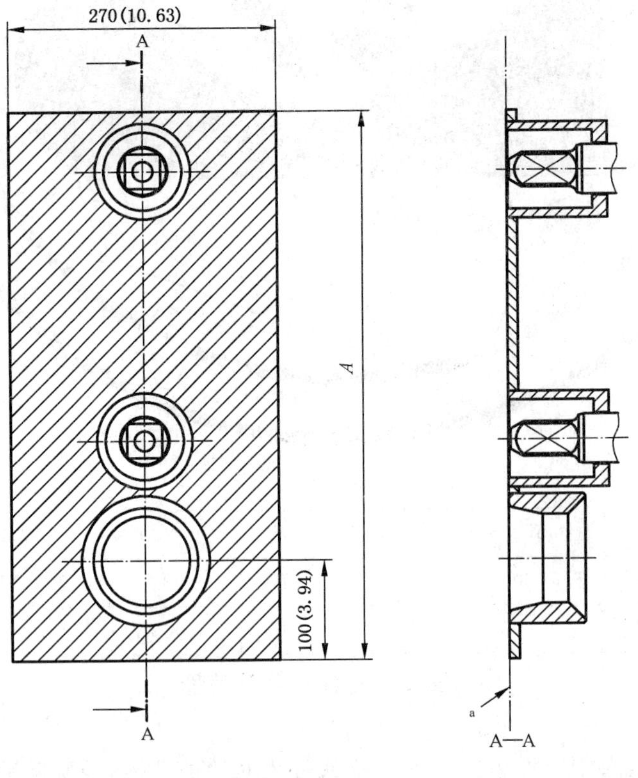

[a] 对接面。

注 1：阴影所表示区域要求保持平整和无妨碍。

注 2：*A* 的大小通常在 350 mm(13.78 in)到 550 mm(21.65 in)之间，具体大小取决于工具要求。

图 10　典型的单对接点 TDU 工具的能力范围

12.3 机械手操作把柄

12.3.1 功能

水下设备中供ROV作业的标准接口能进行直线运动或旋转运动，或者两者都可。

12.3.2 应用

与ROV机械手或特制工具配合使用的把柄可按照要求的动作直接操作对接口。

12.3.3 设计

安装在所操作的设备上接口由T型杆或O形圈构成，可通过机械手或专用工具来抓握，见图11。

应考虑在操作过程中出现最大作用力的情况。

进行旋转操作时，操纵杆应能抵抗在操作过程可能产生的最大扭矩，此时使用机械手会有对设备产生损害的风险。

在设备内宜有终点限位装置，以避免在任何时候操纵杆出现超应力状态，操纵杆应抵抗在最恶劣条件下操作设备时所产生的最大作用力。

把柄和工具连接点之间柔性件能承受操作者在进行直线操作时所产生的偏离直线的作用力。

12.3.4 操作

把柄通过直接定位在机械手上进行操作，或者把它们定位在一个为特制插孔(如装配扭矩工具的TDU)上操作。见图12。

宜注意做出标记来显示把柄移动路线的方向，以减少由于计划操作超出路径限制而对操纵杆产生的损害。

单位为毫米(英寸)

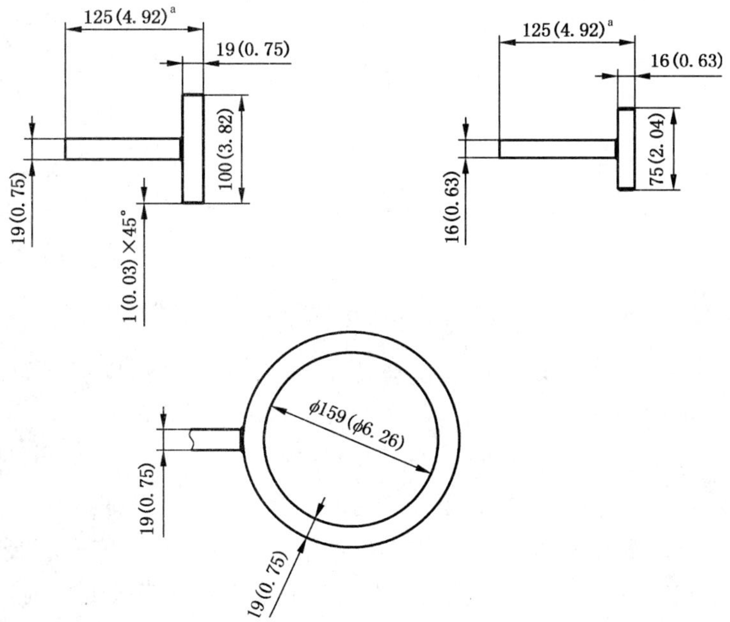

材料强度＝450 N/mm²(65 kip/in²)

ª 机械手操作空间。

图11 机械手把柄

12.4 TDU把柄

12.4.1 功能

这些把柄用来抓握水下设备。

12.4.2 应用

TDU把柄与双对接点工具或单对接点工具配合使用,按照要求的动作直接操作对接口。

12.4.3 设计

接口由一个与垂直角度方向成45°的方形把柄构成。

应适当考虑在操作过程中施加的最大作用力。要求留出机械手或TDU能抓握的空间,以保证抓爪的正确定位。机械手抓握工具和把柄之间宜设计成柔性连接,以便灵活的插拔工具;这样机械手的弯曲角度就不必随机械臂的插拔运动而同时运动。设计考虑在即插式接头和机械手把柄之间采用钢缆延伸件柔性连接的例子见图19。

12.4.4 操作

把柄通过安装在机械手或TDU抓爪上操作。抓爪通过抵抗施加在把柄平面的载荷的方式来防止转动。当把柄移动到所需位置时,所有载荷通过把柄传送到抓爪上。

单位为毫米(英寸)

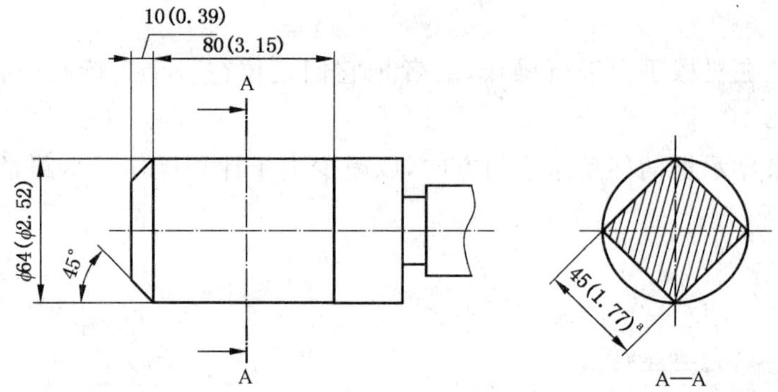

a 对边宽度。

图 12 TDU把柄

12.5 旋转(低扭矩)接口

12.5.1 功能

标准旋转接口使ROV能通过旋转来操作水下设备。

12.5.2 应用

旋转接口与装配在ROV上的扭矩工具配合使用,操作水下采油树的针阀和完成其他的低扭矩作业。

12.5.3 设计

旋转接口(如图13所示)包含一个网状罩及罩内的一个T型杆或转轮。

旋转接口通常水平地装配在驱动杆上,但在需要的情况下也可垂直装配。接口插孔能通过螺钉或焊接安装在面板上,或者自由站立,或者制造成水下设备的一部分。安装面板时,面板宜与对接面保持平齐。

单位为毫米(英寸)

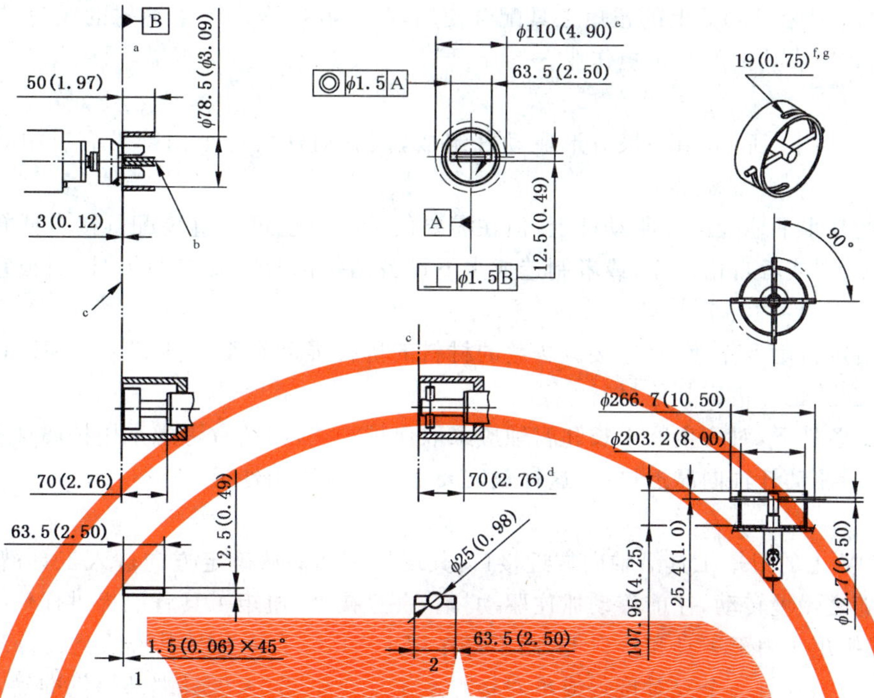

a) 类型 A　　　　b) 类型 B　　　　c) 类型 C

为了避免损坏阀的把柄,将顶部的操作端保持在插孔内非常重要。

最大扭矩等级=75 N·m(663.8 lbf·in)。

1——扁平叶轮形式(类型 A);

2——T 型杆把柄(类型 B)。

[a] 工具通道深度;

[b] 旋转阀把柄能采用 T 型杆或扁平叶轮形式;

[c] 对接面;

[d] 带有 T 型杆把柄的工具插孔;

[e] 工具直径;

[f] 环行槽;

[g] 2×180°分开。

图 13　低扭矩插孔

为在给定扭矩下作业,制造接口法兰的材料的抗拉强度宜至少达到 450 MPa(65 300 psi),但如果载荷条件变化,也可指定其他材料。

在多数环境条件下,宜对海生物生长和腐蚀采取保护措施,因此需要考虑采用抗腐蚀材料或涂层。

ROV 工具沿驱动杆轴向靠近接口,这样就需要在该区域留出通道。

12.5.4　操作

装配在 ROV 上的扭矩工具沿轴向靠近接口,其驱动头从确定方位与 T 型杆或转轮接合。一旦接合,扭矩工具就能提供任何扭矩方向的连续的旋转作业,其扭矩由 ROV 系统提供。由于该类接口没有内置帮助抓握的导向装置,所以宜与一个双对接点或单对接点系统配合使用,为工具端部提供准确定位。

12.6　旋转(大扭矩)接口

12.6.1　功能

标准旋转接口使 ROV 能通过旋转来操作水下设备。

12.6.2 **应用**

旋转接口与装配在 ROV 上的扭矩工具配合使用，脱开或操作水下采油树的阀门、锁定 SCM、操作作业工具、卸扣和完成其他的高扭矩作业。

12.6.3 **设计**

旋转接口(如图 14 所示)由一根方形驱动杆组成，该驱动杆由一个内部带有反扭矩耳柄的管式罩保护。

旋转接口通常水平地装配在驱动杆上，但在需要的情况下也可垂直装配。接口插孔能通过螺钉或焊接安装在面板上，或者自由站立，或者制造成水下设备的一部分。安装面板时，面板宜与对接面保持平齐。

为了能在给定扭矩下作业，制造接口法兰的材料的抗拉强度宜至少达到 450 MPa(65 300 psi)，但如果载荷条件变化，也可指定其他材料。

在多数环境条件下，对海生物生长和腐蚀应采取保护措施，因此宜考虑采用抗腐蚀材料或涂层。

ROV 工具沿驱动杆轴向靠近接口，这样就需要在该区域留出通道。

12.6.4 **操作**

装配在 ROV 上的扭矩工具沿轴向靠近接口，其反扭矩耳柄从确定方向进入工具槽中。需要时，工具驱动底座可随之慢慢转动，往前移动抓住驱动杆。一旦接合，扭矩工具就能提供任何扭矩方向的连续的旋转作业，其扭矩作用于工具和接口上，而不是作用于 ROV 系统上。由于该类接口没有内置帮助抓握的导向装置，所以宜与一个双对接点或单对接点系统配合使用，为工具端部提供准确定位。

单位为毫米(英寸)

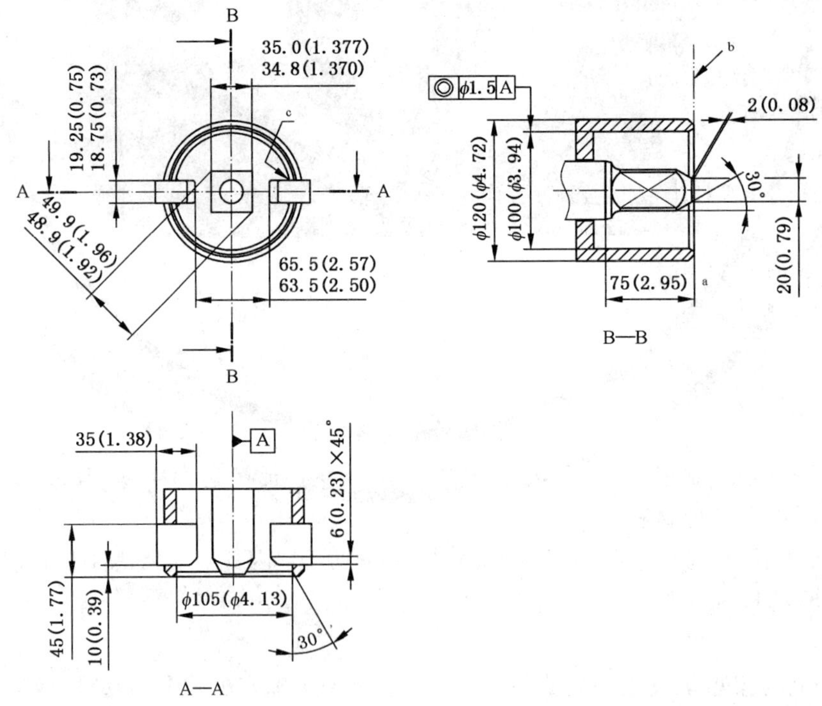

最大额定扭矩＝2 000 N·m(17.7 klbf·in)。

[a] 工具通道的最小深度；

[b] 对接面；

[c] 内部角焊应不超过腿的长度 3 mm(0.12 in)。

图 14 大扭矩插孔

12.7 线性(推进)接口——类型 A 和类型 C

12.7.1 功能

供水下设备进行 ROV 作业所使用的标准接口需要一种推进动作。

12.7.2 应用

这种接口与安装在 ROV 上的扭矩工具配合使用,允许在故障自动排除系统关闭时能用 ROV 打开阀门。当应用到这种情况下时,接口通常作为阀启动器的一部分,并且能在带压情况下通过阀操作它。

当然,这种接口可装在任何需要提供这种类型和大小的推进动作的水下构件上。

12.7.3 设计

这种接口(如图 15 所示的类型 A 和图 16 所示的类型 C)由一个环绕在一根中心杆的带槽法兰构成。该法兰允许装配在 ROV 的工具通过一种“推动和转动”动作抓住接口。在法兰上产生反作用力的同时中心杆就能旋进接口了。

该接口能在水平面或垂直面上安装。

图 15 标明的最大推力是根据大多数水下系统应用时在最大压差情况下开启闸式阀所需要的推力获得的。

单位为毫米(英寸)

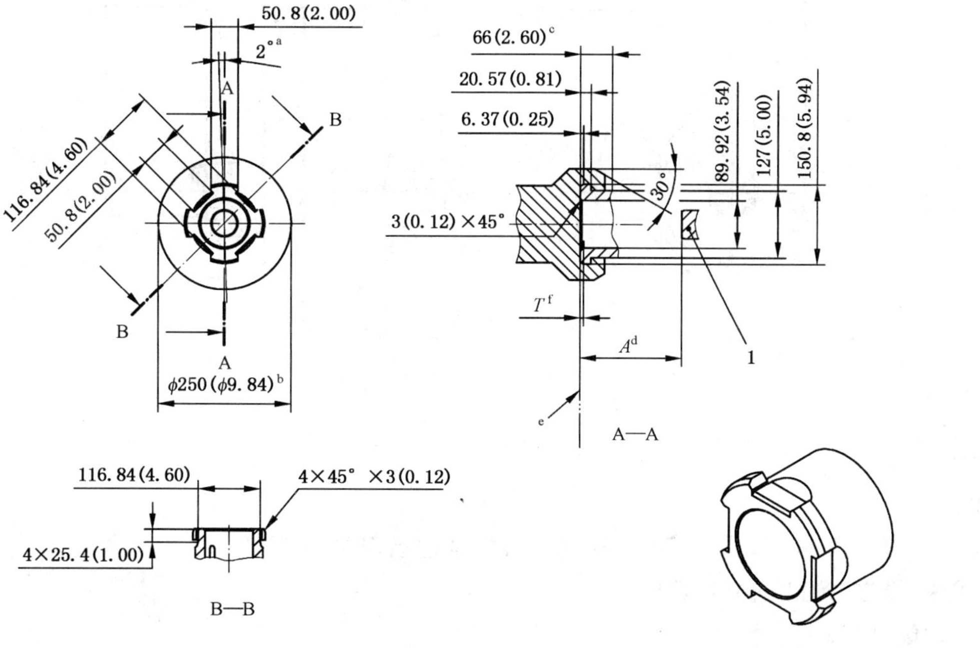

由工具施加的最大线性作用力=745 kN(167.5 klbf)。

1——阀杆;

[a] 角度间隙;

[b] 最小间隙;

[c] 允许工具接合的最小间隙;

[d] 尺寸的大小取决于工具行程大小;

[e] 对接面;

[f] 尺寸 T 最少等于 5 mm。

图 15 线性推进接口类型 A

接口法兰的制造材料的抗拉强度宜至少达到 450 MPa(65 300 psi),以便能在特定扭矩情况下操作。但是工程师可针对不同载荷条件自由选择其他材料。

在多数环境条件下,需要考虑对海生物生长和腐蚀的发生采取保护措施,因此宜考虑采用抗腐蚀材料或采用合适的涂层。

ROV 工具沿着驱动杆的轴接近接口,这样就需要在该区域留出接近通道。除此之外,需要在接口周围留出如图所示的与工具直径大小相等的净间距。

12.7.4 操作

装配在 ROV 上的扭矩工具沿着等轴线方向靠近接口,以确定方向进入法兰的槽口中,工具随后沿顺时针方向旋转 45°从法兰后面锁紧,一旦到达此位置,中心杆就能由工具驱动器驱动。在需要的情况下,工具可使用 ROV 释放,把它连接在接口上,并保持在推进后的位置。释放工具时需要释放因抓握中心杆而在工具内产生的作用力,随着 45°逆时针旋转,可将工具从接口中退出来。

在用作液压闸式阀的备用方案时,阀门启动器内的故障自动排除弹簧会将中心杆退回到原来位置。

线性推进工具能由机械手或 TDU 操作。需要对 TDU 行程进行检查以确保有足够的间隙完全安装推进工具以及以后能拆卸它,这一点很重要。

单位为毫米(英寸)

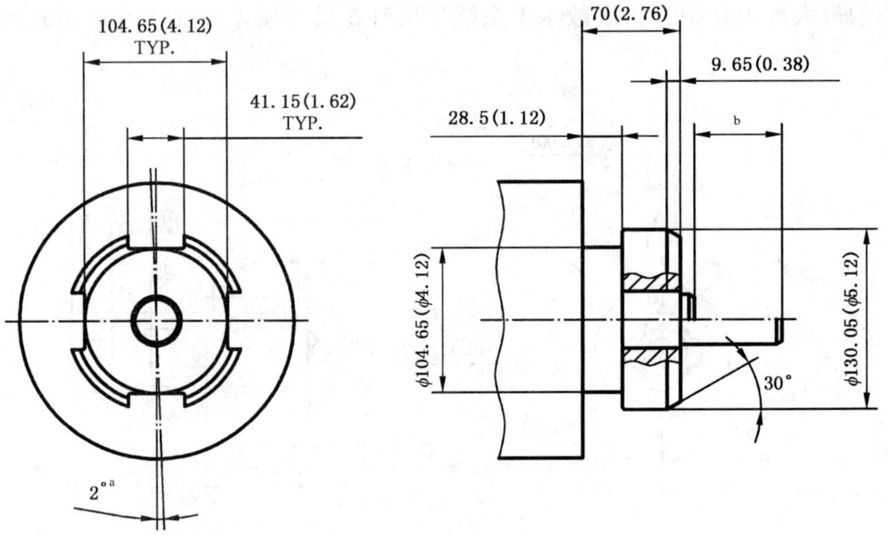

a 角度间隙;

b 阀的行程。

图 16 线性推进接口类型 C

12.8 线性(推进)接口——类型 B

12.8.1 功能

供水下设备进行 ROV 作业所使用的标准接口需要一种推进动作。

12.8.2 应用

这种接口与安装在 ROV 上的工具配合使用,主要是作为液压闸式阀的备用系统使用。允许在自动保障系统关闭时能使用 ROV 打开阀门。在这种情况应用下,接口通常作为阀门启动器的一部分,并且能在带压情况下通过阀来操作。

这种接口当然可装在任何需要提供这种类型和大小的推进动作的水下构件上。

12.8.3 设计

这种接口(如图 17 所示)由一个环绕在一根中心杆的法兰构成。该法兰允许安装在 ROV 的工具通过一种"钩住"动作连接到接口上。中心杆在法兰上产生反作用力的同时能被推进接口。

该接口能在水平面或垂直面上安装。

接口法兰的制造材料的抗拉强度宜至少达到 450 MPa(65 300 psi),以便能在特定扭矩情况下操作。但是工程师可针对不同载荷条件自由选择其他材料。

在多数环境条件下，需要考虑对海生物生长和腐蚀的发生采取保护措施，因此宜考虑采用抗腐蚀材料或采用合适的涂层。

ROV 工具沿着驱动杆的轴接近接口，这样就需要在该区域留出接近通道。除此之外，需要在接口周围留出如图所示的与工具直径大小相等的净间距。

单位为毫米（英寸）

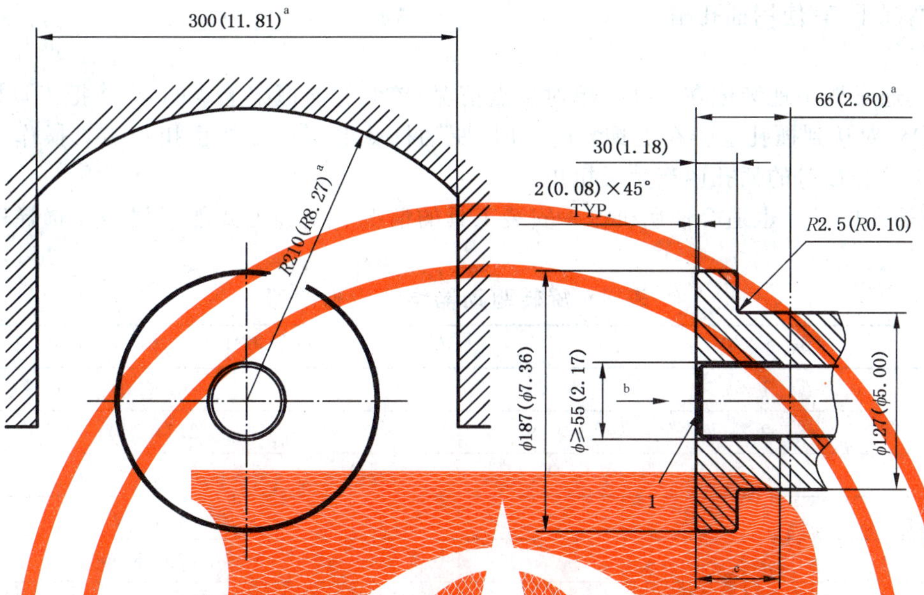

1——阀门跨越杆。

a 为接合留出的最小间隙；

b 轴向作用力；

c 阀的行程+5 mm(0.2 in)。

图 17 线性推进接口类型 B

12.8.4 操作

如图 17 所示，装配在 ROV 上的扭矩工具通过钩吊在法兰上贴紧接口，需要在接口前面提供上面所述的间隙大小，一旦就位，中心杆通过工具驱动器往后敲击并在法兰上产生反作用力。在需要的情况下，工具可由 ROV 释放，把它连接在接口上，并保持在推进后位置。

释放工具需要释放因抓握中心杆而在工具内产生的作用力，让阀门启动器内的故障自动排除系统的弹簧将中心杆退回到原来位置，工具随之脱钩和解脱。

线性推进工具能由机械手或 TDU 操作。需要对 TDU 的行程进行检查以确保有足够的间隙完全安装推进工具以及以后能拆卸它，这一点很重要。

12.9 旋转对接接口

12.9.1 功能

旋转对接接口为 ROV 装配的旋转工具提供对接、反扭矩、定位和槽口连接等作业。

12.9.2 应用

旋转对接接口的插孔通常装配在采油树、管汇、控制模块和控制盘这样的水下设备的阀盘上，它适用于任何需要旋转跨越的操作，如表 3 所示。

12.9.3 设计

如图 18 所示，这种接口由一个顶端装有盘式结构的管式腔体构成。装配的盘式结构带有相互间隔 180°的两个反扭矩槽口。管式腔体的基体加工成可与支撑轴承连接的形式。加工孔的尺寸大小和支撑轴承将随着插孔类型和杆状接口直径的不同而发生变化（见表 4 所示）。

12.9.4 设计要求

插孔通常是水平安装在驱动杆上，但是在需要的情况下也可垂直安装。如果使用机械手或 TDU 来安装工具，可从任何方向定位插孔的位置以便满足机械手的操作范围。插孔安装在面板上并焊接好，这样就只有将法兰盘从面板上突出来。插孔通常使用最小屈服应力为 200 MPa(29 000 psi)的低碳钢制造，利用一层环氧涂料提供保护。在需要采取保护措施避免碎屑影响和防止长期形成的坚硬海生物产生损害的情况下，宜使用插孔帽。

12.9.5 操作

扭矩工具通常居中地装配在 ROV(单对接点情况)较低的前框架上。ROV 将把工具推进插孔并且把工具和 ROV 对接到插孔上。在工具装配好时，驱动杆就能根据需要由扭矩工具操作。形成的所有扭矩都会在工具和接口的插孔内产生反扭矩。

注意：该插孔的设计也适合使用机械手安装工具的情况。安装方式能根据需要选择以便满足特定的接口布置形式。

表 3 旋转驱动器维修设备等级

等级	最大设计扭矩/[N·m(lbf·ft)]
1	67 (50)
2	271 (200)
3	1 355 (1 000)
4	2 711 (2 000)
5	6 779 (5 000)
6	13 558 (10 000)
7	33 895 (25 000)

单位为毫米(英寸)

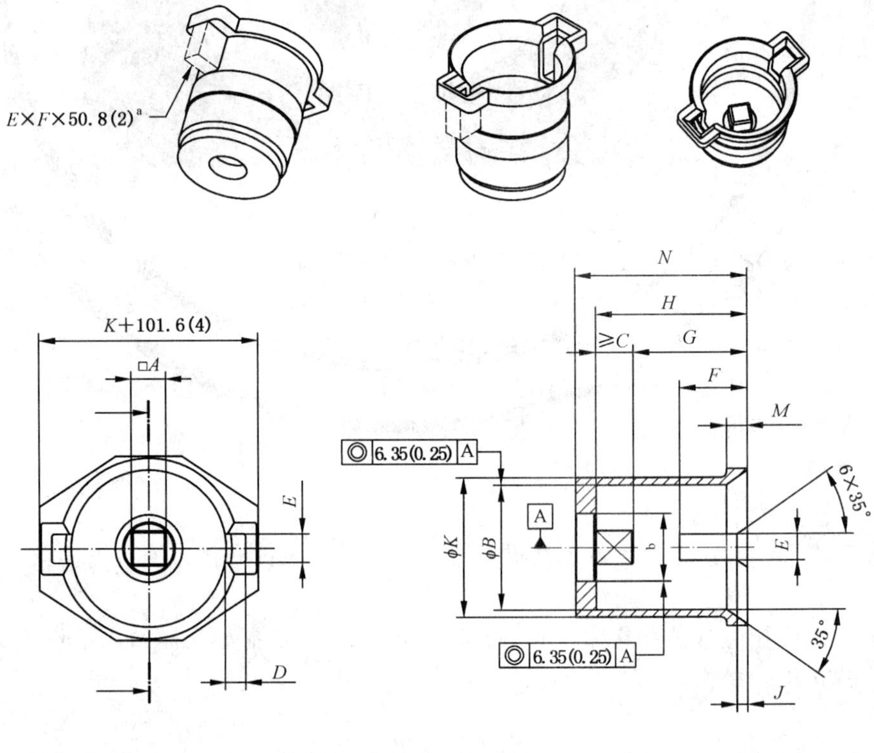

[a] 两端间的间隙；

[b] 见表 4 中的说明。

图 18 旋转扭矩插孔

表 4 图 18 中插孔类型 1 至类型 7 的尺寸

单位为毫米(英寸)

尺寸	类型						
	1	2	3	4	5	6	7
A^2	17.50(0.687)	17.50(0.687)	28.60(1.125)	38.10(1.50)	50.80(2.00)	66.67(2.625)	88.90(3.50)
B	154.0(6.06)	154.0(6.06)	154.0(6.06)	154.0(6.06)	190.5(7.50)	243.0(9.56)	243.0(9.56)
C_{min}	41.0(1.62)	41.0(1.62)	41.0(1.62)	41.0(1.62)	63.5(2.50)	89.0(3.50)	89.0(3.50)
D	38.0(1.50)	38.0(1.50)	38.0(1.50)	38.0(1.50)	57.0(2.25)	82.25(3.25)	82.25(3.25)
E	32.0(1.25)	32.0(1.25)	32.0(1.25)	32.0(1.25)	38.0(1.50)	44.5(1.75)	44.5(1.75)
F	82.5(3.25)	82.5(3.25)	82.5(3.25)	82.5(3.25)	127.0(5.00)	178.0(7.00)	178.0(7.00)
G_{min} G_{max}	140.0(5.51) 146.0(5.75)	140.0(5.51) 146.0(5.75)	140.0(5.51) 146.0(5.75)	140.0(5.51) 146.0(5.75)	140.0(5.51) 146.0(5.75)	222.0(8.75) 228.0(9.00)	435.0(17.13) 441.0(17.38)
H	181.0(7.12)	181.0(7.12)	181.0(7.12)	181.0(7.12)	206.0(8.12)	—	—
J	12.7(0.50)	12.7(0.50)	12.7(0.50)	12.7(0.50)	—	—	—
K	168.5(6.63)	168.5(6.63)	168.5(6.63)	168.5(6.63)	—	—	—
M	25.4(1.00)	25.4(1.00)	25.4(1.00)	25.4(1.00)	—	—	—
N	194.0(7.63)	194.0(7.63)	194.0(7.63)	194.0(7.63)	—	—	—

附录 D 中给出的末端受动器形状在适当的扭矩范围可作为对尺寸 A 的替代使用。

所有尺寸公差如下：

0.×±0.5 (0.020)

0.××±0.25 (0.010)

$C^{+1.27}_{0}$ $(^{+0.05}_{0})$

注 1：末端受动器剖面的末端斜面最大为 45°×1.65(0.06)；

注 2：留在反旋转槽口〔$E\times F\times 50.8(2)$〕后面的间隙应考虑将来由一些工具提供的可选择的锁定特性。

12.10 液压连接即插式接头接口类型 A——69 MPa(10 000 psi)工作压力等级

12.10.1 功能

即插式接头是一种通过使用 ROV 和可能使用液体储蓄器发送的对水下设备的远程部件提供临时性动力(偶尔也会是气源)供应的一种手段。

12.10.2 应用

即插式接头通常用于：

——跨越已经存在系统；

——作为锁定和解锁功能的下部立管组件的补充系统；

——液压驱动阀门；

——密封性检验和连接；

——流体取样。

12.10.3 设计

将即插式接头设计成一个部件，可将该部件插入带有连接槽口的插孔中，允许在用密封件隔开的两个独立部件间增压。

12.10.4 设计要求

即插式接头的插孔在设计上宜考虑不使用时不被碎屑充填，例如，使用一个盲板可满足上述要求。这将通过即插式接头的插入把它临时推上去，也能给即插式接头的母扣装上盲板来防止碎屑进入，在这种情况下，在使用即插式接头工具时宜为盲板提供一个就位槽。

即插式接头宜在把柄或对扣上带有一个柔性接头以方便连接或脱开。见图19和图20。

12.10.5 操作

即插式接头能由机械手或TDU操作。需要对TDU行程进行检查以确保有足够的间隙将即插式接头全部安装好以及以后能移开它，这一点很重要。

12.10.6 设计中考虑使用的材料

在设计即插式接头系统时确保对扣的母扣部分在安装时以及以后与公扣的连接中不受损害是非常重要的。材料选择宜考虑对扣准备使用的情况——如果在一个对扣系统的寿命期内仅仅使用1次或2次(例如：在给桩靴灌浆时)，则会比维修时频繁使用的对扣需要较低的技术要求。

12.11 液压连接即插式接头接口类型 B

这种即插式接头除了具有类型A具备的特征外，还能允许从任何一端进入以及可通过某些尺寸的重复而具有多槽口特征。关于设计材料和操作方面的要求与类型A一样，见图21。

接口的背部应带有开口以允许放空。所有密封孔尺寸的公差应以接口面算起为0.3 mm(0.01 in)。进入密封孔的接口应在离"C"尺寸的直孔部分2 mm(0.8 in)以外。应清理所有锐缘的毛刺。

单位为毫米(英寸)

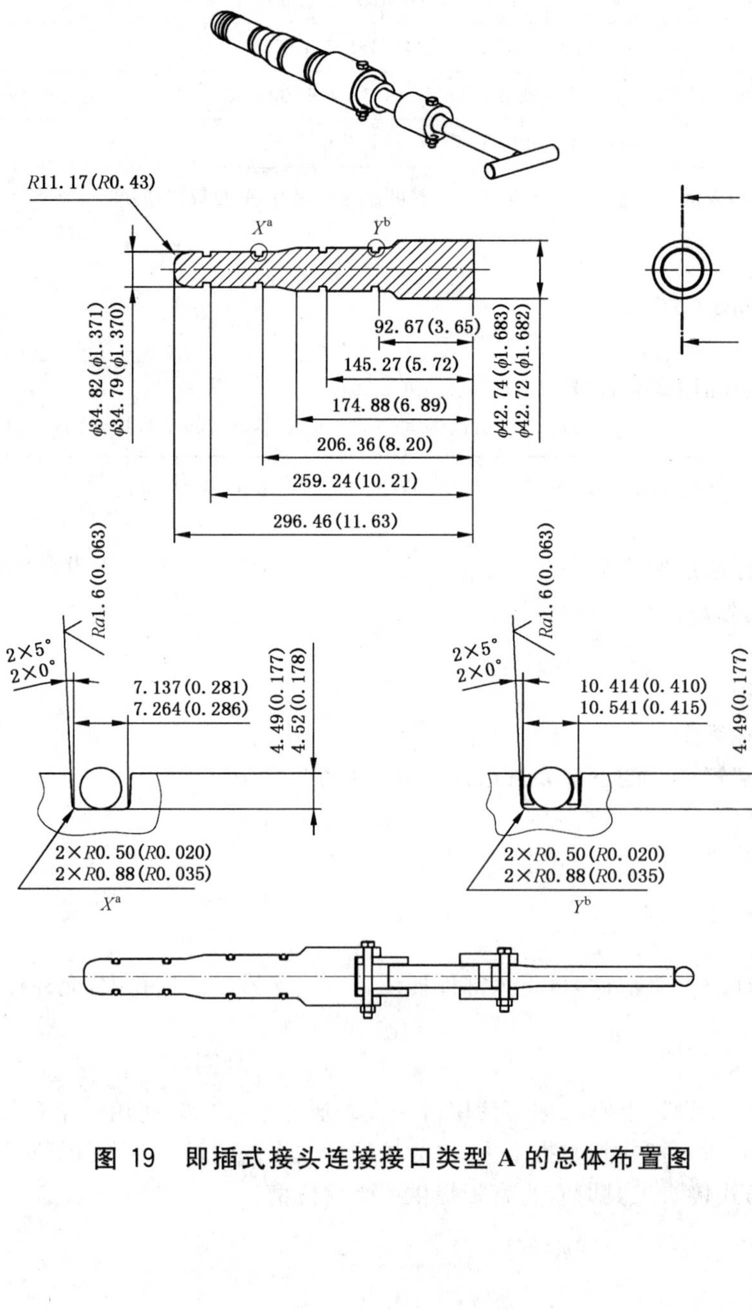

a 10倍详图；

b 15倍详图。

图19 即插式接头连接接口类型A的总体布置图

单位为毫米(英寸)

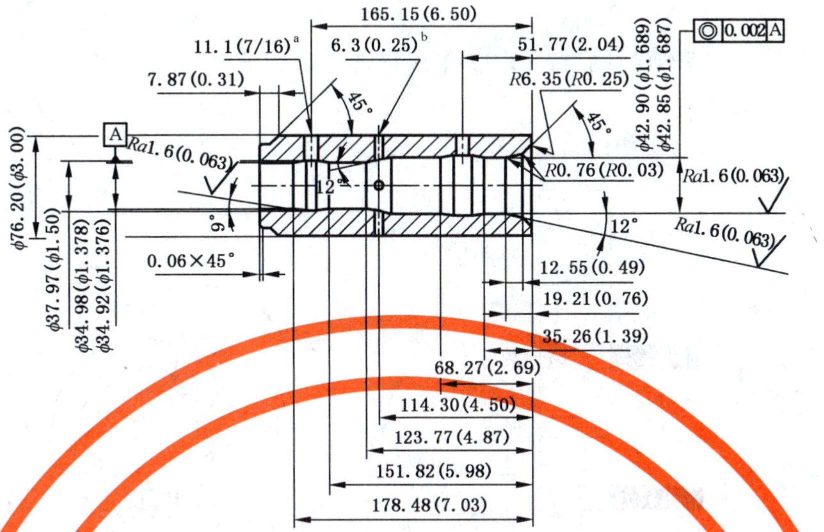

a 在常温常压下通过轻敲钻 11.1 mm(7/16 in)的大小的两个孔，仅用于 10 倍详图情况。15 倍详图使用焊接或适当的高压方式准备孔；

b 钻 4 个 90°分开的孔。

图 20 母扣插孔类型 A

单位为毫米(英寸)

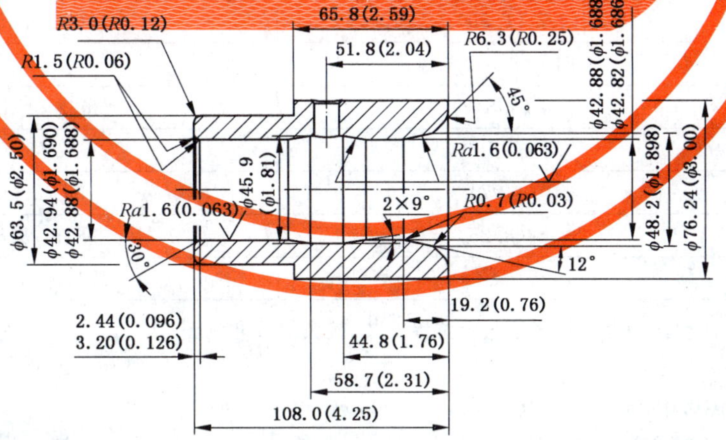

注：在常温常压下通过轻敲钻 11.1 mm(7/16 in)的大小的一个孔，仅用于 10 倍详图情况。15 倍详图使用焊接或适当的高压方式准备孔。

图 21 即插式接头连接类型 B

12.12 旋转液动接头

12.12.1 功能

可提供多功能液力对接。

12.12.2 应用

旋转液动接头用于管线维修系统和油管连接的多功能液力对接的情况。

12.12.3 设计

对所有即插式接头的基本设计宜按12.10中所描述考虑的那样。见图22。

单位为毫米(英寸)

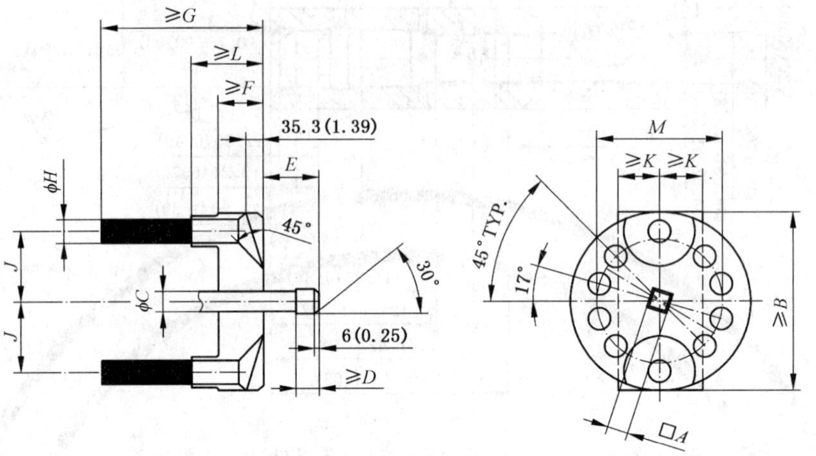

尺寸/[mm(in)]		
符号	类型	
	2	3
A	17.3/17.0 (0.680/0.670)	28.6/28.3 (1.125/1.115)
B	164.5 (6.47)	240.5 (9.47)
C	17.0 (0.670)	28.3 (1.115)
D	25.4 (1.000)	31.8 (1.250)
E	57/25.5 (2.25/1.00)	76/32 (3.00/1.25)
F	12.5 (1.50)	62 (2.45)
G	216 (8.50)	222 (8.75)
H	20.6 (0.812)	30.2 (1.187)
J	63.5 (2.500)	95.2 (3.750)
K	50 (1.97)	56 (2.20)
L	82.5 (3.25)	98.5 (3.87)
ΦM	—	171.5 (6.750)

注：在需要情况下，液动接头可选择多达8个位置安装，接头的尺寸见图21。

公差大小如下：

3位小数：±0.2 mm (0.01 in)

2位小数：±0.5 mm (0.02 in)

分数：±1 mm (0.04 in)

图22 旋转液动接头

12.13 CCO(部件更换)接口

12.13.1 功能

标准的CCO接口用于ROV工具系统更换水下生产设施的部件时就位和锁定。

注：该接口也能用在ROT的提升缆上为ROV定位或定位在API导向柱之间，这时工具系统安装在导向缆上。由于这两种布置方式在本部分中没有详细论述，因此可参考GB/T 21412.9。

12.13.2 应用

该接口用于对垂直安装的部件的更换，能由 ROV 工具系统携带，划分在该类别的典型部件包括：

——油嘴；

——控制模块；

——插入式阀门；

——多相流量计；

——清管发射器；

——化学药剂注入模块；

——液压增压模块；

——防碎屑帽和承压帽。

12.13.3 设计

该接口由两个相同的就位单元构成(见图 23～图 27)，每个就位单元带有一个中心锁合插孔和两个重力插孔。重力插孔可与水下重力交换系统组合使用。还存在另外一种情况，将盖板定位在重力插孔上面以确保软连接缓冲装置能产生反作用力。

就位单元安装的中心距应为 1 500 mm(59.65 in)，这样就能操作面积达到 1 100 mm×1 100 mm(43.31 in×43.31 in)的部件。选择部件的名义高度达到 1 700 mm(66.93 in)时，就覆盖了大多数普通部件。这就是在设计环绕部件的接口时推荐使用的接口高度。连接部件的顶面宜定位在与部件提升心轴保持平齐或比它高的位置。连接附件可安装在采油树或管汇的高水平位，但在有合适的接口通道情况下也可安装在低水平位。

在部件尺寸超过上述情况下，建议将中心距延长到 1 750 mm(68.90 in)，这样在工具能力允许的情况下，也能操作高度大于 1 700 mm(66.93 in)的部件。

部件提升心轴应根据图 29 所示的提升心轴进行设计。

连接部件可通过结构物框架或部件基体获得支撑。这种布置形式还应考虑为重力传动设备留出所需要的间隙。

就位单元的设计载荷对结构组件来说是一种特殊载荷，因此应在逐一评估的基础上设计一个在水中质量大约为 1 200 kg(1.2 t)[在空气中质量 3 000 kg(3 t)]的垂直接口，产生 200 kN(45 klbf)的最大垂直载荷以及在空气中为 60 kN·m(44 klbf·ft)的弯矩。该接口的制造材料的极限抗拉强度至少宜达到 450 MPa(65 300 psi)，以便满足上述尺寸大小及载荷情况。

如图 25 所示，锁合插孔是在一个带有与对接接头插孔剖面相匹配的内剖面的杆上形成的。锁合杆安装在底板上。

承担将连接物体重量传递给主体结构任务的两个重力插孔构成顶板的一部分，并通过隔离管安装在底板上面。

12.13.4 操作

典型的结构组件拆卸操作过程由以下几步组成：ROV 和工具系统在接口上垂直着陆以及锁紧、完成某种形式的重力交换或浮力调整、以及随后通过工具系统或 ROV 扭矩接口的操作释放结构组件并将它提升到工具系统等。ROV 和工具系统就携带着结构组件从接口上解脱出来，结构组件的安装则是与之相反的一个过程。

单位为毫米(英寸)

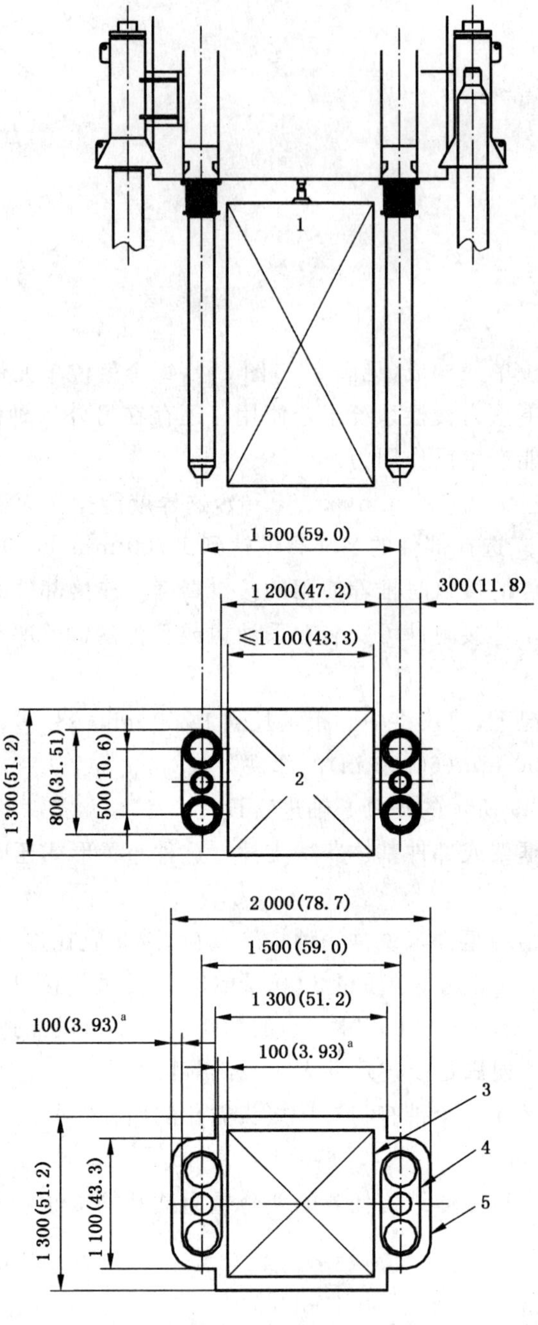

1——结构组件;

2——结构组件最大外形尺寸;

3——最大组件(1 100×1 100);

4——标准接口;

5——最小干净通道外形尺寸。

[a] 典型的四周间隙。

图 23 CCO(用于结构组件更换)

单位为毫米(英寸)

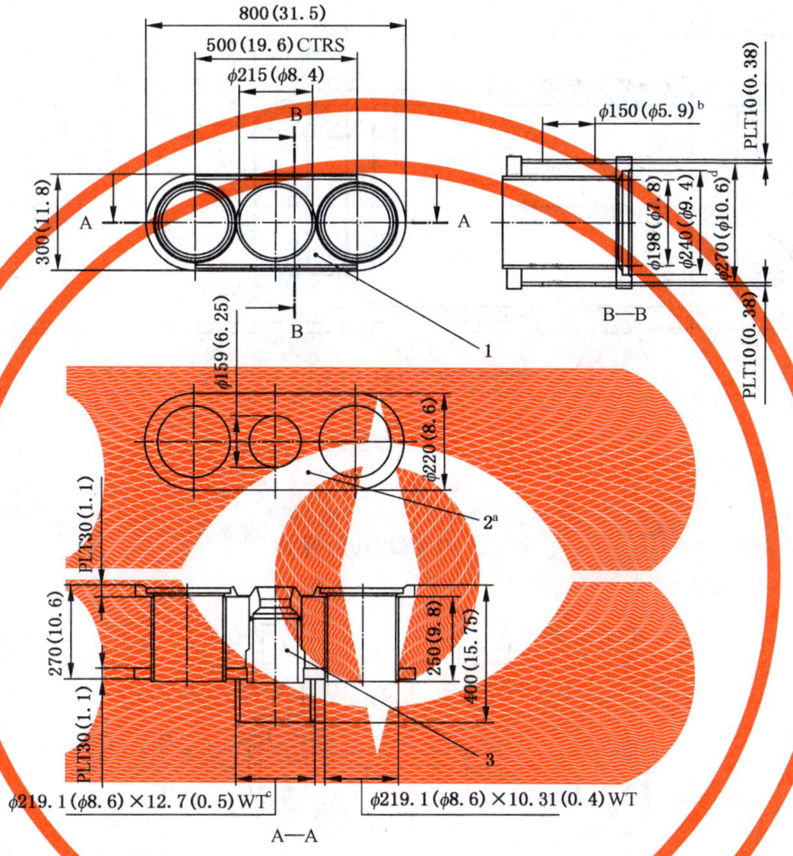

1——顶板;

2——底板;

3——锁合杆(见图 25)。

a 未指定尺寸,根据顶板的情况确定;

b 新孔;

c API 管;

d 在刚性杆之间。

图 24 CCO 接口的结构形式

单位为毫米(英寸)

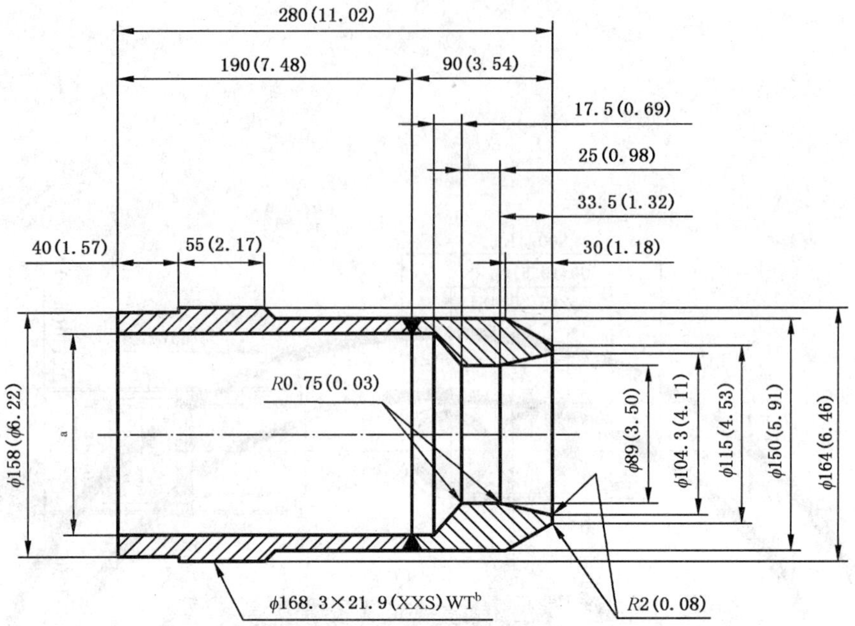

[a] 公称管径；

[b] API 管或杆。

图 25　CCO 锁合杆详图

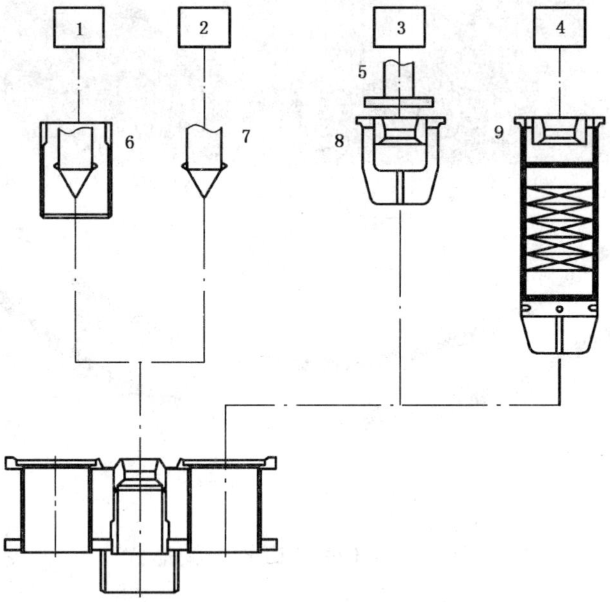

1——高能力锁合工具；
2——锁合工具；
3——减震底座；
4——配重连接底座；
5——减震器；
6——定位板；
7——锁合探头；
8——盖板；
9——加重系统。

图 26　CCO 锁合及配置系统

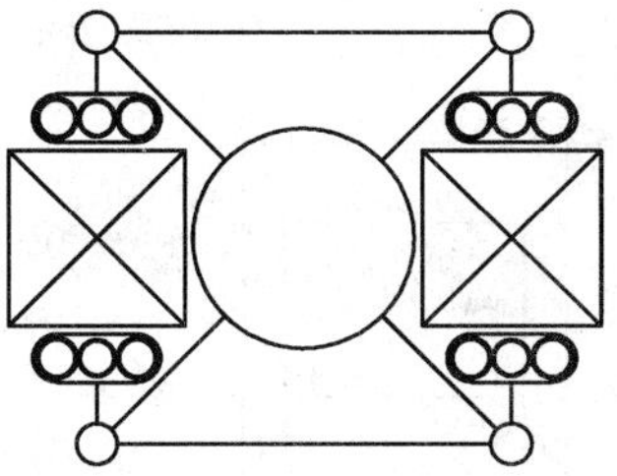

a) 用于生产和气举油嘴

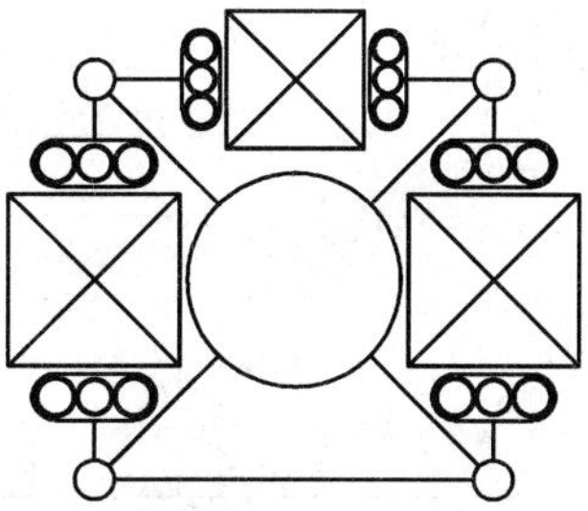

b) 用于控制模块或生产和气举油嘴

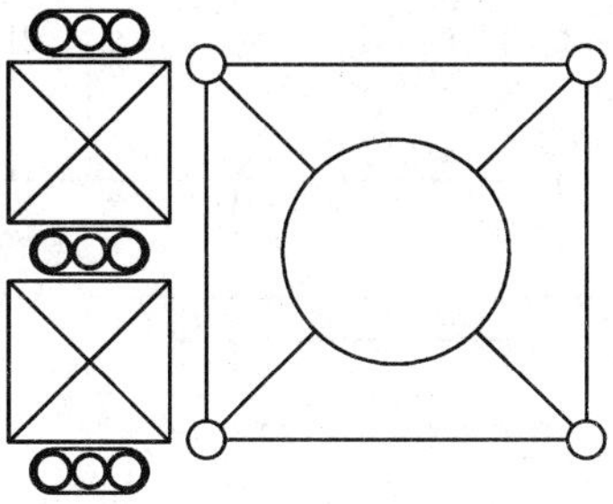

c) 共享接口

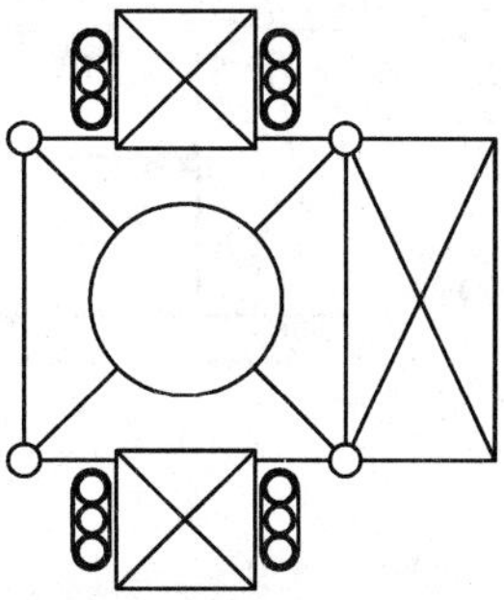

d) 用于水平采油树

图 27　可供选择的 CCO 接口布置形式

12.14　提升心轴

这里描述的提升心轴已经被设计用于结构组件更换工作的接口上。提供的两种尺寸规格的提升心轴可用于目前所有由 CCO 接口施加的水下可更换的有效载荷的情况，典型的应用如下：

——水下控制模块；

——水下油嘴的插入；

——多相流量计插入；

——阀的插入。

根据图 29 所示，类型 A 的心轴应用于有效载荷达到 20 kN(4.5 klbf)(在空气中的总重)情况，而类型 B 的心轴可应用于有效载荷大于 20 kN(4.5 klbf)的情况，最大可达 50 kN(11.2 klbf)。

心轴已经加工成蘑菇形顶部形状以方便锥形导向装置俘获。蘑菇形顶部应与 CCO 接口对接盘横截面的水平表面保持在同一高度[或者在 51 mm(2 in)范围内]。经过机械加工的扁平面在有效载荷从 CCO 工具转移到水下结构物接口上时将充当反旋转机构。它们宜线性排列以便在 CCO 接口到达正视图位置时扁平面是横向的(见图 28)。

心轴与有效载荷的连接接口没有指定，能以机械式或螺旋式法兰、焊接孔连接或一个带螺纹口和螺销的接口等形式应用。整个系统容易按照在计划应用的地区所流行使用的或者由最终用户指定的大家公认的标准进行提升能力试验。

单位为毫米(英寸)

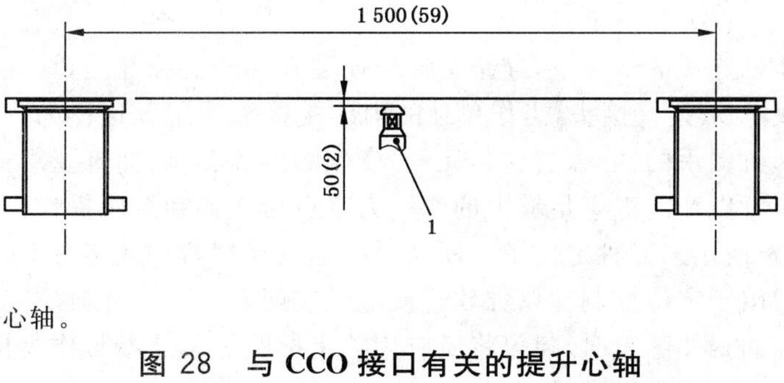

1——定向平面或提升心轴。

图 28　与 CCO 接口有关的提升心轴

单位为毫米(英寸)

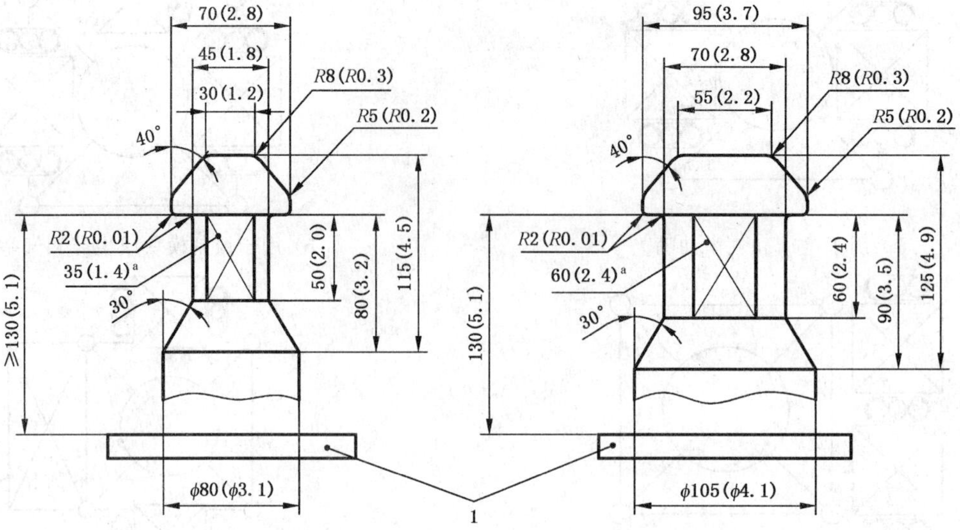

a) 类型 A　　　　b) 类型 B

1——附件(可在合适情况下选择设计使用)。

[a] 对边宽度。

图 29　提升心轴

12.15　电液跨接管操作接口

12.15.1　功能

这种接口用于转移或安装操作中,采用电动、液压或组合式电-液跨接管,与水下生产设备互相连接在一起工作。

12.15.2　应用

当对接面的外形尺寸和重量在所选择 ROV 的能力范围内时,该装置能应用于所有采用浮游方式的连接及解脱操作中。

12.15.3　设计

在大量水下连接的应用中,需要采用与水下生产设备的内连接配合工作的电动、液压或组合式电-液跨接管进行转移或安装操作。这类跨接管的长度在几米到 100 m 以上的范围变化。这些跨接管的终端与一个简单的电动接头或电液耦合接头或一些集成在一起形成一个对接盘的接头连接。

图 30 所示的是一种电动接头,它带有一根充油软管连接接头,适用于单独跨接管连接的情况。

作为另外一种选择,一种 TDU 抓握接口可安装在这种接头的后面,这样就可为 TDU 操作提供同样的接头(见图 31)。

尽管简单连接的接口既能应用于机械手操作,又能用于 TDU 操作,但是 MQC 式对接盘使 TDU 设备或一种机械手与工具提升装置的组合(见 4.3.2)更容易操作。锁定系统的接口宜如图 32 和图 33 所示的那样。

在同时需要使用几种连接的情况下,连接头通常安装在一个支撑盘上,该支撑盘带有专门的可在水下联接的电动或液动或电-液连接接头,当作单独的内连接接头使用。这样的 MQC 对接将要求提供一个相应作用力来反抗因机械手的插入(自密封元件)产生的分离影响,而且要求提供液压供应。因此,需要采用主动螺纹锁定装置以便能产生足够大的作用力来进行连接和解脱操作。除了采用一种组合式中心定位或锁定销外,推荐使用第二种定位销以便在对接盘安装时提供可控制的方位。需要在工具接近和操作过程中使用一种用于定位控制和单独软管或电缆或两者的应力释放的夹紧装置。

当参考本部分内容的相关图表时,建议将所有用数字标明的尺寸参数作为标准的、非指定的尺寸并且可针对具体应用情况进行选择以满足不同应用情况的需要。

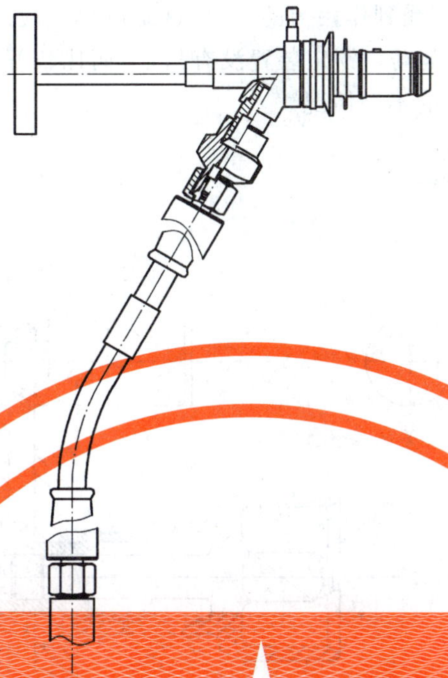

注：用于机械手操作的把柄见图 11，把柄也能包括柔性部分（见图 19）。

图 30 机械手连接操作

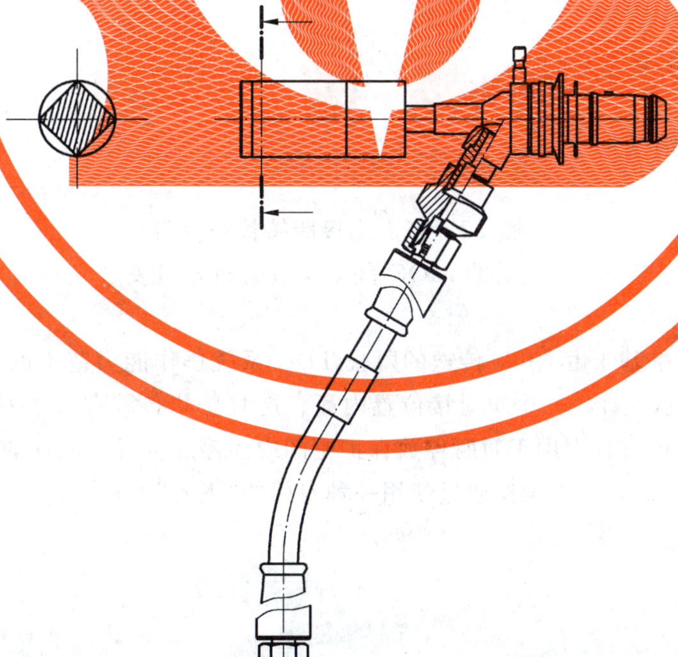

注 1：用于 TDU 操作的把柄（见图 12）。

注 2：抓爪轮廓（见图 34）。

图 31 TDU 连接的操作

图 32 给出了一种终止把柄操作以及在所推荐的把柄和中心锁定系统之间偏置的方法。材料技术要求、对接盘的形状及厚度取决于受到作用力的大小，这是以单独应用要求为基础引申得到的，并且不属于 GB/T 21412 本部分内容的范畴。锁定装置没有指定，而比较好的做法是为内侧锁定装置安装一个释放机构以便处理对接盘卡住的不利情况。

单位为毫米(英寸)

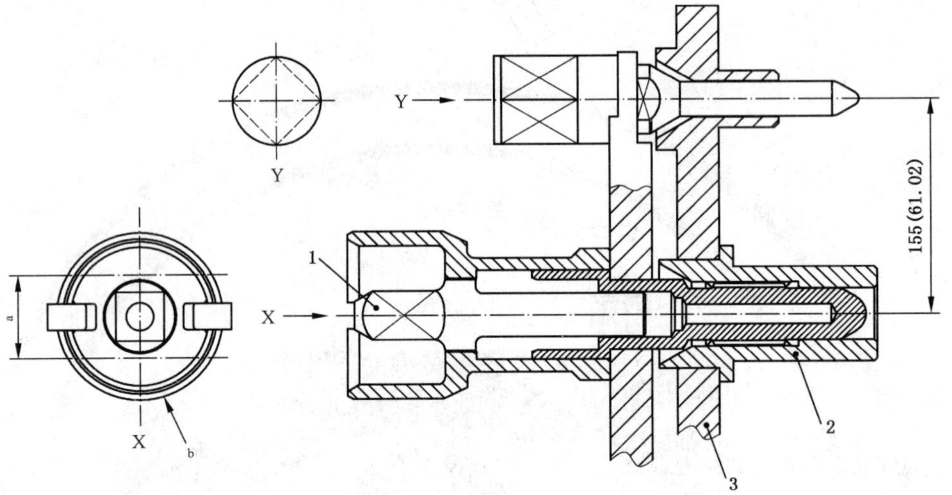

部件截面仅显示 ROV 接口。

1——对扣盘拧紧螺纹；

2——锁定机构(从内侧)；

3——树状对接盘。

a 插孔可截断以保留较小重量；

b 见图 14。

图 32 多点连接跨接管对接盘

图 33 显示的是一种带有液压接头的 MQC 盘。类似的布置可安装在所有的电动或电动与液动组合的接头上。

图中所推荐的参数是基于由 ROV 传送的两联 TDU 系统操作能力范围的情况获得的。在这种情况下允许将两个 MQC 盘设计在一个单对接位置内面。这时总共必需有 5 个对接盘、两个 MQC、两个停放位置以及一个在操作过程中用于暂时停放保护帽的中间停放位置。同样的参数可应用于不使用潜水员安装跨接管的场合，这时终止操作通过使用一种专门的“飞入”工具安装在主体工具上实现。

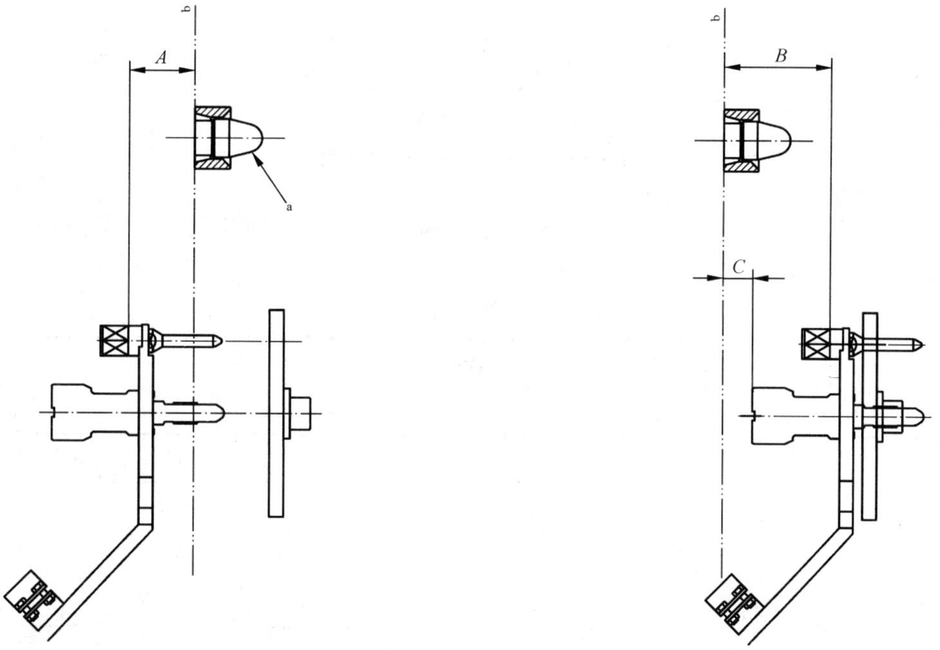

a) 没有接合时的状态　　　　b) 完全接合时的状态

A 最大＝140 mm (5.5 in)

B 最大＝90 mm (3.5 in)

$A+B$ 最大＝230 mm (9.0 in) ＝ TDU 的"Z"行程大小

C 最大＝270 mm (10.6 in)

[a] 见图 7；

[b] 对接面。

图 33　在没有接合和接合状态的典型跨接管

单位为毫米(英寸)

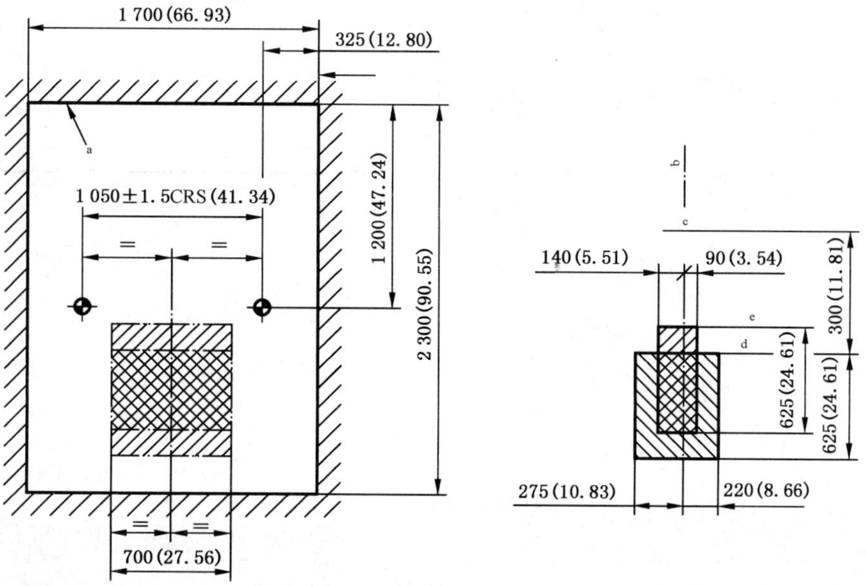

[a] 推荐的间隙面积以便预留通道允许摄像机、支架等设备通过；

[b] 对接面；

[c] 对接插头的中心线；

[d] 扭矩工具；

[e] 抓爪。

图 34　用于跨接管操作的抓爪和扭矩工具组合的能力范围

附　录　A
（资料性附录）
工作级 ROV 技术要求概况

表 A.1 描述了截止本标准出版时用于操作的工具类别。表中给出的尺寸大小和质量仅仅作为 ROV 接口设计时的指导。

表 A.1　ROV 工具类别

ROV 类别	长度		宽度		高度		质量	
	mm	(in)	mm	(in)	mm	(in)	10^3 kg	(klb)
Challenger	2 475	(97.44)	1 400	(55.12)	1 325	(52.17)	1.71	(3.76)
Hysub 60	2 510	(98.82)	1 420	(55.91)	1 480	(58.27)	1.77	(3.89)
Pioneer	1 620	(63.78)	1 620	(63.78)	1 620	(63.78)	1.34	(2.96)
Super scorpio	2 500	(98.43)	1 500	(59.06)	1 700	(66.93)	2.25	(4.95)
Triton	2 440	(96.06)	1 420	(55.91)	1 320	(51.97)	2.27	(5.00)
Trojan	2 200	(86.61)	1 600	(62.99)	1 600	(62.99)	1.84	(4.05)
MRV	2 300	(90.55)	1 500	(59.06)	1 560	(61.42)	1.90	(4.18)
SCV	2 500	(98.43)	1 500	(59.06)	1 700	(66.93)	2.81	(6.18)
Examiner	2 000	(78.74)	1 950	(76.77)	1 800	(70.87)	1.73	(3.82)
Diablo	2 466	(97.09)	1 500	(59.06)	1 750	(68.90)	1.94	(4.27)
Triton XL	2 440	(96.06)	1 480	(58.27)	1 620	(63.78)	3.06	(6.74)
Hydra magnum	2 400	(94.49)	1 400	(55.12)	1 700	(66.93)	2.03	(4.47)
Hydra millennium	3 000	(118.11)	1 524	(60.00)	1 700	(66.93)	2.22	(4.90)
为了给 ROV 提供使用机会，设计的接口的质量宜在 2 500 kg～3 000 kg(5 510 lbs～6 612 lbs)范围。 注：表中所列参数不是惟一的，对可使用的工具的不同尺寸来说是指导性的。								

附　录　B
（资料性附录）
通　　道

ROV 作业的典型间隙要求见图 B.1。

在达不到推荐的间隙的情况下，应特别注意要确保不出现丢失 ROV 的可能性。

单位为毫米（英寸）

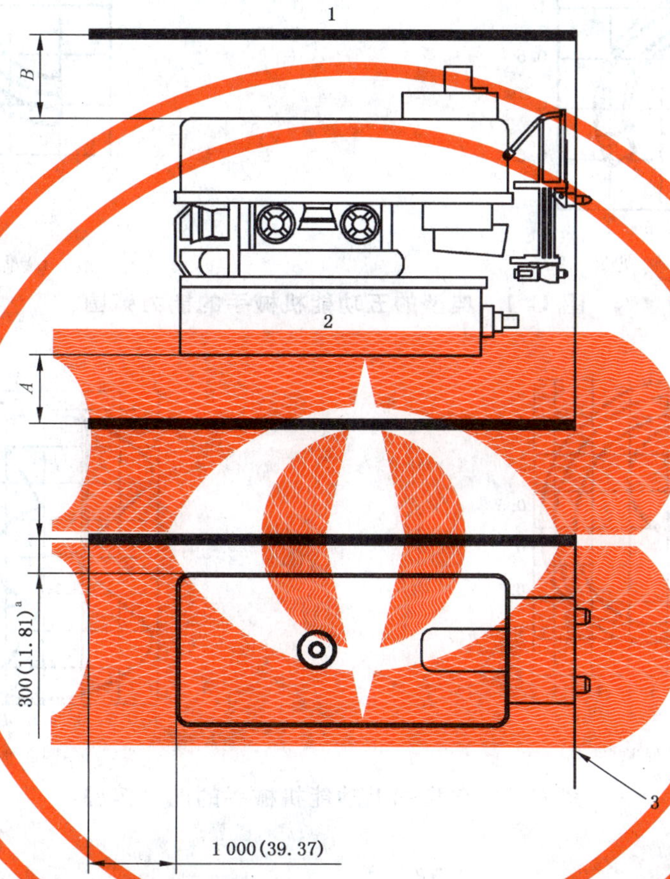

推荐与 ROV 底部或重心低的工具操作包间的间隙距离至少为 500 mm(19.68 in)。在 ROV 以上的间隙宜考虑脐带缆的连接。

1——结构物；

2——工具操作包；

3——结构物的端面。

[a] 典型情况。

图 B.1　间隙大小

附　录　C
（资料性附录）
机械手操作能力范围

常规类型的标准机械手的操作能力范围见图 C.1 和图 C.2。

单位为米

a）侧视图　　b）俯视图

图 C.1　典型的五功能机械手的能力范围

单位为米

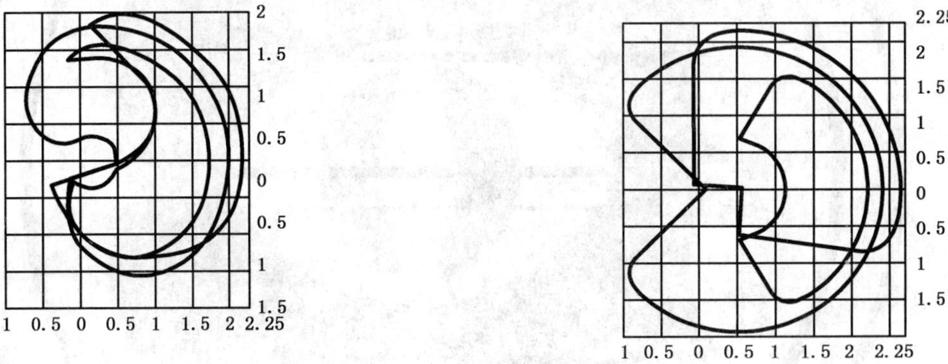

a）侧视图　　b）俯视图

图 C.2　典型的七功能机械手的能力范围

附 录 D
（资料性附录）
末端受动器的替代设计形式

有些情况下需要采用一种可靠方式以确保阀门不容易出现过扭矩的情况。为了达到这个目的，已经开发出一系列末端受动器结构形式，它们可用于承受扭矩值在 0～2.71 kN·m(0～2 000 lbf·ft)范围的所有扭矩，其设计形式见图 D.1 所示。

单位为毫米（英寸）

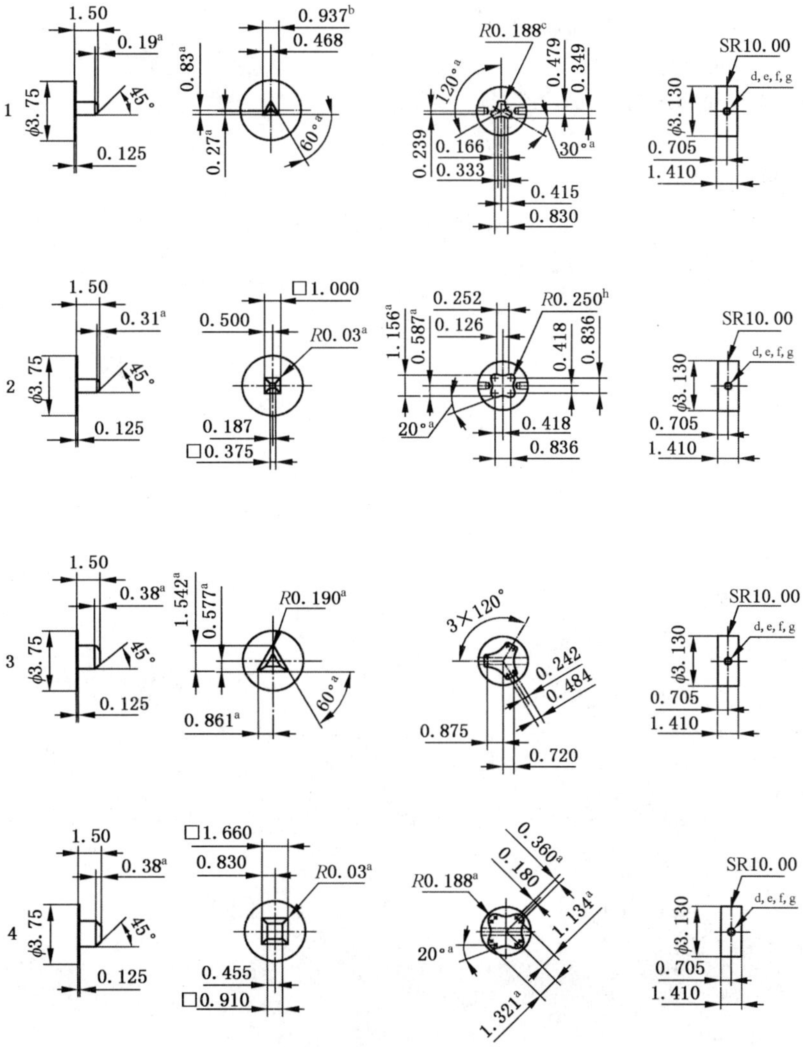

图 D.1 末端受动器可选择的剖面形式

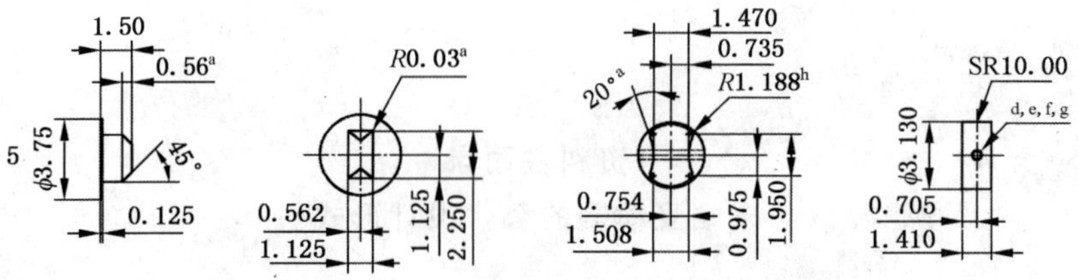

1——边长为 15/16 in 的三角形，可承受 50 lbf·ft 大小的扭矩；

2——边长为 1 in 的正方形，可承受 51 lbf·ft～200 lbf·ft 大小的扭矩；

3——边长为 2 in 的三角形，可承受 201 lbf·ft～500 lbf·ft 大小的扭矩；

4——边长为 1.66 in 的正方形，可承受 201 lbf·ft～500 lbf·ft 大小的扭矩；

5——尺寸为 11/8 in×21/4 in 的长方形，可承受 851 lbf·ft～2 000 lbf·ft 大小的扭矩。

a 典型情况；

b 在半径范围以前；

c 在三个位置具有相同的结构；

d 钻 27/64 mm 孔径×75 mm 深度的孔；

e 0.781C 孔径×0.10 mm 深度的孔；

f 1/2-13 UNC-2B×0.60 mm 深度的孔；

g 分开 180°的二个位置具有相同的结构；

h 在四个位置具有相同的结构。

图 D.1（续）

附 录 E
（资料性附录）
出油管回接系统

E.1 概述

不使用潜水员对出油管进行连接已经应用好多年了。不使用潜水员，使用柔性的或刚性的出油管、脐带缆或所有这些方式的组合系统进行连接和回接是深水开发的先决条件。

典型的连接系统由内套（安装在水下采油树或管线上面）、外套（连接在出油管的末端）、密封盘、卡箍和连接工具构成。

内套通常在水平面上产生最小的移动，出油管上的外套通常被拉向内套方向，这时它就会坐落在密封盘上。通常情况下，该系统最终由 ROV 工具夹紧。ROV 工具通过一台或两台螺旋千斤顶或一个筒夹接头驱动。

E.2 连接方法

内套能在水平盘上接入，接入时可使用或不使用浮力或使用一种铰链式和锁紧式装置。

通常对即插式接头进行密封试验和使用螺旋千斤顶操作。

密封装置和接头也能包含液压接头。

这种连接接头宜：

——实现可靠的不使用潜水员的连接方式，并能对其整体进行检验（金属—金属密封类型或金属密封与橡胶密封类型）；

——实现短行程连接，以便将内套的移动距离以及残余应力降到最小；

——允许替换密封件。

参 考 文 献

［1］ API 17D 水下井口和采油树设备规范

［2］ GB/T 21412.9—2009 石油天然气工业 水下生产系统的设计和操作 第9部分:遥控操作工具(ROT)维修系统(ISO 13628-9:2000,IDT)

ICS 97.030
Y 60

中华人民共和国国家标准

GB 21551.2—2010

家用和类似用途电器的抗菌、除菌、净化功能 抗菌材料的特殊要求

Antibacterial and cleaning function for household and similar electrical appliances—Particular requirements of material

2011-01-14 发布　　2011-09-15 实施

中华人民共和国国家质量监督检验检疫总局
中国国家标准化管理委员会　发布

前　言

本部分的全部技术内容为强制性。

GB 21551《家用和类似用途电器的抗菌、除菌、净化功能》系列标准由若干部分组成，第1部分为通则，其他部分为特殊要求。

本部分是GB 21551的第2部分。本部分应与GB 21551.1—2008《家用和类似用途电器的抗菌、除菌、净化功能　通则》配合使用。

本部分的附录A、附录B、附录C为规范性附录，附录D为资料性附录。

本部分由中国轻工业联合会提出。

本部分由全国家用电器标准化技术委员会(SAC/TC 46)归口。

本部分起草单位：中国家用电器研究院、中国抗菌材料及制品行业协会、中国疾病预防控制中心环境与健康相关产品安全所、海尔集团、广东美的企业集团、北京亚都科技股份有限公司。

本部分主要起草人：张铁雁、王俊起、季君晖、李一、陈卉、郑崇开、高保华。

本部分为首次发布。

家用和类似用途电器的抗菌、除菌、净化功能　抗菌材料的特殊要求

1　范围

GB 21551 的本部分规定了家用和类似用途电器(以下简称“家用电器”)中使用的抗菌材料、零部件的抗菌及抗霉菌(以下简称“抗菌”)性能试验方法和效果评价等。

本部分适用于家用电器中使用的抗菌材料及相关抗菌零部件进行抗菌性能试验的方法和效果评价。

2　规范性引用文件

下列文件中的条款通过 GB 21551 的本部分的引用而成为本部分的条款。凡是注日期的引用文件,其随后所有的修改单(不包括勘误的内容)或修订版均不适用于本部分,然而,鼓励根据本部分达成协议的各方研究是否可使用这些文件的最新版本。凡是不注日期的引用文件,其最新版本适用于本部分。

GB/T 4789.2　食品安全国家标准　食品微生物学检验　菌落总数测定

GB 19489　实验室　生物安全通用要求

《消毒技术规范》(卫生部 2002 版)

3　术语与定义

GB 21551.1—2008 确立的术语和定义适用于 GB 21551 的本部分。

4　评价要求

抗细菌材料:抗菌率大于或等于 90%,同时符合 GB 21551.1—2008 中附录 A 2.3 的要求;

抗霉菌材料:防霉等级为 1 级或 0 级;

抗细菌/霉菌材料:抗菌率大于或等于 90%,同时防霉等级为 1 级或 0 级。

5　技术要求

5.1　试验方法及效果分类

按家用电器使用的材料及作用效果,对试验方法及效果评价进行分类:

5.1.1　附录 A 抗细菌性能试验方法 1(贴膜法)及效果评价:用于非吸水性、且可制成有一定面积、具有抗细菌功能的制品(件)和涂层。

5.1.2　附录 B 抗细菌性能试验方法 2(吸收法)及效果评价:用于具有吸水性,如无纺布、织物、泡沫、粉末和微孔材料等制成的抗菌零部件。

5.1.3　附录 C 抗霉菌性能试验方法 3 及效果评价:用于具有抗霉菌功能的家用电器及其零部件。

5.2　材料性能分类

按材料对细菌或霉菌作用的性能分类:

5.2.1　具有抗细菌性能:符合附录 A 或附录 B 且同时符合安全性要求。

5.2.2　具有抗霉菌性能:符合附录 C。

附 录 A
（规范性附录）
抗细菌性能试验方法1（贴膜法）及效果评价

A.1 试验样品要求

A.1.1 试验样品

由抗菌部件或同质材料相同工艺制成的待检样品，尺寸为（50±2）mm×（50±2）mm，或满足待测面积不小于1 600 mm^2。

A.1.2 对照样品

卫生级高密度聚乙烯（HDPE）注射成型、尺寸为（50±2）mm×（50±2）mm、厚度为不大于5 mm的标准样品。

A.1.3 试验用覆盖膜

聚乙烯薄膜，厚度为0.05 mm～0.10 mm，尺寸为（40±2）mm×（40±2）mm。

A.2 试验原理

本方法通过定量接种细菌于待检样品和对照样品上，用贴膜的方法使细菌均匀接触样品，经过（24±1）h培养后，测得2组样品中的存活菌数，对比并计算出样品的抗细菌率。

A.3 试验环境

试验采取无菌操作技术，实验室环境应符合GB 19489。

A.4 菌种、材料、仪器和设备

A.4.1 试验用菌

a) 金黄色葡萄球菌（Staphylococcus aureus）AS 1.89，等同ATCC 6538p；

b) 大肠埃希氏菌（Escherichia coli）AS 1.90。

注：根据家用电器的使用要求，也可选用其他菌种或菌株作为试验用菌，但所有菌种或菌株必须由国家相应菌种保藏管理中心提供并在报告中标明试验用菌品种及分类号。

A.4.2 材料

乙醇 医用级；

营养肉汤培养基（NB） 生化试剂；

营养琼脂培养基（NA） 生化试剂；

洗脱液；

接种培养液。

A.4.3 仪器和设备

生化培养箱 温控精度±1℃；

冷藏箱 5 ℃～10 ℃；

超净工作台（100级）或生物安全柜；

电热干燥箱 室温～200 ℃；

压力蒸汽灭菌器；

平皿；

试管；

移液管(精度 0.01 mL);

接种环;

酒精灯。

A.5 试验准备

A.5.1 试验样品制取和制备

样品从家用电器及其零部件中裁制。如果样品不能制取或制备成规定的尺寸,须保证样品表面积符合 A.1.3 要求的覆盖膜覆盖。

注:如果由于制品的形状所限,直接采集试验样品有困难,可采用与制品相同的原材料和加工方法制成试验样品。

A.5.2 营养肉汤培养基(NB)的制备

牛肉膏	5.0 g
蛋白胨	10.0 g
氯化钠	5.0 g

制法:取上述成分加入 1 000 mL 蒸馏水中,加热溶解后,用 0.1 mol/L NaOH 溶液调节使灭菌后 pH 值为 7.0~7.2,分装,于压力蒸汽灭菌器内 121 ℃灭菌 20 min。

A.5.3 营养琼脂培养基(NA)的制备

牛肉膏	5.0 g
蛋白胨	10.0 g
氯化钠	5.0 g
琼脂	15.0 g

制法:取除琼脂外其他成分溶解于 1 000 mL 蒸馏水中,用 0.1 mol/L NaOH 溶液调节使灭菌后 pH 值为 7.0~7.2,加入琼脂,溶解后,分装,于压力蒸汽灭菌器内 121 ℃灭菌 20 min。

A.5.4 洗脱液的制备

采用 0.80% NaCl 的生理盐水,为便于洗脱可加入体积分数为生理盐水 1/1 000 的表面活性剂吐温－80,再用 0.1 mol/L NaOH 溶液或 0.1 mol/L HCl 溶液调节使灭菌后 pH 值为 7.0~7.2,分装,于压力蒸汽灭菌器内 121℃灭菌 20 min。

A.5.5 接种培养液的制备

用营养肉汤培养基(NB)的生理盐水溶液制备,用于大肠埃希氏菌培养的 NB 浓度为 0.2%,用于金黄色葡萄球菌培养的 NB 浓度为 0.2%~1%。为便于细菌分散可加入少量表面活性剂吐温－80。用 0.1 mol/L NaOH 溶液或 0.1 mol/L HCl 溶液调节使灭菌后 pH 值为 7.0~7.2,分装,于压力蒸汽灭菌器内 121 ℃灭菌 20 min。

A.5.6 菌种保藏

将标准菌株接种于营养琼脂培养基(NA)斜面上,在(37±1)℃下培养 24 h 后,在 5 ℃~10 ℃下保藏(不得超过 1 个月),作为斜面保藏菌。

A.5.7 菌种活化

将斜面保藏菌转接到平板营养琼脂培养基(NB)上,在(37±1)℃培养(24±1)h,每天转接 1 次,不超过 2 周。试验时应采用 3 代~14 代、24 h 内转接的新鲜细菌培养物。

A.5.8 菌悬液的制备

用接种环从 A.5.7 新鲜培养物上刮 1 环~2 环新鲜细菌,加入培养液中,并依次做 10 倍梯度稀释液,选择菌液浓度为 5.0×10^5 CFU/mL~10.0×10^5 CFU/mL 的稀释液作为试验用菌液,按 GB/T 4789.2 的方法操作。

A.6 试验步骤

A.6.1 物品灭菌:试验前对覆盖膜、试验样品、对照样品均应用 70%乙醇溶液浸泡,1 min 后用无菌水冲洗，自然干燥。如不适于用消毒剂处理的样品，可直接用无菌水冲洗。对试验所用到的其他器具可采用高温湿热或干热方法灭菌。

A.6.2 将试验样品和对照样品置于已灭菌的平皿中；

A.6.3 分别取 0.2 mL 试验用菌悬液滴加在试验样品和对照样品上；每组样品做 3 个平行试验；

A.6.4 用灭菌镊子夹起灭菌覆盖膜分别覆盖在试验样品和对照样品，铺平，使菌液均匀接触样品，盖好平皿上盖，在(37±1)℃、相对湿度 RH>90%条件下培养(24±1)h；

A.6.5 取出培养(24±1)h 的样品，分别加入 20 mL 洗脱液，反复洗试验样品、对照样品及覆盖膜，充分摇匀后，将洗脱液梯度稀释后接种于营养琼脂培养基(NA)中，在(37±1)℃下培养 24 h～48 h 后进行活菌计数，按 GB/T 4789.2 测定洗脱液中的活菌数。

A.7 试验数据处理及效果评价

A.7.1 试验效果应满足以下要求，否则试验无效：

a) 同一组对照样品的 3 个平行样活菌数值要符合以下要求：

$$\frac{\text{最高对数值} - \text{最低对数值}}{\text{平均对数值}} \leqslant 0.2$$

b) 对照样品的实际回收活菌数量不低于 1.0×10^{4} CFU。

A.7.2 抗菌率计算公式为：

$$R=\frac{B-A}{B}\times100\%$$

式中：

R——抗菌率；

A——试验样品平均回收菌数，单位为 CFU；

B——空白对照样品平均回收菌数，单位为 CFU。

A 7.3 试验效果的评价

抗菌率大于或等于 90%，评价为有抗细菌作用。

附 录 B
(规范性附录)
抗细菌性能试验方法2(吸收法)及效果评价

B.1 试验样品要求

B.1.1 试验样品

从经抗菌处理的待检样品上直接剪取。

B.1.2 对照样品

从 50 g/m^2 的普通聚丙烯无纺布上直接剪取的样品。

B.2 试验原理

本方法是将试验样品和对照样品接种测试菌,经培养后将残留活菌洗脱下来,通过活菌计数来计算样品抗细菌率。

B.3 试验环境

试验采取无菌操作技术,实验室环境应符合 GB 19489。

B.4 试验用菌、材料、仪器和设备

B.4.1 试验用菌

a) 金黄色葡萄球菌(Staphylococcus aureus) AS 1.89 等同 ATCC 6538p;

b) 大肠埃希氏菌(Escherichia coli) AS 1.90。

注:根据家用电器的使用要求,也可选用其他菌种或菌株作为试验用菌,但所有用于检测的菌种或菌株必须由国家相应菌种保藏管理中心提供并在报告中标明试验用菌品种及分类号。

B.4.2 材料

营养肉汤培养基(NB);

营养琼脂培养基(NA);

冰冷生理盐水 浓度为 0.85%,温度为 0 ℃～4 ℃;

磷酸盐缓冲液 PBS,0.03 mol/L,pH 值 7.2～7.4。

B.4.3 仪器和设备

生化培养箱 温控精度±1 ℃;

冷藏箱 5 ℃～10 ℃;

超净工作台(100 级)或生物安全柜;

电热干燥箱 室温～200 ℃;

压力蒸汽灭菌器;

锥形瓶或广口瓶 250 mL;

试管;

移液管(精度±0.01 mL);

接种环;

酒精灯;

振荡器(包含 200 r/min)。

B.5 试验准备

B.5.1 细菌的预培养

用接种环将符合B.4.1规定的保藏菌种接种到NB中，在(37±1)℃，培养(24±2)h。

B.5.2 菌悬液制备

将步骤B.5.1预培养试验菌的培养物摇匀，静置15 min～20 min，用冰冷生理盐水稀释到5.0×10^5 CFU/mL～10.0×10^5 CFU/mL，制成菌悬液。若试样吸水性差，可在菌液中另加入0.05%(体积)的吐温—80。

B.5.3 磷酸盐缓冲液

无水磷酸氢二钠　　2.83 g；

磷酸二氢钾　　1.36 g。

制法：将各成分加入到1 000 mL蒸馏水中，待完全溶解后，用0.1 mol/L NaOH溶液或0.1 mol/L HCl溶液调节使灭菌后pH值为7.0～7.2，于压力蒸汽灭菌器内121 ℃灭菌20 min。

B.5.4 样品的制备

试验样品和对照样品的用量由样品的材料类型和材质决定，以吸入(1.0±0.1)mL的菌液不溢出为宜。一般使用直径50 mm的圆样片。记录使用的样品数。

B.5.5 物品灭菌

样品消毒方式根据制件材料不同，可选择高压蒸汽灭菌、间隙蒸汽灭菌或其他灭菌方式，但不得影响其抗菌性能和干扰检测结果，并在报告中注明所使用的消毒方法。对试验所用到的其他器具可采用高温湿热或干热方法灭菌。

B.6 试验步骤

B.6.1 样片

将灭菌的试验样品和对照样品分别放到250 mL无菌锥形瓶或广口瓶中；每组样品做3个平行；

B.6.2 接种

分别用移液管吸取B.5.2中制备的菌悬液(1.0±0.1)mL滴加到试验样品和对照样品上，保证菌液均匀分布，菌液不可接触瓶壁，塞紧塞子/盖，防止蒸发。

B.6.3 静置培养

将接种后的样品在(37±1)℃静置培养18 h～24 h。

B.6.4 洗脱

静置培养后，向盛有样品的瓶中分别加入100 mL磷酸盐缓冲液，放置5 min，置振荡器上，以200 r/min的转速充分振荡1 min，做梯度稀释，稀释至10^{-2}，倾注营养琼脂培养基平板，按照GB/T 4789.2测定洗脱液中的活菌数。

B.7 试验数据处理及效果评价

B.7.1 对照样品静置培养后的实际回收活菌数值应在1.0×10^4 CFU/mL以上；否则试验无效。

B.7.2 抗菌率计算公式为：

$$R=\frac{B-A}{B}\times100\%$$

式中：

R——抗菌率；

A——试验样品平均回收菌数，单位为CFU；

B——对照样品平均回收菌数，单位为CFU。

B.7.3 试验效果评价

抗菌率大于或等于90%，评价为有抗细菌作用。

附　录　C
（规范性附录）
抗霉菌性能试验方法 3 及效果评价

C.1　试验样品要求

C.1.1　试验样品

由抗菌材料制成或裁成的待检样品。

C.1.2　对照样品

用卫生级高压聚乙烯注射成型，尺寸为(50±2)mm×(50±2)mm。

C.1.3　阴性控制样品

25 mm×25 mm 无菌滤纸。

C.2　试验原理

本方法规定将一定量的孢子悬液喷在待检样品和培养基上，通过直接观测长霉程度来评价家用电器中使用的具有抗霉菌功能的材料(零部件)抗霉菌性能。

C.3　试验环境

试验采取无菌操作技术，实验室环境应符合 GB 19489。

C.4　菌种、材料、仪器和设备

C.4.1　试验菌种

序号	名称	菌号
1	黑曲霉(*Aspergillus niger*)	AS 3.4463 等同 ATCC 6275
2	土曲霉(*Aspergillus terreus*)	AS 3.3935
3	宛氏拟青霉(*Paecilomyces Varioti*)	AS 3.4253
4	绳状青霉(*Penicillium funicolosum*)	AS 3.3875
5	出芽短梗霉(*Aureobasium Pullulans*)	AS 3.3984
6	球毛壳(*Chaetoomium globsum*)	AS 3.4254

注：根据家用电器的使用要求，也可选用其他菌种或菌株作为试验用菌，但所有用于检测的菌种或菌株必须由国家相应菌种保藏管理中心提供并在报告中标明试验用菌品种及分类号。

C.4.2　材料

乙醇　医用级；

洗脱液；

改良察氏液体培养基　生化试剂；

改良察氏液体琼脂培养基　生化试剂；

马铃薯-葡萄糖琼脂培养基(PDA)　生化试剂。

C.4.3　仪器和设备

恒温恒湿培养箱　(28±1)℃、相对湿度 RH≥90%；

冷藏箱　5 ℃～10 ℃；

超净工作台(100级)或生物安全柜;

电热干燥箱　室温～200 ℃;

压力蒸汽灭菌器;

离心机;

生物光学显微镜;

血球计数板;

喷雾器(喷壶)　雾化压强 110 kPa;

平皿;

试管;

移液管;

离心管;

锥形瓶;

接种环;

酒精灯。

C.5　试验准备

C.5.1　试验样品制备

试验样品为厚度不大于 5 mm,尺寸为(50±2)mm×(50±2)mm,最好从制品本身采集。若试验样品尺寸小于 50 mm×50 mm,对照样品的面积也应相应减小,但面积均不小于 400 mm^2。如果由于制品的形状所限,直接制备试验样品有困难,可采用与制品相同的原材料和加工方法制成试验样品。

C.5.2　洗脱液的制备

吐温—80、N-甲基乙磺酸(N-methyltaurine)和二辛磺化丁二酸钠(Dioctyl Sodium Sulphosuccinate),以上润湿剂任选一种,制成含 0.05%润湿剂的水溶液,调节 pH 值为 6.0～6.5,于压力蒸汽灭菌器内 121 ℃灭菌 20 min。

C.5.3　改良察氏液体培养基制备

硝酸钠($NaNO_3$)	2.0 g
磷酸二氢钾(KH_2PO_4)	0.7 g
磷酸氢二钾(K_2HPO_4)	0.3 g
氯化钾(KCl)	0.5 g
硫酸镁($MgSO_4\cdot 7H_2O$)	0.5 g
硫酸亚铁($FeSO_4\cdot 7H_2O$)	0.01 g
蔗糖	30 g

制法:取上述成分加入 1 000 mL 0.05%润湿剂水溶液中,加热溶解后,用 0.1 mol/L NaOH 溶液调节 pH 值为 6.0～6.5,分装,于压力蒸汽灭菌器内 121 ℃灭菌 20 min。

C.5.4　改良察氏液体琼脂培养基的制备

在 1 000 mL 改良察氏液体培养基中加入 15 g 琼脂,加热至熔化,用 0.1 mol/L NaOH 溶液调节 pH 值为 6.0～6.5,分装,于压力蒸汽灭菌器内 121 ℃灭菌 20 min。

C.5.5　马铃薯-葡萄糖琼脂培养基(PDA)的制备

马铃薯用水洗净,去皮切成小块。称取 200 g,加 1 000 mL 蒸馏水,加热煮沸 1 h。然后用双层纱布挤出滤液,将滤液加蒸馏水至 1 000 mL,加入葡萄糖 20 g,琼脂 20 g,加热熔化,用 0.1 mol/L NaOH 溶液调节 pH 值为 6.0～6.5,于压力蒸汽灭菌器内 121 ℃灭菌 20 min。

C.5.6　菌种保藏

将标准菌株分别接种在马铃薯-葡萄糖琼脂培养基(PDA)斜面上,在 28 ℃～30 ℃培养 7 d～14 d

后，在 5 ℃～10 ℃保藏(不得超过 4 个月)，作为保藏菌。

C.5.7 菌种活化

将保藏菌接种在 PDA 斜面培养基试管中，培养 7 d～14 d，使生成大量孢子。未制备孢子悬液时，不得拔去棉塞。每打开 1 支只供制备 1 次悬液，每次制备孢子悬液必须使用新培养的霉菌孢子。

C.5.8 孢子悬液制备

在上述 PDA 斜面培养基中加入少量无菌蒸馏水，用无菌接种环轻轻刮取表面的新鲜霉菌孢子，将孢子悬液置于 250 mL 锥形瓶内，然后注入 40 mL 洗脱液。锥形瓶中加入直径 5 mm 的玻璃珠 10 粒～15 粒与孢子混合，具塞后置水浴振荡器中不断振荡使成团的孢子散开，然后用单层棉纱布过滤以除去菌丝。将其装入灭菌离心管中，用离心机分离沉淀孢子，去上清液。再加入 40 mL 洗脱液，重复离心操作 3 次。用改良察氏液体培养基稀释孢子悬液，用血球计数板计数，制成浓度为$(0.8\sim1.2)\times10^6$ spores/mL 的霉菌孢子悬液。

6 种霉菌均用以上方法制成孢子悬液，将 6 种孢子悬液等量混合在一起，充分振荡使其均匀分散。混合孢子悬液应在当天使用，若不在当天使用应在 3℃～7℃保存，并在 4 d 内使用。

C.5.9 平板培养基制备

灭菌平皿中注入改良察氏液体琼脂培养基，厚度 3 mm～6 mm，凝固后待用(48 h 内使用)。

C.5.10 霉菌活性控制

将阴性控制样品(无菌滤纸)铺在平板培养基上，用装有新鲜混合孢子悬液的喷雾器喷孢子悬液，使其充分均匀地喷在培养基和滤纸上。

在温度(28±1)℃，相对湿度(90±5)% RH 以上的条件下培养 7 d，滤纸上应明显有菌生长，否则试验无效，应重新制备孢子悬液。

C.6 试验步骤

C.6.1 物品灭菌：试验前应对对照样品和试验样品用消毒剂(70%乙醇溶液)擦拭样品表面，1 min 后用无菌水冲洗，自然干燥。如不适于用消毒剂处理的样品，可直接用无菌水冲洗。对试验所用到的其他器具可采用高温湿热或干热方法灭菌。

C.6.2 将试验样品、对照样品分别铺在制备好的平板培养基上，喷孢子悬液，使其充分均匀地喷在培养基和样品上。每个样品做 3 个平行。将此样品在(28±1)℃、相对湿度 RH(90±5)%以上的条件下培养 28 d，若试验样品的长霉面积大于 10%，可提前结束实验。

C.7 试验数据处理及效果评价

C.7.1 长霉等级

取出样品需立即进行观察。对照样品长霉面积应不小于 10%，否则不能作为该试验的对照样品。

样品长霉等级评定：

0 级　不长，即显微镜(放大 50 倍)下观察未见生长；

1 级　痕迹生长，即肉眼可见生长，但生长覆盖面积小于 10%；

2 级　生长覆盖面积小于 30%，但不小于 10%(轻度生长)；

3 级　生长覆盖面积小于 60%，但不小于 30%(中度生长)；

4 级　生长覆盖面积大于 60%至全面覆盖(严重生长)。

C.7.2 试验效果的评价

长霉等级为 1 级或 0 级，评价为有抗霉菌作用。

附　录　D
（资料性附录）
家用和类似用途电器产品抗菌零部件目录

本附录提供了部分具有抗菌功能的家用和类似用途电器应该具有抗菌功能的零部件目录。

产品名称	具有抗菌功能的制品(部件)	技术要求
冰箱	内胆、门衬、果菜盒、瓶筐、门把手	抗细菌
	门封条	抗细菌/霉菌
空调	进风栅、风向板	抗细菌
	接水盒、过滤网	抗细菌/霉菌
波轮洗衣机	外桶、内桶、波轮、进水管	抗细菌/霉菌
滚筒洗衣机	外桶、内桶、窗衬、进水管	抗细菌/霉菌
消毒柜	塑料内胆、门衬、把手、隔板、面板	抗细菌
	门封条	抗细菌/霉菌
吸尘器	机身外壳、软管组件、吸头(长头、短头、地毯刷、集尘袋)	抗细菌
热水器	开关和喷头	抗细菌
微波炉	炉腔、门体、门框、开关、旋纽	抗细菌
冷柜	塑料内胆、门衬、把手	抗细菌
	门封条	抗细菌/霉菌
空气杀菌解毒机	开关、按键、面板和内部塑料部件	抗细菌
杀菌加湿器	开关、按键、面板和内部塑料部件，储水盒	抗细菌/霉菌
洗碗机	塑料内胆、门衬、门封条、按键(开关)和金属外壳的表面涂层	抗细菌
饮水机	龙头开关、外部接水盒、大顶盖及电源开关等各种按键	抗细菌
	聪明头、聪明座、内部水桶、出水管、出水龙头	抗细菌/霉菌
遥控器	按键、外壳	抗细菌

ICS 97.030
Y 60

中华人民共和国国家标准

GB 21551.3—2010

家用和类似用途电器的抗菌、除菌、净化功能 空气净化器的特殊要求

Antibacterial and cleaning function for household and similar electrical appliances—Particular requirements of air cleaner

2011-01-14 发布 2011-09-15 实施

中华人民共和国国家质量监督检验检疫总局
中国国家标准化管理委员会 发布

前　言

本部分的全部技术内容为强制性。

GB 21551《家用和类似用途电器的抗菌、除菌、净化功能》系列标准由若干部分组成，第1部分为通则，其他部分为特殊要求。

本部分是 GB 21551 的第 3 部分。

本部分应与 GB 21551.1—2008《家用和类似用途电器的抗菌、除菌、净化功能通则》配合使用。

本部分附录 A 为规范性附录。

本部分由中国轻工业联合会提出。

本部分由全国家用电器标准化技术委员会(SAC/TC 46)归口。

本部分起草单位：中国家用电器研究院、中国疾病预防控制中心环境与健康相关产品安全所、北京亚都科技股份有限公司。

本部分主要起草人：张铁雁、刘凡、张流波、陈卉。

本部分为首次发布。

家用和类似用途电器的抗菌、除菌、净化功能　空气净化器的特殊要求

1　范围

GB 21551 的本部分规定了室内空气净化器(以下简称“空气净化器”)在抗菌、除菌功能方面的卫生要求、检验方法和标识。

本部分适用于家用和类似用途的具有除菌功能的空气净化器。

2　规范性引用文件

下列文件中的条款通过 GB 21551 的本部分的引用而成为本部分的条款。凡是注日期的引用文件,其随后所有的修改单(不包括勘误的内容)或修订版均不适用于本部分,然而,鼓励根据本部分达成协议的各方研究是否可使用这些文件的最新版本。凡是不注日期的引用文件,其最新版本适用于本部分。

GB/T 18801　空气净化器

GB/T 18883—2002　室内空气质量标准

GB 19258　紫外线杀菌灯

GB 21551.1—2008　家用和类似用途电器的抗菌、除菌、净化功能通则

GB 21551.2—2010　家用和类似用途电器的抗菌、除菌、净化功能　抗菌材料的特殊要求

WS/T 206　公共场所空气中可吸入颗粒物测定方法——光散射法

《消毒技术规范》(卫生部 2002 年版)

3　术语和定义

下列术语和定义适用于本部分。

3.1

抗菌除菌空气净化器　air cleaner

在一个容器内,采用某些技术或方法(如过滤、吸附、降解等)使通过容器的空气中的颗粒物、气态污染物、微生物浓度明显降低的装置。

3.2

总挥发性有机化合物　total volatile organic compounds TVOC

利用 Tenax GC 或 Tenax TA 采样,非极性色谱柱(极性指数小于 10)进行分析,保留时间在正己烷和正十六烷之间的挥发有机化合物。

3.3

可吸入颗粒物　PM10

指悬浮在空气中,空气动力学当量直径小于等于 10 μm 的颗粒物。

4　卫生与功能要求

4.1　卫生安全性

4.1.1　空气净化器应符合 GB 21551.1—2008 中相关卫生安全性方面的要求。

4.1.2　空气净化器本身所产生的有害物质应符合表 1 中的要求。

表 1　空气净化器产生有害物质要求

有害因素	控制指标
臭氧浓度(出风口 5 cm 处)	≤0.10 mg/m^3
紫外线强度(装置周边 30 cm 处)	≤5 $\mu W/cm^2$
TVOC 浓度(出风口 20 cm 处)	≤0.15 mg/m^3
PM10 浓度(出风口 20 cm 处)	≤0.07 mg/m^3

4.2　功能性

4.2.1　空气净化器的除菌性能应达到下述要求：

在模拟现场和现场试验条件下运行 1 h，其抗菌(除菌)率大于或等于 50%；

4.2.2　空气净化器的抗菌性能应达到 GB 21551.2—2010 中的相关要求。

4.2.3　空气净化器的净化材料应能够更换或再生、净化装置能够清洗和消毒。

5　检验方法

5.1　卫生安全性检验

5.1.1　空气净化器本身可能产生的有害因素检验时，均要用试验室检测值减去试验室环境本底浓度值作为检验结果值。

5.1.2　空气净化器出风口臭氧浓度的检验采用 GB/T 18883—2002 中附录 A 紫外光度法。

5.1.3　空气净化器紫外线泄露强度采用 GB 19258 规定的检验方法。

5.1.4　空气净化器出风口挥发性有机物(TVOC)浓度的检验采用 GB/T 18883—2002 中附录 C 热解析/毛细管气相色谱法。

5.1.5　空气净化器出风口 PM10 颗粒物浓度的检验采用 WS/T 206 规定的光散射法。

5.2　功能性检验

空气净化器的除菌性能检验方法见附录 A。

6　标识

6.1　标识原则

6.1.1　空气净化器产品标识应符合 GB 21551.1—2008 中第 5 章要求。

6.1.2　空气净化器应在产品说明书中具体标明其产品具有本部分规定的功能、指标及净化材料更换或再生周期与方法。

6.2　抗菌(除菌)、空气净化功能标识的使用

6.2.1　使用标识的空气净化器必须符合 4.1 中相关的卫生安全性要求；

6.2.2　符合 4.2.2 要求的空气净化器，可以在产品包装箱、产品铭牌上使用“抗菌(除菌)”文字说明。

附 录 A
（规范性附录）
空气净化器的抗菌(除菌)功能评价

A.1 范围

本附录规定了空气净化器除菌功能评价方法。

A.2 试验原理

在规定时间内,分别测定对照组和试验组中菌落数的初始数值和结束时数值,并依据下列两个公式计算出对空气中细菌和微生物的抗菌、除菌率。

$$\text{自然消亡率}(\%)=\frac{\text{对照组初始时菌落数}-\text{对照组结束时菌落数}}{\text{对照组初始时菌落数}}\times 100(\%)$$

$$\text{抗菌(除菌)率}(\%)=\frac{\text{试验组初始时菌落数}(1-\text{自然消亡率})-\text{试验组结束时菌落数}}{\text{试验组初始时菌落数}(1-\text{自然消亡率})}\times 100(\%)$$

A.3 模拟现场试验

A.3.1 模拟试验舱

a) 试验舱的环境温度为 20 ℃～25 ℃,相对湿度为 RH50%～70%。

b) 试验舱结构要求:采用相邻的一对气雾舱,两者所处环境(包含温度、湿度、洁净度、光照、密封性、通风条件等)应一致,并在实验过程中保持稳定。试验舱设计和结构应保证舱内微生物气溶胶不外泄,所用材料应耐腐蚀、易清洗。

——试验舱容积:($3.5\ \text{m}\times 3.4\ \text{m}\times 2.5\ \text{m}=30\ \text{m}^3$);

——围护结构(包括壁面、顶棚、地面):应采用低污染或无污染且低吸附率的材料(如不锈钢、聚四氟乙烯、钢化玻璃等);

——密封填缝材料:用硅橡胶条及玻璃密封胶;

——空气搅拌装置:风扇;

——空气循环系统:试验舱内设独立的空气循环系统,经过滤净化后舱内空气洁净度应达到万级以上,实验开始前通过自动控制阀使试验舱完全密闭,试验舱外操作间应保持正压,防止微生物气溶胶外泄。

A.3.2 菌种、材料、仪器和设备

A.3.2.1 试验用菌

试验用菌为:白色葡萄球菌(Staphylococcus albsp)8032 或其他适用非致病性微生物。

A.3.2.2 材料

营养琼脂培养基或其他适用培养基。

A.3.2.3 仪器和设备

撞击式空气微生物采样器:对空气中细菌的捕获率大于 95%;

喷雾染菌装置(气溶胶喷雾器):喷出的气溶胶微粒的直径 90%以上应小于 10 μm;

高压蒸汽灭菌器;

恒温培养箱;

干热灭菌器;

冷藏箱;

温度计。

A.3.3 试验准备

A.3.3.1 营养琼脂培养基的制备

牛肉膏	5.0 g
蛋白胨	10.0 g
氯化钠	5.0 g
琼脂	15.0 g

制法:取琼脂外其他成分溶解于1 000 mL蒸馏水中,用0.1 mol/L NaOH溶液调节pH值为7.2~7.4,加入琼脂,加热溶解,分装,于压力蒸汽灭菌器内121 ℃灭菌20 min。

A.3.3.2 营养琼脂平板的制备

按照采样器使用说明制备营养琼脂平板。

A.3.3.3 菌悬液的制备

白色葡萄球菌菌悬液按《消毒技术规范》(2002年版)2.1.1.2进行。

A.3.3.4 试验组样机的安装

按照被测样机的安装说明,将样机安装到实验舱的远端。

A.3.3.5 空白对照组样机的安装

安装一台与被测样机相同型号、同批次的产品,并将所有具有除菌、杀菌功能的零部件拆除或者将除菌、杀菌功能设定为不工作状态。

A.3.4 试验步骤

A.3.4.1 灭菌:将试验中要用到的试验器皿灭菌。

A.3.4.2 通过高效滤器对气雾舱空气进行净化除菌,使其洁净度不低于7级(万级)。

A.3.4.3 调节气雾舱的温度和相对湿度,维持稳定一段时间后(以保证整个实验过程中温度和相对湿度相对恒定)气雾舱密闭,整个试验中不得再次打开。

A.3.4.4 打开操作间的送风装置,送入经过高效过滤器的循环风以维持操作间的空气压力为正压(15 Pa~30 Pa),防止试验舱中的微生物气溶胶外泄。

A.3.4.5 取试验菌悬液,用营养肉汤培养基稀释成所需浓度。按照喷雾染菌装置设定的压力、气体流量及喷雾时间喷雾染菌,要求边喷雾,边用空气搅拌设备(如风扇)搅拌。喷雾染菌完毕,要求继续搅拌10 min,然后静置15 min。

A.3.4.6 同时对试验组和对照组气雾室分别进行运行前细菌浓度采样,采样时间为1 min~5 min,采样时采样头应向上方。要求气雾室内空气中各阳性对照菌数应为5.0×10^4 CFU/m^3~5.0×10^5 CFU/m^3,否则试验无效。

A.3.4.7 运转被测样机至厂家规定的最高除菌条件状态(如厂家没有规定,以最高风速、最大出风状态为准)。对于空调器产品,根据送风状态进行测试。

A.3.4.8 测试时间按照式(A.1)计算:

$$T = 1 \times \frac{2\,500}{N} \times \frac{V}{15 \times 2.7} \qquad \cdots\cdots(A.1)$$

式中:

T——测试时间,单位为小时(h);

N——空调器或净化器的功率,单位为瓦(W);

V——气雾室内容积,单位为立方米(m^3),(V=10 m^3~40 m^3)。

注:测试时间最少不短于15 min,最长不超过2 h。根据测试时间长短,设置2~3个采样时间点。

A.3.4.9 被测样机运行到规定测试时间后,对试验组和对照组气雾室同时进行采样,采样时间为1 min~5 min,采样时采样头应向上方。采样过程中被测样机应停止运行。

A.3.4.10 在室温状态下，采样营养琼脂平板必须于采样后尽快放入 36 ℃±1 ℃培养箱中培养 24 h～48 h，然后计数生长菌落数（换算成 CFU/m³ 单位），换算公式如式（A.2）：

$$\text{空气含菌量}(\text{CFU/m}^3)=\frac{\text{采样平板上总菌落数}(\text{CFU})}{\text{采样流量}(\text{L/min})\times\text{采样时间}(\text{min})}\times 1\,000 \qquad \cdots\cdots(\text{A.2})$$

未用的同批培养基应各取 1 份～2 份，与试验采样的样本同时进行培养，作为阴性对照。阴性对照组不得出现细菌生长，否则说明培养基有污染，试验无效，应取无污染的培养基重新进行测试。

A.3.4.11 试验完毕后，对气雾舱空气做最终消毒。打开紫外灯，消毒 1 h～2 h 后，开启抽风机，过滤除菌。

A.3.4.12 试验应重复进行测试 3 次（每次试验间隔至少 1 d），分别计算除菌率（取 3 次试验结果的算术平均值为最后的试验结果）。

A.3.5 试验数据处理

抗菌（除菌）率按照式（A.3）进行计算：

$$K_t=\frac{V_1(1-N_t)-V_2}{V_1(1-N_t)}\times 100 \qquad \cdots\cdots(\text{A.3})$$

式中：

K_t——空调器或净化器的抗菌（除菌）率，单位为%；

V_1、V_2——分别为试验组在试验前、后不同时间的空气含菌量，单位为 CFU/m³；

N_t——对照组中空气中细菌的自然消亡率，按照式（A.4）计算：

$$N_t=\frac{V_0-V_t}{V_0}\times 100 \qquad \cdots\cdots(\text{A.4})$$

式中：

V_0、V_t——分别为对照组在试验前、后不同时间的空气含菌量，单位为 CFU/m³。

ICS 97.040.30
Y 61

中华人民共和国国家标准

GB 21551.4—2010

家用和类似用途电器的抗菌、除菌、净化功能　电冰箱的特殊要求

Antibacterial and cleaning function for household and similar electrical appliances—Particular requirements of refrigerator

2011-01-14 发布　　2011-09-15 实施

中华人民共和国国家质量监督检验检疫总局
中国国家标准化管理委员会　发布

前　言

本部分的全部技术内容为强制性。

GB 21551《家用和类似用途电器的抗菌、除菌、净化功能》系列标准由若干部分组成，第1部分为通则，其他部分为特殊要求。

本部分是GB 21551的第4部分。

本部分与GB 21551.1—2008《家用和类似用途电器的抗菌、除菌、净化功能　通则》配合使用。

本部分由中国轻工业联合会提出。

本部分由全国家用电器标准化技术委员会(SAC/TC 46)归口。

本部分起草单位：中国家用电器研究院、中国疾病预防控制中心环境与健康相关产品安全所、河南新飞电器有限公司、海尔集团公司、青岛澳柯玛股份有限公司。

本部分主要起草人：张铁雁、李一、张流波、姚孝元、肖建军、王东宁、程贵亮。

家用和类似用途电器的抗菌、除菌、净化功能　电冰箱的特殊要求

1　范围

GB 21551的本部分规定了家用和类似用途的冷藏箱、冷藏冷冻箱、冷冻箱在抗菌、显著阻碍真(霉)菌生长、消除异味功能方面的卫生要求、检测方法和标志。

本部分适用于具有抗菌功能或同时具有去除异味装置的电冰箱(以下简称"抗菌电冰箱")。

2　规范性引用文件

下列文件中的条款通过GB 21551的本部分的引用而成为本部分的条款。凡是注日期的引用文件,其随后所有的修改单(不包括勘误的内容)或修订版均不适用于本部分,然而,鼓励根据本部分达成协议的各方研究是否使用这些文件的最新版本。凡是不注日期的引用文件,其最新版本适用于本部分。

GB/T 14676　空气质量　三甲胺的测定　气相色谱法

GB/T 14678　空气质量　硫化氢、甲硫醇、甲硫醚和二甲二硫的测定　气相色谱法

GB/T 18883—2002　室内空气质量标准

GB 21551.1—2008　家用和类似用途电器的抗菌、除菌、净化功能　通则

GB 21551.2—2010　家用和类似用途电器的抗菌、除菌、净化功能　抗菌材料特殊要求

《消毒技术规范》(卫生部2002年版)

3　术语和定义

GB 21551.1—2008确立的以及下列术语和定义适用于GB 21551的本部分。

3.1

抗菌　antibacterial

采用化学、物理等方法杀灭细菌或妨碍细菌生长繁殖及其活性的过程。

3.2

除异味　deodorization

能降低与去除细菌、真菌代谢产物或贮存物品挥发出的令人不快异味的作用。

3.3

抗菌材料　antibacterial materials

具有阻碍细菌生长、繁殖或具有使细菌失去活性的材料。

4　技术要求

4.1　安全性要求

4.1.1　安全性基本要求

抗菌电冰箱卫生安全性应符合GB 21551.1—2008中4.2的要求。

4.1.2　卫生毒理学要求

对抗菌电冰箱应用的新材料要经急性经口毒性试验、皮肤刺激试验、急性眼刺激试验与三致试验之一(致突变试验、致畸胎试验、致癌试验中任选一项)的试验检测均合格。

4.2 抗菌要求

a) 抗菌电冰箱或其应用抗菌材料生产的主要部件(接触时间 18 h～24 h),对金黄色葡萄球菌、大肠杆菌的抗菌率应大于或等于 90%。

b) 应用防霉抗菌材料生产的主要部件,防霉等级应为(0～1)级。

4.3 除异味要求

a) 对甲硫醇的吸附或分解率大于或等于 90%;

b) 对三甲胺的吸附或分解率大于或等于 90%。

注:以甲硫醇和三甲胺代表冰箱中存在的异味气体。

4.4 有害物质泄漏要求

抗菌电冰箱的净化装置本身所产生的有害物质应符合表 1 的要求。

冰箱门开启时,紫外线发生装置应停止工作。

表 1 净化装置有害物质泄漏要求

有 害 物 质	指 标
臭氧浓度(箱体周边 5 cm 任意处)/(mg/m^3)	≤0.10
紫外线强度(箱体周边 5 cm 任意处)/($\mu W/cm^2$)	≤5

5 检验方法

5.1 卫生毒理学检测

毒理学试验项目按《消毒技术规范》(卫生部 2002 年版)进行。

5.2 材料抗菌性能检验

按 GB 21551.2—2010 中附录 A、附录 B 规定的方法。

5.3 除异味检验方法

5.3.1 试验样品:在抗菌电冰箱待测箱体门上打两个采样孔,用于发生和采集待测气体。

5.3.2 试验环境:抗菌电冰箱内胆环境温度－25 ℃～5 ℃、相对湿度大于或等于 60%。

5.3.3 抗菌电冰箱门应封闭严密。在正常运转的抗菌电冰箱密封箱体中,分别送入初始浓度为 12 mg/m^3～2 mg/m^3 的甲硫醇或三甲胺,2 h 后检验甲硫醇或三甲胺的残余浓度。

5.3.4 采样和浓度计算:按照 GB/T 14678、GB/T 14676 进行。

气体吸附或分解率按式(1)计算:

$$A = \frac{C_1 - C_2}{C_1} \times 100\% \qquad \cdots\cdots(1)$$

式中:

A——气体分解或吸附率;

C_1——试验开始时气体浓度,单位为千克每升(kg/L);

C_2——试验结束时气体浓度,单位为千克每升(kg/L)。

5.4 有害物质泄漏检验

5.4.1 抗菌电冰箱净化装置本身可能产生的有害因素检验时,均要用室检测值减去室环境本底浓度值作为检验结果值。

5.4.2 抗菌电冰箱净化装置出风口臭氧浓度的检验方法按 GB/T 18883—2002 中附录 A 紫外光度法进行。

5.4.3 抗菌电冰箱净化装置紫外线泄露强度的检验方法按《消毒技术规范》4.4 进行。

6 标志

具有抗菌电冰箱的标志应符合 GB 21551.1—2008 的要求。

除在产品说明书中注明执行本标准编号，还应注明以下内容：

a) 抗菌电冰箱部件、材料的抗菌率、防霉等级；

b) 除异味装置名称。

ICS 03.080.01
Y 60

中华人民共和国国家标准

GB 21551.5—2010

家用和类似用途电器的抗菌、除菌、净化功能　洗衣机的特殊要求

Antibacterial and cleaning function for household and similar electrical appliances—Partilicular requirements for electric washing machine

2011-01-14 发布　　2011-09-15 实施

中华人民共和国国家质量监督检验检疫总局
中国国家标准化管理委员会　发布

前　言

本部分全部技术内容为强制性。

GB 21551《家用和类似用途电器的抗菌、除菌、净化功能》系列标准由若干部分组成，第1部分为通则，其他部分为特殊要求。

本部分是GB 21551的第5部分。

本部分与GB 21551.1—2008《家用和类似用途电器抗菌、除菌、净化功能　通则》配合使用。

本部分中写明"适用"的部分，表示GB 21551.1—2008中的相应条款适用于本部分；本部分中写明"代替"或"修改"的部分，应以本部分为准；本部分中写明"增加"的部分，表示除要符合GB 21551.1—2008中的相应条款外，还应符合本部分所增加的条款。

本部分附录AA为规范性附录。

本部分由中国轻工业联合会提出。

本部分由全国家用电器标准化技术委员会(SAC/TC 46)归口。

本部分起草单位：中国家用电器研究院、博西华电器(江苏)有限公司、青岛海尔洗衣机有限公司、松下电化住宅设备机器(杭州)有限公司、无锡小天鹅股份有限公司、苏州三星电子有限公司、合肥荣事达洗衣设备有限公司、宁波南方电器制造有限公司。

本部分主要起草人：鲁建国、丁旭东、时妍玲、贾春耕、李宏、吴正、王喜雨、杨飞波、朱焰、孙鹏。

家用和类似用途电器的抗菌、除菌、净化功能　洗衣机的特殊要求

1　范围

GB 21551.1—2008 中的该章由下述内容代替。

GB 21551 的本部分规定了具有除菌功能家用和类似用途器具——电动洗衣机除菌功能的范围、术语和定义、技术要求和标识。

本部分适用于器具上或使用说明书中明示具有抗菌、除菌功能的在家庭和类似场合使用的全自动电动洗衣机。

注：普通型单、双桶洗衣机不适用于本部分。

2　规范性引用文件

下列文件中的条款通过 GB 21551 的本部分的引用而成为本部分的条款。凡是注日期的引用文件，其随后所有的修改单（不包括勘误的内容）或修订版均不适用于本部分。然而，鼓励根据本部分达成协议的各方研究是否可使用这些文件的最新版本。凡是不注日期的引用文件，其最新版本适用于本部分。

GB/T 411　棉印染布

GB/T 4288　家用和类似用途电动洗衣机

GB 21551.1—2008　家用和类似用途电器的抗菌、除菌、净化功能　通则

3　术语和定义

GB 21551.1—2008 确立的以及下列术语和定义适用于 GB 21551 本部分。

3.101

臭氧除菌　ozen eliminating bacterial

使用臭氧杀灭大部分或全部残留微生物的过程。

3.102

银离子除菌　silver ion eliminating bacterial

使用银离子杀灭大部分或全部残留微生物的过程。

3.103

高温除菌　high temperature eliminating bacterial

用电热元件加热洗涤水杀灭大部分或全部残留微生物的过程。

注：高温指洗涤温度≥80 ℃。

3.104

除菌率　eliminating bacterial rate

指洗衣机在一个除菌程序中杀灭金黄色葡萄球菌和大肠埃希氏菌的比例。

4　技术要求

GB 21551.1—2008 中的该章除下述内容外，均适用。

4.1　电器安全性要求

4.1.1　增加：

具有除菌功能的电动洗衣机应符合本部分的要求。

4.1.2 适用。

4.1.3 适用。

4.2 卫生安全性要求

4.2.1 适用。

4.2.2 适用。

4.2.3 适用。

4.2.4 适用。

4.3 除菌功能要求

代替：

具有除菌功能的电动洗衣机，按附录 AA 要求进行试验，除菌率应不小于 96.0%。

器具装载符合 GB/T 4288 要求的额定负载，使用除菌程序，依据表 1 规定的时间连续运行后，按附录 AA 要求进行试验，除菌率应不小于 86.0%。

表 1 除菌功能要求

类型	累计连续运行次数或时间
波轮式/搅拌式全自动洗衣机	以一个常用(标准)除菌洗涤程序为一次，运行 2 000 次
滚筒式全自动洗衣机	以一个常用(标准)除菌洗涤程序为一次，运行 2 300 h
注：对于明示除菌程序运行次数或时间的器具，按实际明示值进行试验。运行次数(时间)减少或增加，除菌率按同等比例增加或减少。	

5 标识

GB 21551.1—2008 中的该章除下述内容外，均适用。

5.1 卫生安全性检验

修改：

具有除菌功能的电动洗衣机产品的标识、说明书必须符合国家的相关法律、法规、强制性标准的要求，必须反映产品的真实属性、简明易懂、准确无误、科学合理，不得带有误导消费者的明示与暗示。

5.2 标识的基本要求

修改：

具有抗菌、除菌功能的电动洗衣机应符合 GB 5296.2 的要求进行标识。

5.3 标识内容

修改：

具有除菌功能的电动洗衣机的使用说明书应包括以下内容：

a) 除菌功能的种类、达到的除菌率等技术指标；

b) 电动洗衣机除菌功能在使用寿命期内功能正常衰减及性能变化；

c) 电动洗衣机使用寿命内需要更换、清洗等零部件、应予以说明；

d) 抗菌的部件或部位及作用。

附 录
（规范性附录）
抗菌、除菌、防霉部件卫生安全性评价和试验方法

GB 21551.1—2008 中附录内容均适用。

附　录　AA
（规范性附录）
带有除菌功能电动洗衣机除菌试验方法

通过对比洗衣机常用（标准）洗涤程序下未开启除菌功能和开启除菌功能最终残留的活体细菌数来确定洗衣机除菌功能的除菌率。

其中，未启用除菌功能组为对照组；启用除菌功能组为试验组。

AA.1　试验负载

AA.1.1　标准洗涤物（简称负载布）

GB/T 411 要求中的漂白中平布，其经纱为 21±2 支数；纬纱为 21±2 支数，经过脱浆预处理制成 330 mm×330 mm 的方巾。

AA.1.2　试验用负载量为额定负载量的 30%。

AA.2　试验样块

用符合 GB/T 411 要求中的漂白中平布，其经纱为 21±2 支数；纬纱为 21±2 支数，经过脱浆预处理后制成 100 mm×100 mm 的方布块。

AA.3　菌种

AA.3.1　菌种为金黄色葡萄球菌和大肠埃希氏菌。

AA.3.2　菌液浓度为 1.0×10^9 CFU/mL～9.0×10^9 CFU/mL 的稀释液。

AA.4　试验程序

AA.4.1　对照组：采用常用（标准）洗涤程序。

AA.4.2　试验组：常用（标准）洗涤程序＋除菌功能或除菌程序。

AA.5　试验方法

AA.5.1　试验条件和试验用仪器仪表符合 GB/T 4288 中相关要求。

AA.5.2　除菌试验

AA.5.2.1　在每块 100 mm×100 mm 试验样块上（共 3 块样块）均匀涂覆 1 mL 菌液。

注 1：在培养皿中涂覆菌液；

注 2：涂覆完之后放置一段时间，肉眼观察样块表面微干即可使用；

注 3：除菌前的活菌计数不低于 10^6 CFU。

AA.5.2.2　将 1 块试验样块按照如下图示钉在负载布的中央位置。

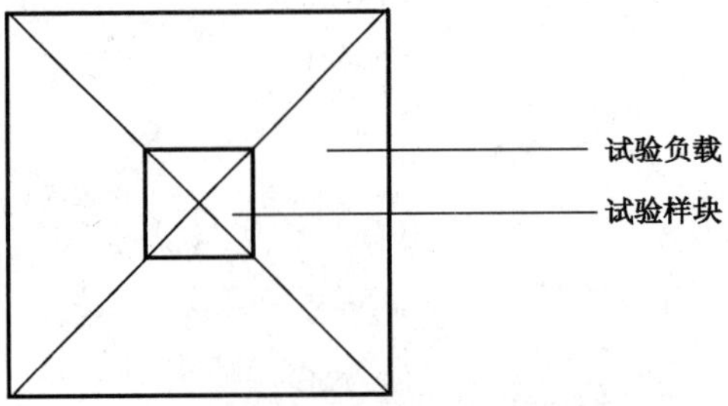

图 AA.1　试验样块位置图

AA.5.2.3 负载布的放置

标准洗涤物应按下列顺序和数量放置：

① 带试验样块的负载布(1块)；

② 不带试验样块的负载布(总负载的一半)；

③ 带试验样块的负载布(1块)；

④ 不带试验样块的负载布(总负载布的另一半)；

⑤ 带试验样块的负载布(1块)。

AA.5.2.4 除菌功能试验后残留活菌数的测定

试验结束后，取出试验样块，采用活菌计数方法测试试验样块上残留的活菌数。

AA.5.2.5 计算除菌率(%)，用式(AA.1)计算除菌率：

$$\frac{\text{洗涤后对照组残留活体细菌数}-\text{洗涤后试验组残留活体细菌数}}{\text{洗涤后对照组残留活体细菌数}}\times 100\% \quad\cdots\cdots(\text{AA.1})$$

AA.5.2.6 试验次数

同一规格的洗衣机，要在同一条件下至少试验1台，每台进行3次试验，每次试验后根据残留的活菌数算出除菌率，取其3次除菌率的算术平均值为该洗衣机的除菌率值。

ICS 97.040.30
Y 61

中华人民共和国国家标准

GB 21551.6—2010

家用和类似用途电器的抗菌、除菌、净化功能　空调器的特殊要求

Antibacterial and cleaning function for household and similar electrical appliances—Particular requirements of air conditioner

2011-01-14 发布　　2011-09-15 实施

中华人民共和国国家质量监督检验检疫总局
中国国家标准化管理委员会　发布

前　言

本部分的全部技术内容为强制性。

GB 21551《家用和类似用途电器的抗菌、除菌、净化功能》系列标准由若干部分组成,第1部分为通则,其他部分为特殊要求。

本部分是GB 21551的第6部分。

本部分与GB 21551.1—2008《家用和类似用途电器的抗菌、除菌、净化功能　通则》配合使用。

本部分由中国轻工业联合会提出。

本部分由全国家用电器标准化技术委员会(SAC/TC 46)归口。

本部分起草单位:中国家用电器研究院、中国疾病预防控制中心环境与健康相关产品安全所、美的集团有限公司、海尔集团公司、珠海格力电器股份有限公司。

本部分主要起草人:张铁雁、李一、刘凡、姚孝元、郑崇开、张桃、张守信。

家用和类似用途电器的抗菌、除菌、净化功能　空调器的特殊要求

1　范围

GB 21551的本部分规定了具有抗菌、除菌、室内空气净化功能的房间空气调节器(以下简称:抗菌净化空调器)的卫生要求、检验方法和标志。

本部分适用于家用和类似用途的抗菌净化空调器。

2　规范性引用文件

下列文件中的条款通过GB 21551的本部分的引用而成为本部分的条款。凡是注日期的引用文件,其随后所有的修改单(不包括勘误的内容)或修订版均不适用于本部分,然而,鼓励根据本部分达成协议的各方研究是否可使用这些文件的最新版本。凡是不注日期的引用文件,其最新版本适用于本部分。

GB/T 18883—2002　室内空气质量标准

GB 21551.1—2008　家用和类似用途电器的抗菌、除菌、净化功能　通则

GB 21551.2—2010　家用和类似用途电器的抗菌、除菌、净化功能　抗菌材料的特殊要求

GB 21551.3—2010　家用和类似用途电器的抗菌、除菌、净化功能　空气净化器的特殊要求

WS/T 206　公共场所空气中可吸入颗粒物(PM10)测定方法-光散射法

《消毒技术规范》(卫生部2002年版)

3　术语和定义

GB 21551.1—2008确立的以及下列术语和定义适用于GB 21551的本部分。

3.1

室内空气净化功能　function of indoor air cleaning

采用某些技术或方法使室内空气中的颗粒物、气态污染物浓度明显降低。

3.2

洁净空气量　air cleaning ability

器具去除某一种空气污染物的能力。

3.3

净化效率　cleaning efficiency

抗菌净化空调器中净化装置净化处理室内空气的能力,以洁净空气量与抗菌除菌空调器额定送风量的比值η表示。

4　卫生要求

4.1　卫生安全性

4.1.1　抗菌净化空调器应符合GB 21551.1—2008中4.2的要求。

4.1.2　抗菌净化空调器本身所产生的有害物质应符合表1中的要求。

表 1 有害物质要求

有害物质	指标
臭氧浓度(出风口 5 cm 处)	≤0.10 mg/m^3
紫外线强度(装置周边 5 cm 处)	≤5 μW/cm^2
TVOC 浓度(出风口 20 cm 处)	≤0.15 mg/m^3
PM10 浓度(出风口 20 cm 处)	≤0.07 mg/m^3

4.1.3 抗菌净化空调器室内机部件及相关部件经过抗菌处理或使用抗菌材料的,其使用的抗菌材料应符合 GB 21551.2—2010 中第 4 章的要求。

4.1.4 抗菌净化空调器的净化材料应能够更换或再生,净化装置能够清洗和消毒。

4.2 功能性

4.2.1 抗菌净化空调器的抗菌(除菌)功能应达到下述要求:

在模拟现场试验条件下运行 1 h,其抗菌(除菌率)大于或等于 50%。

4.2.2 抗菌净化空调器的空气净化性能应至少达到表 2 中的一项指标。

表 2 净化性能指标

污染物	净化效率(η)
PM10 颗粒物	≥40%
甲醛、氨、苯	≥25%

5 检验方法

5.1 卫生安全性检验

5.1.1 抗菌净化空调器使用的抗菌、除菌、净化部件和材料按 GB 21551.2—2010 进行。

5.1.2 对抗菌净化空调器净化装置本身可能产生的有害因素检验时,均要用试验室检测值减去试验室环境本底浓度值作为检验结果值。

5.1.3 抗菌净化空调器出风口臭氧浓度的检验采用 GB/T 18883—2002 中附录 A 紫外光度法。

5.1.4 抗菌净化空调器紫外线泄漏强度的检验采用《消毒技术规范》(卫生部 2002 年版)中 4.4 的规定。

5.1.5 抗菌净化空调器出风口挥发性有机物(TVOC)浓度的检验采用 GB/T 18883—2002 中附录 C 热解析/毛细管气相色谱法。

5.1.6 抗菌净化空调器出风口 PM10 颗粒物浓度的检验采用 WS/T 206 规定的光散射法。

5.2 功能性检验

5.2.1 抗菌、除菌功能检验

抗菌净化空调器的抗菌、除菌率检验方法采用 GB 21551.3—2010 中附录 A 的方法。

5.2.2 净化功能检验

5.2.2.1 抗菌净化空调器 PM10 颗粒物的净化效率检验采用 WS/T 206 规定的光散色法。

5.2.2.2 抗菌净化空调器甲醛、氨和苯的净化效率检验采用 GB/T 18883—2002 中附录 C 的方法。

6 标志

6.1 标志原则

6.1.1 抗菌净化空调器产品标识应符合 GB 21551.1—2008 中第 5 章的要求。

6.1.2　抗菌净化空调器应在产品使用说明书中具体标明其产品具有本标准规定的功能、指标及净化材料更换或再生周期与方法。

6.2　抗菌、除菌、空气净化功能标志

6.2.1　符合本部分4.2.1要求的抗菌净化空调器，可以在产品包装箱、产品铭牌上使用“抗菌、除菌”文字说明。

6.2.2　符合本部分4.2.2要求的抗菌净化空调器，可以在产品包装箱、产品铭牌上使用“空气净化功能”文字说明，但要标明对哪种空气污染物具有净化作用。

6.2.3　同一产品具有上述两种功能的，可在产品包装箱、产品铭牌上同时使用“抗菌、除菌”和“空气净化功能”两种文字说明。

ICS 33.040.40
M 33

中华人民共和国国家标准

GB/T 21645.2—2010

自动交换光网络(ASON)技术要求 第2部分:术语和定义

Technical requirements for automatically switched optical networks—Part 2:Terms and definitions

(ITU-T G.8081:2008,Terms and definitions for Automatically Switched Optical Networks (ASON),NEQ)

2010-12-01 发布

2011-04-01 实施

中华人民共和国国家质量监督检验检疫总局
中国国家标准化管理委员会 发布

前言

GB/T 21645《自动交换光网络(ASON)技术要求》标准的结构预计如下：

——第1部分：体系结构与总体要求；

——第2部分：术语和定义；

——第3部分：数据通信网(DCN)；

——第4部分：信令技术；

——第5部分：用户-网络接口(UNI)；

——第6部分：管理平面；

——第7部分：自动发现。

本部分是GB/T 21645的第2部分。

本部分与ITU-T G.8081:2008《ASON术语和定义》的一致性程度为非等效，相关内容对应关系如下：

——3.1对应于G.8081:2008的3.1；

——3.2对应于G.8081:2008的3.2，并增加了回溯(crank-back)、服务级别协议(SLA)、编号(numbered)、未编号(unnumbered)等术语定义；

——第4章对应于G.8081:2008的第4章；

——附录A对应于G.8081:2008的附录Ⅲ。

本部分的附录A为资料性附录。

本部分由中华人民共和国工业和信息化部提出。

本标准由中国通信标准协会归口。

本标准起草单位：新峤网络设备(上海)有限公司、信息产业部电信研究院。

本标准主要起草人：陈云志、徐云斌、张海懿、张国颖、王郁、李伟、胡昌军。

自动交换光网络(ASON)技术要求 第2部分:术语和定义

1 范围

GB/T 21645 的本部分规定了自动交换光网络(ASON)的术语、定义以及缩略语。

本部分适用于ITU-T G.805定义的面向连接的电路和分组传送网络,包括ITU-T G.872定义的光传送网络(OTN)。

2 规范性引用文件

下列文件中的条款通过GB/T 21645的本部分的引用而成为本部分的条款。凡是注日期的引用文件,其随后所有的修改单(不包括勘误的内容)或修订版均不适用于本部分,然而,鼓励根据本部分达成协议的各方研究是否可使用这些文件的最新版本。凡是不注日期的引用文件,其最新版适用于本部分。

ITU-T G.780	同步数字体系(SDH)网络和设备的术语和定义
ITU-T G.7712	数据通信网的体系结构与规范
ITU-T G.805	传送网络的通用功能结构
ITU-T G.806	传输设备的特性-描述方法和一般功能
ITU-T G.870	光传送网络的术语和定义
ITU-T M.3010:2000	电信管理网络规则
ITU-T M.3013	电信管理网的考虑
ITU-T M.3100	通用网络信息模型
ITU-T X.25:1996	数据终端设备(DTE)和数据电路终端设备(DCE)之间的接口,用于分组模式下通过专门的电路连接到公共数据网络的终止操作
ITU-T X.700	CCITT应用中开放系统互连(OSI)的管理框架
ITU-T Y.1311:2002	网络VPN的通用结构和服务需求

3 术语和定义

3.1 公用术语

本部分使用在其他ITU-T标准中定义的下列术语。

3.1.1 IUT-T G.780 定义的术语

——数据通信通路　Data Communications Channel (DCC)

——嵌入式控制通路　Embedded Control Channel (ECC)

——链路容量调整方案　Link Capacity Adjustment Scheme (LCAS)

——网络节点接口　Network Node Interface (NNI)

——保护　protection

3.1.2 ITU-T G.805 定义的术语

——接入组　Access Group (AG)

——接入点　Access Point (AP)

——管理域　administrative domain

——客户-服务者关系　client-server relationship
——连接终端点　Connection Termination Point (CTP)
——层网络　layer network
——链路　link
——链路连接　link connection
——管理域　management domain
——网络连接　network connection
——分割　partitioning
——端口　port
——子网连接　subnetwork connection
——路径　trail
——路径终端　trail termination
——传送　transport
——单向接入点　unidirectional access point
——单向连接　unidirectional connection
——单向连接点　unidirectional connection point
——单向端口　unidirectional port
——单向路径　unidirectional trail

3.1.3　ITU-T G.806 定义的术语

客户/服务层　client/server layer

3.1.4　ITU-T G.870 定义的术语

——实体　entity
——通用通信通路　General Communication Channel (GCC)
——通用管理通信开销　general management communications overhead
——层　layer
——本地人机操作终端　local craft terminal
——管理通信　management communications
——管理信息　management information
——管理点　management point
——光通路　optical channel
——光通路数据单元　optical channel data unit
——光通路传送单元　optical channel transport unit
——光网络单元　optical network element
——光开销信号　optical overhead signal
——光监控通路　optical supervisory channel
——光传送网络　optical transport network
——光传送网络节点接口　optical transport network node interface
——恢复　restoration
——资源　resource
——传送实体　transport entity
——传送网络　transport network

3.1.5　ITU-T G.7712 定义的术语

——数据通信网络　Data Communication Network (DCN)

——双接口　dual interfaces

——信令通信网络　Signalling Communication Network (SCN)

3.1.6　**ITU-T M.3010 定义的术语**

——数据通信功能　data communication function

——中介设备　mediation device

——网络单元　network element

——网络单元功能　network element function

——操作系统　operations system

——操作系统功能　operations system function

——Q 接口　Q-interface

——q 参考点　q reference points

——参考点　reference point

3.1.7　**ITU-T M.3013 定义的术语**

——消息通信功能　message communication function

——工作站功能　workStation function

3.1.8　**ITU-T M.3100 定义的术语**

——管理接口　management interface

——管理实体　managed entity

3.1.9　**ITU-T X.700 中定义的术语**

——管理对象　managed object

3.1.10　**ITU-T X.25 中定义的术语**

——封闭用户组　closed user group

3.1.11　**ITU-T Y.1311 中定义的术语**

——虚拟专用网络　Virtual Private Network (VPN)

3.2　**ASON 术语**

本部分定义下列术语和定义。

3.2.1

接入组容器　Access Group Container (AGC)

AGC 是一个单层的实体，包括接入组、LRM 和 TAP。它类似于 ITU-T G.805 中的子网，差别在于 AGC 不能递归定义，它可以是也可以不是一个连接矩阵(没有必要指出)，并且 AGC 没有定义子网连接。来自不同层次的多个 AGC 可共存于同一个设备中。

3.2.2

地址　address

地址是一个字符串，它与源的位置无关，但会随着目的地的移动而改变。地址用于路由目的。源和目的地址必须是全局唯一的。

3.2.3

代理　agent

在本部分范围内，代理用于描述代表一个资源的特定属性和行为的实体。代理允许在各种资源和管理以及控制功能之间的交互。一个资源可以有多个代理。

3.2.4

自动交换光网络　Automatically Switched Optical Networks (ASON)

ASON 是一种自动交换传送网络(ASTN)，适用于 ITU-T G.805 定义的面向连接的电路或者分组传送网络。

3.2.5

已分配(资源)标签的范围 allocated 〈resource〉 label range

见标签定义下子条目。

3.2.6

自动交换传送网 Automatically Switched Transport Networks (ASTN)

ASTN是一种通过控制平面来完成连接的控制与管理的传送网络。

3.2.7

分配的SNP assigned SNPs

不在潜在SNP的范围的SNP,它们已分配给特定的连接使用,与这些SNP对应的标签是已配置的标签。

3.2.8

自动封装数据通信功能 Automatic Encapsulating Data Communication Function (AE-DCF)

AE-DCF在必要时能自动封装分组,以便使分组可以由NE选路,否则NE无法转发它们。AE-DCF同时具有相应的解封装功能,这样穿过不兼容网元的分组,就可以被还原成它们原来的格式。

3.2.9

呼叫 call

两个或多个用户与一个或多个支持服务实例的域之间的关系,可穿越一个或多个域。在域内,此关系由包含呼叫状态的实例支持。在用户和网络互通控制实体之间,以及网络呼叫控制实体之间,存在呼叫段。呼叫由呼叫段的级联构成。

3.2.10

呼叫控制 call control

呼叫控制是一个或者多个用户应用与网络之间的信令关系,用于控制连接的建立、释放、调整和维护操作。

3.2.11

呼叫允许控制 Call Admission Control

呼叫允许控制是一个策略功能,由网络中的呼叫发起方调用,同时可能需要呼叫终结方的配合。

3.2.11.1

发起方呼叫允许功能 originating call admission function

发起方呼叫允许控制功能负责检查所提供的被叫用户名称和参数是否有效。

3.2.11.2

终结方呼叫允许功能 terminating call admission function

终结方呼叫允许功能负责根据主叫方和被叫方的服务协议,检查被叫方是否有资格接受该呼叫。

3.2.12

呼叫控制器 call controller

呼叫控制器控制呼叫,呼叫控制器元件有两种,主叫/被叫方呼叫控制器和网络呼叫控制器。

3.2.12.1

主叫方/被叫方呼叫控制器 Calling/called party Call Controller (CCC)

该控制器与呼叫的一个终端关联,它可以与终端系统同在一处,也可以位于其他远端,作为代理执行终端系统的功能。该控制器可以承担一个角色或同时承担两个角色:支持主叫方,支持被叫方。

3.2.12.2

网络呼叫控制器 Network Call Controller (NCC)

网络呼叫控制器提供三种角色,一种支持呼叫方,一种支持被叫方,另外一种支持穿越域边界的第三方。呼叫方呼叫控制器通过一个或者多个中间网络呼叫控制器同被叫方呼叫控制器交互。

3.2.12.3

信令控制器　Signalling Controller (SC)

信令控制器包含连接控制和呼叫控制的功能。

3.2.13

呼叫段　call segment

在两个呼叫控制实体(呼叫控制器)之间的关联,每一个呼叫段具有0个或者多个关联的连接。网络呼叫控制实体之间的呼叫段具有0个或者多个所支持的呼叫。

3.2.14

元件　component

功能实体的一种抽象表述。在本部分中,元件并不代表应用代码的实例。它们用于构建场景来解释元件中的操作。

3.2.15

已配置的(资源)标签　configured 〈resource〉 label

见标签定义下子条目。

3.2.16

连接　connection

连接是一系列链路连接和子网连接(这些连接在ITU-T规范ITU-T G.805中定义)的级联,可以在子网的输入和输出端点之间传送用户信息。

3.2.17

连接允许控制　connection admission control

连接允许控制用于决定是否接纳一个连接(或者在呼叫过程中重新协商资源)。

3.2.18

连接控制器　Connection Controller (CC)

连接控制器是ASON控制平面中的元件。连接控制器负责协调链路资源管理器、路由控制器以及对等和从属的连接控制器,以管理和监控连接的建立、释放以及修改已有连接的参数等操作。

3.2.19

连接控制器接口　Connection Controller Interface (CCI)

控制平面中的子网和传送平面中的子网之间的一种接口。

3.2.20

连接点　Connection Point (CP)

在本部分中,连接点为适配功能的北向输入点(注意在ITU-T G.805中,CP指两点之间的绑定关系)。

3.2.21

连接终结点　Connection Termination Point (CTP)

连接终止点表示了在连接点CP上的信号状态。

3.2.22

控制域　control domain

见域定义下的子条目。

3.2.23

控制平面　control plane

控制平面执行呼叫控制和连接控制功能。控制平面通过信令的传递建立和释放连接,并且能够在连接故障情况下进行恢复。控制平面另外执行其他的功能,以支持呼叫和连接控制,如路由信息的分发。

3.2.24

控制平面配置的保护 control plane configured protection

控制平面配置的保护为配置和使用传送平面保护的能力。保护的配置由控制平面来执行，而不是由管理平面执行。同保护连接相关的控制平面元件负责使用保护连接。在发生故障时，控制平面保护动作不会引起重路由操作或者额外的连接建立。

3.2.25

业务等级 Class of Service（CoS）

用于呼叫和连接的策略属性。CoS 指定了服务的类型，满足客户的 SLA 需求，如可用性、中断周期、误码秒等。对呼叫来说，CoS 是端到端透明的，在不同的区域之间不会改变；对连接来说，CoS 在同一个区域内部唯一，在区域之间可以改变。CoS 中可包括服务类型的列表信息。

3.2.26

回溯 crank-back

当连接建立请求未成功并从故障点返回建立失败的信息时，回溯机制允许发起新的连接建立请求，尝试重新建立连接以避免资源的阻塞。回溯机制也可以用于连接的恢复机制。

3.2.27

分集 diversity

分集指在一对输入和输出端口之间，配置使用不同的网络资源（链路和节点）的多个并行连接。根据链路、节点或管理策略等因素，分集可以有不同的级别。若两个连接除了入口和出口节点外，不共享任何节点，称之为节点不相关分集。如果两个连接的通道不共享任何链路，称之为链路不相关分集。

3.2.28

发现代理 Discovery Agent（DA）

发现代理的“联邦”工作在传送平面的名字空间，并且提供传送平面名称空间与控制平面名称空间之间的隔离。发现代理联邦可以获得网络中连接点（CP）和终结连接点的信息，而本地发现代理仅能获得分配给它的连接点信息。

3.2.29

域 domain

域表示用于特定目的的一系列实体的集合。

3.2.29.1

控制域 control domain

控制域是一种传送域，其组成由控制平面元件的管辖范围界定，这些元件负责控制本传送域中的传送资源。

3.2.29.2

路由域 routing domain

路由域是控制域的一种，它的成员具有共同的路由能力，它可以包含 0 个或者多个重路由域。

3.2.29.3

重路由域 rerouting domain

重路由域是一种路由控制域，其控制元件位于区域的边界，协同完成穿越此路由域的所有呼叫和连接的重路由操作。

3.2.29.4

传送域 transport domain

传送域是根据一定标准聚合在一起的一系列传送资源，这种聚合可以是根据维护人员的策略生成，例如 ITU-T G.805 的管理域。

3.2.30

下游按需标签分配　downstream on demand

标签广播程序的一种，由上游节点负责发起请求标签映射程序。

3.2.31

外部网络-网络接口　External Network-Network Interface（E-NNI）

在属于不同控制域的控制平面元件之间的双向信令接口。

3.2.32

E-NNI 传送资源名称　E-NNI transport resource name

为了便于网络呼叫控制器指定 E-NNI，E-NNI SNPP 链路会被分配一个名称。此名称由 ASON 网络分配，并且必须是全局唯一的。可以为一条 SNPP 链路分配多个名称。

3.2.33

显式路由　explicit route

显式路由最初是为 MPLS 流量工程功能定义的，通过基于约束的路由算法获得，在请求信息中表示为经过路由上的一系列抽象节点的列表。显式路由又分为严格显式路由和松散显式路由两种。

3.2.34

联邦　federation

为了连接管理目的而形成的一些域的共同体，用于标识连接控制器之间的协作关系。

3.2.35

服务等级　Grade of Service（GoS）

用于呼叫或连接的策略属性。GoS 是一些网络设计变量，可用于在指定条件下提供对一组资源的策略手段。对呼叫来说，GoS 是端到端透明的，在不同的区域之间不会改变；对连接来说，GoS 在同一个区域内部唯一，在区域之间可以改变。GoS 变量可以为路由分集信息、一系列网络控制器名称的列表等。

3.2.36

硬重路由　hard rerouting

硬重路由操作是一种故障恢复功能，在重路由域内部尝试创建到达域边界目的地址的另外一条连接。此操作在现存连接发生故障时执行，由重路由连接替代发生故障的连接。对于硬重路由，初始的连接段可以在重路由连接建立之前或者之后被释放，即采用“先拆后建”或“先建后拆”的方式，对于采用返回方式的硬重路由机制，可以采用“只建不拆”方式。

3.2.37

硬重路由服务　hard rerouting service

硬重路由服务为呼叫提供一种故障恢复机制，它总是响应故障事件。

3.2.38

握手消息　hello

信令协议控制器发送的消息，向其他的信令协议控制器广播它的存在。

3.2.39

分级路由　hierarchical routing

参见路由子条目。

3.2.40

接口　interface

接口表示 ASON 控制元件之间的逻辑关系，并通过这些元件之间的信息流来定义。这种关系允许元件的各种分布，以支持不同的设备实现和网络结构。

3.2.41

内部网络—网络接口　Internal Network-Network Interface (I-NNI)

在属于一个或多个有信任关系的域的控制平面元件之间的双向信令接口。

3.2.42

IP 路由互联功能　IP routing interworking function

IP 路由互联功能允许 IP 拓扑或者路由在两种互不兼容的 IP 路由协议之间进行传递。例如 IP 路由互联功能可以在一个集成的 IS-IS 路由 DCN 和一个 OSPF 路由 DCN 之间作为一个网关。

3.2.43

标签　label

标签是一个固定长度的、具有本地意义的标识符，一系列的标签形成一个名称空间，用于标识一系列的资源。

3.2.43.1

已分配(资源)标签的范围　allocated 〈resource〉 label range

一系列的标签，可由特定链路的适配功能使用，以载送用户业务信息。它是潜在的资源标签范围的子集。分配的标签可以由传送平面命名空间所使用。每一个所分配的标签同一个或多个存在于控制平面命名空间内的 SNP ID 相关联(1∶n 的关系)。这些绑定信息由 TAP 保存。

3.2.43.2

已配置的(资源)标签　configured 〈resource〉 label

已配置给传送平面的标签，用于支持连接。每一个配置的标签，在链路的接收端有一个转发表的入口，这样就可以根据接收数据包的标签值转发数据包。

3.2.43.3

潜在的(资源)标签范围　potential 〈resource〉 label range

传送平面命名空间中的资源标签范围，通过它适配功能可以区分不同的信息流。

3.2.44

层网络　layer network

层网络是一种拓扑元件，包括传送实体和传送处理功能，完成特定特征信息的产生、传送和终结。

3.2.45

链路　link

链路是一种拓扑元件，描述了子网和接入组同其他的子网或者接入组之间的关系。

3.2.46

链路聚合　link aggregation

可以把一些路由目的相同的链路连接聚合成一些逻辑链路，这种聚合可以基于链路代价、时延、链路质量或分集等参数。聚合后的逻辑链路可以隐藏链路连接的细节，这些细节对一些网络层功能(如路径选择)不是必需的。

3.2.47

链路捆束　link bundle

网络中多个属性相同的链路可以捆绑在一起，作为一个链路组，在链路维护和广播时这一组链路可以通过单个链路状态广播消息公布出去，可以大大减少网络中的广播信息。

3.2.48

链路连接　Link Connection (LC)

通过一条链路在端口之间传送信息的传送实体。

3.2.49

链路资源管理器　Link Resource Manager (LRM)

LRM 是一种结构元件，存在两种 LRM 元件：LRM A 端(LRMA)和 LRM Z 端(LRMZ)。链路资源管理器元件负责管理SNPP链路，包括SNP链路连接的指配和去指配，提供拓扑和状态信息。SNPP链路由一对LRMA和LRMZ元件管理，每一对管理一个连结的终端。请求分配SNP链路连接仅由LRM负责，由于SNPP链路可以是公用的或者是私有的，LRM可以是公用的或者同某个VPN关联。

3.2.50

松散路由　loose route

松散路由为一系列松散抽象节点的列表，在松散抽象节点之间的路径可以穿越其他的网络节点。

3.2.51

本地CP-ID　Local CP-ID

对于传送发现消息的发现代理，为具有本地意义的CP-ID。

3.2.52

本地TCP-ID　Local TCP-ID

对于传送发现消息的发现代理，为具有本地意义的TCP-ID。

3.2.53

管理平面　management plane

管理平面对传送平面、控制平面以及整个系统实施管理功能，它还在这些平面之间进行协调。管理平面执行ITU-T M.3010规定的管理功能，包括性能管理、故障管理、配置管理、计费管理、安全管理。

3.2.54

多归属　multi-homing

当用户的两个或者多个SNPP链路连接到网络的接入组容器上，它就是多归属的。SNPP链路同相同的UNI参考点相关，如果在网络侧，它属于相同的网络呼叫控制器元件范围。此外，用户和网络之间还会达成服务协议，由网络提供不同多归属SNPP链路的连接之间的可靠性、分集或者其他服务特性。

3.2.55

名称　name

名称是一个与位置独立的字符串，可以用于源端或者宿端的标识。如果一个字符串是宿端名称，当宿端的位置发生变化时它应该保持不变。

3.2.56

网络呼叫控制器　network call controller

参见呼叫控制器子条目。

3.2.57

网络层互通功能　network-layer interworking function

网络层互通功能在支持非兼容的网络层协议节点之间提供互操作性。网络层互通功能的例子如静态的GRE隧道，或者AE-DCF。

3.2.58

节点　node

在本部分中，节点用于表示一个子网或者一个路由域。

3.2.59

顺序的控制模式　ordered control mode

只有从下游节点接收到标签映射消息后，本地节点才发送标签映射消息。

3.2.60

源呼叫允许功能　originating call admission function

参见呼叫允许功能子条目。

3.2.61

编号　numbered

编号方式通过 IP 地址对端口进行标识，每一个链路由其终端的 IP 地址进行标识。

3.2.62

永久连接　Permanent Connection (PC)

PC 是一种由管理系统或手工配置并进行维护的连接类型。

3.2.63

策略　policy

策略是指应用在系统边界接口的一系列规则，可将消息过滤成为允许的消息集。策略由“**端口控制器**”元件来执行。

3.2.64

端口控制器　Port Controller (PC)

执行适用于某系统的一系列规则的元件。

3.2.65

协议控制器　Protocol Controller (PC)

协议控制器是一种元件，它将控制元件抽象接口的参数映射到由某协议所承载的消息中，以支持经由接口的互通。协议控制器是策略端口的一个子类，它提供与这些元件相关的所有功能。

3.2.66

潜在的(资源)标签范围　potential ＜resource＞ label range

见标签定义下子条目。

3.2.67

潜在的 SNP　Potential SNPs

同标签(资源)关联的 SNP。一般来说，多个 SNP 可以同一个标签相关联。与同一(资源)标签相关联的各个 SNP 一般属于不同的 SNPP。

3.2.68

代理呼叫　proxy call

主叫方和被叫方呼叫控制器通过呼叫协议同网络呼叫控制器进行交互，但不与用户一一对应。

3.2.69

远端路由查询　remote route query

路由控制器同其他的路由控制器(它们具有不同的层网络资源)之间的交互操作，交换不同的层网络资源信息，以便协调完成路径的计算。

3.2.70

重路由域　rerouting domain

参见区域子条目。

3.2.71

恢复　restoration

通过重新选路来完成替代呼叫中的一条连接的操作。

3.2.72

路由　route

路由是一系列的 SNP 名称、SNPP 名称、路由区域名称以及传送资源标识符，用于控制平面创建一条网络连接。

3.2.73

路由查询请求方　route query requester

向一个路由控制器发送路由请求信息的连接控制器或者路由控制器，请求满足一系列路由约束条件的一条或者多条路由路径。

3.2.74

路由查询响应方　route query responder

路由控制器在接收到来自路由控制器或者连接控制器的路由查询信息后，执行路径计算操作，完成此操作后，返回一个响应消息。

3.2.75

选路　routing

选路是控制平面的功能，用于在一个或者多个运营者网络之间建立连接时选择所经过的路径。

3.2.75.1

分级路由　hierarchical routing

三种基本的动态路径选择控制算法之一。节点包含用于路由区域等级中的单个层次上的路由控制器、连接控制器和链路资源管理器。对路由区域的分解同将一个层网络分解成分级的子网一致(符合ITU-T G.805 的概念)。连接控制器以一种分级的方式相互关联。每个路由区由其自己的动态连接控制，该连接控制器了解本路由区内部的拓扑，但不了解其上、下级或者同级的其他路由区的拓扑信息。

3.2.75.2

源路由　source routing

三种基本的动态路径选择控制算法之一。它通过分布式的连接和路由控制器的联邦进行路径选择。与分级路由不同的是，源路由的连接控制器调用不同序列的路径计算功能。为了降低每一个控制器所维护的网络拓扑信息，控制器只需备有属于它自己路由区内部的拓扑信息。源路由通道选择的发起者通常是一个通道的源节点，也可能是通道上的一个中间节点。通常在路由区的边缘调用该路由区的通道选择功能，以获得通过此路由区的一个通道。

3.2.75.3

逐跳路由　step-by-step routing

三种基本的动态路径选择控制算法之一。这种路由算法进一步减少了节点所需要维护的路由信息量，同时限制了跨越子网的路由选择的方式。逐跳路由的通道选择在每个节点上逐跳地执行，每个节点计算出到达目的地的下一跳链路。

3.2.76

路由邻接　Routing Adjacency (Radj)

两个路由控制器之间的逻辑关联。

3.2.77

路由区　routing area

路由区由一组子网、连接这些子网的 SNPP 链路以及标识该路由区边界上的 SNPP 链路端点的 SNPP 构成。路由区可以包含由 SNPP 链路互联的更小的路由区。路由区细分的极限是一个路由区包含一个子网。

3.2.78

路由控制器　Routing Controller (RC)

路由控制器是完成下列任务的元件：

——响应来自路径(路由)信息的请求，用于建立连接。此信息可以是端到端的路径细节，也可以是下一跳。此路由可以是由一个或者多个协同操作的 RC 计算完成。

——响应来自网络管理目的的拓扑(SNP 和它们的抽象)信息请求。

3.2.79

路由控制域　Routing Control Domain (RCD)

一种类型的控制域，其成员具有相同的路由能力。它可用包含 0 个或者多个重路由域。

3.2.80

路由域　routing domain

参见域子条目。

3.2.81

路由信息数据库　Routing Information Database (RDB)

存储本地拓扑、网络拓扑、可达性信息以及其他路由信息的信息数据库，此信息数据库可以通过路由信息交换进行更新，也可以通过配置进行更新。

3.2.82

路由层次　routing level

路由层次是路由区和它包含的或者包含它的路由区之间的关系。路由区之间的相互包含关系形成了路由层次。

3.2.83

路由执行器　Routing Performer (RP)

路由执行器是一个计算视点对象，与路由区关联，同时为此路由区提供路由服务的抽象。

3.2.84

服务级别协议　service level agreement

服务级别协议是一个两方(如服务提供商和客户)之间的合同。它规定提供给客户的服务和服务的等级。它还写明了服务的保证以及服务质量劣化、降级或失效情况下所需的处罚。

3.2.85

共享风险组　Shared Risk Group (SRG)

一组共享相同风险元件的资源，该元件的失效同时会导致组中所有资源的失效。

3.2.86

SNPP 别名　SNPP Alias

SNPP 别名是同一个 SNPP 链路在另一个 SNPP 名称空间产生的又一个名称。存在于一个路由区中的 SNPP 别名可供与该路由区相关的 RC 使用。

3.2.87

SNP 标识符　SNP identifier

SNP 标识符用于链路连接的分配以及某些情况下的路由功能。SNP 标识符由 SNPP 标识符导出，同时提供一个本地意义的 SNP 索引。当此标识符用于路由目的时，它是一个 SNPP 地址，在其他情况下，此标识符是一个 SNP 名称。

3.2.88

SNPP 标识符　SNPP identifier

SNPP 标识的实例。当用于路由功能时，它是一个 SNPP 地址，当不用于路由功能时，则它是 SNPP 名称。SNPP 标识符的要素可以包括 RA ID、子网 ID 以及资源标识符。

3.2.89

软永久连接　Soft Permanent Connection (SPC)

SPC 是一种用户到用户的连接，其中端到端连接中的用户到网络部分是通过网络管理系统建立的(类似永久连接)，而端到端连接的网络部分是通过控制平面建立的(类似交换连接)。在连接的网络部分，建立连接的请求是由管理平面发起，而由控制平面完成连接建立。

3.2.90

软重路由　soft rerouting

软重路由服务是用于管理维护目的的呼叫重路由机制(如路由优化、网络维护、工程规划等)。重路由元件首先建立一个重路由连接，然后使用此连接并将最初的连接删除。这称作先建后拆(make-before-break)。

3.2.91

源路由　source routing

参见路由下的子条目。

3.2.92

逐跳路由　step-by-step routing

参见路由子条目。

3.2.93

子网点　Subnetwork Point (SNP)

SNP 是一个抽象概念,代表一个实际或潜在的 CP(或 CTP)或一个实际或潜在的 TCP(或 TTP)。几个 SNP(在不同的子网部分)可代表同一 TCP 或 CP。

3.2.94

子网点池　Subnetwork Point Pool (SNPP)

出于路由目的而组合在一起的一组子网点。SNPP 与链路终端有密切关系。

3.2.95

SNPP 链路　SNPP link

位于不同子网的 SNPP 之间的关联。

3.2.96

子网　subnetwork

一种拓扑元件,其特定的特性信息可以用于路由目的,在本部分中,子网由子网点绑定。

3.2.97

子网连接　Subnetwork Connection (SNC)

子网连接是在相同子网中的两个(或者多个,在广播连接的情况下)子网点之间的动态关系。

3.2.98

补充服务　supplementary services

在一个传送网络内部,补充服务是一系列在连接管理之上提供给终端用户的服务。

3.2.99

交换连接　Switched Connection (SC)

SC 是一种由终端用户请求而建立的连接类型,即通过控制平面信令单元之间的信令消息动态交换,在连接终端点之间建立的连接。

3.2.100

终结连接点　Termination Connection Point (TCP)

在本部分中,终结连接点代表了路径终结功能的输出,或者路径终结宿功能的输入。

3.2.101

终结和适配执行器　Termination and Adaptation Performer (TAP)

终结和适配执行器物理上位于提供适配和终端功能的设备内。它提供链路连接的控制平面视图,同时隐藏了适配和终端控制的所有硬件和技术上的细节。

3.2.102

终结方呼叫允许功能　terminating call admission function

参见**呼叫允许控制**子条目。

3.2.103

第三方信令　third party signalling

代表用户的信令方,为进行连接监视而在该用户和控制平面之间交换信息。

3.2.104

传送资源标识符　transport resource identifier

参见域下的子条目。

3.2.105

传送网络分配地址　Transport Network Assigned Address (TNA)

TNA 地址用于标识 UNI 连接终端，由传输网络分配。每一个 TNA 地址是全局唯一的地址，地址类型可以是 IPv4 或者 IPv6。一个 TNA 地址可以用于标识一个或者多个数据链路，当用于多个数据链路时，TNA 地址和逻辑端口标识符一起唯一的指定一条数据链路。

3.2.106

传送平面　transport plane

传送平面提供两点之间的双向或单向的用户信息传送，它也可以传送控制和网络管理信息。传送平面采用分层结构，等效于 ITU-T G.805 中定义的传送网。

3.2.107

路径终结点　Trail Termination Point (TTP)

路径终结点表示了 TCP 的信号状态。

3.2.108

用户网络接口　User Network Interface (UNI)

位于业务请求方和业务提供方的控制平面元件之间的双向信令接口。

3.2.109

未编号　unnumbered

不为每一个链路或者端口分配 IP 地址，而是分配一个接口标识，通过节点 IP 地址以及接口标识的组合来唯一的标识端口或者链路。

4　缩略语

GB/T 21645 的各部分使用下列缩略语。

其他标准中列出的与 GB/T 21645 相关的缩略语参见附录 A。

ACC-n	A-end CC at domain n	域 n 的 A 端 CC
AD	Administrative Domain	管理域
AE-DCF	Automatic Encapsulating Data Communication Function	自动封装数据通信功能
AESA	ATM End System Address	ATM 终端系统地址
AG	Access Group	接入组
AGC-a	A-end Access Group Container (AGC)	A 端接入组容器(AGC)
AGC-z	Z-end AGC	Z 端 AGC
AP	Access Point	接入点
ARC	Alarm Reporting Control	告警报告控制
ASC-n	A-end Signalling Controller in domain n	域 n 的 A 端信令控制器
ASN-n	A-end SN in domain n	域 n 的 A 端子网
ASON	Automatically Switched Optical Networks	自动交换光网络
ASTN	Automatically Switched Transport Networks	自动交换传送网络
BoD	Bandwidth on Demand	带宽按需分配
CAC	Call Admission Control	呼叫允许控制
CallC	Call Controller	呼叫控制器

CC	Connection Controller	连接控制器
CC-a	A-end Connection Controller	A 端连接控制器
CC-z	Z-end Connection Controller	Z 端连接控制器
CCC	Calling/Called Party Call Controller	主叫/被叫方呼叫控制器
CCC-a	A-end CCC	A 端 CCC
CCC-z	Z-end CCC	Z 端 CCC
CCI	Connection Controller Interface	连接控制器接口
CF	Control Plane Function	控制平面功能
CoS	Class of Service	业务等级
CPS	Connection Point Status	连接点状态
CR-LDP	Constraint-based Routed Label Distribution Protocol	基于约束路由的标签分发协议
CTP	Connection Termination Point	连接终端点
CUG	Closed User Group	封闭用户组
DA	Discovery Agent	发现代理
DCC	Data Communications Channel	数据通信通路
DCM	Distributed Call and Connection Management	分布呼叫和连接管理
DCN	Data Communication Network	数据通信网络
DT	Discovery Trigger	发现触发
ECC	Embedded Control Channel	嵌入式控制通路
E-NNI	External Network-Network Interface (reference point)	外部网络-网络接口(参考点)
FwPt	Forwarding Port	转发端口
GCC	General Communication Channel	通用通信通路
GMPLS	Generalized Multi-Protocol Label Switching	通用多协议标签交换
GoS	Grade of Service	服务等级
ID	Identifier	标识符
I-NNI	Internal Network-Network Interface (reference point)	内部网络-网络接口(参考点)
IPCC	IP Control Channel (UNI 1.0)	IP 控制通路
IS-IS	Intermediate System-Intermediate System	中间系统-中间系统路由协议
L2TP	Layer 2 Tunnel Protocol	二层隧道协议
LAD	Layer Adjacency Discovery	层邻接发现
LAPD	Link-Access Procedure D-Channel	D 通路链路接入规程
LC	Link Connection	链路连接
LCAS	Link Capacity Adjustment Scheme	链路容量调整方案
LCP	Link Control Protocol	链路控制协议
LLCF	Link Layer Convergence Function	链路层汇聚功能
LSP	Label Switched Path	标签交换路径
LSPDU	Link State Protocol Data Unit	链路状态协议数据单元
LRM	Link Resource Manager	链路资源管理器
MCN	Management Communication Network	管理通信网络
MI	Management Information	管理信息
MO	Managed Object	管理对象
MP	Management Plane	管理平面
MPLS	Multi-Protocol Label Switching	多协议标签交换

NC	Network Connection	网络连接
NCC	Network Call Controller	网络呼叫控制器
NCCI	Network Call Correlation Identifier	网络呼叫相关标识符
NCC-n	NCC in domain n	域 n 的 NCC
NNI (1)	Network Node Interface	网络节点接口
NNI (2)	Network-to-Network Interface	网络到网络接口
OVPN	Optical Virtual Private Network	光虚拟专用网络
PBS	Provided Bandwidth Service	指配带宽业务
PC(1)	Permanent Connection	永久连接
PC(2)	Protocol Controller	协议控制器
PC(3)	Port Controller	端口控制器
PDP	Policy Decision Point	策略决定点
PEP	Policy Enforcement Point	策略执行点
PNNI	Private Network-Network Interface	私有网络-网络接口
PPP	Point-to-Point Protocol	点到点协议
RA	Routing Area	路由区
RAdj	Routing Adjacency	路由邻接
RC	Routing Controller	路由控制器
RCD	Routing Control Domain	路由控制域
RDB	Routing Information Database	路由信息数据库
RI	Routing Information	路由信息
RP	Routing Performer	路由执行器
RSVP-TE	Resource Reservation Protocol-Traffic Engineering	资源预留协议-流量工程
SC	Switched Connection	交换连接
SC-a	A-end user Signalling Controller	A 端用户信令控制器
SC-z	Z-end user Signalling Controller	Z 端用户信令控制器
SCN	Signalling Communication Network	信令通信网络
SLA	Service Level Agreement	服务等级协议
SN	SubNetwork	子网
SNC	Subnetwork Connection	子网连接
SNCr	SubNetwork Controller	子网控制器
SNP	Subnetwork Point	子网点
SNPP	Subnetwork Point Pool	子网点池
SPC	Soft Permanent Connection	软永久连接
SRG	Shared Risk Group	共享风险组
SRLG	Shared Risk Link Group	共享风险链路组
TAP	Termination and Adaptation Performer	终端和适配执行器
TCC-n	Transit CC in domain n	域 n 中的中间 CC
TCE	Transport Entity Capability Exchange	传送实体能力交换
TCP	Termination Connection Point	终结连接点
TE	Traffic Engineering	流量工程
TLV	Type,Length,Value	类型、长度、值
TMN	Telecommunications Management Network	电信管理网络

T-MPLS	Transport-MPLS	传送 MPLS
TNA	Transport Network Assigned Address	传送网络分配地址
TSC-n	Transit Signalling Controller in domain n	域 n 的中间信令控制器
TSN-n	Transit SN in domain n	域 n 的中间子网
TTP	Trail Termination Point	路径终结点
UNI	User Network Interface (regerence point)	用户网络接口(参考点)
UNI-C	User-Network Interface-Client	UNI 客户侧
UNI-N	User-Network Interface-Network	UNI 网络侧
VPN	Virtual Private Network	虚拟专用网络
ZCC-n	Z-end CC at domain n	域 n 的 Z 端 CC
ZSC-n	Z-end signalling controller at domain n	域 n 的 Z 端信令控制器
ZSN-n	Z-end SN in domain n	域 n 的 Z 端子网

附 录 A
（资料性附录）
其他相关规范中发现的缩略语

AA	Administrative Authority（a three octet field in the GOSIP version 2.0 NSAP address format）	管理授权	RFC1195
AAL	ATM Adaptation Layer	ATMs 适配层	af-cs-0148.000
ABR	Available Bit Rate	可用比特率	af-cs-0148.000
ACR	Available Cell Rate	可用信元速率	af-cs-0173.000
AD	Administrative Domain	管理区域	RFC 2753
AES	Advanced Encryption Standard	高级加密标准	Security Mgmt-IA
AESA	ATM End System Address	ATM 终端系统地址	af-cs-0173.000
AFI	Authority and Format Identifier（the first octet of all OSI NSAP addresses-identifies format of the rest of the address）	授权和格式标识符	RFC1195
AINI	ATM Inter-Network Interface	ATM 外部网络接口	af-cs-0141.000
ASP	ATM Service Provider	ATM 服务提供商	af-pnni-0055.002
ATC	ATM Transfer Capability	ATM 传送能力	af-pnni-0055.002
ATM	Asynchronous Transfer Mode	异步传送模式	af-cs-0141.000
AvCR	Available Cell Rate	可用信元速率	af-pnni-0055.002
AW	Administrative Weight	管理权重	af-pnni-0055.002
BGP	Border Gateway Protocol	边界网关协议	af-pnni-0055.002
B-ICI	B-ISDN Inter Carrier Interface	B-ISDN 外部运营商接口	af-cs-0141.000
B-ISUP	Broadband ISDN User Part	宽带 ISDN 用户部分	af-cs-0148.000
B-LLI	Broadband Low Layer Information	宽带低层信息	af-cs-0173.000
CA	Certification Authority	认证授权	Security Mgmt-IA
CBC	Cipher Block Chaining	密码阻塞链	Security Mgmt-IA
CBR	Constant Bit Rate	固定比特率	af-cs-0148.000
CDV	Cell Delay Variation	信元时延抖动	af-pnni-0055.002
CLNP	Connection-Less Network Protocol（ISO 8473，the OSI connectionless network layer protocol-very similar to IP）	无连接网络协议	RFC1195
CLR	Cell Loss Ratio	信元丢失率	af-pnni-0055.002
CLR0	Cell Loss Ratio objective for CLP=0 traffic	CLP=0 业务的信元丢失率目标	af-pnni-0055.002
CMIP	Common Management Information Protocol	公共管理信息协议	Security Mgmt-IA
COA	CONNECTION AVAILABLE	连接可用	af-cs-0148.000
CO-BI	Connection-Oriented,Bearer-Independent	面向连接的，负荷独立的	af-cs-0141.000
COPS	Common Open Policy Service	公共开放策略服务	RFC 2749

CORBA	Common Object Request Broker Architecture	公共对象请求代理结构	Security Mgmt-IA
CRC	Cyclic Redundancy Check	循环冗余校验	Security Mgmt-IA
CR-LSP	Constraint-based Router Label Switched Path	基于约束路由的标签交换路径	RFC 3212
CRM	Cell Rate Margin	信元速率边缘	af-pnni-0055.002
CTD	Cell Transfer Delay	信元传输时延	af-cs-0173.000
DES	Data Encryption Standard	数据加密标准	Security Mgmt-IA
DFI	DSP Format Identifier (a one octet field in the GOSIP version 2.0 NSAP address format)	DSP 格式标识符	RFC1195
DLCI	Data Link Connection Identifier	数据链路连接标识符	af-cs-0141.000
DSP	Domain Specific Part	区域特定部分	af-pnni-0055.002
DSS	Digital Signature Standard	数字信号标准	Security Mgmt-IA
DTL	Designated Transit List	指定的传输目录	af-pnni-0055.002
EMS	Element Management System	网元管理系统	Security Mgmt-IA
ES	End System (The OSI term for a host)	终端系统	RFC1195
ESI	End System Identifier	终端系统标识符	af-pnni-0055.002
ES-IS	End System to Intermediate System Routeing Exchange Protocol (ISO 9542-OSI protocol between routers and end systems)	终端系统到中间系统路由交换协议	RFC1195
ESP	Encapsulating Security Payload	压缩安全净荷	Security Mgmt-IA
FRTT	Fixed Round Trip Time		af-cs-0173.000
FSM	Finite State Machine	有限状态机	af-cs-0173.000
GCAC	Generic Connection Admission Control	通用连接接纳控制	af-pnni-0055.002
GFR	Guaranteed Frame Rate	保证帧速率	af-cs-0173.000
GSMP	Generic Switch Management Protocol	通用交换管理协议	OIF-UNI-01.0
ICD	International Code Designator (ISO standard for identifying organizations)	国际码号分配	RFC1195
ICMP	Internet Control Message Protocol	因特网控制信息协议	Security Mgmt-IA
ICR	Initial Cell Rate	初始信元速率	af-cs-0173.000
ID	Identifier	标识符	af-pnni-0055.002
IDI	Initial Domain Identifier	初始区域标识符	af-pnni-0055.002
IDP	Initial Domain Part	初始区域部分	af-pnni-0055.002
IDRP	Inter Domain Routing Protocol	域间路由协议	af-pnni-0055.002
IE	Information Element	信息单元	af-pnni-0055.002
IG	Information Group	信息组	af-pnni-0055.002
IISP	Interim Inter-switch Signaling Protocol	Interim 外部交换信令协议	af-cs-0141.000
IKE	Internet Key Exchange	因特网密匙交换	Security Mgmt-IA
ILMI	Interim Local Management Interface	Interim 本地管理接口	af-pnni-0055.002
IP (1)	Internetwork Protocol(an Internet Standard Network Layer Protocol)	因特网网络层协议	RFC1195

IP (2)	Internet Protocol	因特网协议	Security Mgmt-IA
IPCC	IP Control Channel	IP 控制通路	OIF-UNI-01.0
IPsec	IP Security	IP 安全	Security Mgmt-IA
IS	Intermediate System(The OSI term for a router)	中间系统	RFC1195
ISH	An Hello packet defined by ISO 9542 (ES-IS protocol). (not the same as IS-IS Hello)	ISO9542 指定的 Hello 数据包	RFC1195
ISI	Internal Signaling Interface	内部信令接口	OIF-UNI-01.0
IS-IS	Intermediate System to Intermediate System Routeing Exchange Protocol (the ISO protocol for routing within a single routing domain)	中间系统到中间系统路由交换协议	RFC1195
IS-IS Hello	An Hello packet defined by the IS-IS protocol(a type of packet used by the IS-IS protocol)	IS-IS 协议定义的 Hello 数据包	RFC1195
ITU-T	International Telecommunication Union-Telecommunication standardization sector	国际电信联盟-电信标准化部门	af-cs-0141.000
IUT	Implementation Under Test	测试应用	af-cs-0141.000
KDC	Key Distribution Center	密匙分发中心	Security Mgmt-IA
LGN	Logical Group Node	逻辑组节点	af-pnni-0055.002
LOH	Line Overhead	线路开销	OIF-UNI-01.0
LSB	Least Significant Bit	最低意义比特	af-pnni-0055.002
LTE	Line Terminating Equipment	线路终止设备	OIF-UNI-01.0
M	Mandatory requirements (these are to be observed in all cases)	强制需求	af-cs-0148.000
MAC	Message Authentication Code	信息授权码	Security Mgmt-IA
maxCR	Maximum Cell Rate	最大信元速率	af-pnni-0055.002
maxCTD	Maximum Cell Transfer Delay	最大信元传输时延	af-pnni-0055.002
MBS	Maximum Burst Size	最大突发尺寸	af-cs-0148.000
MCR	Minimum Cell Rate	最小信元速率	af-pnni-0055.002
MIB	Management Information Base	管理信息库	af-cs-0141.000
MOA	MODIFICATION ACKNOWLEDGE Message	调整确认信息	af-cs-0148.000
MOD	MODIFICATION REQUEST Message	调整请求消息	af-cs-0148.000
MOR	MODIFICATION REJECT Message	调整拒绝消息	af-cs-0148.000
MPLS	Multi-Protocol Label Switching	多协议标签交换	OIF-UNI-01.0
MSB	Most Significant Bit	最大意义比特	af-pnni-0055.002
MSOH	Multiplex Section Overhead	复用段开销	OIF-UNI-01.0
N/A	Not supported, not applicable, or the conditions for status are not met.	无支持,无应用或者状态条件不满足	Af-cs-0148.000
NA	Network Administrator	网络管理者	Security Mgmt-IA
NCCI	Network Call Correlation Identifier	网络呼叫相关标识符	af-cs-0173.000

ND	Neighbor Discovery	邻居发现	OIF-UNI-01.0
NE	Network Element	网络单元	Security Mgmt-IA
NLPID	Network Layer Protocol ID (A one-octet field identifying a network layer protocol)	网络层协议 ID	RFC1195
NMS	Network Management System	网络管理系统	Security Mgmt-IA
NNI	Network-to-Network Interface	网络到网络接口	af-pnni-0055.002
nrtVBR	non-real time VBR	非实时 VBR	af-cs-0148.000
NSAP	Network Service Access Point (a conceptual interface point at which the network service is made available)	网络服务接入点	RFC1195
OA&M	Operations Administration & Maintenance	操作、管理和维护	af-cs-0148.000
OC-N	Optical Carrier level N	光载波层次 N	OIF-UNI-01.0
OH	Overhead	开销	OIF-UNI-01.0
ONE	Transport network Element	传送网络单元	OIF-UNI-01.0
OSI	Open Systems Interconnection (an international standard protocol architecture)	开放系统互联	RFC1195
OSPF	Open Shortest Path First	开放最短路径优先	af-pnni-0055.002
OUI	Organizational Unique Identifier	组织唯一标识符	af-cs-0141.000
PCR	Peak Cell Rate	峰值信元速率	af-pnni-0055.002
PDP	Policy Decision Point	策略决定点	RFC2753
PEP	Policy Enforcement Point	策略执行点	RFC2753
PIN	Policy Ignorant Node	策略	RFC2753
PG	Peer Group	对等组	af-pnni-0055.002
PGL	Peer Group Leader	对等组头	af-pnni-0055.002
PGLE	Peer Group Leader Election	对等组头选择	af-pnni-0055.002
PICS	Protocol Implementation Conformance Statement	协议应用一致状态	af-cs-0141.000
PTSE	PNNI Topology State Element	PNNI 拓扑状态单元	af-pnni-0055.002
PTSP	PNNI Topology State Packet	PNNI 拓扑状态数据包	af-pnni-0055.002
PVC	Permanent Virtual Circuit	永久虚电路	af-cs-0173.000
PVCC	Permanent Virtual Channel Connection	永久虚通路连接	af-pnni-0055.002
RAIG	Resource Availability Information Group	资源可用信息组	af-pnni-0055.002
RCC	Routing Control Channel	路由控制通路	af-pnni-0055.002
RDF	Rate Decrease Factor	状态弱化因子	af-pnni-0055.002
RFC	Request for Comments	注解请求	Security Mgmt-IA
RIF	Rate Increase Factor	状态增量因子	af-pnni-0055.002
SAAL	Signalling ATM Adaptation Layer	信令 ATM 适配层	af-pnni-0055.002
SCR	Sustainable Cell Rate	可容忍信元速率	af-pnni-0055.002
SSCOP	Service Specific Connection Oriented Protocol	服务特定面向连接协议	af-pnni-0055.002
SSCS	Service Specific Convergence Sublayer	服务特定会聚子层	af-pnni-0055.002
SVC	Switched Virtual Connection	交换虚连接	af-pnni-0055.002
SVCC	Switched Virtual Channel Connection	交换虚通路连接	af-pnni-0055.002

SVPC	Switched Virtual Path Connection	交换虚通道连接	af-pnni-0055.002
TBE	Transit Buffer Exposure	传送缓存泄露	af-pnni-0055.002
TLV	Type,Length,Value	类型长度值	af-pnni-0055.002
UBR	Unspecified Bit Rate	未指定比特速率	af-pnni-0055.002
ULIA	Uplink Information Attribute	上行链路信息属性	af-pnni-0055.002
VBR	Variable Bit Rate	可变比特速率	af-pnni-0055.002
VCC	Virtual Channel Connection	虚通路连接	af-pnni-0055.002
VCI	Virtual Channel Identifier	虚通路标识符	af-pnni-0055.002
VF	Variance Factor	变异因子	af-pnni-0055.002
VP	Virtual Path	虚通道	af-pnni-0055.002
VPC	Virtual Path Connection	虚通道连接	af-pnni-0055.002
VPI	Virtual Path Identifier	虚通道标识符	af-pnni-0055.002
RM	Resource Management	资源管理	af-cs-0173.000
RSOH	Regenerator Section Overhead	再生段开销	OIF-UNI-01.0
RSVP	Resource reSerVation Protocol	资源预留协议	OIF-UNI-01.0
rtVBR	real time VBR	实时 VBR	af-cs-0148.000
S/MIME	Secure Multipurpose Internet Mail Extensions	安全多目标因特网邮件扩展	Security Mgmt-IA
SA	Security Association	安全管理	Security Mgmt-IA
SAAL	Signaling ATM Adaptation Layer	信令 ATM 适配层	af-cs-0173.000
SAD	Security Association Database	安全数据库	Security Mgmt-IA
SCR	Sustainable Cell Rate	可容忍信元速率	af-cs-0148.000
SEL	NSAP Selector(the last octet of NSAP addresses,also called NSEL)	NSAP 选择器	RFC1195
SHA	Secure Hash Algorithm	安全 Hash 算法	Security Mgmt-IA
SNMP	Simple Network Management Protocol	简单网络管理协议	Security Mgmt-IA
SNPA	Subnetwork Point of Attachment(a conceptual interface at which a subnetwork service is provided)	附加子网点	RFC1195
Soft	PVC Soft Permanent Virtual Connection	PVC 软永久虚连接	af-cs-0141.000
SPD	Security Policy Database	安全策略数据库	Security Mgmt-IA
SSH	Secure Shell	安全外壳	Security Mgmt-IA
SSL	Secure Sockets Layer	安全 Socket 层	Security Mgmt-IA
STE	Section Terminating Equipment	段终止设备	OIF-UNI-01.0
STM-M	Synchronous Transport Module level M	同步传送模式层 M	OIF-UNI-01.0
STS-N	Synchronous Transport Signal level N	同步传送信号层 N	OIF-UNI-01.0
SUT	System Under Test	测试中的系统	af-cs-0141.000
SVC (1)	Switched Virtual Connection	交换式虚通道	af-cs-0141.000
SVC (2)	Switched Virtual Circuit	交换式虚电路	af-cs-0173.000
SVCC	Switched Virtual Channel Connection	交换式虚通路连接	af-cs-0173.000
SVPC	Switched Virtual Path Connection	交换式虚通道连接	af-cs-0173.000
TAS	Transported Address Stack	传输地址堆栈	af-cs-0173.000
TBE	Transient Buffer Exposure	短暂缓存泄露	af-cs-0173.000

TCP	Transmission Control Protocol (an Internet Standard Transport Layer Protocol)	传输控制协议	RFC1195
TCP/IP	The protocol suite based on TCP, IP, and related protocols (the Internet standard protocol architecture)	基于TCP/IP以及相关协议的协议族	RFC1195
TL1	Transaction Language 1	转换语言1	Security Mgmt-IA
TLS	Transport Layer Security	传输层安全	Security Mgmt-IA
TLV (1)	Type Length Value	长度类型值	af-cs-0173.000
TLV (2)	Type-Length-Value encoding	长度类型值编码	OIF-UNI-01.0
TNA	Optical-Network Assigned	光网络分配	OIF-UNI-01.0
TTL	Trace Transit List	路径传输列表	af-cs-0141.000
UBR	Unspecified Bit Rate	不定比特率	af-cs-0148.000
UDP	User Datagram Protocol	用户数据报协议	Security Mgmt-IA
UNI-C	UNI Signaling Agent-Client	UNI信令代理-客户端	OIF-UNI-01.0
VBR	Variable Bit Rate	可变比特率	af-cs-0148.000
VCI	Virtual Channel Identifier	虚通路标识符	af-cs-0141.000
VPC	Virtual Path Connection	虚通道连接	af-cs-0141.000
VPCI	Virtual Path Connection Identifier	虚通道连接标识符	af-cs-0141.000
VPI	Virtual Path Identifier	虚通道标识符	af-cs-0141.000

索　引

汉语拼音索引

M

N

Q

R

S

W

X

Y

Z

英文对应词索引

A

C

D

E

F

G

H

I

L

M

N

O

P

R

S

ICS 33.040.40
M 33

中华人民共和国国家标准

GB/T 21645.4—2010

自动交换光网络(ASON)技术要求 第4部分:信令技术

Technical requirements for automatically switched optical network—Part 4:Technical specification of signalling

2010-12-01 发布

2011-04-01 实施

中华人民共和国国家质量监督检验检疫总局
中国国家标准化管理委员会 发布

前言

GB/T 21645《自动交换光网络(ASON)技术要求》标准的结构预计如下:

——第1部分:体系结构与总体要求;

——第2部分:术语和定义;

——第3部分:数据通信网(DCN);

——第4部分:信令技术;

——第5部分:用户—网络接口(UNI);

——第6部分:管理平面;

——第7部分:自动发现。

本部分是GB/T 21645的第4部分。

本部分与ITU-T G.7713:2006《分布式呼叫和连接管理(DCM)》和ITU-T G.7713.2:2003《基于GMPLS RSVP-TE的DCM信令机制》的一致性程度为非等效。

本部分的以下章节在技术内容上与ITU-T G.7713:2006和ITU-T G.7713.2:2003协调一致:

——第4章对应于G.7713:2006的第5章,并增加了信令协议的选择;

——第5章对应于G.7713:2006的第6章;

——第6章对应于G.7713:2006的第6.2节;

——第7、8、9、10章分别对应于G.7713:2006的第7章、第8章、第9章、第10章;

——第11章对应于G.7713.2:2003的第7、8章以及附录I。

此外,本部分还参考了OIF、IETF等国际标准化组织有关自动交换光网络的建议和草案。

本部分的附录A、附录B和附录C为资料性附录。

本部分由中华人民共和国工业和信息化部提出。

本部分由中国通信标准化协会归口。

本部分起草单位:信息产业部电信研究院、华为技术有限公司、中兴通讯股份有限公司、上海贝尔阿尔卡特股份有限公司。

本部分主要起草人:徐云斌、张海懿、高建华、柯明、许宗幸、王郁、李伟。

自动交换光网络(ASON)技术要求
第4部分:信令技术

1 范围

GB/T 21645 的本部分规定了自动交换光网络(ASON)的信令技术要求,包括 ASON 信令功能要求、分布式呼叫和连接管理(DCM)操作过程、信令控制器的可靠性、DCM 属性列表、DCM 消息集和状态图、基于通用多协议标签交换的流量工程资源预留协议(GMPLS RSVP-TE)的信令流程等内容。

本部分适用于 ITU-T G.803 定义的同步数字体系(SDH)传送网络和 ITU-T G.872 定义的光传送网络(OTN)。

2 规范性引用文件

下列文件中的条款通过 GB/T 21645 的本部分的引用而成为本部分的条款。凡是注日期的引用文件,其随后所有的修改单(不包括勘误的内容)或修订版均不适用于本部分,然而,鼓励根据本部分达成协议的各方研究是否可使用这些文件的最新版本。凡是不注日期的引用文件,其最新版适用于本部分。

GB/T 21645.1—2008 自动交换光网络(ASON)技术要求 第1部分:体系结构与总体要求

ITU-T G.7713 分布式呼叫和连接管理

ITU-T G.7713.1 基于 PNNI 的分布式呼叫和连接管理(DCM)信令

ITU-T G.7713.2 采用 GMPLS RSVP-TE 的 DCM 信令

ITU-T G.7713.3 采用 GMPLS CR-LDP 的 DCM 信令

IETF RFC2205 RSVP 功能规范(版本1)

IETF RFC2961 RSVP 信令减少刷新开销扩展

IETF RFC3209 RSVP-TE 流量工程扩展

3 术语、定义和缩略语

3.1 术语和定义

下列术语和定义适用于 GB/T 21645 的本部分。

3.1.1

呼叫控制器 call controller

呼叫受呼叫控制器控制,呼叫控制器元件有两种,主叫/被叫方呼叫控制器和网络呼叫控制器。

3.1.2

主叫方/被叫方呼叫控制器 calling/called party call controller

该控制器与呼叫的一终端关联,它可以位于一终端系统,也可以位于其他远端,作为一个代理执行终端系统的功能。该控制器可以承担一个角色或同时承担两个角色:支持主叫方,支持被叫方。

3.1.3

网络呼叫控制器 network call controller

网络呼叫控制器担任两种角色,一种支持主叫方,另一种支持被叫方。主叫方呼叫控制器和被叫方呼叫控制器通过一个或多个中间网络呼叫控制器进行交互。

3.1.4

连接允许控制 connection admission control

连接允许控制用于决定是否有足够的资源来接纳一个连接(或者在呼叫过程中重新协商资源)。

3.1.5

连接控制器　connection controller

连接控制器是ASON控制平面中的元件。连接控制器负责协调链路资源管理器、路由控制器以及对等和从属的连接控制器，以管理和监控连接的建立、释放和修改已有连接的参数等操作。

3.1.6

回溯　crank-back

当连接建立请求未成功并从故障点返回建立失败的信息时，回溯机制允许发起新的连接建立请求，尝试重新建立连接以避免资源的阻塞。回溯机制也可以用于连接的恢复机制。

3.1.7

分配　allocate

建立一条LC或创建一个子网连接。

3.1.8

撤销　de-allocate

删除一条LC连接或释放一个子网连接。

3.1.9

下游　downstream

根据使用的路由模式，下游定义为层次中的下一级组件(层次路由模式)或下一跳组件(源路由或逐跳路由模式)。

3.1.10

信令控制器　signalling controller

信令控制器包含连接控制和(或)呼叫控制的功能。

3.1.11

链路连接建立　LC establish

通过获取或选择一条存在的可用的链路连接来满足连接请求，如从可获得的链路连接列表中获取。

3.1.12

链路连接释放　LC free

将一条链路连接归还到可用的链路连接列表中去。

3.1.13

子网连接创建　SNC created

在子网内部的两个SNP之间创建一条连接。

3.1.14

子网连接释放　SNC released

在子网内部的两个SNP之间释放一条连接。

3.1.15

上游　upstream

根据使用的路由模式，上游定义为层次中的上层组件(层次路由模式)或前一跳组件(源路由或逐跳路由模式)。

3.2　缩略语

下列缩略语适用于本部分。

ACC-n	A-end CC at domain n	域n中的A端连接控制器
AGC	Access Group Container	接入组容器
AGC-a	A-end AGC	A端接入组容器
AGC-z	Z-end AGC	Z端接入组容器

ARC-n	Alarm Reporting Control	在域 n 中的告警上报控制
ASC-n	A-end signalling controller in domain n	在域 n 中的 A 端信令控制器
ASN-n	A-end SN in domain n	在域 n 中的 A 端子网
ASON	Automatically Switched Optical Network	自动交换光网络
CallC	Call Controller	呼叫控制器
CAC	Call Admission Control	呼叫许可控制器
CC	Connection Controller	连接控制器
CC-a	A-end Connection Controller	A 端连接控制器
CC-z	Z-end Connection Controller	Z 端连接控制器
CCC	Calling/Called Party Call Controller	主叫方或被叫方呼叫控制器
CCC-a	A-end CCC	A 端主叫方呼叫控制器
CCC-z	Z-end CCC	Z 端呼叫控制器
CR-LDP	Constraint-based Routed Label Distribution Protocol	基于约束路由的标签分发协议
CoS	Class of Service	服务分类
DCM	Distributed Call and Connection Management	分布式呼叫和连接管理
DTL	Designated Transit List	指定传送列表
E-NNI	Exterior NNI	外部网络—网络接口
GoS	Grade of Service	服务等级
GMPLS	Generalized Multi-Protocol Label Switching	通用多协议标签交换
I-NNI	Interior NNI	内部网络—网络接口
LC	Link Connection	链路连接
LCI	Link Connection Identifier	链路连接标识符
LRM	Link Resource Manager	链路资源管理器
MI	Management Information	管理信息
MPLS	Multi-Protocol Label Switching	多协议标签交换
NCC	Network Call Controller	网络呼叫控制器
NCC-n	NCC in domain n	在域 n 中的网络呼叫控制器
NNI	Network Node Interface	网络—网络接口
PC	Protocol Controller	协议控制器
PNNI	Private Network-Network Interface	私有网络—网络接口
RC	Route Controller	路由控制器
RSVP-TE	Resource Reservation Protocol-Traffic Engineering	流量工程扩展的资源预留协议
SC	Switched Connection	交换连接
SC-a	A-end user signalling controller	A 端用户信令控制器
SC-z	Z-end user signalling controller	Z 端用户信令控制器
SPC	Soft permanent connection	软永久连接
SN	SubNetwork	子网
SNC	SubNetwork Connection	子网连接
SNP	Sub-network Point	子网点
SNPP	Sub-network Point Pool	子网点池
SNCr	SubNetwork Controller	子网控制器
TCC-n	Transit CC in domain n	域 n 中的中间节点连接控制器
TCP	Termination Connection Point	终端连接点

TDM	Time Division Multiplex	时分复用
TNA	Transport Network Assigned Adress	传送网络分配地址
TSN-n	Transit SN in domain n	在域 n 中的中间传送子网
TSC-n	Transit signalling controller in domain n	域 n 中的中间节点信令控制器
TTL	Time To Live	生存时间
ZCC-n	Z-end CC at domain n	域 n 中的 Z 端连接控制器
ZSN-n	Z-end SN in domain n	域 n 中的 Z 端子网
ZSC-n	Z-end signalling controller at domain n	域 n 中的 Z 端信令控制器
UNI	User Network Interface	用户网络接口

4 分布式呼叫和连接管理元件定义

在分布式呼叫和连接管理环境下，根据不同的代理在信令流中所处的不同位置，为其分配一定的角色。图 1 定义了这些参考点。

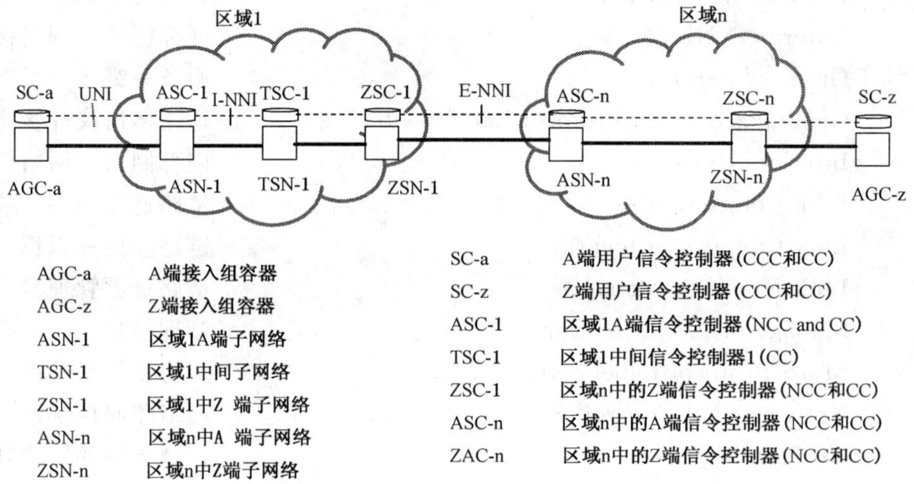

图 1 分布式呼叫和连接管理参考配置图

图 1 中的传送平面元件为多种子网以及接入组容器。它们定义了和控制平面功能相关的具体位置。如图 1 中标明的 AGC-a、ASN-1、TSN-1、ZSN-1、ASN-n、ZSN-n 和 AGC-z。

分布式呼叫和连接管理也称为信令。终端用户与呼叫相关的功能称为主叫或被叫方呼叫控制器，即 CCC。源端 CCC 称为 CCC-a，目的端 CCC 称为 CCC-z。和子网相关的呼叫控制器称为网络呼叫控制器 NCC，在特定域 n 中称为 NCC-n。

终端用户的连接控制器表示为 CC-a 和 CC-z。在域 n 中，A 端、中间以及 Z 端连接控制器表示为 ACC-n、TCC-n 和 ZCC-n。

信令控制器包括连接控制和(或)呼叫控制功能。终端用户可以通过 SC-a 和 SC-z 来表示。域 n 中 A 端、中间以及 Z 端信令控制器表示为 ASC-n、TSC-n 和 ZSC-n。如图 1 所示，TSC 通常没有呼叫控制功能。

每个信令控制器分配一个信令地址，协议控制器使用信令地址在呼叫或连接控制器之间交换信息。信令控制器的地址为控制地址，信令通道通过两个相邻的信令控制器名字来标识。信令控制通道由信令通信网(DCN)提供。

5 分布式呼叫和连接管理操作过程

5.1 分布式呼叫和连接管理需求

在呼叫建立之前，服务提供方和服务请求方之间要建立合约，合约中可以指定如下内容：

——合约 ID；

——服务等级协议以及服务等级规范；

——允许请求进行策略控制所需要的信息。如用来提供鉴权和一致性验证相关的信息。

ASON 网络中呼叫请求的建立性能与不同的参数有关。影响信令性能的参数包括：

——用来传送信令消息的数据通信网络的带宽容量；

——传送网的规模(通常以节点或链路数目来衡量)；

——每个时间周期内总的呼叫请求次数，包括新的呼叫请求次数、保护事件次数、恢复事件次数等；

——消息包的平均尺寸；

——混和的连接类型数；

——完成呼叫请求的时间；

——网络接收到的请求后，因为连接建立不成功需要重新尝试连接建立而发出的请求占总请求数的比例；

——为实现可靠的消息传送机制所增加的额外带宽的要求(如超时重传)；

——同步和异步消息传送。

为了满足信令基本需求，以及将来的扩展能力，DCM 机制必须具备基本能力和可扩展能力，以满足多个应用需求。基本能力要提供建立和释放连接的必要机制。

呼叫和连接管理操作发生在控制区域内部，在此范围内可以实现完整的呼叫和连接动作。呼叫和连接操作在一个区域内部执行时，此区域可以包括更小的区域。这种划分关系同路由区域的层次划分相对应。路由区域边界的信令元件使用此区域内部的路由元件，获取穿越此区域的路由。

5.2 呼叫和连接管理功能

呼叫控制器(CallC)、连接控制器(CC)、以及链路资源管理器(LRM)能够完成对呼叫和连接请求的监控和管理功能，包括连接建立、连接修改和连接释放等基本操作。为完成一个具体的操作，CallC、CC 和 LRM 通过和下面的组件交互来建立或删除一条连接：

a) 路由控制器；

b) 呼叫允许控制(CAC)功能；

c) 呼叫控制器(CallC)；

d) 连接控制器(CC)；

e) 链路资源管理器(LRM)。

主叫方呼叫控制器和被叫方呼叫控制器通过一个或多个中间网络呼叫控制器(NCC)进行交互。NCC 功能由网络边缘节点提供(如 UNI 参考点)，也可以由域间的网关来提供(如 E-NNI 参考点)。网络边缘 NCC 执行的功能由用户和网络之间相关的策略来定义，域边界的 NCC 执行的功能由域间相关的策略来定义。当呼叫跨过多个域时，一个端到端的呼叫由多个呼叫段组成。每个呼叫段可以对应一条或多条连接(LC 或 SNC)。这样就可以在不同的域中灵活地选取信令、保护和恢复机制。

同样一个端到端的呼叫，不同的呼叫分段对应的连接数目可以不同。在图 2 中，UNI 呼叫分段对应一个链路连接(LC)，控制域 1 的子网内的呼叫分段对应 2 条连接，网络在不同的域中拥有不同的策略。图 2 中的所有传送资源都在一个完整的区域中，此区域包含区域 1 和区域 n。为了实现两个客户之间的呼叫建立，在整个区域内部必须提供路由功能，同时能够获得穿越区域 1 和区域 n 的路由。

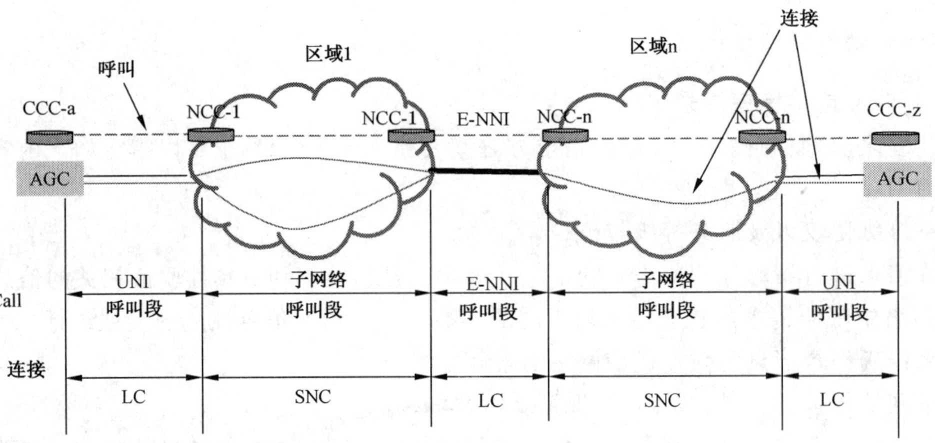

图 2 呼叫分段和连接

呼叫和连接都可以跨经运营商内部的 E-NNI 参考点。呼叫和连接分离以及呼叫段可以满足下面的应用：

a) 基于域的保护。子网连接在网络内部具有保护属性，在不同的域中子网连接(SNC)数目可以不同；

b) 基于域的恢复。子网连接在网络内部具有重路由功能，子网连接 SNC 故障不会引发链路连接 LC 失效，在故障的子网中可以通过重路由来完成对子网内故障 SNC 连接的恢复。

域边界的 NCC 也允许每个域拥有独立的功能。例如，一个域中能提供 1+1 保护能力，而另外一个域中没有这种保护能力。

NCC 和 CC 在网边缘和边界执行不同的功能。

呼叫控制器执行如下的功能：

a) NCC 将一个 SNC 连接关联到一个呼叫；

b) 和网络边缘的主叫或被叫方呼叫控制器工作的 NCC 将一个 LC 关联到一个呼叫；

c) 和域边界的对等 NCC 工作的 NCC 将一个 LC 关联到一个呼叫；

d) NCC 将 LC 和 SNC 关联到一个同一个呼叫；

e) CC 建立和每个呼叫分段对应的连接。

由于控制器之间的通信作为一个外部接口来定义，本部分中所定义的消息用于完成信息的交换。端到端呼叫建立涉及呼叫请求、连接请求以及使用不同类型的资源来创建连接。图 3 中描述了为支持呼叫而完成的连接建立的过程。

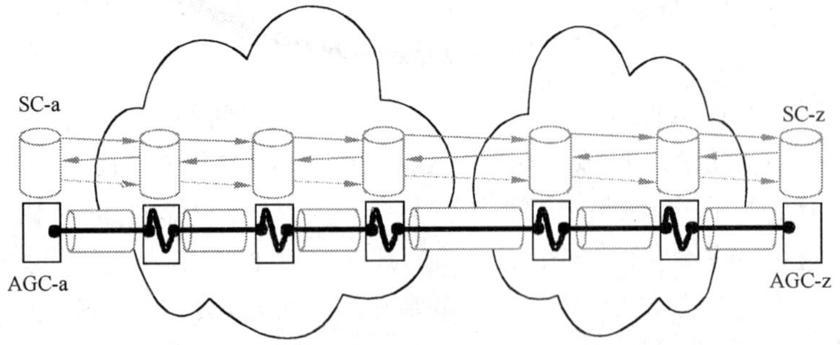

图 3 呼叫请求相关的 LC 和 SNC 连接的建立过程

呼叫的建立要使用下面的资源：

——子网点(SNP)；

——SNP 池(SNPP)；

——链路连接(LC)。

通过分配 SNP 来完成 LC 连接的建立,这需要在 LRM 之间进行协商。然后才允许 CC 创建一条 SNC 连接。对 SNP 的分配可以看成是 SNP 状态的改变(如从可用变为被占用)。当 SNP 的状态为潜在的(Potential)或忙(Busy)时,它不能够在连接建立时使用。

图 4 中描述了 LRM 建立 LC 的过程。

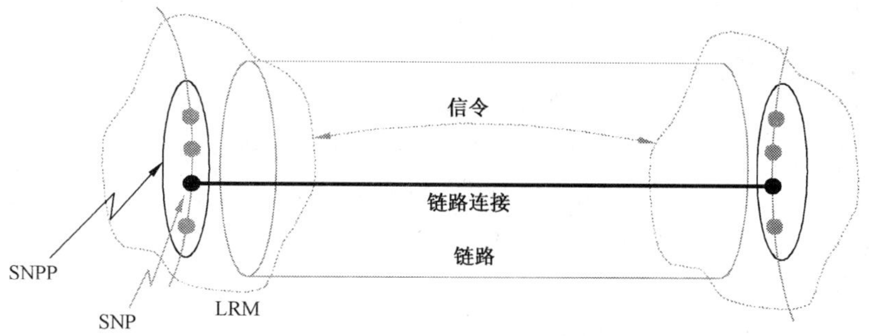

图 4 通过分配 SNP 来建立 LC 连接的过程

当建立一条 LC 连接时,两端需要进行协商。如对于用户—网络信令,用户可以指定一条 LC,而网络可以选择另外一条 LC 来使用。

在建立一条 SNC 连接之前,SNP 必须已经存在,并且通过 LRM 标识绑定这些 SNP 来创建一条 SNC 连接。LRM 要和上游 LRM 以及下游 LRM 协商所用到的 SNP(可以代表一条 LC 连接)。这些输入和输出的 LC 连接以及同它们相关联的输入和输出 SNP 可以用来创建 SNC 连接。

为一条连接选择资源时并不意味着要分配这些资源。资源分配可以发生在信令过程的任何阶段。例如,可以在发起请求或响应请求的期间来分配资源。另外,在资源被分配之前可以先预约这些资源。在呼叫建立前后过程中,通过预约标识出这些资源可以被连接所用,但只有对资源的分配动作完成后连接才能真正使用这些资源。使用预约可以防止其他请求来标识相同的资源。所有这些资源预约和资源分配动作实际上是通过设置 SNP 的状态并和 LRM 组件交互来完成。

SNC 连接的建立是由子网内部处理完成,并由 CC 控制。当确定了入口和出口连接点的 SNP 后才创建一条 SNC 连接。入口和出口 SNP 的标识作为建立 LC 连接的一部分(通过 LRM 来完成)。如图 5 中描述,SNC 连接的建立通过由相关的连接控制器以及用来建立 SNC 连接的 SNP 对来完成。

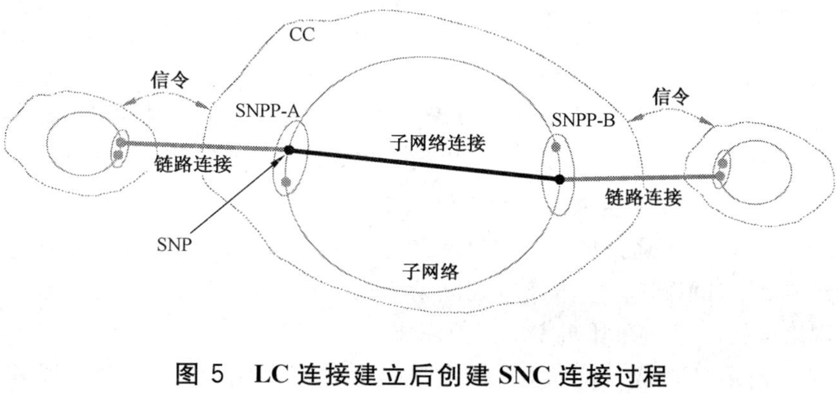

图 5 LC 连接建立后创建 SNC 连接过程

5.3 呼叫处理过程

5.3.1 呼叫请求处理

对交换连接(SC),呼叫请求是由 A 端用户请求代理(CCC-a)向网络呼叫控制器发送“呼叫建立请求”消息来发起。呼叫请求消息中指定与用户请求的呼叫相关的信息。呼叫请求相关的信息可以包含在与服务相关的信息以及与策略相关的信息中。请求信息被 ASC 内部的 CallC 接收到后,CallC 处理呼叫请求并和 ASC 内部的其他组件交互来完成呼叫请求。

对软永久连接服务(SPC),客户呼叫控制器由管理平面处理,向 NCC 发送管理请求建立呼叫。此呼叫终端点的传送平面位置为 SPC 终端点,采用 UNI 传送资源标识符同这些资源关联。SNPP 具有公共的传送网络地址,SPC 终端点并不需要 UNI 传送资源标识符。

为处理出错情况并预防异常信令传送情况发生,需要超时机制。超时机制由呼叫请求的上游用户发起。具体的超时相关的异常处理见 5.5。

5.3.2 SPC 和 SC 的互操作

同 NCC 关联的 SPC 端点支持 SPC 业务的发起和终止。同样,同 NCC 关联的 SC 端点支持 SC 业务的发起和终止。每一种类型的端点都使用 UNI 传送资源标识符,用于标识在客户和网络之间 UNI 参考点的传送资源。

SPC 端点可以向 SC 端点发送呼叫,并使用此 SC 端点的 UNI 传送资源标识符。同样,SC 端点也可向 SPC 端点发送呼叫,使用此 SPC 端点的 UNI 传送资源标识符。SPC 或 SC 端点都可以释放呼叫。

在呼叫和被叫的情况下,都可以为 SPC 端点指定特定的 SNP。如果没有指定,同 SPC 端点相关的 CC 是空闲的,可以分配 SNP。

5.3.3 呼叫建立

图 6 描述了呼叫的建立以及对应组件之间的相关信令流程。

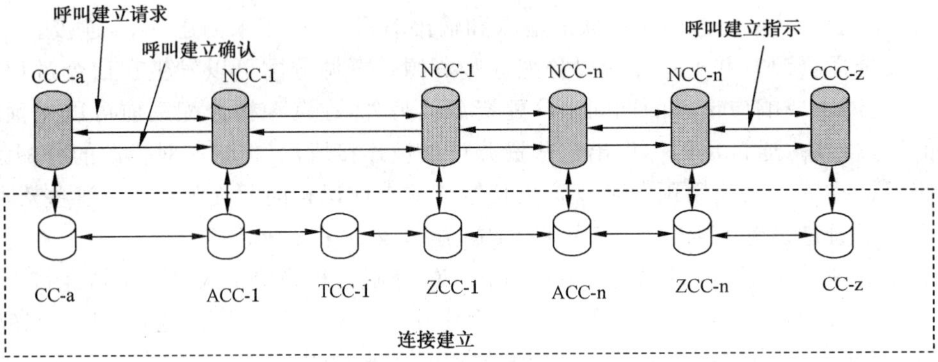

图 6 呼叫建立请求过程

呼叫建立步骤如下:

——主叫方呼叫控制器(CCC-a)请求呼叫建立。入口的 NCC-1 验证呼叫请求的有效性,包括授权和一致性验证以及验证是否满足策略相关的约束条件。随后请求信息发送到中间网络呼叫控制器。出口 NCC 验证呼叫请求是否能够接受。

——当验证成功后,CCC-a 通过向 CC 发起连接建立请求来继续进行呼叫。连接建立请求的处理描述见 5.4.2。对不同的协议,连接建立请求的发起可以和图 6 中所描述的顺序不一样。在图 6 中网络连接的建立在呼叫完成之前完成。

——当连接建立请求处理成功完成后,整个呼叫建立请求成功完成,并可以开始传送用户业务信号。

如果连接建立请求处理不成功,要向用户发送呼叫被拒绝的通知消息。

5.3.4 呼叫释放

图 7 描述了呼叫释放以及相关组件之间的信令流。

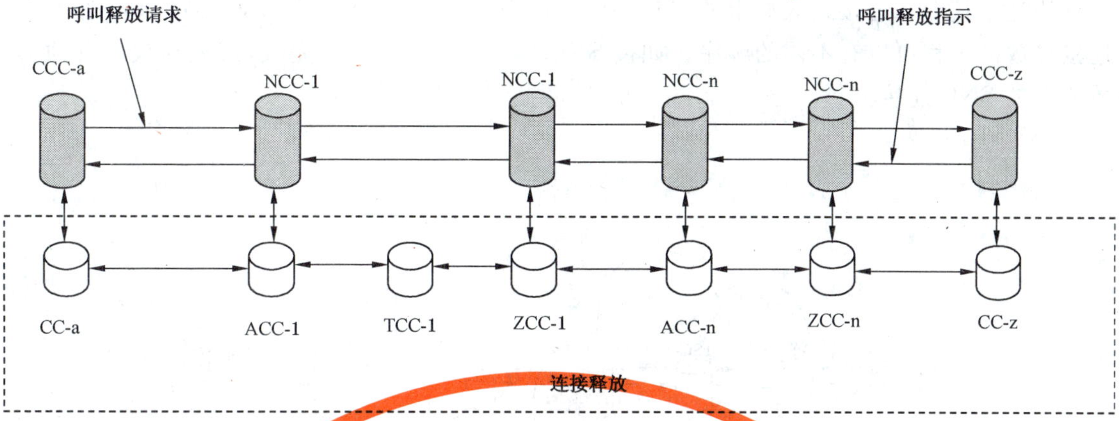

图 7　呼叫释放请求处理过程

任何呼叫控制器都可以发起呼叫释放请求。已通过验证的呼叫释放请求必须总能够成功释放呼叫。在呼叫释放过程中的任何故障情况都要上报给管理系统，包括报告部分连接没有释放的信息，后续的处理主要防止对没有被成功释放连接的再次使用。从主叫方控制器发起释放请求的描述见图 7：

——在入口 NCC-1 验证呼叫释放请求，包括授权和一致性验证以及验证是否满足策略相关的约束条件。

——当验证成功后，随后发起连接释放请求。连接释放请求的处理过程见 5.4.3。对不同的协议，连接释放请求的发起可以和图 7 中所描述的顺序不一样。图 7 中描述的情况是网络连接的释放在呼叫释放完成之前完成。如果呼叫对应多个连接，将会释放所有对应的连接。

——当收到连接释放成功完成的通告消息后，呼叫释放成功完成。

连接释放被拒绝(由于不能释放资源、释放 SNC 连接或释放 LC 连接)会产生对管理平面(MP)的通知。呼叫释放指示应该能够指示成功释放一个呼叫。上面情况是假设在连接释放发起之前呼叫释放请求就已经验证成功。

根据传送网络的特征，呼叫释放请求和连接释放请求之间可能会发生竞争。在 CCC-a 到 CCC-z 之间的信令处理以及 AGC-a 到 AGC-z 之间的信号传送处理这种竞争条件下，下游子网可能会引发某些告警。为支持上述情况，需要提供监控和踪迹能力，这种和呼叫相关的监控踪迹功能在连接释放之前就应该打开。

5.4　连接处理过程

5.4.1　连接请求处理流程

呼叫请求的处理会导致发起连接请求。连接请求执行相关的连接建立和连接释放操作，并为对应的连接分配或释放资源。

图 8 描述了信令和连接建立请求的端到端处理过程，其最终结果是为连接分配资源并完成呼叫。

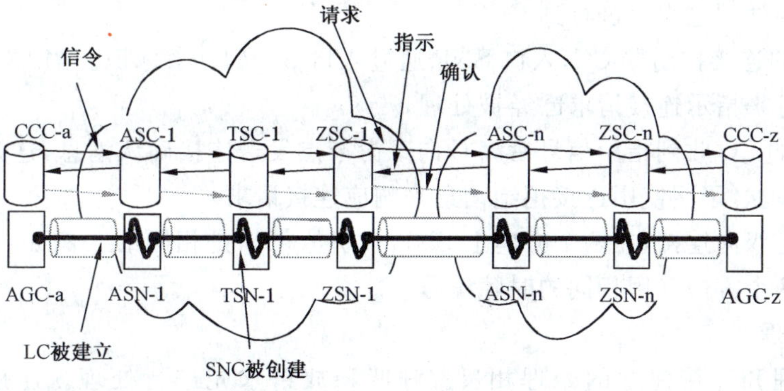

图 8　连接建立请求时的 LC 连接建立和 SNC 连接创建

图9描述了信令和连接释放请求的端到端处理过程,其最终结果是释放连接资源并完成呼叫的释放。连接释放的过程可以有不同的顺序。如按SNC-LC-SNC的顺序来完成,或先释放所有的LC连接再释放所有的SNC连接。

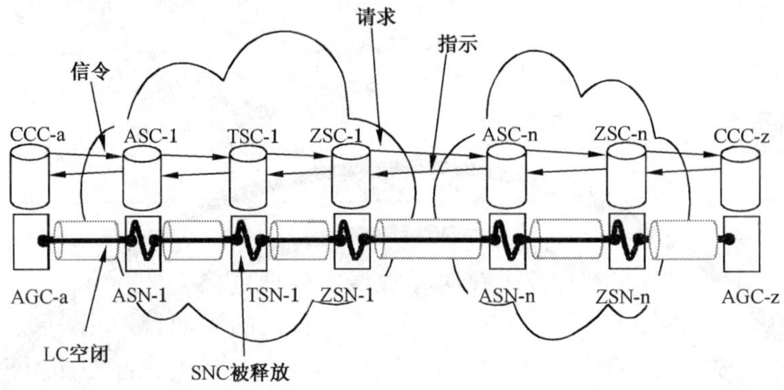

图9 连接释放请求时的LC连接释放和SNC连接释放

5.4.2 连接建立处理

连接建立需要执行如下的处理:

——根据5.3.3,呼叫建立请求通过验证后才允许处理连接建立请求。

——根据呼叫请求,CCC-a的LRM指定LC链路,LC链路是通过在AGC-a和ASN-1之间协商后建立的。这样就可以形成AGC-a的出口SNP ID。

——在ASC-1的CC,入口SNP通过入口SNP ID来标识,入口SNP ID通过映射AGC-a的出口SNP到ASN-1的入口SNP来获得。ASC-1的LRM通过和TSC-1的LRM协商来建立ASN-1到TSN-1之间的LC连接(TSN-1由RC提供的路由信息或由从上游CC接收到的信息来决定)。当LC连接建立成功后,出口SNP被LRM标识出来。SNC连接的创建用来连接入口SNP和出口SNP,然后此SNP对的状态更新为"占用"。连接控制器CC通过和下游CC的通信继续连接建立的处理过程。

——在TSC-1的CC,入口SNP通过入口SNP ID来标识。TSC-1的LRM和ZSC-1的LRM的协商来建立TSN-1到ZSN-1的LC连接(TSN-1由RC提供的路由信息或由从上游CC接收到的信息来决定)。当LC连接建立成功后,出口SNP被LRM标识出来。SNC连接的创建用来连接入口SNP和出口SNP,然后此SNP对的状态更新为"占用"。连接控制器CC通过和下游CC的通信继续连接建立的处理过程。

——连接请求的处理过程一进行到CCC-z。

——在CCC-z的连接控制器CC,入口SNP通过入口SNP ID来标识。当CC处理连接请求后,发送响应消息来指示连接请求已经被处理。

——当CCC-a的CC收到指示信号后,CC向下游节点发送连接确认消息,这为可选项。

如果路由不能建立,子网使用连接拒绝消息来响应连接请求。

应该有能力指定双向连接,在两个方向上SNP索引值可以是相同的。例如,在一个传送网络单元上的一个端口上在两个方向采用相同的时隙编号。

5.4.3 连接释放处理

连接释放的处理和连接建立的处理相反。呼叫释放请求先进行处理。连接释放时执行下面的处理:

——根据 5.3.4,呼叫释放请求验证通过后才允许进一步处理连接释放请求。当收到连接释放的指示后,ASC-1 的 CC 发起连接释放处理。

——从呼叫请求中,发起释放呼叫请求的代理标识呼叫即将释放。

——在 ASC-1 的连接控制器 CC,SNC 被释放,包括释放 SNP。ASC-1 的 LRM 通过信令消息通知 TSC-1 的 LRM 来释放 TSN-1 使用的 LC 链路连接。SNP 对的状态更新为“可用”。CC 和下游的 CC 通过信令通信继续进行连接释放处理。

——在 TSC-1 的 CC,SNC 被释放。TSC-1 的 LRM 通过和 ZSC-1 的 LRM 进行信令交互来释放 ZSN-1 使用的 LC。SNP 对的状态更新为“可用”。CC 和下游的 CC 通过信令通信继续进行连接释放处理。

——连接释放请求的处理一直延续到目的 CCC-z 的 CC。

——在目的 CCC-z 的 CC,呼叫使用的链路连接 LC 被释放。当 CC 处理完连接释放请求后,向上游节点发送连接释放处理完成的指示信息。

5.5 恢复信令流程

5.5.1 连接恢复处理机制

呼叫的恢复会引起连接的恢复,由连接的重路由实现并使用新的网络资源。此动作在重路由区域内实现,并且由每一个呼叫的策略决定。重路由操作主要在两个呼叫控制器之间建立两个分离的连接。一旦新的重路由连接建立,此连接就会替代现存的连接,这两个连接属于相同的呼叫段。注意,呼叫在连接重路由的过程中保持不变。

网络中存在两种类型的恢复,软重路由和硬重路由。软重路由服务是用于管理维护目的的呼叫重路由机制(如路由优化、网络维护、工程规划等)。当软重路由操作被触发(一般经由管理平面发起的请求),并发送给重路由元件,重路由元件首先建立一个重路由连接,然后使用此连接并将最初的连接删除。这称作先建后拆(make-before-break)。

硬重路由机制提供了呼叫连接失效时的恢复机制,并能响应失效事件。对于一个已激活硬重路由的呼叫连接,源节点阻止呼叫释放,并试图在重路由域边界建立一个到宿节点的替代连接段,即重路由连接。在重路由域边界的宿节点同样阻止呼叫连接的释放,并等待重路由域边界的源节点建立一个重路由连接。对于硬重路由,初始的连接段可以在重路由连接建立之前或者之后被释放,即采用“先拆后建”或“先建后拆”的方式,对于采用返回方式的硬重路由机制,可以采用“只建不拆”方式。

软重路由和硬重路由机制可以用于交换连接和软永久连接。在网络呼叫控制器之间应用,UNI 参考点没有此功能。

两个呼叫控制器之间的重路由操作可能同一个呼叫段相关,也可以在几个连续的呼叫段的之间发生,在这种情况下,呼叫段可能会因为重路由连接路由的改变而发生变化,但是呼叫参数以及呼叫名称不会发生变化。

5.5.2 单个重路由域的硬重路由

如果一个呼叫在一个区域内部配置了硬重路由服务,连接的故障导致了到达区域边界 NCC 的信令故障。此故障不会扩散到区域外部,并且区域内会发起恢复操作。例如在图 8 中,区域 1 的连接发生了故障,硬重路由操作过程如图 10 所示。当故障通知到达 ASC-1 后,呼叫没有释放,但是新的呼叫和连接请求向 ZSC-1 发起。注意 ASC-1 和 ZSC-1 都包含呼叫和连接控制器。当域 1 的新的连接建立以后,呼叫就可以使用它。ASC-1 和 ZSC-1 之间的呼叫段在重路由前后保持不变。

如果硬重路由操作是不可返回的,ASC-1 发起故障连接的释放。此操作可以在新的连接建立之前或之后进行。在图 10 中,释放操作在连接建立完成以后执行。

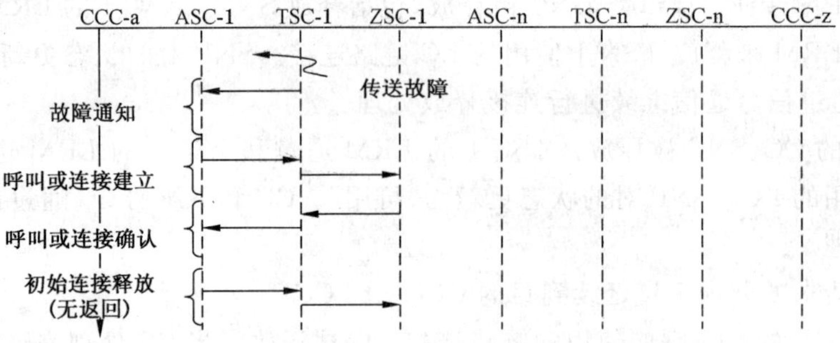

图 10　单个域的硬重路由

5.5.3　多个重路由域的硬重路由

当呼叫穿越多个域时,这些域又包含在一个更大的域中,此域能够实现在它包含的域中的路由。这是一种层次路由的概念,硬重路由可以由最高层次的域来完成,重路由操作可以在包含的域中实施。如果释放故障的连接(非返回式),并且新的连接调用新的呼叫控制器,使用新的呼叫段,那么必须释放故障连接中间呼叫控制器中的呼叫状态。

在图 11 中存在 3 个域,其中 2 个域通过 E-NNI 链路互联(域 1 和域 2),它们都属于一个更大的重路由器域——域 0。图中显示了一个呼叫通过 E-NNI-1 传输,假设它的连接经过 AGC-a、ASN-1、TSN-1、ZSN-1、ASN-2、ZSN-2 和 AGC-z。如果在 E-NNI-1 的链路上发生了故障,那么就会通知 ASC-1 进行重路由操作,此操作由域 0 来执行。注意 ZSC-1 不能实现重路由操作,因为它和域 2 之间只有一条链路连接。同样,域 1 也不能执行重路由操作,因为 E-NNI-2 不属于它管辖的范围。

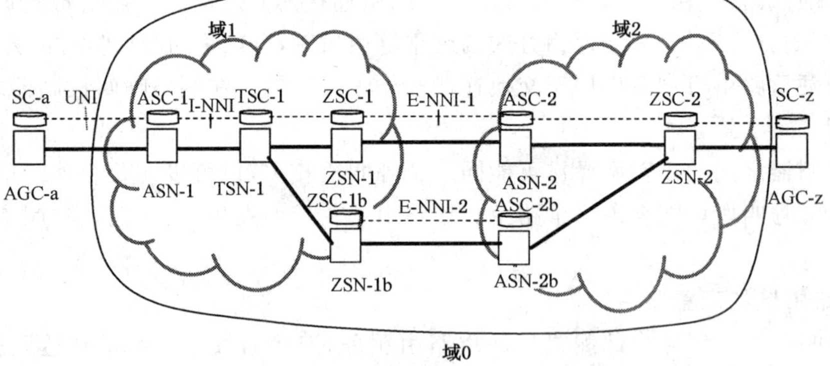

图 11　多个域的硬重路由

在 ASC-1,呼叫控制器配置为执行硬重路由操作,而且业务不返回。在域 0,为新的连接选择路径为域 1 经由 E-NNI-2 到达域 2。为了到达 E-NNI-2,在域 1 进行重路由操作,同样在域 2 执行从 E-NNI-2 到达 ZSC-2 的重路由操作,那么就建立一条通过 ASN-1、TSN-1、ZSN-1b、ASN-2b 和 ZSN-2 的路径。为新的连接建立了三个呼叫段,ASC-1 到 ZSC-1b、ZSC-1b 到 ASC-2b 和 ASC-2b 到 ZSC-2。重路由过程如图 12。

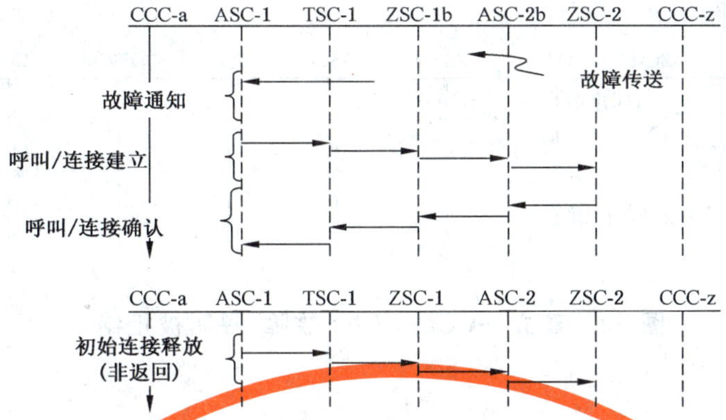

图 12　多个域的硬重路由流程

如果操作是不可返回的，那么 ASC-1 的呼叫控制器会发起故障连接的释放操作，相应的呼叫段不再使用，并在 ZSC-1 和 ASC-2 移除呼叫状态。此操作可以在新的连接建立以前进行，也可以在之后进行。在图 11 中，此操作在新的连接建立以后实现。

5.6　信令异常处理流程

5.6.1　信令异常处理机制

网络中会发生不同等级的异常事件，异常事件会同时影响传送平面和控制平面。异常事件通常包括：信令通信网络故障、连接控制器故障、连接控制器行为异常。

——通信链路中断会导致信令通信网故障；

——构成控制器的不同代理的故障会导致连接控制器失效，如连接建立代理故障；

——消息的解析出错会导致连接控制器行为异常。

故障信息在呼叫控制器(CallC)和管理平面之间以及 CC 和管理平面之间传递，故障信息中包括详细的故障原因。图 6 描述了 CallC 呼叫请求处理的示意图。使用这种网络模型时，下面的章节中提供了不同的情形。如图 13～图 27 所示。还描述了建立和释放呼叫的流程以及处理流程中的不同故障情形。

5.6.2　连接建立异常处理

5.6.2.1　CCC-a UNI 故障(请求消息)

下面的故障导致信令动作：

——无法识别的信令信息；

——RC 故障(如查找到 AGC-z 的路由时发生故障)；

——CAC 故障(如验证策略信息时发生故障)；

——AGC-a 和 ANSN-1 之间的链路连接故障；

——ASN-1 内部子网连接的故障；

——LRM 故障(如将所请求的带宽映射到传送网络资源时发生故障)；

——ASC-1 的 CC 定时机制超时；

——CCC-a 的 CC 定时机制超时。

图 13 和图 14 显示了两个建立拒绝的示例。图 13 中，ASC-1 中的故障导致拒绝呼叫建立请求。图 14 显示了在收到响应之前定时器已经超时的故障情况。在这种情况下，用户撤销请求。为清除所有的状态，并防止网络在随后的一段时间内建立呼叫请求(因为请求同步出错)，使用请求删除命令来删除上一次的建立请求。

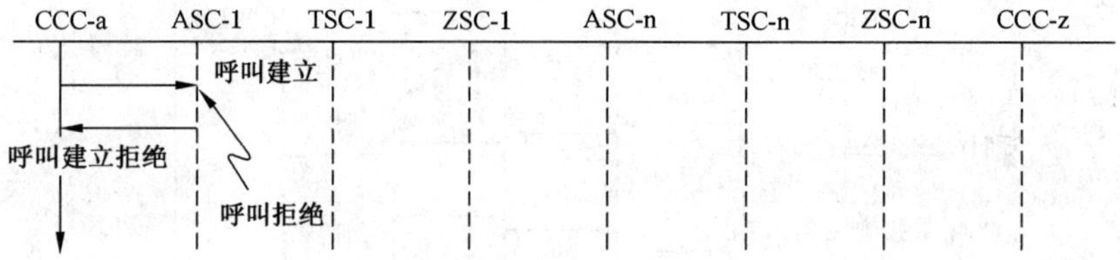

图 13　建立—CCC-a UNI 故障(呼叫被拒绝)

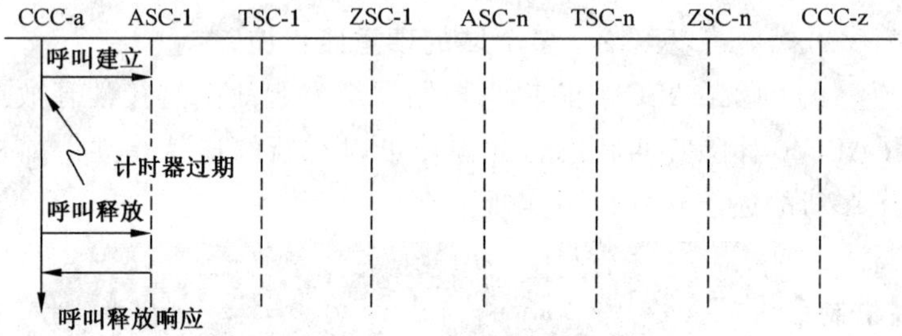

图 14　建立—CCC-a UNI 故障(定时器超时)

5.6.2.2　**CCC-a UNI 故障(响应消息)**

下面的原因代码导致信令动作：

——响应消息没有到达用户请求代理；

——CC 对所建立的连接没有应答；

图 15～图 18 描述了基于故障响应的信令流程。第一个示例中，从 CCC-a 来看和超时处理流程相似，在这种情况下，下游的连接已经建立，如资源已经预留或已经分配。根据上面所描述的情况，用户的释放请求随后会解除预留或释放与连接相关的任何资源。

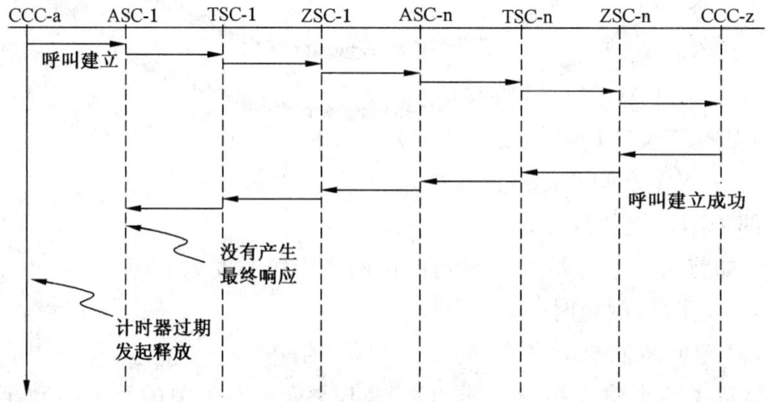

图 15　建立—信令响应消息故障(没有产生最终的响应消息)

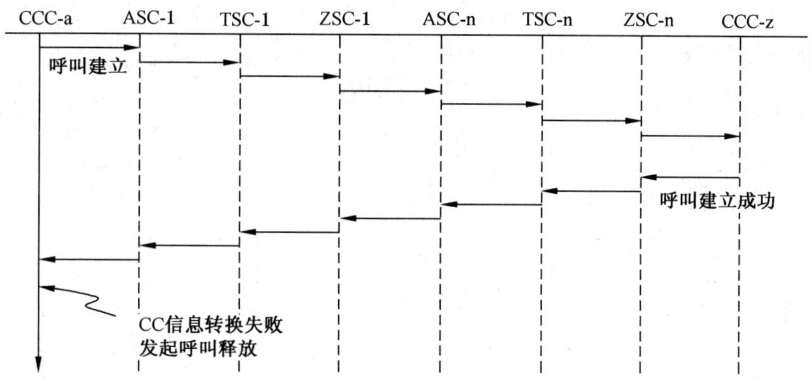

图 16 建立—信令响应消息故障(CCC-a 信息转换失败)

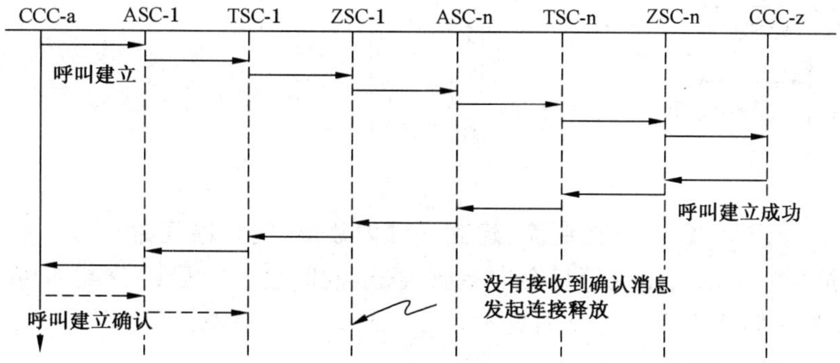

图 17 建立—信令确认消息故障(传送过程中确认消息丢失)

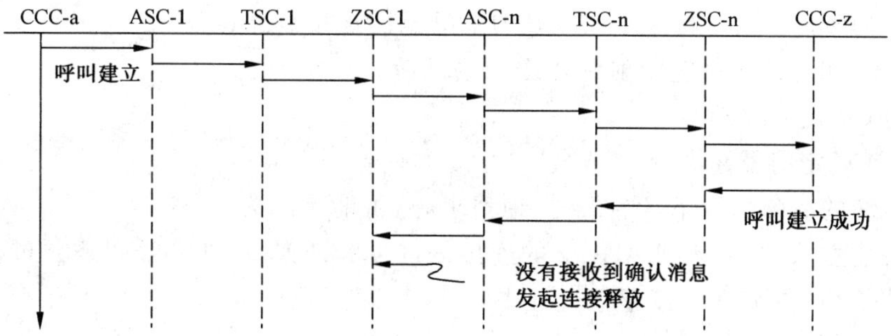

图 18 建立—信令确认消息故障(确认消息一直没有产生)

5.6.2.3 域内和域间的故障

下面的故障原因编码会导致信令动作：

——RC 故障，如查找到 AGC-z 的路由时发生故障；

——CAC 故障，如验证策略信息时发生故障；

——子网或域之间的链路连接故障，如 ASN-1 和 TSN-1 之间连接故障或 ZSN-1 和 ASN-n 之间的连接故障；

——子网内部的子网连接的故障，如 TSN-1 子网连接故障；

——LRM 故障，如将所请求的带宽映射到传送网络资源时发生故障；

——CC 定时器超时。

在图19和图20的例子中，策略的验证已经通过，但网络资源不足导致请求被拒绝。服务被拒绝的结果就是子网会解除预留或释放已经预留或分配的网络资源。

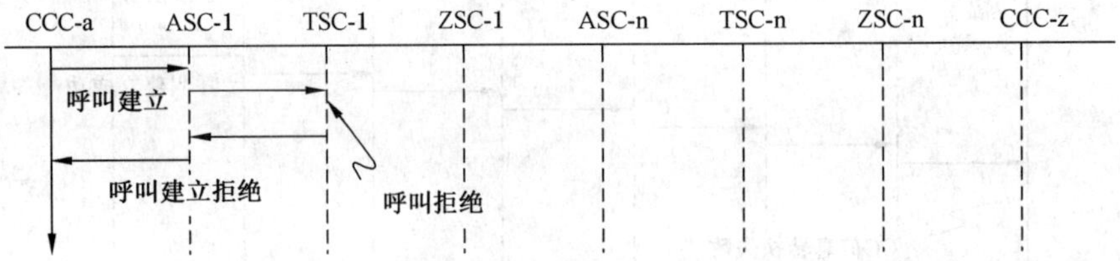

图19　信令流：建立—域内故障（呼叫被拒绝）

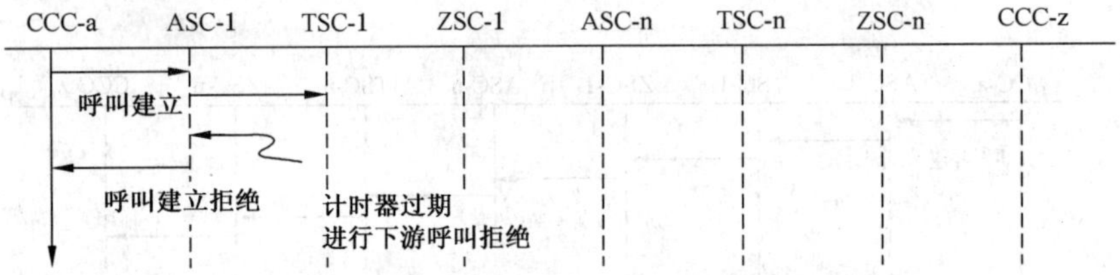

图20　信令流：建立—域内故障（定时器超时）

定时器超时时，建立请求的拒绝消息会向上游发送，同时会释放已经分配的资源。另外，释放请求也可能会向下游发送来防止下游节点企图处理建立请求。

5.6.2.4　CCC-z的UNI故障

下面的故障原因代码引发信令动作：

——CAC故障，如验证策略信息；

——域间的链路连接故障，如ZSN-n和AGC-z之间的链路连接故障；

——子网内部的子网连接故障，如ZSN-n内部的子网连接故障；

——LRM故障，如将请求带宽映射到传送网络资源；

——ZSC-n的CC定时器超时；

——CCC-z的CC定时器超时。

在图21和图22的故障情况下，CCC-z拒绝请求，这可能是因为：

——CCC-a对建立从AGC-a到AGC-z的连接的许可验证失败（如在呼叫建立过程中）；

——AGC-z没有资源（如在连接建立过程中）。

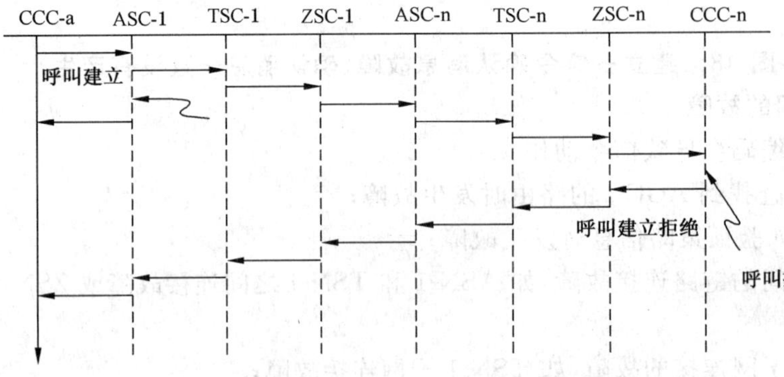

图21　信令流：建立—CCC-z UNI故障（呼叫被拒绝）

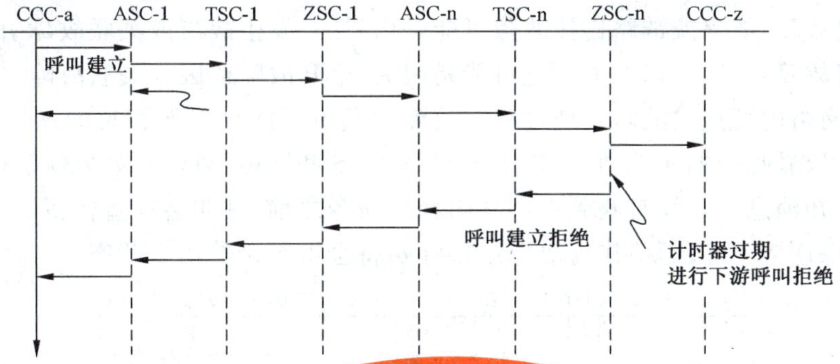

图 22　信令流：建立—CCC-z UNI 故障(定时器超时)

当拒绝响应消息向上游节点传输时，释放子网内部已经预留或已经分配的资源。

在定时器超时的情况下，连接建立请求被拒绝的消息向上游节点传播。并释放对应的连接。另外，释放请求也要发送到 CCC-z 来阻止 CCC-z 企图处理连接请求。

5.6.3　已建立呼叫的异常处理

5.6.3.1　异常情况下的呼叫处理机制

呼叫一旦建立，各种不同的故障会影响存在的呼叫。这些故障可能发生在任何传送网络连接或信令通道上。信令网络的故障和误动作也会影响业务。

传送平面资源发送故障时，根据呼叫请求的类型需要执行两个可能的动作：

——对于建立软永久连接(SPC)的呼叫，控制平面或传送平面通过恢复或保护来恢复故障连接(假设对呼叫提供了保护或恢复功能)。如果在一定的时间周期内连接不能恢复或保护，需要向管理平面发送通知消息。呼叫仍然保持活动状态。

——对于建立交换连接(SC)的呼叫，在硬件恢复不可用或者不成功的情况下，呼叫要被释放(通过释放各个对应的连接)。

在双向故障的情况下，如果需要进行保护恢复动作，两个 CC 都会动作。对于同一个呼叫，在两个 CC 动作时，会产生竞争。为解决竞争问题，标识符大的 CC 的请求覆盖标识符小的 CC 的请求。

5.6.3.2　传送网络连接故障(交换连接)

下面的故障原因代码引发信令动作：

——链路连接故障：链路连接故障发生可能是因为 SNP 故障或因为关联故障；

——子网连接故障：子网连接故障发送可能是因为 SNP 故障或因为关联故障。

图 23 描述了传送网络资源故障的情形。在这种情况下，假定呼叫会因为故障而释放(如连接没有实现分集、保护或恢复功能)。

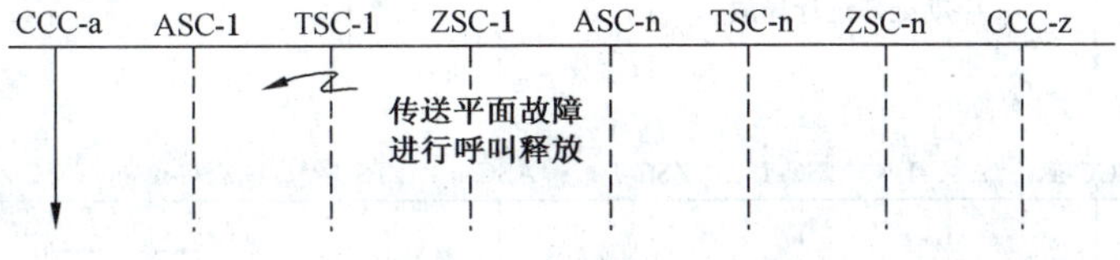

图 23　信令流：存在的呼叫—用户传送网络连接故障

在请求释放的过程中，也可能会发生超时(因为没有收到接收端的响应)。这种情况单独处理，作为释放请求的分异常处理的一部分。但是，对用户的计费是根据呼叫状态的“UP”或“DOWN”来进行的，用户发起的释放命令应该收到对应的释放应答。由于在释放操作过程中的故障可能会产生部分残留的连接，CC 应该通知管理平面异常的情况，通告信息中包含没有释放的残留连接相关信息。

5.6.3.3 传送网络连接故障(软永久连接)

下面的故障原因会导致信令行为:

——链路连接故障:链路或链路连接故障可能是由 SNP 发生故障或关联故障引起;

——子网连接故障:子网连接故障发送可能是因为 SNP 故障或因为关联故障。

图 24 描述了网络内部连接故障发现过程。故障的发生可能会引发相关的恢复机制来对连接进行恢复或保护。这要依靠呼叫的属性(呼叫指定的 CoS/GoS 和路由类型)。如果恢复或保护不成功,应该向管理平面发送通知消息。在没有收到强制呼叫释放命令之前,呼叫会一直保留。

假定如下,如果连接不能恢复,作为故障结果呼叫将会继续维持活动状态。

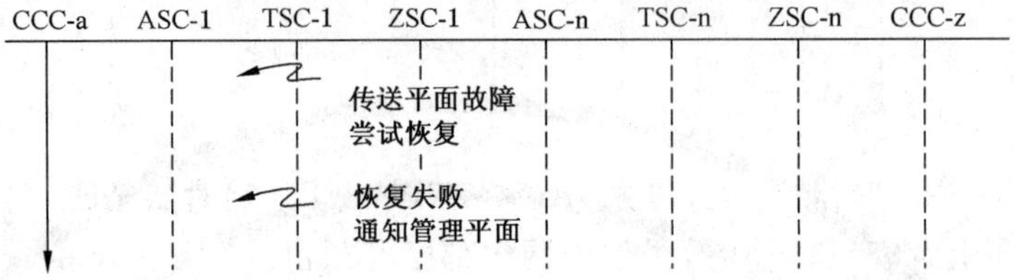

图 24 信令流:存在的呼叫—传送网络连接故障

5.6.4 呼叫释放的异常处理

5.6.4.1 呼叫释放异常处理机制

对于异常情况,网络内部的子网控制器也可能会发起释放请求。通过校验的释放请求必须向用户返回成功的释放应答。任何与释放请求相关的故障要上报给管理系统,包括任何没有释放的残留连接的信息。对于没有成功释放的连接,应该防止对该连接的访问或使用。

5.6.4.2 CCC-a 或 CCC-z 发起的呼叫释放发生故障(请求消息)

下面的故障原因代码会导致信令行为:

——CAC 故障,如验证策略信息发生故障;

——LRM 故障,如释放连接资源发生故障;

——CC 定时器机制超时;

——在 ASC 处理消息发生拥塞。

CCC-a 或 CCC-z 定时器超时,如图 25 所示。用户需要通过交互方式来释放呼叫,如通过手动处理来释放。在网络定时器超时的情况下,网络向用户发送释放确认响应,如图 26 所示。另外,故障信息将通知到管理系统。这样允许对残留连接进行任意清除。

注意:在连接部分释放时,应该有机制防止 AGC-a 或 AGC-z 访问该呼叫。

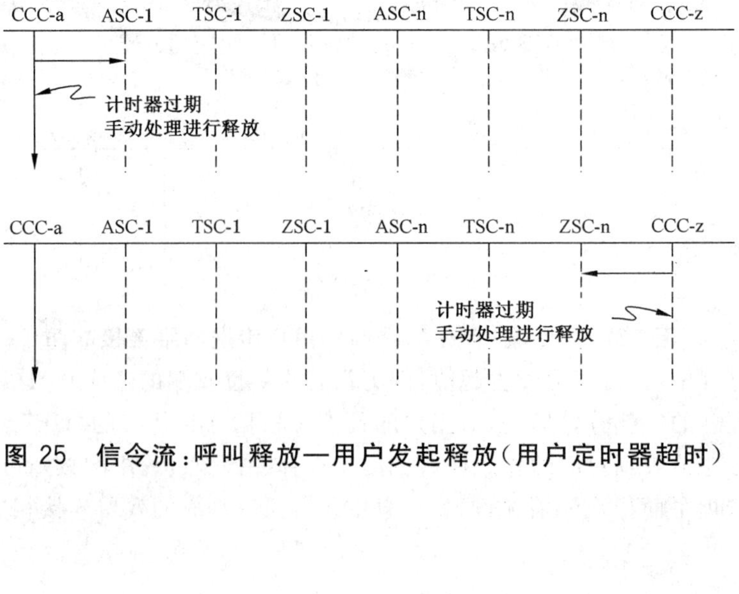

图 25 信令流:呼叫释放—用户发起释放(用户定时器超时)

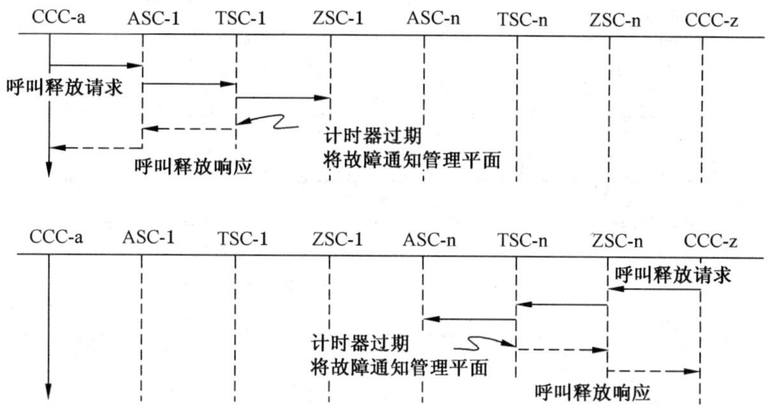

图 26　信令流：呼叫释放—用户发起释放（网络定时器超时）

5.6.4.3　CCC-a 或 CCC-z 发起呼叫释放（响应消息）

下面的出错原因会产生信令行为：

——响应消息没有到达用户请求代理；

——CC 没有对释放应对进行响应。

图 27 故障信令流程。在第一种情况下，从 CCC-a 的角度看，和超时情况类似。这种情况下，下游连接已经被释放。这种情况要引入额外的功能让管理系统来标识连接的状态。如 5.6.4.2 中的超时情况，连接一直为 UP 状态，但这个例子中连接已经部分删除。

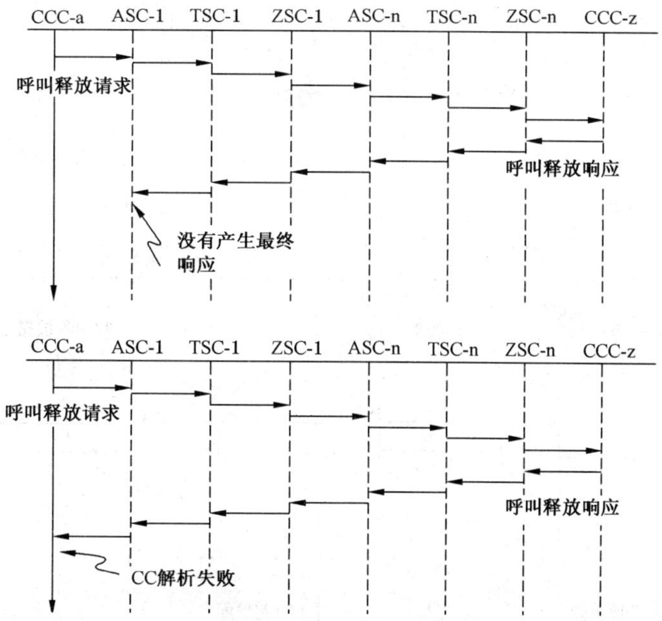

图 27　信令流：呼叫释放—信令响应消息故障

5.6.5　连接资源释放

如果网络不能建立一条新的呼叫的所有连接，任何建立成功或者部分建立成功的连接都需要被删除，同时呼叫请求会被拒绝。这里假设恢复重试操作（如果策略允许）没有成功。SC 和 SPC 的连接释放如图 28 和图 29 所示。

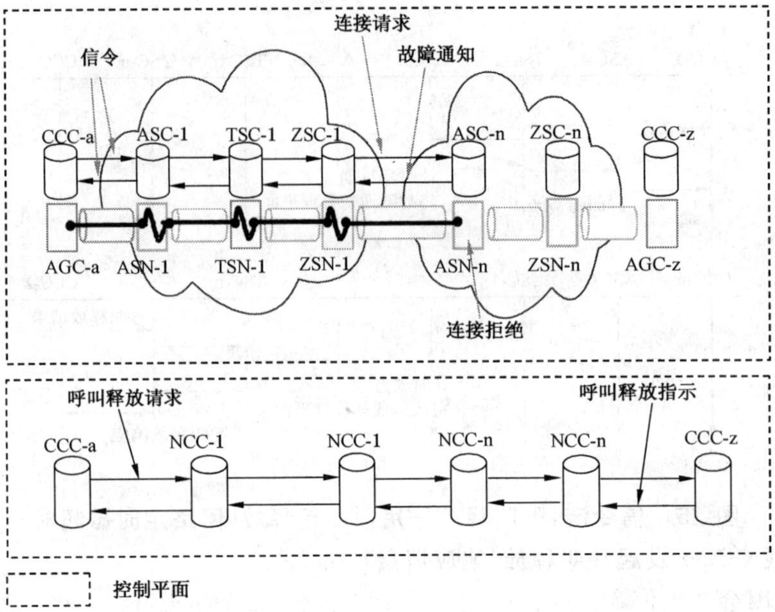

图 28　SC 连接建立故障后的呼叫释放

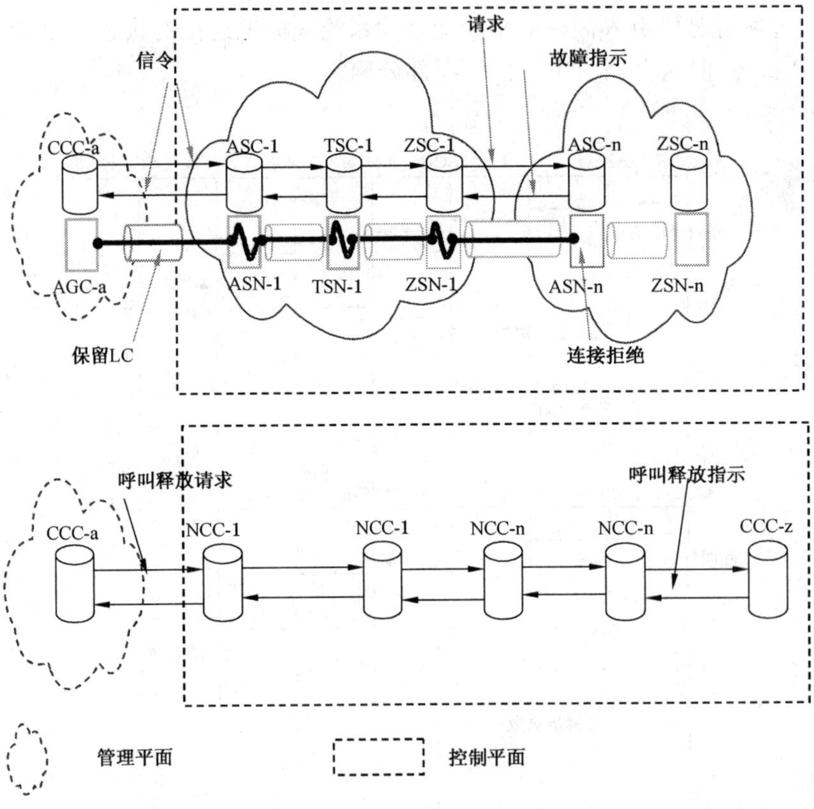

图 29　SPC 连接建立故障后的呼叫释放

在图 28 和图 29 所示的情形中，呼叫的连接在 ASC-n 被拒绝。故障通知指示向 CCC-a 发送，同时释放相应的连接。在图 28 中，CCC-a 位于用户设备，在图 29 中，CCC-a 位于管理平面。在两种情况中，呼叫和连接处理在信令层面都进行完全的分离，并且假定呼叫在被叫放实体进行处理。在图 29 中，到达网络边界的连接都会释放，但是到达用户的 LC 仍旧保留。这是因为 LC 是由管理平面配置的。

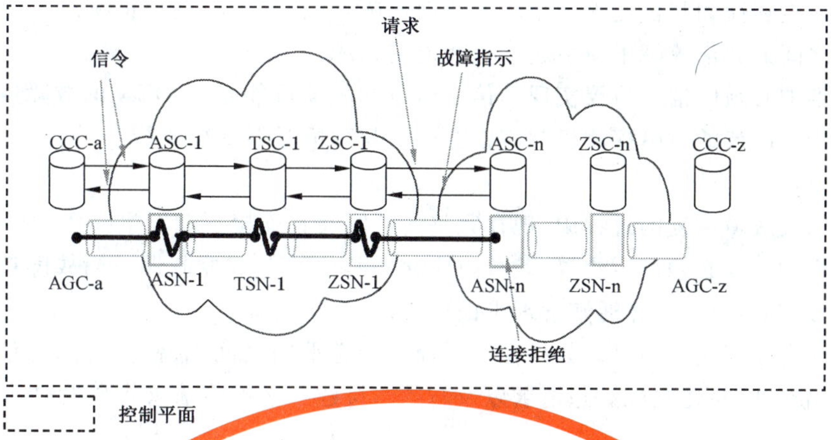

图 30　SC 连接建立故障后呼叫状态不改变

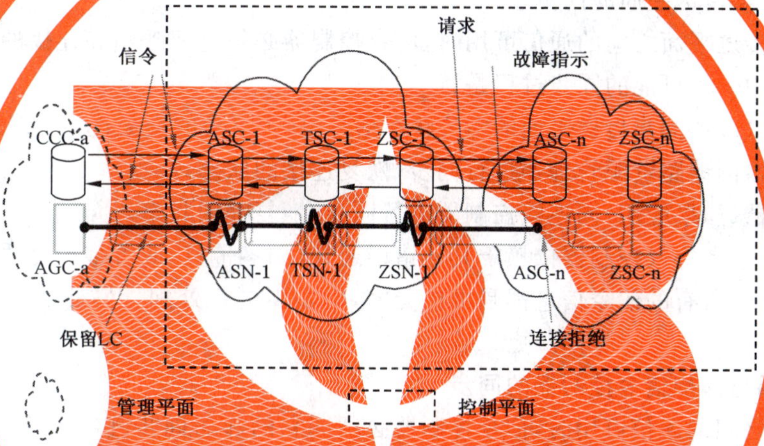

图 31　SPC 连接建立故障后呼叫状态不改变

对于呼叫修改操作，如果网络不能修改连接，那么就认为呼叫修改操作是失败的。任何已修改或者部分修改的连接都应该被释放，对现有的呼叫不做任何改变。图 30 和图 31 分别显示了 SC 和 SPC 的情况。

在图 30 和图 31 所示的情形中，对呼叫的修改操作造成新的连接请求。当此连接请求在 ASC-n 被拒绝时，故障通知向 CCC-a 发送，并且连接被释放。CCC-a 在接收到故障通知以后，CCC-a 发送连接释放请求，释放故障的连接并且保持呼叫的状态不变。

6　信令的弹性

6.1　信令控制器的弹性

6.1.1　信令控制器的弹性定义

信令控制器的弹性指信令控制器在故障情况下继续工作的能力。信令控制器位于 UNI、I-NNI 以及 E-NNI，用于支持呼叫以及连接的建立和拆除功能。它的操作依赖于数据通信网络(DCN)、传送平面、管理平面以及控制平面本身的内部元件。

6.1.2　信令控制器的故障检测和指示

信令控制器与传送平面的通信中断，或者信令控制器与其相邻信令控制器之间的通信中断，则认为信令控制器出现了故障。这些故障可能是由于 DCN 的故障或者其他的原因(例如相邻信令控制器的故障)引起的。

控制平面必须能够探测与传送平面之间的通信故障，并且能够将这些故障通知信令控制器。控制平面和传送平面之间的通信故障不应引起信令通道的故障。

信令通道的维护必须由信令协议实现。信令通道的故障可能是由DCN的故障或者是相邻信令控制器故障引起。信令协议的故障探测机制应该在以下几种情况下都能执行。

当发生故障时：

——在故障以及故障恢复的过程中，现存完整的呼叫及其连接不能发生改变；

——信令通道的故障必须产生告警，此故障应通知其他的信令控制器。当故障持久存在或者需要管理者参与时，应将故障通知管理平面；

——不接受或者处理信令消息。如果控制平面和传送平面之间出现了故障，而信令控制器仍旧是可达的，新的呼叫建立或拆除请求以及新的连接建立或拆除请求将会失败，同时发出适当的错误指示。

如果故障是由于信令通道引起的，新的呼叫建立或拆除请求将会在UNI、E-NNI或I-NNI丢失。新的连接建立或者拆除请求将会在I-NNI丢失。

6.1.3 信令控制器与传送平面的同步

当控制平面和传送平面之间的通信可用时，信令控制器必须重建呼叫和连接的状态，以同步传送平面的连接信息。其中一种可能的同步过程是：

——链路资源管理器同步传送平面的NE状态信息、保护NE的交叉连接信息以及端口信息；

——连接控制器同链路资源管理器进行同步，恢复连接的状态；

——呼叫控制器(如果应用)同连接控制器进行同步，恢复呼叫状态。

在这个过程中，信令协议控制器依赖于其他错误通知(如零带宽)或者维护合适的状态，如垂直恢复状态。在这种状态下，所有的信令信息都是可接受的，但是不进行处理。另外必须返回适当的消息，指示错误。

6.1.4 信令控制器与邻接信令控制器的同步

当信令控制器之间的通信可用时，信令控制器必须同它的邻居同步呼叫和连接的状态。信令控制器必须具备正确的状态，如水平恢复状态。在这种状态下，应该拒绝用于建立或者拆除现存呼叫以及连接的消息，另外信令控制器必须检查它的连接信息是否同它相邻控制器的连接信息保持一致。检查的内容包括：

——呼叫和连接ID：如果呼叫或连接的ID只在一端信令控制器存在，那么此呼叫或连接是无效的；

——对相同连接的资源分配：如果在两端对一条连接的资源分配不一致，那么此连接无效。

当标识出无效的呼叫或者连接时，信令协议控制器必须发送相应的消息删除这些呼叫和连接，这些不完整的呼叫或连接将会被删除。

6.2 信令网络的弹性

6.2.1 信令网络的弹性定义

信令网络对呼叫控制器之间和连接控制器之间的信令消息提供可靠的传送功能。信令通道是信令网中提供信令实体之间消息传送的连接。信令通道失效后应该执行如下的处理：

——检测到信令通路失效后，信令网络尝试恢复信令通信。如可以通过冗余信令通道实现信令网故障恢复。在信令网络恢复期间不接受处理信令消息，不受故障影响的信令通道上的消息仍然正常处理，受故障影响的链路上的消息不能进行处理。已经存在并受故障影响的呼叫维持现状。

——如果故障不可恢复，如呼叫控制器(CallC)或CC不能和其他的CallC或CC通信，需要向管理系统发送通告信息。已经存在的呼叫依然维持现状。可以通过其他的手段来释放这些受影响的呼叫，如通过手动处理。

——故障恢复成功后，CallC 或 CC 可能需要同步已经存在的呼叫和连接状态数据。

如果信令网络和信令通道都支持恢复，单个信令网络的故障可能会同时导致 DCN 和控制平面都开始恢复。这些恢复机制之间需要统一协调以避免对同一个故障进行共同恢复。

另外，不同组件的故障(CallC、CC、LRM 发生故障)会导致控制平面故障。如，有些故障是不可恢复的。但是，应该向管理平面上报相关的故障信息。

6.2.2 用户信令故障

根据下面的故障原因代码，应该执行对应的信令动作：

——CCC-a 和 ASC-1 之间的信令通道中断；

——ZSC-n 和 CCC-z 之间的信令通道中断。

其他目前还没有考虑到的故障原因代码，也会影响故障。当额外的故障原因编码会导致故障并被标识出来后，应该添加故障原因编码。

图 32 中描述了 CCC-a 和 ASC-1 之间的故障处理。ZSC-N 和 CCC-z 之间的故障处理类似。如 CCC-z 或 ZSC-n 发起信令通道的恢复。

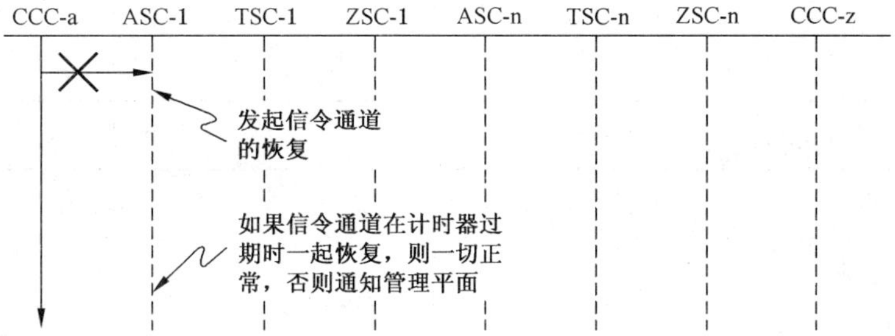

图 32 UNI 信令故障

上图中，从 CCC-a 到 ASC-1 的信令连接故障检测。由于 CCC-a 不发起呼叫释放请求，需要指定其他的方法。不影响已经存在的呼叫。

6.2.3 网络信令故障

下面的故障原因导致信令动作：

——域内的 CC 之间信令通道失效；

——域间的 CC 之间信令通道失效。

其他的现在还没有考虑到的故障原因代码，也会影响故障。当额外的故障原因编码会导致故障并被标识出来后，应该添加故障原因编码。

图 33 中描述了 ASC-1 和 TSC-1 之间域内故障情况。

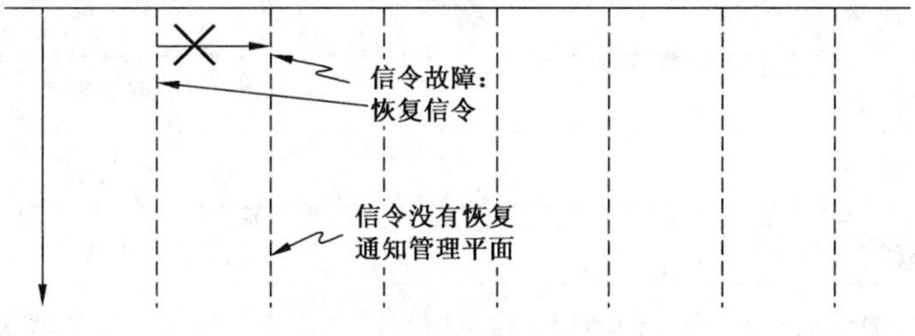

图 33 网络信令故障

信令通道故障不会导致呼叫的释放。网络要尽量尝试恢复信令通道。当信令通道故障恢复后，控制平面继续处理新的请求。如果故障的信令通道不能恢复，CC 通知管理平面相关的故障信息。

7 分布式连接管理(DCM)属性列表

7.1 分布式连接管理属性类型

DCM 属性列表可以分为呼叫属性和连接属性。表 1、表 2、表 3 总结了 UNI、I-NNI 和 E-NNI 信令处理相关的属性列表。

——UNI 信令处理的内容包括呼叫属性，也包括从用户到网络之间链路连接建立相关的连接属性。

——NNI 信令处理包括连接属性。呼叫属性必须在呼叫控制器之间交互(如图 1 的 ASC-n 和 ZSC-n 之间)。所用到的许多交互机制不是该结构中的部分。I-NNI 信令可以通过将呼叫属性信息附加在连接相关的信息上来交换呼叫属性信息。但是，这样处理不会形成 I-NNI 处理的一部分。

——E-NNI 信令处理的内容包括呼叫属性，也包括从网络之间链路连接建立相关的连接属性。

属性信息为逻辑信息，这些逻辑信息在支持 CCC 或 NCC、CC 和 LRM 的接口上进行交换。不同的协议设计可能会对一些逻辑信息进行合成或分割。但应该体现属性信息所支持的功能。

表 1 UNI 属性列表

	属性	作用范围	消息类型
标识属性	主叫方 UNI 传送资源标识符	端到端	呼叫
	被叫方 UNI 传送资源标识符	端到端	呼叫
	源 CC 名称	本地	连接
	源呼叫控制器(CallC)名称	本地	呼叫
	目的 CC 名称	本地	连接
	目的 CallC 名称	本地	呼叫
	连接名称	本地	连接
	呼叫名称	端到端	呼叫
业务属性	主叫方 AGC SNP ID	本地	连接
	主叫方 AGC SNPP ID	本地	连接
	被叫方 AGC SNP ID	远端本地	连接
	被叫方 AGC SNPP ID	远端本地	连接
	方向	本地	呼叫或连接
策略属性	CoS	端到端[a]	呼叫
	GoS	端到端[a]	呼叫
	安全	本地	呼叫或连接

[a] 尽管 CoS 和 GoS 为端到端有效，但它们的值在跨域时可能会改变。但要满足和请求业务相关的策略。

表 2 I-NNI 属性列表

	属性	作用范围	消息类型
标识属性	主叫方 UNI 传送资源标识符	透明传输	呼叫
	被叫方 UNI 传送资源标识符	透明传输	呼叫
	源呼叫控制器(CallC)名称	本地	呼叫
	目的 CC 名称	本地	连接
	目的 CallC 名称	本地	呼叫
	连接名称	本地	连接
	连接名称	域内唯一	连接
	呼叫名称	端到端	呼叫
业务属性	SNP ID	本地 Local	连接
	SNPP ID	本地 Local	连接
	主叫方 AGC SNP ID	透明传输	连接
	被叫方 AGC SNPP ID	透明传输	连接
	方向	域内唯一	呼叫或连接
策略属性	CoS	透明传输	呼叫
	GoS	透明传输	呼叫
	连接 CoS	域内唯一	连接
	连接 GoS	域内唯一	连接
	显式资源列表	域内唯一	连接
	恢复	域内唯一	连接

表 3 E-NNI 属性列表

	属性	作用范围	消息类型
标识属性	主叫方 UNI 传送资源标识符	端到端或透明传输	呼叫
	被叫方 UNI 传送资源标识符	端到端或透明传输	呼叫
	源 CallC 名称	本地	呼叫
	目的 CC 名称	本地	连接
	目的 CallC 名称	本地	呼叫
	连接名称	本地	连接
	连接名称	本地	连接
	呼叫名称	端到端	呼叫
业务属性	SNP ID	本地	连接
	SNPP ID	本地	连接
	主叫方 AGC SNP ID	透明传输	连接
	被叫方 AGC SNPP ID	透明传输	连接
	方向	本地	呼叫或连接
策略属性	CoS	端到端	呼叫

表 3（续）

	属性	作用范围	消息类型
策略属性	GoS	端到端	呼叫
	安全	本地	呼叫或连接
	显式资源列表	本地	连接
	恢复	本地	连接

7.2 UNI属性列表

7.2.1 标识属性

7.2.1.1 呼叫方UNI传送资源标识符

该属性用于标识到达A端呼叫控制器的UNI传送资源标识符。此属性的值是全局唯一的，由服务提供商分配。例如，用户名称可以由网络分配一个IPv4地址，其他另外的用户名称可以由网络分配一个IPv6地址。由于用户名称为用户的全网唯一标识，因此不同的编址格式可以共存。

7.2.1.2 被叫方UNI传送资源标识符

该属性用于标识到达Z端呼叫控制器的UNI传送资源地址。具体的特征和主叫方UNI传送资源标识符相同。

7.2.1.3 源端CC和呼叫控制器(CallC)名称

这个属性指定了和CC和CallC相关的名称，该CC或CallC发起显示信令消息。

7.2.1.4 目的端CC和呼叫控制器(CallC)名称

这个属性指定了和CC和CallC相关的名称，该CC或CallC终结显示信令消息。

7.2.1.5 连接名称

该属性唯一标识一条链路连接，该值为本地唯一，既可以由用户分配也可以由网络分配。

7.2.1.6 呼叫名称

该属性唯一标识一个请求的呼叫。该值为全局唯一并由网络分配。

7.2.2 业务属性

7.2.2.1 SNP ID

SNP ID代表在连接请求消息中用来建立一条链路连接的子网点。SNP ID也可以用来创建SNC连接的SNP。对于具体的连接请求，SNP ID从一组在指定SNPP内部的SNP中选择。SNP ID值本地唯一，可以自动发现或手动提供，并在层网络之间独立。对于请求双向连接的呼叫，或请求多条连接的呼叫，SNP ID包含多个值，并按下游ID在前上游ID在后的顺序排列。SNP ID由源节点或终节点LRM来指定。为防止竞争，名字值更大的LRM可以优先选择SNP ID。

信令消息的SNP ID包括：

——主叫方AGC SNP ID：该ID用来建立从主叫方AGC到网元之间的LC链路；

——被叫方AGC SNP ID：该ID用来建立从被叫方AGC到网元之间的LC链路；

——SNP ID：该ID用来建立网元与网元之间的LC连接链路。

7.2.2.2 SNPP ID

SNPP ID用来标识子网点池，用于请求建立一条连接。SNPP ID唯一标识一组子网间用来请求连接的SNP，在不同的网络层次之间SNPP ID是彼此独立的。子网之间可以存在多个SNPP。对于请求双向连接或请求多条连接的呼叫来说，该属性可以包含多个属性值并且按下游ID在前上游ID在后的顺序排列。SNPP ID可以由发起点LRM来指定，由终结点LRM在SNPP中选择SNP来建立链路连接。为防止竞争，具有较高名字值的LRM优先选择SNPP ID，以满足基于约束的呼叫请求。

7.2.2.3 方向性

方向属性指定了连接的方向。方向属性支持单向、对称双向以及不对称双向的连接请求。在不对称双向请求时，要在属性附加信息中指定上游和下游方向请求连接的数目。

7.2.3 策略属性

7.2.3.1 服务分类(CoS)和连接 CoS

服务分类属性指定呼叫请求的 CoS。该属性值在每个域中唯一，由网络分配并且每个用户网络之间的 CoS 值都可以不同(如，用户 1 使用的 CoS 和用户 2 使用的 CoS 可以不同)。跨域的情况下，为支持端到端的 CoS 请求，网络需要提供转换功能，将一个网络的 CoS 值转换成另外一个网络的 CoS 值。呼叫 CoS 属性为主叫方 SLA 指定 CoS 信息的部分属性。网络应该提供将呼叫 CoS 转换成域中具体的 CoS(连接 CoS)功能。

域与域之间的连接 CoS 可能不同，但每个域中的连接 CoS 要和 SLA 对应以支持端到端的 CoS 请求。CoS 中的信息列表包括：服务分类的列举。

7.2.3.2 服务等级(GoS)和连接 GoS

服务等级属性指定呼叫请求的 GoS 并被用来更详细的指定和每个 CoS 请求相关的 GoS。服务等级属性值在每个域中唯一并由网络分配，每个用户网络关系可以有不同的 GoS。跨域的情况下，为支持端到端的 GoS 请求，网络需要提供转换功能，将一个网络的 GoS 值转换成另外一个网络的 GoS 值。呼叫 GoS 属性为主叫方 SLA 指定 GoS 信息的部分属性。网络应该提供将呼叫 GoS 转换成域中具体的 GoS(连接 GoS)功能。

域与域之间的连接 GoS 可能不同，但每个域中的连接 GoS 要和 SLA 对应以支持端到端的 GoS 请求。GoS 中的信息列表包括：

a) 分集信息；

b) 子网控制器名字列表、SNPP、SNP、避开或必经的 SNPP 和 SNP。

7.2.3.3 安全性

安全属性指定需要允许验证呼叫请求的相关信息，这里包括的信息可以对呼叫请求进行授权认证，或者检查呼叫请求的完整性。该属性值应具有本地唯一性。

7.2.4 状态属性

7.2.4.1 呼叫响应编码

呼叫建立—成功

呼叫建立—失败：被叫方忙

呼叫建立—失败：主叫方忙

呼叫建立—失败：网络忙

呼叫建立—失败：消息出错

呼叫建立—失败：标识错(A 端用户名无效)

呼叫建立—失败：标识错(Z 端用户名无效)

呼叫建立—失败：标识错(连接名无效)

呼叫建立—失败：业务错(SNP ID 无效)

呼叫建立—失败：业务错(SNP ID 不可用)

呼叫建立—失败：业务错(无效的 SNPP ID)

呼叫建立—失败：业务错(SNPP ID 不可用)

呼叫建立—失败：策略错(无效的 CoS)

呼叫建立—失败：策略错(CoS 不可用)

呼叫建立—失败：策略错(GoS 无效)

呼叫建立—失败：策略错(GoS 不可用)

呼叫建立—失败：策略错(安全验证失败)

呼叫释放—成功

呼叫释放—失败:消息出错

呼叫释放—失败:标识错(呼叫名无效)

呼叫释放—失败:策略错(安全验证失败)

7.2.4.2 通知编码

呼叫出错—不影响业务

呼叫出错—影响业务

7.3 I-NNI 属性列表

7.3.1 I-NNI 接口属性定义

表 2 定义的属性和 UNI 相应属性定义相同,下列属性除外。

7.3.2 策略属性

7.3.2.1 连接名称

此属性唯一的标识一条子网络连接,属性值在域内是唯一的。

7.3.2.2 显式资源列表

显式资源列表属性指定了用来建立连接的显式资源。列表有序排列,包括零个或多个 CC 名字实例、路由控制域内的 SNPP ID 和(或)SNP ID,如路由域。

7.3.2.3 恢复

恢复属性指定了连接所使用的恢复算法。例如,恢复属性信息包括的内容如下:

a) 连接类型指示(工作或保护连接);

b) 恢复类型(1+1、1∶1、自动重路由);

c) 恢复行为(返回式、非返回式)。

7.3.2.4 服务分类(CoS)和连接 CoS

见 GB/T 21645.1—2008 的 3.1.19。

7.3.2.5 服务等级(GoS)和连接 GoS

见 GB/T 21645.1—2008 的 3.1.28。

7.3.3 状态属性

7.3.3.1 连接响应编码

连接建立—成功

连接建立—失败:被叫方忙

连接建立—失败:主叫方忙

连接建立—失败:超时

连接建立—失败:标识错(连接名无效)

连接建立—失败:业务错(SNP ID 无效)

连接建立—失败:业务错(SNP ID 不可用)

连接建立—失败:业务错(无效的 SNPP ID)

连接建立—失败:业务错(SNPP ID 不可用)

连接建立—失败:策略错(无效的显式资源列表)

连接建立—失败:策略错(恢复无效)

连接建立—失败:连接错误(创建 SNC 连接失败)

连接建立—失败:连接错误(创建 LC 连接失败)

连接释放—成功

连接释放—失败:消息出错

连接释放—失败:超时

连接释放—失败:标识错(呼叫名无效)

连接释放—失败:连接错误(释放 SNC 连接失败)

连接释放—失败:连接错误(释放 LC 连接失败)

7.3.3.2 通知编码

连接出错—不影响业务

连接出错—影响业务

连接出错—异常呼叫释放

7.4 E-NNI 属性列表

7.4.1 E-NNI 属性定义

表 3 定义的属性和 UNI 相应属性定义相同,下列属性除外。

7.4.2 状态属性

7.4.2.1 连接响应编码

连接建立—成功

连接建立—失败:消息出错

连接建立—失败:被叫方忙

连接建立—失败:主叫方忙

连接建立—失败:超时

连接建立—失败:标识错(A 端用户名无效)

连接建立—失败:标识错(Z 端用户名无效)

连接建立—失败:标识错(连接名无效)

连接建立—失败:业务错(SNP ID 无效)

连接建立—失败:业务错(SNP ID 不可用)

连接建立—失败:业务错(无效的 SNPP ID)

连接建立—失败:业务错(SNPP ID 不可用)

连接建立—失败:策略错(CoS 无效)

连接建立—失败:策略错(CoS 不可用)

连接建立—失败:策略错(GoS 无效)

连接建立—失败:策略错(GoS 不可用)

连接建立—失败:策略错(安全验证失败)

连接建立—失败:策略错(显式资源列表无效)

连接建立—失败:策略错(恢复无效)

连接建立—失败:连接错误(创建 SNC 连接失败)

连接建立—失败:连接错误(创建 LC 连接失败)

连接释放—成功

连接释放—失败:消息出错

连接释放—失败:超时

连接释放—失败:标识出错(呼叫名无效)

连接释放—失败:策略出错(安全验证失败)

连接释放—失败:连接错误(释放 SNC 连接失败)

连接释放—失败:连接错误(释放 LC 连接失败)

7.4.2.2 通知编码

连接出错—不影响业务

连接出错—影响业务

连接出错—异常呼叫释放

8 分布式连接管理(DCM)消息集

8.1 分布式连接管理消息类型

DCM 消息可以根据 UNI 连接操作以及 NNI(包括 I-NNI 和 E-NNI)连接操作来进行分类。表 4～表 6 总结了信令过程中可能要包含的消息列表。这些消息为逻辑消息,在各自的接口上支持呼叫控制器(CallC)、CC 和 LRM。注意,不同的协议设计可能会对一些逻辑消息进行合并或分拆。但应该体现消息所支持的功能。

属性修改相关的操作待研究,暂不作为消息集的一部分。

表 4 UNI 消息

	UNI 消息
呼叫建立消息	呼叫建立请求
	呼叫建立指示
	呼叫建立确认
呼叫释放消息	呼叫释放请求
	呼叫释放指示
呼叫查询消息	呼叫查询请求
	呼叫查询指示
呼叫通知消息	呼叫通知

表 5 I-NNI 消息

	I-NNI 消息
连接建立消息	连接建立请求
	连接建立指示
	连接建立确认
连接释放消息	连接释放请求
	连接释放指示
连接查询消息	连接查询请求
	连接查询指示
连接通知消息	连接通知

表 6 E-NNI 消息

	E-NNI 消息
连接建立消息	连接建立请求
	连接建立指示
	连接建立确认
连接释放消息	连接释放请求
	连接释放指示
连接查询消息	连接查询请求
	连接查询指示
连接通知消息	连接通知

8.2 UNI 消息

8.2.1 呼叫建立

8.2.1.1 呼叫建立机制

呼叫建立定义了两个步骤(和可选的第三个步骤)。网络创建呼叫名称并发送给用户作为客户呼叫请求的回应。连接名称由发起呼叫请求者为所请求的连接创建。

8.2.1.2 呼叫建立请求

定义呼叫建立请求(callSetupRequest)消息用来建立呼叫。相关的呼叫建立请求属性如下表7所示。

表7 UNI 呼叫建立请求消息

用户发送消息属性	网络发送消息属性
主叫方 UNI 传送资源标识符	主叫方 UNI 传送资源标识符
被叫方 UNI 传送资源标识符	被叫方 UNI 传送资源标识符
源呼叫控制器(CallC)名称	源 CallC 名称
目的 CallC 名称	目的 CallC 名称
主叫方 AGC SNP ID	主叫方 AGC SNP ID
主叫方 AGC SNPP ID	主叫方 AGC SNPP ID
被叫方 AGC SNP ID	被叫方 AGC SNP ID
被叫方 AGC SNPP ID	被叫方 AGC SNPP ID
方向	方向
CoS	CoS
GoS	GoS
安全	安全
连接名称	连接名称
	呼叫名称

8.2.1.3 建立呼叫指示

定义呼叫建立指示(callSetupIndication)消息作为呼叫建立请求消息的响应。指示消息可以由Z端用户或网络来发送。与呼叫建立指示相关的消息如表8所示。

表8 UNI 呼叫建立指示消息

用户发送属性	网络发送属性
连接名称	连接名称
呼叫名称	呼叫名称
状态	状态

8.2.1.4 呼叫建立确认

定义呼叫建立确认消息(callSetupConfirm)来响应呼叫建立指示消息。呼叫建立确认消息可以由A端用户或网络来发送。与呼叫建立确认相关的属性如表9所示。

表9 UNI 呼叫建立确认消息

用户发送属性	网络发送属性
连接名称	连接名称
呼叫名称	呼叫名称
状态	状态

8.2.2 呼叫释放

8.2.2.1 呼叫释放请求

定义呼叫释放请求消息(callReleaseRequest)来释放一个呼叫。呼叫释放消息可以由用户或网络来发送。呼叫释放消息中包含的属性如表10所示。

表 10 UNI 链路连接释放请求消息

用户发送属性	网络发送属性
呼叫名称	呼叫名称
安全	安全

8.2.2.2 呼叫释放指示

定义呼叫释放指示(callReleaseIndication)消息作为呼叫释放请求消息的响应。呼叫释放指示消息可以由用户或网络来发送。呼叫释放指示消息中包含的属性信息如表11所示。

表 11 UNI 呼叫释放指示消息

用户发送属性	网络发送属性
呼叫名称	呼叫名称
状态	状态

8.2.3 呼叫查询

8.2.3.1 呼叫查询请求—查询每个呼叫特征

定义呼叫查询请求消息(callQueryRequest)用来查询存在的呼叫。呼叫查询消息由用户或网络来发送。呼叫查询请求消息中包含的属性如表12所示。

表 12 UNI 呼叫查询请求消息

用户发送属性	网络发送属性
呼叫名称	呼叫名称
安全	安全

8.2.3.2 呼叫查询相应—查询每个呼叫各种

定义呼叫查询响应消息(callQueryResponse)用来响应呼叫查询请求。呼叫查询响应消息由用户或网络来发送。呼叫查询响应消息中包含的属性如表13所示。

表 13 UNI 呼叫查询响应消息

用户发送属性	网络发送属性
呼叫名称	呼叫名称
CoS	CoS
GoS	GoS
每条连接名称 SNP ID SNPP ID	每条连接名称 SNP ID SNPP ID
状态	状态

8.2.3.3 呼叫查询请求—查询所有呼叫

定义查询所有呼叫的请求消息(callQueryAllRequest)用来查询与特定的信令代理或网络呼叫控制器名称相关的所有现存的呼叫。此信息可以由其他的用户或网络发生。查询所有呼叫的请求消息中包含的属性如表14所示。

表 14 UNI 所有呼叫查询请求消息

用户发送属性	网络发送属性
CC 或 NCC 名称	CC 或 NCC 名称
安全	安全

8.2.3.4 呼叫请求响应—所有呼叫查询响应

定义查询所有呼叫的响应消息(callQueryAllResponse)用来响应 callQueryAllRequest 消息,该响应消息由用户或网络来发送。查询所有呼叫的响应消息中包含的属性如表 15 所示。

表 15 UNI 所有呼叫查询响应消息

用户发送属性	网络发送属性
CC 或 NCC 名称	CC 或 NCC 名称
呼叫名称列表	呼叫名称列表
状态	状态

8.2.4 通知消息

使用通知消息允许交换连接相关的状态信息。通知消息的发送用来通知呼叫或连接的状态。与通知消息相关的属性信息如下表 16 所示。

表 16 UNI 通知消息

用户发送属性	网络发送属性
呼叫名称	呼叫名称
连接名称	连接名称
出错编码	出错编码
安全	安全

通知消息一步完成。

8.3 I-NNI 消息

8.3.1 连接建立

8.3.1.1 连接建立请求

连接建立分两个步骤完成(第 3 个步骤可选)。为所请求的连接创建一个连接名字。

连接建立请求消息(connSetupRequest)用于建立一条连接。连接建立请求消息中包含的属性如表 17 所示。

表 17 I-NNI 连接建立请求消息

属 性
主叫方 UNI 传送资源标识符
被叫方 UNI 传送资源标识符
源 CC 名称
目的 CC 名称
连接名称
呼叫名称
本地 SNP ID
本地 SNPP ID

表 17（续）

属　　性
被叫方 AGC SNP ID
被叫方 AGC SNPP ID
方向性
CoS 服务分类
GoS 服务等级
显式资源列表
恢复

8.3.1.2 连接建立指示

连接建立指示消息(connSetupIndication)用于响应连接建立请求消息。与连接建立指示相关的属性信息如表 18 所示。

表 18 I-NNI 连接建立指示消息

属　　性
连接名称
呼叫名称
状态

8.3.1.3 连接建立确认

可选的连接建立确认消息(connSetupConfirm)是为了对连接建立指示进行响应。连接建立确认属性如表 19 所示。

表 19 I-NNI 连接建立确认消息

属　　性
连接名称
呼叫名称
状态

8.3.2 连接释放

8.3.2.1 连接释放请求

连接释放请求消息(connReleaseRequest)用来释放一条连接。释放请求消息属性如表 20 所示。

表 20 I-NNI 连接释放请求消息

属　　性
呼叫名称
连接名称

8.3.2.2 连接释放指示

连接释放指示消息(connReleaseIndication)是对连接释放请求进行响应。连接释放指示消息包含的属性信息如表 21 所示。

表 21 I-NNI 连接释放指示消息

属　　性
呼叫名称
连接名称
状态

8.3.3 连接查询

下面给出了连接查询的有效结果:连接激活、连接不存在、连接不可用、连接挂起。

8.3.3.1 连接查询请求—查询每条连接

连接查询请求消息(connQueryRequest)用来查询一条存在的连接。连接查询请求相关的属性信息如表22所示。

表22 I-NNI连接查询请求消息

属性
呼叫名称
连接名称

8.3.3.2 连接查询响应—查询每条连接的特征

定义连接查询响应消息 connQueryResponse 用来响应连接查询请求。连接查询响应消息中的属性如表23所示。

表23 I-NNI连接查询响应消息

属性
呼叫名称
连接名称 SNP ID SNPP ID
方向
显式资源列表
恢复
状态

8.3.3.3 连接查询请求—查询所有连接

查询所有连接的请求消息(connQueryAllRequest)用来查询与连接控制器名称对应的所有存在的连接。查询请求消息的属性如表24所示。

表24 I-NNI所有连接查询请求消息

名称
CC名称

8.3.3.4 连接查询响应—查询所有连接

查询所有连接的响应消息(connQueryAllResponse)用来响应所有连接的查询请求。响应消息可以由用户或网络来发送。响应消息中的属性信息如表25所示。

表25 I-NNI所有连接查询响应消息

属性
CC名称
连接名称列表及其相应呼叫名称
状态

8.3.4 通知消息

定义通知消息(notification)用来允许对连接状态相关的信息进行交换。发送通知消息用来对呼叫或连接进行通知。通知消息相关的属性如表26所示。

表 26　I-NNI 通知消息

属　　性
呼叫名称
连接名称
出错编码

通知消息只需要一个步骤。

8.4　E-NNI 消息

8.4.1　连接建立

8.4.1.1　连接建立请求

连接建立分两个步骤完成(第 3 个步骤可选)。为所请求的连接创建一个连接名字。

连接建立请求消息(connSetupRequest)用于建立一条连接。连接建立请求消息中包含的属性如表 27 所示。

表 27　E-NNI 连接建立请求消息

属　　性
主叫方 UNI 传送资源标识符
被叫方 UNI 传送资源标识符
源 CC 或 NCC 名称
目的 CC 或 NCC 名称
连接名称
呼叫名称
本地 SNP ID
本地 SNPP ID
被叫方 AGC SNP ID
被叫方 AGC SNPP ID
方向性
CoS 服务分类
GoS 服务等级
显式资源列表
恢复

8.4.1.2　连接建立指示

连接建立指示消息(connSetupIndication)用来响应连接建立请求消息。与连接建立指示相关的属性信息如表 28 所示。

表 28　E-NNI 连接建立指示消息

属　　性
连接名称
呼叫名称
状态

8.4.1.3 连接建立确认

可选的连接建立确认消息(connSetupConfirm)是为了对连接建立指示进行响应。连接建立确认属性如表 29 所示。

表 29 E-NNI 连接建立确认消息

属　　性
连接名称
呼叫名称
状态

8.4.2 连接释放

8.4.2.1 连接释放请求

连接释放请求消息(connReleaseRequest)用来释放一条连接。释放请求消息属性如表 30 所示。

表 30 E-NNI 连接释放请求消息

属　　性
呼叫名称
连接名称
安全

8.4.2.2 连接释放指示

连接释放指示消息(connReleaseIndication)是对连接释放请求进行响应。连接释放指示消息包含的属性信息如表 31 所示。

表 31 E-NNI 连接释放指示消息

属　　性
呼叫名称
连接名称
状态

8.4.3 连接查询

8.4.3.1 连接查询请求—查询每条连接

连接查询请求消息(connQueryRequest)用来查询一条存在的连接。连接查询请求相关的属性信息如表 32 所示。

表 32 E-NNI 连接查询请求消息

属　　性
呼叫名称
连接名称
安全

8.4.3.2 连接查询响应—查询每条连接

连接查询响应消息(connQueryResponse)用来响应连接查询请求。连接查询响应消息中的属性如表 33 所示。

表 33 E-NNI 连接查询响应消息

属　　性
呼叫名称
连接名称 　SNP ID 　SNPP ID
方向
显式资源列表
恢复
状态

8.4.3.3 连接查询请求—查询所有连接

查询所有连接的请求消息(connQueryAllRequest)用来查询与网络呼叫控制器名称对应的所有存在的连接。查询请求消息的属性如表 34 所示。

表 34 E-NNI 所有连接查询请求消息

名　　称
NCC 名称
安全

8.4.3.4 连接查询响应—查询所有连接

查询所有连接的响应消息(connQueryAllResponse)用来响应所有连接的查询请求。响应消息可以由用户或网络来发送。响应消息中的属性信息如表 35 所示。

表 35 E-NNI 所有连接查询响应消息

属　　性
NCC 名称
每个呼叫的名称： 　　相关连接名称列表
状态

8.4.4 通知消息

通知消息(notification)用来允许对连接状态相关的信息进行交换。发送通知消息用来对呼叫或连接进行通知。通知消息相关的属性如表 36 所示。

表 36 E-NNI 通知消息

属　　性
呼叫名称
连接名称
出错编码
安全

通知消息只需要一个步骤。

9 分布式连接管理(DCM)状态图

9.1 分布式连接管理状态定义

本部分详细介绍了连接控制器实体基于状态转移事件的状态转移图。本部分所规范的状态图应用于每个CC,另外还描述了每条连接的状态迁移过程,以及每个通信实体从一个状态迁移到另外一个状态时所发生的事件和动作。

状态转换为下列实体指定:

——发起方用户:发起某个操作的用户。连接建立操作时为A端用户(CCC-a)。释放操作时可以为A端或Z端用户。

——终结方用户:终结一个呼叫的用户。呼叫建立操作时为Z端用户(CCC-z)。呼叫释放操作时为Z端或A端用户。

——呼叫控制器。

——连接控制器。

呼叫操作相关的状态如下:

——空闲状态(S_i):该状态为缺省状态。在这种状态下,信令控制实体可以接受呼叫建立请求并进行对应的动作。

——验证呼叫建立请求状态(S_{svreq}):该状态下,呼叫控制器(CallC)验证呼叫建立请求(包括安全和策略验证)。

——呼叫建立请求发起状态(S_{sreq}):该状态下,CallC产生并发送呼叫建立请求消息,并等待建立请求死的响应。

——连接建立状态(S_{sconn}):该状态下,CC执行连接的建立以支持所接受的呼叫。

——呼叫建立接受状态(S_{sacpt}):该状态下,CallC产生并发送呼叫建立指示消息来响应呼叫建立请求,并等待呼叫最终建立的确认消息。

——验证呼叫状态(S_{svcall}):该状态下,CallC做呼叫是否已经成功建立的验证处理。

——激活状态(S_a):该状态下,呼叫建立过程已经完成,与呼叫对应的各个连接也已经建立并准备开始传送用户数据。

——验证呼叫释放请求状态(S_{rvreq}):该状态下,CallC对呼叫释放请求进行验证。验证通过后允许进行呼叫释放处理,验证不通过拒绝呼叫释放请求。验证包括权限验证、完整性验证,也可能包含策略验证。

——呼叫释放请求发起状态(S_{rreq}):该状态下,CallC产生并发送呼叫释放请求,并等待呼叫释放请求响应。

——释放连接状态(S_{rconn}):该状态下,CC执行连接释放来支持呼叫释放动作。

——信令故障(S_{sigerr}):该状态下,信令通信通道中断。

连接操作的相关状态操作如下,并描述了上述呼叫状态相关的连接状态的详细情况:

——空闲状态(S_i):该状态为缺省状态,在空闲状态下,信令通信实体可以接收连接建立请求并执行相应的动作。

——验证连接建立请求状态(S_{svreq}):该状态下,CC验证连接建立请求(如可能包括安全和策略验证)。

——连接建立请求发起状态(S_{sreq}):该状态下,CC产生并发送连接建立请求,并等待建立请求响应。

——连接建立接受状态(S_{sacpt}):该状态下,CC已经产生并发送了连接建立指示状态作为连接请求的响应,并等待连接最终建立的确认消息。

——验证连接状态(S_{svconn}):该状态下,CC验证连接是否已经正确建立。

——连接激活状态(S_a):该状态下,连接建立请求完成并向 CallC 发送通知消息指示连接建立已经完成。

——验证连接释放请求状态(S_{rvreq}):该状态下,CC 验证连接释放请求。验证通过后允许释放连接,否则拒绝连接释放请求。验证包括权限验证、完整性验证,也可以包括策略验证。

——连接释放请求发起状态(S_{rreq}):该状态下,CC 产生并发送连接释放请求,并等待连接释放请求响应。

——信令故障状态(S_{sigerr}):该状态下,信令通信通道中断。

可能导致状态转移的事件包括:

——外部触发事件,如用户决定请求一个呼叫,流量工程管理发起一个新的呼叫,连接故障导致请求释放一个呼叫等。这些事件可以通过用户接口或应用接口来触发。

——接收到消息的事件。

——验证结果事件。

——超时事件。

异常的或不可知的消息不会导致状态转移。这些消息会被忽略或向该消息的发送者回应一个出错指示的消息。

9.2 呼叫状态

9.2.1 呼叫状态事件

下面的事件和用户呼叫控制器(CallC)的呼叫状态有关,如表 37 所示。

表 37 用户 CallC 呼叫状态事件

事　件	事件描述
Unk	接收到无法识别或异常的消息
SetReq	用户呼叫控制器 CallC 接收到一个建立呼叫的请求
SetVer	用户呼叫控制器 CallC 验证呼叫建立请求成功
SetNVer	用户呼叫控制器 CallC 验证呼叫建立请求不成功
SetSuc	用户呼叫控制器 CallC 接收到呼叫已经成功建立的响应
SetNSuc	用户呼叫控制器 CallC 接收到呼叫建立不成功的响应
SetExp	呼叫建立定时器超时
RelReq	用户呼叫控制器 CallC 接收到释放呼叫的请求
RelVer	用户呼叫控制器 CallC 验证呼叫释放请求成功
RelNVer	用户呼叫控制器 CallC 验证呼叫释放请求失败
RelSuc	用户呼叫控制器 CallC 接收到呼叫释放成功的响应
RelExp	呼叫释放定时器超时
SigErr	检测到信令通信通道故障
SigNErr	信令通信通道故障修复

下面的事件和网络 CallC(主叫方或被叫方)呼叫状态有关,如表 38 所示。

表 38 网络 CallC 呼叫状态事件

事　件	事件描述
Unk	接收到无法识别或异常的消息
SetReq	用户呼叫控制器 CallC 接收到一个建立呼叫的请求
SetVer	用户呼叫控制器 CallC 验证呼叫建立请求成功
SetNVer	用户呼叫控制器 CallC 验证呼叫建立请求不成功

表 38（续）

事　件	事件描述
SetAcp	网络呼叫控制器接收到呼叫建立请求被接受的响应
SetNAcp	网络呼叫控制器接收到呼叫建立请求被拒绝的响应
SetCon	网络呼叫控制器接收到支持呼叫的连接建立成功的响应
SetNCon	网络呼叫控制器接收到支持呼叫的连接建立失败的响应
SetCallVer	网络呼叫控制器对已经建立的呼叫验证成功
SetCallNVer	网络呼叫控制器对已经建立的呼叫验证失败
SetExp	呼叫建立定时器超时
RelReq	网络呼叫控制器接收到呼叫释放的请求
RelVer	网络呼叫控制器对呼叫释放请求验证成功
RelNVer	网络呼叫控制器对呼叫释放请求验证失败
RelCon	网络呼叫控制器接收到支持呼叫的连接已经成功释放的响应
RelNCon	网络呼叫控制器接收到支持呼叫的连接没有成功释放的响应
RelExp	呼叫释放定时器超时
SigErr	检测到信令通信通道故障
SigNErr	信令通信通道故障修复

9.2.2　发起方用户呼叫控制器(CallC)呼叫状态

9.2.2.1　用于呼叫建立的发起方用户呼叫状态

下面的状态转移图应用于呼叫建立的发起用户的CallC，如表39和图34所示。

表 39　源用户呼叫控制器呼叫建立状态转移

当前状态	事件	行　　为	下一个状态
*	Unk	向消息发送者发送通知消息报告错误信息，状态维持不变	*
S_i	SetReq	验证请求	S_{svreq}
S_{svreq}	SetVer	发送呼叫建立请求消息 启动呼叫建立定时器(T_{call_setup})	S_{sreq}
S_{svreq}	SetNVer	通知呼叫发起者呼叫建立请求已经被拒绝	S_i
S_{sreq}	SetSuc	删除呼叫建立定时器(T_{call_setup}) 发送呼叫建立请求确认消息(可选)	S_a
S_{sreq}	SetNSuc	删除呼叫建立定时器(T_{call_setup})	S_i
S_{sreq}	SetExp	通知呼叫发起者呼叫建立超时 发送呼叫释放请求消息 启动呼叫释放定时器($T_{call\_release}$)	S_{rreq}
S_a	SigErr	无	S_{sigerr}
S_{sigerr}	SigNErr	无	S_a

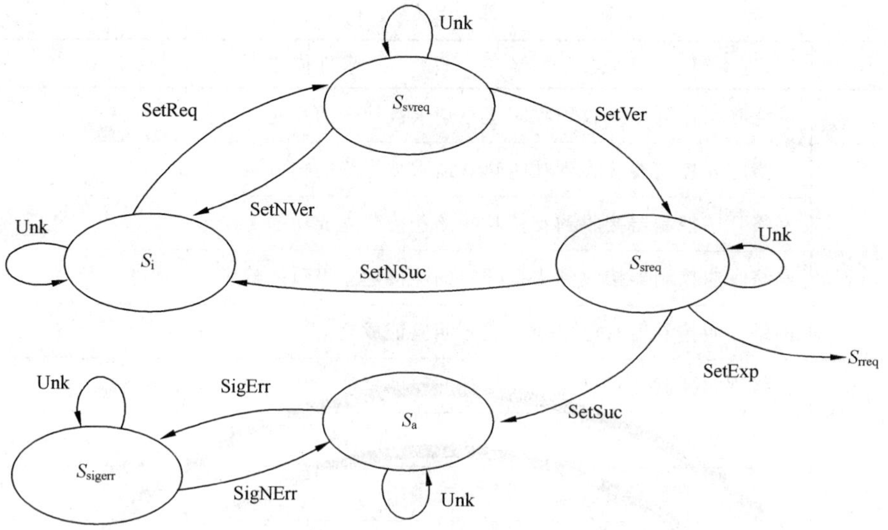

图 34 源用户呼叫控制器呼叫建立状态转移图

9.2.2.2 用于呼叫释放的发起端用户呼叫状态

下面的状态转移图应用于发起端用户 CallC 的呼叫释放情况，如表 40 和图 35 所示。

表 40 源用户呼叫控制器呼叫释放状态转移表

当前状态	事件	行　为	下一个状态
*	Unk	向消息发送者发送通知消息报告错误信息，状态维持不变	*
S_a	RelReq	验证请求	S_{rvreq}
S_{rvreq}	RelVer	发送呼叫释放请求消息 启动呼叫释放定时器($T_{call\_release}$)	S_{rreq}
S_{rvreq}	RelNVer	通知呼叫发起者呼叫释放请求被拒绝	S_a
S_{rreq}	RelSuc	删除呼叫释放定时器($T_{call\_release}$)	S_i
S_{rreq}	RelExp	通知呼叫发起者呼叫释放请求定时器超时	S_i

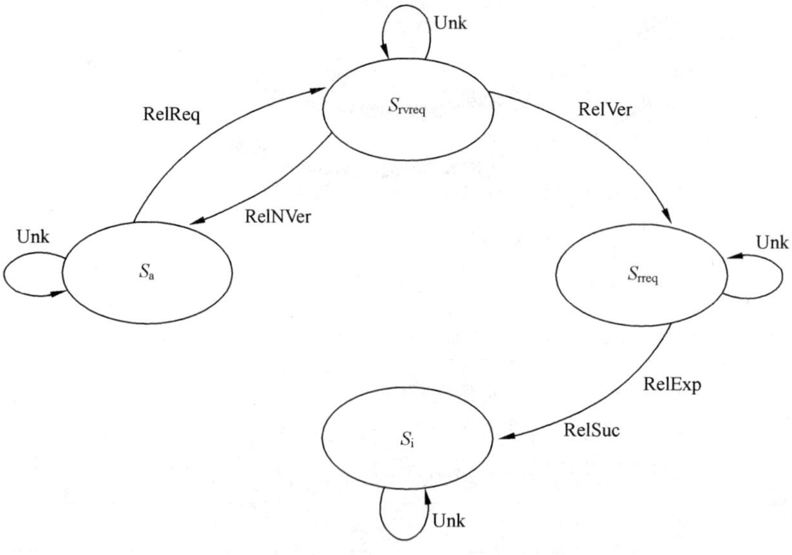

图 35 源呼叫控制器呼叫释放状态转移图

9.2.3 终结方用户呼叫控制器(CallC)呼叫状态

9.2.3.1 用于呼叫建立的终结方用户呼叫状态

下面的状态转移应用于终结端用户 CallC 的呼叫建立时的状态。如表 41 和图 36 所示。

表 41 目的用户呼叫控制器呼叫建立状态转移表

当前状态	事件	行　　为	下一个状态
*	Unk	向消息发送者发送通知消息报告错误信息,状态维持不变	*
S_i	SetReq	验证请求	S_{svreq}
S_{svreq}	SetVer	发送呼叫已经被接受的消息 启动呼叫建立定时器(T_{call_setup})	S_{sacpt}
S_{svreq}	SetNVer	通知呼叫发起者呼叫建立请求被拒绝	S_i
S_{sacpt}	SetSuc	删除呼叫建立定时器(T_{call_setup})	S_a
S_{sacpt}	SetNSuc	删除呼叫建立定时器(T_{call_setup})	S_i
S_{sacpt}	SetExp	通知呼叫发起者呼叫建立请求定时器超时 发送呼叫释放请求消息 启动呼叫释放定时器($T_{call\_release}$)	S_{rreq}
S_a	SigErr	无	S_{sigerr}
S_{sigerr}	SigNErr	无	S_a

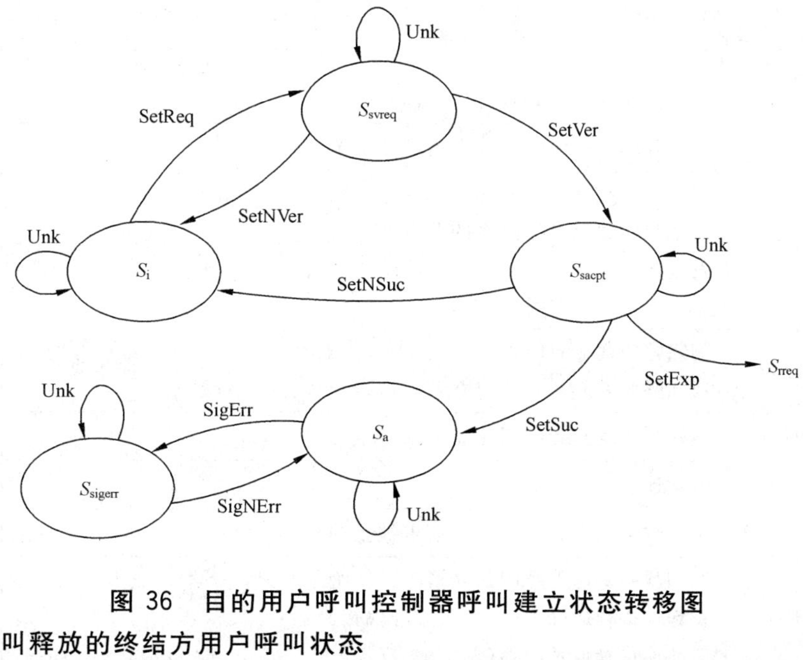

图 36 目的用户呼叫控制器呼叫建立状态转移图

9.2.3.2 用于呼叫释放的终结方用户呼叫状态

下面描述的状态转移应用于终端用户的 CallC 呼叫释放情况,如表 42 和图 37 所示。

表 42 目的用户呼叫控制器呼叫释放状态转移表

当前状态	事件	行　　为	下一个状态
*	Unk	向消息发送者发送通知消息报告错误信息,状态维持不变	*
S_a	RelReq	无	S_{rreq}
S_{rreq}	RelSuc	无	S_i

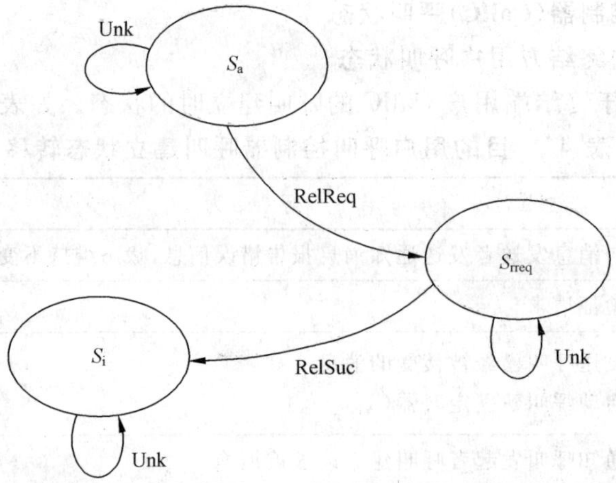

图 37 目的用户呼叫控制器呼叫释放状态转移图

9.2.4 网络呼叫控制器(CallC)呼叫状态

9.2.4.1 用于呼叫建立的网络呼叫控制器(CallC)呼叫状态

下面的状态转移应用于网络呼叫控制器 CallC 的呼叫建立,如表 43 和图 38 所示。

表 43 网络呼叫控制器呼叫建立状态转移表

当前状态	事件	行　为	下一状态
*	Unk	向消息发送者发送通知消息报告错误信息,状态维持不变	*
S_i	SetReq	验证请求	S_{svreq}
S_{svreq}	SetVer	发送呼叫建立请求消息 启动呼叫建立定时器(T_{call_setup})	S_{sreq}
S_{svreq}	SetNVer	通知呼叫发起者呼叫建立请求被拒绝	S_i
S_{sreq}	SetAcp	删除呼叫建立定时器(T_{call_setup}) 发送呼叫建立已经接受的消息 发起连接建立处理(对主叫方呼叫控制器) 启动连接建立定时器(T_{conn_setup})	S_{sconn}
S_{sreq}	SetNAcp	删除呼叫建立定时器(T_{call_setup}) 通知呼叫发起者呼叫建立请求被拒绝	S_i
S_{sreq}	SetExp	通知呼叫发起者呼叫建立请求被拒绝	S_i
S_{sconn}	SetCon	删除连接建立定时器(T_{conn_setup})	S_{svcall}
S_{sconn}	SetNCon	通知呼叫发起者呼叫建立请求被拒绝	S_i
S_{sconn}	SetExp	通知呼叫发起者呼叫建立请求被拒绝 发起连接释放处理(对主叫方呼叫控制器) 启动连接释放定时器($T_{conn\_release}$)	S_{rconn}
S_{svcall}	SetCallVer	发送呼叫已经建立的消息	S_a
S_{svcall}	SetCallNVer	通知呼叫发起者呼叫建立请求被拒绝 发起连接释放处理(对主叫方呼叫控制器) 启动连接释放定时器($T_{conn\_release}$)	S_{rconn}
S_a	SigErr	无	S_{sigerr}
S_{sigerr}	SigNErr	无	S_a

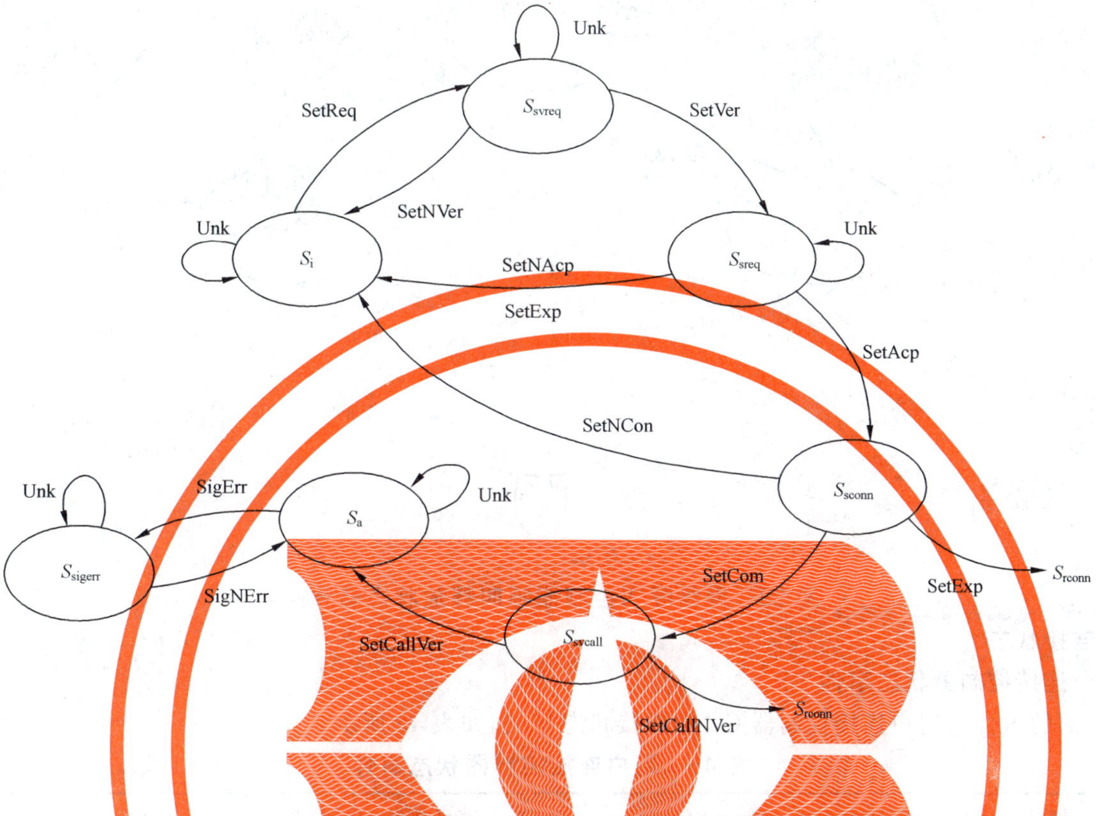

图 38　网络呼叫控制器呼叫建立状态转移图

9.2.4.2　用于呼叫释放的网络呼叫控制器(CallC)呼叫状态

下面的状态转移情况适用于 CallC 的呼叫释放时的状态变化情况，如表 44 和图 39 所示。

表 44　网络呼叫控制器呼叫释放状态转移表

当前状态	事件	行　为	下一状态
*	Unk	向消息发送者发送通知消息报告错误信息，状态维持不变	*
S_a	RelReq	验证请求	S_{rvreq}
S_{rvreq}	RelVer	发送呼叫释放消息 发起连接释放处理(对主叫方呼叫控制器) 启动连接释放定时器($T_{conn\_release}$)	S_{rconn}
S_{rvreq}	RelNVer	通知呼叫发起者呼叫释放请求被拒绝	S_a
S_{rconn}	RelCon	删除呼叫释放定时器($T_{call\_release}$) 通知呼叫控制器呼叫已经被释放	S_i
S_{rconn}	RelNCon，RelExp	通知呼叫发起者呼叫释放请求定时器超时	S_i

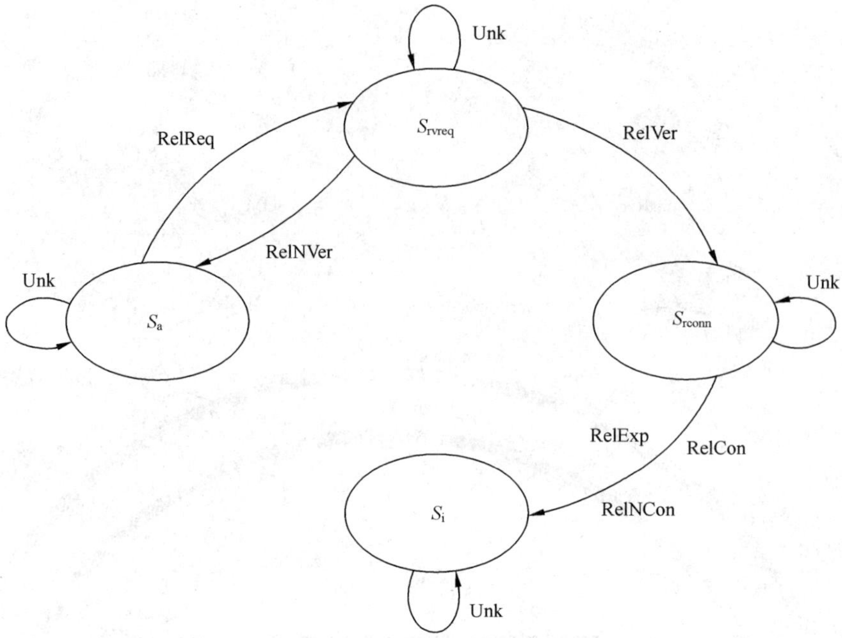

图 39 网络呼叫控制器呼叫释放状态转移图

9.3 连接状态

9.3.1 连接控制器状态事件

下面的事件与用户连接控制器 CC 的连接状态相关，如表 45 所示。

表 45 用户连接控制器状态事件

事件	事件描述
Unk	接收到无法识别或异常的消息
SetReq	用户连接控制器 CC 接收到一个建立连接的请求
SetVer	用户连接控制器验证连接建立请求成功
SetNVer	用户连接控制器验证连接建立请求不成功
SetInd	用户连接控制器接收到连接建立请求已经成功处理的指示消息
SetNInd	用户连接控制器接收到连接建立请求没有成功处理的指示消息
SetCnfm	用户连接控制器接收到连接已经成功建立的确认消息
SetNCnfm	用户连接控制器接收到连接没有建立的确认消息
SetExp	连接建立定时器超时
RelReq	用户连接控制器接收到连接释放请求
RelVer	用户连接控制器验证连接释放请求成功
RelNVer	用户连接控制器验证连接释放请求不成功
RelInd	用户连接控制器接收到连接已经释放的指示信息
RelExp	呼叫释放定时器超时
SigErr	检测到信令通信通道故障
SigNErr	信令通信通道故障修复

9.3.2 源用户连接控制器或源网络连接控制器的连接状态

9.3.2.1 用于连接建立的源端连接控制器的连接状态

对于 SC 业务,下面的状态转移表适用于源用户的连接控制器。对于 SPC 业务,下面的状态转移表适用于源网络连接控制器,如表 46 和图 40 所示。

表 46 源连接控制器连接建立状态表

当前状态	事件	行 为	下一状态
*	Unk	向消息发送者发送通知消息报告错误信息,状态维持不变	*
S_i	SetReq	验证请求	S_{svreq}
S_{svreq}	SetVer	发送连接建立请求消息 启动连接建立定时器(T_{conn_setup})	S_{sreq}
S_{svreq}	SetNVer	通知连接发起者连接建立请求被拒绝	S_i
S_{sreq}	SetInd	删除连接建立定时器(T_{conn_setup}) 发送连接确认消息(可选)	S_a
S_{sreq}	SetNInd	删除连接建立定时器(T_{conn_setup})	S_i
S_{sreq}	SetExp	通知连接发起者连接建立请求超时 发送连接释放请求消息 启动连接释放定时器($T_{conn\_release}$)	S_{rreq}
S_a	SigErr	无	S_{sigerr}
S_{sigerr}	SigNErr	无	S_a

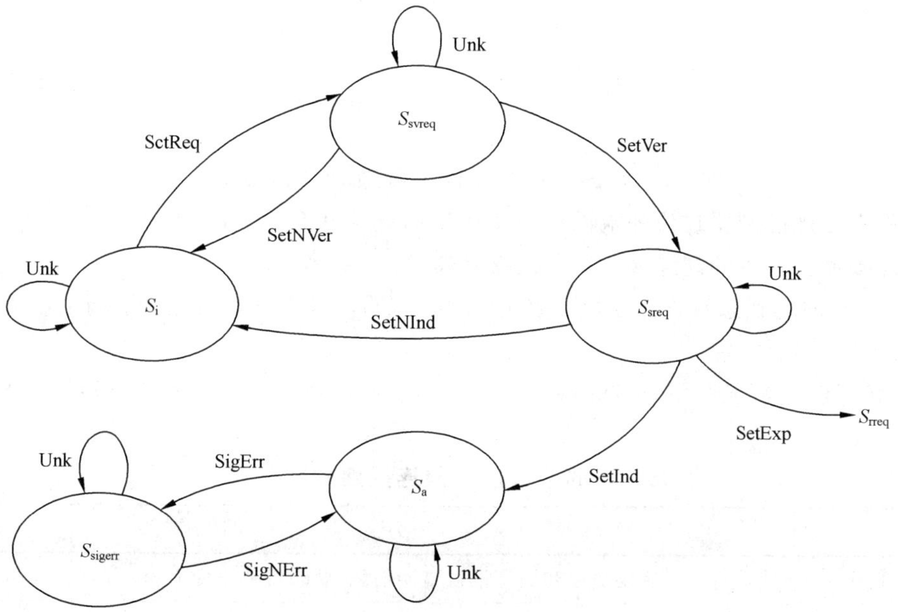

图 40 源连接控制器连接建立状态转移图

9.3.2.2 用于释放的源端连接控制器连接状态

下面所描述的状态转移图适用于源端连接控制器(CC)的连接释放时的状态变化,如表 47 和图 41 所示。

表 47 源连接控制器连接释放状态表

当前状态	事件	行　为	下一状态
*	Unk	向消息发送者发送通知消息报告错误信息，状态维持不变	*
S_a	RelReq	验证请求	S_{rvreq}
S_{rvreq}	RelVer	发送连接释放请求消息 启动连接释放定时器($T_{conn\_release}$)	S_{rreq}
S_{rvreq}	RelNVer	通知连接发起者连接释放请求被拒绝	S_a
S_{rreq}	RelInd	删除连接释放定时器($T_{conn\_release}$)	S_i
S_{rreq}	RelExp	通知连接发起者连接释放请求超时	S_i

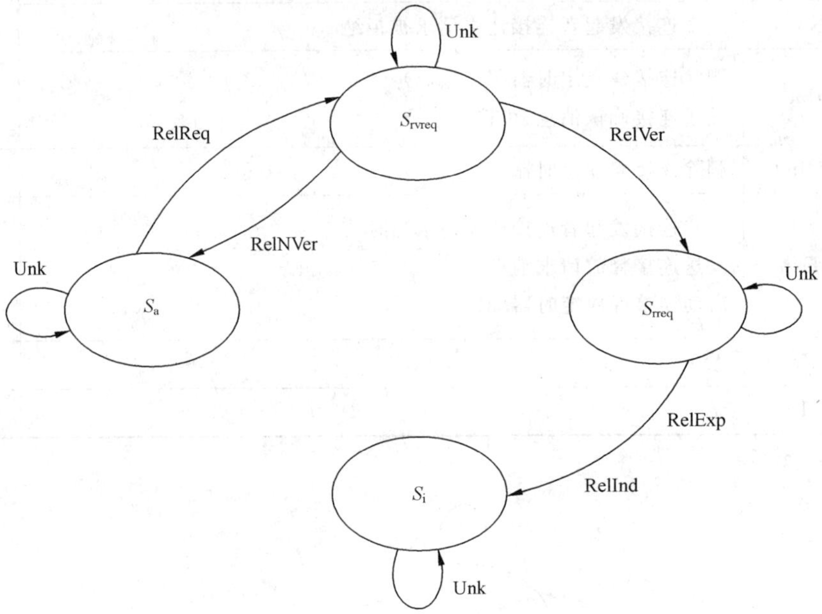

图 41 源连接控制器连接释放状态转移图

9.3.3 目的端用户连接控制器或目的端网络连接控制器连接状态

9.3.3.1 用于连接建立的目的端连接控制器连接状态

对于 SC 业务，下面的状态转移表适用于目的端用户 CC。对于 SPC 业务，下面的状态转移表适用于目的端网络 CC。

下面描述的状态转移情况适用于目的端连接控制器的连接建立过程时的状态转移情况，如表 48 和图 42 所示。

表 48 目的连接控制器连接建立状态表

当前状态	事件	行　为	下一状态
*	Unk	向消息发送者发送通知消息报告错误信息，状态维持不变	*
S_i	SetReq	验证请求	S_{svreq}
S_{svreq}	SetVer	发送连接指示消息 启动连接建立定时器(T_{conn_setup})	S_{sacpt}
S_{svreq}	SetNVer	通知连接发起者连接建立请求被拒绝	S_i
S_{sacpt}	SetCnfm	删除连接建立定时器(T_{conn_setup})	S_a

表 48（续）

当前状态	事件	行为	下一状态
S_{sacpt}	SetNCnfm	删除连接建立定时器(T_{conn_setup})	S_i
S_{sacpt}	SetExp	通知连接发起者连接建立请求超时 发送连接释放请求消息 启动连接释放定时器($T_{conn\_release}$)	S_{rreq}
S_a	SigErr	无	S_{sigerr}
S_{sigerr}	SigNErr	无	S_a

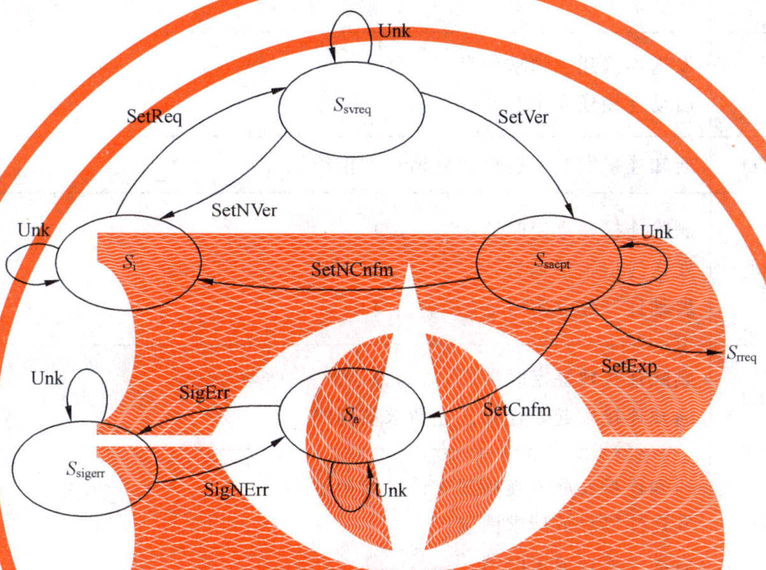

图 42　目的连接控制器连接建立状态转移图

9.3.3.2　用于连接释放的目的端连接控制器连接状态

下面描述的状态转移情况适用于目的端连接控制器的连接释放情况，如表 49 和图 43 所示。

表 49　目的连接控制器连接释放状态表

当前状态	事件	行为	下一状态
*	Unk	向消息发送者发送通知消息报告错误信息，状态维持不变	*
S_a	RelReq	发连接指示消息	S_i

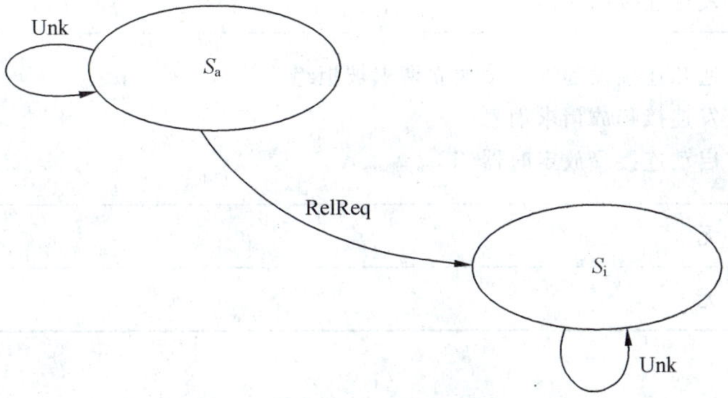

图 43　目的连接控制器连接释放状态转移图

9.3.4 中间节点连接控制器的连接状态

9.3.4.1 用于连接建立的中间节点网络连接控制器连接状态

对于 SC 业务，下面的状态转移表适用于网络连接控制器。对于 SPC 业务，下面的状态转移表适用于中间网络连接控制器。

下面所描述的状态转移适用于中间节点 CC 连接建立过程时的状态变化情况，如表 50 和图 44 所示。

表 50 中间网络连接控制器连接建立状态表

当前状态	事件	行为	下一状态
*	Unk	向消息发送者发送通知消息报告错误信息，状态维持不变	*
S_i	SetReq	验证请求	S_{svreq}
S_{svreq}	SetVer	发送连接建立请求消息 启动连接建立定时器(T_{conn_setup})	S_{sreq}
S_{svreq}	SetNVer	通知连接发起者连接建立请求被拒绝	S_i
S_{sreq}	SetInd	删除连接建立定时器(T_{conn_setup}) 发送连接指示消息 启动连接建立定时器(T_{conn_setup})	S_{sacpt}
S_{sreq}	SetNInd	删除连接建立定时器(T_{conn_setup}) 通知连接发起者连接建立请求被拒绝	S_i
S_{sreq}	SetExp	通知连接发起者连接建立请求被拒绝 发送连接释放请求消息 启动连接释放定时器($T_{conn\_release}$)	S_{rreq}
S_{sacpt}	SetCnfm	删除连接建立定时器(T_{conn_setup})	S_{svconn}
S_{sacpt}	SetNCnfm	删除连接建立定时器(T_{conn_setup}) 通知连接发起者连接建立请求被拒绝	S_i
S_{sacpt}	SetExp	通知发起者连接建立请求被拒绝 发送连接释放请求消息 启动连接释放定时器($T_{conn\_release}$)	S_{rreq}
S_{svconn}	SetConnVer	发送连接确认消息	S_a
S_{svconn}	SetConnNVer	通知连接发起者连接建立请求被拒绝 发连接释放请求消息 启动连接释放定时器($T_{conn\_release}$)	S_{rreq}
S_a	SigErr	无	S_{sigerr}
S_{sigerr}	SigNErr	无	S_a

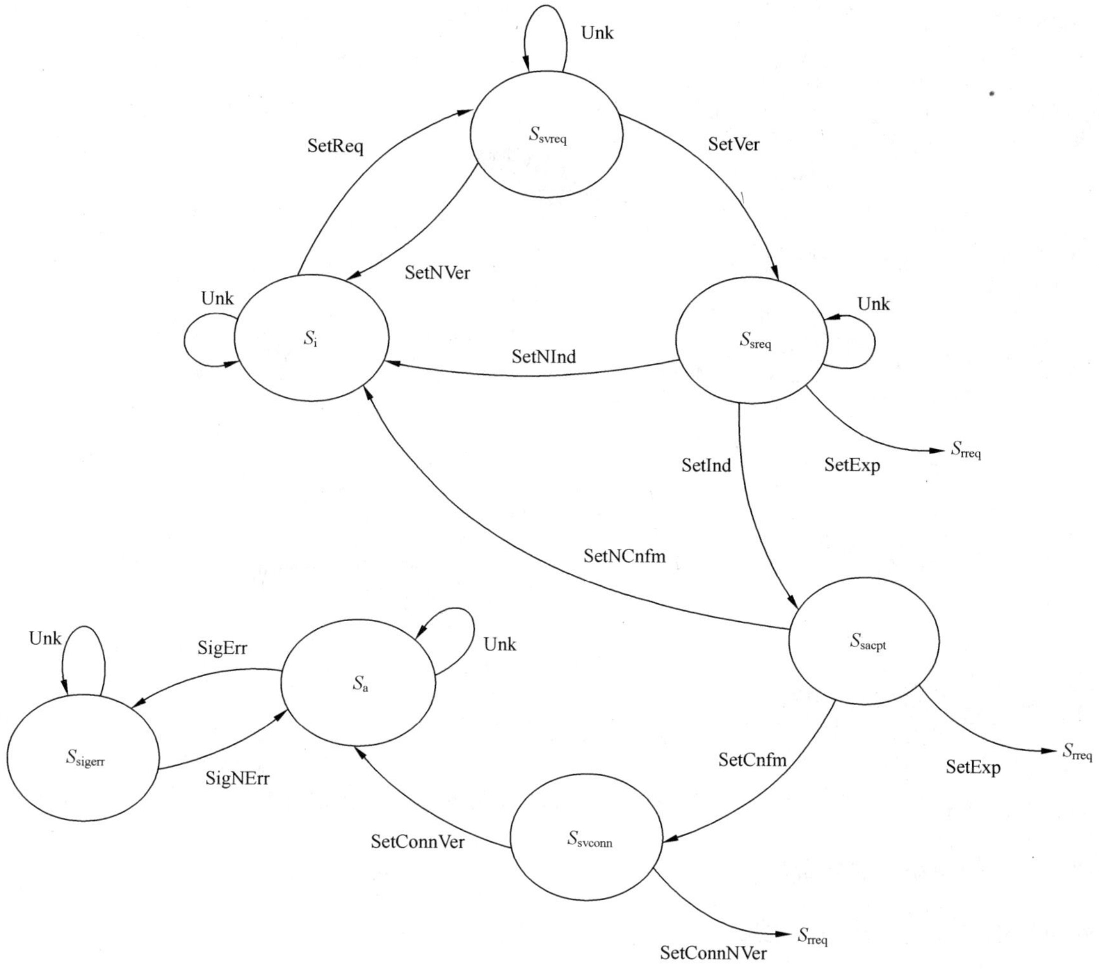

图 44 中间连接控制器连接建立状态转移图

9.3.4.2 用于连接释放的中间节点连接控制器连接状态

下面描述的状态转移适用于中间节点连接控制器连接释放时的状态变化情况，如表 51 和图 45 所示。

表 51 中间网络连接控制器连接释放状态表

当前状态	事件	行　　为	下一状态
*	Unk	向消息发送者发送通知消息报告错误信息，状态维持不变	*
S_a	RelReq	验证请求	S_{rvreq}
S_{rvreq}	RelVer	发送连接释放请求消息 启动连接释放请求定时器($T_{conn\_release}$)	S_{rreq}
S_{rvreq}	RelNVer	通知连接发起者连接释放请求被拒绝	S_a
S_{rreq}	RelInd	删除连接释放定时器($T_{conn\_release}$) 发送连接指示消息	S_i
S_{rreq}	RelExp	通知连接发起者连接释放请求超时	S_i

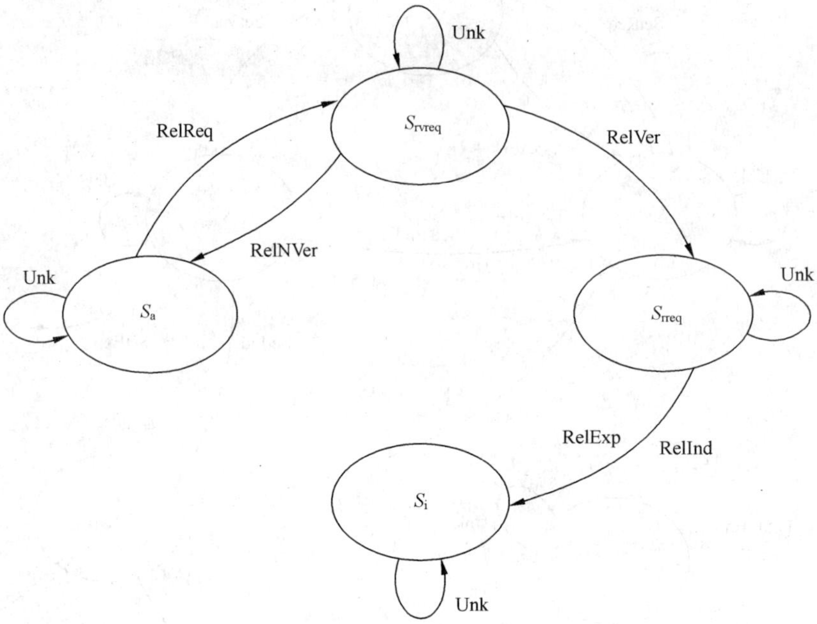

图 45 中间网络连接控制器连接释放状态转移图

10 呼叫和连接控制器的功能管理

10.1 呼叫和连接控制管理功能定义

本部分定义了以下功能：

——管理平面的功能应支持故障管理、配置管理(包括资源分配和去分配)、性能管理、安全管理和计费管理能力；

——传送平面支持净荷传送、性能监视、故障检测和保护倒换功能；

——控制平面支持动态通道计算、动态分布呼叫和连接的建立或释放、动态保护和恢复的指配或分配、恢复功能。

呼叫控制器、连接控制器和链路资源管理器元件提供了对由分布式连接建立和释放功能建立和释放的呼叫进行监视和管理的能力。作为对这些请求进行监视和管理的一部分，呼叫控制器(CallC)、连接控制器(CC)、链路资源管理器(LRM)以及管理平面之间需要发生通信。元件与管理平面(MP)之间的通信包括元件配置和确保元件健全的特定信息交换。为了能够支持管理信息信号在元件与MP之间交换信息，要包括元件的各种行为。图 46 说明了元件与 MP 之间的接口，这里描绘的 MI 信息仅用于 DCM 功能。

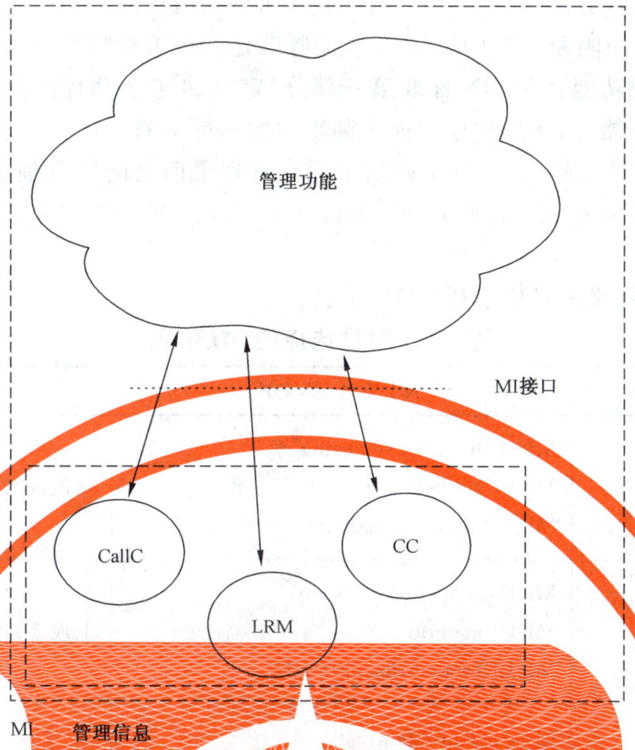

图 46 控制平面元件与管理平面之间的接口

管理系统能够设置有关元件行为的特定信息,并且能将这些信息传递给元件。元件还会报告其控制信息。这些由元件报告的信息会被分类并由元件自动传递给管理系统,或者通过管理系统查询元件获得该信息。在这种通信方式下,可以控制自动报告功能是使能还是禁止。要注意的是MP应能始终获得状态信息,甚至在状态报告功能被禁止的情况下也应如此。以下是由管理功能控制的可供选择的MI信号:

——元件状态:呼叫控制器(CallC)状态报告、CC状态报告和LRM状态报告允许管理平面为特定的元件指定状态报告功能为使能;而CallC操作状态、CC操作状态和LRM操作状态独立提供从元件到管理平面有关元件健全性的信息(例如"使能"为执行该功能,"禁止"为禁止执行该功能)。CallC问题列表、CC问题列表和LRM问题列表独立提供有关元件健全性和相应接口的详细信息(如在元件接口上或元件内部检测出的问题列表)。如果管理平面不具备状态报告信号,则默认为"禁止"状态。

——应用的信令机制:当信令协议控制器的接口支持多信令机制时(例如:RSVP-TE、CR-LDP、PNNI),MI信号DCM信令模式可以让管理平面决定信令协议控制器应用哪种信令机制。协议控制器还可以指定特定的信令机制,但管理平面不考虑协议控制器所指定的结果。

以下MI信号由元件来控制:

——元件性能的跟踪:CallC和CC提供呼叫和连接请求的监视和管理功能。同样的,这些元件会跟踪各种不同的参数,包括业务利用率信息和呼叫状态信息。其他类型信息例如连接利用率还没有加入这些元件中,因此这里没有描述。如果元件提供连接请求的跟踪功能,那么MI信号应支持控制平面的管理查询。以下定义了CallC、CC和LRM元件的MI信号。

- MI CallC 呼叫周期:提供源于CallC的呼叫持续期的跟踪。
- MI CallC 呼叫状态:提供指定信号状态信息。
- MI CC 连接状态:提供指定连接的状态信息。
- MI LRM 连接状态:提供指定链路连接的状态信息。

- MI CallC 呼叫尝试:提供 CallC 接收的呼叫建立请求的数目信息。
- MI CallC 呼叫阻塞:提供 CallC 接收的呼叫建立请求被阻塞的数目信息。

——增强的呼叫监视功能:《ASON 标准第一部分》定义的连接没有任何监视能力,而增强的连接具有连接的监视能力。CC 的监视能力和影响效果待研究。

除了以上这些 MI 信号之外,也支持在控制平面和管理平面之间的其他类型的通信。这些类型包括在建立和释放连接期间的通信。以下部分主要描述了与建立和释放相关的处理过程,和在不同连接操作阶段应用的管理通信。

表 52 总结了本部分定义的可供选择的 MI 信息。

表 52 可供选择的 MI 信息

MI 信息	MI 信息(英文)	信息属性
MI CallC 状态报告 MI CC 状态报告 MI LRM 状态报告	MI_CallCstatusReporting MI_CCstatusReporting MI_LRMstatusReporting	使能或禁止
MI CallC 操作状态 MI CC 操作状态 MI LRM 操作状态	MI_CallCoperationalState MI_CcoperationalState MI_LRMoperationalState	上或下
MI CallC 问题列表 MI CC 问题列表 MI LRM 问题列表	MI_CallCproblemList MI_CCproblemList MI_LRMproblemList	问题例如“对等元件通信失败”、“过量差错说明消息”
MI DCM 信令模式	MI_DCMsigMode	如 RSVP-TE、CR-LDP、PNNI
MI CallC 呼叫周期	MI_CallCcallDuration	时间域、开始时间和日期、终止时间和日期
MI CallC 呼叫状态	MI_CallCcallState	参见第 9 节定义的状态
MI CC 连接状态	MI_CCconnectionState	参见第 9 节定义的状态
MI LRM 连接状态	MI_LRMconnectionState	参见《ASON 标准第一部分》中定义的状态
MI CallC 呼叫尝试	MI_CallCcallAttempt	每个时间周期呼叫建立请求的总数
MI CallC 阻塞呼叫	MI_CallCcallBlocked	呼叫请求阻塞的总数
MI 呼叫建立请求	MI_CallSetupRequest	属性与呼叫建立请求消息属性相同
MI 呼叫建立指示	MI_CallSetupIndication	属性与呼叫建立指示消息属性相同
MI 请求建立新路由	MI_requestSetupNewRoute	呼叫名称 连接名称 A 端用户名称 Z 端用户名称 SNP ID SNPP ID 方向性 CoS GoS

表 52（续）

MI 信息	MI 信息(英文)	信息属性
MI 新路由建立响应	MI_responseSetupNewRoute	呼叫名称 连接名称 SNP ID SNPP ID 方向性 显式资源列表 恢复
MI 认证 CAC	MI_verifyCAC	呼叫名称 连接名称 A 端用户名称 Z 端用户名称 SNP ID SNPP ID CoS GoS 显式资源列表 恢复
MI 响应 CAC	MI_responseCAC	接受或拒绝
MI 资源预留建立响应	MI_responseSetupResourcesReserved	预留或不预留
MI 资源分离建立响应	MI_responseSetupResourcesAllocated	分配或未分配
MI 呼叫资源失效响应	MI_responseCallResourceFail	失效的资源
MI 呼叫释放请求	MI_CallReleaseRequest	属性与呼叫释放请求消息属性相同
MI 呼叫释放指示	MI_CallReleaseIndication	属性与呼叫释放指示消息属性相同
MI 现存路由请求	MI_requestExistingRoute	呼叫名称 连接名称
MI 现存路由响应	MI_responseExistingRoute	呼叫名称 连接名称 SNP ID SNPP ID 方向 显式资源列表 恢复
MI 释放资源去分配响应	MI_responseReleaseResourcesDeallocated	去分配
MI 释放错误	MI_releaseError	连接释放的状态编码与 7.4.2.1 中定义的相同

10.2 建立连接

以下 MI 信号列表描述了管理功能与控制平面功能之间建立连接进行的交互过程。

——支持两种类型的连接：交换连接(SC)和软永久连接(SPC)。在 SPC 方式下，由管理平面发出连接建立请求，MI 呼叫建立请求消息会通过 MI 接口。

——在接收到建立请求后,会经过不同方式完成内部处理来创建相应的资源。它包括请求优先级的处理、最终路由信息的处理、资源或路由的验证信息处理和资源的分配处理(如果业务需要,资源的分配处理还会包括保护或恢复的分配)。要注意的是有些处理过程不必要求,因为管理系统可以完成这些处理。当 CC 请求一个 RC(路由控制器)的出口路由时(RC 分布在管理平面中),路由信息的通信还需要一些附加的消息,如 MI 请求建立新路由和 MI 建立新路由响应信号。要注意的是为了支持恢复和多样性约束条件,还要在信号中传送多个路由,也就是说,显式的资源列表属性会包含保护或不同连接的多个路由。

当管理平面具有 CAC 功能时,需要传送有关该功能的一些附加消息,如 MI 认证 CAC 和 MI 响应 CAC。

——需要完成相关请求的验证、资源的预留等处理过程。需要传送 CC 有关资源已被预留的消息 MI 资源预留建立响应。

——需要完成相关请求的验证、资源分配等处理过程。需要传送 CC 有关资源已被分配的消息 MI 资源分配建立响应。

——一旦 CC 完成处理以后,连接请求继续到下游的 CC。下游的 CC 由 RC 建立的路由来决定。完成请求之后,下游的 CC 收到一个请求状态的响应(例如确认或拒绝)。

- 如果接收的响应为被拒绝,所有通向入口的节点(例如呼叫发起节点)需要完成取消分配资源的附加处理。

——在确定了连接操作状态之后会向 CC 发送一个响应消息,发送方可能是上游 CC、网络 CallC,对于 SPC 来说也可能是管理平面。在 SPC 方式下,连接建立响应发送给管理平面。MI 呼叫建立指示信号需要通过 MI 接口传送。

- 作为 MI 呼叫建立指示消息的一部分,如果连接没有被成功建立或出现导致局部建立的错误时,详细的错误信息会发送给管理平面。错误信息包括错误原因和已建立的但不能由控制平面释放的所有局部链路(或链路连接)。

——在建立呼叫连接之后,CallC 通过 CC 和 LRM 监视连接。如果连接失败必须通知 CallC,以便采取相应措施,例如对该呼叫进行恢复或者中断使用该呼叫(也就是呼叫释放事件)。需要将这种 MI 呼叫资源失效响应消息传送给 CallC。

10.3 释放连接

为了释放一个呼叫,在不同元件的内部和外部需要进行信息交换。

——支持两种连接类型:交换连接(SC)和软永久连接(SPC)。在 SPC 方式下,由管理平面发出连接释放请求。MI 呼叫释放请求需通过 NMI 接口传送。

——CC 接收到释放请求以后,CC 请求 RC 索取已存在连接的路由。在 RC 功能分配给管理平面的情况下,需要 MI 现存路由请求消息和 MI 现存路由响应消息来传送路由信息。

——在请求验证之后,就会对资源进行去预留和去分配处理。附加的消息 MI 释放资源去分配响应用来传送资源去分配信息。

——一旦 CC 完成处理之后,连接请求继续传送到下游的 CC。下游 CC 由 RC 指定的路由决定。请求完成的同时,会收到由下游 CC 发送的有关请求状态的响应(确认被拒绝)。

- 如果收到被拒绝的响应,需要经过附加处理过程通知管理平面释放操作被拒绝的原因。发送 MI 释放错误消息通知管理平面控制平面无法成功释放存在的呼叫。

——确定连接操作状态的同时,请求的元件会收到一个响应。该元件可能是上游 CC、网络呼叫控制器(CallC),对于 SPC 来说也可能是管理平面。在 SPC 方式下,会向管理平面发送一个呼叫释放响应。呼叫释放响应消息 MI 呼叫释放指示需通过 MI 接口传送。

- 作为 MI 呼叫释放指示信号的一部分,如果呼叫没有被释放,或者出现导致局部释放的错误,错误的详细信息会发送到管理平面。该信息包括错误原因和所有无法释放的局部链路(或链路连接)。

11 信令协议的选择

对于 ASON 网络内的所有控制域，域间信令协议应与域内信令协议的选择无关，UNI、I-NNI 和 E-NNI 接口的信令协议选择应相互独立。

a) UNI 接口涉及 ASON 网络与客户设备的互联互通，因此应采用统一的信令协议 RSVP-TE。UNI 接口的信令协议应符合《自动交换光网络(ASON)技术要求　第 5 部分：用户—网络(UNI)接口》的要求。

b) E-NNI 接口涉及 ASON 网络中不同域之间的互联互通，因此应采用统一的信令协议 RSVP-TE。E-NNI 信令协议应符合《自动交换光网络(ASON)技术要求　第 9 部分：外部网络—网络(E-NNI)接口》的要求。

c) I-NNI 接口为域内部接口，一般由单一供应商的设备组成。因此 I-NNI 接口信令协议，可以采用 PNNI、RSVP-TE、CR-LDP 三种协议的任何一种，应分别符合 ITU-T G.7713.1、G.7713.2、和 G.7713.3 的要求。

d) UNI、E-NNI 和 I-NNI 接口如果选择了不同的信令协议，应在边界节点的协议控制器上提供不同协议转换的网关功能。

12 基于 GMPLS RSVP-TE 信令流程

12.1 RSVP-TE 消息类型

RSVP 消息类型如表 53 所示。

表 53　RSVP 消息类型值

值	消息类型
1	路径消息(Path)
2	预留消息(Resv)
3	路径错误消息(PathErr)
4	预留错误消息(ResvErr)
5	路径拆除消息(PathTear)
7	预留确认消息(ResvConf)
13	响应消息(Ack)
15	刷新消息(Srefresh)
20	握手消息(Hello)
21	通知(Notify)

RSVP 消息在 UNI 接口和 DCM 消息的对象关系如表 54 所示。

表 54　GMPLS RSVP-TE 消息到 DCM UNI 消息的映射

消息类型	UNI 消息	GMPLS RSVP-TE 消息
呼叫建立消息	呼叫建立请求 CallSetupRequest	路径(Path)
	呼叫建立指示 CallSetupIndication	预留(Resv)，路径错误(PathErr)，预留错误(ResvErr)
	呼叫建立确认 CallSetupConfirm	预留确认(ResvConf)

表 54（续）

消息类型	UNI 消息	GMPLS RSVP-TE 消息
呼叫释放消息	呼叫释放请求 CallReleaseRequest	路径(Path)或预留(Resv)(w/D&R 比特)或路径(Path)或预留(Resv)(w/A&R bit)
	呼叫释放指示 CallReleaseIndication	路径错误(PathErr)(Path 状态移除标志)或路径拆除(PathTear)，预留错误(ResvErr)
呼叫查询消息	呼叫查询请求 CallQueryRequest	路径(Path)(在 RSVP-TE 中通过周期性的刷新实现)
	呼叫查询指示 CallQueryIndication	预留(Resv)(在 RSVP-TE 中通过周期性的刷新实现)
呼叫通知消息	呼叫通知 CallNotify	通知(Notify)，包括路径错误(PathErr)

RSVP 消息在 E-NNI 接口和 DCM 消息的对象关系如表 55 所示。

表 55 GMPLS RSVP-TE 消息到 DCM E-NNI 消息的映射

消息类型	E-NNI 消息	GMPLS RSVP-TE 消息
呼叫建立消息	连接建立请求 ConnectionSetupRequest 连接建立指示 ConnectionSetupIndication 连接建立确认 ConnectionSetupConfirm	路径(Path) 预留(Resv)，路径错误(PathErr)，预留错误(ResvErr) 预留确认(ResvConf)
呼叫释放消息	连接释放请求 ConnectionReleaseRequest 连接释放指示 ConnectionReleaseIndication	Path 或 Resv(w/D&R bit)或 Path 或 Resv(w/A&R bit) PathErr(Path 状态移除标志)或 PathTear，ResvErr
连接查询消息	连接查询请求 ConnectionQueryRequest 连接查询指示 ConnectionQueryIndication	Path(在 RSVP-TE 中通过周期性的刷新实现) Resv(在 RSVP-TE 中通过周期性的刷新实现)
连接通知消息	连接通知 ConnectionNotify	通知(Notify)，包括 PathErr，ResvErr

12.2 GMPLS RSVP-TE 功能结构

12.2.1 RSVP-TE 协议机制

资源预约协议(RSVP)为 IETF 定义的协议(RFC2205)，该协议为 IP 数据流建立网络资源。RSVP 协议的定义由基本的处理流程，以及 IP 网络内部的信令消息和对象格式构成。流量工程扩展的 RSVP-TE(RFC3209)用来在 MPLS 网络中建立具有约束路由的连接。RSVP-TE 定义在 RSVP 基础上新增的处理流程以及消息和对象格式。GMPLS 信令扩展是基于基本的 MPLS 信令处理和抽象消息来满足处理不同类型的交换应用，如 TDM 交换、端口交换、波长交换等等。图 47 描述了 GMPLS RSVP-TE 定义的相关消息流的方向。

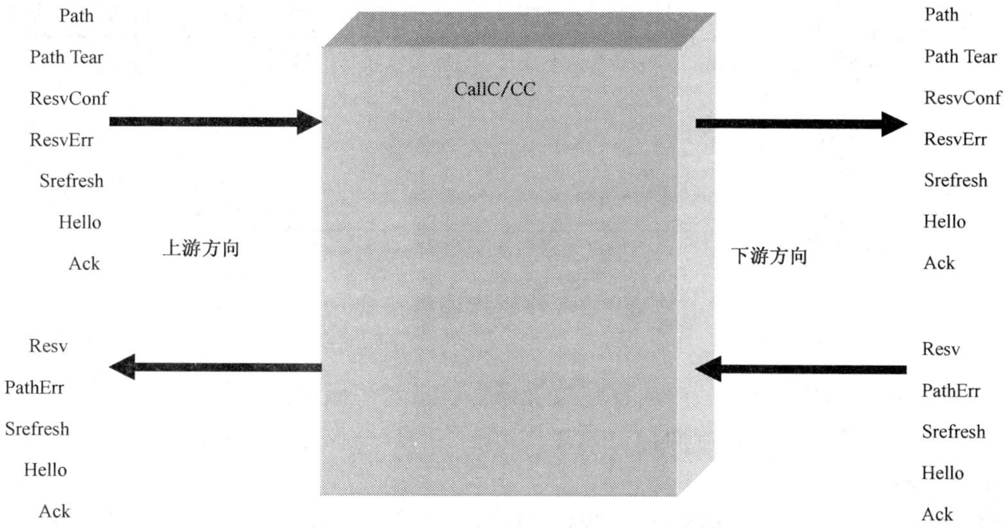

图 47 GMPLS RSVP-TE 消息流方向

GMPLS RSVP-TE 消息格式以 RFC2205 定义的基本结构为基础。RSVP 消息由通用消息头和与每种类型消息相关的一系列对象构成。通用消息头结构如图 48 所示。

0 1 2 … 7		8 … 15	16 … 23 24 … 31
版本	标志	消息类型	校验和
发送 TTL		(保留)	RSVP 消息长度

图 48 RSVP-TE 消息通用消息头结构

特定的消息类型扩展在 RFC2961 和 RFC3209 中有定义。各个域的定义如下：

——版本(4 比特)：协议版本编号，目前为版本号为 1。

——标志位(4 比特)：0x04-0x08(保留)，目前 4 个比特位没有定义。

——校验和：整个 RSVP 消息包的校验和，如果为 0，表示没有进行校验。

——发送 TTL：从源节点发出时，和对应的 IP TTL 值相同。经过 RSVP 处理节点处理后，该值减 1。RSVP 消息经过非 RSVP 网络时，IP TTL 值不断减少，但该值不发生变化。

——RSVP 消息长度：整个 RSVP 消息的长度(以字节为单位)。包括消息头长度和后面跟随的 RSVP 对象长度。

GMPLS RSVP-TE 的扩展定义了 GENERALIZED_UNI 对象来封装 A 端和 Z 端名字，以及在 UNI 接口支持业务请求所指定的 CoS 和 GoS。OIF UNI1.0 R2 定义 GENERALIZED_UNI 对象，并对该对象进行了扩展用来支持基本的呼叫概念并支持软永久连接(SPC)业务。

12.2.2 对呼叫标识符的支持

对 GMPLS RSVP-TE 进行扩展用来支持基本的呼叫模型。呼叫模型假定请求消息在同一个消息内同时处理一个呼叫以及该呼叫对应的连接，该消息在主叫呼叫控制器和网络呼叫控制器之间交互，同时也在网络呼叫控制器和被叫呼叫控制器之间交互。对一个呼叫添加或删除一条连接的处理由呼叫修改流程来完成。如对一条指定的连接属性进行修改。在呼叫修改的过程中，呼叫会话维持不变。可以通过呼叫标识对象(CALL_ID)来对一个已经建立的呼叫进行标识。呼叫标识对象的格式如图 49。

Class=230,C-Type=1

0 1 2 … 7 8 … 15	16 … 23	24 … 31
对象长度(Length)	类型编号(Class-Num)	对象类型(C-type)
… 呼叫标识 …		

图 49 呼叫标识符格式

下面为 C-type 的定义：

——C-Type=1(操作者指定)：呼叫标识包含操作者指定的标识。

——C-Type=2(全局唯一)：呼叫标识包含全局唯一的部分加上操作者指定的标识部分。

下面定义了呼叫标识的结构：

——呼叫标识：长度×8-32 比特的标识符。呼叫标识的比特数必须为 32 比特的整数倍，最小为 32 比特。

全局唯一的呼叫标识结构是由全局唯一的固定 ID(由国家编码、运营商编码、唯一接入点编码构成)和操作者指定的 ID(操作者指定 ID 由源传送网元地址和本地标识构成)联合构成。

因此，通用全局唯一的呼叫 ID 包括全局 ID(国家编码+运营商编码+唯一接入点编码)和操作者指定 ID(源传送网元地址+本地标识)。对于只需要操作者指定的呼叫 ID 只需要操作者指定 ID，但对于全局唯一的呼叫 ID 同时需要全局 ID 和操作者指定 ID。

全局 ID 由 3 字符国际分段码(国家编码)和 12 字符国家分段码(运营商编码+唯一接入点编码)。这些字符根据 ITU-T T.50 建议进行编码。国际分段(IS)域提供 ISO 3166 中定义的 3 字符代表地理或政治国家编码。国家编码基于 3 个大写字母的国家编码(如 USA、FRA)。

国家分段(NS)域由两个子域构成：ITU 运营商编码和唯一接入点编码。ITU 运营商编码为分配给网络服务提供商的编码，由 ITU-T 维护。通信服务机构编码在 M.1400 中有定义。该编码由 1～6 位左起字母或字母加数字构成。唯一的接入点编码待分配国家编码和 ITU 运营商编码的组织进行统一分配，以保证编码的唯一性。该编码应该由 6～11 个字符构成，以字符 NULL 结束，来共同构成12 个字符的国家编码。

C-Type=1 时呼叫 ID 的格式如图 50 所示。

0 1 2 … 7	8 … 15	16 … 23	24 … 31
对象长度(Length)		类型编号(Class-Num)	对象类型(C-type)
类型(Type)	保留		
源传送网元地址 …			
本地标识			

图 50 呼叫 ID 格式(C-Type=1)

C-Type=2 时呼叫 ID 的格式如图 51 所示。

0 1 2 … 7	8 … 15	16 … 23	24 … 31
对象长度(Length)		类型编号(Class-Num)	对象类型(C-type)
类型(Type)	IS(3 字节)		
NS(12 字节)			
源传送网元地址 …			
本地标识			

图 51　呼叫 ID 格式(C-Type＝2)

——在两种情况下"类型"域用来指示源传送网元地址所使用的格式。此域中的不同值的意义如下：

类型＝0x01,源传送网元地址为 4 字节；

类型＝0x02,源传送网元地址为 16 字节；

类型＝0x03,源传送网元地址为 20 字节；

类型＝0x04,源传送网元地址为 6 字节；

类型＝0x7f,源传送网元地址长度由运营商定义。

——源传送网元地址：由源网络控制的传送网元地址。

——本地标识：在呼叫的生命周期内保持不变的 64 比特标识。

如果源传送网元地址从全局唯一的地址空间中分配,操作者指定的呼叫 ID 也可以用来代替全局唯一的呼叫 ID。这个地址也可能从操作者指定的地址空间进行分配,因此不能保证全局唯一。

下面定义了对呼叫 ID 对象的处理规则：

——对于初始呼叫,主叫方或发起方呼叫控制器必须将呼叫 ID 的 C-Type 和呼叫标识值都置为 0。

——对于新的呼叫请求,源网络呼叫控制器设置适当的 C-Type 和呼叫 ID 值。

——对于存在的呼叫(呼叫 ID 值不为 0 的情况),源网络呼叫控制器验证存在的呼叫。

——所有消息的呼叫 ID 对象从入口呼叫控制器发送到出口呼叫控制器,消息经过其他所有中间节时呼叫 ID 对象值不能改变。

——接收到请求的目的用户或客户使用呼叫 ID 值将源用户和自身之间的相关呼叫请求关联起来。关于该呼叫的后续动作使用该呼叫 ID 值来作为参考标识。

12.2.3　对软永久连接的支持

GMPLS RSVP-TE 扩展用来支持软永久连接(SPC)业务。SPC 业务假定用户网络分段连接在网络分段连接通过控制平面建立时就已经建立完成。当从外部(管理系统)收到初始请求后,已经假定控制平面有足够的信息来确定具体的要使用的目的链路连接(目的网络—用户之间链路)。通过 SPC 标签对象来支持 SCP 业务。

SPC 标签对象为通用 UNI 对象的子对象,并和通用 UNI 子对象出口标签(EGRESS_LABEL)有相同的格式。SPC 标签信息如下：

SPC 标签(类型＝4、子类型＝2)

为支持 SPC 的情况,使用了通用 UNI 对象。该对象用来支持 SPC 标记信息,并同时支持与 SPC 连接请求相关的服务等级和指定的分集属性。对于 SPC 请求,源和目的 TNA 地址包含由源和目的网络呼叫控制器各自控制的传送网元地址。因此,源 TNA 地址包含由源网络呼叫控制器控制的传送网元地址,目的 TNA 地址包含由目的网络呼叫控制器控制的传送网元地址。

12.3 信令流程举例

12.3.1 SPC 信令流程

图 52 和图 53 显式了 SPC 请求的信令流程。对于 SPC 连接,假定用户—网络之间的链路连接已经提供,相关的信息已经通过链路连接标识提供给控制平面。建立 SPC 连接的交换端口和建立交换连接的情况相同。SPC 连接请求信令流程如图 52 所示。

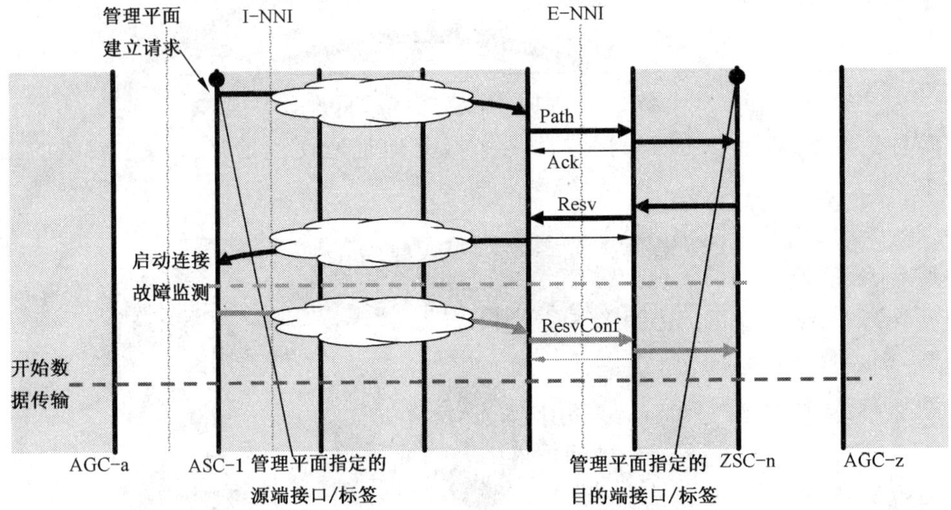

图 52　SPC 连接建立信令流

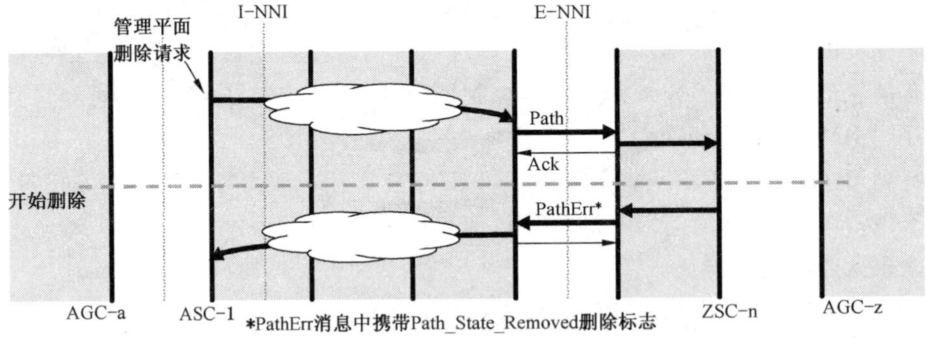

图 53　SPC 连接释放信令流

12.3.2 SC 信令流程

图 54 描述了 SC 连接建立的流程。为建立 SC 呼叫,用户通过 UNI 接口发起请求。呼叫请求通过网络传递到目的用户。当验证通过后接受请求,并向源用户发送肯定的指示信息。作为可选项,源用户也可以发送一个第三个阶段最终的连接确认消息。第三个阶段消息的引入用来支持向目的节点通知连接建立已经完成。

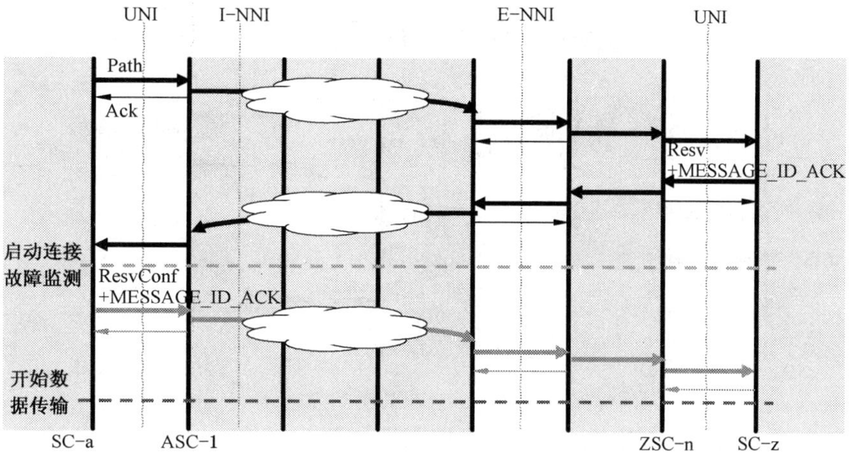

图 54　SC 连接建立信令流

SC 呼叫或连接释放时，释放请求可以由不同的控制器来发起。主叫或被叫呼叫控制器以及任何网络呼叫控制器等都可以发起呼叫释放动作。图 55 描述了主叫方发起释放请求的情况。图 56 描述了被叫方发起释放请求的情况。图 57～图 60 描述了网络呼叫控制器发起释放请求的情况。

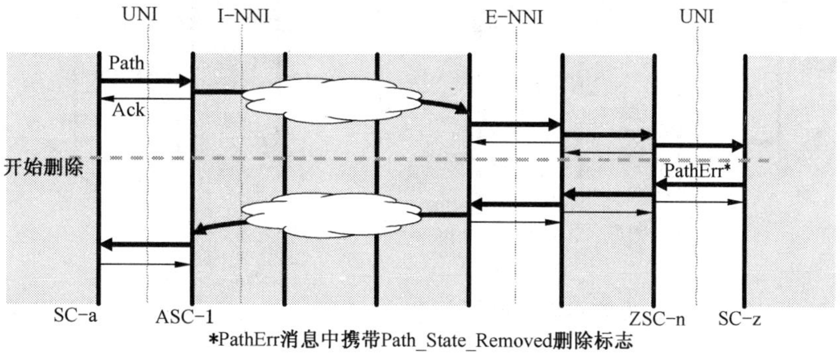

图 55　SC 连接释放信令流(SC-a 发起)

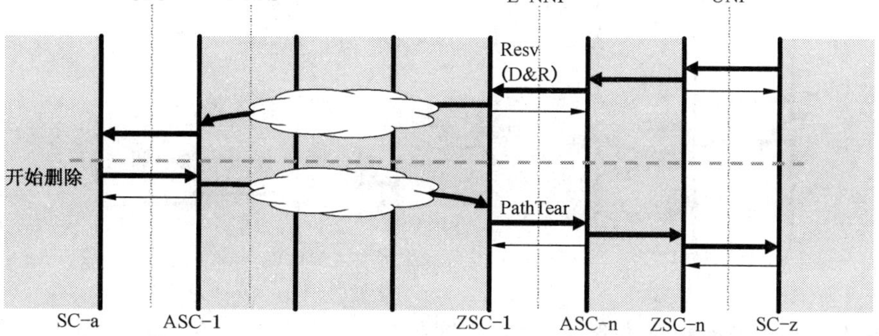

图 56　SC 连接释放信令流(SC-z 发起)

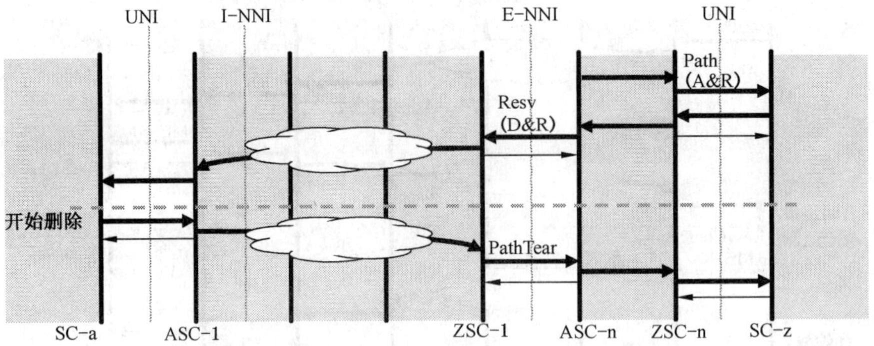

图 57 SC 连接释放信令流(中间控制器 ASC-n 发起,向下游 UNI 方向)

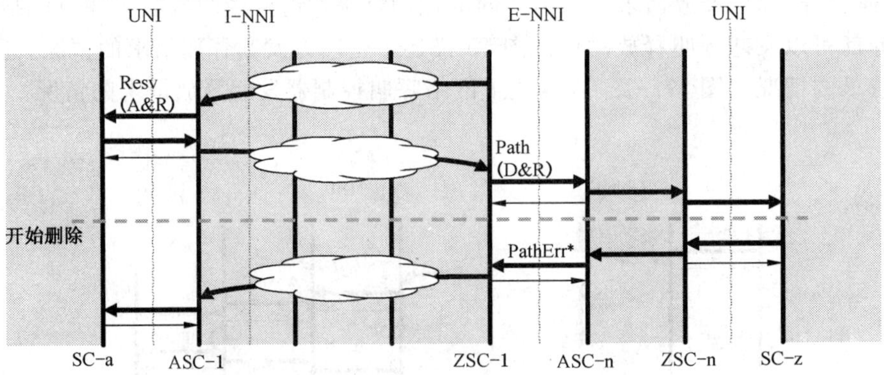

*PathErr消息中携带Path_State_Removed删除标志

图 58 SC 连接释放信令流(中间控制器 ZSC-1 发起,向上游 UNI 方向)

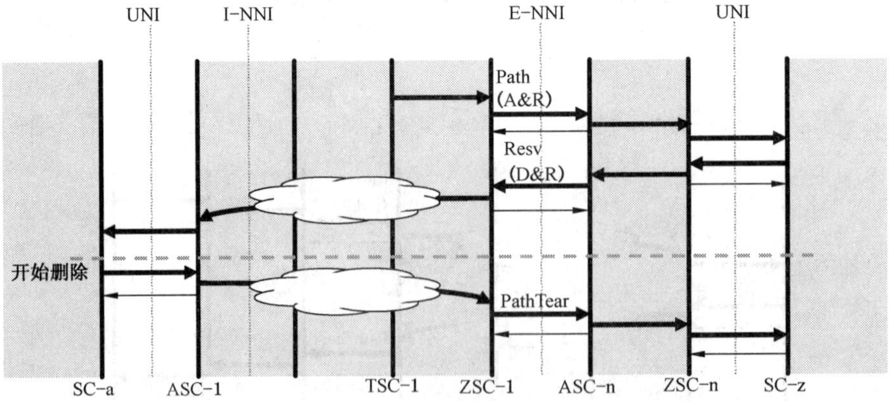

图 59 SC 连接释放信令流(中间控制器 TSC-1 发起,向下游 E-NNI 方向)

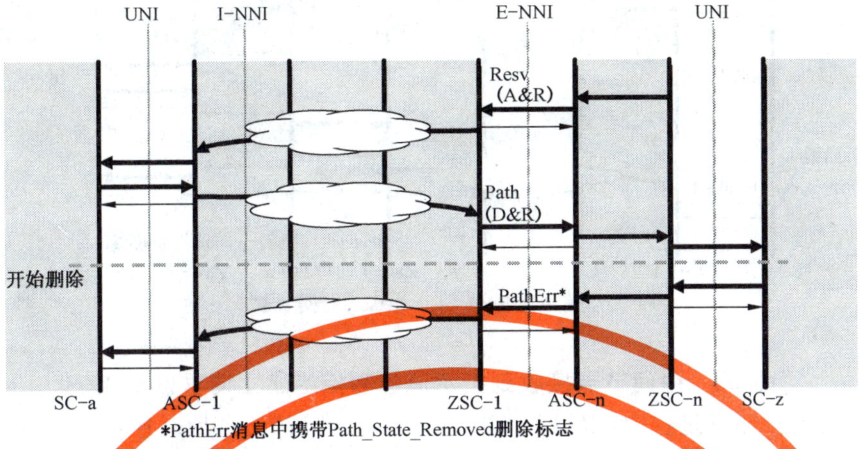

图 60 SC 连接释放信令流(中间控制器 ZSC-n 发起,向上游 E-NNI 方向)

12.3.3 建立拒绝信令流程

图 61 描述了连接建立请求被中间节点立即拒绝的情况。具体的拒绝原因可能有多种,如在请求时没有可用资源。

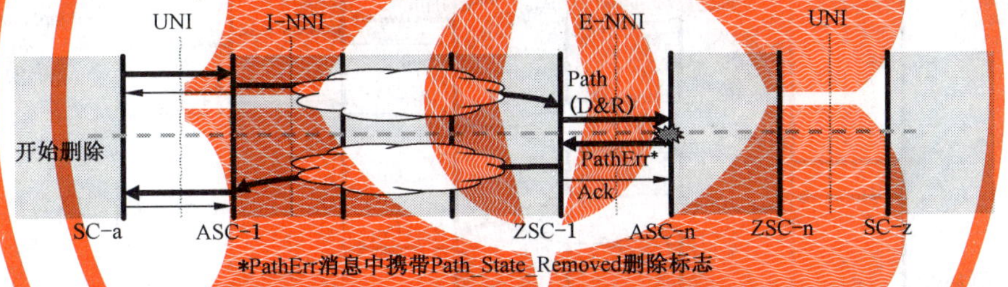

图 61 建立请求被中间节点 ASC-n 拒绝信令流

图 62 描述了连接建立请求被中间节点立即拒绝的情况。拒绝后由源节点发起删除动作(可选)。具体拒绝原因可能有多种,如在请求时没有可用资源。

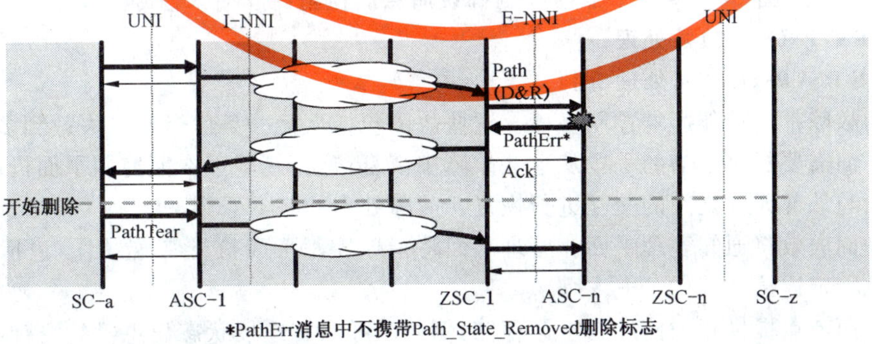

图 62 建立请求被中间节点 ASC-n 拒绝信令流(可选)

图 63 描述了请求建立过程中,当中间节点收到目的节点的指示信息后再拒绝连接的建立。例如,当中间节点传送平面出错而无法完成资源分配时对连接请求进行拒绝。

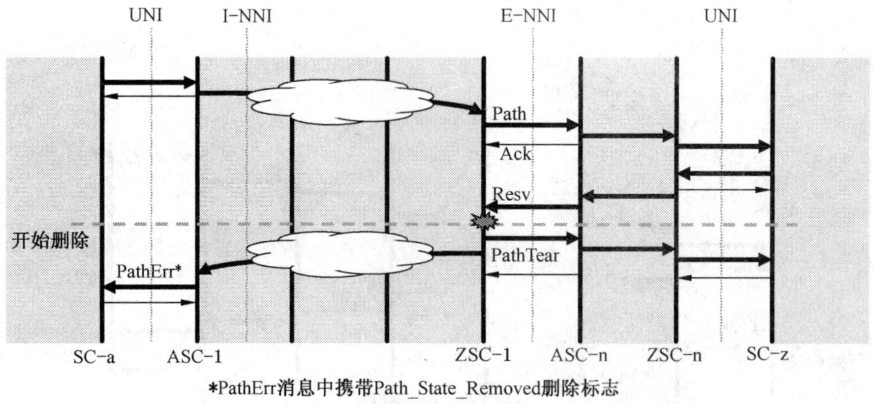

图 63　中间节点接收到指示消息后拒绝建立请求信令流

图 64 描述了在连接建立过程中，中间节点收到源节点的确认信息后对连接请求进行拒绝。如消息丢失(丢失 ResvConf 或与 ResvConf 对应的 Ack 消息)。这种情况下，连接已经建立，对连接的监控已经启动。因而，该故障构成了控制平面故障，不应该影响已有的业务。应该向管理系统报告控制平面故障的信息。

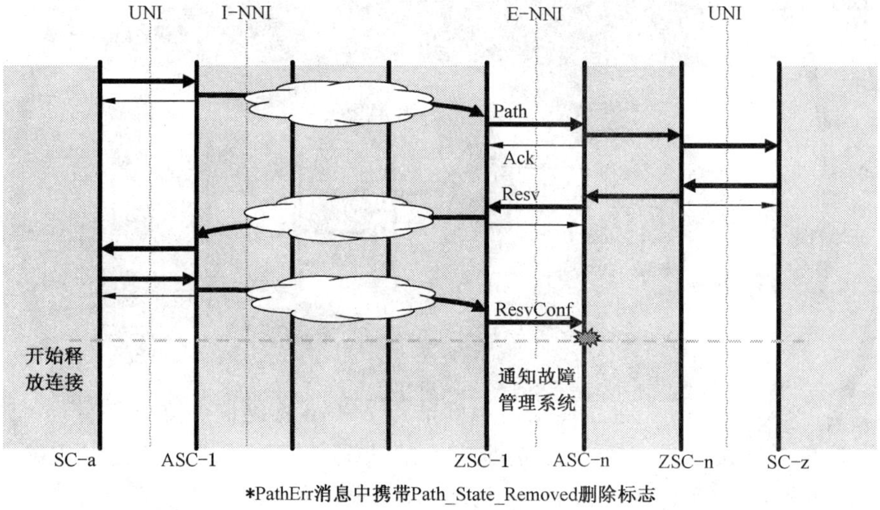

图 64　中间节点接收到确认消息后拒绝建立请求信令流

12.4　GMPLS RSVP-TE 的故障处理

12.4.1　GMPLS RSVP-TE 故障处理机制

不同类型的故障都有可能影响控制平面。这些故障包括从某一条信令通道失效到多个控制平面节点失效。控制平面需要提供适当的手段从这些故障中恢复，首先是基于本地控制平面机制进行恢复，然后借助控制平面与外部元件之间的交互进行恢复。故障处理的基本原则如下：

——控制平面失效将通知管理平面。管理平面将指导控制平面执行特定动作，包括清除部分连接和释放特定连接。

——控制平面节点提供相关信息的永久存储，例如对呼叫和连接状态信息，以及控制平面邻居信息进行永久存储。

——控制平面节点与外部元件通信，对由于控制平面失效引起丢失的信息进行同步。外部元件包括邻居控制平面节点和集中的永久存储元件(例如管理平面)。

——控制平面节点在不能恢复相关信息时，通知管理平面。管理平面可能采取以下措施：

● 释放受影响的连接；

● 保留受影响的连接。这时,连接与控制平面处在不同步状态,但连接仍然有效。

12.4.2 信令通道故障

在控制平面节点A和B之间的信令通道失效时,连接1、4、6将受到影响。由于RSVP-TE状态更新是点到点的,在节点A和B之间有3条通道更新消息被中断。根据上节所述,A和B节点都将通知管理平面连接失效。图65表示失效过程。这里要特别强调的是,信令通道或控制协议实体故障一定不能导致对已经建立的连接进行删除。

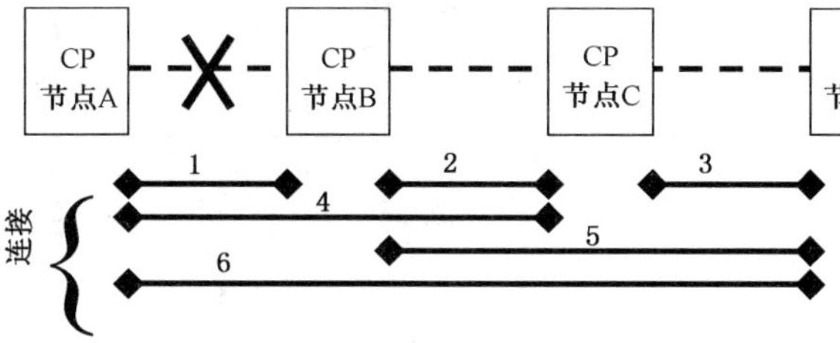

图65 控制平面节点A和B间信令通道失效

信令通道修复后,节点A和B启动对受影响的连接和呼叫的状态同步(GMPLS RSVP-TE重起机制)。如果同步过程发现连接状态是不同步的,将通知管理平面。

12.4.3 控制平面节点故障

传送网络提供了丰富的故障检测手段,特别是可以利用传送网络中的开销字节来检测传送层故障。检测到故障的节点可以尝试进行故障恢复。

在控制平面节点故障时,如图66所示节点B故障,邻节点A和C都会通知管理平面它们和节点B的通信发生故障。管理平面确定有哪些连接或呼叫受控制平面节点故障的影响。

在网络内部为允许不同的保护和恢复机制,当检测到故障后节点不应该删除连接,而是应该继续接收和发送RSVP-TE刷新消息直到接收到显式的拆除消息或连接状态超时。

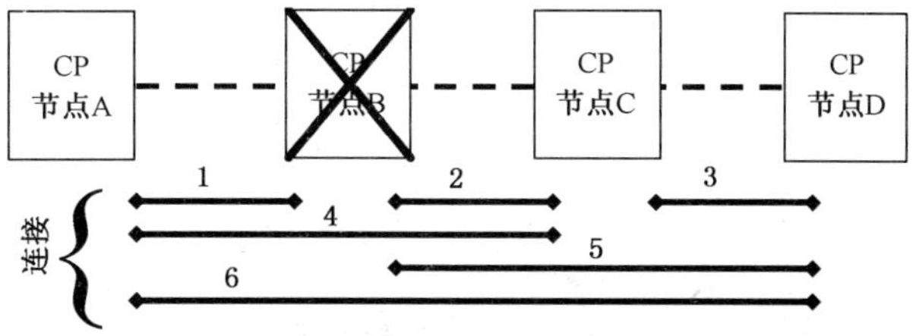

图66 控制平面节点B故障

在自刷新情况下,当节点B的恢复时,节点B根据它本地永久保存的最近知道的连接状态来对连接进行恢复。节点B发起和节点A与C的恢复处理(注意,邻居节点同时会产生对应的处理动作)。因而,节点B的邻居可能会无法将信令通道故障和节点故障区别开。如果任何活动连接的状态已经不同步,管理平面需要根据上面定义的行为来提供信息对状态进行同步。

12.5 信令消息的可靠传递

为保证节点间信令消息的可靠传输,节点间消息的传送使用应答机制。具体的超时重传机制参考RFC2961中的定义。应答机制可以通过两种方式来实现:

——直接使用ACK消息,即每次发送信令消息后使用ACK消息来作为该消息的应答消息;

——间接使用响应消息中携带MESSAGE_ID_ACK对象来完成应答。即当所发送的消息有立即的响应消息时,将对应的MESSAGE_ID_ACK对象插入响应消息中完成应答功能。

RSVP-TE还定义了HELLO消息和刷新(Srefresh)消息。这些消息只在相邻节点之间使用。

HELLO消息机制提供相邻节点之间是否可达的监测机制。在节点发生故障时(包括节点故障和链路故障)通过Hello恢复重启机制来维持节点间的状态同步。

刷新消息用来定期刷新节点间的 RSVP 连接状态数据以保持节点间连接状态数据的同步。用来代替使用 Path 或 Resv 刷新消息以减少信令所需要的带宽。刷新消息携带一组消息 ID(MESSAGE_ID)对象,这些消息 ID 对象和所建立的连接状态相对应的触发消息 Path 或 Resv 一一对应。具体刷新机制见 IETF RFC2961。信令流程如图 67 所示。

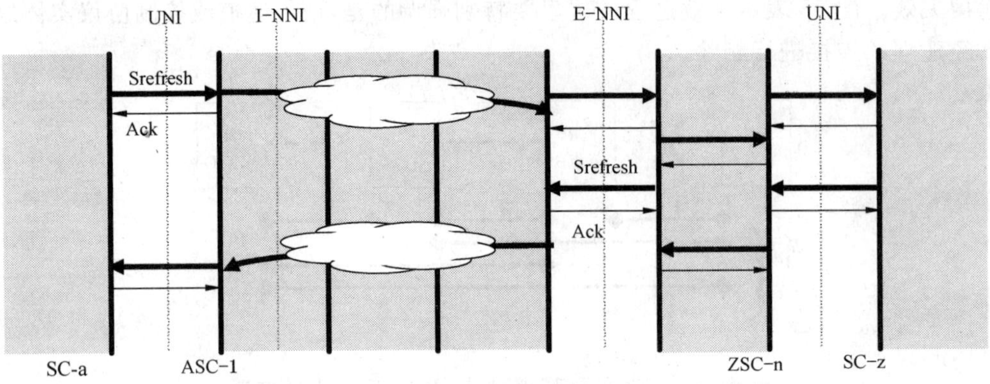

图 67 刷新机制信令流程

12.6 RSVP-TE 对象

GMPLS RSVP-TE 定义了如表 56 所述的对象来支持分布式的连接管理。

表 56 RSVP-TE 消息对象列表

编码	对象名称	对象格式(C-Type)
1	会话(SESSION)	7 LSP 管道 IPv4 8 LSP 管道 IPv6 11 UNI_IPv4 12 UNI_IPv6 15 ENNI_IPv4 16 ENNI_IPv6
3	RSVP 跳(RSVP_HOP)	1 IPv4 2 IPv6 3 IPv4 IF_ID 4 IPv6 IF_ID C-type 为 3、4,下面定义了子 TLV 类型值: 1 IPv4 2 IPv6 3 接口索引 4 COMPONENT_IF_DOWNSTREAM 5 COMPONENT_IF_UPSTREAM
4	完整型(INTEGRITY)	1 类型 1 完整性值
5	时间值(TIME_VALUES)	1 类型 1 时间值
6	错误说明(ERROR_SPEC)	1 IPv4 2 IPv6 3 IPv4 IF_ID 4 IPv6 IF_ID 相同子 TLV 如 RSVP_HOP

表 56（续）

编码	对象名称	对象格式(C-Type)
7	范围(SCOPE)	1　IPv4 2　IPv6
8	格式(STYLE)	1　类型 1 格式
9	流量描述符(FLOWSPEC)	2　Int-serv 流量描述符
10	过滤通配符(FILTER_SPEC)	7　LSP 管道 IPv4 8　LSP 管道 IPv6
11	发送方模版(SENDER_TEMPLATE)	7　LSP 管道 IPv4 8　LSP 管道 IPv6
12	发送方通配符(SENDER_TSPEC)	2　Int-serv
14	策略数据(POLICY_DATA)	1　1 策略数据
15	预留确认(RESV_CONFIRM)	1　IPv4 2　IPv6
16	预留标签(RSVP_LABEL)	1　1 号类型标签 2　通用标签 3　波段交换标签
19	标签请求(LABEL_REQUEST)	1　无标签范围 2　ATM 标签范围 3　帧中继标签范围 4　通用标签请求
20	显式路由(EXPLICIT_ROUTE)	1　类型 1 显式路由，子类型如下： 1　IPv4 前缀 2　IPv6 前缀 3　标签 4　无编号的接口 ID 32　自治系统
21	记录路由(RECORD_ROUTE)	1　类型 1 记录路由，子类型如下： 1　IPv4 地址 2　IPv6 地址 3　标签 4　无编号的接口 ID
22	HELLO	1　请求 2　应答
23	消息 ID(MESSAGE_ID)	1　类型 1 消息 ID
24	消息 ID 应答(MESSAGE_ID_ACK)	1　MESSAGE_ID_ACK 2　MESSAGE_ID_NACK
25	消息 ID 列表(MESSAGE_ID_LIST)	1　消息 ID 列表 2　IPv4 消息 ID 源列表 3　IPv6 消息 ID 源列表 4　IPv4 消息 ID 多播列表 5　IPv6 消息 ID 多播列表

表 56（续）

编码	对象名称	对象格式(C-Type)
34	恢复标签(RECOVERY_LABEL)	和 RSVP_LABEL 相同
35	上游标签(UPSTREAM_LABEL)	和 RSVP_LABEL 相同
36	标签系列(LABEL_SET)	1　类型 1
37	保护(PROTECTION)	1　类型 1
129	建议标签(SUGGESTED_LABEL)	和 RSVP_LABEL 相同
130	可接受标签系列 (ACCEPTABLE_LABEL_SET)	和 LABEL_SET 相同
131	重启动能力(RESTART_CAP)	1　类型 1
195	通知请求(NOTIFY_REQUEST)	1　IPv4 2　IPv6
196	管理状态(ADMIN_STATUS)	1　类型 1
207	会话属性(SESSION_ATTRIBUTE)	1　LSP_TUNNEL_RA 7　LSP 隧道
229	通用 UNI(GENERALIZED_UNI)	C-Type=1 时，类型、子类型定义如下： 1　源 TNA 地址 IPv4(子类型=1) IPv6(子类型=2) NSAP(子类型=3) 2　目的 TNA 地址 IPv4 子类型=1) IPv6(子类型=2) NSAP(子类型=3) 3　多样性 4　输出标签(子类型=1) SPC 标签(子类型=2) 5　服务等级
230	CALL_ID	1　操作者指定 2　全局唯一 Type 0x01　4 字节源传送网元地址 0x02　16 字节源传送网元地址 0x03　20 字节源传送网元地址 0x04　6 字节源传送网元地址 0x7F　设备供应商自定义的长度

对象的分类编号确定了当无法识别该对象时控制平面节点如何处理这些对象。

——Class-Num=0x0bbbbbbb

整个消息应该被拒绝并返回“不可知的对象类型”的错误消息。

——Class-Num=0x10bbbbbb

节点应该忽略该对象,不转发该消息也不发送相应的错误消息。

——Class-Num=0x11bbbbbb

节点应该忽略该对象,但不需要做任何检测和修改并在随后相关的消息中进行转发。

12.7 RSVP-TE 错误状态编码

GMPLS RSVP-TE 的错误/状态编码值如表 57 所示。

表 57 RSVP-TE 错误/状态编码

错误状态	编 码
连接建立—成功	Resv(或 ResvConf)消息
连接建立—失败:消息出错	错误编码(通用)
连接建立—失败:被叫方忙	错误编码 24/5
连接建立—失败:主叫方忙	错误编码 24/103
连接建立—失败:超时	错误编码 24/5 或 24/103[a]
连接建立—失败:标识错(A 端用户名无效)	错误编码 2/100
连接建立—失败:标识错(Z 端用户名无效)	错误编码 2/101
连接建立—失败:标识错(连接名无效)	错误编码 24/102
连接建立—失败:标识错(呼叫名无效)	错误编码 24/105
连接建立—失败:业务错(SNP ID 无效)	错误编码 24/6 或 24/11 或 24/12 或 24/14
连接建立—失败:业务错(SNP ID 不可用)	错误编码 24/6 或 24/11 或 24/12 或 24/14
连接建立—失败:业务错(无效的 SNPP ID)	错误编码 24/104
连接建立—失败:业务错(SNPP ID 不可用)	错误编码 24/104
连接建立—失败:标识错(SPC 标签无效)	错误编码 24/106
连接建立—失败:策略错(CoS 无效)	错误编码 24/101 也可以是其他值如 2/任意值
连接建立—失败:策略错(CoS 不可用)	错误编码 24/101 也可以是其他值如 2/任意值
连接建立—失败:策略错(GoS 无效)	错误编码 24/101 也可以是其他值如 2/任意值
连接建立—失败:策略错(GoS 不可用)	错误编码 24/101 也可以是其他值如 2/任意值
连接建立—失败:策略错(安全验证失败)	错误编码 2/100 或 2/101[b]
连接建立—失败:策略错(显式资源列表无效)	错误编码 24/1,24/2,24/3,或 24/7
连接建立—失败:策略错(恢复无效)	错误编码 24/15 也可以是 错误编码 24/100
连接建立—失败:连接错误(创建 SNC 连接失败)	错误编码 1/2
连接建立—失败:连接错误(创建 LC 连接失败)	错误编码 24/9
连接释放—成功	PathTear 或 PathErr (w/Path_State_Removed 标志置位)
连接释放—失败:消息出错	错误编码

表 57（续）

错误状态	编　　码
连接释放—失败：超时	错误编码 24/5，24/103
连接释放—失败：标识出错（呼叫名无效）	错误编码 24/102
连接释放—失败：策略出错（安全验证失败）	（如果安全验证失败，GMPLS 拒绝请求）
连接释放—失败：连接错误（释放 SNC 连接失败）	错误编码 code=21 时的错误值（通用）
连接释放—失败：连接错误（释放 LC 连接失败）	错误编码 code=21 时的错误值（通用）
连接出错—不影响业务	错误编码（通用）
连接出错—影响业务	错误编码（通用）
连接出错—异常呼叫释放	错误编码 code=21 时的错误值（通用）
[a] 超时是一个间隔事件。因而，报告的出错事件为下列之一： ——没有到达源节点的可用路由； ——没有到达目的节点的可用路由。 [b] 安全检验失败包括包括： ——源节点没有授权； ——目的节点没有授权。	

除上面定义的错误编码和编码值之外，表 58 定义了协议指定的其他错误。

表 58　协议指定的其他错误编码值

错误编码	错误编码含义	错误编码值
0	证实	未定义
01	许可控制失败	比特位格式如：ssur cccc cccc cccc ss=00：低 12 比特编码包含全局定义的子编码值（值见如下列表）。 ss=10：低 12 比特编码包含组织指定的子编码。RSVP 不能将这些例外事件解释成某个具体的数值。 ss=11：低 12 比特编码包含业务指定的子编码。RSVP 不能将这些例外事件解释成某个具体的数值。 由于流量控制机制可能替代了不同的业务，这些编码可能包含在其他正在使用的替代业务中。 u=0：RSVP 拒绝消息后并不更新本地状态。 u=1：RSVP 可以使用消息来更新本地状态并转发这些消息。这表示这些消息为带有通知性质的消息。 r：预留比特，应该置 0。 cccc cccc cccc：12 比特编码 当 ssur=0000 时，低阶 12 比特全局定义的子编码定义如下： ——子编码=1：边界延时要求不能满足。 ——子编码=2：请求的带宽不可用。 ——子编码=3：流规范中的 MTU 值必接口的 MTU 值大

表 58（续）

错误编码	错误编码含义	错误编码值
02	策略控制失败	(RFC 2750 中定义)： 0=ERR_INFO:信息上报 1=ERR_WARN:告警 2=ERR_UNKNOWN:原因不明 3=ERR_REJECT:通用策略拒绝 4=ERR_EXCEED:配额或计费和合约不符 5=ERR_PREEMPT:流被强占 6=ERR_EXPIRED:以前定义的策略过期(未更新) 7=ERR_REPLACED:以前定义的策略数据被替换并导致拒绝 8=ERR_MERGE:策略不能合并(多播情况) 9=ERR_PDP:PDP 状态失败或者功能不起左右 10=ERR_SERVER:第三方服务不可用(如 Kerberos) 11=ERR_PD_SYNTX:POLICY_DATA 对象语法错误 12=ERR_PD_INTGR:POLICY_DATA 对象完整性校验失败 13=ERR_PE_BAD:POLICY_ELEMENT 对象语法错误 14=ERR_PD_MISS:缺少必需的 PE(PD 对象的 PE 为空) 15=ERR_NO_RSC:PEP 没有资源来处理策略 16=ERR_RSVP:PDP 遇到错误的 RSVP 对象或语法 17=ERR_SERVICE:业务类型被拒绝 18=ERR_STYLE:预约风格被拒绝 19=ERR_FL_SPEC:流规范被拒绝(太大) 100=发送者未授权 101=接收者未授权 2^{15}～2^{16}－1 之间的错误编码值留给站点或/和设备商使用
03	找不到和 Resv 消息对应的路径信息	未定义
04	找不到和 Resv 消息对应的路径信息发送者信息	未定义
05	预约风格冲突	错误值域包含低阶 16 比特的现有风格的可选向量，当发生冲突时使用该向量。此时不能转发该 Resv 消息
06	预约风格无法识别	未定义
07	目的端口冲突	未定义
08	发送端口冲突	未定义
09	(保留)	未定义
10	(保留)	未定义
11	(保留)	未定义
12	业务被抢占	比特格式如：ssur cccc cccc cccc 这里高阶比特 ssur 在错误编码=01 时定义有效。全局定义的子编码由低阶 12 比特来定义，当 ssur=0000 时有效，子编码具体值以后再定义
13	对象类型无法识别	错误值占 16 比特，由不明对象的类型值(Class-Num)和子类型值(C-Type)构成。该错误只有当 RSVP 准备拒绝消息时才发送，并且由类型编码(Class-Num)的高阶比特来决定

表 58（续）

错误编码	错误编码含义	错误编码值
14	对象子类型(C-Type)无法识别	错误值占 16 比特，由不明对象的类型值(Class-Num)和子类型值(C-Type)构成
15	(保留)	未定义
16	(保留)	未定义
17	(保留)	未定义
18	(保留)	未定义
19	(保留)	未定义
20	为 API 保留	错误值域包含一个 API 错误编码值，该 API 错误通过异步检测并必须上报
21	流量控制出错	比特格式如：ss00 cccc cccc cccc 高阶比特 ss 在错误编码值=01 时有意义。当 ss=0 时，下面全局定义的子错误编码值在低阶 12 比特中有效(cccc cccc cccc) ——子编码=01：业务冲突 企图去合并两个不兼容的业务请求 ——子编码=02：业务不支持 流量控制无法提供所请求的业务也没有相关的可接受的替换业务 ——子编码=03：流规范值无效 残缺的或不合理的请求 ——子编码=04：Tspec 值无效 残缺的或不合理的请求 ——子编码=05：Adspec 值无效 残缺的或不合理的请求
22	流量控制系统出错	错误值包含系统指定的值，这些值提供了更详细的信息错误信息。RSVP 不要求能够解析这些编码值
23	RSVP 系统出错	错误值域将提供运行时的错误信息。RSVP 不要求能够解析这些编码值
24	路由问题	1 显式路由(EXPLICIT_ROUTE)对象错误 2 严格节点出错 3 松散节点出错 4 原始子对象出错 5 到目的节点无可用的路由 6 标签值不能接受 7 指示路由成环 8 MPLS 正在协商，但路径上有不支持 RSVP 能力的路由器 9 MPLS 标签分配失败 10 L3PID 不支持 11 标签集不支持 12 交换类型不支持 13 保留 14 编码值不支持 15 链路保护不支持 100 分集路由不可用 101 业务等级不可用 102 连接 ID 无效或不明 103 到源节点无可用的路由 104 接口 ID 不能接受 105 呼叫 ID 无效或不明 106 SPC 接口 ID 或标签无效

表 58（续）

错误编码	错误编码含义	错误编码值
25	通知出错	1　对 MTU 来说 RRO 太大 2　RRO 通知错误 3　隧道本地修复错误 4　控制通道激活状态错误 5　控制通道状态降级错误

附 录 A
（资料性附录）
PNNI 信令流程

A.1 概述

ATM 论坛的 PNNI 信令规范提供了可升级的网络—网络接口。PNNI 信令流程规范主要基于 ATM 论坛的 UNI 信令规范和 ITU-T 规范 Q.2931 所定义的信令协议规范和相关的扩展。本部分将信令协议进行了调整，以适应分布式的呼叫和连接管理以及自动交换光网络（ASON）。

本部分定义了新的连接标识符信息单元格式，用于传送网指定新的连接类型，包括子网点（SNP）和子网点池（SNPP）。定义了新的流量描述符信息单元，用于指定适合传送网络的流量描述符属性。

A.2 故障处理

多种类型的故障会影响到控制平面。这些故障可能是单个信令通道的故障，也可能是多个控制平面节点故障。控制平面需要能够从这些故障中恢复，本地的控制平面或者传送平面或者其他的外部元件进行交换以后，尝试发起恢复。

——控制平面的故障需要通知管理平面。管理平面可以指导控制平面执行针对故障的操作。这些操作包括清除或者释放部分的连接，以及执行特定的协议操作，实现状态的维护和恢复。

——控制平面节点可以对相关信息提供永久的存储，如呼叫和连接状态信息、配置信息以及控制平面邻居信息等。

——当一对呼叫和连接状态不能恢复时，控制平面接口可以同一个外部的元件进行通信，尝试进行状态信息的恢复。外部元件可以包括邻居控制平面节点或者由一个集中的元件（如管理平面）提供的永久存储的信息。

——控制平面节点通知管理平面不能恢复相关的信息（如不能同步连接的状态）。管理平面会响应如下的操作（默认的控制平面操作应该保留这些连接）：

- 释放受影响的连接；
- 保留受影响的连接，在这种情况下，此连接与控制平面所保留的连接信息不同步。但是这些连接应该保持有效。

——控制平面节点（在恢复节点故障后）不能从它本地的永久存储信息中获取邻居的连接状态，因而丢失了连接信息。在这种情况下，控制平面节点应该请求外部控制器（如管理系统）来获取信息恢复连接。类似的，呼叫状态不能恢复时也可以请求管理系统来解决。

因此，总的原则就是：

——控制平面故障不能导致释放已建立的连接。建立请求如果在处理过程中应该被移除（无论是在故障期间还是故障恢复以后），建立的连接如果收到释放请求，应该在故障恢复后释放。

——其余的针对没有连接的操作，控制平面应该根据其默认的配置来执行。

传送平面节点故障会导致释放已经建立的连接。这与连接的类型和服务级别相关。例如，对尽力而为的无保护连接，在传送平面故障后应该被释放掉，但是对于保护的连接应该能够得到恢复。在连接保护的过程中，最初的连接在新的连接建立后会被释放掉，这同样依赖于连接的保护类型。

A.3 信令流程举例

下面的例子显示了建立和释放连接的级别信令流程。

A.3.1 无监测的呼叫建立过程

图 A.1 显示了呼叫建立过程。T303 和 T310 是在 Q.2931 中描述的计时器。

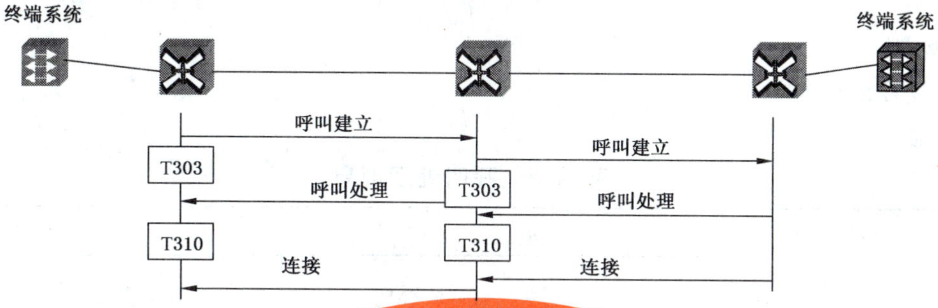

图 A.1 无监测的呼叫建立过程

A.3.2 无检测的呼叫释放过程

图 A.2 显示了呼叫建立过程。T308 是在 Q.2931 中描述的计时器。

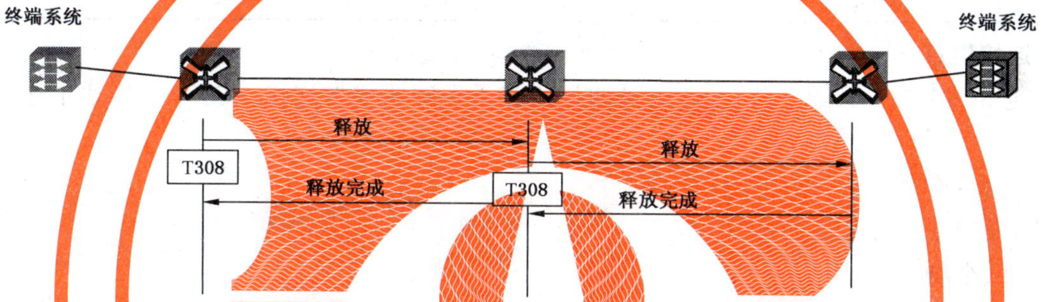

图 A.2 无监测的呼叫释放过程

A.4 信息功能定义

A.4.1 为分布式连接管理定义的信息

表 A.1 描述了用于点到点的呼叫和连接控制消息。

表 A.1 用于分布式连接管理的信息

消息类型	消息名称	消息名称(英文)
呼叫建立消息	呼叫处理 连接 建立	CALL PROCEEDING CONNECT SETUP
呼叫清除消息	释放 释放完成	RELEASE RELEASE COMPLETE
其他消息	连接可用 调整确认 调整拒绝 调整请求 通知 状态 状态查询 踪迹连接 踪迹连接确认	CONNECTION AVAILABLE MODIFY ACKNOWLEDGE MODIFY REJECT MODIFY REQUEST NOTIFY STATUS STATUS ENQUIRY TRACE CONNECTION TRACE CONNECTION ACKNOWLEDGE

A.4.2 呼叫处理消息

此消息用于指示呼叫建立已经发起，并且不再接受更多的呼叫建立。表 A.2 描述了呼叫处理消息的内容。

消息类型：呼叫处理

方向：接收方到发送方

范围：本地

表 A.2 呼叫处理消息

信息单元	类 型	长 度
协议辨别器	M	1
呼叫参考	M	4
消息类型	M	2
消息长度	M	2
连接标识符	M	5～*

A.4.3 连接消息

此消息由发送方向接收方传递，指示被叫用户接受了呼叫或者连接。表 A.3 描述了连接消息的内容。

消息类型：连接

方向：发送方到接收方

重要性：全局

表 A.3 连接消息

信息单元	类 型	长 度
协议辨别器	M	1
呼叫参考	M	4
消息类型	M	2
消息长度	M	2
带宽底层信息	O[a]	5～20
被叫方 SPC	O[b]	8～*
通知指示符	O[a c]	5～*
重路由	O[(1)]	11～80
重路由服务	O	8

[a] 如果连接指示包含此信息则包括在内。

[b] 在永久连接建立的情况下包括在内。

[c] 可以出现 3 次。

A.4.4 释放消息

此消息由网络节点发送到相邻网络节点，指示连接的清除，并且等待释放呼叫。表 A.4 描述了释放消息的内容。

消息类型：释放

方向：双向

重要性：全局

表 A.4 释放消息

信息单元	类型	长度
协议辨别器	M	1
呼叫参考	M	4
消息类型	M	2
消息长度	M	2
原因	M[a]	6～34
CrankBack	O[b]	7～72
通知指示器	O	5～*
重路由原因	O	5

[a] 此信息单元在消息中可以出现两次。

[b] 指示 CrankBack。

A.4.5 释放完成消息

此消息由网络节点向相邻的网络节点发送，指示清除了内部的连接，并且释放相应的呼叫。表 A.5 描述了释放完成消息的内容。

消息类型：释放完成

方向：双向

重要性：本地。此消息具有本地意义。但是，作为第一个呼叫清除消息时，它也可以具备全局意义。

表 A.5 释放完全消息

信息单元	类型	长度
协议鉴别器	M	1
相关呼叫	M	4
消息类型	M	2
消息长度	M	2
原因	O[a]	6～34
CrankBack	O[b]	7～72
重路由原因	O	5

[a] 在第一个呼叫清除消息中必须。包括当释放完全消息在一系列错误条件下发送，此信息单元可以在消息中出现两次。

[b] 用于指示 CrankBack。

A.4.6 建立消息

此消息由发送方向接收方发送，用于指示呼叫或者连接的建立。表 A.6 描述了建立消息。

消息类型：建立

方向：发送方到接收方

重要性：全局

表 A.6 建立消息

信息单元	类 型	长 度
协议鉴别器	M	1
相关呼叫	M	4
消息类型	M	2
消息长度	M	2
业务描述符	M	13～19
带宽传输能力	M	6～7
带宽高层信息	O[a]	5～13
带宽低层信息	O[a]	5～20
带宽重复指示器	O[c]	5
带宽报告类型	O[a f]	5
被叫方编号	M	(2)
被叫方软永久连接	O	5～30
呼叫方编号	O[a]	6～26
呼叫方软永久连接	O[b]	6～29
连接指示符	O	5～*
指定的传送列表	M[d]	33～546
网络呼叫相关指示符	O[e]	33～73
通知指示符	O[a]	5～*
扩展的 QoS 参数	O	6
重路由服务	O	8
重路由	O	11～80
路径传送列表	O(1)	38～1 466

[a] 如果接收的建立指示包括此信息。

[b] 可以包括在软永久连接建立的情况，当呼叫方终端点希望指示目的网络接口的值时，用于呼叫末端的软永久连接段。

[c] 当带宽重复指示符信息单元在指定传送列表(DTL)信息单元之前，它指示 DTL 信息单元在 DTL 中占的位置。当带宽重复指示符信息单元在其他信息单元之前，如果接收建立指示包括此信息它就存在。

[d] 由源节点指示用于呼叫的层次源路由。此信息单元可以重复 10 次(因此连接可以穿越 10 个逻辑组)。

[e] 由源节点包括，唯一的标识一个穿越网络的呼叫。它也用于关联相关的多个连接，对应于相同的呼叫。

[f] 可以出现 2 次。

A.4.7 状态消息

此消息由双方发送，响应状态查询消息，或者在任何情况下响应某个错误条件。表 A.7 描述了状态消息的内容。

消息类型：状态

方向：双向

重要性：本地

表 A.7 状态消息

信息单元	类 型	长 度
协议鉴别器	M	1
相关呼叫	M	4
消息类型	M	2
消息长度	M	2
呼叫状态	M	5
原因	M	6～34
连接标识符	O	5～*

A.4.8 状态查询消息

状态查询消息可以由双方发送，在任何时刻向对等实体请求状态消息。发送状态消息响应状态查询消息是强制的。表A.8描述了状态查询消息的内容。

消息类型：状态查询

方向：双向

重要性：本地

表 A.8 状态查询消息

信息单元	类 型	长 度
协议鉴别器	M	1
相关呼叫	M	4
消息类型	M	2
消息长度	M	2
连接标识符	O	5～*

A.4.9 通知消息

通知消息发送指示与呼叫或者连接相关的信息。表A.9描述了通知消息的内容。

消息类型：通知

方向：双向

重要性：Access

表 A.9 通知消息

信息单元	类 型	长 度
协议鉴别器	M	1
相关呼叫	M	4
消息类型	M	2
消息长度	M	2
通知指示符	M	5～*

A.4.10 连接可用消息

此消息不由PNNI改变，从呼叫方用户到被叫方用户确认连接的可用性。表A.10描述了连接可用性消息的内容。

消息类型：连接可用

方向：发送方到接收方

重要性：全局

表 A.10 连接可用性消息

信息单元	类 型	长 度
协议描述符	M	1
相关呼叫	M	4
消息类型	M	2
消息长度	M	2
通知指示符	M	5～*
带宽报告类型	O[a]	5
[a] 可以出现两次。		

A.4.11 全局呼叫使用的消息

表 A.11 描述了点到点呼叫和连接控制使用的消息。

表 A.11 全局呼叫使用的消息

消息名称	消息(英文)	Reference af-pnni-0055
重启动	RESTART	6.3.3.1
重启动确认	RESTART ACKNOWLEDGE	6.3.3.2
状态	STATUS	6.3.1.7
状态查询	STATUS ENQUIRY	18.3.1.2

A.4.12 重启动消息

此消息由双方发送,请求接受重启动(如,释放所有相关的资源),指示删除由信令通道控制的连接。表 A.12 描述了重启动消息的内容。

表 A.12 重启动消息内容

信息单元	类 型	长 度
协议标识符	M	1
相关呼叫	M	4
消息类型	M	2
消息长度	M	2
连接标识符	M	5～*
重启动指示符	M	5

A.4.13 重启动确认消息

此信息发送确认接收到重启动消息,指示请求的重启动完成。表 A.13 描述了重启动确认消息的内容。

消息类型:重启动确认

方向:双向

重要性:本地

表 A.13 重启动确认消息

信息单元	类 型	长 度
协议描述符	M	1
相关呼叫	M	4
消息类型	M	2
消息长度	M	2
连接标识符	M	5～*
重启动指示符	M	5

A.5 信令处理流程

A.5.1 链路连接标识符的分配和选择

A.5.1.1 链路连接标识符的分配和选择机制

存在两种情况:

1) 链路相关的信令:3 层的信令实体包括控制链路中的通道。

2) 链路不相关的信令:3 层的信令实体控制通道不在链路中。

当网络节点接收到连接标识符信息单元，其链路相关信令区域编号的值不由网络中的节点支持，呼叫应该被拒绝，产生原因“链路拒绝”。

下面的标识符必须以特定的顺序出现：

双向，对称的　　　——链路 ID，LCI

双向，不对称的　　——链路 ID，LCI(前向)，LCI(后向)

单向，下游　　　　——链路 ID，LCI(前向)

单向，上游　　　　——链路 ID，LCI(后向)

A.5.1.2　链路相关的信令

对链路相关的信令，在链路中携带相关的信令请求。

在连接指示符信息单元中，链路相关的信令区域编码为“链路相关的信令”，选择下列值之一在首选或唯一区域内基于对称。

a)　排除链路 ID；任何 LCI；或

b)　排除(Exclusive)链路 ID；排除 LCI。

在情况 a)中，接收方选择任何可用的 LCI，用于链路携带信令通道。

在情况 b)中，如果指定的 LCI 在链路中携带的信令通道是可用的，接收方选择它用于呼叫。

如果选择的 LCI 值在第一个相应建立信息(如呼叫处理消息)而返回的第一个信息的连接标识符信息单元中给出。链路相关的信令区域编码为“链路相关的信令”。首选或排除区域编码为“排除链路 ID，排除 LCI”。

在情况 a)中，如果没有 LCI 是可用的，释放完全消息携带原因编号为 34，“没有电路或通道可用”，将向网络中发送。如果信令功能支持回溯(CrankBack)功能，应携带回溯信息单元，包括回溯的原因编号为 34。

在情况 b)中，如果指定的 LCI 不可用，释放完全消息携带编号为 44，“请求的电路或通道不可用”，向网络中发送。如果信令功能支持回溯功能，应携带回溯信息单元，包括回溯的原因编号为 44。

接口的双方同时发送建立消息，指示使用相同的链路 ID 和 LCI 时会产生呼叫冲突。对 PNNI 接口，为了避免呼叫冲突，具备较高节点标识符的一方应该分配链路连接标识符的值。用于此的节点标识符应该是最低层的节点标识符，用于接口的每一方。节点标识符是在节点 ID 区域中指示的区域(字节 11～32)，在 PNNI hello 消息中发送，并通过相同的接口接收。具备较高节点标识符的发送方应该在建立消息中包括连接标识符信息单元，带有选项(b)(排除链路 ID 和排除 LCI)。来自具备较低节点标识符的发送方的建立消息应该选择选项(a)。

A.5.1.3　非链路相关的信令

在建立消息中请求一个连接，发送方应该指示下列内容之一：

a)　排除链路 ID；任何 LCI；

b)　排除链路 ID；排除 LCI；或

c)　任何链路 ID；任何 LCI。

在情况 a)和 b)中，链路相关信令区域编码为“显式链路 ID”。

在情况 a)和 b)中，如果指定的链路 ID 是可用的，接收方选择它用于呼叫。在情况 b)中，如果指定的 LCI 在链路内是可用的，接收方选择它用于呼叫。在情况 c)中，接收方可以选择任何可用的链路 ID 和 LCI。

选择好的链路 ID 和 LCI 的值在第一个信息中的连接标识符信息单元中指定，此消息由接收方用于响应建立消息(如呼叫处理信息)。链路相关的信令区域编码为“设备的显式指示”。首选或排除的区域编码为“排除链路 ID；排除 LCI”。

在情况 a)和 b)中，如果指定的链路 ID 不可用，接收方发送释放完成消息，原因编号为 29，指示“链路 ID 拒绝”。如果信令通道支持回溯功能，在回溯原因编号 29 中会包括回溯信息单元。

在情况a)中,如果没有LCI可用,接收方发送释放完成消息,原因编号为34,指示“没有电路或通道可用”。如果信令通道支持回溯功能,在原因编号34中携带回溯信息单元。

在情况b)中,如果指定链路中的LCI是不可用的,接收方发送“释放完成”消息,原因编号34,指示“没有电路或通道可用”。如果信令通道支持回溯功能,在原因编号34中携带回溯信息单元。

在情况c)中,如果没有能力分配链路中的LCI,接收方发送“释放完成”消息,原因编号44,指示“请求的电路或通道不可用”。如果信令通道支持回溯功能,在原因编号44中携带回溯信息单元。

当双方的接口同时发送建立消息,请求相同的链路ID和LCI时,就可能产生呼叫冲突。对PNNI接口,为了避免呼叫冲突,节点标识符大的一方可以分配链路连接标识符(链路ID,LCI)的值。具有较高节点标识符的一方应该在建立消息中包括连接标识符信息单元,使用选项b)(排除链路ID和排除LCI)。来自较低节点标识符一端的建立消息应该使用选项a)或者选项c)。

A.5.1.4 使用链路ID

链路ID为信令通道提供了控制连接或者多个链路的能力,存在两种可能的配置:

1) 链路相关的信令:3层的信令实体控制链路中的通道,此链路中携带信令通道。

2) 非链路相关的信令:3层的信令实体控制的通道可能不在携带信令通道的链路中。

链路ID是一个不透明的值,没有预先定义的格式。它是链路的逻辑指示器,指示用于建立连接的链路。

在上面的情况1)中,链路ID是不重要的,编码为0。

在上面的情况2)中,链路ID包括指示用于建立连接的链路。

对于控制平面节点通传送节点物理上分离的情况与2)相同。在这种情况下,链路ID包含用于建立连接的节点或链路的参考信息。

情况2)中链路ID的默认值是两个节点ID的级联值,较低的值在签名,同时包括SNP标识符。

A.5.1.5 链路ID长度

链路ID默认的长度是4个8位比特,这是首选的长度,也可用支持其他可选的长度。如果接收方接收到的连接标识符信息单元中携带不支持的链路ID长度,那么它会认为指定的链路ID是不可用的。

对链路ID没有预留的值。

A.5.1.6 LCI长度和值

此标识符使用的编码方案在G.707的第7部分中规定。较高顺位的有效载荷列使用S。指定此列的位置的数值从1开始。如果值为0说明此编码没有使用。

A.5.1.7 服务分离、业务参数和QoS选择程序

QoS应该在扩展的QoS的信息单元中指出。

如果网络能够提供所请求的QoS种类,网络应该为用户处理此呼叫。如果网络不能提供请求的QoS种类,网络应该拒绝此呼叫,返回一个“释放完成”消息,编号为49,指示“服务质量不可用”。

业务描述符信息单元应该指示连接类型。

如果网络有能力提供请求的连接,网络应该为用户处理此呼叫。如果网络不能提供请求的连接,网络应该拒绝此呼叫,返回一个“释放完成”消息,指示下面的原因编码。

——编号57:“请求的能力没有授权”;

——编号58:“请求的能力目前不可用”;

——编号65:“请求的服务没有应用”。

如果包括恢复或保护信息单元,且网络能够提供请求的服务,网络应该为用户处理呼叫。如果网络不能提供请求的服务,网络应该拒绝此呼叫,返回一个“释放完成”消息,编号为63,指示“服务或操作不可用,未指定”。

A.5.2 非永久连接的清除

此程序只有在连接没有指定为永久连接的情况下才能应用。

此程序在 PNNI 1.1 的 6.5.3 中指定。

A.5.3 永久连接在故障情况下的清除

A.5.3.1 永久连接的清除

永久连接的清除程序只有在永久连接在控制平面故障的情况下使用,可以间接的通过服务分类或者通过配置实现。

如果接收方在 T308 计时器过期之前没有接收到"释放完成"消息,发送应该保持释放请求(N11)状态。发送方应该周期性的重试连接清楚程序。重试的频度与应用是独立的。

A.5.3.2 永久连接的信令 AAL 连接重置

无论何时,Q.2931 实体形成了自发的信令 AAL 重置,通过 AAL 建立指示消息,应用下面的程序:

a) 对于呼叫在清除阶段(状态 N11、N12),不做操作;

b) 对于呼叫在建立阶段(状态 N1、N3、N4、N6、N7、N8、N9)应该进行维护。应该调用状态查询程序;

c) 呼叫处于激活状态时应该维护,应该调用状态查询程序。

A.5.3.3 永久连接的信令 AAL 连接释放

当 Q.2931 实体通知进行信令 AAL 连接释放时,通过发送 AAL 释放指示,应该采用下面的程序:

a) 任何不再激活状态的呼叫应该进行本地清除;

b) 对于处于激活状态的呼叫,不做任何操作。

Q.2931 实体应该请求信令 ALL 重新建立,通过发送 ALL 建立请求信息。

当信令 AAL 重新建立通过使用 AAL 建立确认信息时,应该采用下面的程序:

执行状态查询操作。

A.5.3.4 状态查询程序

状态查询程序在 PNNI 1.1 的 6.5.6.11 中定义,状态查询程序应该同附加的信令状态恢复程序一起实现。

请求进行连接状态恢复时,应该在状态查询信息中包括连接标识符信息单元。链路 ID 和 LCI 应该设置成于指定的呼叫相关的值。链路相关的信令区域应该指出"显式指定的链路 ID"。首选或排除的区域应该指出"排除链路 ID,排除 LCI"。丢失状态信息的节点,但是检查在连接标识符中指定的内容存在,应该响应一个"状态"信息,状态应该指定为"空",原因编号为 30,指示"响应状态查询"。

丢失状态信息的节点,不能认证指定连接标识符所指定的连接释放存在,应该返回状态信息,状态指示为"空",原因编号 101,指示原因为"信息同呼叫状态不一致"。

丢失状态信息的节点,但是有能力执行本地状态查询,应该响应一个"状态信息",状态指示为"激活",原因编号为 30,指示"状态查询响应"。

A.5.3.5 接收一个状态信息

PNNI 1.1 的 6.5.6.12 定义了此程序。

对于处于激活状态的连接遇到控制通道故障的情况:

如果接收到的状态时释放请求,不做任何操作。

对于请求状态信息恢复的连接,接收到"状态"信息应该包括连接标识符信息单元,采用下面的程序:

1) 如果接收的状态为空,原因编号 30,指示"状态查询的响应",应该调用状态恢复程序。

2) 如果接收的状态为空,原因编号 101,指示"信息同呼叫状态不一致",应该调用连接清除程序。

A.5.3.6 增强的状态查询

在 PNNI 1.1 的附录 R 中定义的程序应该在下面的异常中使用:

此程序对点到多点的应用不支持。

A.5.3.7 永久连接信令状态的恢复

此程序用于恢复连接的状态，包括在“状态”和“状态查询”消息中使用连接标识符，需要进一步的研究。

A.5.3.8 控制通道故障情况下的信令处理

此程序用于连接在信令通道故障的情况下保持存在，此时控制平面通过AAL释放指示信息通知Q.2931实体故障发生。

此程序用于处理原本穿越故障控制通道的消息。除了“释放”和“释放完成”消息，其他的消息都应拒绝，并向消息源发送，原因编号101，指示“消息同呼状态不一致”。

“释放”和“释放完成”消息应该被保留，直到控制通道恢复。在控制通道恢复以前，不能对这些信息做普通的处理。

A.5.4 传送平面故障

当接收到一个通知指示传送链路ID指示的传送通道出现故障时，执行下面的操作：

1） 如果连接在传送平面故障的情况支持持久存在，不需要做任何操作；

2） 否则，需要执行普通的连接清除程序。

A.5.5 接收到通知消息

通知消息提供连接的信息，同时并不影响连接的状态。接收到通知消息的节点应该执行下面的操作：

——如果节点是连接的终端，它应该发出一个通知指示，同时不做进一步的操作；

——如果节点是连接的中间节点，它应该发出一个通知指示，同时继续执行将通知消息向传送的方向发送。不做其他的操作。

附 录 B
（资料性附录）
基于 GMPLS CR-LDP 的信令流程

B.1 CR-LDP 概述

RFC 3036(LDP 规范)和 RFC 3212(采用 LDP 基于约束的 LSP 建立)定义了 GMPLS CR-LDP 所使用的属性。CR-LDP 信令的扩展应支持 GMPLS。

在 RFC 3036 中定义了四种类型的 LDP 消息：

- 发现消息:用于公布和保持存在的网元。
- 会话消息:用于在 CR-LDP 对等实体之间建立、保持和终止会话。
- 公告消息:用于建立、改变和删除标签映射(或连接)。
- 通知消息:用于提供咨询信息和指示出错信息。

LDP 和 CR-LDP 用于数据网络,因此不存在连接和呼叫的概念。采用 LDP 消息可支持连接控制。而呼叫控制还需要引入新的消息类型：

呼叫控制消息:用于呼叫控制进程。

呼叫控制消息是本部分引用的一个新的 LDP 消息类型。

发现消息描述了一种机制,就是通过周期性的发送 Hello 消息来让网元指示它在网络中的存在。该消息通过 UDP 传送给 CR-LDP 端口。子网中所有路由器的 IP 组播地址作为目的 IP 地址。当一个网元选择与另一个网元建立会话时(它的地址通过 Hello 消息被学习),网元通过 TCP 进行 LDP 初始化。在成功完成初始化进程之后,两个网元成为 LDP 对等实体,并且开始交换公告消息。

LDP 采用 TCP 传送会话、公告和通知消息,也就是采用 TCP 传送除了基于 UDP 的发现机制之外的所有消息。采用 TCP 传送消息使 CR-LDP 保持一种硬状态特性,“硬状态”指的是实体的状态表现会一直保持不变,除非发生动作才会发生改变。CR-LDP 可以利用 TCP 提供的可靠传输和流控机制,因此无需在 LDP 层建立这些特性。

根据标签分布模式(独立的或顺序的)、标签保持方式(保守或自主)以及标签公告方式(按需发向下游或主动发向下游)使 LDP 具有多种方式。这些方式在 RFC 3036 中进行了定义。CR-LDP 的通用运行方式应是按需发向下游的顺序控制方式。

CR-LDP 支持确定路由和不确定路由,并且支持回溯(CrankBack)机制。

在缺少运营商级别的设备时,也就是在故障期间状态被丢失时 CR-LDP 采取一种完善的重启机制,在重启期间,故障节点利用其他节点学习到自己的状态信息来重建状态。

B.2 基本呼叫标识符的支持

为了支持 G.7713 中描述的呼叫模型,除连接之外,CR-LDP 还将包括呼叫控制。这可以实现由单呼叫建立多连接,改变现有连接,以及和计费相关的呼叫功能。支持穿越 UNI 和 E-NNI 的呼叫控制的 CR-LDP 扩展主要引入了呼叫 IDTLV。

B.3 支持 SPC 的 CR-LDP

配置源端和宿端的用户—网络连接部分,而网络连接部分由控制平面建立,这称之为 SPC 业务。例如:接收到一个来自外部系统(如来自管理系统)的初始请求,这意味着控制平面会根据相关的信息决定将使用的宿端(即:网络到用户)的链路连接。CR-LDP 中对 SPC 的支持在 OIF UNI1.0 定义的出口标签的使用中进行了描述。

B.4 故障处理

影响控制平面的故障有不同类型。这些故障包含了从简单信令通道故障到多控制平面节点故障。控制平面需支持相应的操作来克服这些故障，最初应尽量能克服的故障包括：基于本地控制平面机制的故障，与传送平面的本地互操作故障。在这之后应尽量克服基于控制平面与外部元件之间的互操作故障。

故障处理的指导方针包括：

- 控制平面故障被通报给管理平面。管理平面会根据故障指导控制平面采取一定的措施。这些措施可能包括：删除部分连接，释放一定的连接，或采取状态保持和恢复的其他专用操作协议。
- 控制平面节点会提供相关信息的永久存储，例如呼叫和连接的状态信息，配置信息，以及控制平面相邻节点信息。
- 如果连接或呼叫状态不能被恢复，在故障修复之后，控制平面节点会与外部元件进行通信以恢复状态信息。外部元件包括相邻控制节点或中央元件（如管理平面）提供的永久存储。
- 控制平面节点通知管理平面无法恢复相关信息子集（例如：无法同步连接状态）。管理平面会作出下述响应操作（缺省控制平面操作应保持连接）：
  ——释放受影响的连接；
  ——保持受影响的连接。在这种情况下，从控制平面的角度连接会保持非同步；但连接会保持有效。
- 控制平面节点（节点故障恢复之后）可能不会从它的本地永久存储中恢复相邻节点的连接状态，因此会丢失连接信息。在这种情况下，控制节点应请求外部控制器（例如：管理系统）恢复连接信息。同样的，呼叫状态可能也不会被恢复，采用请求管理系统干涉解决的方式。控制平面和管理平面之间的互操作规范已经超出了本部分的范围。

因此，作为一般规则：

- 控制平面故障不应导致已建立连接的释放。在连接完成后的过程中的建立请求会被删除（无论是故障期间还是故障恢复之后）。对已建立的连接提起的释放请求必须被释放（无论是故障期间还是故障恢复之后）。
- 控制平面的附加操作会由针对特殊连接类型配置的缺省动作决定。

但是，传送平面节点故障会导致已建立连接的释放。这是由连接类型和每条连接的服务等级决定的。例如：尽力而为的无保护连接在传送平面节点故障期间会被释放；而有保护的连接根据连接的业务等级规定必须被保存（或保持）。要注意的是即使对于有保护的连接来说，原始的连接可能会被释放，同时建立一条新的连接（这也是根据特定连接的保护类型决定的）。

可能发生的故障类型有三种。它们是信令通道故障，传输链路故障和节点（交叉连接）故障。故障恢复通常包括状态恢复和与邻接 NE 的再同步。

信令通道故障中断了两个以上节点之间的控制消息流。该故障条件应是没有影响已建立的连接，这些连接应继续处于无中断的激活状态。对于连接状态的恢复必须与邻接 NE 进行再同步。那些局部建立的连接必须被终止。

传输链路故障中断了数据流。数据平面故障需与控制平面进行通信以采取适当的措施。可能的操作包括：终止受链路故障影响的连接，通过其他链路或节点的连接重路由。每条连接的特定操作是由连接的保护必要条件决定的。

节点故障与链路故障相似。通过与故障节点通信的丢失，节点故障被间接的通知给控制平面。在这种情况下，必须终止受影响的连接或通过其他节点重新选路。

B.5 GMPLS CR-LDP 消息

所有 CR-LDP 消息采用类型长度值（TLV）编码方案，这样它们就具有了通用的结构，图 B.1 说明了这种编码方案，图中同时给出了为每个域分配的比特数。TLV 的值部分(或简略的 TLV)会包含多个 TLV。长度域以字节为单位定义了值域的长度。U 和 F 比特的含义参见 IETF RFC 3036。

0	1	2 … 7 8 … 15	16 … 23 24 … 31
U	F	类型	长度
值			

图 B.1　TLV 编码结构

表 B.1 给出了 CR-LDP 定义的消息集及其范围、功能和参考的源标准。

表 B.1　CR-LDP 消息

消息	消息(英文)	范围	参考点	功　能
标签请求	Label Request	端到端	全部	由呼叫方根据相关属性发出建立连接的请求
标签映射	Label Mapping	端到端	全部	由被叫方根据标签请求消息提供的属性发出建立连接的指示
初始化	Initialisation	本地	全部	用于在网元之间建立 LDP 对等实体
Hello	—	本地	全部	用于对等实体的发现
保持激活	KeepAlive	本地	全部	用于 LDP 会话的维护
标签释放	Label Release	端到端	全部	在下游方向发出连接拆除信号
标签撤消	Label Withdraw	端到端	全部	在上游方向发出连接拆除信号
标签中断	Label Abort	端到端	全部	中断一个特定的请求
通知	Notification	本地或端到端	全部	查询信息或错误信息的通知
查询	Query	端到端	I-NNI	收集连接信息
查询回复	Query Reply	端到端	I-NNI	将查询的信息编码生成查询回复消息
局部查询回复	Partial Query Reply	端到端	I-NNI	与查询回复相同。作为查询消息的相应，该查询消息不经过整个路由
状态查询	Status Enquiry	本地	UNI，E-NNI	请求相邻网元的状态
状态响应	Status Response	本地	UNI，E-NNI	包含相邻网元的状态
呼叫建立	Call Setup	本地	UNI，E-NNI	由呼叫方发出具有特定属性的呼叫建立请求
呼叫释放	Call Release	本地	UNI，E-NNI	由发起呼叫建立请求的呼叫方发出
注："全部"的含义包括 UNI，E-NNI 和 I-NNI。				

以下消息是 IANA 分配的 RFC 3036 LDP 名称空间编码：

0x0500＝呼叫建立

0x0501＝呼叫释放

表 B.2 总结了与呼叫和连接控制相关的不同 CR-LDP TLV。该表给出了不同 TLV 的用途和包含的消息。

表 B.2 呼叫和连接控制 TLV

TLV 名称	TLV 名称(英文)	功 能	消 息
通用的标签 TLV	Generalized Label TLV	标识分配给节点到特定连接的标签	标签请求、标签映射、查询、查询响应
建议的标签 TLV	Suggested Label TLV	上游节点建议下游节点使用的一组标签	标签请求
上游标签 TLV	Upstream Label TLV	对于双向连接,在上游方向上使用的标签	标签请求
可接受的标签集 TLV	Acceptable Label Set TLV	显示接受的标签值	通知
标签集 TLV	Label Set TLV	限制下游节点的标签选择	标签请求
通用标签请求 TL	Generalized Label Request TLV	传送被请求连接要求的特性	标签请求
波带交换 TLV	Waveband Switching TLV	波带交换时的标签值	标签映射
保护 TLV	Protection TLV	被请求连接的保护要求	标签请求
管理状态 TLV	Admin Status TLV	显示连接的管理状态	通知
ER TLV		说明明确的显式路由	
源 ID TLV	Source Id TLV	标识源端客户的 TNA 地址	标签请求、标签映射
宿 ID TLV	Dest Id TLV	标识宿端客户的 TNA 地址	标签请求、标签映射
本地连接 ID TLV	Local Connection Id TLV	标识通过 UNI 接口的本地连接	标签请求、标签映射、标签撤销、标签释放、通知
出口标签 TLV	Egress Label TLV	在通过 UNI 接口时使用,用以显示宿端客户使用的标签	标签请求、标签映射、标签释放、标签撤销、状态、状态请求、通知
分集 TLV	Diversity TLV	显示被请求连接的不同属性	标签请求、标签映射
合约 ID TLV	Contract Id TLV	由服务提供者确定的格式和含义	初始化
UNI 服务等级 TLV	UNI Service Level TLV	显示 UNI 的服务等级协议。该值由服务提供者分配	标签请求、标签映射
呼叫 ID TLV	Call Id TLV	标识通过单一运营商网络的呼叫	呼叫建立、标签请求、标签映射、标签释放、标签撤销
呼叫能力 TLV	Call Capability TLV	标识所请求呼叫的能力	呼叫建立
SDH 业务量参数 TLV	SDH Traffic Parameters TLV	所请求 SDH 连接的业务量参数	标签请求、标签映射
回溯 TLV	CrankBack TLV	携带有关连接建立失败的位置信息返回源节点	通知
反馈 TLV	Feedback TLVs	携带有关资源利用信息返回源节点	通知、标签映射、标签撤销

B.6 采用 CR-LDP 的呼叫和连接控制进程

B.6.1 CR-LDP 发现和对话的初始化

CR-LDP 发现是 CR-LDP 节点之间自动发现过程。自动发现不需要进行配置。CR-LDP 采用 Hello 机制以支持发现功能。使用 UDP 协议交换 Hello 消息(只有该 CR-LDP 消息不用 TCP 传送)。在 RFC3036 中定义的 Hello 进程(包括扩展的 Hello)可不用修改直接引用。

CR-LDP 会话的初始化通过交换初始化消息实现。初始化消息承载相关节点的特征信息,例如支持 FT 操作。RFC3036 中定义的初始化消息进程可不用修改直接引用。

B.6.2 采用 CR-LDP 建立呼叫

本部分对 CR-LDP 功能进行扩展(也就是新消息和新 TLV)以支持呼叫和连接分离功能。

可采用两种呼叫建立模式。第一种模式先进行呼叫建立请求,该请求不包括相应的连接。在这种情况下,信令消息只包括该呼叫的相关参数信息,例如源地址和目的地址。然后,该呼叫的对应连接通过 B.6.4 中描述的连接建立进程实现。

在第二种呼叫建立模式下,呼叫建立请求承载了连接建立的请求。这是加速连接建立过程的一个重要特性。随后的连接建立过程采用 B.6.4 中描述的连接建立进程实现。

CR-LDP 支持这两种呼叫建立模式。

在第一种呼叫建立模式下,CR-LDP 消息引入了一个新的消息——呼叫建立消息。呼叫建立消息由呼叫方发出,并且通过网络直到它到达目的地(被呼叫方)。然后,通知消息被发回呼叫方以指示呼叫建立是否成功。呼叫建立失败会有很多种原因,因此通知消息必须包含呼叫失败的原因。图 B.2 给出了采用第一种模式成功建立一个呼叫的过程。

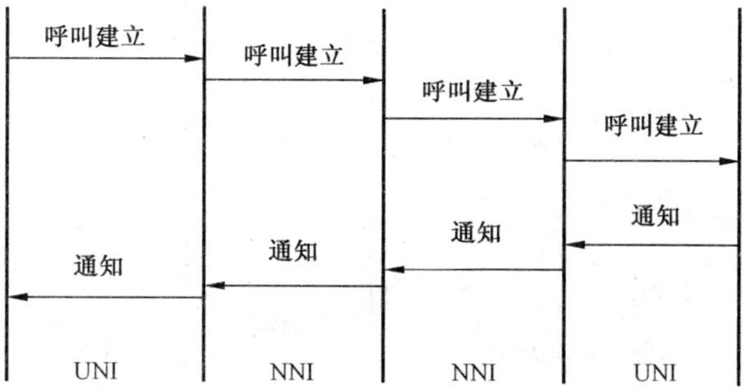

图 B.2 无连接的呼叫建立

呼叫建立的第二种模式允许使用同一呼叫请求来建立连接。CR-LDP 中连接的建立采用 LDP 标签请求和标签映射消息实现。由于需要进行标签分配,因此用相同的连接建立消息来建立呼叫。在这种情况下,标签请求消息将同时携带呼叫参数和连接参数,例如:连接流量参数。图 B.3 给出第二种模式下的呼叫和连接建立过程。通知消息发回被呼叫方用于确认连接是否建立和连接是否准备就绪。B.6.4 描述的通知消息的发送是可选的。

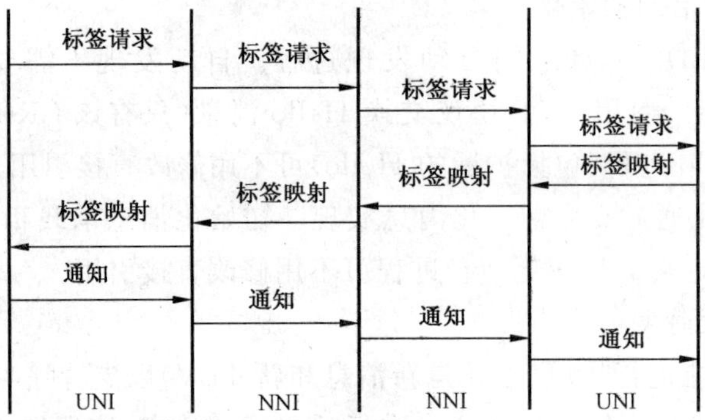

图 B.3 呼叫和相应连接的建立

呼叫建立完成之后，随时都可以进行连接的建立和拆除。需要采用相应的连接和呼叫机制，这可以通过采用呼叫和连接请求中携带的呼叫验证信息获得。

呼叫和连接分离的一个重要应用是建立带保护的多连接呼叫能力，例如，图 B.4 给出了建立两条连接的呼叫消息的传送过程。

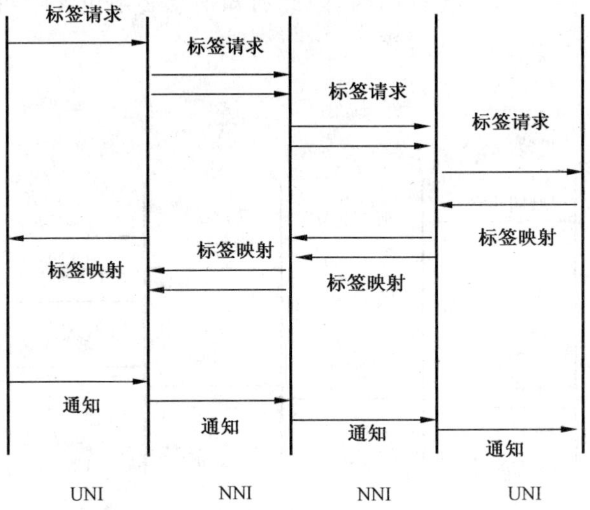

图 B.4 采用 CR-LDP 的 1+1 应用

图 B.4 所示的过程需要同时建立两条连接。通过在 NNI 接口上生成两个标签请求消息来说明这两条连接。

B.6.3 采用 CR-LDP 释放呼叫

与所采用的建立模式无关，为了拆除呼叫引入了一个新的消息——CR-LDP 呼叫释放消息。呼叫拆除操作必然会导致与此呼叫相关的所有连接的拆除。CR-LDP 中连接的拆除是通过使用标签释放和标签撤消消息实现的。连接的删除也采用相同的过程。当接收到呼叫释放消息时，通过发送标签释放或标签撤消消息触发 CR-LDP 连接释放机制。图 B.5 给出了由呼叫方发出的呼叫拆除请求进程。通知消息包含管理状态 TLV 从而在连接释放之前关闭告警。

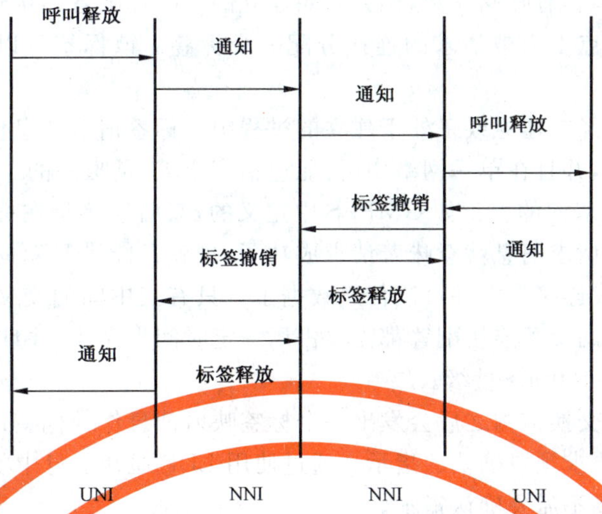

图 B.5 呼叫方发出的呼叫释放

当发出呼叫释放消息的一方接收到通知消息后就认为呼叫拆除过程已完成。在确定所有与该呼叫相关的连接都被删除后，被叫方会发出这个通知消息。

在某些实例中需要不完善的(non-graceful)连接释放(即：预先没有关闭告警)，图 B.6 和图 B.7 给出了由呼叫对应的两个连接发出的不完善的呼叫或连接释放的信令流程。

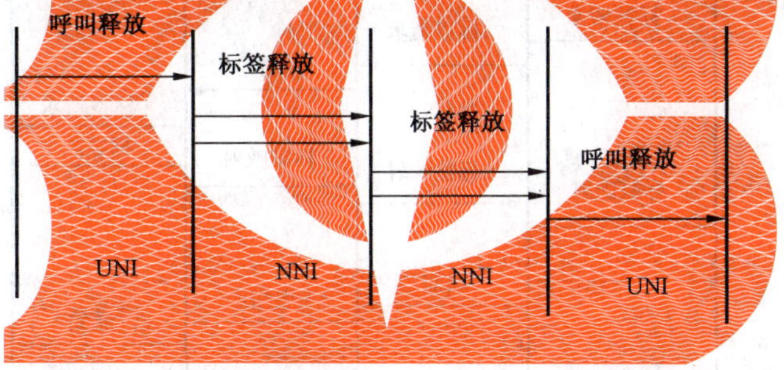

图 B.6 被叫方发起的不完善呼叫或连接释放

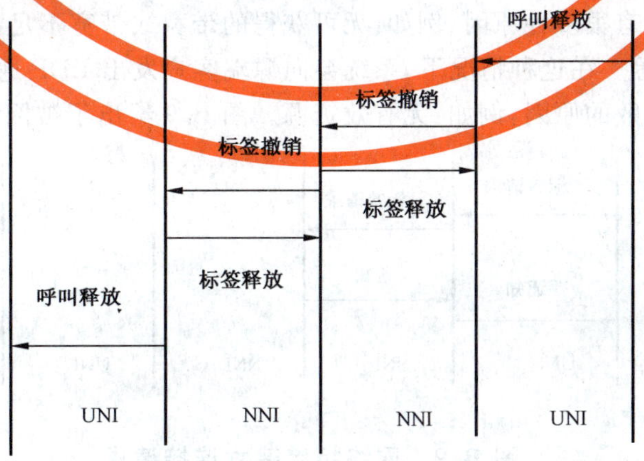

图 B.7 被叫方发起的不完善呼叫或连接释放

B.6.4 采用 CR-LDP 建立连接

采用 CR-LDP 标签请求和标签映射消息建立连接。在传送方向上发出标签请求消息，该消息携带着相关连接的参数，也可能含有呼叫参数，例如呼叫建立的同时伴随着连接建立的情况。标签请求消息要求在通道经过的每个节点上为被请求的连接分配一个标签。该标签可以是时隙、波长、带宽或物理光纤。

连接建立假设呼叫已经被建立或正处于建立的过程中。标签请求消息包括呼叫和相应连接的呼叫标识。此标识由网络分配，并且在单一网络中(可能包括多个域)是唯一的。

ASON 的连接通常是双向的。正如 GMPLS 中定义的，双向连接是在标签请求消息中的上游标签指示的。宿端接收到标签请求消息就意味着请求成功了，也就是能满足双向连接的所有连接属性。但是，这并不意味着已经完成连接建立并可以传送数据了。只有当中间的交叉连接配置完成以后才真正建立了有效的连接。中间的交叉连接配置都需要占用一定时间来完成，并且根据采用的技术，这种延时会很明显，一般在 10 ms～100 ms 量级。

宿端在建立了自己的交换结构之后会发出一个标签映射消息作为标签请求的响应。如果要求这样做，目的方会通知发起方要求预置确认的指示。通过使用 LDP 通知消息中状态编码“预留确认”完成确认。一般情况下，单向连接不需要确认指示。

在两个相反方向传递双向连接建立请求时会发生标签竞争现象。这种竞争现象会在同一时刻，两边同时分配相同的资源(标签)时发生。为了避免竞争现象，首先会满足具有高级别 ID 的节点，且必须发出“路由问题或标签分配失败”的通知消息。当收到这种出错消息时，另一个节点应尽力给双向通道分配不同的上游标签。但是，如果无法获得其他的资源，节点必须进行标准的错误处理。

图 B.8 给出了采用 CR-LDP 建立连接的过程。

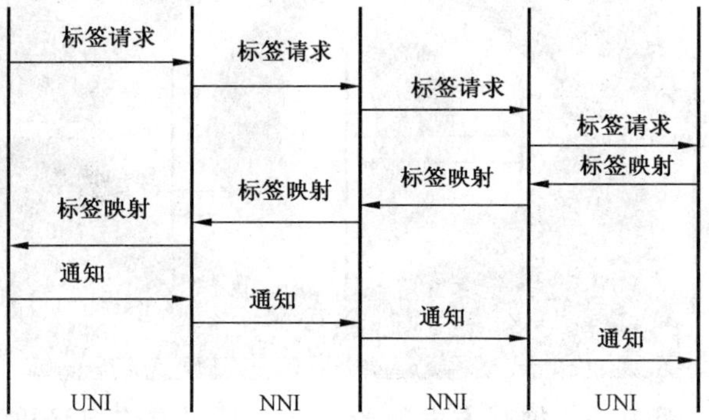

图 B.8　建立连接

连接建立请求失败会有很多种原因，例如：无可获得的带宽或带宽不足，不具备物理连接能力，违反 SLA，远端客户拒绝连接等。在这种情况下，系统会向源端客户发出 LDP 通知消息指示建立请求失败，并以状态码的形式显示失败的原因，例如：无有效资源。图 B.9 给出了被网络拒绝的建立连接请求。

图 B.9　网络拒绝建立连接请求

在发出标签请求消息之后，客户想终止连接建立过程，应发出 RFC3036 的 3.5.9 中定义的 LDP 终止消息。特别指出的是标签请求消息中的 ID 在终止消息中用作临时的本地连接标识符。

B.6.5　采用 CR-LDP 修改连接

CR-LDP 的连接修改功能可以通过呼叫方发出一个新的标签请求消息实现，该标签请求消息包括被修改的连接标识和说明该消息为修改请求的指示(区别于新的建立请求)。连接 Id TLV 中的激活标志用于指示标签请求消息是一个新的建立,还是一个修改。

连接修改只适用于已存在的连接。标签请求消息中包括一些要进行修改的参数,例如连接业务量参数。连接修改过程与建立一个新的连接过程相同。

B.6.6 采用 CR-LDP 释放连接

LDP 采用两种机制使节点通知它的对等实体停止使用标签。第一种方法是使用标签撤消消息给对等实体发出信号以通知对等实体不必继续使用特定的标签,以指示节点一直在进行广播。第二种方法是采用标签释放消息给对等实体,从而通知它 LSR 不再需要特定的标签来指示对等实体的请求或指示它在进行广播。

G.7713 中扩展 CR-LDP 利用标签释放和标签撤消消息删除连接。所采用的消息取决于发起删除连接的实体。标签撤消消息适用于在上游方向删除连接。根据 RFC3036 3.5.10 中对 LDP 进程的描述,标签释放消息适用于确认删除请求的情况。并且标签释放消息用于在下游方向删除连接。在这种情况下,通过采用 LDP 通知消息中的状态码"删除成功"确认删除请求。

图 B.10 和图 B.11 分别显示了由源端和宿端发起的连接删除请求。图 B.10 显示出删除请求是在接收到具有管理状态 TLV 的 LDP 通知之后发出,该 LDP 通知指示出释放一条连接。在光网络中,光丢失的速度快于删除请求的传播速度,这样下游节点将检测到光丢失,并且因此产生告警。该告警可能会触发不正确的恢复或保护。为了解决这一问题,应沿着连接路由发送通知消息,从而告知将要删除的所有节点。在收到该消息之后,每个节点在所指示的连接上应禁用告警报告和保护机制。

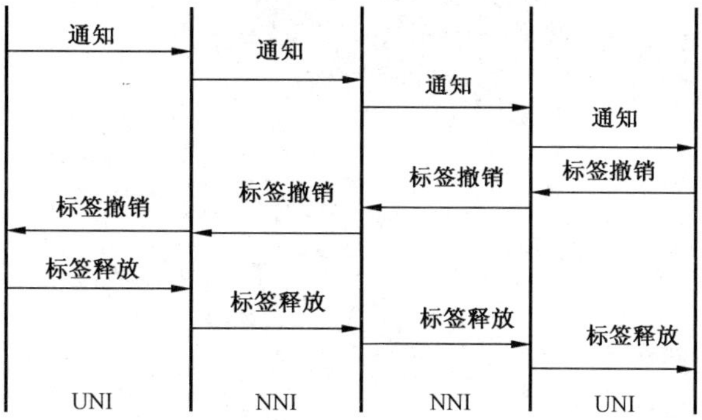

图 B.10 源端发起的连接删除过程

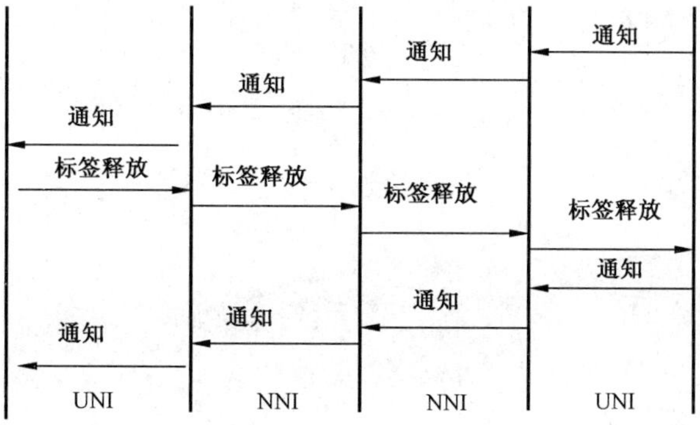

图 B.11 宿端发起的连接删除过程

图 B.12 显示出由网络发起的连接删除过程,以及通过 OAM 实体被迫发出删除请求而发起的连接删除过程。在这种情况下,标签撤消和标签释放消息用于发起删除请求。

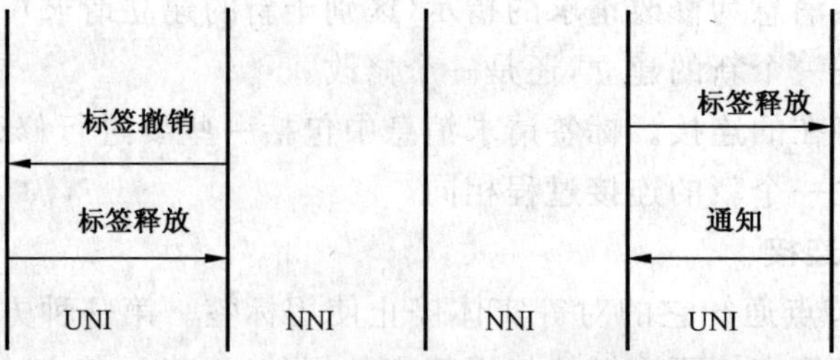

图 B.12 网络发起的连接删除过程

附　录　C
（资料性附录）
回溯（CrankBack）信令机制

C.1　CrankBack 概述

当连接建立请求未成功并从失败点返回建立失败的信息时，回溯（CrankBack）机制允许发起新的连接建立请求，避免资源的阻塞并尝试重新建立连接。回溯机制也可以用于连接的恢复机制。

在分布式的路由环境中，用于约束路径计算的资源信息有可能过期，这就意味着连接建立请求有可能被拒绝。例如，连接选择的路径上的某个节点出现了资源不足的情况。如果路径的源节点或者中间区域的边界节点能够获知资源阻塞节点或者链路的位置，它可以分配一条备用路径，并重新发出建立请求。对阻塞链路或者边界节点的标识与认证可以通过 CrankBack 路由功能实现。

当网络中多个节点或者链路同时发生故障时，分布式路由计算所获取的资源信息和实时的网络状态存在差异，这种情况下，恢复路径可能使用了不正确的信息，因而导致了阻塞，不能建立成功。CrankBack 信令和路由功能应该支持这种情况下的故障恢复。

C.2　CrankBack 功能需求

CrankBack 需要回溯到中间节点（一般是域边界节点）或是回溯到源节点进行重路由。当连接建立失败时，回溯机制允许避开阻塞的节点或链路并重新尝试连接建立。回溯机制还可以用于对连接的保护和恢复，通过指示失效节点或链路的位置，重新尝试连接恢复，提高恢复率。回溯功能应满足以下要求：

1）　CrankBack 重试的次数应可设置。

2）　任何一次域内的 CrankBack 和造成 CrankBack 的原因都要向管理平面上报。

3）　信令协议可支持动态的、不同程度的 CrankBack，可以回溯到源节点或中间节点进行重路由。对于回溯到中间节点（一般是域边界节点）的方式，在 CrankBack 过程中信令的控制权应依次向上游传递，由上游节点尝试重新建立这个连接。

4）　具有后向兼容的能力，没有 CrankBack 能力的节点，不对 CrankBack 相关消息做处理，继续向上回溯。

5）　支持域内和域间的 CrankBack。

C.3　CrankBack 信令操作

当连接建立请求由于资源的不可用而导致阻塞时，应该发出错误指示信息，指示阻塞点的位置标识符，返回连接的源节点，区域边界节点、自治区域边界节点或者其他能够进行 CrankBack 的节点。

错误指示信息中应该携带产生错误的原因以及错误发生点的节点或链路信息。CrankBack 机制还需要其他的信息。

对这些错误的指示信息，需要进行保持，具体的操作如下：

1）　CrankBack 节点应该存储阻塞点的位置标识信息，直到连接成功的重新建立，或者 CrankBack 节点终止了重路由尝试。

2）　因为 CrankBack 节点有可能发起多次 CrankBack 信令，因此它应该维护所有阻塞节点的历史记录信息，以便在进行路径计算时可以避开所有的阻塞点。

3）　当 CrankBack 节点接收到新的错误指示信息以后，它应该对历史记录信息进行更新，进行下一步的重路由信息计算时可以使用最新的信息。历史记录信息的一个很重要的作用就是能够避免发生重复的 CrankBack 尝试。

在请求建立一条连接时，入口节点应该指定是否需要 CrankBack 机制，并且是否需要有中间节点

发起重路由操作。因此,需要在连接建立请求中添加重路由标志区域,相应的值包括:

1) 没有重路由(No Re-routing):入口节点在连接建立失败时可以进行重路由尝试,中间节点则不能进行重路由尝试。节点探测到故障以后,必须发送错误指示信息,其中可以包括 CrankBack 信息。
2) 端到端的重路由(End-to-end Re-routing):入口节点在连接建立失败时可以进行重路由尝试,中间节点则不能进行重路由尝试。节点探测到故障以后,必须发送错误指示信息,其中应该包括 CrankBack 信息。
3) 边界重路由(Boundary Re-routing):如果中间节点是区域边界上的节点,在连接建立失败时它可以进行重路由尝试。边界上的中间节点可以向上游的入口节点发送错误指示信息,也可以向其他出口边界节点发送错误指示信息。其他的中间节点不能进行重路由尝试。节点探测到故障以后,必须发送错误指示信息,其中应该包括 CrankBack 信息。
4) 基于段的重路由:任何节点在接收到错误指示信息以及向上游转发以前,都可以发起重路由尝试。节点探测到故障以后,必须发送错误指示信息,其中应该包括完全的 CrankBack 信息。

节点探测到故障以后,执行的操作应该基于连接建立请求消息中携带的重路由标志信息。

——如果是基于段的重路由,探测到故障的节点应该立即发起重路由尝试;
——如果是基于边界的重路由,并且探测到故障的节点为边界节点,此节点应该立即发起重路由尝试;
——如果是基于端到端的重路由操作,或者是在基于段以及基于边界的重路由操作下,探测到故障的节点不能进行重路由尝试(或者是进行了所有的重路由尝试以后仍不成功),探测到故障的节点应该发出错误指示信息,在其中包括完整的 CrankBack 信息。

对于重路由尝试操作,应该配置重路由操作尝试的次数上限。这主要是为了过多的消耗网络中的资源,同时可以后退到其他的修复点进行重路由操作尝试。

C.4 CrankBack 信令扩展

RSVP-TE 协议可以用于 CrankBack 的重路由机制:

1) 连接建立请求在某些情况下,可能会失败,如在链路故障情况下或者发生了资源不可用的情况。当连接建立失败时,应向连接的入口返回 PathErr 消息;
2) 资源预留过程中也有可能会发生失败的情况。在 Resv 处理过程中,如果发生了链路和资源节点不可用的情况,会向出口节点发送 ResvErr 消息,指示"接纳控制失效"。出口节点运行改变 FLOWSPEC 参数,并且重新进行资源预留尝试。如果不支持资源预留重试操作,出口节点应该执行下列操作之一:

   ——忽略此失效状况,通过 Path 刷新消息或者消息刷新的过期来进行恢复操作;
   ——发送 PathErr 消息到入口节点,指示"接纳控制失效"。

在 RSVP-TE 中,失败的连接建立尝试会导致发送 PathErr 消息到上游节点。PathErr 消息中应携带错误编码(ERROR_SPEC)对象,指示某些节点或者接口导致了连接建立失败。CrankBack 在进行重路由时,会避免通知中指出的节点或者接口。

GMPLS-RSVP-TE 对上述的错误通知进行扩展,在指示错误的接口信息之外,还上报发出错误指示的节点的信息。

GMPLS 引入了一个通知(Notify)消息,可以向一个指定的节点报告连接建立失败。此消息可以携带与上述描述相同的信息。此通知消息可以加速错误信息的传播,但是当网络中的多个节点具备 CrankBack 功能时,在各个节点之间需要协商确立是由 PathErr 消息还是由通知消息触发 CrankBack 操作。这是因为由于通知消息的目标节点有可能不是入口节点,同时多个信息在到达入口节点时会沿着不同的路径传输,这会导致多个节点尝试重新建立 LSP。

RSVP-TE 定义了新的错误编码信息——"重路由操作越限",指示某个节点不能进行重路由操作,因为它超过了重路由操作尝试的次数。

参 考 文 献

[1] ITU-T Q.2931(06/1995) 宽带综合服务数字网络(B-ISDN)——数字信令系统 第2部分(DSS2)——用于基本呼叫和连接的用户网络接口(UNI)3层规范

[2] IETF RFC3036 标签交换协议(LDP)规范

[3] IETF RFC 3212 采用LDP建立基于约束的LSP

ICS 33.040.40
M 33

中华人民共和国国家标准

GB/T 21645.7—2010

自动交换光网络(ASON)技术要求 第7部分:自动发现

Technical requirements for automatically switched optical network—Part 7: Automatic discovery

2010-12-01 发布

2011-04-01 实施

中华人民共和国国家质量监督检验检疫总局
中国国家标准化管理委员会 发布

前　言

GB/T 21645《自动交换光网络(ASON)技术要求》标准的结构预计如下：

——第1部分：体系结构与总体要求；

——第2部分：术语和定义；

——第3部分：数据通信网(DCN)；

——第4部分：信令技术；

——第5部分：用户—网络接口(UNI)；

——第6部分：管理平面；

——第7部分：自动发现。

本部分是GB/T 21645的第7部分。

本部分与ITU-T G.7714:2005《传送实体的通用自动发现》和G.7714.1:2006《SDH和OTN网络中的自动发现协议》的一致性程度为非等效，并结合国内情况制定。

本部分的以下章节在技术内容上与ITU-T G.7714协调一致：

——第4章对应G.7714:2005的第6章～第10章，并增加了自动发现的功能和框架内容；

——第5章对应G.7714:2005的第11章和第12章；

——附录A对应G.7714:2005的附录I。

本部分的以下章节在技术内容上与G.7714.1:2006协调一致：

——第6章对应G.7714.1:2006的第5章～第11章，并在6.2节增加了OTN的OTS/OMS/OCh层的LAD机制；

——附录B、附录C和附录D分别对应G.7714.1:2006的附录Ⅰ、附录Ⅱ和附录Ⅵ。

此外，本部分的第7章和附录E还参考了IETF、OIF等国际标准化组织有关链路管理协议和自动发现的相关建议。

本部分的附录A、附录B、附录C、附录D、附录E为资料性附录。

本部分由中华人民共和国工业和信息化部提出。

本部分由中国通信标准化协会归口。

本部分起草单位：信息产业部电信研究院、中国联合通信有限公司、华为技术有限公司、中兴通讯股份有限公司、武汉邮电科学研究院、上海贝尔阿尔卡特股份有限公司、诺基亚—西门子通信(上海)有限公司、UT斯达康(重庆)通讯有限公司。

本部分主要起草人：李芳、徐云斌、高建华、向奇敏、潘锐锋、张海涛、王君林。

自动交换光网络(ASON)技术要求
第7部分:自动发现

1 范围

GB/T 21645的本部分规定了自动交换光网络(ASON)的传送实体通用自动发现功能、框架、进程和发现消息,以及同步数字体系(SDH)和光传送网(OTN)网络中的自动发现机制和基于通信多协议标记交换(GMPLS)的链路管理协议(LMP)等。

本部分适用于ITU-T G.803定义的同步数字体系(SDH)传送网和ITU-T G.872定义的光传送网(OTN)。

2 规范性引用文件

下列文件中的条款通过GB/T 21645的本部分的引用而成为本部分的条款。凡是注日期的引用文件,其随后所有的修改单(不包括勘误的内容)或修订版均不适用于本部分,然而,鼓励根据本部分达成协议的各方研究是否可使用这些文件的最新版本。凡是不注日期的引用文件,其最新版本适用于本部分。

GB/T 21645.1—2008 自动交换光网络(ASON)技术要求 第1部分:体系结构与总体要求

GB/T 21645.2—2010 自动交换光网络(ASON)技术要求 第2部分:术语和定义

ITU-T G.707 同步数字体系(SDH)的网络节点接口

ITU-T G.7712 数据通信网的体系结构与规范

ITU-T G.7714 传送实体的通用自动发现

ITU-T G.7714.1 SDH和OTN网络中的自动发现协议

ITU-T G.784 同步数字体系(SDH)管理

ITU-T G.803 基于SDH的传送网络的体系架构

ITU-T G.805 传送网的通用功能结构

ITU-T G.8080 自动交换光网络体系结构

ITU-T G.831(2000) 基于SDH的传送网络的管理能力

ITU-T G.872 光传送网(OTN)的体系架构

IETF RFC 1570 PPP LCP扩展

IETF RFC 1661 点到点协议(PPP)

IETF RFC 1662 类HDLC帧中的PPP

IETF RFC 2045 多用途互联网邮件扩展协议(MIME) 第1部分:互联网消息主体的格式

IETF RFC 4204 链路管理协议(LMP)

IETF RFC 4207 链路管理协议测试消息的SONET/SDH编码

IETF RFC 4209 DWDM光线路系统的链路管理协议(LMP)

IETF RFC 4394 链路管理协议(LMP)的传送网络视角

3 术语、定义和缩略语

3.1 术语和定义

GB/T 21645.2中规定的术语和定义适用于GB/T 21645的本部分。

3.2 缩略语

下列缩略语适用于GB/T 21645的本部分。

AITS	Acknowledged Information Transfer Service	确认的信息传递业务
AP	Access Point	接入点
API	Access Point Identifier	接入点标识符
ASON	Automatically Switched Optical Networks	自动交换光网络
BER	Bit Error Rate	比特误码率
CI	Characteristic Information	特征信息
CP	Connection Point	连接点
CTP	Connection Termination Point	连接终结点
DA	Discovery Agent	发现代理
DA ID	Discovery Agent Identifier	发现代理标识符
DCC	Data Communications Channel	数据通信通路
DCN	Data Communication Network	数据通信网
DM	Discovery Message	发现消息
DT	Discovery Trigger	发现触发
ECC	Embedded Communications Channel	嵌入式通信通路
GCC	General Communications Channel	通用通信通路
GMPLS	Generalized Multi-Protocol Label Switching	通用多协议标签交换
HDLC	High-level Data Link Control	高级数据链路控制
HOVC	Higher Order Virtual Container	高阶虚容器
IETF	Internet Engineering Task Force	互联网工程任务组
ID	Identifier	标识符
LAD	Layer Adjacency Discovery	层邻接发现
LAPD	Link Access Procedure-D channel	D通路链路接入规程
LC	Link Connection	链路连接
LCP	Link Control Protocol	链路控制协议
LLCF	Link Layer Convergence Function	链路层汇聚功能
LMP	Link Manager Protocol	链路管理协议
LOVC	Lower Order Virtual Container	低阶虚容器
LRM	Link Resource Manager	链路资源管理器
MS	Multiplexing Section	复用段
ODUk	Optical Channel Data Unit-k	光通路数据单元-k
OTN	Optical Transport Network	光传送网
OTUk	Optical Channel Transport Unit-k	光通路传送单元-k
NC	Network Connection	网络连接
NE	Network Element	网元
PC	Protocol Controller	协议控制器
PM	Path Monitoring	通道监视
PPP	Point to Point Protocol	点到点协议
RS	Regenerator Section	再生段
Rx	Receive	接收
SAPI	Source Access Point Identifier	源接入点标识符
SDH	Synchronous Digital Hierarchy	同步数字体系
SM	Section Monitoring	段监视

SNC	Subnetwork Connection	子网连接
SNP	Subnetwork Point	子网点
SRLG	Shared Risk Link Group	共享风险链路组
TAP	Termination Adaptation Performer	终端适配执行器
TCE	Transport Entity Capability Exchange	传送实体能力交互
TCP	Termination Connection Point	终结连接点
TCP-ID	Termination Connection Point Identifier	终结连接点标识符
TE	Traffice Engineering	流量工程
TT	Trail Termination	路径终结
TTP	Trail Termination Point	路径终结点
TTI	Trail Trace Information	路径踪迹信息
Tx	Transmit	发送
UITS	Unacknowledged Information Transfer Service	未确认的信息传递业务
VC	Virtual Container	虚容器

4 通用自动发现功能、框架和进程

4.1 通用自动发现的基本功能

通用自动发现功能用于确定传送网元之间、控制域之间的链路连接(LC)关系以及链路连接所支持的业务，其目的在于帮助进行资源管理和路由选择。自动发现不仅有利于控制平面的控制操作，也有利于管理平面对网络的智能化管理。

通用自动发现的目标是建立传送平面的 CP-CP 之间的链路连接(LC)关系以及控制平面的 SNP-SNP 之间的链路连接(LC)的关系，具体如图 1 所示。

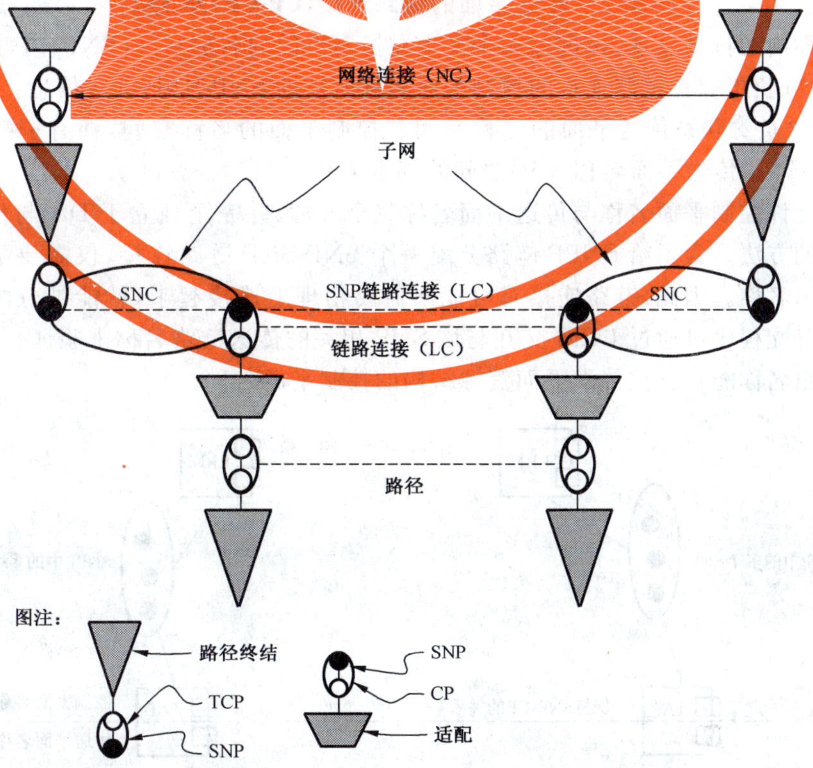

图 1 传送平面和控制平面的链路连接及其关系示意

4.2 通用自动发现的框架

GB/T 21645.1—2008 中 10.1 规定的自动发现框架的基本特征是:控制平面和传送平面的发现进程和名称空间完全分离。自动发现框架采用三种控制平面元件来描述:发现代理(DA)、终结和适配执行器(TAP)以及链路资源管理器(LRM)。

自动发现的框架包含两个独立的进程和名称空间:

a) 传送平面内的自动发现:该进程完全发生在传送平面的名称空间(CP 和 CTP)内,如图 2 所示。
   1) DA 完全工作在传送名称空间内,并负责保持传送平面的链路连接(CP-CP)的传送名称。
   2) 这些信息可通过使用对控制平面名称空间不可见的传送机制、保存预先获得的相关信息或指配方式来获得。
   3) DA 通过与网络中相邻 DA 之间的协作来解析传送 CP 名称,协助底层的自动发现进程,从而使负责传送链路连接的每一端 DA(或其他元件)能够就该链路连接进行通讯。
   4) 一个 CP 可以被分配给一组 VPN,这组 VPN 可以用一个所有权标签来表示。DA 需要验证一条链路连接的每个 CP 的所有权标签都是相同的。

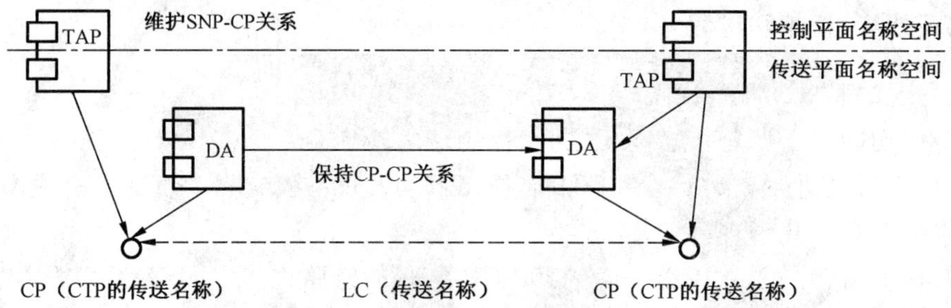

图 2 传送平面的链路连接(CP-CP)发现

b) 控制平面内的自动发现:该进程完全发生在控制平面的名称空间(SNP)内,如图 3 所示。
   1) LRM 负责保存链路连接的控制平面名称所需的 SNP-SNP 绑定信息。
   2) TAP 负责联系传送平面的名称空间和控制平面的名称空间,拥有资源的控制平面名称(SNP)和传送平面名称(CP)之间的绑定关系。
   3) 这允许控制平面名称与传送平面名称完全分离,并完全独立于 DA 与传送名称关联所使用的方法。为了给 SNPP 链路分配一个 SNP-SNP 链路连接,仅需要了解该链路连接的传送名称。因此,链路连接有可能不需要物理上连接起来,就能被分配给控制平面。这种分配程序可通过 LRM 交互与该 SNP 相关的传送链路名称来验证。完全合格的 SNPP 链路名称能够反映传送平面资源结构的控制平面名称。

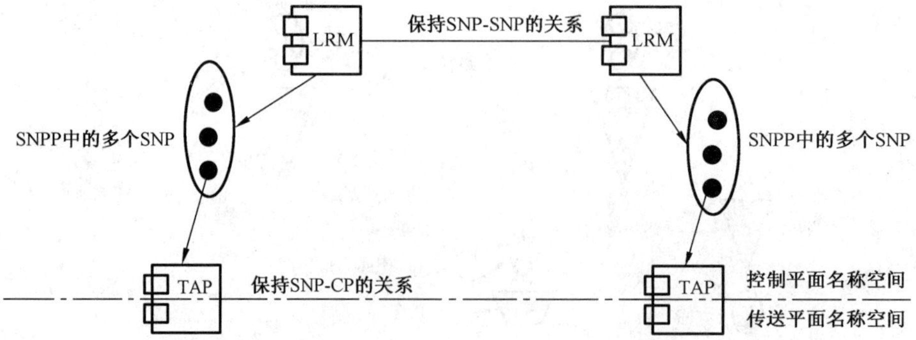

图 3 控制平面的链路连接(SNP-SNP)发现

4.3 传送实体的通用自动发现进程

4.3.1 通用自动发现进程

如图 4 所示，ITU-T G.7714 规定了传送实体的通用自动发现进程，可用于 ITU-T G.805 描述的多层网络中的任意层面。

通用自动发现进程没有限制支持发现进程的实体分布或者位置，例如发现进程的实体可以分布在网元中或位于管理系统内部，允许控制平面或者管理平面使用发现进程。管理平面可使能或者禁止下面所描述的通用发现进程以及单独的子进程。

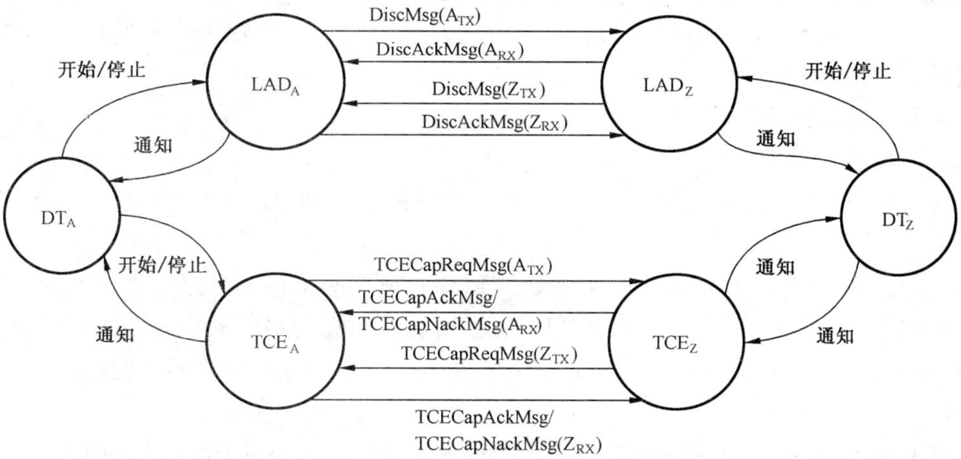

图 4 发现子进程的交互作用

通用自动发现进程分为以下三个子进程：

a) 发现触发(DT)：负责触发层邻接发现(LAD)和传送实体能力交互(TCE)进程。管理平面可以使能或禁止发现进程及其子进程。

b) 层邻接发现(LAD)：LAD 进程用于获取在一个特定层网络中构成网络连接或链路连接的两个 TCP 或 CP 之间的关联关系，即完成传送平面内的自动发现。如果支持链路连接的路径是有效的，则通过层邻接发现得到的这种关联关系是有效的。LAD 进程在执行之前首先要了解 TCP 或 CP 的标识符。如果预先通过网管人工配置了层邻接关系，那么 LAD 进程可以省略。LAD 功能应自动发现节点以及节点之间的光纤链路连通性，并自动检测光纤错连。LAD 可用管理配置的属性来确认物理连接的正确性，该能力有利于减少配置量并检测设备的错连。SDH/OTN 的 LAD 功能应自动发现 SDH/OTN 网元之间对等层(如 SDH 的 MS-MS，OTN 的 ODUk-ODUk)之间的连接关系。

c) 传送实体能力交互(TCE)：TCE 进程用于交互与传送实体能力相关的信息(例如链路连接、路径)，用来帮助协商一个双方都同意的能力集。TCE 进程主要用于完成用于控制平面的相关信息的自动发现，通常也被称为服务能力发现。

4.3.2 发现触发

发现触发进程由管理平面使能，管理平面规定了需要支持的自动发现场景。各种场景具有多个参数，包括是否支持特定的发现子进程、是哪种类型、在什么条件下以及在每个条件下需要提供哪些管理信息。默认的场景由策略决定，例如：

a) 是否使用 LAD 进程。如果不使用 LAD，管理平面应当提供 (T)CP 绑定信息。如果使用 LAD 进程，需要确定采用什么类型见 4.3.3.2 中规范的类型 1 或类型 2，在什么条件下使用见 4.3.3.3 规范的返回服务触发或连续性触发。

b) 是否使用 TCE 进程。如果不使用 TCE，管理平面应提供本地和远端传送实体具有的详细能力信息。如果使用 TCE 进程，应当由策略来控制，提供终端点传送实体具有的详细能力。

4.3.3 层邻接发现

4.3.3.1 层邻接发现的进程

传送实体的发现进程发生在每一个网络层面，其网络分层与 ITU-T G.805 的规定一致。LAD 进程用于在一个特定层内发现链路连接(LC)或网络连接(NC)的终端点(即组成连接的两个 TCP/CP)之间的关系。发现进程的前提是被发现的终端点应存在(T)CP ID。管理平面可以基于每一个(T)CP 使能或禁止 LAD 进程。

在一个特定层的 LC 或 NC 的终端点之间(如图 4 中的“A”和“Z”)，LAD 进程包括发送发现消息和发现确认消息。A 端的 LAD 进程开始周期性地发送发现消息到 Z 端，其中包含 A 端的(T)CP ID 和负责该(T)CP ID 的发现代理(DA)ID 等信息。当 Z 端收到该消息后，它发送一个发现确认消息给 A 端，该消息中包括：

a) Z 端从 A 端收到的信息；

b) Z 端的本身信息。

交互的信息允许两端识别 A 到 Z 的单向连接。该进程在 Z 到 A 方向上进行，用于识别 Z 到 A 的单向连接。

在与(T)CP 关联的两个单向连接识别完成后，需要验证这两个单向链路是否位于同一对(T)CP 之间。如果验证结果是它们不位于同一对(T)CP 之间，则说明检测到错连并上报。如果两条单向链路是在同一对(T)CP 之间，则认为 LAD 进程完成。管理平面可以停止 LAD 进程，或使之保持激活以持续的监视邻接状态。

图 5 给出了应用在客户层和服务层的 LAD 进程示例，用于发现层网络拓扑。两个 AP 通过一条服务层的网络连接关联，构成了服务层的一条路径。在此例中，服务层的路径支持与 3 对客户层的 CP 关联，构成由三条 LC 组成的客户层链路。这里的 LAD 进程发现了服务层内两个 TCP 之间的关系，以及客户层的 CP 之间的关系。只有所支持的服务层网络连接有效，两层中建立的关联关系才有效。

层邻接发现机制也适用于物理媒质层。在概念上，物理媒质层与其他传送实体层邻接没有差别。

利用 TCE 进程提供的 TCE 信息，通过从已被发现的服务层邻接关系推出客户层邻接关系，可对多层网络的 LAD 进程进行优化。

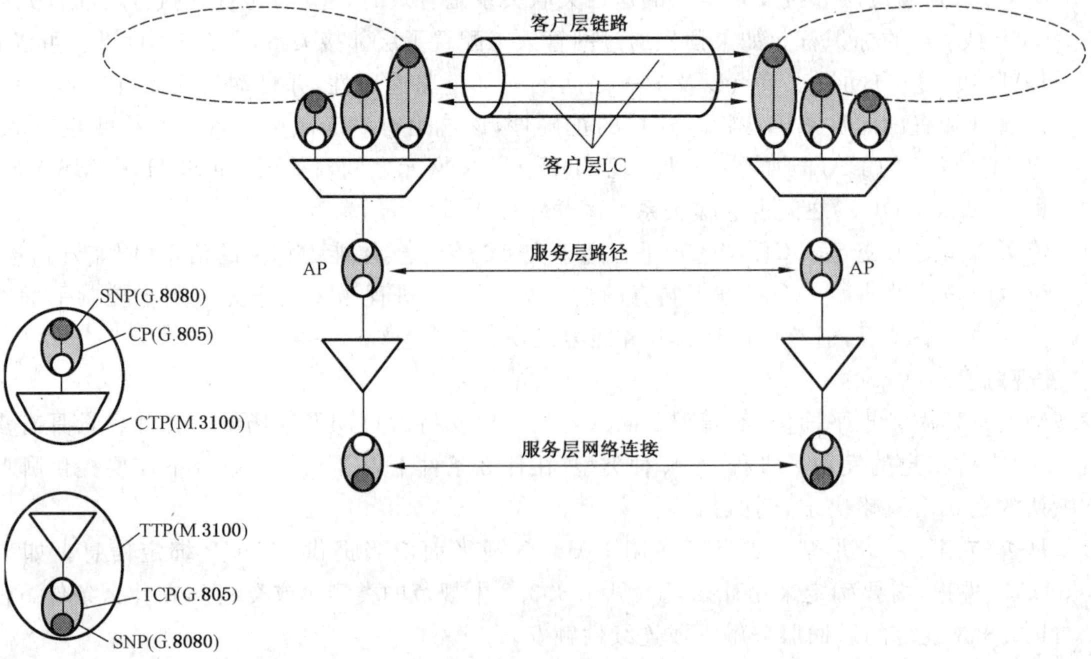

图 5 层邻接发现示例

4.3.3.2 层邻接发现的实现机制

发现方法采用本部分规定的层邻接进程来确定 TCP 到 TCP 的关系。一旦 TCP 到 TCP 的关系确立后,CP 到 CP 的连通性关系可以使用本地的信息推出。

如图 6 所示,层邻接发现可以采用两种实现机制:

a) 使用服务层的路径开销(类型 1):该实现机制为在线发现方法,在发现进程中,使用服务层的路径开销来发现对等 TCP(如图 6 中的 TCP_{3A}到 TCP_{3Z}),服务层的路径开销被用于承载发现消息。通过本地适配功能的配置信息以及适配功能与路径终结功能之间的关系,可以从 TCP 到 TCP 的关系中推出 CP 到 CP 的关系。

b) 采用客户层的净荷域(类型 2):该实现机制为离线发现方法,发现进程在客户层的净荷中发送发现消息,用于发现对等 TCP(如图 6 的 TCP_{1A}到 TCP_{1Z})。CP 到 CP 的关系通过本地的交叉连接信息推出,预先建立的交叉连接将测试信号连接到期望的 CP。该离线发现方法仅能用于链路连接不承载任何用户业务的情况。

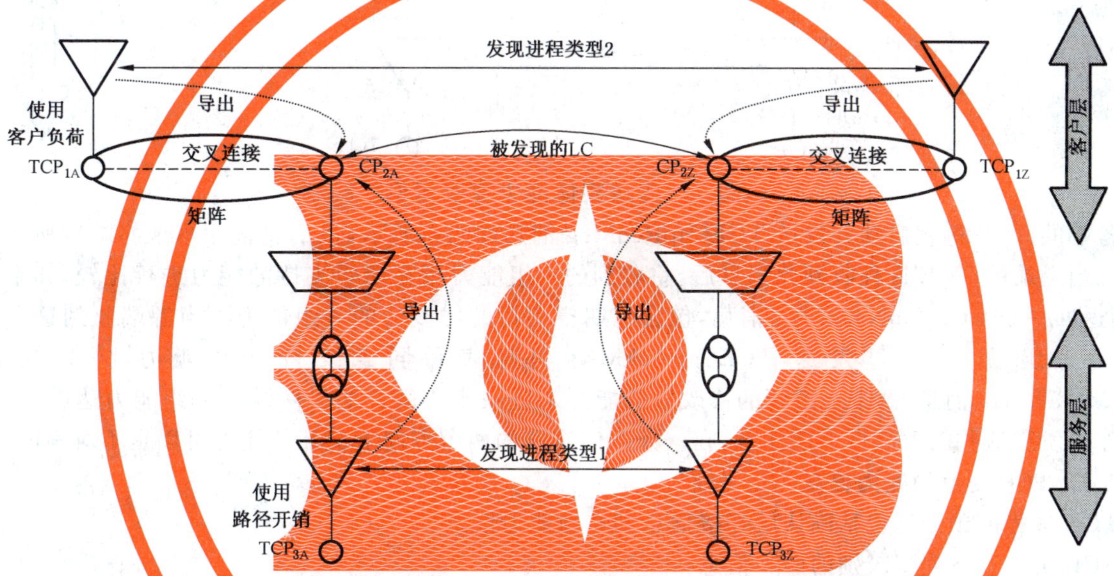

图 6 层邻接发现(LAD)的两种方法(类型 1 和类型 2)

4.3.3.3 层邻接发现的触发方式

层邻接发现进程负责发现本地(T)CP 和远端(T)CP 之间的绑定关系,该绑定关系由连接它们的传送实体建立。当需要运行 LAD 进程时,可采用以下两种不同的方案:

a) 返回服务触发:改变传送实体的终端点时,多数传送技术会引起连续性失效(通过连续性监视方法来检测)。当发生连续性失效时,传送实体在运营上变成离线(不能提供服务),并且 LAD 信息变为无效。当连续性失效消除后,传送实体在运营上变成在线(提供服务),并且本地和远端的(T)CP 之间的绑定关系需要重新发现。使用这种状态转换来触发 LAD 状态机重新学习绑定关系。

b) 连续性触发:适用于需要 LAD 进程持续运行的情况,例如在没有执行连续性监测的地方。在这种情况下,针对传送实体创建的(T)CP 的绑定关系发生的任何变化,都需要持续的进行重新学习和刷新。

4.3.4 传送实体能力交互

4.3.4.1 TCE 的进程

TCE 进程交互信息来通知两端的传送实体关于它们期望能支持的能力。这些能力包括与两个相邻(T)CP 相关的适配功能、特征信息等。与 LAD 进程不同,TCE 是一个多阶段进程,在链路两端的网元之间协商它们各自期望能支持的一组能力。

如图7所示，可以把TCE信息和LAD进程的结果组合起来，推出潜在的客户层CP。在5.2.1列出了具体交互的能力信息。

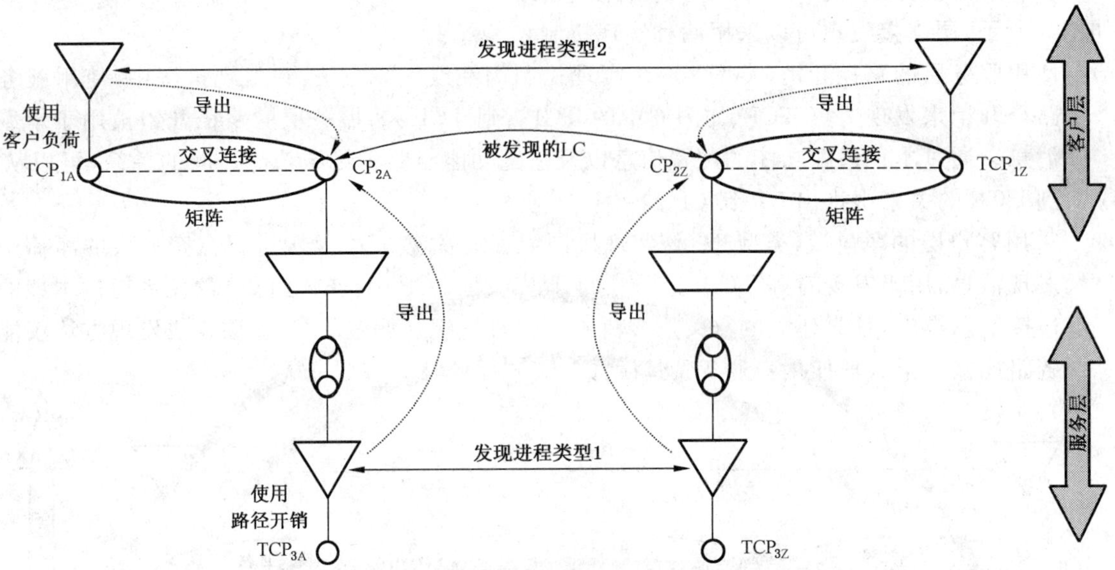

图7 传送实体能力交互示例

各端的TCE进程启动并发送TCECapReqMsg消息如图4所示，该消息包含本地终端点所支持的能力。当远端的TCE进程收到此消息后，将收到的一组能力与它期望支持的能力进行比较，如果不匹配，则返回一个TCECapNackMsg消息，包含它期望支持的修改后的一组能力。当源端收到这个修改后的能力组后，可通过发送TCECapAckMsg消息表示同意支持这些能力，或发送新的TCECapReqMsg消息，携带一组新的修改后的能力来进一步协商。如果两端对一组能力达成一致，两端将停止发送这些能力消息。应注意，在一条双向链路的两个方向上交互的能力可以是不对称的。

4.3.4.2 TCE交互的能力信息

TCE进程的预处理包括确认层邻接信息和本地能力信息。

TCE可交互下列高级别的能力信息：

a) 传送平面路径能力：这涉及路径终端支持的层网络和适配的具体细节。包括连通性验证进程，即将发现的链路和期望的连接进行比较，以此确定该连接是否是所期望的或者验证是否错连。OIF UNI1.0 R2扩展了用于链路验证的LMP进程。ITU-T G.7714.1提供了链路验证进程的更详细描述，参见本部分附录D。ITU-T G.7714.1和IETF的LMP都描述了基于每层的验证进程(LMP的验证进程是基于TE链路进行的)。如果执行基于多层的链路验证，则有利于减少验证进程的数量。这要求总结穿越整个端到端链路时客户所经历的适配的能力信息。

b) 控制平面链路能力：这涉及控制平面能力和配置以及这些路径终端的控制平面名称等具体细节。控制平面信令和路径应用存在分离的能力信息。

c) 管理平面链路能力：这涉及管理平面能力和配置以及这些路径终端的管理平面名称等具体细节。

4.3.4.3 TCE的实现机制

自动的LAD需要发现机制在带内进程中执行，而TCE与LAD不同，TCE可使用多种不同的带内或带外机制(或甚至通过管理平面)来实现。然而，TCE也必须使用与承载信令和路由信息相同的控制平面机制才有意义。

4.4 通用自动发现的功能要求

4.4.1 发现代理

a) 发现代理应发现它的一组(T)CP所支持的链路拓扑。

b) 在发现进程可能运行的范围内，发现代理应具有唯一的标识符。

c) (T)CP的链路拓扑信息应由发现代理提供给相应已注册的控制和管理实体。

4.4.2 发现代理负责的(T)CP

a) 在本地(或负责的)发现代理的范围内，(T)CP应具有唯一的标识符。

b) 对发现代理管理的每一个(T)CP，应存在一个发现进程实例。

发现进程实例所负责的(T)CP应被称为本地(T)CP，该定义适用于其余所有的要求。

4.4.3 发现进程实例

a) 发现进程实例应标识双向传送实体，这些实体通过以下两种进程中的一个绑定到本地(T)CP：由管理平面配置或由LAD配置。

b) 双向传送实体应由本地(T)CP、本地DA、远端(T)CP和远端DA标识符的组合来进行标识。

c) 发现进程应能标识远端(T)CP的能力。

d) 发现进程应能重新获取本地(T)CP的能力。

e) 发现进程应能协商由远端运营策略所允许的本地(T)CP的能力。

f) 发现进程应能协商由本地运营策略所允许的远端(T)CP的能力。

g) 发现进程应允许远端(T)CP协商的能力和本地(T)CP协商的能力有所不同。

4.4.4 传送实体发现

a) LAD进程应支持使用以下一种或两种带内通路：与本地(T)CP关联的路径开销(类型1)或与本地(T)CP关联的路径净荷(类型2)。

b) 管理平面可具有使能/禁止LAD进程的能力。

c) 当标识传送实体的方法被设定为LAD时，应使能LAD进程。

d) 当标识传送实体的方法被设定为管理平面配置时，应禁止LAD进程。

e) 一旦传送实体已被发现，发现进程应停止发送发现消息。

4.4.5 单向传送实体发现

a) 为了便于发现单向传送实体，发现进程应周期地在与本地(T)CP关联的带内通路上发送发现消息，该消息携带用于唯一标识本地(T)CP的信息。

b) 通过监听与本地(T)CP关联的带内通路上的发现消息，LAD进程应能标识绑定到入方向的单向传送实体的远端(T)CP。

c) 本地LAD进程应通知远端LAD进程：入方向的单向传送实体已通过发送包含接收的(T)CP ID、接收的DA ID、本地(T)CP的(T)CP ID和DA ID的发现确认消息来标识。

4.4.6 双向传送实体发现

a) LAD进程在标识双向传送实体时，应分别标识与本地(T)CP关联的入方向和出方向的单向传送实体。

b) 如果两个方向的单向传送实体连接到相同的远端(T)CP上，LAD进程应对其进行标识。

c) 如果两个方向的单向传送实体没有连接到相同的远端(T)CP上，LAD进程应通知发现进程实例。

4.4.7 传送实体能力发现

a) TCE进程应至少支持以下类型的信息交互：附属于该传送实体的终端点的传送平面能力。

b) 应存在一个公共的通用进程，用于支持所有类型的传送实体能力信息。

c) 应能增加额外的TCE信息类型，而无需完全重新规范TCE进程。

d) 与一个路径相关的各种类型的传送实体能力信息应允许使用分离的、独立的TCE会话。

e) 应能更新传送实体能力信息，而无需中断链路或路径上的业务。

f) TCE进程应能记录进程失败，并协商重新尝试的次数，并且在超过了管理平面配置的门限后应停止协商。

g) 如果重新协商新能力没有完成，则TCE进程应继续使用已协商好的能力。

h) 在一个 TCE 重新协商尝试失败后，其后续动作应由管理平面的策略定义。

i) 在重新协商已完成后，TCE 应开始使用新的能力。

5 通用自动发现消息和状态机

5.1 层邻接发现(LAD)进程

5.1.1 层邻接发现(LAD)消息交互模式

LAD 进程使用基于消息的机制来交互标识属性，并不要求不同的发现实例采用相同的协议。

实际的协议可工作在确认或者非确认模式。在确认模式下，发现消息可携带近端的标识属性，确认消息可携带远端的标识属性，用于响应收到的近端属性。此外，传送实体能力信息也可作为确认消息的一部分。在非确认模式下，每端发送其各自的标识属性，并且 TCE 在不同的时间进行。在两种模式下，发现消息都需要一直发送直到发现进程完成。

下面的 5.1.2 和 5.1.3 提供了确认模式下 LAD 进程的消息，5.2.1 提供了 TCE 交互的消息属性。

5.1.2 LAD-LAD 接口

LAD-LAD 接口消息见表 1。

表 1 LAD-LAD 接口消息

LADDiscMsg	LAD 消息包括： (1) 本地(T)CP 的(T)CP ID； (2) 本地(T)CP 的 DA ID
LADDiscAckMsg	LAD 确认消息(Ack Message)包括： (1) 本地(T)CP 的(T)CP ID； (2) 在 LADDiscMsg 中接收到的(T)CP ID； (3) 本地(T)CP 的 DA ID； (4) 在 LADDiscMsg 中接收到的 DA ID

如果(T)CP ID 来自于一个全局的名称空间，则可以导出 DA 范围内的(T)CP ID 和 DA ID，不需要传递 DA ID。

5.1.3 DT-LAD 接口

DT-LAD 接口消息见表 2。

表 2 DT-LAD 接口消息

DTLADStart	LAD 发起消息(Start Message)包括： (1) 用于发现的通道； (2) 选择采用连续性或返回服务触发发现； (3) 本地终端点 DA ID 和(T)CP ID
DTLADStop	LAD 停止消息(Stop Message)：不需要任何属性
LADDTMiswire	LAD 错连通知消息(Miswire Notification Message)包括： (1) 本地终端点 DA ID 和(T)CP ID； (2) 在 DiscAckMsg 中接收的本地终端点 DA ID 和(T)CP ID； (3) 在 DiscAckMsg 中接收的远端终端点 DA ID 和(T)CP ID； (4) 在 DiscMsg 中接收的远端终端点 DA ID 和(T)CP ID
LADDTLinkDisc	LAD 传送实体绑定发现消息(Transport Entity Binding Discovered Message)包括： (1) 本地终端点 DA ID 和(T)CP ID； (2) 远端终端点 DA ID 和(T)CP ID
LADDTLinkLost	LAD 传送实体绑定丢失消息(Transport Entity Binding Lost Message)包括： (1) 本地终端点 DA ID 和(T)CP ID； (2) 远端终端点 DA ID 和(T)CP ID

5.1.4 LAD 状态机

在图 4 中显示的 LAD 子进程用附录 A 的图 A.1 描述的状态图进行了详细阐述，状态描述、时间描述和状态转移如表 3～表 8 所示。

在图 A.1 中，为了使其端点能被发现，LAD 子进程被分解为两个独立状态机，两个状态机都需要在传送实体(例如：路径或链路)的各端运行。如果某一端没有运行 LAD 子进程，这个传送实体的端点将不会被发现。

LAD Tx 状态机处理发现消息的周期传输，LAD 状态机处理发现消息的接收和发现确认消息的产生。

发现消息把单向链路看作是双向链路一样而进行交互。一旦识别两个单向链路并且验证为错连，将向 DT 进程提供一个通知来确定端点发现。如果确定是错连或端点发生了变化，将通报 DT 进程。

当 LAD 状态机实例被创建时，状态机进入状态 1(S_{IDLE})，并生成 LAD Tx 状态机实例。基于接收到的发现消息的时序，LAD 状态机将通过其左或右分支进行转变。一旦 LAD 状态机确定链路的端点，则进入状态 4($S_{A-Z,Z-AKNOWN}$)。当 LAD 状态机转变到状态 4 时，可以停止 LAD Tx 状态机。

需注意状态机是在传送实体的某一端运行的，并在另一端运行同样的一个状态机。状态 1 (S_{IDLE})的左或右分支并不描述本端和远端，但规定了收到在本地 DiscMsg 的 DiscAck 消息之前或之后收到发现消息(来自远端)时的行为，它确保了每次进入状态 1 (S_{IDLE})时，LAD Tx 状态机在运行中。

如果被建立的连接是错连，状态机维持在状态 2 或 3，并向 DT 进程发送一个通知。

空状态先于 LAD 状态机而产生。

表 3　LAD 事件

StartLADInstance	当 LAD 实例由 DT 进程创建时，产生该事件
RxDiscMsgMatchedZ	当接收到一个发现消息，并且包含的 Z 端点识别符与先前观察到的 Z 识别符匹配时，产生该事件
RxDiscMsgUnMatchedZ	当接收到一个发现消息，并且包含的 Z 端点识别符与先前观察到的 Z 识别符不匹配时，产生该事件
RxDiscAckMatchedZ	当接收到一个发现响应消息，并且包含的 Z 端点识别符与先前观察到的 Z 识别符匹配时，产生该事件
RxDiscAckUnMatchedZ	当接收到一个发现响应消息，并且包含的 Z 端点识别符与先前观察到的 Z 识别符不匹配时，产生该事件
FAIL	当(T)CP 发生连续性管理指示丢失时，产生该事件
StopLADInstance	当 LAD 实例被 DT 进程终止时，产生该事件

表 4　LAD 动作

StartLADTxInstance	该动作创建一个在本地(T)CP 运行的 LAD Tx 实例
TerminateLAXTxInstance	该动作终止一个在本地(T)CP 运行的 LAD Tx 实例
SetObservedZIdentifier	该动作记录在一个 DiscMsg 或 DiscAckMsg 中接收到的 Z 端点识别符
UnsetObservedZIdentifier	该动作使先前观测到的 Z 端点识别符变得无效
NotifyDTMiswire	该动作向 DT 发送一个 LADDTMiswire 消息
NotifyDTLinkFound	该动作向 DT 发送一个 LADDTLinkDisc 消息
NotifyDTLinkLost	该动作向 DT 发送一个 LADDTLinkLost 消息
TxDiscAck	该动作向远端 LAD 实例发送一个 LADDiscAckMsg 消息

表 5 LADTx 事件

StartLADTxInstance	当 LAD 进程创建 LAD Tx 实例时，产生该事件
Timeout	当传输定时器超时时，产生该事件
StopLADInstance	当 LAD 进程终止 LAD Tx 实例时，产生该事件

表 6 LADTx 动作

StartTxTimer	该动作设置传输定时器并且启动定时器
RestartTxTimer	该动作重置传输定时器并且启动定时器
TerminateTxTimer	该动作停止传输定时器，不产生超时，直到重新启动定时器
TxDiscMsg	该动作在本地(T)CP 向远端 LAD 进程发送一个 LADDiscMsg 消息

表 7 LAD 状态机

事　件	动　作
StartLADInstance	slt ＝ StartLADTxInstance
	tlt ＝ TerminateLADTxInstance
RxDiscMsgMatchedZ	
RxDiscMsgUnMatchedZ	uoz ＝ UnsetObservedZIdentifier
	soz ＝ SetObservedZIdentifier
RxDiscAckMatchedZ	
RxDiscAckUnMatchedZ	ndm ＝ NotifyDTMiswire
	nlf ＝ NotifyDTLinkFound
FAIL	nll ＝ NotifyDTLinkLost
StopLADInstance	tda ＝ TxDiscAck

状态	0	1	2	3	4
事件	NULL	S_{IDLE}	$S_{A\text{-}ZKnown}$	$S_{Z\text{-}AKnown}$	$S_{A\text{-}Z,Z\text{-}AKnown}$
StartLADInstance	1 slt，uoz	—	—	—	—
RxDiscAckMatchedZ	—	2 soz	2 soz	4 tlt[a]，nlf	4
RxDiscAckUnMatchedZ	—	2 soz	2 soz	3 ndm	1 slt，uoz，nll
RxDiscMsgMatchedZ	—	3 soz，tda	4 tlt[a]，nlf，tda	3 soz，tda	4 tda
RxDiscMsgUnMatchedZ	—	3 soz，tda	2 ndm，tda	3 soz，tda	3 slt，soz，nll，tda
FAIL	—	1	1 uoz	1 uoz	1 slt，uoz，nll
StopLADInstance	—	0 tlt[a]	0 tlt[a]	0 tlt[a]	0

[a] 在转变到状态 4 时，LAD Tx 实例可以被停止，允许带内通道被其他应用使用。从状态 4 转变到其他状态时，需要重启 LAD Tx 实例。如果在转变到状态 4 时 LAD Tx 实例没有被停止，则当一个 StopLAD 实例事件在状态 4 中产生时，必须停止 LAD Tx 实例。

表 8 LAD Tx 状态机

事　　件	动　　作
StartLADTxInstance	stt ＝ StartTxTimer
StopLADTxInstance	rtt ＝ RestartTxTimer
	ttt ＝ TerminateTxTimer
Timeout	tdm ＝ TxDiscMsg

状态	0	1
事件	NULL	S_{IDLE}
StartLADInstance	1 stt，tdm	—
超时	—	1 rtt，tdm
StopLADTxInstance	—	0 ttt

5.2 传送实体能力交互(TCE)进程

5.2.1 TCE 消息交互属性

在 TCE 信息中交互的能力属性包括：

a) 支持的客户特征信息(CI)类型，例如以太网特征信息(ETH-CI)等；

b) 支持灵活适配的能力，例如 VC-12 到 VC-4 的适配能力等；

c) 支持客户 CI 类型的适配能力，例如支持以太网、IP 等客户信号的适配能力；

d) 特定应用(如路由、信令和管理应用)使用的属性，例如链路两端的保护属性等。

注：A 端仅发送 A 端的 TCE 属性到 Z 端，反之亦然。此外，TCE 属性的交互基于每一层进行，即以上定义的一系列 TCE 属性在各层(如 RS、MS、VC-4、VC-4-nc、VC-12)进行交互。

5.2.2 TCE-TCE 接口

TCE-TCE 接口消息见表 9。

表 9 TCE-TCE 接口消息

TCECapReq	TCE 能力请求消息(Capability Request Message)包括： (1) 本地终端点 DA ID 和(T)CP ID； (2) 远端终端点 DA ID 和(T)CP ID； (3) 本地终端点提供的能力
TCECapAck	TCE 能力确认消息(Capability Ack Message)包括： (1) 本地终端点 DA ID 和(T)CP ID； (2) 远端终端点 DA ID 和(T)CP ID
TCECapNak	TCE 能力否认消息(Capability Nack Message)包括： (1) 本地终端点 DA ID 和(T)CP ID； (2) 远端终端点 DA ID 和(T)CP ID； (3) 拒绝的能力或能力设置

5.2.3 DT-TCE 接口

DT-TCE 接口消息见表 10。

表 10 DT-TCE 接口消息

DTTCEStart	TCE 协商发起消息(Negotiation Start Message)包括： (1) 本地 DA ID 和(T)CP ID； (2) 远端 DA ID 和(T)CP ID； (3) 本地终端点的能力； (4) 本地终端点的协商策略； (5) 远端终端点的协商策略
DTTCEStop	TCE 停止消息(Stop Message)：不需要任何属性
TCEDTCapCom	TCE 协商完成消息(Negotiation Complete Message)包括： (1) 本地终端点的已协商能力； (2) 远端终端点的已协商能力

5.2.4 TCE 状态机

表 13 给出状态表定义了 TCE 进程的状态机。每一个激活发现进程的(T)CP 都创建一个单独的 TCE 状态机实例。因此，对于通过 LAD 发现的任何传送实体，传送实体的各端将存在一个单独的 TCE 状态机实例。这些实例将采用表 10 定义的消息以及它们各自的发现触发器(DT)进程来进行彼此的通信。接收到消息时所引起的事件如图 11 所示，这些事件依次引起表 12 中定义的状态变化和/或动作1)。

状态机创建时由状态 2 开始，发现触发器进程将用一个 DTTCEStart 消息开始 TCE 进程，使 TCE 进程初始化重发定时器，并向远端 TCE 进程发送一个 TCECapReq 消息。当接收到来自远端 TCE 进程的 TCECapReq 或 TCECapAck 消息时，状态机将根据接收的消息顺序，转换到状态 7 或 8。如果支持收到的 TCECapReq 消息包含的能力，将发送一个 TCECapAck 消息，否则将发送一个 TCECapNak，该消息包含本地(T)CP 不支持/不允许的能力。如果产生了越限数量的重协商(门限由网管设置)，则状态机将停止，并且进入状态 3。只有在 DT 进程终结或重启 TCE 时，状态机才会重启。

当双方成功协商了能力信息时，状态机将转移到状态 9。在状态 9，可以协商一个能力的改变，通过向远端 TCE 进程发送一个包含已协商的能力集和所请求的新能力的 TCECapReq 消息来实现。如果远端 TCE 进程支持或允许该 TCECapReq 消息中的能力，则将返回一个 TCECapAck。如果不支持或不允许，则将返回一个 TCECapNak。

如果 DT 进程希望停止 TCE 进程，它将向 TCE 实例发送一个 DTTCEStop 消息。如果 DT 进程是在状态 6、7、8、9 或 10，它将发送一个 TCETermReq 消息来试图平稳停止 TCE 进程。这个消息将被重发，直到收到一个 TCETermAck 消息或超过了重发次数。

TCE 状态机如附录 A 中的图 A.2 所示，状态描述、事件描述和状态转移如表 11～表 13 所示。

表 11 TCE 事件

StartTCE	当 TCE 实例收到一个 DTTCEStart 消息时，产生该事件
TerminateTCE	当 TCE 实例收到一个 DTTCEStop 消息时，产生该事件
Change Capabilities	当本地(T)CP 的能力变化时，产生该事件
Timeout with counter>0	当发送定时器超时并且发送计数器不小于零时，产生该事件
Timeout with counter expired	当发送定时器超时并且发送计数器是零时，产生该事件
Receive-Capability-Request (Good)	当收到一个 TCECapReqMsg，并且包含的能力对于本地(T)CP 策略是可接受时，产生该事件
Receive-Capability-Request (Bad)	当收到一个 TCECapReqMsg，并且包含的能力对于本地(T)CP 策略是不可接受时，产生该事件

1) 特定的转换和动作通过在状态表中查找状态机当前状态和接收事件的交集来创建。该数值表示结果状态，而助记符指示了要执行的动作。

表 11（续）

Receive-Capability-Ack	当收到一个 TCECapAckMsg，指示先前发送的能力对于远端发现 TCE 实例是可接受时，产生该事件
Receive-Capability-Nak/Rej	当收到一个 TCECapNakMsg，指示先前发送的能力对于远端发现 TCE 实例是不可接受时，产生该事件
Receive-Terminate-Request	当收到一个 TCETermReq，指示远端发现 TCE 实例将退出服务时，产生该事件
Receive-Terminate-Ack	当收到一个 TCETermAck，指示远端发现 TCE 实例已收到本地产生的 TCETermReq 时，产生该事件

表 12 TCE 动作

NotifyDTCapNegComplete	该动作向 DT 发送一个 TCEDTCapCom 消息
NotifyDTCapNegLost	该动作向 DT 发送一个 TCEDTCapLost 消息，指示按照远端 TCE 实例的请求，TCE 协商已被终结
Initialize-Restart-Count	该动作重置重发计数器为尝试重发的最大次数，该数值由管理平面指定
Zero-Restart-Count	该动作设置发送计数器为零
Send-Capability-Request	该动作向远端 TCE 发送一个 TCECapReq 消息，并且将重发计数器减 1
Send-Capability-Ack	该动作向远端 TCE 发送一个 TCECapAck 消息。该动作不将重发定时器减值
Send-Capability-Nak/Rej	该动作向远端 TCE 发送一个 TCECapNak 消息。该动作不将重发定时器减值
Send-Terminate-Request	该动作向远端 TCE 发送一个 TCETermReq 消息，通知能力交互已被停止。该动作减小重发计数器
Send-Terminate-Ack	该动作向远端 TCE 发送一个 TCETermAck 消息，确认一个接收到的 TCETermReq 消息。该动作不将重发计数器减值

表 13 TCE 状态机

事　件	动　作
STCE = Start TCE	tlu = NotifyDTPCapNegComplete
TTCE = Terminate TCE	tld = NotifyDTPCapNegLost
CC = ChangeCapabilities	
TO+ = Timeout with counter>0	irc = Initialize-Restart-Count
TO− = Timeout with counter expired	zrc = Zero-Restart-Count
RCR+ = Receive-Capability-Request (Good)	scr = Send-Capability-Request
RCR− = Receive-Capability-Request (Bad)	
RCA = Receive-Capability-Ack	sca = Send-Capability-Ack
RCN = Receive-Capability-Nak/Rej	scn = Send-Capability-Nak/Rej
RTR = Receive-Terminate-Request	str = Send-Terminate-Request
RTA = Receive-Terminate-Ack	sta = Send-Terminate-Ack

表 13（续）

状态	2	3	4	5	6	7	8	9	10
事件	A-Z/Z-A Unknown	Stopped	Closing	Stopping	CapReq-Sent	A-ZOK，Z-AUnkn	Z-AOK，A-ZUnkn	A-ZOK，Z-AOK	Z-AOK，A-ZReneg
STCE	6 irc，scr	3	5	5	6	7	8	9	10
TTCE	2	2	4	4	4 irc，str	4 irc，str	4 irc，str	4 tld，irc，str	4 tld，irc，str
CC	2	3	4	5	6 scr	6 scr	8 scr	10 scr	10 scr
TO+	—	—	4 str	5 str	6 scr	6 scr	8 scr	—	10 scr
TO−	—	—	2	3	3	3	3	—	9
RCR+	2 sta	8 irc，scr，sca	4	5	8 sca	9 sca，tlu	8 sca	9 tlu，sca	10 sca
RCR−	2 sta	6 irc，scr，scn	4	5	6 scn	7 scn	6 scn	9 scn	10 scn
RCA	2 sta	3 sta	4	5	7 irc	6 scr	9 irc，tlu	6 tld，scr	9 tlu
RCN	2 sta	3 sta	4	5	6 irc，scr	6 scr	8 irc，scr	6 tld，scr	10 scr
RTR	2 sta	3 sta	4 sta	5 sta	6 sta	6 sta	6 sta	5 tld，zrc，sta	5 tld，zrc，sta
RTA	2	3	2	3	6	6	8	6 tld，scr	6 tld，scr

6 SDH 和 OTN 中的自动发现协议要求

6.1 SDH 和 OTN 中的层邻接发现机制

本部分规定的实现 LAD 进程机制适用于分层网络，在每个支持发现进程的层网络中可采用不同的机制。对特定的层网络，可重利用可用的嵌入通信通路(ECC)。

图 8 中的 a)和 b)分别给出了 SDH 和 OTN 网络中不同类型网元(NE/ONE)之间的层邻接对应关系。

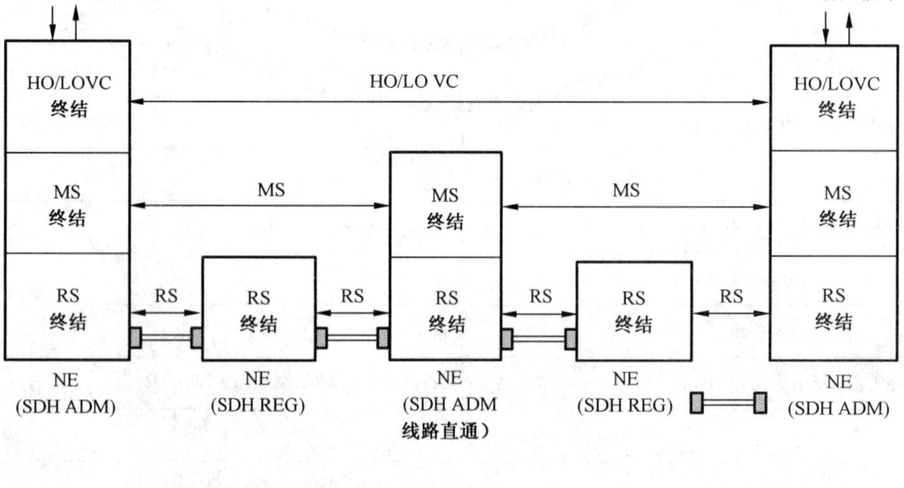

a) SDH 网络中的层邻接关系

图 8　SDH、OTN 网络中的层邻接关系示意图

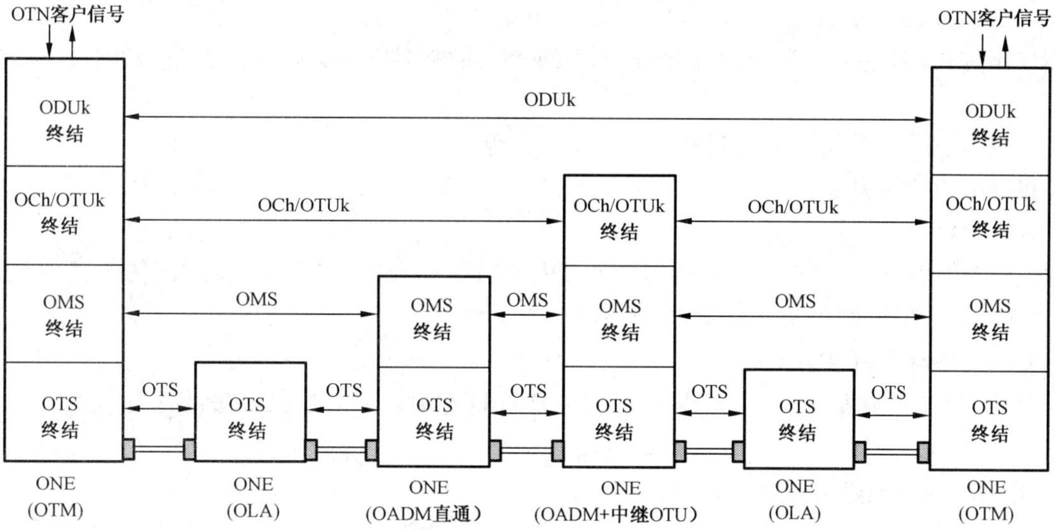

b) OTN 网络中的层邻接关系

图 8（续）

下列 LAD 机制适用于 SDH 层网络：

a) RS 层：可使用 RS 层内的 J0 段踪迹字节和再生段 DCC 来支持 RS 的 TCP-TCP 邻接发现。

b) MS 层：可使用 MS 层内的复用段 DCC 来支持 MS 的 TCP-TCP 邻接发现。

c) HOVC 层：可使用 HOVC 层内的高阶通道 J1 踪迹字节来支持 HOVC 的 TCP-TCP 邻接发现。

d) LOVC 层：可使用 LOVC 层内的低阶通道 J2 踪迹字节来支持 LOVC 的 TCP-TCP 邻接发现。

下列 LAD 机制适用于 OTN 层网络：

a) OTS 层：可使用光监控通路(OSC)内的开销字节来支持 OTS 邻接发现。

b) OMS 层：可使用光监控通路(OSC)内的开销字节来支持 OMS 邻接发现。

c) OCh/OTUk 层：可使用 OTUk 层内的 SM 段监视字节和 GCC0 来支持 OTUk 邻接发现。SM 内 TTI 的 SAPI 子域用于承载此发现消息。

d) ODUk 层：可使用 ODUk 层内的 PM 通道监视字节和 GCC-1、GCC-2 字节来支持 ODUk 邻接发现。PM 内 TTI 的 SAPI 子域用于承载此发现消息。

OTUk SM 的 TTI 和 ODUk PM 的 TTI 结构见图 9。

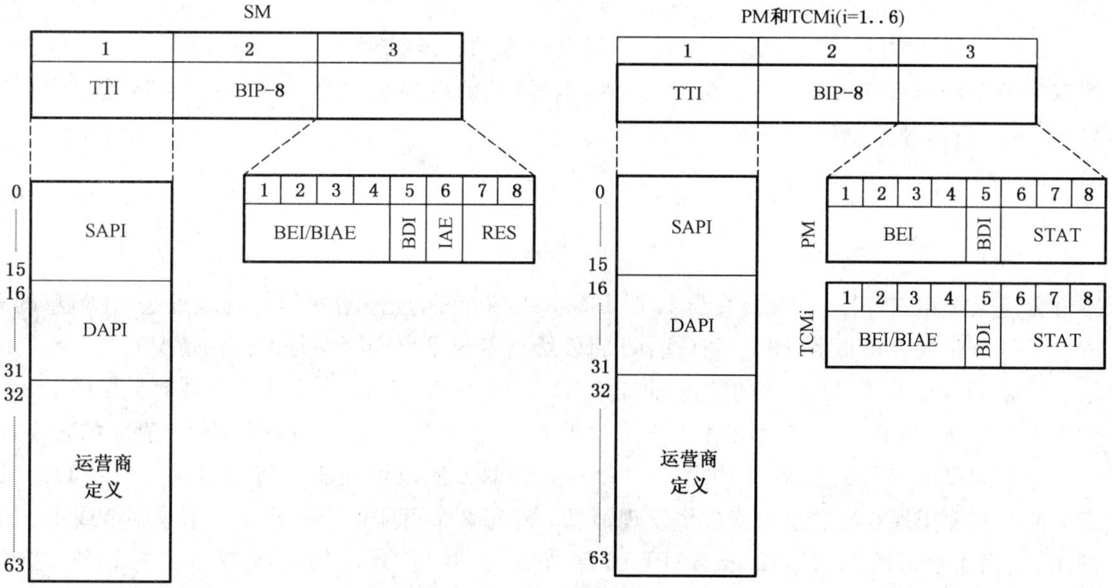

图 9　OTUk SM 的 TTI 和 ODUk PM 的 TTI 结构

虽然LAD进程是基于每层定义，但没有必要在每一层都执行LAD进程。可仅在服务层执行LAD，而使用客户/服务层适配信息来确定相关的上层的邻接关系，则可以大量减少LAD消息组的数量。

附录B提供了LAD自动发现过程的一些实施举例。

6.2 层邻接中使用的属性

6.2.1 区别字符

字符“+”被用作区别字符，其目的是避免SDH/OTN路径踪迹字节的格式混淆于其他可选格式，见ITU-T G.831:2000的附录I中规范的格式。

6.2.2 发现代理标识符(DA ID)

DA ID必须在正被发现的链路范围内唯一。DA ID有两种不同的表示法:DA地址和DA名称。

a) DA地址

定义了两个属性来支持DA地址：

1) DCN Context ID:它表示一个分配的数字(期望是一个全球分配的数字)。该属性可与DCN地址一起用于保证DA ID的唯一性。如果在每个链路终端的发送和接收发现代理是在不同的DCN范围内，但却使用相同的DCN地址，它们之间可能无法进行通信。

2) DA DCN地址:它表示用于标识发现代理的地址。

b) 发现代理(DA)名称

该名称可被解析为一个DA地址。

6.2.3 TCP-ID

TCP-ID包含正在被发现的TCP的标识符，它在DA的范围内仅具有本地意义。

6.3 基于路径踪迹字节的层邻接

6.3.1 路径踪迹字节的格式

路径踪迹字节(SDH中的Jx或OTN中的TTI)提供了一种传递长度为16字节消息的机制。每个踪迹字节由一个消息起始比特和7比特的“净荷”组成。消息中第一个字节的消息起始比特置位，其余所有字节的消息起始比特清零。SDH中第一个踪迹字节的净荷被预留来承载消息的7比特CRC，而在OTN中被设置为全0。第二个和后面字节的净荷，如在ITU-T G.831:2000中规范的接入点标识符(API)，有两种不同格式：

a) 1、2或3个字符的E.164；

b) 2或3个字符的ISO 3166国家代码，具有国家的特定扩展。

所有字符都源自T.50七比特国际参考书版本号(其后缀为空字符或空格)的文字或数字符号。因此，第二个字节目前被限制使用下列字符：

a) A～Z

b) a～z

c) 0～9

本部分定义了第三种格式类型，它与ITU-T G.831:2000所规范格式的不同之处是:在消息的第二个字节放置了一个非数字和非字母的字符(注:附录G给出了要求可印刷字符的使用情况)。其余的14个字节被用于承载ITU-T G.7714要求的信息，即DA ID和TCP-ID，这14个字节为发现数据提供了84比特。

由于DA ID和TCP-ID是典型的数字，因此需要一种将数字编码为可印刷字符的方法。如IETF RFC2045中所定义的Base64编码，提供了一种相对有效的方法以可印刷字符来表示6比特的信息，这允许在需要的时候使用现有配置接口来提供发现消息。对每2个可印刷字符产生3个半字节或12个比特。

图10给出了全部的J0、J1、J2或SAPI 16字节格式，并与G.831:2000接入点标识符(API)相对比，描述了发现消息(DM)的格式是如何安排的。

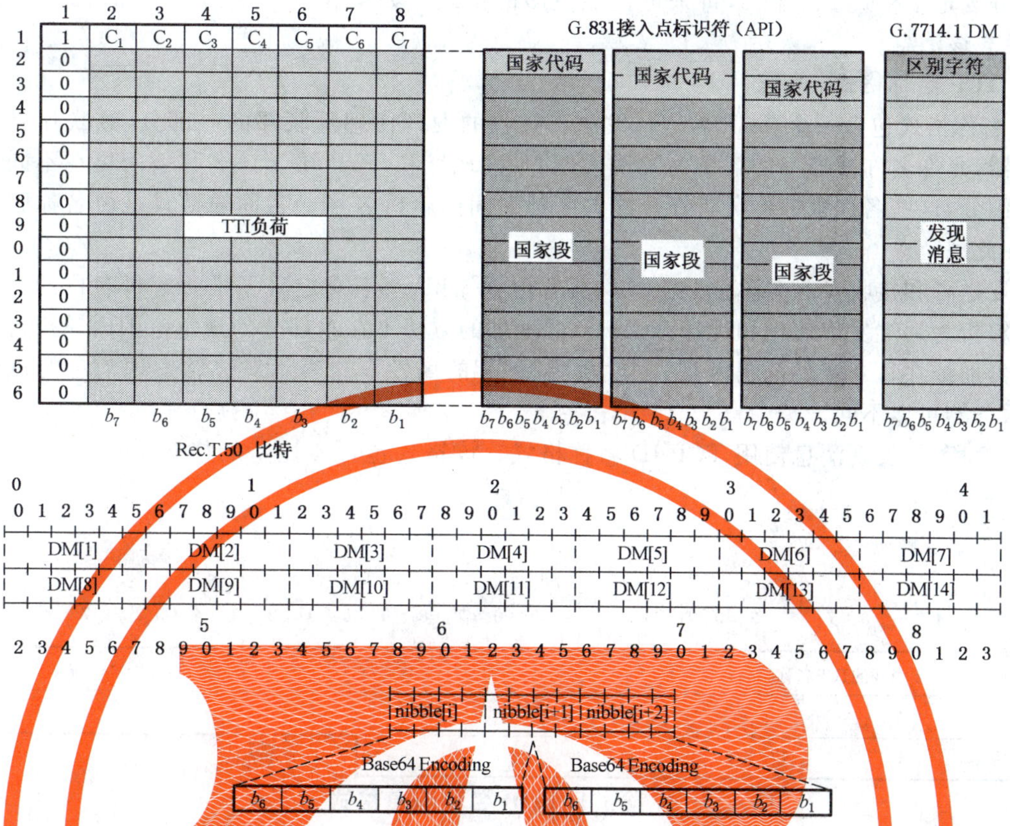

图 10 在路径踪迹格式内的自动发现消息(DM)格式

发现进程使用路径踪迹字节并不表示正在执行一个在线测试,这是与其他功能(如在线连接监视和非介入层监视)共享路径踪迹字节的结果。如果由于配置或软件限制这些功能不能处理发现消息,则当发现进程正在执行时,需要将这些功能禁止。发现进程和其他使用路径踪迹字节的功能之间的相互影响需要进一步研究。

6.3.2 发现消息格式

6.3.2.1 通用发现消息格式和属性

本节所定义的消息与选择支持它们的机制无关。ITU-T G.7714 规范了在交互发现消息的过程中应识别的属性:

a) 发现代理(DA)ID

b) TCP-ID

这些信息可直接从消息中获得或采用一个外部进程(如名称服务器)从消息中推出。因此发现消息需要多种格式。

为了有助于统一这些格式,使用了图 11 中给出的通用消息格式。该格式包括 4 比特的格式 ID (Format ID)和 80 比特的格式特定数据。

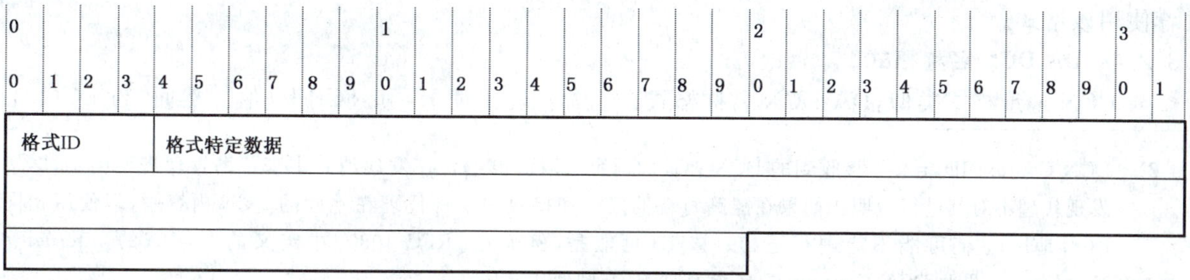

图 11 通用发现消息格式

本部分规定了格式1、2和3,将来可提供更多的格式。如果收到一个具有未知格式ID的发现消息,则应丢弃该消息。

6.3.2.2 **TCP名称格式**

TCP名称格式包含一个TCP名称。发送和接收的发现代理是联邦的一部分,该联邦提供了一个名称服务器,允许名称被唯一的解析为发现代理DCN地址和TCP-ID。该名称空间可在不同的名称服务器中被细分,这些名称服务器负责在分配的名称空间内解析名称。名称的格式是由名称服务器来定义的,不在此规范。

要求发送者和接收者对名称公共上下文具有预先知识,上下文定义了唯一解析名称的方法。将收到的名称解析为远端发现代理和远端TCP-ID的地址的方法不在本部分的规定范围内。执行该功能的名称服务器地址在每个路径范围内是一个“众所周知”的属性。这表示对终结发现消息的每个路径来说,名称服务器可以不同。

如图12所示,发现消息使用TCP-ID名称格式。该格式包含4比特的格式ID和80比特的TCP名称。

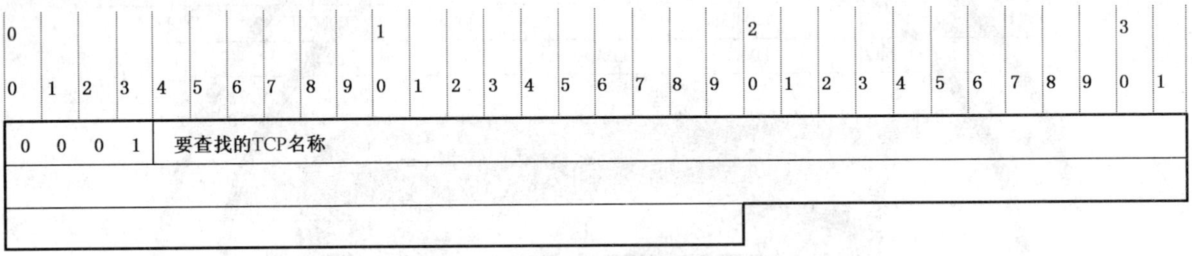

图12 **TCP-ID名称消息格式**

该方法允许发现代理的内部分布对接收端发现代理进行隐藏,还允许发现代理管理大于32比特的TCP-ID名称空间。

6.3.2.3 **DA DCN地址格式**

DA DCN地址格式包含实际的发现代理ID和TCP-ID的值。发现代理ID由DCN Context ID[2)]以及发送发现代理的DCN地址组成。消息的其余部分包含一个TCP-ID,这对发现代理传输发现消息具有本地意义,被称为本地TCP-ID。

如图13所示,发现消息使用DA DCN地址格式,该格式包括4比特的格式ID、16比特的DA DCN Context ID、32比特的DA DCN地址和16比特的TCP-ID。

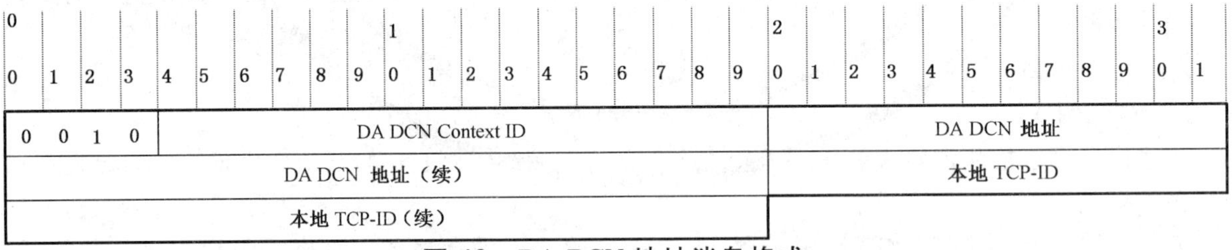

图13 **DA DCN地址消息格式**

当发现代理的分布不是隐藏的,并且发现代理使用的DCN地址和TCP-ID可填充在32比特内时,推荐使用该格式。

6.3.2.4 **DA DCN名称格式**

与DCN地址格式类似,DA DCN名称格式也包含发现代理ID和TCP-ID值。然而,与DCN地址

---

2) DCN Context ID定义了接收到的DCN地址的内容。该值被包含在发现消息中来帮助发现进程的调试,接收发现代理不对其进行说明。如果在链路每端的发送和接收的发现代理在不同的DCN内容中,但使用相同的DCN地址,它们可能不能进行通信。该ID可能是,例如在[RFC 1930]中定义的2字节的Internet AS-Number。如果此DCN Context ID还没有被配置,则使用0值。

格式不同的是，发现代理 ID 是以 DCN 名称的形式表示。因此，必须使用一个名称服务器来将 DCN 名称翻译为发现代理的 DCN 地址。

在具有 TCP-ID 名称格式的情况下，发送和接收发现代理是联邦的一部分，该联邦提供一个名称服务器来允许名称被唯一的解析为发现代理 DCN 地址和 TCP-ID。名称空间可以在不同的名称服务器中被细分，这些名称服务器负责在分配的名称空间内解析名称。名称的格式是由名称服务器来定义，不在此规范。

消息的其余部分包含本地 TCP-ID，这对发现代理传输发现消息具有本地意义。

如图 14 所示，发现消息使用 DA DCN 名称格式，该格式包含 4 比特的格式 ID、48 比特的 DA DCN 地址和 16 比特的 TCP-ID。

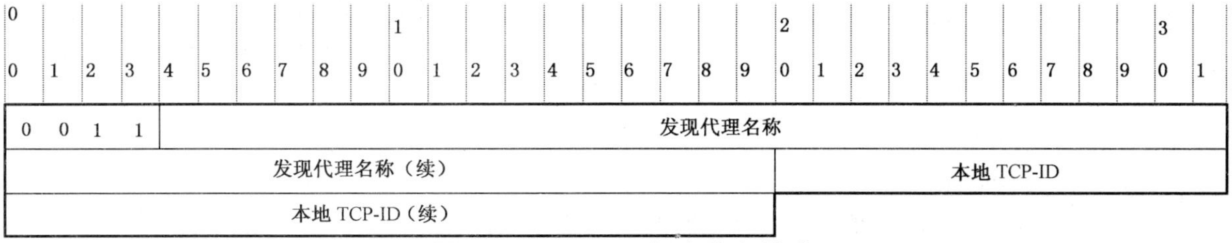

图 14　DA DCN 名称消息格式

与 TCP-ID 名称格式不同的是，对发现消息格式中提供的 TCP-ID 值负责的发现代理是不隐藏的。当发现代理所使用的 TCP-ID 可填充在 32 比特内，但 DA DCN 地址不能填充在 32 比特内时，推荐使用该格式。该格式也允许 DCN 地址的重新独立配置，用于到达 DA。

6.4　基于 ECC 消息的层邻接

6.4.1　基于 ECC 消息的层邻接功能和分类

实现基于 ECC(即 SDH DCC/ OTN GCC)的层邻接发现需要两个功能：ECC 链路层收敛功能(LL-CF)和层邻接发现(LAD)协议控制功能。这些消息被应用在正被发现的具体层邻接中。

图 15 举例说明了每层包括的帧头和数据信息。

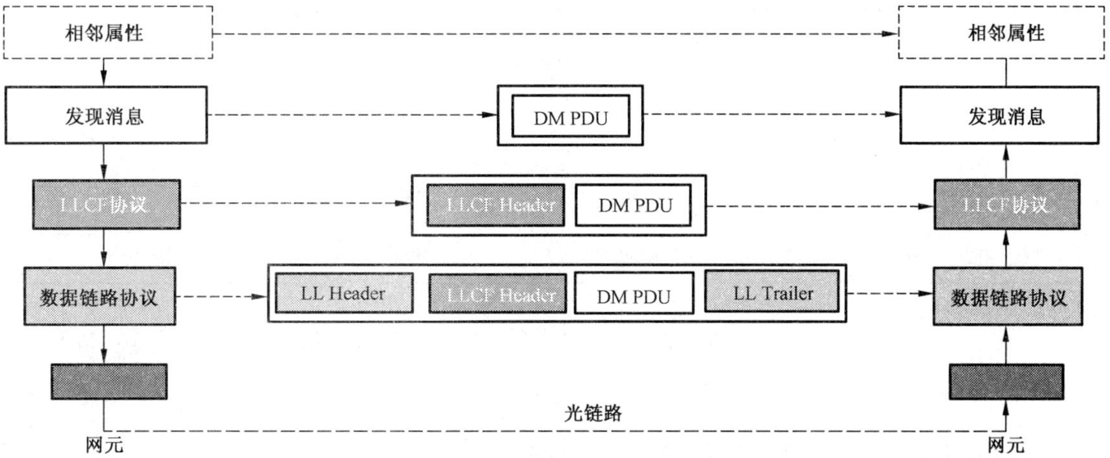

图 15　层邻接发现功能对 ECC 消息的重要性

在基于 ECC 的链路层协议中可采用基于 LAPD 和 PPP 两种机制。

6.4.2　基于 LAPD 的机制

ITU-T G.784 要求每个网元同时支持 AITS 和 UITS 模式，因此它们可同时使用在同一 ECC 信道上。LLCF 使用 LAPD UITS 来传送层邻接发现信息。从 LLCF 到 LAPD 的接口利用 DL_UNIT DATA 原语来请求发送未编号的信息帧。这些发现信息采用在 PPP 传送中使用的消息在对等实体之间传递。

DL_UNIT DATA 原语的发送可发生在任何时间，并且不影响 LAPD 状态机，如果需要则允许

OSI/IP 网络层继续使用 AITS。因此,发现消息甚至可在仅有单向链路存在的情况或双向(逻辑)连接错连的情况下被发送。

该消息的净荷应与踪迹(见 6.3)中定义的一样,并应与 PPP 接收机互通。

6.4.3 基于 PPP 的机制

通过 PPP 的消息交互应符合 IETF RFC 1570 和 ITU-T G.7712,也可见 IETF RFC 1661 和 IETF RFC 1662,并使用 IETF RFC 1570 中所定义的识别消息 LCP code-point 12。

该消息的净荷应与踪迹(见 6.3)中定义的一样,并应与 LAPD 接收机互通。

6.5 层邻接发现的流程

本节中所描述的发现方法和流程与传送机制无关。层邻接发现的流程如下:

a) 发起的发现代理采用 6.3.1 定义的一种格式来发送带有属性的发现消息;

b) 一旦接收到适当格式的发现消息,作出回应的 DA 检查用于验证发现消息有效性的区别字符,来确定此消息的适用性;

c) 在确定收到的消息是一个发现消息后,作出回应的发现代理则确定收到的值相对于已被发现的邻居是否是唯一的;

   1) 如果格式 ID=1,需要一个名称服务器来确定 DA DCN 地址和 TCP-ID;

   2) 如果格式 ID=2,则不需要进一步的地址翻译;

   3) 如果格式 ID=3,则需要对 DA DCN 名称进行地址翻译。

d) 生成一个发现响应消息。

6.6 发现响应消息

6.6.1 发现响应消息的处理

当发现代理第一次收到发现消息,它可通知发起的发现代理:此发现消息已在一个与特定 TCP 相关的路径终结(TT)处收到。该 TCP 被称为发现同步 TCP,在响应中利用此 TCP 上当前发送的发现消息来识别,也可以包含其他属性来作为实施的一部分。

发现响应消息属性见表 14。

表 14 发现响应消息(Discovery response message)属性

〈收到的 DA DCN ID〉	DA DCN ID 包含在收到的发现消息中
〈收到的 TCP-ID〉	TCP 标识符包含在收到的发现消息中
〈发送 DA DCN ID〉	DA DCN ID 被作出回应的发现代理主动发送
〈发送 Tx TCP-ID〉	TCP-ID 被作出回应的发现代理主动发送
〈发送 Rx TCP-ID〉	TCP 的标识符,发现消息通过该 TCP 被接收

如果满足下列条件,则收到的 DA DCN 标识符域应被包含在发现响应中:收到的发现消息包含一个 DA DCN 标识符。如果该 DA DCN 标识符是一个 DCN 名称,该名称必须被正确地复制到响应消息中并且当在发现响应中发送时不被翻译。如果收到的发现消息中没有包含一个 DA DCN 标识符(即 TCP-ID 格式正在使用),则不应包括该属性。

如果满足下列条件,则发送 DA DCN 标识符域应被包含在发现响应中:正在发现同步 TCP 上发送的发现消息格式中包含一个 DCN 标识符。该发送 DA DCN 标识符包含的 DA DCN ID 与发现同步 TCP 上发送的相同。如果正在发现同步 TCP 上发送的发现消息中不包含该 DA DCN 标识符,则不应包括该属性。

收到的 TCP-ID 是指在发现消息中收到的 TCP 标识符。TCP-ID 的格式由收到的发现消息的格式来决定。

发送 Tx TCP-ID 是指在发现同步 TCP 上的发现消息中正被发送的 TCP 标识符。该标识符的格式由正被发送的发现消息的格式来决定。

发送 Rx TCP-ID 是指发现同步 TCP 接收侧的 TCP 标识符。该标识符的格式与发送 Tx TCP-ID 相同。它应总是在双向链路上发送，并允许路径的 Tx 和 Rx 方向使用不同的 TCP-ID，当 Tx 和 Rx TCP-ID 相同时也应发送。该属性不应在一个单向 TCP-终端点上发送。

发现响应消息被送达的发现代理的 DCN 地址将由在发现消息中收到的 DA DCN ID 确定。如果收到的发现消息的格式中没有包含 DA DCN ID，则期望能提供一个名称服务器功能来允许根据收到的 TCP-ID 查找 DCN 地址。

当在发现消息中收到的 DA DCN ID 是一个名称，则期望能提供一个名称服务器功能来允许根据收到的 TCP-ID 查找 DCN 地址。然而，如果收到的 DA DCN ID 包含 DCN 地址，则可直接使用该 DCN 地址。

6.6.2 物理连接错连检测

一旦在资源上收到一个发现消息，并且通过 DCN 收到一个描述同一资源的发现响应消息，则可以对消息进行相关，并确定是否存在一个双向链路。如果两个消息中关于该链路连接的远端终端点的 TCP-ID 不相同，则说明存在一个物理连接错连的情况。如果 TCP-ID 相同，则表明发送/接收信号对已被正确连线。

附录 C 详细描述了 LAD 进程如何检测物理连接错连。

6.6.3 (逻辑)连接错连检测

一旦发现一个双向链路，则应依据管理提供的策略进行检查来确定 TCP 链路连接终端点是否被正确连接。如果策略中明该 TCP 链路连接终端点可能不是构成链路的一对，则说明存在一个(逻辑)连接错连的情况。在没有策略时，则无法鉴定(逻辑)连接错连情况。

附录 D 提供了对本章规范的各种发现机制可应用的网络场景。

7 基于 GMPLS 的自动发现协议要求

7.1 基于 GMPLS LMP 的自动发现

由于 ITU-T G.7714 规定的是一种通用的、与协议无关的、基于多层网络的自动发现进程以及一系列抽象的发现消息功能要求，因此在 ASON/GMPLS 网络中具体实施自动发现功能时，需要采用具体的自动发现协议和消息，目前业内通常使用 IETF RFC4204 规定的链路资源管理协议(LMP)。

LMP 用于支持 GMPLS TE 资源和 TE 链路发现。LMP 发现 TE 链路的相关内容并报告给控制平面(更具体说是路由控制器)。ITU-T G.8080 和 ITU-T G.7714 与使用的控制平面类型和发现协议无关，LMP 是在 ITU-T G.8080 模型下的一种控制平面发现进程的有效实现。LMP 是一个控制平面进程，用于映射 GMPLS TE 链路(GMPLS 控制平面对传送平面连接的表示)。传送平面发现的项目报告给管理平面或控制平面过程待进一步研究。

附录 E 提供了一个 ASON 自动发现和 GMPLS LMP 的术语映射表及说明。

7.2 链路管理协议(LMP)的功能和组成

IETF RFC 4204 规定的链路管理协议(LMP)主要用于管理流量工程(TE)链路，即确认物理连通性和维护链路绑定关系。

LMP 主要由以下 4 个部分组成，其中控制信道管理和链路属性关联是 LMP 的两个核心进程，而后 2 个为可选项。

a) 控制信道管理：用于建立和维护相邻节点之间的控制信道的连通性。
   1) 控制信道管理通过一个配置消息(Config message)的交互以及随后的一个低权保持激活消息(lightweight keep-alive message)的交互实现。每个绑定的链路需要一个双向控制信道，并与媒质无关。

2) LMP 要求一对节点间至少有一个有效的双向控制信道。控制信道的每个方向由一个控制信道 ID(CC_Id)来标识,并通过 LMP Config 消息交互将两个方向联系在一起。除了 Test 消息受限于带内消息的传送机制,所有的 LMP 包都通过具有一个 LMP 端口号的 UDP 传递。

3) 当两个节点间至少建立了一条双向控制信道时,在它们之间形成了一个"LMP 相邻"。对于每个相邻,可能有多个控制信道同时有效;然而,每个控制信道的参数必须单独协商。如果在一个控制信道上采用 LMP 的快速保持激活(keep-alive),则必须在该控制信道上交互 LMP 的 Hello 消息。其他 LMP 消息可在一对相邻节点间的任何有效的控制信道上传递。一个或多个有效的控制信道可被组合为一个用于信令、选路和链路属性关联目的的逻辑控制信道。

4) 对于带内的控制信道,LMP 可使用 Config 进程来启动控制信道。为了激活一个控制信道,必须将一个 Config 消息发送给远端节点,并且本地节点必须接收到一个 ConfigAck 消息作为响应。Config 消息中包含本地控制信道 ID(CC_Id)、发送者的节点 ID、一个令消息可靠的消息 ID(Message_Id)以及一个 CONFIG 对象。

5) 对于带外的控制信道,可采用控制信道的"Bootstrap"进程来实现 LMP 邻居节点的自动发现和本端与远端接口的映射,它主要通过交互本地节点 ID(LOCAL_NODE_ID)、本地接口 ID(LOCAL_INTERFACE_ID)、本地控制地址(LOCAL_CONTROL_ADDRESS)信息来完成。

b) 链路属性关联:用于将多个数据链路(端口或成员链路)汇聚为单个 TE 链路并同步该 TE 链路的属性,这将大大减少网络中链路状态广播(LSA)消息的发送。

1) 在链路属性关联过程中可进行链路绑定,可以修改、关联和交互链路的流量工程参数,最终确保相邻节点之间 TE 链路属性的一致,使相邻节点就数据链路的性质和容量等参数达成共识。

2) 链路属性关联使用 LinkSummary、LinkSummaryAck 和 LinkSummaryNack 消息。LinkSummary 消息包括本地和远端链路 ID(Link_Id)、一个组成该 TE 链路的所有数据链路的列表以及各种链路属性。链路属性关联应在该 TE 链路被启动为 UP 状态前进行,并可在 TE 链路为 UP 状态但不是验证过程的任何时间进行。其处理流程是:TE 链路进入 UP 状态,周期性发送 LinkSummary 消息,如对方节点同意 LinkSummary 消息中所有属性和端口映射关系则返回 LinkSummaryAck 消息,否则返回 LinkSummaryNack 消息并指明不同意的属性和端口映射。

3) 每个 TE 链路有一个与链路的每端相关的标识符(Link_Id)。在两端的这些标识符必须是相同类型(即 IPv4、IPv6、未编号的)。如果接收到一个具有不同本地和远端 TE 链路类型的 LinkSummary 消息,则必须发送一个错误编码(Error Code)为"坏的 TE 链路对象"的 LinkSummaryNack 消息。同时,每个数据链路的每端被分配了一个标识符(接口 ID,Interface_Id)。这些标识符在两端必须是相同类型。如果接收到一个具有不同本地和远端接口 ID(Interface_Id)类型的 LinkSummary 消息,则必须发送一个错误编码(Error Code)为"坏的数据链路对象"的 LinkSummaryNack 消息。

c) 链路连通性验证:用于确认数据链路的物理连通性,并动态交互(即发现)TE 链路和接口 ID(Interface_Id)关联。一般采用 J0/J1 字节或 DCC 开销字节来承载数据链路上交互的 Test 消息。

1) 该进程应在建立一个 TE 链路时执行,并随后以一个周期为基础对该 TE 链路的所有未分配的空闲数据链路执行。

2) 是一个可选进程,通过在 LinkSummary 消息的 TE_LINK 对象中设置"支持链路验证"标记来表示支持该进程。如果接收到一个 BeginVerify 消息，但不支持对 TE 链路的链路验证，则必须发送一个 BeginVerifyNack 消息，且 Error Code 中指示"对该 TE 链路不支持链路验证进程"。

3) 为了支持各种程度的不透明(例如检查开销字节、终结 IP 净荷等)以及传送 Test 消息的不同机制，在 BeginVerify 和 BeginVerifyAck 消息中包含一个验证传送机制(Verify Transport Mechanism)域。

4) 一旦在两个节点间已建立了一个控制信道，数据链路连通性可通过在 TE 链路中列出的每个数据链路上交互 Test 消息来验证。Test 消息是在被验证的数据链路上发送。由于数据链路是单向的，所以在发送方向对其进行测试，并且两个节点可以同时(独立的)交互 Test 消息。

5) 为了启动链路验证进程，本地节点必须通过一个控制信道发送一个 BeginVerify 消息。BeginVerify 消息也包括将要被验证的数据链路的数量、发送 Test 消息的间隔(称为 VerifyInterval)、所支持的编码方案和传送机制、Test 消息的数据速率、以及当数据链路对应为光纤时将发送 Test 消息的波长标识符。

d) 故障管理：故障管理主要由三个功能组成：故障检测、故障定位和故障通知。通过快速的通知一条 TE 链路中的一条或多条数据通道的状态来管理故障，主要是用于压制告警并在不透明和透明网络中进行故障定位，便于信令协议处理保护恢复机制。

1) 当 LMP 用于 SDH/SONET 中时，不需要故障管理程序，使用 SDH/SONET 自身的故障管理机制即可。

2) 为了避免由于同一失效而造成多个告警堵塞，LMP 通过 ChannelStatus 消息来提供故障通知。一收到失效通知，则在每个节点都进行本地的失效相关。

3) LMP 故障管理进程是基于一个 ChannelStatus 消息交互，采用下列消息：ChannelStatus、ChannelStatusAck、ChannelStatusRequest 和 ChannelStatusResponse。ChannelStatus 消息是主动发送，用于通知一个 LMP 邻居关于一个 TE 链路的一个或多个数据链路的状态。ChannelStatusAck 消息被用于确认接收到 ChannelStatus 消息。ChannelStatusRequest 消息被用于向一个 LMP 邻居询问一个 TE 链路的一个或多个数据信道的状态。ChannelStatusResponse 消息被用于确认接收到 ChannelStatusRequest 消息并指示被询问的数据链路的状态。

4) 为了在相邻节点间定位一个特定链路的故障，一个检测到数据链路失效的下游节点(下游是根据数据流向确定)将发送一个 ChannelStatus 消息给其上游的邻居，来表示已检测到一个失效(将所有已失效的数据链路的通知捆绑在一起)。

5) 收到该 ChannelStatus 消息的一个上游节点必须发送一个 ChannelStatusAck 消息给其下游节点，来表示它已收到此 ChannelStatus 消息。该上游节点应对失效进行相关，来看是否该失效也被相应的 LSP 在本地检测到。一旦此失效是相关的，上游节点应发送一个 ChannelStatus 消息给其下游节点，来表示该通道是失效或是正常。如果下游节点没有收到一个 ChannelStatus 消息，它将针对有问题的信道发送一个 ChannelStatusRequest 消息。一旦失效已被定位，可采用信令协议来启动跨段或通道保护以及恢复过程。

6) ChannelStatus 消息也可被用于通知一个 LMP 邻居：数据链路应被主动监视，这被称为信道激活指示。当收到一个 ChannelStatus 消息时，必须使相应的数据链路进入激活状态。如果在使它们进入激活状态后，检测到一个失效，应发送 ChannelStatus 消息。ChannelStatus 消息也可被用于通知一个 LMP 邻居：数据链路不再需要主动监视，这与信道激活指示正相反。当收到一个具有信道去激活指示的 ChannelStatus 消息时，必须除去相应数据链路的激活状态。

7.3 面向 SDH 的 LMP 扩展

在 IETF RFC4207 中,LMP 提供了一些对 SDH 进行的功能扩展:

a) 采用 J0 测试消息(Test Message)来提供增强的链路验证。

b) 通过在 ChannelStatus 消息中激活 SDH/SONET 监视能力,来提供增强的运行链路状态请求和故障定位。

c) 通过激活链路保护能力(包括线性和环保护)的变换,来提供增强的链路特性相关(链路总结)进程。

SDH 系统中 LMP 协议的扩展应符合 IETF RFC4207。

7.4 面向 WDM 的 LMP 扩展

在 IETF RFC4209 中,LMP 提供了一些对 WDM 系统进行的功能扩展:

a) 增强的线路系统特征和管理信息发现功能;

b) 性能监视信息;

c) 增强的故障检测、故障定位和故障修复。

7.5 LMP 的消息

7.5.1 LMP 的消息类型

IETF RFC4204、IETF RFC4207 和 IETF RFC4209 定义了如表 15 中的 31 个消息类型。

表 15 GMPLS 定义的 LMP 消息类型列表

Msg Type 值	消息类型	消息用途说明
1	Config	控制信道管理
2	ConfigAck	
3	ConfigNack	
4	Hello	
5	BeginVerify	链路连通性验证
6	BeginVerifyAck	
7	BeginVerifyNack	
8	EndVerify	
9	EndVerifyAck	
10	Test	
11	TestStatusSuccess	
12	TestStatusFailure	
13	TestStatusAck	
14	LinkSummary	链路属性关联
15	LinkSummaryAck	
16	LinkSummaryNack	
17	ChannelStatus	故障管理
18	ChannelStatusAck	
19	ChannelStatusRequest	
20	ChannelStatusResponse	

表 15（续）

Msg Type 值	消息类型	消息用途说明
21	TraceMonitor	SDH 的踪迹监视
22	TraceMonitorAck	
23	TraceMonitorNack	
24	TraceMismatch	
25	TraceMismatchAck	
26	TraceReq message	
27	TraceReport	
28	TraceReqNack	
29	InsertTrace	
30	InsertTraceAck	
31	InsertTraceNack	

除了 UDP 帧头和标准的 IP 帧头，所有的 LMP 消息（除非在某些情况下，Test 消息可能受限于带内信令方式的传送机制）都具有图 16 的公共帧头：

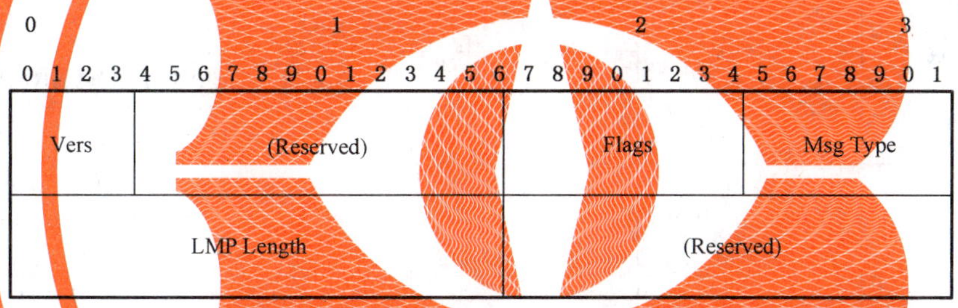

图 16 LMP 消息的公共帧头

a） 预留（Reserved）域应以 0 发送并在接收端被忽略。

b） Vers：4 比特的协议版本号。这是版本 1。

c） Flags：8 比特。定义了下列值。所有其他值都被预留，而且应发送 0 并在接收端被忽略。

  1） 0x01：ControlChannelDown。

  2） 0x02：LMP 重启动。

  3） 对该比特进行设置表示已发生一个节点失效并且 LMP 控制状态已被丢失。当收到一个 RcvSeqNum 等于本地 TxSeqNum 的 Hello 消息时，该标记可被设置为 0。

d） Msg Type（消息类型）：具体值如表 15 所示。所有其他值都被预留，而且应发送 0 并在接收端被忽略。

e） LMP Length（LMP 长度）：16 比特。

所有的值都是按照网络字节顺序定义（即 big-endian 字节顺序）。

除了 Test 消息以外的所有这些消息都通过控制信道发送，而 Test 消息是在被测试的数据链路上发送。

LMP 消息的总字节长度包括公共帧头和下面的任意可变长度的对象。

7.5.2 LMP 的对象

LMP 消息采用对象来构建。每个对象通过其对象类型（Object Class）和分类类型（Class-type）来识别。每个对象具有一个名称，总以大写字母表示。LMP 对象可以是协商或非协商的（由对象帧头的 N 比特来识别）。协商对象可被用于令部件对特定值表示同意。非协商对象是用于宣告某些特殊值不需要或不允许协商。

IETF RFC4204、IETF RFC4207 和 IETF RFC4209 定义的 LMP 对象如表 16 所示。

表 16 LMP 对象列表

Class 类	Class 值	C-Type 值	说　　明
CCID	1	1	LOCAL_CCID
		2	REMOTE_CCID
NODE-ID	2	1	LOCAL_NODE_ID
		2	REMOTE_NODE_ID
LINK_ID	3	1	IPv4 LOCAL_LINK_ID
		2	IPv4 REMOTE_LINK_ID
		3	IPv6 LOCAL_LINK_ID
		4	IPv6 REMOTE_LINK_ID
		5	Unnumbered LOCAL_LINK_ID
		6	Unnumbered REMOTE_LINK_ID
INTERFACE_ID	4	1	IPv4 LOCAL_INTERFACE_ID
		2	IPv4 REMOTE_INTERFACE_ID
		3	IPv6 LOCAL_INTERFACE_ID
		4	IPv6 REMOTE_INTERFACE_ID
		5	Unnumbered LOCAL_INTERFACE_ID
		6	Unnumbered REMOTE_INTERFACE_ID
MESSAGE_ID	5	1	Message_Id
		2	MessageIdAck
CONFIG	6	1	HelloConfig
		2	LMP-WDM_CONFIG
HELLO	7	1	Hello
BEGIN_VERIFY	8	1	BEGIN_VERIFY
BEGIN_VERIFY_ACK	9	1	BEGIN_VERIFY_ACK
VERIFY_ID	10	1	VERIFY_ID
TE_LINK	11	1	IPv4 TE_LINK
		2	IPv6 TE_LINK
		3	Unnumbered TE_LINK
DATA_LINK	12	1	IPv4 DATA_LINK
		2	IPv6 DATA_LINK
		3	Link Group ID
		4	SRLG (共享风险链路组)
		5	BER Estimate(比特误码率评估)
		6	Optical Protection(光层保护)
		7	Total Span Length(跨段总长度)
		8	Administrative Group (Color)(管理组(颜色))

表 16（续）

Class 类	Class 值	C-Type 值	说　明
CHANNEL_STATUS	13	1	IPv4 INTERFACE_ID
		2	IPv6 INTERFACE_ID
		3	Unnumbered INTERFACE_ID
		4	LINK_GROUP
CHANNEL_STATUS_REQUEST	14	1	IPv4 INTERFACE_ID
		2	IPv6 INTERFACE_ID
		3	Unnumbered INTERFACE_ID
ERROR_CODE	20	1	BEGIN_VERIFY_ERROR
		2	LINK_SUMMARY_ERROR
TRACE	21	1	Type 1
TRACE REQ	22	1	Type 1

LMP 对象的格式如图 17 所示。

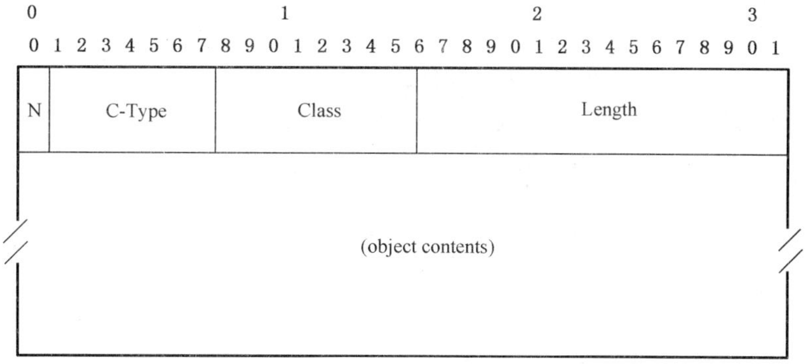

图 17　LMP 对象的格式

a）N：1 比特，N 标记表示该对象为协商的（N＝1）或非协商的（N＝0）。

b）C-Type：7 比特，为分类类型，在一个对象分类中唯一。其值在第 13 章定义。

c）Class：8 比特，该 Class 表示对象类型。每个对象有一个名称，并总是以大写字母表示。

d）Length（长度）：16 比特。该 Length 域表示对象的字节长度，包括 N、C-Type、Class 和 Length 域。

8 UNI 和 NNI 接口的自动发现要求

8.1 I-NNI 接口

a）应支持层邻接自动发现功能，可以禁止和使能；

b）自动发现的控制消息（除了 ITU-T G.7714 定义的 TEST 信息必须为带内方式）传递可基于带内或带外两种方式；

c）LAD 自动发现进程可采用 ITU-T G.7714.1 规范的发现机制（SDH 的踪迹字节或 DCC、OTN 的 SM/PM 监视字节或 GCC 承载发现消息）或 IETF 规范的链路管理协议（LMP）来实现。LMP 协议应符合 IETF RFC 4204 的规范要求，LMP 协议用于 SDH 时，应符合 IETF RFC4207 的要求；

d）基于 SDH 的 ASON 网络至少支持 RS 或 MS 的自动发现功能；基于 OTN 的 ASON 网络至

少支持 OTUk 的自动发现功能；

e) 应支持物理连接错连检测功能；

f) 可通过网管配置信息推导出上层网络的层连接关系（例如 SDH HOVC-HOVC，OTN 的 ODUk-ODUk）。

8.2 UNI 接口

UNI 接口自动发现应符合 OIF 关于 UNI 自动发现的相关规范（OIF UNI1.0 R2），IPCC 维护基于链路管理协议（LMP），邻居自动发现则基于 OIF 对 LMP 协议的扩展来实现。

a) 自动发现过程包括邻居自动发现、IP 控制信道（IPCC）维护和业务发现，这三个过程为可选项。

b) 邻居自动发现进程用于在客户和传送网网元（TNE）之间交互它们的节点 ID，确定本地和远端端口（是指本地接口 ID 和远端接口 ID）之间的映射关系，以及和相应数据链路相关的配置参数。如果客户侧和 TNE 不支持自动邻居发现进程，则必须在相应的 UNI-C 和 UNI-N 中人工配置相邻和远端端口的标识。

c) IPCC 维护进程用于在一对信令对等实体之间建立和维护控制信道的连通性。

d) 如果支持业务发现进程，一个 UNI-C 可交互它代表的客户设备的能力，并且获得关于 UNI-N 传送网的业务信息。如果不支持业务发现，则必须在 UNI-C 和 UNI-N 中用手工配置业务的所有信息。

e) 自动发现的控制消息的传递可采用带内或带外两种方式来实现，带外方式为必选。

8.3 E-NNI 接口

a) 可采用自动发现和手工配置两种方式，手工配置为必选。

b) 自动发现机制的实现可采用带内或带外两种方式，带外方式为必选。

c) 自动发现协议具体应符合 OIF 关于 E-NNI 发现的规范。

附 录 A
（资料性附录）
发现进程状态机

发现进程状态机见图 A.1，TCE 状态机见图 A.2。

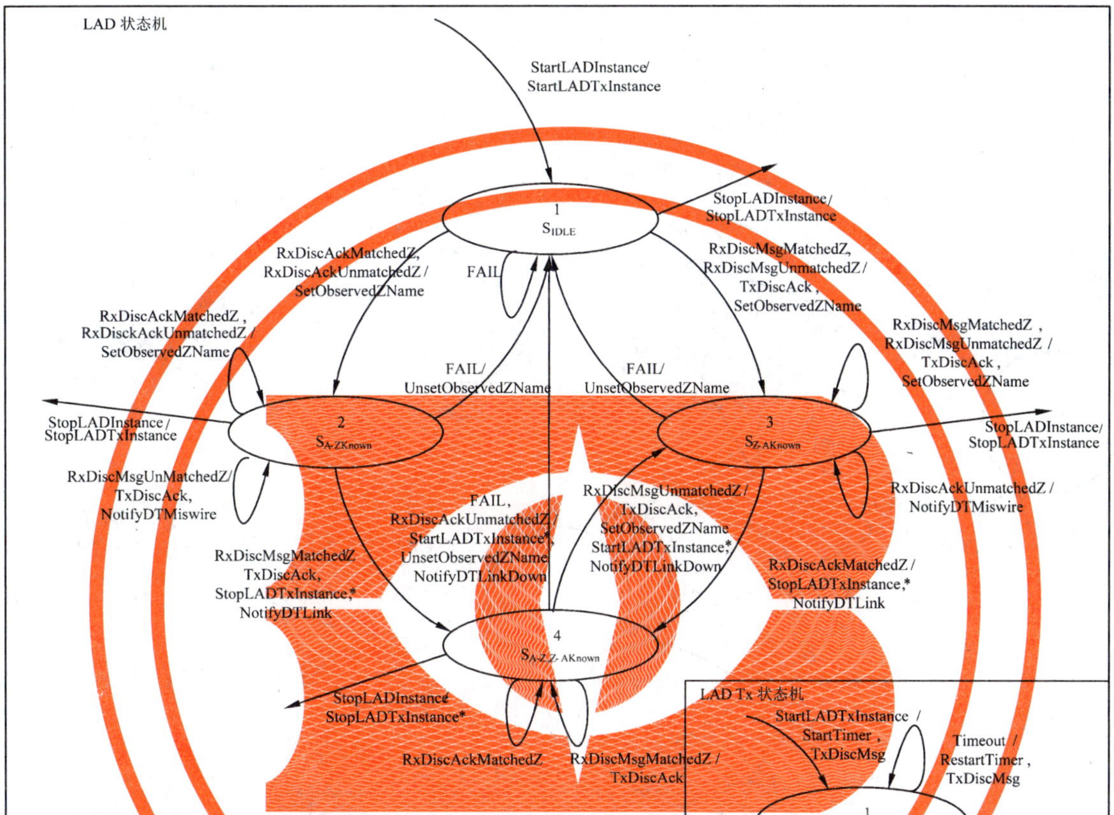

*注：在转变到状态4时，LAD Tx实例可以被停止，允许带内通道被其他应用使用。从状态4转变到其他状态时，需要重启LAD Tx实例。如果进入状态4时LAD Tx实例没有被停止，则当一个StopLAD实例事件在状态4中产生时，必须停止LAD Tx实例。

图 A.1 LAD 状态机

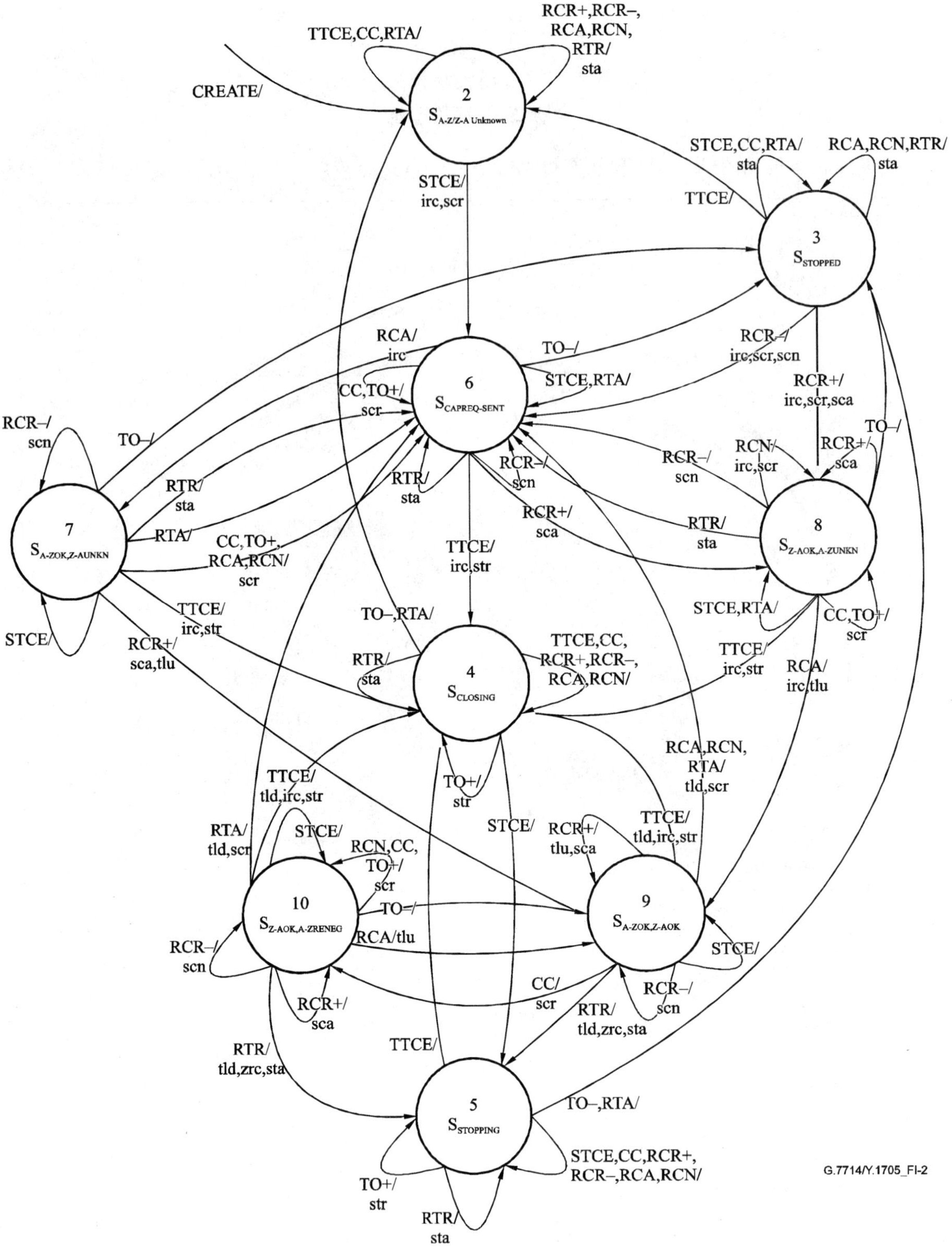
TTCE,CC,RTA/
RCR+,RCR–,
RCA,RCN,
RTR/
sta
CREATE/
2
S A-Z/Z-A Unknown
STCE,CC,RTA/
sta
RCA,RCN,RTR/
sta
STCE/
irc,scr
TTCE/
3
S STOPPED
RCA/
irc
TO–/
STCE,RTA/
RCR–/
irc,scr,scn
RCR+/
irc,scr,sca
6
S CAPREQ-SENT
CC,TO+/
scr
RCR–/
scn
TO–/
RCN/
irc,scr
RCR+/
sca
TO–/
RCR–/
scn
RTR/
sta
RTR/
sta
RCR–/
scn
7
S A-ZOK,Z-AUNKN
RTA/
CC,TO+,
RCA,RCN/
scr
RCR+/
sca
TTCE/
irc,str
RTR/
sta
8
S Z-AOK,A-ZUNKN
STCE/
TTCE/
irc,str
RCR+/
sca,tlu
TO–,RTA/
STCE,RTA/
CC,TO+/
scr
RTR/
sta
4
S CLOSING
TTCE,CC,
RCR+,RCR–,
RCA,RCN/
TTCE/
irc,str
RCA/
irc,tlu
RCA,RCN,
RTA/
tld,scr
TTCE/
tld,irc,str
TO+/
str
RTA/
tld,scr
STCE/
STCE/
RCR+/
tlu,sca
TTCE/
tld,irc,str
RCN,CC,
TO+/
scr
10
S Z-AOK,A-ZRENEG
TO–/
RCA/tlu
9
S A-ZOK,Z-AOK
RCR–/
scn
STCE/
CC/
scr
RCR–/
scn
RCR+/
sca
RTR/
tld,zrc,sta
RTR/
tld,zrc,sta
TTCE/
5
S STOPPING
TO–,RTA/
STCE,CC,RCR+,
RCR–,RCA,RCN/
TO+/
str
RTR/
sta
G.7714/Y.1705_FI-2

图 A.2 TCE 状态机

附 录 B
（资料性附录）
自动发现进程的实施举例

B.1 概述

本附录提供了一个自动发现过程的实施举例。

B.2 LAD 信息流

如 ITU-T G.7714 中所述，发现进程包括以下步骤：

a) 层邻接发现；

b) 传送实体能力交互。

完成层邻接发现过程要求许多功能相互作用来识别 TCP 链路连接。此外，需要描述 LAD 过程和传送实体能力交互机制之间的关系。图 B.1 给出了一个顺序流程图来详细说明此相互作用。

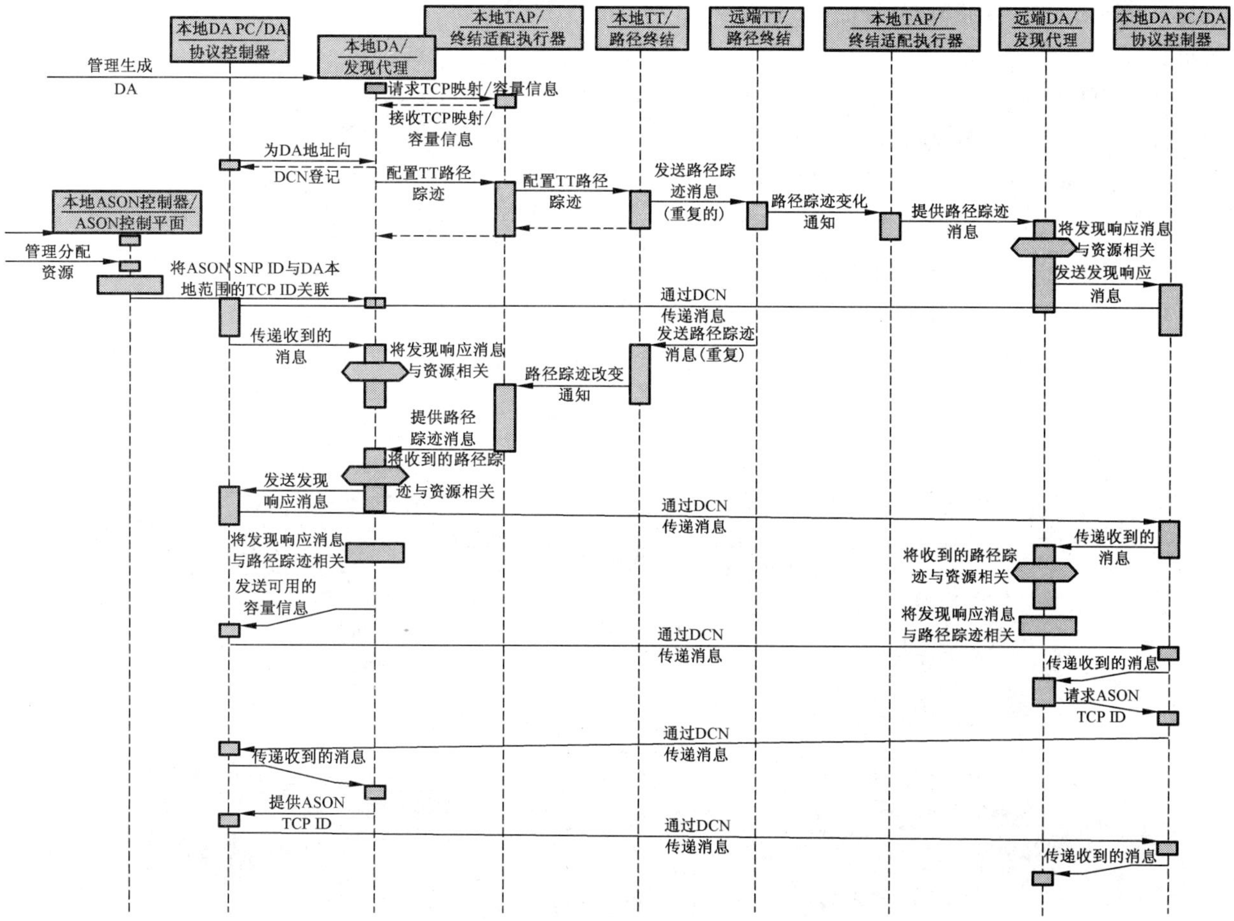

图 B.1 顺序流程图

附　录　C
（资料性附录）
物理连接错连检测

C.1　概述

本附录描述了层邻接发现进程是如何检测两个网元之间的接口是物理连接错连的。在本附录的例子中，对带内发现消息使用了 6.3.2.3 定义的 DA DCN 地址格式，但并不排除使用其他消息格式。

C.2　自动发现进程

为了在两个网元间(例如 NE A 和 NE B)自动发现一个层邻接，两个网元必须执行发现进程来学习本地 TCP 以及远端 TCP 之间的关联。两个 NE 上的两个发现进程分别独立执行，即没有特殊的协议消息交互来触发邻接的 NE 来执行发现进程，如下面两个图(图 C.1 和图 C.2)所描述。图 C.1 说明了由负责 NE A 的 DA 发起的发现过程，而图 C.2 说明了由负责 NE B 的 DA 发起的发现过程。当与 NE A 相关的 DA(DA_A)发起的发现过程完成时(即 DA_A 已收到发现响应消息)，DA_A 和 DA_B(与 NE B 相关的 DA)都具有下列一组信息元素：

〈DA-ID_A，TCP-ID_A_t，DA-ID_B，TCP_ID_B_r，[TCP_ID_B_t]〉

这些信息元素的意义如下：

1）　DA-ID_A：与 NE A 相关的 DA 的 DCN ID。

2）　TCP-ID_A_t：发送发现消息的 NE A 中的 TCP 的本地 TCP-ID。

3）　DA-ID_B：与 NE B 相关的 DA 的 DCN ID。

4）　TCP_ID_B_r：收到来自 NE A 的发现消息的 NE B 中的 TCP 的本地 TCP-ID。

5）　[TCP_ID_B_t]：与 TCP_ID_B_r 相关联的 NE B(发送方向)中的 TCP 的本地 TCP-ID。

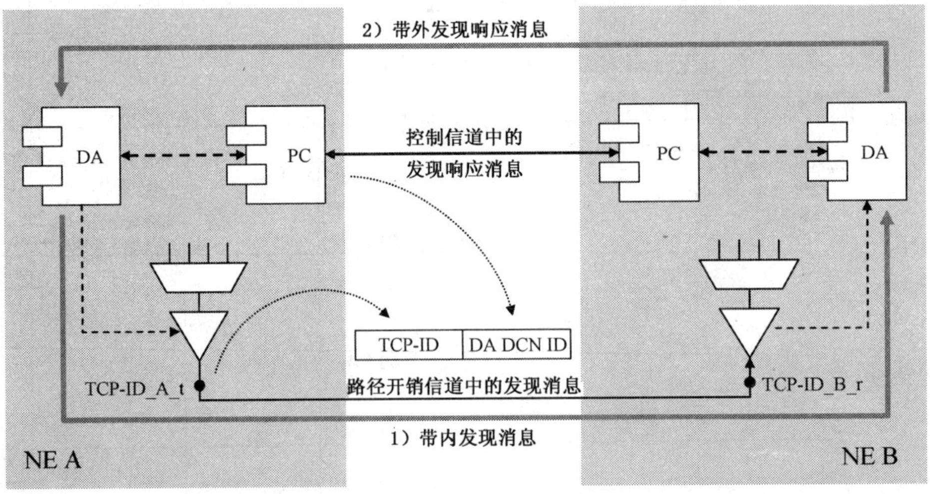

图 C.1　由 NE A 发起的层邻接发现进程

当由与 NE B 相关的 DA(DA_B)发起的发现过程完成时(即 DA_B 已收到发现响应消息)，DA_B 和 DA_A 都具有下列一组信息元素：

〈DA-ID_B，TCP-ID_B_t，DA-ID_A，TCP_ID_A_r，[TCP_ID_A_t]〉

这些信息元素的意义如下：

1）　DA-ID_B：与 NE B 相关的 DA 的 DCN ID。

2） TCP-ID_B_t：发送发现消息的 NE B 中的 TCP 的本地 TCP-ID。

3） DA-ID_A：与 NE A 相关的 DA 的 DCN ID。

4） TCP-ID_A_r：收到来自 NE B 的发现消息的 NE A 中的 TCP 的本地 TCP-ID。

5） [TCP_ID_A_t]：与 TCP_ID_A_r 相关联的 NE A(发送方向)中的 TCP 的本地 TCP-ID。

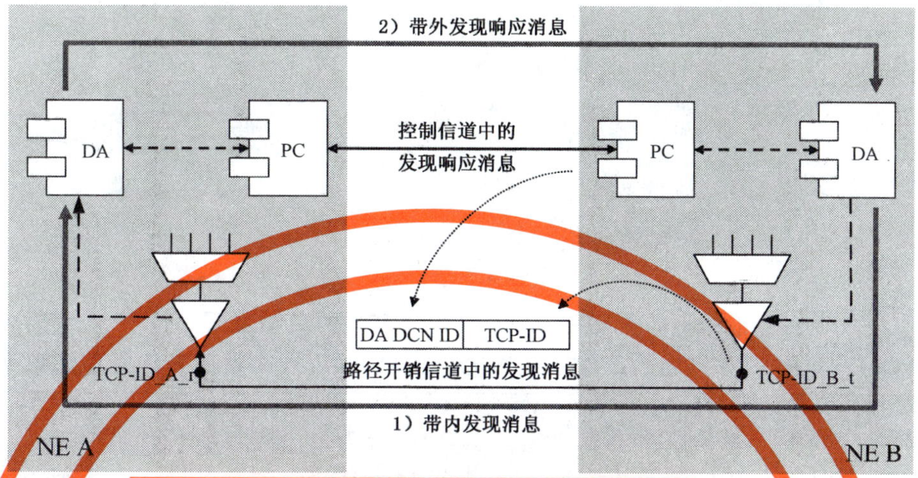

图 C.2 由 NE B 发起的层邻接发现进程

为了执行错连检测，要求两个邻接 NE(NE A 和 NE B)的发现过程都必须完成。一旦 DA_A 和 DA_B 都达到了此状态，对任一侧的错连检测，它们都有下面两组信息元素可进行关联(见图 C.4)：

〈DA-ID_A, TCP-ID_A_t, DA-ID_B, TCP_ID_B_r, [TCP_ID_B_t]〉和

〈DA-ID_B, TCP-ID_B_t, DA-ID_A, TCP_ID_A_r, [TCP_ID_A_t]〉

从 DA_A 的观点来看，这两组信息元素一定是需要第一步被发现的同一本地 TCP 对。这可基于本地分配给 TCP 的本地 TCP-ID 来进行(发送方向即从 NE A 到 NE B 的 TCP_ID_A_t 和接收方向即从 NE B 到 NE A 的 TCP_ID_A_r)。当这两个信息元素组被确定为本地绑定在一起时，可执行下面的一致性检查：

1） 检查两侧的 DA-ID 是否相同。

2） 检查远端的 TCP-ID(TCP-ID_B_t 和 TCP-ID_B_r)是否也被绑定到远端一侧正确的 TCP 上。

根据发送和接收方向的远端 TCP 是否使用相同的 TCP-ID 值，或者它们都具有不同值的事实，DA_A 需要知道远端一侧的两个 TCP-ID 的绑定关系。在发送和接收方向的远端 TCP-ID 相同(TCP-ID_B_t = TCP-ID_B_r)的情况下，远端 DA(DA_B)不需要在发现响应消息中包括发送方向 TCP-ID (TCP-ID_B_t)。在远端 TCP-ID 不同(TCP-ID_B_t ≠TCP-ID_B_r)的情况下，远端 DA (DA_B)必须在发现响应消息中包括可选的发送方向 TCP-ID(TCP-ID_B_t)。

检查 DA-ID 以保证在两个方向的发现过程(一个由 DA_A 发起而另一个由 DA_B 发起)中包括了相同的两个 DA，这也保证了 TCP-ID 的范围是相同的。应注意该 TCP-ID 仅具有本地意义并仅在单个 DA 的范围内唯一。

当成功的通过 DA-ID 检查时，则可执行对远端 TCP-ID 的一致性检查。它检查这一对远端 TCP-ID 是否是通过带外发现响应消息收到的，并且与来自 DA_B 的带内发现消息是一致的。

在下面给出的两个例子中，在 NE A 和 NE B 的发送和接收方向的 TCP-ID 是相同的。图 C.3 给出了第 1 个例子，NE A 和 NE B 之间的连线是正确的。在图 C.4 给出的第 2 个例子中，NE A 上的接口 I/F n 和 I/F m 以及 NE B 上的接口 I/F k 和 IF l 连线错误。图 C.4 和表 C.2 中包括了 DA_A 在发现消息交互后获得的相应的发现信息组。

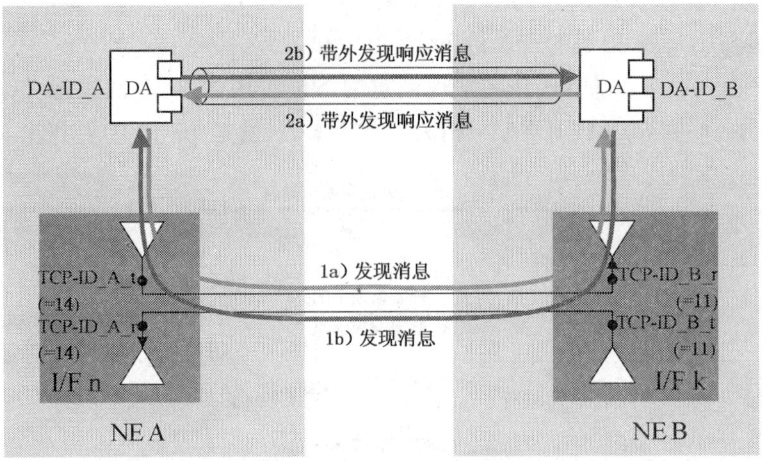

图 C.3　接口正确连线情况下的自动发现

表 C.1　对图 C.3 描述的正确连线情况，从 DA_A 观点来看的两组发现消息举例

进程 发起者	〈接收 DA DCN ID〉	与接口 n 相关 的接收 TCP-ID	〈发送 DA DCN ID〉	与接口 k 相关的 〈发送 Tx TCP-ID〉	可选的与接口 k/n 相关的 〈发送 Tx TCP-ID〉
DA_A	DA-ID_A	TCP-ID_A_t	DA-ID_B	TCP-ID_B_r	TCP-ID_B_t
值	1	14	2	11	11
DA_B	DA-ID_B	TCP-ID_B_t	DA-ID_A	TCP-ID_A_r	TCP-ID_A_t
值	2	11	1	14	14

表 C.1 中给出的值表示这两组发现信息从 DA_A 的观点来看是一致的，因为本地 TCP-ID_A_t 和 TCP-ID_A_r 具有相同的值(TCP-ID_A_t ＝ TCP-ID_A_r ＝ 14)并且与同一个双向 TCP 相关。在下一步执行 DA-ID 一致性检查。在给定的例子中，由于发送和接收的 DA DCN ID(1-2 和 2-1)显示在发现过程中包括相同的两个 DA，因此信息组的 DA 是一致的。最后，检查远端 TCP-ID(从 DA_A 的观点)是否是指同一个远端 TCP。在该例中，由于 TCP-ID_B_r 和 TCP-ID_B_t 相同并且在两个发现信息组中具有同一值 11，因此，检查结果是肯定的。

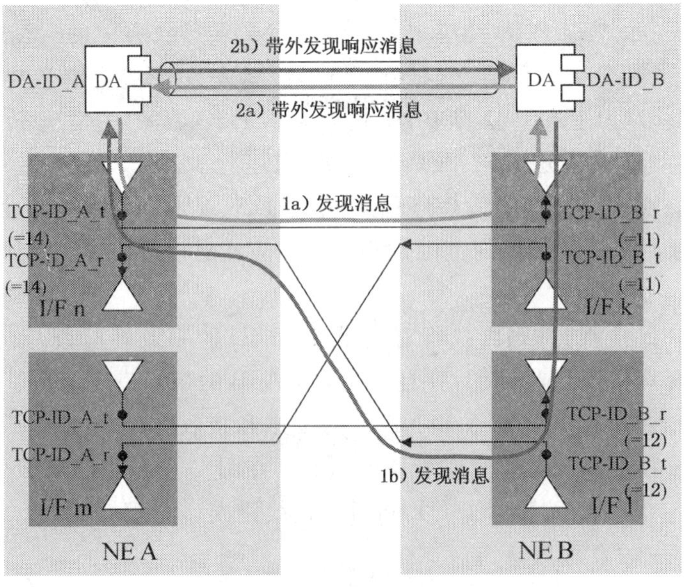

图 C.4　接口错连情况下的自动发现

表 C.2　对图 C.4 描述的错连情况，从 DA_B 观点看的两组发现信息举例

过程 发起者	〈接收的 DA DCN ID〉	与接口 n 相关的 接收 TCP-ID	〈发送 DA DCN ID〉	与接口 k 相关的 〈发送 Tx TCP-ID〉	与接口 k/n 相关 的可选 〈发送 Tx TCP-ID〉
DA_A	DA-ID_A	TCP-ID_A_t	DA-ID_B	TCP-ID_B_r	TCP-ID_B_t
值	1	14	2	11	11
DA_B	DA-ID_B	TCP-ID_B_t	DA-ID_A	TCP-ID_A_r	TCP-ID_A_t
值	2	12	1	14	14

在第二个例子中，类似于前面的例子，除了最后的远端 TCP 一致性检查以外的所有检查都已成功通过。此最后的 TCP-ID 检查揭示了远端 TCP-ID(从 DA_A 的观点来看)不是指同一个远端 TCP，由于 TCP-ID_B_r 和 TCP-ID_B_t 具有不同的值(在带外发现响应消息中为 11，而在带内发现消息中为 12)。因此，DA_A 应通过如产生一个适当的告警来表示检测到了错连。

C.3　举例：采用不同发现消息格式的两个 DA 间的相互作用

当积极的致力于发现一个链路的两个 DA 正采用不同的发现消息格式时，该进程也工作。在该例中，一个发现代理使用 TCP 名称格式而另一个使用 DCN DA 地址格式。

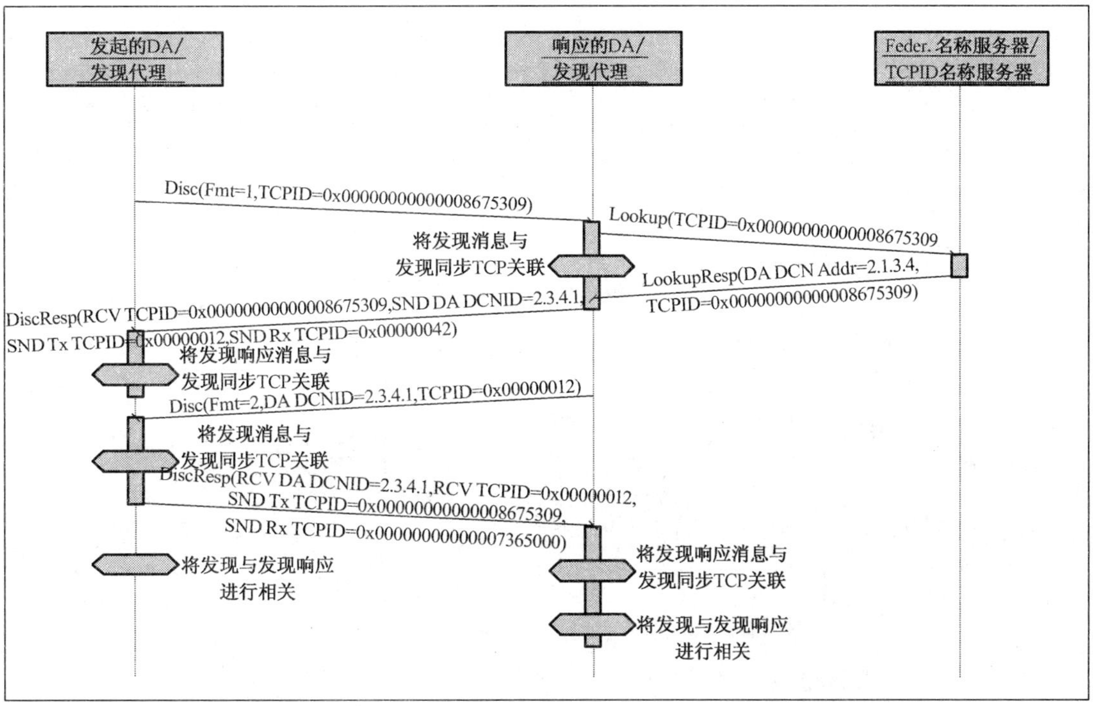

图 C.5　两个采用不同消息格式的 DA 间的发现顺序

在该例中，发起的发现代理发送一个以 TCP 名称格式的发现消息，该发现消息 DISC(Fmt＝1，TCPID＝0x0000000000008675309)是以带内方式发送到相应的发现代理。当它被响应的发现代理收到后，记录 Rx TCP (0x42)来表示该发现消息是应收到的，这被称为同步 TCP。在收到的发现消息中的 TCP 名称(0x0000000000008675309)通过一个名称服务器被翻译成发起的发现代理的 DA DCN 地址和 TCP-ID (0x0000000000008675309)。

一旦知道 DA DCN 地址，则返回一个发现响应消息给发起的发现代理。此发现响应消息包括了收到的发现消息中的属性、目前正在与同步 TCP 相关的 Tx TCP (Fmt＝2，DA DCN 地址＝2.3.4.1，Tx TCPID＝ 0x0000 0012)上发送的属性以及同步 TCP (Rx TCPID＝0x0000 0042)的 TCP-ID。一旦它被发起的发现代理收到,表明一个单向链路连接已被识别。

对另一方向也重复此过程。然而,由于此时 DA DCN 地址格式正在被使用,发现消息 DISC (Fmt=2, DA DCN 地址=2.3.4.1, TCPID=0x0000 0012)发送时包括一个 DA DCN 地址和 TCP-ID。当收到此发现消息,则记录了收到的同步 TCP (0x00000000000007365000)。由于收到的发现消息中包括一个 DCN 地址,因此发现响应可在没有一个名称服务器进行查找的情况下返回。

如前所述,该响应中包括收到的发现消息中的属性、在与同步 TCP 相关的 Tx TCP (Fmt=1, TCPID=0x00000000000008675309)上发送的当前属性以及同步 TCP (0x00000000000007365000)的 TCP-ID。当收到发现响应消息时,表明一个单向链路连接已被识别。

此时,链路连接的每端可以对发现响应消息进行相关,以确定该双向链路是否被错连。特别是:

表 C.3 对发现响应消息进行相关分析来确定错连的示例

	A->B Tx TCPID	A->B Rx TCP ID	B->A DA DCN ID	B->A Tx TCPID	B->A Rx TCPID
A->B	00000000000008675309		2.3.4.1	0x12	0x42
B->A	00000000000008675309	00000000000007365000	2.3.4.1	0x12	

由于 A->B Tx TCPID,B->A DA DCN ID 和 B->A Tx TCPID 域匹配,因此链路是正确连接的。

现在可将 Tx 和 Rx TCPID 提供给服务能力交互来确定链路的容量。

附　录　D
（资料性附录）
不同发现机制的使用

D.1　概述

本附录提供了对本部分正文规范的各种发现机制可应用的网络场景，包括机制和进程的使用原则及其潜在的相关含义。

D.2　类型1层邻接发现使用情况的分类

如图D.1所示，自动发现使用情况可被进一步划分为加载业务之前、在线和离线。在本部分的范围内，加载业务之前、在线和离线三个术语的定义如下：

a)　加载业务之前：处于加载业务之前状态的实体是指其关联的客户链路连接还没有被分配的路径。因此，所有操作都不影响任何业务。加载业务之前的场景包括：一个故障被清除后立刻完成的发现以及业务被决定恢复之前。

b)　在线：处于在线状态的实体是指其关联的客户链路连接已被分配的路径(一个或多个)。

c)　离线：处于离线状态的实体是指其所有分配的客户链路连接都是失效或不可用状态的路径。

本附录仅关注在网络中使用自动发现机制所造成的一些问题，即"在线"情况。对于图D.1中用虚线画出的"加载业务之前"和"离线"使用情况，不再进行论述。而且，也不考虑类型2(离线发现方法)的LAD，因为在应用类型2的LAD时，链路连接(LC)不是在线(即承载业务)状态(见4.3.3.2对类型1和类型2的定义)。

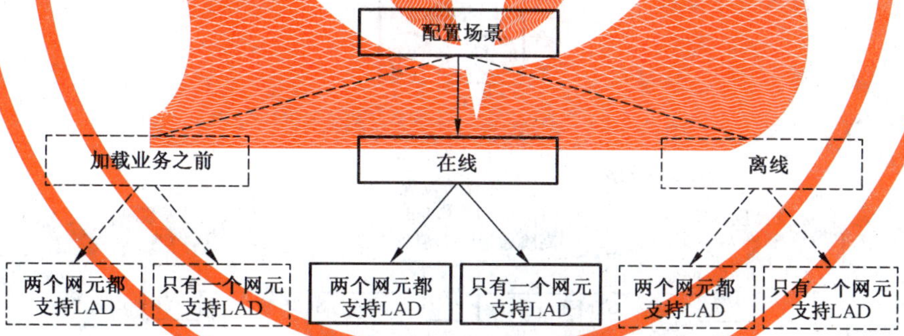

图D.1　发现场景的分类

D.3　使用情况和场景

本节描述了应用类型1层邻接自动发现(LAD)的各种情况，并在D.4给出了使用原则，来解释在基于不同场景实行的约束条件下如何完成发现。如在本部分正文中所规范，假设在层邻接发现所使用的信号和被发现的实体之间总是存在适合性。在描述各种场景时，主要区分了两种情况：

a)　所有网元都支持自动发现的情况；

b)　网络中的部分网元不支持自动发现的情况。

D.3.1　所有网元都支持自动发现(普遍配置)

普遍配置表示所有网元都支持自动发现，并且假设所有网元都支持本部分正文所规范的LAD。对于该情况，只要所有网元都同意使用一个特定公共机制，可使用基于路径踪迹或基于ECC的发现消息。

D.3.2　部分网元不支持自动发现

在该情况下，假设网络中的部分网元不支持自动发现消息(例如传统设备)。对于在表示该层终端点的两个网元之间的一个特定层执行自动发现的情况，可分为以下两种场景：

a) 两个网元都支持 LAD 的情况；

b) 两个网元中的一个不支持 LAD 的情况。

D.3.2.1 支持 LAD 的网元之间的自动发现

LAD 进程要求执行层邻接发现的两个网元，必须是在进行自动发现的层上直接相邻(例如对 SDH 来说，RS、MS、高阶或低阶通道层)。例如，当两个支持 LAD 的网元之间有另一个不支持 LAD 且终结了再生段(RS)和复用段(MS)的网元时，不可能基于使用段路径踪迹(J0)、RS DCC 或 MS DCC 来执行 LAD。因此，在这种配置下只可能在通道层执行 LAD，可使用基于高阶 VC 通道踪迹(J1)的发现方法，如图 D.2 所示。也可以由网络管理系统通过网元的代理来执行高阶通道层 LAD 进程，如图 D.3 所示。

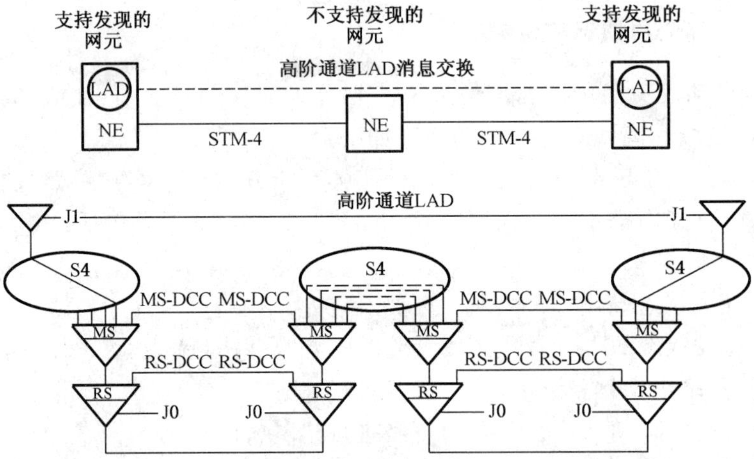

图 D.2 在高阶通道层直接相邻且支持自动发现—NE 执行的 LAD

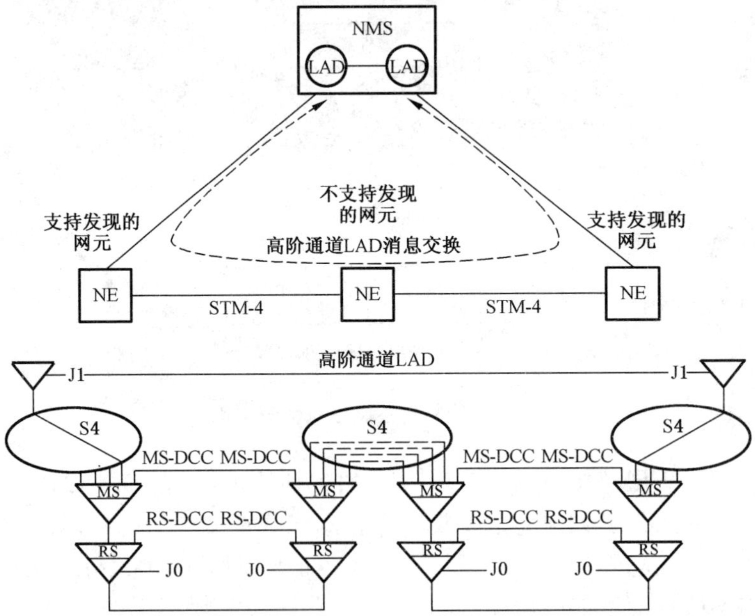

图 D.3 在高阶通道层直接相邻且支持自动发现—NMS 执行的 LAD

D.3.2.2 支持 LAD 网元和不支持 LAD 网元之间的自动发现

在该情况下，假设不支持 LAD 的网元终结了被发现的层(见图 D.4)。由于不支持 LAD 的网元不能解析支持 LAD 的网元所发送的发现消息，因此在该情况下不能在该特定层执行层邻接发现。在此场景下，重要的是不支持 LAD 的网元不应产生告警，更重要的是不执行导致不必要业务中断的任何后续动作。网络运营商为了避免这样的告警和后续动作，可采取的手段是：在支持 LAD 的网元上禁止发送发现消息或者遵循 D.4 所描述的原则。

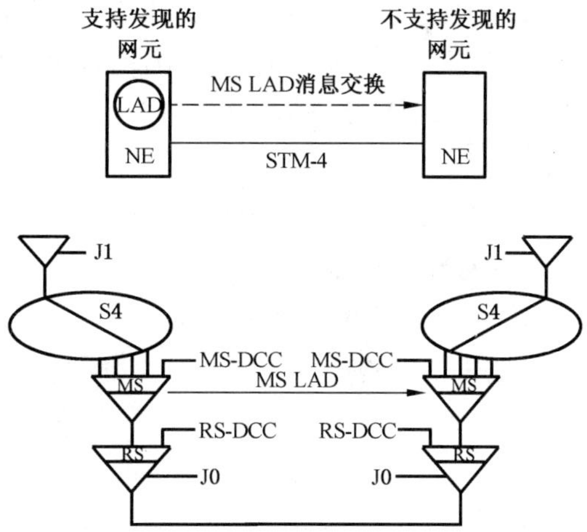

图 D.4 支持发现的网元试图发现一个不支持发现的网元

D.4 自动发现机制和进程的使用原则

本节提供了在 D.3 描述的各种使用情况和场景下,使用路径踪迹(J0、J1 和 J2)和 ECC(MS DCC 或 RS DCC)机制来实现 LAD 的原则。

D.4.1 基于 ECC 的 LAD

当需要被发现的 STM-N 接口上的 DCC 可用时,使用 DCC 进行自动发现是一个可行的选择。DCC 提供一个基于分组的接口,它用于 LAD 时不受其关联的特定 STM-N 接口上的业务状态的影响(在线、离线、加载业务之前)。LAD 进程使用 DCC 对 STM-N 接口上的流量也没有任何影响。但是,在用于 LAD 的 DCC 不充足的地方,有多种使用情况,下面描述了基于 DCC 可用性和给定 DCN 配置的场景。

D.4.1.1 影响 DCC 可用性的 DCN 配置场景

下面有两种场景影响了基于 DCC 的 LAD 消息的配置。

a) 无 DCC 连通性(例如中心局 LAN 支持的 DCN)

在此场景下,中心局(CO)的 ADM 和 DXC 之间没有 DCC 连通性。反之,如图 D.5 所示,CO LAN 被用于承载 CO 内网元之间的管理通信。因此,尽管 ADM 和 DXC 之间有连通性(例如 STM-N),但是管理通信并不具有与这些包含 DCC 的光连接相同的拓扑。DXC 可被用于 CO 内的 ADM 之间互连的低速率光接口,因此在这些低速光接口上的 DCC 不能用于自动发现。

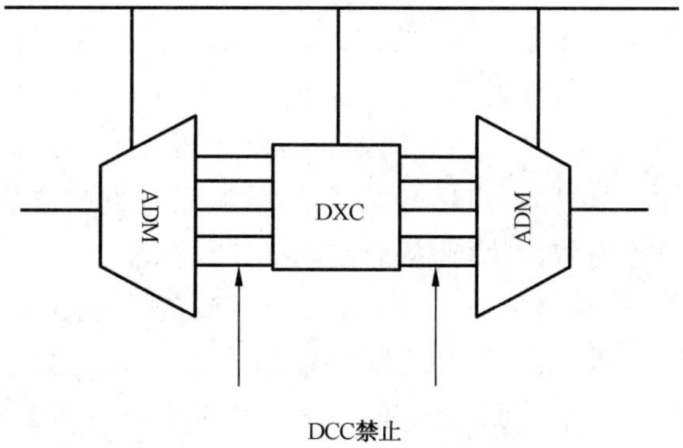

图 D.5 具有禁止 DCC 连通性的中心局

b) 有限的 DCC 可用性或没有使能两个网元之间的所有并行接口的 DCC

在此场景下，如图 D.6 中所示，网元之间用于管理通信的 DCC 可能受限或没有 DCC 可用，例如在禁止 DCC 期间或受限的 DCC 资源。这可能发生在多个运营商之间、客户到运营商的接口，或者在网元之间仅有带外连通性的地方，因此 DCC 不能用于自动发现。另一种可能的情况是有多个并行光接口连接两个网元，但只有一条链路或子链路上的 DCC 可被使能。这也适用于多个管理域的情况，例如：

1） DCC 处理不支持所有接口；

2） 由配置决定（例如在多条并行链路情况下，由于单个 DCC 的容量可足够用于 2 个网元之间的管理通信，因此仅使能了这些链路中的部分 DCC）；

3） 在不同管理域之间的 NE 连通性情况下，由策略决定。

在所有这些情况中，由于某些链路可能没有使能 DCC，因此可能在某个使用 DCC 的链路上不能执行 LAD。

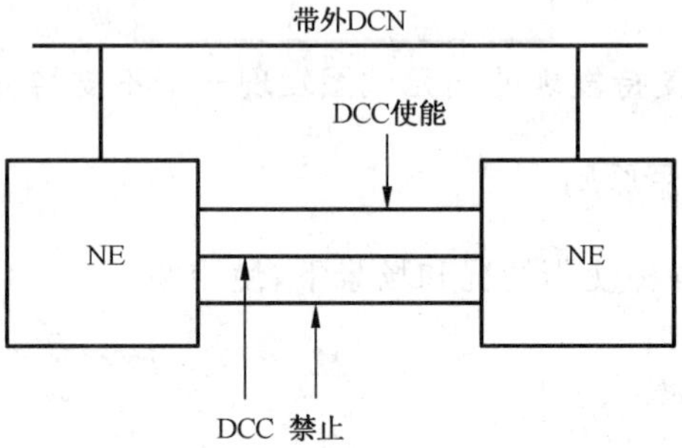

图 D.6 中心局之间只有一条链路的 DCC 使能或使用带外 DCN

D.4.2 基于路径踪迹的 LAD（例如使用 J0、J1 和 J2 字节）

路径踪迹字节可被用于类型 1 LAD，这允许从发现的服务层路径（如图 6 所示）来推断客户层 LC。取决于 LAD 进程中涉及的路径终结功能的配置，可能产生某些动作问题。特别是，当接口处于“在线”状态并正在承载业务时，应避免业务受影响。本节主要规范了可能发生这样的动作问题的这些场景，并在下面进行了详细讨论。而且为了避免业务影响，提供了应用和配置原则。

D.4.2.1 加载业务之前和离线情况

只要端口处于加载业务之前或离线状态，由于没有业务承载在上面，因此使用路径踪迹来进行 LAD 不会导致任何动作问题。

D.4.2.2 在线情况

应注意发现使能/禁止能力是在每个特定层的每个链路终端提供的，与远端终端无关。当发现进程使能时，注意发现进程仅被允许改变（配置）TTI。

使用 G.707 定义的路径踪迹字节，允许发送和接收接入点标识符（API），因此接收终端可验证它到期望的发射机之间的连续性连接。用于 LAD 的格式与一般用于预先存在应用的格式不同，期望新设备应能够识别这种使用。对于某些传统设备，为了避免不希望的路径标识符失配（TIM）告警，具有发现能力的网元在其路径终端（TT）不应改变 TTI（即禁止自动发现）。当在另一端有一个不具有发现能力的网元，即使路径包括监视（监视 TTI）并可区分发现消息时，发现也应被禁止。

注意发现进程可在一个管理系统内执行，从而使 NE 具有发现能力。

对于某些现有设备，使用路径踪迹字节来进行发现可导致告警，并且如果后续动作（插入 AIS）没有被禁止，则可以导致业务丢失。因此路径终结点允许基于路径踪迹的发现应设置 TIMAISdis＝真（true）来阻止插入 AIS，当路径踪迹标识符不匹配。在国家网络中，要求 TIMAISdis 总是假的（见 G.806），应执行基于路径踪迹的发现。

如果使能了 dTIM 监测，LAD 进程可使用 MI_cTIM 作为一个通知，路径踪迹可改变（MI_AcTI）。

非介入监视：非介入监视功能（见G.783）可观察路径踪迹。如果非介入监视功能不能感知用于发现的路径踪迹，将观察到路径踪迹信息（TTI）上的非期望的变化。

D.4.3 运营商之间、用户—提供商之间的应用

LAD进程可在每个接口使能或禁止，这允许网络运营商按照他们的策略来配置接口。

附　录　E
（资料性附录）
ASON 自动发现和 GMPLS LMP 的术语映射

本附录主要根据 IETF RFC4394 编写。

由于 LMP 和 ITU-T G. 7714、ITU-T G7714. 1 是由不同的标准组织规范的，采用了不同的名称机制和架构概念。ASON(ITU-T G. 805/ITU-T G. 8080)自动发现和 GMPLS LMP 之间的术语映射是理解两个架构的一个重要的前提步骤。

为了推动该映射，区分了 LMP 中的两种类型数据链路：LMP 的端口和成员链路。根据 LMP 规范，一个数据链路可被每个节点考虑，终结在一个端口或一个成员链路上。LMP 的端口和成员链路概念是由 ITU-T G. 805/ITU-T G. 8080 架构支持的。ITU-T G. 8080 的各种适配功能可被广义的和 LMP 的成员链路等效，即单个服务层路径动态的支持不同的复用结构。注意当传送平面传递其自己的地址空间时，LMP 接口_ID 和数据链路 ID 被控制平面分别用于处理实际的 CP 名称和 CP-CP 名称。

下表汇总了 ASON 自动发现和 GMPLS LMP 之间的术语映射，注意该表根据等效目标来映射 ASON 术语和 GMPLS 术语，但在许多情况下不是一对一映射。

表 E. 1　ASON 自动发现和 GMPLS LMP 之间的术语映射

ASON 术语	GMPLS/LMP 术语 端口	GMPLS/LMP 术语 成员链路
CP	TE 资源；接口（端口）	TE 资源；接口（成员链路）
CP 名称	接口 ID 没有对（标签）资源分配进一步细分	接口 ID 该接口的资源（例如时隙等）由一组标签标识
CP-CP 链路	数据链路	数据链路
CP-CP 名称	数据链路 ID	数据链路 ID
SNP	TE 资源	TE 资源
SNP 名称	链路 ID	链路 ID
SNP LC	TE 链路	TE 链路
SNP LC 名称	TE 链路 ID	TE 链路 ID
SNPP	TE 链路终端（端口）	TE 链路终端（成员链路）
SNPP 名称	链路 ID	链路 ID
SNPP LC	TE 链路	TE 链路
SNPP LC 名称	TE 链路 ID	TE 链路 ID

这里复合标识符是：

a)　数据链路 ID:〈本地接口 ID;远端接口 ID〉

b)　TE 链路 ID:〈本地链路 ID;远端链路 ID〉

复合标识符是由 RFC 4204 [LMP]定义。LMP 发现数据链路并用一对本地和远端接口 ID 来标识它们。TE 链路由数据链路或成员 TE 链路组合构成。同样，TE 链路也用一对本地和远端链路 ID 来标识。

参 考 文 献

[1] ITU-T G.806 传送设备特性—描述方法和通用功能
[2] ITU-T G.783 同步数字体系(SDH)的功能模块特性

中华人民共和国国家标准

GB 21703—2010

食品安全国家标准
乳和乳制品中苯甲酸和山梨酸的测定

National food safety standard

Determination of benzoic acid and sorbic acid in milk and milk products

2010-03-26 发布　　　　2010-06-01 实施

中华人民共和国卫生部　发布

前　　言

本标准修改采用国际乳业联合会标准 IDF 139:1987 Milk,dried milk,yogurt and other fermented milks—Determination of benzoic and sorbic acid。

本标准中附录 A 为资料性附录。

本标准所代替标准的历次版本发布情况为：

——GB/T 21703—2008。

食品安全国家标准
乳和乳制品中苯甲酸和山梨酸的测定

1 范围

本标准规定了乳与乳制品中苯甲酸和山梨酸含量的测定方法。

本标准适用于乳与乳制品中苯甲酸和山梨酸含量的测定。

2 规范性引用文件

本标准中引用的文件对于本标准的应用是必不可少的。凡是注日期的引用文件,仅所注日期的版本适用于本标准。凡是不注日期的引用文件,其最新版本(包括所有的修改单)适用于本标准。

3 原理

去除试样中的脂肪和蛋白质,甲醇稀释,过滤后,采用反相液相色谱法分离测定。

4 试剂和材料

除非另有规定,本方法所使用试剂均为分析纯,水为GB/T 6682规定的一级水。

4.1 甲醇(CH_3OH):色谱纯。

4.2 亚铁氰化钾溶液(92 g/L):称取亚铁氰化钾[$K_4Fe(CN)_6 \cdot 3H_2O$]106 g,用水溶解于1 000 mL容量瓶中,定容到刻度后混匀。

4.3 乙酸锌溶液(183 g/L):称取乙酸锌[$Zn(CH_3COO)_2 \cdot 2H_2O$]219 g,加入32 mL乙酸,用水溶解于1 000 mL容量瓶中,定容到刻度后混匀。

4.4 磷酸盐缓冲液(pH=6.7):分别称取2.5 g磷酸二氢钾(KH_2PO_4)和2.5 g磷酸氢二钾($K_2HPO_4 \cdot 3H_2O$)于1 000 mL容量瓶中,用水定容到刻度后混匀,用滤膜(4.9)过滤后备用。

4.5 氢氧化钠溶液(0.1 mol/L):称量4 g氢氧化钠(NaOH),用水溶解于1 000 mL容量瓶中,定容到刻度后混匀。

4.6 硫酸溶液(0.5 mol/L):移取30 mL的浓硫酸(H_2SO_4)到500 mL水中,边搅拌边缓慢加入,冷却到室温后转移到1 000 mL容量瓶,定容到刻度后混匀。

4.7 甲醇水溶液:体积分数为50%。

4.8 标准溶液

4.8.1 苯甲酸和山梨酸标准贮备液:每毫升含苯甲酸、山梨酸各500 μg。

准确称取苯甲酸、山梨酸标准品各50.0 mg,分别置于100 mL容量瓶中,用甲醇(4.1)溶解,并稀释至刻度。摇匀后,冷藏于冰箱中,有效期2个月。

4.8.2 苯甲酸和山梨酸的混合标准工作液:每毫升含苯甲酸、山梨酸各10 μg。

分别吸取苯甲酸和山梨酸的标准贮备液(4.8.1)各5 mL,至250 mL的容量瓶中,用甲醇水溶液(4.7)定容至刻度后混匀。冷藏于冰箱中,有效期5 d。

4.9 滤膜:0.45 μm。

5 仪器和设备

5.1 高效液相色谱仪,配有紫外检测器。

5.2 天平:感量为0.1 mg,0.01 g。

6 分析步骤

6.1 试样制备

6.1.1 液态试样

贮藏在冰箱中的乳与乳制品，应在试验前预先取出，并达室温，称量 20 g(精确至 0.01 g)样品于 100 mL 容量瓶中。

6.1.2 固态试样

称量 3 g(精确至 0.01 g)样品于 100 mL 容量瓶中，加 10 mL 水，用玻璃棒搅拌至完全溶解。

6.2 萃取和净化

向盛有试样(6.1)的容量瓶中加入 25 mL 氢氧化钠溶液(4.5)，混合后置于超声波水浴或 70 ℃水浴中处理 15 min。冷却后，用硫酸溶液(4.6)将 pH 调节到 8(用 pH 计或 pH 试纸均可)，然后加入 2 mL 亚铁氰化钾溶液(4.2)和 2 mL 乙酸锌溶液(4.3)。剧烈振摇，静置 15 min，混合后冷却到室温，再用甲醇(4.1)定容，静置 15 min，上清液经过滤膜(4.9)过滤。收集滤液作为试样溶液，用于高效液相色谱仪(5.1)测定。

6.3 色谱参考条件

色谱柱：C_{18}，250 mm×4.6 mm，5 μm。

流动相：甲醇(4.1)-磷酸盐缓冲溶液(4.4)=1+9。

流速：1.2 mL/min。

检测波长：227 nm。

柱温：室温。

进样量：10 μL。

6.4 测定

准确吸取各不少于 2 份的 10 μL 试样溶液(6.2)和苯甲酸和山梨酸的混合标准工作液(4.8.2)，以色谱峰面积定量。在上述色谱条件下，出峰顺序依次为苯甲酸、山梨酸，标准溶液的液相色谱图参见附录 A 中图 A.1。

7 分析结果的表述

试样中苯甲酸、山梨酸的含量按式(1)进行计算：

$$X = \frac{A \times c_s \times V}{A_s \times m} \qquad \cdots\cdots(1)$$

式中：

X——试样中苯甲酸、山梨酸含量，单位为毫克每千克(mg/kg)；

A——试样溶液中苯甲酸、山梨酸的峰面积；

A_s——标准溶液中苯甲酸、山梨酸的峰面积；

c_s——标准溶液的浓度，单位为微克每毫升(μg/mL)；

V——试样最终定容体积，单位为毫升(mL)；

m——取样质量，单位为克(g)。

以重复性条件下获得的两次独立测定结果的算术平均值表示，结果保留三位有效数字。

8 精密度

在重复性条件下获得的两次独立测定结果的绝对差值不得超过算术平均值的 10%。

9 其他

本方法苯甲酸、山梨酸的检出限均为 1 mg/kg。

附 录 A
（资料性附录）
苯甲酸、山梨酸典型色谱图

A.1 高效液相色谱法测定苯甲酸、山梨酸的典型色谱图

高效液相色谱法测定苯甲酸、山梨酸的典型色谱图见图 A.1。

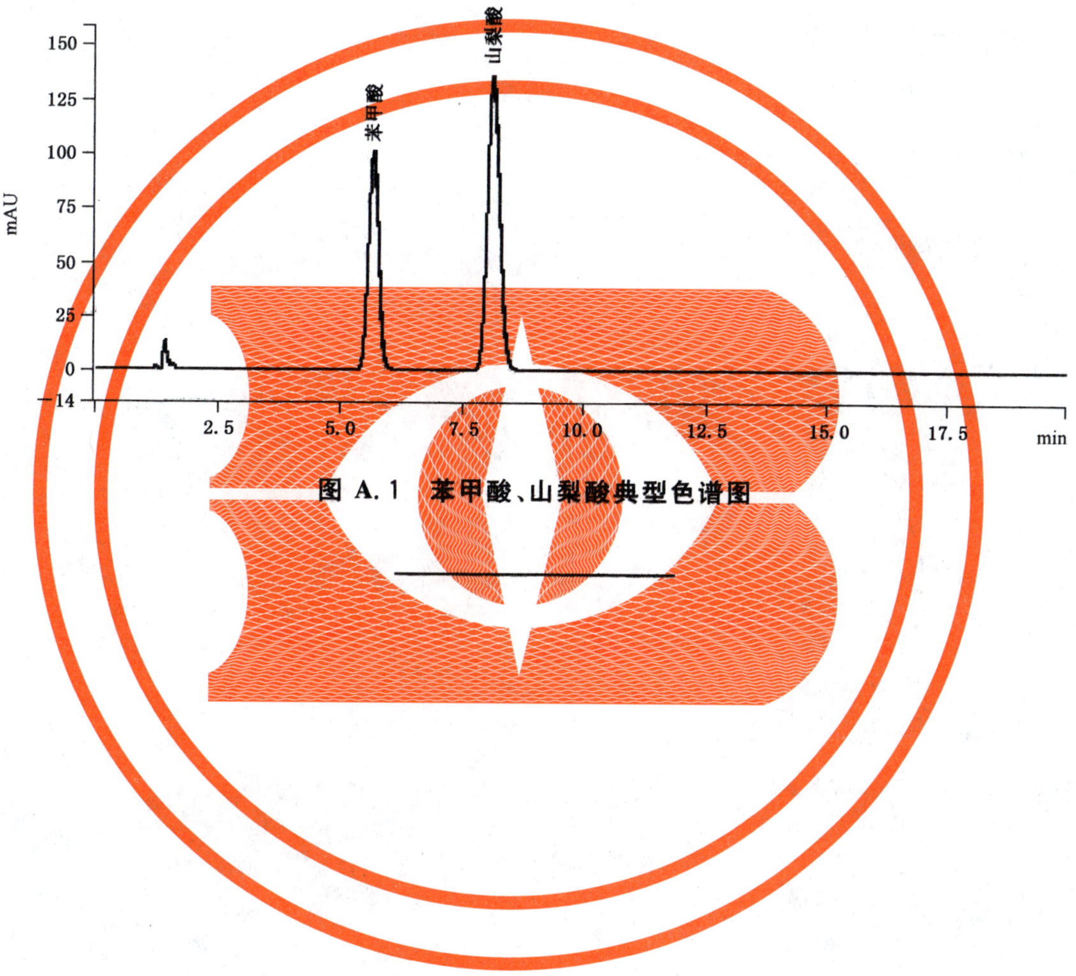

图 A.1 苯甲酸、山梨酸典型色谱图

ICS 35.240.80
L 09

中华人民共和国国家标准

GB/T 21715.7—2010/ISO 21549-7:2007

健康信息学 患者健康卡数据 第7部分:用药数据

Health informatics—Patient healthcard data—Part 7:Medication data

(ISO 21549-7:2007,IDT)

2010-12-01 发布 2011-05-01 实施

中华人民共和国国家质量监督检验检疫总局
中国国家标准化管理委员会 发布

前　言

GB/T 21715《健康信息学　患者健康卡数据》分为7个部分：

——第1部分：总体结构；

——第2部分：通用对象；

——第3部分：有限临床数据；

——第4部分：扩展临床数据；

——第5部分：标识数据；

——第6部分：管理数据；

——第7部分：用药数据。

本部分为GB/T 21715的第7部分。

本部分等同采用ISO 21549-7:2007《健康信息学　患者健康卡数据　第7部分：用药数据》。其结构和内容与ISO 21549-7:2007一致，为便于使用，做了少量编辑性修改，主要为：

——ISO 21549-7:2007的参考文献中有一项与所列的规范性引用文件重复，本部分在参考文献中删除了该文件；

——ISO 21549-7:2007中一些图和表在正文中未设引导语，本部分在适当位置均已进行了补充。

本部分由中国标准化研究院提出并归口。

本部分起草单位：中国标准化研究院。

本部分主要起草人：陈煌、董连续、石丽娟、胡牧、杨雪峰、张修梅、周继梅、李宪、郭默宁、黄锋、焦建军。

引　言

随着流动人口的增加，社区医疗和家庭保健需求日益增多，对高质量流动医疗服务需求也不断增长，便携式信息系统和存储器也随之得以迅速开发和利用。通过移动的医疗记录文件，这些设备可实现从身份识别到患者便携式监控等一系列系统功能。

这些设备的功能是携带可识别的个人信息，并与其他系统之间进行传递；因此，在工作期间，它们可能与许多功能和性能有很大差异的不同技术系统一起共享信息。

医疗保健管理越来越依靠类似自动化的识别系统。例如，对处方进行自动处理，患者可通过使用便携式可读计算机设备实现在不同地点之间的数据交换。医疗保险公司和医疗保健提供方越来越多地涉及到跨区域保健中。在这种情况下，理赔（或偿付）可能需要在很多不同的保健系统之间自动交换数据。

可远程访问数据库及其支撑系统的出现带动了"保健受益人"（HCP）识别设备的开发和利用，这些设备能执行安全功能并且能经由网络向远程系统传送数字签名。

随着使用日常保健服务中数据卡的日益增多，有必要对数据格式进行标准化以实现数据交换。

数据卡携带的与人相关的数据可分成3种主要类型：标识数据、管理数据和临床数据。需要特别指出的是，实际使用的健康数据卡应包含设备本身的标识数据及其携带数据所涉及的个人标识数据，此外还可包含管理数据、临床数据、处方数据和链接数据。

设备数据包括：

——设备本身的标识；

——设备功能和性能的标识。

标识数据可包括：

——设备持有者的唯一标识或者该设备所携带数据相关的人的唯一标识。

管理数据可包括：

——个人相关的补充数据；

——保健资金的标识，表明其是有支付的还是自付的，以及他们的关系，即保险公司，保险合同和保险单或者保险费的类型；

——保健服务所必需的其他数据（不同于临床数据）。

临床数据可包括：

——提供健康信息和健康事件信息的数据项；

——保健提供者对它们的评价和标注；

——已计划的、要求的或者已经执行的临床行为。

处方数据可包括：

——患者的取药记录；

——处方（含药物配发机构信息）副本；

——药剂师为患者配发药物的记录；

——指向包含药物处方信息和用药配发机构信息的其他系统的指针。

因为数据卡本质上是给明确的查询提供具体的答复，同时有必要通过消除冗余来优化使用存储空间，所以在定义健康数据卡数据结构时使用了高层次的对象建模技术（OMT）。

患者数据卡可提供如下便利：

a) 不同医疗保健方之间进行处方信息的交流,例如医疗保健代理或医疗保健组织;

b) 对于患者数据卡中未含的处方信息,提供访问这些信息的索引和/或授权。

本部分使用统一建模语言(UML)、纯文本和抽象语法记法(ASN.1)描述并定义了患者持有的健康数据卡所使用或引用的用药数据对象。

虽然本部分引用和使用了 GB/T 21715.2—2008 所定义的通用对象,但本部分并不对其进行描述和定义。

健康信息学　患者健康卡数据
第7部分:用药数据

1　范围

GB/T 21715的本部分规定了"用药数据"对象中所含数据的基本结构,没有规定或指定用于存储在设备中的专门数据集。

本部分适用于由患者健康卡数据记录或传递的数据,该患者健康卡与GB/T 14916中定义的各类ID-1卡的物理尺寸一致。

本部分旨在用于通过健康卡为健康专业人员、患者或非专业医护人员提供相关信息。

在设计好相关数据集后,该卡也可以用于将新开的(电子)处方从开处方人传递给药剂师或药房。

用药数据包括以下4个组件:

——用药记录(medication notes):患者所用全部药品的列表;

——用药处方(medication prescription):将新开的(电子)处方从开处方人传递给药剂师或药房;

——用药配发(medication dispensed):患者的购药记录;

——用药引用(medication references):指向包含药物处方信息和用药配发机构信息的其他系统的指针。

为了促进互操作,一旦建立用于医疗保健领域且符合本部分的应用,则该应用所需的数据项应取自第6章和第7章所给出的对象列项(其中某些对象是可扩展的)。这些数据项与本部分其他章节所定义的数据联合使用。

本部分不包括下列服务的详细功能和机制(即使它的结构允许使用其他地方规定的合适数据对象):

——自由文本数据的编码;

——由数据卡用户按照具体应用所规定的安全功能和相关服务,例如,保密性保护,数据完整性保护,以及与这些功能相关的个人和设备的鉴别;

——依赖于某些数据卡类型的访问控制服务,例如微处理器卡类型;

——初始化和发布过程(个人数据卡工作周期的开始,并且使数据卡为后续通信中为其传递符合本部分要求的数据做准备)。

本部分也不包括以下内容:

——用于特定类型数据卡的实际功能的物理或者逻辑解决方案;

——如何处理在两个系统接口间的消息;

——数据卡外部的数据所使用的格式,以及在数据卡或其他地方用以清晰表达这类数据的方式。

应注意不仅不同国家对各"医用品"的定义不同,而且同一名称在一些国家间可能会是完全不同的医用品。因此,在跨国使用健康卡时应特别注意患者的安全。

当然,跨国界的处方交流应遵守两国间的所有条约、法律、说明、规则和条款。

2　规范性引用文件

下列文件中的条款通过GB/T 21715的本部分的引用而成为本部分的条款。凡是注日期的引用文件,其随后所有的修改单(不包括勘误的内容)或修订版均不适用于本部分,然而,鼓励根据本部分达成协议的各方研究是否可使用这些文件的最新版本。凡是不注日期的引用文件,其最新版本适用于本部分。

GB/T 7408 数据元和交换格式 信息交换 日期和时间表示法(GB/T 7408—2005,ISO 8601:2000,IDT)

GB/T 9387.2 信息处理系统 开放系统互连 基本参考模型 第2部分:安全体系结构(GB/T 9387.2—1995,idt ISO 7498-2:1989)

GB/T 14916 识别卡 物理特性(GB/T 14916—2006,ISO/IEC 7810:2003,IDT)

GB/T 18139.1 信息技术 代码值交换的通用结构 第1部分:编码方案的标识(GB/T 18139.1—2000,idt ISO/IEC 7826-1:1994)

GB/T 18139.2 信息技术 代码值交换的通用结构 第2部分:编码方案的登记(GB/T 18139.2—2000,eqv ISO/IEC 7826-2:1994)

GB/T 21715.2 健康信息学 患者健康卡数据 第2部分:通用对象(GB/T 21715.2—2008,ISO 21549-2:2004,IDT)

ENV 13607:2000 健康信息学 用于药物处方信息交换的消息(Health informatics—Messages for the exchange of information on medicine prescriptions)

3 术语和定义

注:ISO、CEN、HL7和不同国家组织出于不同目的所给出的医疗保健领域术语有较大差异。下列定义仅为了便于对GB/T 21715的本部分的理解,并非国际通用。

下列术语和定义适用于GB/T 21715的本部分。

3.1

属性 attribute

对象或实体的特性。

3.2

审计跟踪 audit trail

访问和/或使用资源的记录,以及该访问方/使用方的记录。

注:它可能涉及到正式监控技术,用于将医疗信息系统的实际运用与预定准则之间进行比较。

3.3

鉴别 authentication

通过安全地关联一个标识符及其鉴别符来可靠标识安全对象的过程。

3.4

可用性 availability

根据授权实体的请求可被访问与使用。

[GB/T 9387.2—1995,定义3.3.11]

3.5

批次 batch

在确定而有效的生产过程中,符合生产和质量保证测试要求且特征和数量均一致的材料量。

[EN 375:1992 E][EN 376:1992 E]

3.6

临床信息 clinical information

医疗保健方所记录或负责的关于医护对象的与健康和治疗相关的信息。

注:可包括医护对象的环境信息或相关人的信息。

[ENV 1613]

3.7

代码含义 code meaning

代码集内的元素。

示例:巴黎戴高乐机场“Paris Charles-de-Gaulle”,在机场名的三字母缩写编码方案中映射为“CDG”。

3.8

代码值 code value

将编码方案应用到代码含义上的结果。

示例："CDG"，在机场名的三字母缩写编码方案中表示"Paris Charles-de-Gaule"机场。

3.9

编码方案 code scheme

将一个集合中的元素映射到另一个集合中元素的规则集合。

3.10

机密性 confidentiality

这一性质使信息不泄露给非授权的个人、实体或进程，不为其所用。

[GB/T 9387.2—1995，定义 3.3.16]

3.11

数据完整性 data integrity

这一性质表明数据没有遭受以非授权方式所作的篡改或破坏。

[GB/T 9387.2—1995，定义 3.3.21]

3.12

数据对象 data object

自然分组并且可以被标识为一个完整实体的数据集合。

3.13

数据原发鉴别 data origin authentication

确认接收到的数据的来源是所要求的。

[GB/T 9387.2—1995，定义 3.3.22]

3.14

用药配发人员 dispenser

具有特定资格的医疗保健方，代表了具备药剂师资质、能够填写/配发处方药的人员。

3.15

电子医疗保健记录 electronic healthcare record

计算机可读的医护对象的医疗保健记录。

[ENV 13606-1]

3.16

健康卡持有者 healthcard holder

持有健康数据卡的个人，该卡中包含了标识此人为主的相关记录。

3.17

医疗保健 healthcare

提供与健康相关的服务。

注：既包括对医护对象的执行程序，也包括如患者、其健康状况、与其医疗保健框架关系等相关信息的管理。

[CEN TC/251 PT30]

3.18

医疗保健实施方 healthcare agent

在医疗保健活动中执行某种角色的医疗保健人、医疗保健组织、医疗保健设备或者医疗保健软件组件。

[ENV 13607]

3.19

健康数据卡　healthcare data card

用于健康领域且符合 GB/T 14916 的机器可读卡。

3.20

医疗保健组织　healthcare organization

为个人或大众提供直接或间接医疗保健服务的组织。

注1：对一个组织中的分组或再分，如部门或子部门，亦可视其为需要标识的组织。

注2："医疗保健组织"是"医疗保健实施方"的子集。

[ENV 13607][ENV 1613]

3.21

医疗保健方　healthcare party

为个人或大众提供直接或间接医疗保健服务的组织或人员。

注："医疗保健方"是"医疗保健实施方"的子集。

[ENV 13607]

3.22

医疗保健人　healthcare person

为个人或大众提供直接或间接医疗保健服务的人员。

注："医疗保健人"是"医疗保健方"的子集，而"医疗保健方"是"医疗保健实施方"的子集。

示例：医师、牙医、护士、社会工作者、药剂师、医疗秘书。

[ENV 13607]

3.23

医疗保健专业人员　healthcare professional

被委托直接或间接的为医护对象或医护对象群提供医疗保健服务的人员。

示例：具有资质的开业医生、药剂师、护士、社会工作者、放射医师、医疗秘书或职员。

[ENV 1613:1995]

3.24

内包装　immediate container

与药品直接接触的包装。

[ENV 12610]

3.25

成分　ingredient

包含在一个产品中作为其组分的物质。

注：在本语境中，产品即指药品。

[ENV 13607]

3.26

国际编码方案标识符　international coding scheme identifier

已注册的一种编码方案的唯一永久标识符，主要用于符合 GB/T 18139.1 和 GB/T 18139.2 的信息交换。

[ENV 13607]

3.27

链接　linkage

对两个或两个以上实体或部分进行连接。

注：链接可以是实物的、电气的或关系的。

3.28

配制药品 magistral medicinal product

临时药品 extemporaneous medicinal product

药房或药房下的一个部门根据处方所配制，仅用于一个医护对象的药品。

注1：配制药品/临时药品也是一种药品。

注2：通常不使用“临时药品”这个术语，它更适用于描述在药品制作中所加工的药物，尤其是指在某行为之前（如静脉注射）所制作的混合物。

[ENV 13607][ENV 12610]

3.29

医用器材 medicinal appliance

出于进行医疗诊断、康复、改善、矫正生理机能以及减轻残障等目的，为了治疗或预防疾病可由人使用或施加在动物上的器件或设备组件。

注：医用器材的指定应符合当地条例或传统所认同的目标说明。这些目标说明可能用于如下情况：正式偿付的相关要求，或一般设备销售的限制条件，或判断是否需要在使用中为该设备贴上独立说明。

示例：注射器、间隔式吸入器、怀孕诊断试剂盒、绷带、导管、尿失禁用尿布、矫形鞋、结肠造口袋、轮椅、气垫。

[ENV 13607]

3.30

医用品 medicinal product

出于进行医疗诊断以及康复、改善、矫正生理机能等目的，为了治疗或预防疾病而用于人或动物的物质或组合物。

注：在开处方时会将一些医用品和医用器材的组合当作医用品。这种组合在本部分中也被视作医用品。

[ENV 13607]

3.31

医用品包 medicinal product package

包裹 package

已打包在外包装中的医用品交付单元。

[ENV 12610]

3.32

组织 organization

具有独立架构的权力机构，在该机构中一人或多人的行为以及指定的活动都出于一定目的。

注：当在信息交换中需要具体标识时，一个组织下的分组或分支都可视其为具体组织。

3.33

外包装 outer container

充当包裹外层的包装物。

[ENV 12610]

3.34

支付担保方 payment guarantor

负责全部或部分偿付相应医用品费用的组织。

[ENV 13607]

3.35

药品 pharmaceutical product

含一种或多种药物成分的产品。

[ENV 13607]

3.36

开处方人　prescriber

有权开具处方的医疗保健人。

[ENV 13607]

3.37

开处方　prescribing

产生处方(药方)的过程。

[ENV 13607]

3.38

处方　prescription

由被授权医疗保健人所开具的指令,配发机构据此为医护对象配制或使用医用品或医用器材。

注:应避免单独使用"处方"这一术语,因为在日常用语中该术语可指新处方消息、处方集和处方项。而且,它也可指处方格式。建议在适当场合使用处方集、处方项、新处方消息这些术语。

[ENV 13607]

3.39

处方项　prescription item

由被授权医疗保健人所开具的详细说明,指导配发机构配制和使用单个医用品/医用器材,或者通知其他相关方准备和使用已配发的单个医用品/医用器材。

注:处方项包含配发或配发相关的管理信息,但不包含开处方人、开处方对象(处方项对应的医护对象)或取药人的信息。

[ENV 13607]

3.40

处方集　prescription set

已开具或配发的单个和/或多个处方项的集合。

[ENV 13607]

3.41

记录　record

数据的集合。

3.42

被记录人　record person

与可标识记录对应的个人,该记录包含与该人相关的数据。

3.43

安全性　security

各安全属性(如:可用性、私密性、完整性和可核查性)的组合,以确保数据项或者更一般的,任何安全对象不被任何未经相应安全策略授权的数据主体所更换、修改、泄露或截取。

3.44

标准　standard

为在一定的范围内获得最佳秩序,对活动或其结果规定共同的和重复使用的规则、导则或特性的文件。该文件经协商一致制定并经一个公认机构的批准。

注:标准以科学、技术和经验的稳定结果为依据,目的是促进社会利益最大化。

[ISO/IEC Guide 2:2004,定义 3.2]

3.45

医护对象　subject of care

接受、已注册有资格接受或者已经接受医疗保健服务的人员或特定人群。

示例：患者。

[ENV 12443:1996]

3.46

语法　syntax

语言表达结构、管辖语言结构的规则及字符或字符集间的关系，与意义、解释和使用方式无关。

4　符号和缩略语

下列缩略语适用于 GB/T 21715 的本部分。

DIM	域信息模型	Domain Information Model
ENV	欧洲暂行标准	European Prestandard
GMD	通用消息描述	General Message Description
GP	全科医师	General Practitioner
HGMD	分层编码方案标识符	Hierarchical Coding Scheme Identifier
ICSI	国际编码方案标识符	International Coding Scheme Identifier
IMS	可实施消息规范	Implementable Message Specification
PrENV	欧洲暂行标准草案	Draft European Prestandard
UML	统一建模语言	Unified Modelling Language

5　健康数据卡的基本数据对象模型

5.1　患者健康卡数据对象结构

GB/T 21715 设计了一组能灵活地存储临床数据的基本数据对象，并允许将来增加特定应用。通过有效利用存储空间的方式，实现已存储数据的通用附加特性。有效利用存储空间，也是大多类型数据卡共有的重要特征。

基本数据对象由基于面向对象模型的类结构组成，该模型的 UML 类框图如图 1 所示。

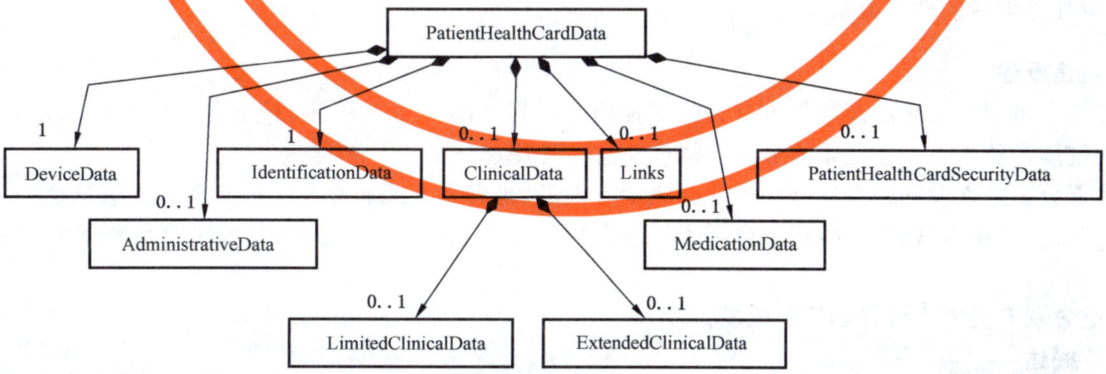

图 1　患者健康卡数据的总体结构

该面向对象的结构的内容在下面描述，也可能需要用到本部分没有定义的其他数据对象。

注：在保持特定语境标记时有可能需要获取数据对象并重新组合它们，在保持互操作性时也可能需要定义新的对象。

除具有用简单的构筑模块建立起复杂的聚合数据对象的能力外，GB/T 21715 还允许在某些对象之间建立起关联，以便使信息可以共享。例如，该特征主要使一套附加属性可以用来为若干个所存储的信息对象提供服务。

5.2 供引用的基本数据对象

5.2.1 概述

GB/T 21715 已经定义了一系列普遍有用的数据类型，虽然这些定义本身没有内在的值，但是GB/T 21715可以用其来定义其他对象。可以在与其他有关的信息对象相关联的情况下对这些对象进行相应操作来“附加值”。这些对象在 GB/T 21715.2—2008 中已经给出了正式的定义。

5.2.2 代码型数据

代码值的含义是由其对应的编码方案来决定的。本部分的一般原则是：当这些代码作为参数时，除非在本部分里做了特别规定，否则不强制要求使用特定的编码方案。例如，可以使用 GB/T 2659—2000 规定的国家代码和 GB/T 2260—2007 规定的我国行政区划代码。

某个特定的编码方案一旦在本方案中确定，就不再允许使用其他任何编码方案。但对任何未按上述形式引用的编码方案，将来都可对其进行独立于 GB/T 21715 其他部分的修改调整。

数据对象“CodedData”(代码型数据)应按照 GB/T 21715.2—2008 的定义来构建。

5.3 设备和数据安全属性

用于健康领域的数据卡中存储的数据对个人来说可能非常敏感。因此，本部分使用了在GB/T 21715.2—2008 中定义的一系列安全属性。实际数据内容(值)和使用这些数据元素的机制不在本部分的范围内。需强调的是，如果数据卡中没有实施合适的安全功能和安全机制，则安全属性将不能满足特定的安全需求。

“访问”权限由与各离散数据项相关的特定个体来决定。该权限由应用程序开发者定义，并且由自动化系统(如健康数据卡)来控制。这种权限可以在应用层定义，因而提供了应用和潜在的国家特异性。

数据对象“SecurityService”(安全服务)用来存储实现这些安全功能和机制所需的数据。这些数据能附加在单个数据元上，从而当数据对象在不同形式的数据卡间传送时，能够保持源作者的安全需求。因此，这种机制能够保证数据在从主动媒介传向被动媒介，然后再返回主动媒介的过程中重建出原始的安全需求。这种能力有助于精确地复制数据卡，用于诸如健康卡失效后重建等情况。

5.4 附加属性

按照 GB/T 21715.2—2008 中的定义，数据对象“AccessoryAttribute”(附加属性)应由一组有序的数据组成，这组数据对于记录下有关对信息发送方和信息到达接收方的方式的审计跟踪是至关重要的。

6 卡中处方信息的功能要求

6.1 用途概述

健康卡可用于实现与药物处方有关的多种功能。其中两个功能是：向开处方系统标识患者和开具处方的健康专业人员。但是本部分不具体涉及这两种用途。

本部分主要涉及的是健康卡向其他健康专业人员、患者本人或非专业医护人员提供信息这一用途。但是，在设计健康卡数据集时，也考虑到了健康卡将开处方人所开具的新处方传递给用药配发人员/药房这一用途。

6.2 处方从开处方人传递到用药配发人员

6.2.1 概述

设计用来在开处方人和配发机构之间传递处方信息的健康卡，其数据集内需合并包含几种不同对象，如：开处方人、配发机构和医护对象的标识，所开处方项的实际信息。医护对象的相关信息是静态的，由 GB/T 21715 其他部分予以定义/给出。开处方人与配发机构相关信息的情况与此类似。这些信息虽然有不同的重复，但本质上都是静态的，由 GB/T 21715 其他部分予以涵盖。

6.2.2 处方集

某开处方人在某场合为某患者所开具的某处方可包含数个个人医用品处方项。所有这些处方项及其相关信息组成的集合称为处方集。

6.2.3 人员

以下为与整个处方集有关的数据，代表一系列专门的医疗保健方。

a) 患者

医护对象，某处方项预期的接受者。

注：健康卡只针对个人，不针对动物或病患群体。

b) 开处方人

这是对医疗保健人(见3.22)这一较通俗说法的专称。他们具有开具处方以及授权配发药物的法律责任。

c) 支付担保方

医疗保健方的一种专门组织/机构，它可以是一个或多个医疗保险公司，或者其他或多或少涉及处方财务方面的相关实体。

注：这也包括患者作为担保方的情况。

d) 用药配发人员

具备更高资质要求的专业医疗保健人员，他们具有药剂师从业资格，能够填写处方并配发药品。

6.2.4 内容

与处方项相关的数据，具体如下：

a) 医用品(见3.30)的名称：
  ——通过商标名，通用名或代码值来标识；
  ——尽管配制药品(临时药品)要单独处理，但也可包括医用器材。

b) 浓度/强度；

c) 药品规格；

d) 量；

e) 量的影响因素；

f) 生产制造商；

g) 上述数据的代码，量的影响因素除外；

h) 配制药品(临时药品)。

6.2.5 时间

a) 授权处方的日期/时刻；

b) 配发处方的日期/时刻；

c) 有效时限(处方的有效时限可由相关医药供给条例的法律框架来确定)；

d) 同种药品多次供给的特定间隔时间(例如：每次供给的时间间隔不小于21 d)。

6.2.6 方式

该信息与下列单个处方项相关：

a) 用量说明(纯文本，可用“代码＋数字”的结构将时间和用量分开表示)；

b) 开处方人(对一个处方项或整个处方的)说明；

c) 特殊处方(麻醉类的)；

d) 需要特别许可的处方；

e) 强制非专利药替代；

f) 复用处方(序号No.＋可能的时间间隔)；

g) 患者的首选语言；

h) 处方语言(最后这两项涉及具体处方集)。

6.3 健康卡中已配发处方的信息

卡信息也可包含实际配发项的数据。用药配发人员或健康专业人员在后续的配发场合，尤其在开新处方时,可使用该信息。需要注意的是,虽然该信息和其他临床信息一样需要保密,但患者一般不填写处方。

6.4 用药史

包含处方信息的健康卡,其主要作用之一就是为患者累计使用的所有药物创建一个列表。该列表可来自于各处方项的配发记录,但该信息如不用于配发时,也有利于产生用药记录。

当设计一个系统时,有许多问题需要考虑,例如,如何处理历史处方与来自于一个或几个开处方人的当前总用药列表的相对关系,以及对于当前并未使用的药品是否要从该列表中剔除等。

该信息的使用者主要是开处方人,但也会是力图了解患者病史的其他健康专业人员。药剂师也可使用该信息就给出配发处方项提出相关建议,而且在考虑非处方项的销售时也可使用该信息。

最后,患者或其非健康保健专业提供方也能访问该信息,从而使他们不仅能使用这些信息,而且也可以帮助他们进行相关决策。

7 用药数据

7.1 概述

用药数据(MedicationData)对象可分为四个单独的子对象:用药记录(MedicationNotes)、用药处方集(MedicationPrescriptions)、用药配发集(MedicationsDispensed)和用药引用集(MedicationReferences)。上述对象与子对象的关系结构如图 2 所示。表 1 给出了“MedicationData”中单个实体的具体规格说明。

由于分属不同组类,这些子对象能具有不同的安全设置,包括由其附加属性中所含内容决定的访问权限。

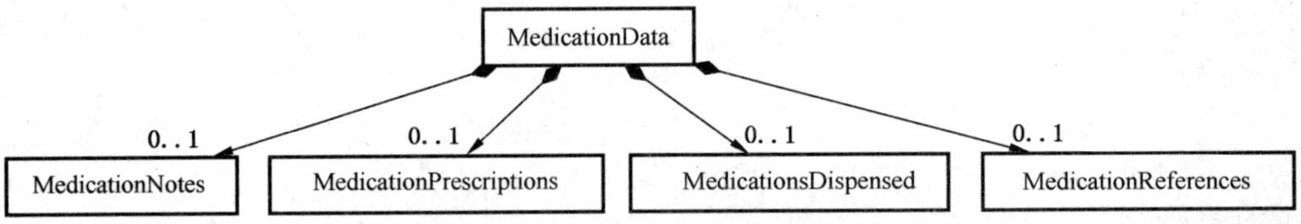

图 2 “用药数据”的结构

表 1 “用药数据”中各单个实体的规格说明

对　象　类	中文名称	数据类型	可出现频次	说　　明
MedicationNotes	用药记录	Class	0..1	该类由被记录人的用药史记录、用药相关特征记录和已知用药风险记录组成
MedicationPrescriptions	用药处方集	Class	0..1	该类数据形成了包括授权配发药物在内的用药数据记录的基础。它包含 1..M 个“MedicationPrescription”(用药处方)
MedicationsDispensed	用药配发集	Class	0..1	该类数据形成了配发记录的基础。它包含 1..M 个“Medication Dispensed”(用药配发)。 注:本对象所含的数据并不一定要与包含在“MedicationPrescription”对象中的数据一一对应。它们可参考该对象,但也可在参考的同时却与之不同,这会在某种替换的情形下见到。另外,它们可是某配发行为的记录,虽然在卡上并无与该配发相关的用药处方数据对象
MedicationReferences	用药引用集	Class	0..1	该类数据包括全球唯一标识符,以及他处资源中医疗数据集的地址信息。它包含 1..M 个“Medication Reference”(用药引用)。 注:对该类所含数据的使用可使健康卡具有令牌功能以便于在明显断线的静态信息系统之间进行通信

7.2 “用药记录”数据对象

7.2.1 概述

“用药记录”(MedicationNotes)包括为患者提供药物直接相关的自愿性个人文档。它包含药房给出的药物,也包括个人用药;不考虑未被患者使用的处方。此外,医师也应对治疗门诊患者/住院患者时所使用的药物或所分发的院内/院外用药建立文档。除了药物外,也应记录引起药物过敏的患者特征。图3给出了“MedicationNotes”对象及其子对象的关系结构。“MedicationNotes”逻辑上能链接到药房/诊所/医院中专家信息系统里存储的数据,并能自动核查。因为可以实现快速识别来自相同或类似配发机构的多个处方;识别药物间的相互作用、禁忌症;识别非规范用药和用量(如将学龄儿童剂量用于婴儿);识别初次开某药时所给的特别提示(如抗生素、气雾剂等);以及快速识别药物过敏等,这样能有效提高药物治疗质量。

对患者、医师或药剂师而言,使用“MedicationNotes”是自愿的。其目标群体尤其是指那些应接受多个医生治疗的特定患者,或处于特定风险中的患者。表2给出了“MedicationNotes”中各单个实体的具体说明。

注:“MedicationNotes”没有必要完整给出涵盖所有用药的相关数据。而是由于其使用是自愿的,它起到备忘录的作用,这并不意味着医师或药剂师可以免去核实相应用药注意事项以及核实“MedicationNotes”中基于这些注意事项的数据的义务。

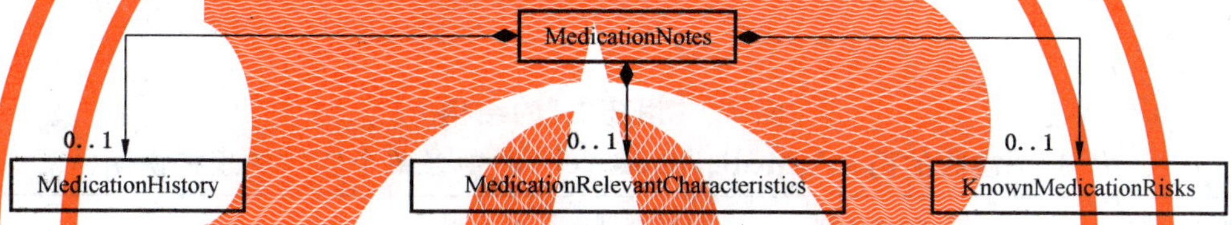

图3 “用药记录”的结构

表2 “用药记录”中各单个实体的规格说明

对象类	中文名称	数据类型	可出现频次	说明
MedicationHistory	用药史	Class	0..1	该类包含被记录人的用药史记录。它包括1..M个“MedicationReceived”(接收的药物),并可包含“AccessoryAttributes”元素
MedicationRelevantCharacteristics	用药相关特征	Class	0..1	该类包含被记录人的用药相关特征记录。它包括1..M个“PatientCharacteristic”(患者特征),并可包含“AccessoryAttributes”元素。(见图5和表4)
KnownMedicationRisks	已知用药风险	Class	0..1	该类包含被记录人的已知药物风险记录。它包括1..M个“KnownInteraction”(已知的相互影响)或“Contra-indication”(禁忌症),并可包含“AccessoryAttributes”元素。(见图6和表5)

ASN.1数据定义:

```
MedicationNotes ::= SET
{
medicationHistory                          [0]MedicationHistory OPTIONAL,
medicationRelevantCharacteristics          [1]MedicationRelevantCharacteristics OPTIONAL,
knownMedicationRisks                       [2]KnownMedicationRisks OPTIONAL
}
```

7.2.2 “用药史”数据对象

用药史(MedicationHistory)记录包含已提供给患者摄入或使用的药物。该对象只提供对单个明确药物代码的存储,并能被自动链接到用药数据库。该对象也存储新用药的配发日期和类型。如果药物被再次配发,日期1转到日期2,此新的配发日期填入日期1的字段。如果药物被配发超过2次,则最近两次的配发日期保存在这两个日期字段中,同时输入重复标记。如果经过询问患者后表明其不再使用该药物,则输入归档代码。如果该药物再次被配发,则删除该归档代码。详见图4和表3。

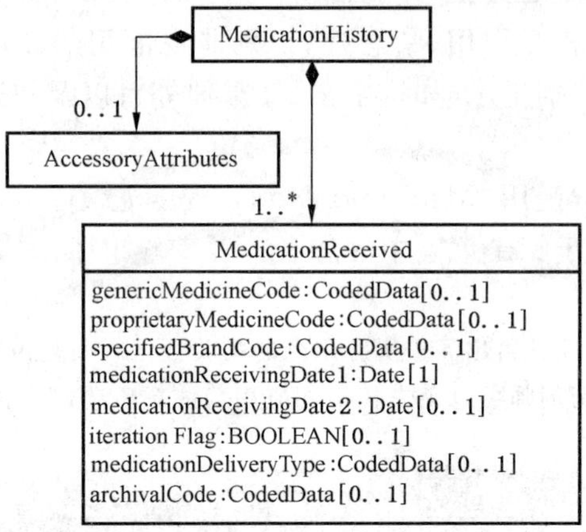

图4 “用药史”的结构

表3 “接收的药物”(MedicationReceived)中各单个实体的规格说明

属性	中文名称	数据类型	可出现频次	说明
genericMedicineCode	通用药物代码	Coded data	0..1	包含所开药物的一般描述
proprietaryMedicineCode	专利药代码	Coded data	0..1	包含所开药物的专利命名
specifiedBrandCode	指定品牌代码	Coded data	0..1	代表指定所有权药物品牌的代码型数据。 注1:关于“特定”情况(如再次进口商品)的代码,用于定义该药的来源,其中可出现制造商相同但来源不同的情形。 注2:“genericMedicineCode”、“proprietary MedicineCode”和“specifiedBrandCode”是条件型的,即它们应至少存在一个。
medicationReceivingDate1	药物接收日期1	Date	1	包含患者最后一次接收该药物的日期
medicationReceivingDate2	药物接收日期2	Date	0..1	包含患者倒数第二次接收该药物的日期
iterationFlag	重复标记	Boolean	0..1	如果取值为TRUE,则表明该患者接收该药2次以上(不含2次)
medicationDeliveryType	药物交付类型	Coded data	0..1	包含患者接收药物所处语境的代码型数据表征(如处方药、医生给药、个人用药等)
archivalCode	归档代码	Coded data	0..1	使用代码型数据的结构对当前不再使用的历史用药所做的记录

ASN.1 数据定义：

```
MedicationHistory        ::= SET
{
medicationReceived            [0]SET OF MedicationReceived,
accessoryAttributes           [1]AccessoryAttributes OPTIONAL
}
MedicationReceived        ::= SET
{
genericMedicineCode           [0]CodedData OPTIONAL,
proprietaryMedicineCode       [1]CodedData OPTIONAL,
specifiedBrandCode            [2]CodedData OPTIONAL,
medicationReceivingDate1      [3]Date,
medicationReceivingDate2      [4]Date OPTIONAL,
iterationFlag                 [5]BOOLEAN OPTIONAL,
medicationDeliveryType        [6]CodedData OPTIONAL,
archivalCode                  [7]CodedData OPTIONAL
}
Date               ::= NumericString (SIZE (8))   ——YYYYMMDD 依照 GB/T 7408
```

注：GB/T 7408 基本日期格式：YYYYMMDD；也允许：YYYYMM 或 YYYY。

7.2.3 “用药相关特征”数据对象

用药相关特征(MedicationRelevantCharacteristics)记录包含某些患者特征，这些特征与诊断、发现或危险情形(如过敏反应、糖尿病、怀孕或哺乳)等相关联时，可能导致需要专门用药提示或摄入禁忌药物。详见图 5 和表 4。

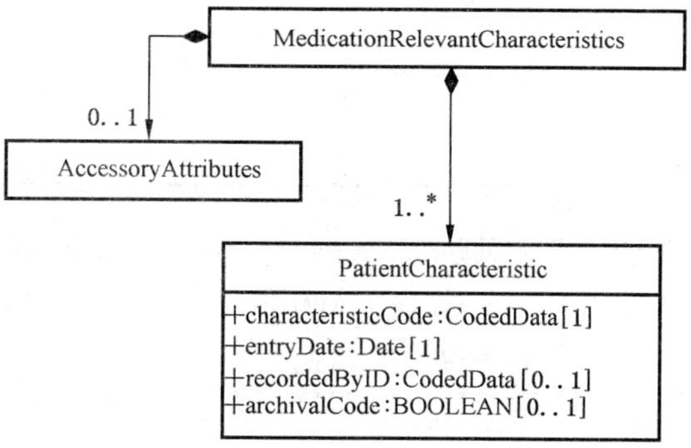

图 5 “用药相关特征”的结构

表 4 “患者特征”(PatientCharacteristics)中各单个实体的规格说明

属　　性	中文名称	数据类型	可出现频次	说　　明
characteristicCode	特征代码	Coded data	1	包含用药相关患者特征的代码型数据表征
entryDate	输入时间	Date	1	
recordedByID	记录人 ID	Coded data	0..1	包含记录该特征的医生或药剂师的唯一标识符
archivalCode	归档代码	Boolean	0..1	如果取值为 TRUE，则表明某患者特征(如怀孕)不再继续存在

ASN.1 数据定义：

```
MedicationRelevantCharacteristics   ::= SET
{
patientCharacteristic               [0]SET OF PatientCharacteristic,
accessoryAttributes                 [1]AccessoryAttributes OPTIONAL
}
PatientCharacteristic                ::= SET
{
characteristicCode                  [0]CodedData,
entryDate                           [1]Date,
recordedByID                        [2]CodedData OPTIONAL,
archivalCode                        [3]BOOLEAN OPTIONAL
}
```

7.2.4 "已知用药风险"数据对象

已知用药风险(KnownMedicationRisks)记录包含用药和患者特征间已知的交互作用；当医师决定开具该用药的处方时应经过风险评估。已选择的数据对象由两个伙伴组成合作模型，这两个伙伴能够通过数据字段类型(如用药、诊断、年龄、性别等)单独分类，且两个伙伴间的关联类型(如交互作用、禁忌症、药物过敏等)是确定的。详见图 6 和表 5。

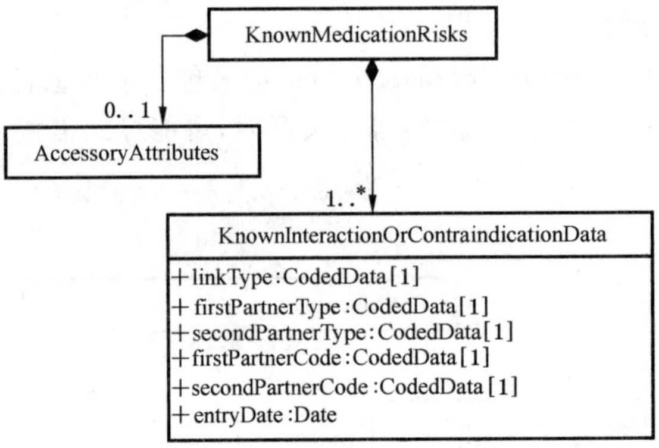

图 6 "已知用药风险"(KnownMedicationRisks)的结构

表 5 "已知的相互影响"(KnownInteraction)或"禁忌症"(Contra-indication)中各单个实体的规格说明

属　性	中文名称	数据类型	可出现频次	说　明
linkType	关联类型	Coded data	1	包含用药风险的代码型数据表征，该用药风险是由上述伙伴关联中的特定伙伴所引起的风险
firstPartnerType	第一合作者类型	Coded data	1	
secondPartnerType	第二合作者类型	Coded data	1	
firstPartnerCode	第一合作者代码	Coded data	1	
secondPartnerCode	第二合作者代码	Coded data	1	
entryDate	录入日期	Date	1	

ASN.1 数据定义：

```
KnownMedicationRisks                      ::= SET
{
knownInteractionOrContraindication          [0]SET OF KnownInteractionOrContraindication,
accessoryAttributes                         [1]AccessoryAttributes OPTIONAL
}
KnownInteractionOrContraindication          ::= SET
{
linkType                                    [0]CodedData,
firstPartnerType                            [1]CodedData,
secondPartnerType                           [2]CodedData,
firstPartnerCode                            [3]CodedData,
secondPartnerCode                           [4]CodedData,
entryDate                                 [5]Date
}
```

7.2.5 示例

类/属性	中文名称	数据类型	可出现频次	示例数据
MedicationNotes	用药记录	Class	0..1	
- MedicationHistory	用药史	Class	0..1	
- - MedicationReceived	接收的药物	Class	1..M	
- - - genericMedicineCode	通用药物代码	Coded data	0..1	
- - - - codingSchemeRef	编码方案引用	Integer	1	<RefPointer>
- - - - codeDataValue	代码数据值	String	1	C08CA05
- - - - codeDataFreeText	代码数据自由文本	String	0..1	Nifedipine
- - - medicationReceivingDate1	药物接收日期 1	Date	1	20030904
- - - medicationReceivingDate2	药物接收日期 2	Date	0..1	20030618
- - - medicationDeliveryType	药物交付类型	Coded data	0..1	
- - - - codingSchemeRef	编码方案引用	Integer	1	<RefPointer>
- - - - codeDataValue	代码数据值	String	1	A
- - - - codeDataFreeText	代码数据自由文本	String	0..1	Prescription
- MedicationRelevantCharacteristics	用药相关特征	Class	0..1	
- - PatientCharacteristic	患者特征	Class	1..M	
- - - characteristicCode	特征代码	Coded data	1	
- - - - codingSchemeRef	编码方案引用	Integer	1	<RefPointer>
- - - - codeDataValue	代码数据值	String	1	C
- - - - codeDataFreeText	代码数据自由文本	String	0..1	allergic to milk
- - - entryDate	输入时间	Date	1	20021011
- - - recordedByID	记录人 ID	Coded data		
- - - - codingSchemeRef	编码方案引用	Integer	1..1	<RefPointer>

表（续）

类/属性	中文名称	数据类型	可出现频次	示例数据
- - - - codeDataValue	代码数据值	String	1..1	<id of physician>
- KnownMedicationRisks	已知用药风险	Class	0..1	
- - KnownInteraction(或 Contraindication)	已知的相互影响（或：禁忌症）	Class	1..M	
- - - linkType	关联类型	Coded data	1	
- - - - codingSchemeRef	编码方案引用	Integer	1	<RefPointer>
- - - - codeDataValue	代码数据值	String	1	C
- - - - codeDataFreeText	代码数据自由文本	String	0..1	Interaction
- - - firstPartnerType	第一合作者类型	Coded data	1	
- - - - codingSchemeRef	编码方案引用	Integer	1	<RefPointer>
- - - - codeDataValue	代码数据值	String	1	A
- - - - codeDataFreeText	代码数据自由文本	String	0..1	Drug
- - - secondPartnerType	第二合作者类型	Coded data	1	
- - - - codingSchemeRef	编码方案引用	Integer	1	<RefPointer>
- - - - codeDataValue	代码数据值	String	1	A
- - - - codeDataFreeText	代码数据自由文本	String	0..1	Drug
- - - firstPartnerCode	第一合作者代码	Coded data	1	
- - - - codingSchemeRef	编码方案引用	Integer	1	<RefPointer>
- - - - codeDataValue	代码数据值	String	1	C08CA05
- - - - codeDataFreeText	代码数据自由文本	String	0..1	Nifedipine
- - - secondPartnerCode	第二合作者代码	Coded data	1	
- - - - codingSchemeRef	编码方案引用	Integer	1	<RefPointer>
- - - - codeDataValue	代码数据值	String	1	C07AB07
- - - - codeDataFreeText	代码数据自由文本	String	0..1	Bisoprolol
- - - entryDate	录入日期	Date	1	20030317

7.3 “用药处方集”数据对象

用药处方集(MedicationPrescriptions)数据对象由“用药处方”(MedicationPrescription)集合组成(见图7)，包含“Prescriber”(开处方人)和“PrescriptionItem”(处方项)元素，还可包含“AccessoryAttributes”元素(见图8)。“Prescriber”元素包含的数据标识着作为该处方法定授权人的医疗保健方(也可以包含引用的数据)。“MedicationPrescription”的结构及其中各单个实体，详见图8～图16，具体说明详见表6～表16。

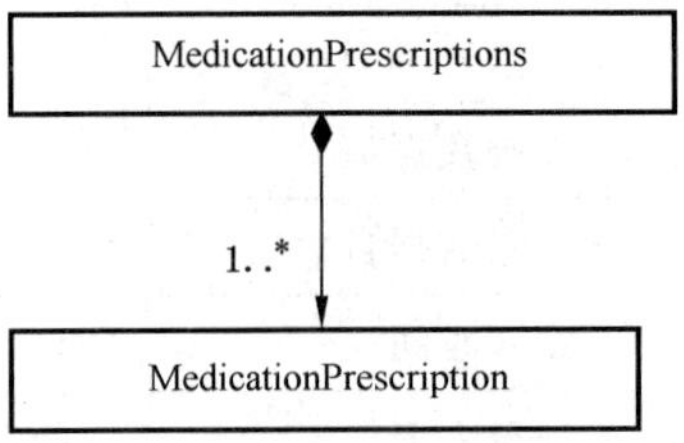

图7 “用药处方集”的结构

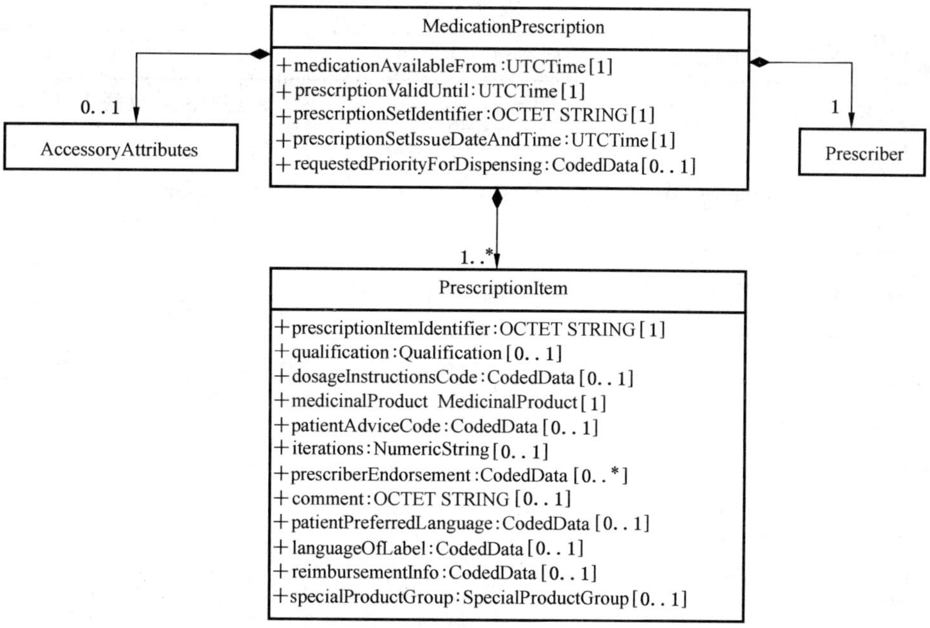

图 8 “用药处方”的结构

表 6 “用药处方”(MedicationPrescription)中各单个实体的规格说明

类/属性	中文名称	数据类型	可出现频次	说　明
medicationAvailableFrom	取药时间	UTC Time	1	配发药品的规定起始日期
prescriptionValidUntil	处方失效时间	UTC Time	1	不能再配发药品的规定日期 注：在某些国家或组织，该时限是由法律规定的，然而也可由开处方人设定但不能超过该规定时限
prescriptionSetIdentifier	处方集标识符	String	1	处方集的唯一标识符
prescriptionSetIssueDateAndTime	处方集发布日期与时间	UTC Time	1	
requestedPriorityForDispensing	优先配发请求	Coded Data	0..1	优先配发而非例行处理
Prescriber	开处方人	Class	1	开处方人的唯一标识
PrescriptionItem	处方项	Class	1..M	包含所开医用品的信息(见表 7)

表 7 “处方项”(PrescriptionItem)中各单个实体的规格说明

属　性	中文名称	数据类型	可出现频次	说　明
prescriptionItemIdentifier	处方项标识符	String	1	处方项的唯一标识
qualification	限定	Enumerated	0..1	如果值为 0，表示紧急用药 如果值为 1，表示长期用药 如果值为 2，表示必要时用药
dosageInstructionsCode	用法用量代码	Coded data	0..1	用法及用药时间的代码型数据表征
MedicinalProduct	医用品	Class	1	所开医用品信息，由制造商生产的(见表 8“厂商生产的医用品”ManufacturedMedicinalProduct)或配制的(见表 12“配制的医用品”MagistralMedicinalProduct)。其结构见图 9

表 7(续)

属　性	中文名称	数据类型	可出现频次	说　明
patientAdviceCode	嘱托代码	Coded data	0..1	用药补充建议的代码型数据表征
iterations	重复次数	Numeric string	0..1	"Prescription"可配发的次数 注：仅能由开处方人设定的数值，配发人据此多次执行处方。
prescriberEndorsement	开处方人背书	Coded data	0..M	由开处方人添加的能够触发特定病例事件或记录特定病例信息的数据
comment	备注	String	0..1	给配发方的附加信息
patientPreferredLanguage	患者首选语言	Coded data	0..1	包含患者用于交流的首选语言的代码型数据表征
languageofLabel	标签语言	Coded data	0..1	标签上药物用法用量和嘱托所使用语言的代码型数据表征
reimbursementInfo	补偿信息	Coded data	0..1	财政补偿信息的代码型数据表征
SpecialProductGroup	特殊医用品	Class	0..1	当所开医用品属于特殊医用品时的补充信息(见表 16 和图 16)

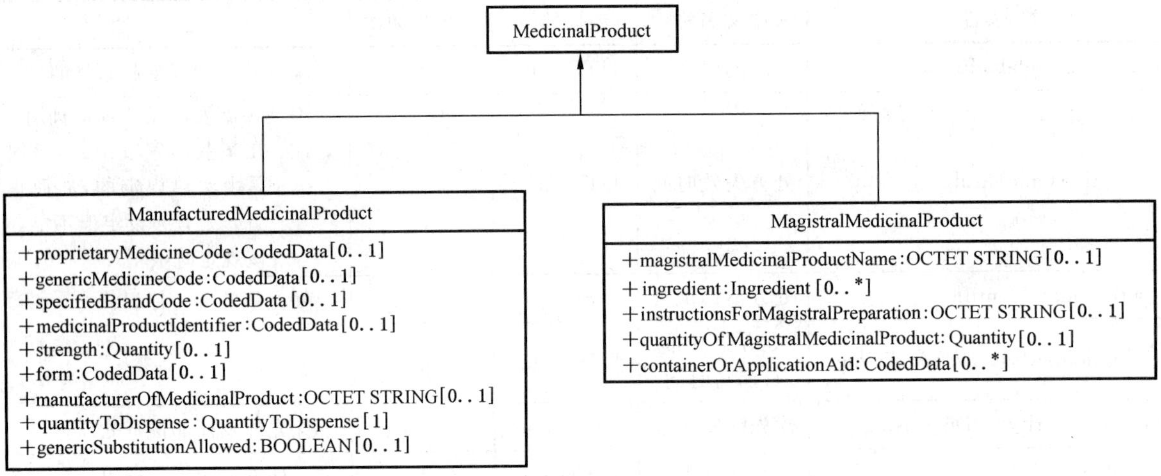

图 9　"医用品"(MedicinalProduct)的结构

表 8　"厂商生产的医用品"(ManufacturedMedicinalProduct)中各单个实体的规格说明

属　性	中文名称	数据类型	可出现频次	说　明
proprietaryMedicineCode	专利药代码	Coded data	0..1	包含药物专利名称的代码型数据表征
genericMedicineCode	通用药物代码	Coded data	0..1	包含药物通用名称的代码型数据表征
specifiedBrandCode	指定品牌代码	Coded data	0..1	代表指定所有权药物品牌的代码型数据。 注 1：关于"特定"情况(如再次进口商品)的代码，用于定义该药的来源，其中可出现制造商相同但来源不同的情形。 注 2："genericMedicineCode"、"proprietaryMedicineCode"和"specifiedBrandCode"是条件型的，即至少出现一个。

表 8（续）

属　性	中文名称	数据类型	可出现频次	说　明
medicinalProductIdentifier	医用品标识符	Coded data	0..1	包含药物的本地代码(显性的)
strength	浓度/强度	Quantity	0..1	制药浓度/强度(“Quantity”的定义见表 15)
form	规格	Coded data	0..1	包含供应药物规格的代码型数据表征
manufacturerOfMedicinal product	医用品制造商	String	0..1	
QuantityToDispense	配发量	Class	1	每次配发药物时的总量(见表 9 和图 10)
genericSubstitutionAllowed	通用药替代许可	BOOLEAN	0..1	如果取值为 TRUE,则指出处方的配发人可配发与专利药等同的通用药

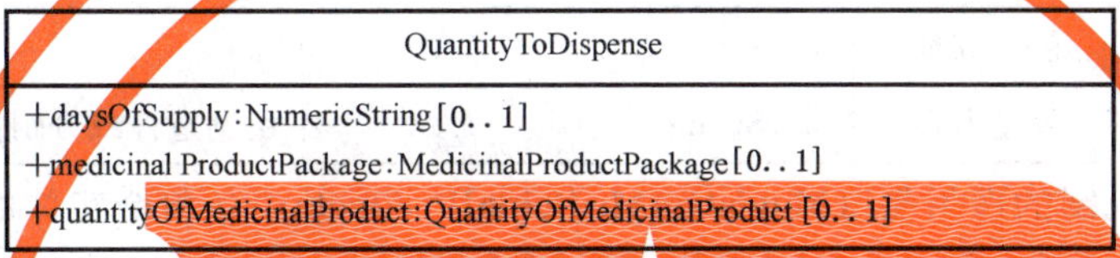

图 10 “配发量”(QuantityToDispense)的结构

表 9 “配发量”(QuantityToDispense)中各单个实体的规格说明

属　性	中文名称	数据类型	可出现频次	说　明
daysOfSupply	供给天数	Numeric string	0..1	供给的天数
MedicinalProductPackage	医用品包	Class	0..1	包含已打包在外包装中的所开医用品交付单元的信息(见图 12 和表 11) 注：属性“daysOfSupply”、“QuantityOf-MedicinalProduct”和“Medicinal-ProductPackage”是条件型的,即至少出现一个或也可以是二选一型的,即仅可出现一个。
QuantityOfMedicinalProduct	医用品量	Class	0..1	包含所开医用品量的信息(见图 11 和表 10)

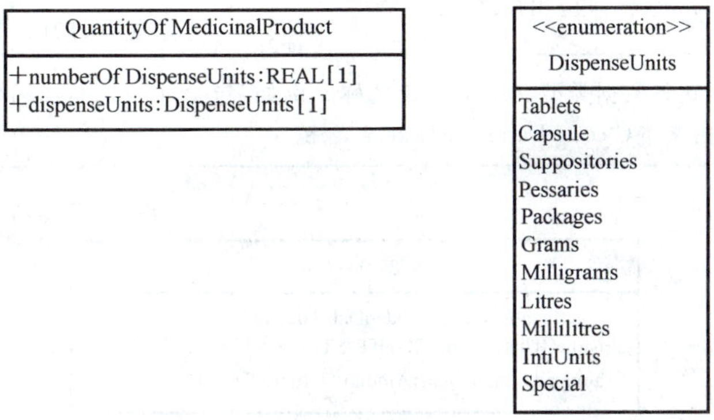

图 11 “医用品量”(QuantityOfMedicinalProduct)的结构

表 10 “医用品量”(QuantityOfMedicinalProduct)中各单个实体的规格说明

属　　性	中文名称	数据类型	可出现频次	说　　明
numberOfDispenseUnits	配发单元数量	Real	1..1	供给单元的数量
dispenseUnits	分发单位	Enumerated	1..1	

MedicinalProductPackage
+numberOf Packages:NumericString[1] +packageContent:OCTET STRING[1]

图 12 “医用品包”(MedicinalProductPackage)的结构

表 11 “医用品包”(MedicinalProductPackage)中各单个实体的规格说明

属　　性	中文名称	数据类型	可出现频次	说　　明
numberOfPackages	包裹数量	Numeric string	1..1	
packageContent	包裹内容	String	1..1	由制造商或分销商所提供的医用品总额

表 12 “配制的医用品”(MagistralMedicinalProduct)中各单个实体的规格说明

属　　性	中文名称	数据类型	可出现频次	说　　明
magistralMedicinalProductName	配制医用品名	String	0..1	例如:出自药典的正式名称 注:使用正式名称的情况下,成分的名称并非绝对必要。
Ingredient	成分	Class	0..M	包含配制医用品成分的信息(见表13和图13) 注:“MagistralMedicinalProduct-Name”和“Ingredient”是条件型的,即至少出现一个。
instructionsForMagistralPreparation	配制准备说明	String	0..1	给配发人的说明,配发人据此准备配发医用品
quantityOfMagistralMedicinalProduct	配制医用品量	Quantity	0..1	配制医用品的总量,如果没有规定成分,则应出现总量(如:正式名称出自药典)(见表15)
containerOrApplicationAid	包装或应用帮助	Coded data[a]	0..M	配制医用品包装(或名称)的代码型数据表征或使用配制医用品应用帮助的代码型数据表征
[a] 如果可能,代码型数据这一数据类型仅用于规定名称。例如:包含“0000”的代码型数据的“codeDataValue”属性指的是仅规定了自由文本(“code DataFreeText”)。				

Ingredient
+IngredientIdentifier:CodedData[0..1] +nameOfIngredient OCTET STRING[1] +amountOfIngredient:AmountOfIngredient[1]

图 13 “成分”(Ingredient)的结构

表 13 “成分”(Ingredient)各单个实体的规格说明

属　　性	中文名称	数据类型	可出现频次	说　　明
ingredientIdentifier	成分标识符	Coded data	0..1	成分的唯一标识
nameOfIngredient	成分名	String	1..1	
AmountOfIngredient	成分总量	Class	1..1	(见表 14 和图 14)

注：如果可能，“nameOfIngredient”可集成在“ingredientIdentifier”中以规定自由文本。在这种情况下，“ingredient-Identifier”的可出现频次是 1..1。

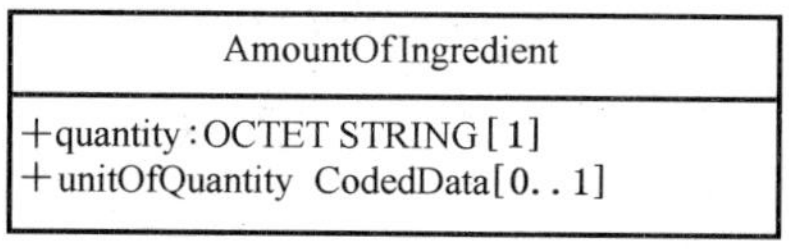

图 14 “成分总量”(AmountOfIngredient)的结构

表 14 “成分总量”(AmountOfIngredient)中各单个实体的规格说明

属　　性	中文名称	数据类型	可出现频次	说　　明
quantity	量	String	1..1	数值型或非数值型事件(如:等同部分)的发生
unitOfQuantity	量单位	Coded data	0..1	“Quantity”的内容是数字型时应出现

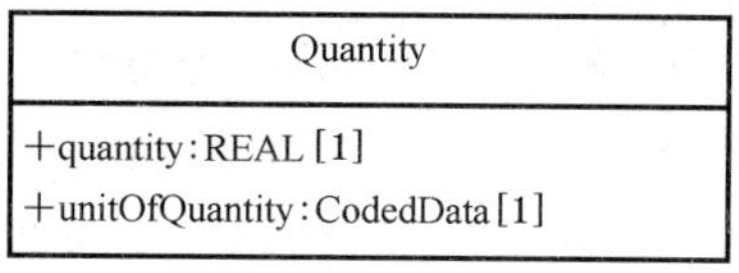

图 15 “量”(Quantity)的结构

表 15 “量”(Quantity)中各单个实体的规格说明

属　　性	中文名称	数据类型	可出现频次	说　　明
quantity	量	Real	1..1	
unitOfQuantity	量单位	Coded data	1..1	

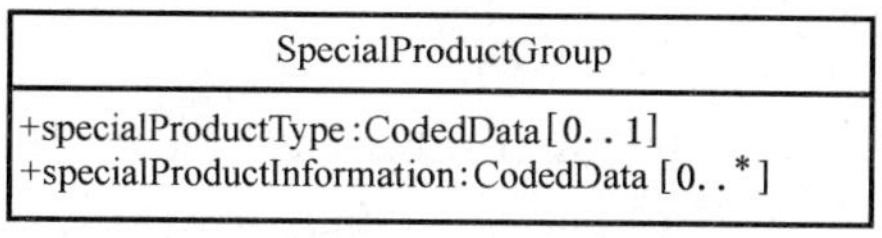

图 16 “特殊医用品”(SpecialProductGroup)的结构

表 16 “特殊医用品”(SpecialProductGroup)中各单个实体的规格说明

属　　性	中文名称	数据类型	可出现频次	说　　明
specialProductType	特殊医用品类型	Coded data	0..1	特殊医用品类型的代码型数据表征。如:麻醉药物、医用器材、疫苗
specialProductInformation	特殊医用品信息	Coded data	0..M	特殊医用品信息的代码型数据表征。如:麻醉处方的补充标记“N”(在德国,N 表示急诊麻醉处方)

ASN.1 数据定义：

```
MedicationPrescriptions        ::= SET OF MedicationPrescription
MedicationPrescription         ::= SET
```

```
{
medicationAvailableFrom                [0]UTCTime,
prescriptionValidUntil                 [1]UTCTime,
prescriptionSetIdentifier              [2]OCTET STRING,
prescriptionSetIssueDateAndTime        [3]UTCTime,
requestedPriorityForDispensing         [4]CodedData OPTIONAL,
prescriptionItem                       [5]SET OF PrescriptionItem,
prescriber                             [6]Prescriber,
accessoryAttributes                    [7]AccessoryAttributes OPTIONAL
}
PrescriptionItem                       ::= SET
{
prescriptionItemIdentifier             [0]OCTET STRING,
qualification                          [1]ENUMERATED OPTIONAL {
                                       紧急用药 (0),长期用药 (1),
                                       必要时用药 (2)  }
dosageInstructionsCode                 [2]CodedData OPTIONAL,
medicinalProduct                       [3]MedicinalProduct,
patientAdviceCode                      [4]CodedData OPTIONAL,
iterations                             [5]NumericString OPTIONAL,
prescriberEndorsement                  [6]SET OF CodedData OPTIONAL,
comment                                [7]OCTET STRING OPTIONAL,
patientPreferredLanguage               [8]CodedData OPTIONAL,
languageOfLabel                        [9]CodedData OPTIONAL,
reimbursementInfo                      [10]CodedData OPTIONAL,
specialProductGroup                    [11]SpecialProductGroup OPTIONAL
}
MedicinalProduct                       ::= CHOICE
{
manufacturedMedicinalProduct           [0]ManufacturedMedicinalProduct,
magistralMedicinalProduct              [1]MagistralMedicinalProduct
}
ManufacturedMedicinalProduct           ::= SET
{
proprietaryMedicineCode                [0]CodedData OPTIONAL,
genericMedicineCode                    [1]CodedData OPTIONAL,
specifiedBrandCode                     [2]CodedData OPTIONAL,
medicinalProductIdentifier             [3]Coded Data OPTIONAL,
strength                               [4]Quantity OPTIONAL,
form                                   [5]Coded Data OPTIONAL,

manufacturerOfMedicinalProduct         [6]OCTET STRING OPTIONAL,
quantityToDispense                     [7]QuantityToDispense,
```

```
genericSubstitutionAllowed            [8]BOOLEAN OPTIONAL
}
QuantityToDispense ::= CHOICE
{
quantityOfMedicinalProduct            [0]QuantityOfMedicinalProduct,
daysOfSupply                          [1]NumericString,
medicinalProductPackage               [2]MedicinalProductPackage
}
QuantityOfMedicinalProduct            ::= SEQUENCE {numberOfDispenseUnits [0]REAL,
dispenseUnits                         [1]ENUMERATED
                                      {Tablets (0),--This includes other forms of special "tablets"
                                      that may be sold as anarbitrary No. of individual entities
                                      Capsule (1), --This includes other forms of special
                                      "capsules" that may be sold as anarbitrary No. of individual
                                      entities
                                      Suppositories (2),
                                      Pessaries (3), -- This includes other forms of special
                                      "pessaries" that may be sold as anarbitrary No. of indivi-
                                      dual entities
                                      Packages (4),
                                      Grams (5),
                                      Milligrams (6),
                                      Litres (7),
                                      Millilitres (8),
                                      IntlUnits (9),
                                      Special (10)}
}
MedicinalProductPackage ::= SEQUENCE
{
numberOfPackages              [0]NumericString,
packageContent                [1]OCTET STRING
}
MagistralMedicinalProduct                 ::= SET
{magistralMedicinalProductName            [0]OCTET
STRING OPTIONAL,ingredient                [1]SET OF Ingredient OPTIONAL,
instructionsForMagistralPreparation       [2]OCTET STRING OPTIONAL,
quantityOfMagistralMedicinalProduct       [3]Quantity OPTIONAL,
containerOrApplicationAid                 [4]SET OF CodedData OPTIONAL
}
Ingredient           ::= SET
{
ingredientIdentifier          [0]CodedData OPTIONAL,
nameOfIngredient              [1]OCTET STRING,
```

```
amountOfIngredient            [2]AmountOfIngredient}

amountOfIngredient            :: = SEQUENCE
{
quantity                      [0]OCTET STRING,
unitOfQuantity                [1]CodedData OPTIONAL
}
Quantity                      :: = SEQUENCE
{
quantity                      [0]REAL,
unitOfQuantity                [1]CodedData
}
SpecialProductGroup           :: = SET
{
specialProductType            [0]CodedData OPTIONAL,
specialProductInformation     [1]SET OF CodedData OPTIONAL
}
Prescriber :: = HealthCareProfessional--开处方人员的唯一标识符.
```

7.4 “用药配发集”数据对象

“用药配发集”(MedicationsDispensed)应由“用药配发”(MedicationDispensed)集合组成(见图 17 和表 17),包括“DispensedItem”一个或多个元素和“Prescriber”元素,还可包括“AccessoryAttributes”元素(见图 18 和表 18)。“MedicationDispensed”的结构及其中各单个实体,详见图 18～图 25,具体说明详见表 18～表 25。

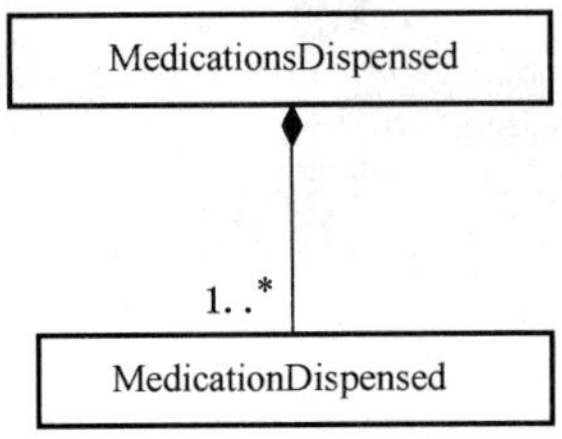

图 17 “用药配发集”(MedicationsDispensed)的结构

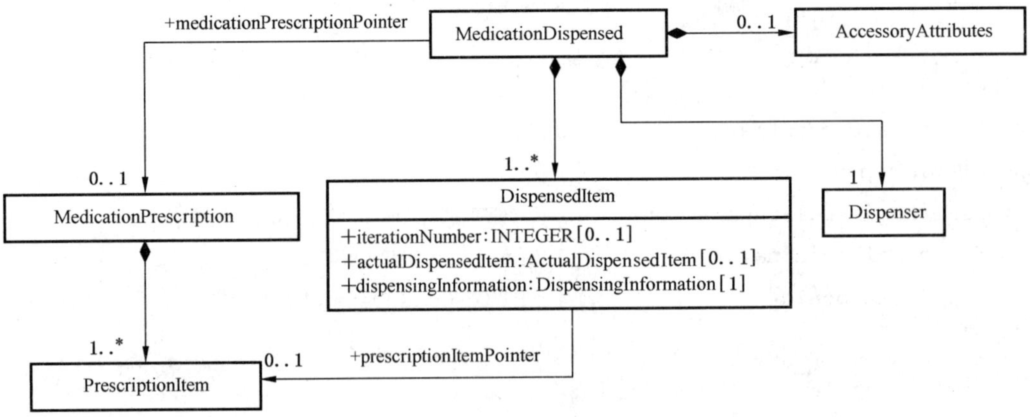

图 18 “用药配发”(MedicationDispensed)的结构

表 17 “用药配发”(MedicationDispensed)中各单个实体的规格说明

类/属性	中文名称	数据类型	可出现频次	说　明
medicationPrescriptionPointer	用药处方指针	Ref. pointer	0..1	指向“MedicationPrescription”对象
DispensedItem	配发项	Class	1..M	见表 18
AccessoryAttributes	附加属性	Class	0..1	附加属性
Dispenser	配发人员	Class	1	该配发人员的唯一标识符

表 18 “配发项”(DispensedItem)中各单个实体的规格说明

类/属性	中文名称	数据类型	可出现频次	说　明
prescriptionItemPointer	处方项指针	Ref. pointer	0..1	指向“prescriptionItem”对象
iterationNumber	重复次数	Integer	0..1	记录由“PrescriptionItemPointer”所引用药物的相关重复配发次数
ActualDispensedItem	实际配发项	Class	0..1	使用替代药物时或用药处方对象中所含数据集以某种方式改变时所使用的完整数据集。因此该数据集就与原数据集不一致且无法被引用(见表 19 和图 19)。 注：在“DispensedItem”中没有“MedicationPrescribedPointer”，则该数据表示由药房所配发但没有相应处方的药品记录，如 OTC 药的销售。 对于制造商生产的医用品，应允许在配发时用 2 种或多种规格(尺寸)以替代处方开具的原有规格(如用 2×20 片加上 1×10 片替代 1×50 片)。因此允许就每个处方项配发两种或多种规格的医用品
DispensingInformation	当前配发信息	Class	1	包含该配发事件的特定信息(见表 20 和图 20)

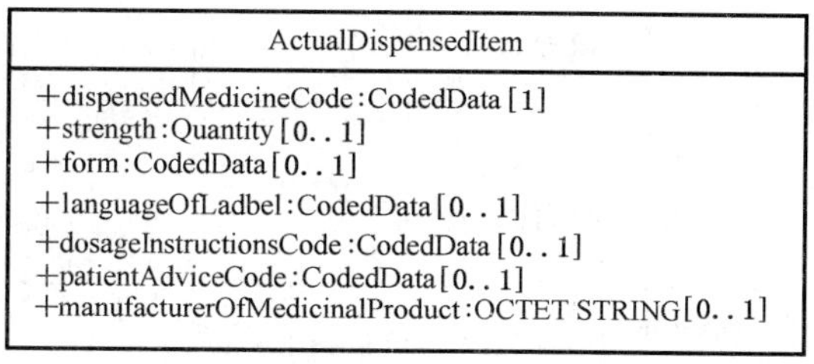

图 19 “实际配发项”(ActualDispensedItem)的结构

表 19 “实际配发项”(ActualDispensedItem)中各单个实体的规格说明

属　性	中文名称	数据类型	可出现频次	说　明
dispensedMedicineCode	已配发药品代码	Coded data	1	实际配发药品的代码型数据表征可由以下三种代码来表示：“proprietaryMedicineCode”、“genericMedicineCode”、“specifiedBrandCode”
strength	浓度/强度	Quantity	0..1	制药浓度/强度(见表 15)
form	规格	Coded data	0..1	包含供应药物规格的代码型数据表征

表 19 (续)

属　性	中文名称	数据类型	可出现频次	说　明
languageOfLabel	标签语言	Coded data	0..1	标签上药物用法用量和嘱托所使用语言的代码型数据表征
dosageInstructions Code	用法用量代码	Coded data	0..1	用法及用药时间的代码型数据表征
patientAdviceCode	嘱托代码	Coded data	0..1	用药补充建议的代码型数据表征
manufacturerOfMedicinalProduct	医用品制造商	String	0..1	

DispensingInformation
+quantityDispensed:QuantityDispensed [1] +dispensedDate:UTCTime[1] +dispensedPrice:Money[0..1] +dispensedPaid:Money [0..1] +exemptionStatus:CodedData[0..1] +genericSubstitution:BOOLEAN[1] +batchIdentifier :OCTET STRING[1] +dispensingIdentifier:OCTET STRING[1] +urgencyStatusOfDispensing Event:CodedData[0..1] +specialProductGroup:SpecialProductGroup[0..1] +commentOf DispenserToMedicinalProduct:CommentOf DispenserToMedicinalProduct [0..1] +dispensedMagistralMedicinalProduct:DispensedMagistralMedicinalProduct [0..*]

图 20 "当前配发信息"(DispensingInformation)的结构

表 20 "当前配发信息"(DispensingInformation)中各单个实体的规格说明

类/属性	中文名称	数据类型	可出现频次	说　明
QuantityDispensed	配发量	Class	1	包含已配发药总量的信息(见表 21 和图 21)
dispensedDate	配发日期	UTC time	1	执行处方的日期
dispensedPrice	配发价格	Money	0..1	处方包含的全部实际费用
dispensedPaid	配发支付	Money	0..1	配发时客户支付的总金额
exemptionStatus	减免状态	Coded data	0..1	用于患者费用的减免或共同支付的比例
genericSubstitution	是否进行了通用药替代	BOOLEAN	1	如果取值为 TRUE,则药剂师或药品配发人员以一种药品的通用药替代了指定的处方项
batchIdentifier	批次标识符	Octet string	1	已配发药品批次的唯一标识符
dispensingIdentifier	当前配发标识符	Octet string	1	
urgencyStatusOfDispensingEvent	当前配发事件的紧急状态	Coded data	0..1	参见 ENV 13607
SpecialProductGroup	特殊医用品	Class	0..1	当配发的医用品属于特殊医用品时的补充信息(见表 16)
CommentOfDispenserToMedicinalProduct	配发人对医用品的备注	Class	0..1	包含配发人对某配发医用品的备注信息(见表 22 和图 22)
DispensedMagistralMedicinalProduct	配发的配制医用品	Class	0..M	包含配发的配制医用品的相关信息(见表 23 和图 23)

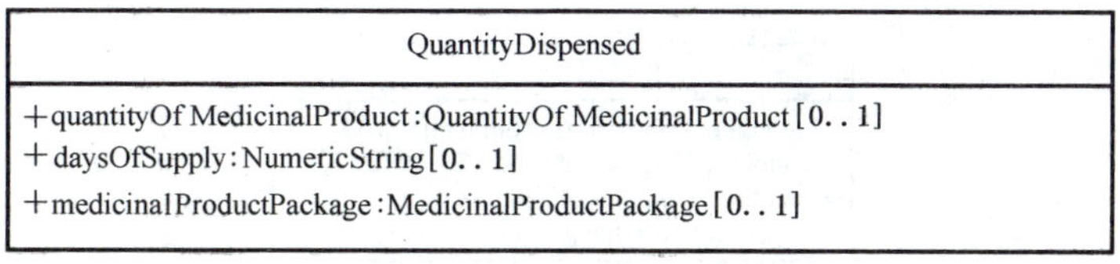

图 21 “配发量”(QuantityDispensed)的结构

表 21 “配发量”(QuantityDispensed)中各单个实体的规格说明

类/属性	中文名称	数据类型	可出现频次	说明
QuantityOfMedicinalProduct	医用品量	Class	0..1	包含医用品配发量的相关信息
daysOfSupply	供给天数	Numeric string	0..1	供给的天数
MedicinalProductPackage	医用品包	Class	0..1	包含已打包在外包装中的所开医用品交付单元的信息(见表 11)。 注：属性“daysOfSupply”、“quantityOfMedicinalProduct”和“medicinalProductPackage”是条件型的，即至少出现一个。或也可以是二选一型的，即仅可出现一个。

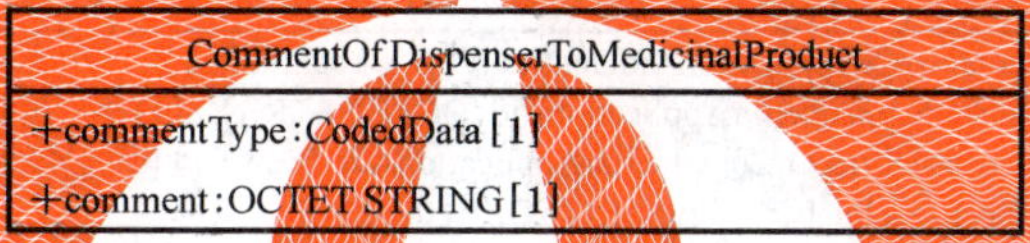

图 22 “配发人对医用品的备注”(CommentOfDispenserToMedicinalProduct)的结构

表 22 “配发人对医用品的备注”(CommentOfDispenserToMedicinalProduct)中各单个实体的规格说明

属性	中文名称	数据类型	可出现频次	说明
commentType	备注类型	Coded data	1..1	规定备注的意图，如：备注是写给支付担保方的还是补充给开处方人的
comment	备注	String	1..1	包含配发医用品的补充信息

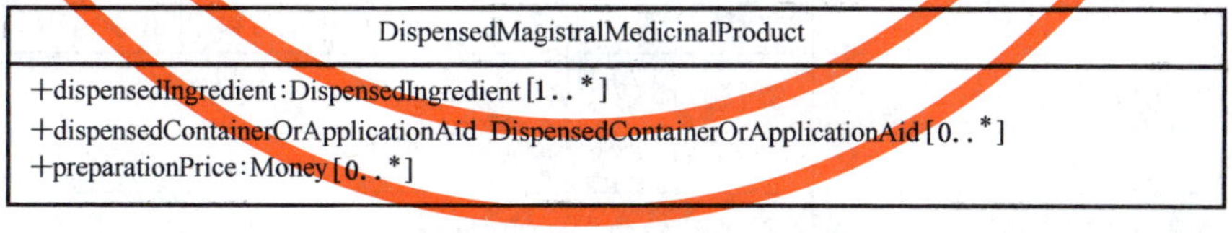

图 23 “配发的配制医用品”(DispensedMagistralMedicinalProduct)的结构

表 23 “配发的配制医用品”(DispensedMagistralMedicinalProduct)中各单个实体的规格说明

类/属性	中文名称	数据类型	可出现频次	说明
DispensedIngredient	配发成分	Class	1..M	包含已配发的某配制医用品中某成分的相关信息(见表 24)
DispensedContainerOrApplicationAid	配发包装或应用帮助	Class	0..M	包含配制医用品配发包装的相关信息或使用配制医用品应用帮助的相关信息(见表 25)
preparationPrice[a]	预备价格	Money	0..M	
[a] “preparationPrice”仅在给出价格时使用。				

DispensedIngredient
+IngredientIdentifier:CodedData[0..1] +nameOfIngredient:OCTET STRING[1] +quantityOfIngredient:Quantity[1] +dispensedPriceOfIngredient:Money[1]

图 24 “配发成分”(**DispensedIngredient**)的结构

表 24 “配发成分”(**DispensedIngredient**)中各单个实体的规格说明

属　性	中文名称	数据类型	可出现频次	说　明
ingredientIdentifier	成分标识符	Coded data	0..1	成分的唯一标识符
nameOfIngredient[a]	成分名称	String	1..1	
quantityOfIngredient	成分量	Quantity	1..1	(见表 15)
dispensedPriceOfIngredient[b]	成分配发价格	Money	1..1	

a 如果可能,“nameOfIngredient”可集成在“ingredient identifier”中以规定自由文本。在这种情况下,“ingredientIdentifier”的可出现频次是 1..1。

b “dispensedPriceOfIngredient”仅在给出价格时使用。

DispensedContainerOrApplicationAid
+containerOrApplicationAidIdentifier:CodedData[0..1] +nameOfContainerOrApplicationAid:OCTET STRING[1] +dispensedPriceOfContainerOrApplicationAid:Money[1] +dispensedNumberOfUnits:INTEGER[0..1]

图 25 “配发包装或应用帮助”(**DispensedContainerOrApplicationAid**)的结构

表 25 “配发包装或应用帮助”(**DispensedContainerOrApplicationAid**)中各单个实体的规格说明

属性	中文名称	数据类型	可出现频次	说　明
containerOrApplicationAidIdentifier	包装/应用辅助标识符	Coded data	0..1	包含配发包装或配发应用辅助的代码型数据表征
nameOfContainerOrApplicationAid[a]	包装/应用辅助名称	String	1..1	
dispensedPriceOfContainerOrApplicationAid	包装/应用辅助配发价格	Money	1..1	
dispensed NumberOfUnits[b]	单元配发数	Integer	0..1	

a “nameOfContainerOrApplicationAid”依据“nameOfIngredient”。

b “dispensedPriceOfIngredient”仅在给出价格时使用。

ASN.1 数据定义:

```
MedicationsDispensed        ::= SET OF MedicationDispensed
MedicationDispensed         ::= SET
{
medicationPrescriptionPointer     [0]RefPointer OPTIONAL,--Points to the Medication Prescrip-
                                     tion object
dispensedItem                     [1]SET OF DispensedItem,
```

```
prescriber                     [2]Prescriber,--The unique identifier of the prescriber
accessoryAttributes            [3]AccessoryAttributes OPTIONAL
}

DispensedItem        :: = SET
{
prescriptionItemPointer        [0]RefPointer OPTIONAL,--Points to the Prescription Item object
iterationNumber                [1]INTEGER OPTIONAL,
actualDispensedItem            [2]ActualDispensedItem OPTIONAL,
dispensingInformation          [3]DispensingInformation}

ActualDispensedItem     :: = SET
{
dispensedMedicineCode              [0]CodedData,
strength                           [1]Quantity OPTIONAL,
form                               [2]CodedData OPTIONAL,
languageOfLabel                    [3]CodedData OPTIONAL,
dosageInstructionsCode             [4]CodedData OPTIONAL,
patientAdviceCode                  [5]CodedData OPTIONAL,
manufacturerOfMedicinalProduct     [6]OCTET STRING OPTIONAL
}

DispensingInformation           :: = SET
{
quantityDispensed                       [0]QuantityDispensed,
dispensedDate                           [1]UTCTime,
dispensedPrice                          [2]Money OPTIONAL,
dispensedPaid                           [3]Money OPTIONAL,
exemptionStatus                         [4]CodedData OPTIONAL,
genericSubstitution                     [5]BOOLEAN,
batchIdentifier                         [6]OCTET STRING,
dispensingIdentifier                    [7]OCTET STRING,
urgencyStatusOfDispensingEvent          [8]CodedData OPTIONAL,
specialProductGroup                     [9]SpecialProductGroup OPTIONAL,
commentOfDispenserToMedicinalProduct    [10]CommentOfDispenserToMedicinalProduct OPTIONAL,
dispensedMagistralMedicinalProduct      [11]DispensedMagistralMedicinalProduct OPTIONAL
}
QuantityDispensed         :: = CHOICE
{
quantityOfMedicinalProduct              [0]QuantityOfMedicinalProduct,
daysOfSupply                            [1]NumericString,
```

```
medicinalProductPackage                    [2]MedicinalProductPackage
}

CommentOfDispenserToMedicinalProduct       ::= SET
{
commentType                                [0]CodedData,
comment                                    [1]OCTET STRING
}

DispensedMagistralMedicinalProduct  ::= SET
{
dispensedIngredient                        [0]SET OF DispensedIngredient,
dispensedContainerOrApplicationAid         [1]SET OF DispensedContainerOrApplicationAid OPTIONAL,
preparationPrice                           [2]SET OF Money OPTIONAL
}
DispensedIngredient                 ::= SET
{
ingredientIdentifier                [0]CodedData OPTIONAL,
nameOfIngredient                    [1]OCTET STRING,
quantityOfIngredient                [2]Quantity,
dispensedPriceOfIngredient          [3]Money
}
DispensedContainerOrApplicationAid              ::= SET
{
containerOrApplicationAidIdentifier                  [0]CodedData OPTIONAL,
nameOfContainerOrApplicationAid                      [1]OCTET STRING,
dispensedPriceOfContainerOrApplicationAid            [2]Money,
dispensedNumberOfUnits                               [3]INTEGER OPTIONAL,
}
Dispenser              ::= HealthCareProfessional   --The unique identifier of the dispenser.
Money                  ::= Quantity  --monetary value and currency unit
```

7.5 "用药引用集"数据对象

"用药引用集"(MedicationReferences)数据对象应包含一系列的"用药引用"(MedicationReference)对象。见图 26、图 27 和表 26。

注：用药引用提供资源的"地址"而不是这个卡中包含的与患者的相关用药数据。

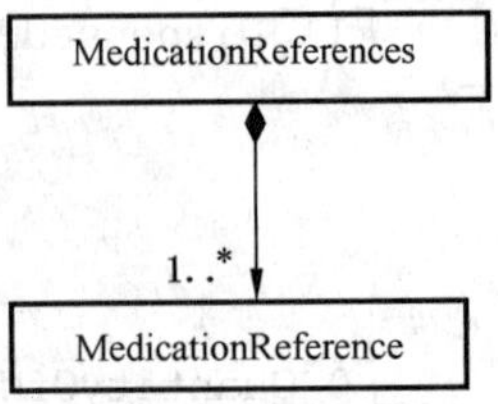

图 26 "用药引用集"(MedicationReferences)的结构

MedicationReference
+uniqueResourceLocator:OCTET STRING[1] +prescriptionSetIdentifier:OCTET STRING[1] +prescriptionItemIdentifier:OCTET STRING [0..*] +key:BIT STRING[0..1]

图 27 “用药引用”(MedicationReference)的结构

表 26 “用药引用”(MedicationReference)中各单个实体的规格说明

属　性	中文名称	数据类型	可出现频次	说　明
uniqueResourceLocator	唯一资源定位符	String	1	指向包含所开药品对象的外部资源
prescriptionSetIdentifier	处方集标识符	String	1	处方集的唯一标识
prescriptionItemIdentifier	处方项标识符	String	0..M	处方项的唯一标识
key	密钥	Bit string	0..1	如果所引用的药品数据被加密，该属性给出了解密密钥

ASN.1 数据定义：

```
MedicationReferences          ::= SET OF MedicationReference
MedicationReference           ::= SET
{
uniqueRessourceLocator          [0]OCTET STRING,
prescriptionSetIdentifier       [1]OCTET STRING,
prescriptionItemIdentifier      [1]SET OF OCTET STRING OPTIONAL,
key                             [3]BIT STRING OPTIONAL
}
```

参 考 文 献

[1] GB/T 5271.8 信息技术 词汇 第8部分:安全(GB/T 5271.8—2001,ISO/IEC 2382-8:1998,IDT)

[2] GB/T 16262.1 信息技术 抽象语法记法一(ASN.1) 第1部分:基本记法规范(GB/T 16262.1—2006, ISO/IEC 8824-1:2002,IDT)

[3] ISO/IEC Guide 2 Standardization and related activities—General vocabulary

[4] ISO/IEC TR 14516 Information technology—Security techniques—Guidelines for the use and management of Trusted Third Party services

[5] ISO/IEC 15945 Information technology—Security techniques—Specification of TTP services to support the application of digital signatures

[6] EN 375 Information supplied by the manufacturer with in vitro diagnostic reagents for professional use

[7] EN 376 Information supplied by the manufacturer with in vitro diagnostic reagents for self-testing

[8] ENV 1613 Medical informatics—Messages for exchange of laboratory information

[9] ENV 12443 Medical Informatics—Healthcare Information Framework (HIF)

[10] ENV 12610 Medical informatics—Medicinal product identification

[11] ENV 13606-1 Health informatics—Electronic healthcare record communication—Part 1: Extended architecture

[12] EN 23166 Codes for the representation of names of countries (ISO 3166:1993)

[13] IETF/RFC 2459 Internet X.509 Public Key Infrastructure:Certificate and CRL Profile

[14] IETF/RFC 2527 Internet X.509 Public Key Infrastructure Certificate Policy and Certification Practices Framework

[15] X.509:1997 ITU-T Recommendation X.509|ISO/IEC 9594-8:1998 Information technology—Open Systems Interconnection—The Directory:Authentication framework

ICS 87.040
G 50

中华人民共和国国家标准

GB/T 21782.5—2010/ISO 8130-5:1992

粉末涂料 第5部分:粉末空气混合物流动性的测定

Coating powders—
Part 5:Determination of flow properties of a powder/air mixture

(ISO 8130-5:1992,IDT)

2010-09-26 发布 2011-08-01 实施

中华人民共和国国家质量监督检验检疫总局
中国国家标准化管理委员会 发布

前　言

GB/T 21782—2010《粉末涂料》由14部分组成,结构及其对应的国际标准如下:

——第1部分:筛分法测定粒度分布(ISO 8130-1:1992,IDT);

——第2部分:气体比较比重仪法测定密度(ISO 8130-2:1992,IDT);

——第3部分:液体置换比重瓶法测定密度(ISO 8130-3:1992,IDT);

——第4部分:爆炸下限值的计算(ISO 8130-4:1992,IDT);

——第5部分:粉末空气混合物流动性的测定(ISO 8130-5:1992,IDT);

——第6部分:在给定温度下热固性粉末涂料胶化时间的测定(ISO 8130-6:1992,IDT);

——第7部分:烘烤时质量损失的测定(ISO 8130-7:1992,IDT);

——第8部分:热固性粉末贮存稳定性的评定(ISO 8130-8:1994,IDT);

——第9部分:取样(ISO 8130-9:1992,IDT);

——第10部分:沉积效率的测定(ISO 8130-10:1998,IDT);

——第11部分:倾斜板流动性的测定(ISO 8130-11:1997,IDT);

——第12部分:相容性的测定(ISO 8130-12:1998,IDT);

——第13部分:激光衍射法分析粒径(ISO 8130-13:2001,IDT);

——第14部分:术语(ISO 8130-14:2004,IDT)。

本部分为GB/T 21782—2010的第5部分。

本部分使用翻译法等同采用ISO 8130-5:1992《粉末涂料　第5部分　粉末空气混合物流动性的测定》(英文版)。

为便于使用,本部分做了下列编辑性修改:

删除国际标准ISO 8130-5中的附录B。

本部分的附录A是资料性附录。

本部分由中国石油和化学工业协会提出。

本部分由全国涂料和颜料标准化技术委员会(SAC/TC 5)归口。

本部分起草单位:广东出入境检验检疫局、中海油常州涂料化工研究院。

本部分主要起草人:林宏雄、郑建国、沈文洁、陈强、赵玲、陈谷峰、李政军、岳大磊。

粉末涂料　第5部分：粉末空气混合物流动性的测定

1　范围

GB/T 21782 的本部分规定了粉末空气混合物流动性的测定方法。本方法反映了粉末喷涂的工业做法。

经研究得到的结论是:影响流动性的因素有粉末涂料的组分、密度、粒子的形状、粒径分布,还有粒子凝聚和接受摩擦电荷的性质。

注:众所周知,粉末的输送和喷涂特性在很大程度上依赖于粉末在空气中和堆积状态下的流动性能。业内人士认为本部分方法比起有时作为评估粉末本体流动性的流动角方法更具实际意义。按流动角方法,当使粉末流过垂直漏斗到水平平面上时,就能测得形成的锥形角。有良好流动性的粉末比流动性差的同等质量粉末形成的锥形角小。使用流动角方法,在客观上很难获得精确的测量值,而且只是对粉末作单独测试,然而在实际施工时,粉末和空气是混合的。

2　规范性引用文件

下列文件中的条款通过 GB/T 21782 的本部分的引用而成为本部分的条款。凡是注日期的引用文件,其随后所有的修改单(不包括勘误的内容)或修订版均不适用于本部分,然而,鼓励根据本部分达成协议的各方研究是否可使用这些文件的最新版本。凡是不注日期的引用文件,其最新版本适用于本部分。

GB/T 21782.9—2010　粉末涂料　第9部分:取样(ISO 8130-9:1992, IDT)

3　原理

在无空气流动的条件下,将规定质量的粉末涂料置于容器中。在标准大气压力和温度条件下,用洁净的干燥空气流化,测定流化中和流化后粉末的高度及流化粉末流过一特定孔口时的速率。

用测量法计算流化因子 ϕ 及粉末流速(流动因子)R,流化因子 ϕ 及粉末流速 R 用于表征粉末输送和喷涂的特性。

4　设备

4.1　测试流动性的设备:由壁上有一环形流粉口的流化容器和测试容器中粉末高度的仪器组成。同时也包括称量流过流粉口的粉末质量的仪器。

注:图1是合适的设备,下面对其进行说明。也可以使用能给出类似结果的设备。

典型设备是由 4.1.1 至 4.1.3 叙述的各个单元组成。

4.1.1　流化粉末的容器(容器 A):外径大约 110 mm,内径大约 100 mm,高度不低于 200 mm,由透明的聚甲基丙烯酸甲酯制造,底部由均匀多孔的铸铜圆盘构成,最大孔径约为 40 μm。

注:5 mm 厚的圆盘在压力为 5 kPa 以上的大气压下,能够具有大约(200±10)L/h 的空气流速,是适合使用的圆盘。

外径为 4 mm 的环形流粉口 D 能用塞子 E 塞住,其在容器壁上的位置要合适,一般在铸铜圆盘上方 10 mm 处。

4.1.2　空气调节单元 B:用流量计 F 调节空气流量。

4.1.3　容器 C:要有足够的容积,能装测试粉末流速时流出的粉末(见图 1)。

4.2　干燥空气的供应:要有足够的空气供给测试。

4.3 计时器:精确至 1 s。

4.4 天平:最大称量值 500 g,能称量至 0.1 g。

4.5 测试容器 A 中粉末高度的装置:刻度以 mm 计。

4.6 刮刀。

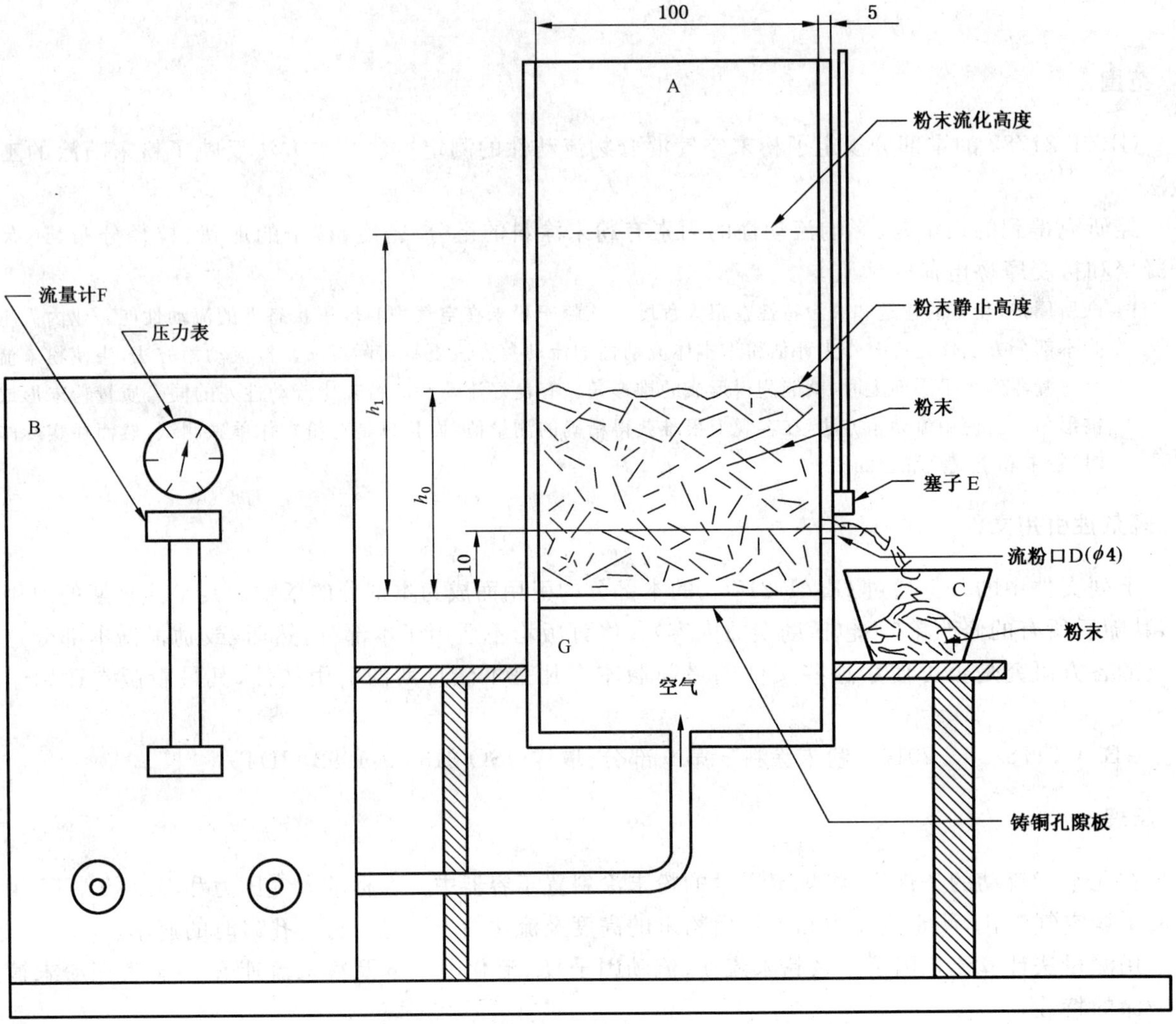

图 1 测试流化性的仪器装置示意图

5 取样

按 GB/T 21782.9 所述方法抽取试验产品的代表性样品。

应取足够用于三次测试的样品量。

注:推荐用 1 kg 样品。

6 操作步骤

6.1 设备的校正

在温度 23 ℃,压力 101.3 kPa 时校正仪器(参见附录 A)。

6.2 流动性的测试

进行两次平行试验。

用塞子 E 把流粉口 D 塞住,往容器 A 中装入(250±10)g 粉末涂料样品。

通过铸铜圆盘底部导入洁净干燥的空气(4.2),流速以粉末能获得最佳流化效果为准,通常是

(200±10)L/h,注意流量计 F 上指示的空气流速。为防止在流化过程中出现流沟和气泡,用刮刀搅拌粉末,直至粉末在搅拌过程中在流化床的高度保持恒定。

注 1:通常需要(1~2)min。

如果粉末的流化效果最佳时的空气流速不在 190 L/h 至 210 L/h 范围之内,应调整选择合适的流速。

注 2:在空气流速不同的条件下,直接比较粉末的流化效果是没有意义的。

测量粉末流化高度 h_1,精确至 2 mm,关掉空气流,使粉末静止[需要(1~2)min]。测量静止粉末高度 h_0,精确至 2 mm。

在空气流速相同时再次流化粉末,搅拌有助于流化,等到流化粉末达到恒定水平,把塞子 E 从流粉口 D 拔掉,同时按下计时器。在(30±1)s 内收集从流粉口出来的粉末,用塞子 E 再堵上流粉口 D,称量收集的粉末质量(m),精确至 0.1 g。

7 结果的表示

7.1 用式(1)计算流化因子 ϕ:

$$\phi = \frac{h_1}{h_0} \qquad (1)$$

式中:

h_0——粉末静止高度,单位为毫米(mm);

h_1——粉末流化高度,单位为毫米(mm)。

7.2 用式(2)计算粉末流速 R,单位为克(g):

$$R = m\phi \qquad (2)$$

式中:

m——容器 C 中收集的粉末质量,单位为克(g);

ϕ——流化因子,见 7.1。

7.3 如果两次测试结果的差值小于较低值的 5%时,则计算 ϕ 和 R 的算术平均值;如果两次测试结果的差值超过较低值的 5%,则应进行第三次测定,并计算所有三次测试结果的算术平均值。如果第三次测试结果和前两次测试结果之差仍大于较低值的 5%,应在试验报告中注明这一情况,并列出所有单次测定的结果。

8 试验报告

试验报告至少应包括以下内容:

a) 识别受试产品必要的全部细节;
b) 注明本部分编号;
c) 实验室的温度和大气压;
d) 空气流速;
e) 观察到的在流化床内不规则现象,例如:流沟和气泡;
f) 试验结果(按 7.3 表述);
g) 与规定测试方法的任何不同之处;
h) 试验日期。

附 录 A
（资料性附录）
对设备和操作的注释

A.1 设备的结构：为防止清洗困难或铸铜孔隙板的堵塞，强烈建议空气入口部分G（容器A的孔隙底端）应该可拆卸。

A.2 校正：通常流量计F在标准规定的温度和压力条件下使用，因此有必要进行校正，以便得到200 L/h的真实流速。假定C是校正因子，q_r是要求的流速［如200 L/h±10 L/h是6.2中给定的］，那么流量计读数q_f可用式(1)表示：

$$q_f=\frac{q_r}{C} \qquad \cdots\cdots(1)$$

这个校正因子$C(C=C_1C_2)$依赖于下式：

a） 校正和试验过程中空气压力的差别：

$$C_1=\sqrt{\frac{P_2}{P_1}}$$

式中：

P_1——校正过程中的空气压力，单位为千帕（kPa）；

P_2——试验过程中的空气压力，单位为千帕（kPa）。

b） 校正和试验过程中空气绝对温度的差别：

$$C_2=\sqrt{\frac{T_1}{T_2}}$$

式中：

T_1——校正过程中的空气温度，单位为开（K）；

T_2——试验过程中的空气温度，单位为开（K）。

A.3 举例：做试验用的流量计在23 ℃和101.3 kPa时进行了校正，单位是L/h。

假如试验是在15 ℃和120 kPa时进行的，则需做如下校正，从测试的条件换算可得到真实流速为200 L/h的流速计上的读数。

$$C_1=\sqrt{\frac{1.2}{1.013}}=1.088$$

$$C_2=\sqrt{\frac{296}{288}}=1.014$$

因此

$$q_f=\frac{200\ \text{L/h}}{1.088\times1.014}=181\ \text{L/h}$$

为获得试验条件为200 L/h的真实流速，所用流量计要调到181 L/h的流速。

ICS 87.040
G 50

中华人民共和国国家标准

GB/T 21782.9—2010/ISO 8130-9:1992

粉末涂料 第9部分:取样

Coating powders—Part 9:Sampling

(ISO 8130-9:1992,IDT)

2010-09-26 发布 2011-08-01 实施

中华人民共和国国家质量监督检验检疫总局
中国国家标准化管理委员会 发布

前　言

GB/T 21782《粉末涂料》由14部分组成，预计结构及其对应的国际标准如下：

——第1部分：筛分法测定粒度分布(ISO 8130-1:1992，IDT)；

——第2部分：气体比较比重仪法测定密度(ISO 8130-2:1992，IDT)；

——第3部分：液体置换比重瓶法测定密度(ISO 8130-3:1992，IDT)；

——第4部分：爆炸下限值的计算(ISO 8130-4:1992，IDT)；

——第5部分：粉末空气混合物流动性的测定(ISO 8130-5:1992，IDT)；

——第6部分：在给定温度下热固性粉末涂料胶化时间的测定(ISO 8130-6:1992，IDT)；

——第7部分：烘烤时质量损失的测定(ISO 8130-7:1992，IDT)；

——第8部分：热固性粉末贮存稳定性的评定(ISO 8130-8:1994，IDT)；

——第9部分：取样(ISO 8130-9:1992，IDT)；

——第10部分：沉积效率的测定(ISO 8130-10:1998，IDT)；

——第11部分：倾斜板流动性的测定(ISO 8130-11:1997，IDT)；

——第12部分：相容性的测定(ISO 8130-12:1998，IDT)；

——第13部分：激光衍射法分析粒径(ISO 8130-13:2001，IDT)；

——第14部分：术语(ISO 8130-14:2004，IDT)。

本部分为GB/T 21782的第9部分。

本部分使用翻译法等同采用ISO 8130-9:1992(E)《粉末涂料　第9部分：取样》。

为便于使用，本部分做了下列编辑性修改：

——用“本部分”代替“ISO 8130的本部分”；

——删除国际标准的前言。

本部分由中国石油和化学工业协会提出。

本部分由全国涂料和颜料标准化技术委员会(SAC/TC 5)归口。

本部分起草单位：广东出入境检验检疫局、中海油常州涂料化工研究院。

本部分主要起草人：刘莹峰、翟翠萍、周明辉、李丹、李全忠、郑建国、赵玲、岳大磊。

粉末涂料　第9部分：取样

1　范围

GB/T 21782的本部分规定了交货批的粉末涂料取样方法，以及将试样定量缩分为采用GB/T 21782其他部分进行检测时所需的样品。

本部分适用于有取样资格和经验的人员使用，取样应由有经验和受过训练的人操作。

2　术语和定义

下列术语和定义适用于本标准。

2.1

批　lot（batch）

在认为是一致条件下加工或生产的一定数量的粉末涂料。

2.2

交货批　consignment

一份合同所包括的一次交货的一定数量的粉末涂料，交货批可由一批或多批或部分批组成。

3　设备

3.1　取样勺

由不起火花的金属制成（见图1），横断面为半圆型或C型，长度足以到达包装容器的底部钻取货物的芯样。

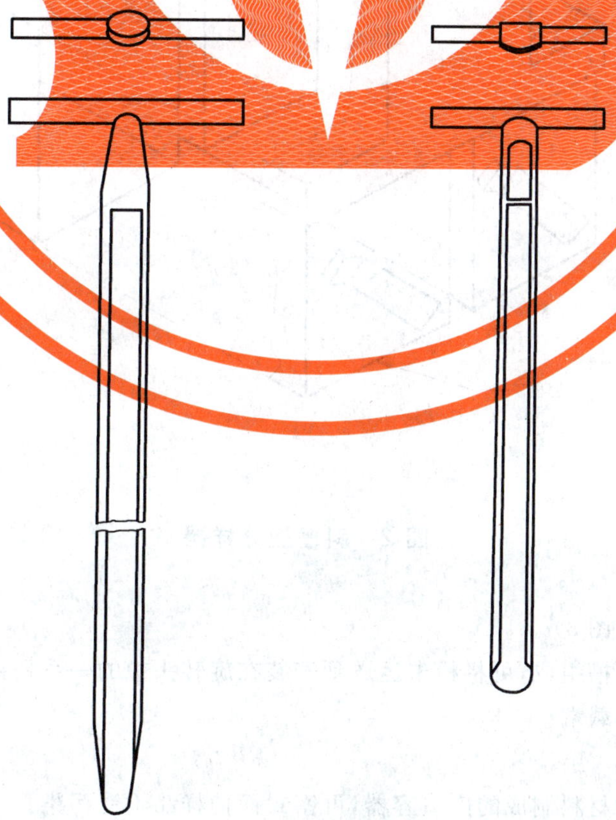

图1　典型的取样器

3.2 **斜槽型分样器**(见图 2)

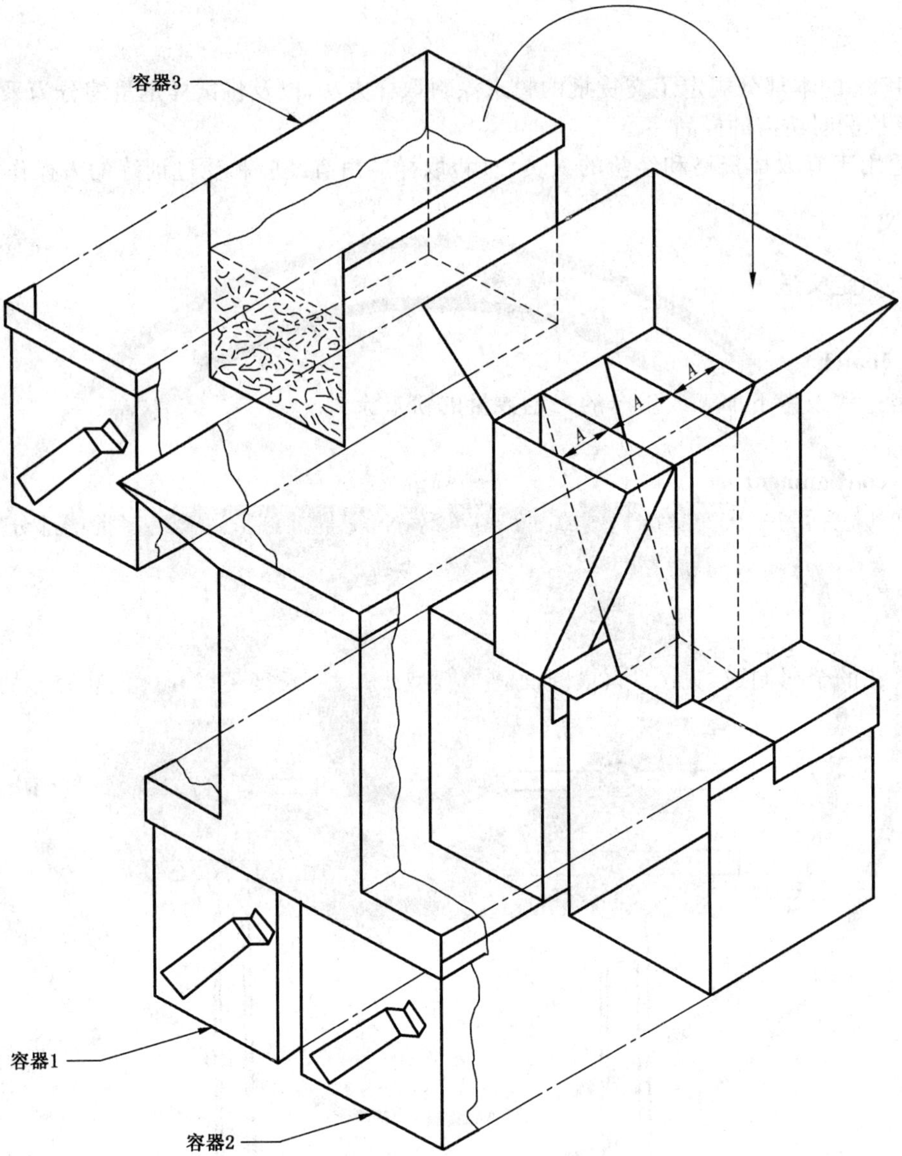

图 2 斜槽型分样器

3.3 **全流旋转分样器**(见图 3)

由一个卧式振动金属槽组成,可将粉末运送到安装在旋转头中的一系列接收器内,接收器则通过旋转依次连续出现在槽的卸载端。

3.4 **样品容器**

由玻璃或其他合适的材料制成的广口容器,可密封而使样品不受污染。

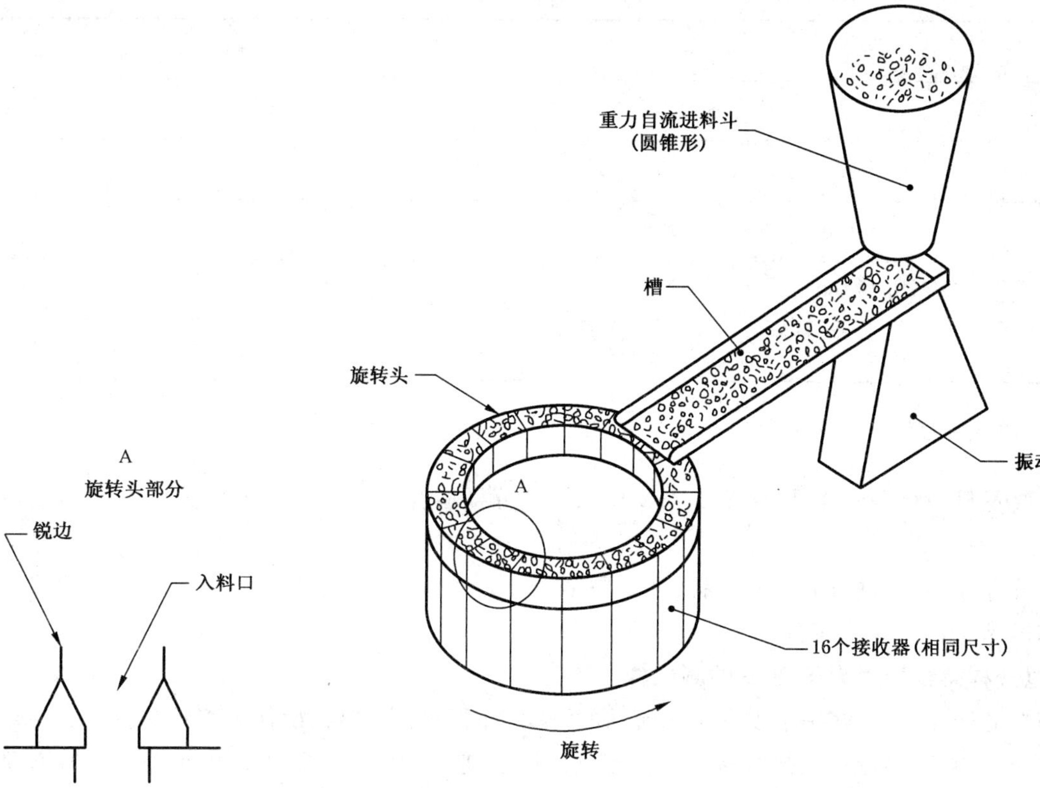

图 3　全流旋转分样器

4　清洁保护措施

需特别注意确保取样工具在使用时是洁净和干燥的。在取样过程中必须确保样品、被取样的货物、取样工具及样品容器免受雨水、灰尘等的意外污染。

在每次取样的插入和拔出时，要将取样工具上的粘附物擦拭干净。取样后要立即将取样工具内倒空并立即清洗干净。

5　操作步骤

5.1　每批货物的取样数

从一批货中随机抽取的数量最少应达到表 1 中所列的数量。

若抽取一系列样品，可将其进行分别处理(见 5.2)，也可以合并成一个混合样品(见 5.3)。

5.2　单个样品

打开每个所选定的包装(5.1)，用取样勺(3.1)从中抽取不少于 2 kg 的芯样，分别装入干净的样品容器(3.4)内，盖紧并给容器做好标识(见第 6 章)。

5.3　混合样品

打开每个所选定的包装(5.1)，用取样勺(3.1)从每个包装中抽取同等份量的芯样，装入一个干净的样品容器(3.4)内，样品总量不少于 2 kg。将样品混合均匀后，盖紧并给容器做好标识(见第 6 章)。

表 1　一批货物的最少取样包装件数

一批货物的包装总件数	取样的最少包装件数
1～2	全部
3～8	2
9～25	3
26～100	5
101～500	8
501～1 000	13

5.4　分样

5.4.1　留样

如果需要不只一个测试样品，保留 5.4.2 和 5.4.3 分样后弃去的样品用于再分样或作为适当的额外样品。

用旋转分样器(3.3)进行分样的样品，可以是多于 20 g 的任意量的样品。但如果设备能够装下所得到的全部样品，则可省略步骤 5.4.2。

5.4.2　通过分样得到重量大于 20 g 的测试样

用斜槽型分样器(3.2)在一个没有空气流动的密闭空间内进行分样，确保无细颗粒丢失。

将样品(5.2 或 5.3)放在分样器的 3 号容器内并抚平其表面。将容器升高至其边缘与斜槽顶端并齐。将容器缓慢倾斜，使粉末均匀流入所有的方格内，然后流入较低的两个容器内，每个容器盛装样品的二分之一，留下其中一个容器内的样品，弃去另一个容器内的样品，重复上述步骤，直至获得所需的测试样品量，将测试样品放入一个干净的样品容器(3.4)并做好标识(见第 6 章)。

5.4.3　通过分样得到重量小于 20 g 的测试样

用旋转分样器(3.3)在一个没有空气流动的密闭空间内进行分样，确保无细颗粒丢失。

打开分样器的开关，使接收器从振动槽的卸料端下方连续经过。将经过 5.4.2 分样后还需要进一步分样的样品、或原始样品(5.2 或 5.3)(见 5.4.1 第二段)小心放入进料斗内，调整样品从进料斗流出的速率和旋转头的转速，保证在粉末流出的过程中至少旋转 30 转。

当所有样品都流过进料斗和振动槽后，从旋转头的四分位上取下四个接收器，将收集的粉末转移至一个洁净的样品容器(3.4)内。弃去其余接收器内的粉末。

将四个接收器内收集到的样品，重复上述分样步骤，直到得到所需要的样品量。将该样品放入一个洁净的样品容器(3.4)内并做好标识(见第 6 章)。

6　标识

盛装测试样的容器(5.4.2 或 5.4.3)应立即做好清晰和牢固的标识。标识包含以下内容：

a)　识别货物所需的所有信息；

b)　注明本部分编号；

c)　批或交货批的数量和详细资料；

d)　品名和抽取包装件数；

e)　交付人；

f)　取样地点；

g） 取样人员；

h） 与规定的取样过程存在的任何不同之处；

i） 取样日期。

如果单个样品(5.2)和混合样品(5.3)需要在分样前保存或运输，也应进行类似的标识。

ICS 87.040
G 50

中华人民共和国国家标准

GB/T 21782.11—2010/ISO 8130-11:1997

粉末涂料
第 11 部分:倾斜板流动性的测定

Coating powders—Part 11:Inclined-plane flow test

(ISO 8130-11:1997,IDT)

2010-09-26 发布

2011-08-01 实施

中华人民共和国国家质量监督检验检疫总局
中国国家标准化管理委员会 发布

前　言

GB/T 21782《粉末涂料》由 14 部分组成，结构及其对应的国际标准如下：

——第 1 部分：筛分法测定粒度分布(ISO 8130-1:1992,IDT)；

——第 2 部分：气体比较比重仪法测定密度(ISO 8130-2:1992,IDT)；

——第 3 部分：液体置换比重瓶法测定密度(ISO 8130-3:1992,IDT)；

——第 4 部分：爆炸下限值的计算(ISO 8130-4:1992,IDT)；

——第 5 部分：粉末空气混合物流动性的测定(ISO 8130-5:1992,IDT)；

——第 6 部分：在给定温度下热固性粉末涂料胶化时间的测定(eqv ISO 8130-6:1992)；

——第 7 部分：烘烤时质量损失的测定(ISO 8130-7:1992,IDT)；

——第 8 部分：热固性粉末贮存稳定性的评定(ISO 8130-8:1994,IDT)；

——第 9 部分：取样(ISO 8130-9:1992,IDT)；

——第 10 部分：沉积效率的测定(ISO 8130-10:1998,IDT)；

——第 11 部分：倾斜板流动性的测定(ISO 8130-11:1997,IDT)；

——第 12 部分：相容性的测定(ISO 8130-12:1998,IDT)；

——第 13 部分：激光衍射法分析粒径(ISO 8130-13:2001,IDT)；

——第 14 部分：术语(ISO 8130-14:2004,IDT)。

本部分为 GB/T 21782 的第 11 部分。

本部分使用翻译法等同采用 ISO 8130-11:1997《粉末涂料　第 11 部分　倾斜板流动性的测定》(英文版)，格式按照 GB/T 1.1—2000 编写。

为便于使用，对 ISO 8130-11:1997 本部分做的主要编辑性修改为：

——用“本部分”代替“ISO 8130 的本部分”；

——删除国际标准的前言。

本部分由中国石油和化学工业协会提出。

本部分由全国涂料和颜料标准化技术委员会(SAC/TC 5)归口。

本部分起草单位：中华人民共和国广东出入境检验检疫局、中海油常州涂料化工研究院。

本部分主要起草人：李政军、沈文洁、岳大磊、刘能盛、赵玲、杨蓓、陈谷峰、郑建国。

粉末涂料
第11部分:倾斜板流动性的测定

1 范围

GB/T 21782的本部分规定了热固性粉末涂料以固定角度沿倾斜板往下熔融流动时流动特性的测定方法。

本部分所提供的试验结果表明粉末涂料在固化过程中熔融流动的程度。这种熔融流动特性,直接影响涂层的附着力、外观和涂层对棱角边缘的覆盖程度。

本试验方法可作为一种有效的方法来检查某一特定粉末涂料批次与批次之间特性变化的程度。本试验不期望可以提供不同组成粉末涂料测定结果间的相互关系。

对于在试验温度下,按ISO 8130-6:1992规定测得胶化时间低于1 min的粉末涂料而言,本方法不能提供有意义的结果。

2 规范性引用文件

下列文件中的条款通过GB/T 21782的本部分的引用而成为本部分的条款。凡是注日期的引用文件,其随后所有的修改单(不包括勘误的内容)或修订版均不适用于本部分,然而,鼓励根据本部分达成协议的各方研究是否可使用这些文件的最新版本。凡是不注日期的引用文件,其最新版本适用于本部分。

GB/T 21782.2—2008　粉末涂料　第2部分:气体比较比重仪法测定密度(ISO 8130-2:1992,IDT)

GB/T 21782.3—2008　粉末涂料　第3部分:液体置换比重瓶法测定密度(ISO 8130-3:1992,IDT)

GB/T 21782.9—2010　粉末涂料　第9部分:取样(ISO 8130-9:1992,IDT)

ISO 8130-6:1992　粉末涂料　第6部分:在给定温度下热固性粉末涂料胶化时间的测定

3 原理

将热固性粉末涂料在标准尺寸的圆柱型模具中压制成片。在一定温度条件下,压制成片的粉末涂料在倾斜板上加热熔融后,沿倾斜面流下,测定其流动的长度。

4 仪器

4.1　热风循环烘箱:能维持稳定温度,最高温可达250 ℃,循环风扇可根据需要开启和关闭。

4.2　玻璃板:大小合适,能适用于本试验。

注:感光板用的浮法玻璃板是适用的。

也可以选择金属板用于试验。不过需要严格规定金属板的组成和其表面光洁度。板材应足够坚固以保证试验过程中不出现弯曲或变形。金属板的具体细节应包括在试验报告中(第9章)。

4.3　板架:使用合适的金属板制成并能安放于烘箱内(4.1)。该装置应能放置一块或更多板材(4.2),此装置可凭借操纵杆将其安放的金属板从水平位置至65°±1°的倾斜角位置。

4.4　天平:精度10 mg。

4.5　钢制圆柱压模机:与一顶出杆连接,可制得直径为12.5 mm±0.05 mm,厚度为6.5 mm±

0.2 mm 的圆饼。

4.6 钢尺:分度 mm。

4.7 聚四氟乙烯(PTFE),喷雾离型剂。

5 取样

按 GB/T 21782.9—2010 中的规定抽取试验产品的代表性样品。

6 操作步骤

进行两次平行试验。

6.1 用天平称取一定量的试验样品,精确至 10 mg,其称取量相当于 GB/T 21782.2—2008 或 GB/T 21782.3—2008粉末涂料密度测定中的一半。将样品装入圆柱压模机,将其压成厚度为 6.5 mm±0.2 mm 的圆饼,用顶出杆推出圆饼。称量圆饼,保证其质量准确至 0.01 g。

如果从试验开始到圆饼的制备之间有时间间隔,就应将制得的圆饼置于干燥器或密闭袋中贮存以防止吸潮。

6.2 除非另有商定,烘箱试验温度采用 180 ℃±2 ℃。

6.3 用 PTFE 喷雾离型剂(4.7)将玻璃板(4.2)向上的一面喷涂 PTFE 物质,并使其自然风干。

使用 PTFE 喷雾离型剂的目的是为了便于样品的移除,以使试验用玻璃板可以重复使用,并保证试验在表面特征相同的样板上进行。如果使用金属板进行实验的话,则不需要该步骤。对此,双方须在试验报告中说明(第 9 章)。

6.4 将玻璃板水平放在板架(4.3)上。

6.5 将板架和玻璃板一起放进达到设定温度的烘箱中(6.2),打开热风循环装置将玻璃板和板架预热至少 15 min。

6.6 预热结束关闭热风循环,打开烘箱门。将制好的粉末涂料圆饼放在玻璃板的尾部(当装置倾斜时尾部应在最高处),操纵板架带动玻璃板从水平调至 65°±1°位置,整个粉末涂料圆饼放置过程应不超过 15 s。关闭烘箱门,重新启动热风循环,保持 15 min 后,将玻璃板从烘箱中移出,在水平位置冷却至室温。

6.7 用钢尺测量圆饼流动的总长度,以 mm 计。从玻璃板背面观察和测量显得更为方便。记录测量值,精确至 0.5 mm。

7 结果的表示

将由 6.7 测得的总长度减去圆饼的自身直径 12.5 mm,即可计算出粉末涂料圆饼流动的长度。如果两次测定结果之差大于较低值的 5%,则需按操作步骤重复操作。计算两次有效测定结果的平均值,报告结果精确至 0.5 mm。

8 精密度

本方法的精密度,是通过对实验室内部试验结果进行统计分析得到的,其结果如下:

重复性　由同一操作者在同一实验室短期内用标准试验方法测定同一样品所得到的两个结果(每个结果都为两次平行测定的平均值)之绝对差应低于 5%(置信水平为 95%)。

9 试验报告

试验报告至少应包括以下内容:

a) 识别受试产品必要的全部详细资料;

b) 注明本部分编号;

c） 测试温度；

d） 称样量；

e） 试验结果(每一个平行试验值及平均值)；

f） 是否使用金属板(金属板的组成和其表面光洁度)；

g） 是否使用 PTFE 喷雾离型剂；

h） 与规定的试验方法存在的任何不同之处；

i） 试验日期。

ICS 87.040
G 50

中华人民共和国国家标准

GB/T 21782.12—2010/ISO 8130-12:1998

粉末涂料
第12部分:相容性的测定

Coating powders—
Part 12:Determination of compatibility

(ISO 8130-12:1998,IDT)

2010-09-26 发布　　2011-08-01 实施

中华人民共和国国家质量监督检验检疫总局
中国国家标准化管理委员会　发布

前　言

GB/T 21782《粉末涂料》由14部分组成，结构及其对应的国际标准如下：

——第1部分：筛分法测定粒度分布(ISO 8130-1:1992,IDT)；

——第2部分：气体比较比重仪法测定密度(ISO 8130-2:1992,IDT)；

——第3部分：液体置换比重瓶法测定密度(ISO 8130-3:1992,IDT)；

——第4部分：爆炸下限值的计算(ISO 8130-4:1992,IDT)；

——第5部分：粉末空气混合物流动性的测定(ISO 8130-5:1992,IDT)；

——第6部分：在给定温度下热固性粉末涂料胶化时间的测定(ISO 8130-6:1992,IDT)；

——第7部分：烘烤时质量损失的测定(ISO 8130-7:1992,IDT)；

——第8部分：热固性粉末贮存稳定性的评定(ISO 8130-8:1994,IDT)；

——第9部分：取样(ISO 8130-9:1992,IDT)；

——第10部分：沉积效率的测定(ISO 8130-10:1998,IDT)；

——第11部分：倾斜板流动性的测定(ISO 8130-11:1997,IDT)；

——第12部分：相容性的测定(ISO 8130-12:1998,IDT)；

——第13部分：激光衍射法分析粒径(ISO 8130-13:2001,IDT)；

——第14部分：术语(ISO 8130-14:2004,IDT)。

本部分为GB/T 21782的第12部分。

本部分使用翻译法等同采用国际标准ISO 8130-12:1998(E)《粉末涂料　第12部分：相容性的测定》。

为便于使用，对ISO 8130-12:1992本部分做的主要编辑性修改为：

——用“本部分”代替“ISO 8130的本部分”；

——用小数点“.”代替作为小数点的逗号“,”；

——删除国际标准的前言。

本部分由中国石油和化学工业协会(SAC/TC 251)提出。

本部分由全国涂料和颜料标准化技术委员会(SAC/TC 5)归口。

本部分主要起草单位：广东出入境检验检疫局和中海油常州涂料化工研究院。

本部分主要起草人：周明辉、陈强、刘莹峰、李丹、翟翠萍、赵玲、萧达辉、郑建国、李全忠。

粉末涂料
第 12 部分:相容性的测定

1 范围

GB/T 21782 的本部分是色漆、清漆及相关产品取样和试验方法系列标准之一。

本部分规定了两种不同粉末涂料混合而导致最终涂层的表面性能劣化的测定方法。

本方法的结果取决于粉末涂料的下列性质:a. 化学反应性;b. 化学成分;c. 熔融性。外观恶化的开始反应,其实质和状况在很大程度上取决于粉末的混合比例。表面外观恶化的实质可能通过不同途径表现出来:a. 光泽的改变;b. 针孔,包括微小针孔;c. "桔皮"外观;d. "缩孔";e. 起块;f. 色混。

本方法也适用于在粉末涂料的生产和使用过程中,由不同粉末涂料混合而产生不相容的测试。

注:粉末涂料机械性能也可能降低。但本部分只关注外观的变化。

2 规范性引用文件

下列标准中的条款通过 GB/T 21782 的本部分的引用而成为本部分的条款。本部分出版时,以下所示版本均为有效版本。所有标准均会被修订,鼓励基于本部分达成协议的各方研究使用以下标准的最新版本。IEC 和 ISO 成员保有现行有效的国际标准号。

GB/T 9754—2007 色漆和清漆 不含金属颜料的色漆漆膜的 20°、60°和 85°镜面光泽的测定(ISO 2813:1994,IDT)

GB/T 21782.9—2010 粉末涂料 第 9 部分 取样(ISO 8130-9:1992,IDT)

ISO 1514:2004 色漆和清漆 标准试板

3 原理

将粉末涂料按一系列不同比例混合,每种混合物涂在标准试板上,加热并检查表面有无出现不相容。

4 仪器

普通的实验室仪器及以下仪器:

4.1 不锈钢平板或冷轧钢板

符合 ISO 1514:2004 标准的洁净、无油污的钢板,一端钻有可悬挂的孔。

4.2 喷粉系统

包括电晕充电枪或摩擦充电枪和带有适当的粉末集尘装置的喷粉室。

4.3 洁净容器

能盛装测试粉末的适当容器。

注:一般塑料袋是非金属粉末涂料的适当容器。

4.4 天平

精确至 10 mg。

4.5 烘箱

可烘烤喷涂后的试板。

5 取样

按 GB/T 21782.9 的规定取样，依据实际的喷涂设备(4.2)需求决定取样的重量。

注：一般取样量为 10 g～200 g。

6 试验步骤

需进行两次平行测试。

6.1 除非另有商定，应按以下质量比制备混合物，每种组分质量精确至 10 mg：

粉末 A	100.0	99.9	99.0	90.0	50.0	10.0	1.0	0.1	0.0
粉末 B	0.0	0.1	1.0	10.0	50.0	90.0	99.0	99.9	100.0

6.2 将 6.1 中制得的每份样品分别置于洁净的容器(4.3)中，充分搅拌确保完全混匀。

注：通常用手剧烈摇动 15 s～30 s 足以混匀。

6.3 用喷枪(4.2)将每份样品喷涂在试板(4.1)上，和实际使用的厚度大致相同。应特别注意每次使用后要彻底清洁喷涂设备。在任何时候，都应遵守样品的测试顺序，即按每种比例较低的组分依次增加的顺序。如：从 100.0A：0.0B 到 50.0A：50.0B，然后从 100.0B：0.0A 到 90.0B：10.0A。

6.4 将涂好的试板置于烘箱(4.5)中，按照固化反应较慢组分的烘烤条件加热。若无现成的烘烤条件，相关方可商定。

6.5 将试板从烘箱中取出，待其冷却。

6.6 检查涂层表面的针孔、缩孔和其他缺陷。

注：可按照 GB/T 9754—2007 测量光泽值，对光泽的变化进行定量测定。

7 结果表示

涂层外观以文字描述即可。若对光泽进行了定量测定，测定结果应以数字形式给出。

注：由于轻微污染即可显著影响光泽，对光泽的测量值用图形描绘出来可能是有用的。此时建议使用概率图，以光泽测量值为横坐标，粉末涂料在混合物中的质量比作为概率分布绘制纵坐标。这样就可以得到一条相容性曲线，从曲线上可以看出一种粉末涂料在低浓度下对另一种粉末涂料的影响。

8 精密度

精密度数据对非定量测定不适用。

光泽测定的精密度应符合 GB/T 9754—2007 的规定。

9 试验报告

试验报告至少包括下列内容：

a) 识别受试产品所需的全部详细资料；

b) 注明本部分标准编号；

c) 每种粉末涂料的推荐烘烤条件；

d) 若无推荐的烘烤条件(见 6.4)，应列明测试中实际使用的烘烤条件；

e) 测试用喷枪，如电晕充电型或摩擦充电型(见 4.2)；

f) 涂层厚度；

g) 按照本部分第 7 章表示的测试结果；

h) 与规定的试验方法存在的任何不同之处；

i) 试验日期。

ICS 87.040
G 50

中华人民共和国国家标准

GB/T 21782.14—2010/ISO 8130-14:2004

粉末涂料
第14部分:术语

Coating powders—
Part 14: Terminology

(ISO 8130-14:2004,IDT)

2010-09-26 发布　　2011-08-01 实施

中华人民共和国国家质量监督检验检疫总局
中国国家标准化管理委员会　发布

前　言

GB/T 21782《粉末涂料》由14部分组成，结构及其对应的国际标准如下：

——第1部分：筛分法测定粒度分布(ISO 8130-1:1992,IDT)；

——第2部分：气体比较比重仪法测定密度(ISO 8130-2:1992,IDT)；

——第3部分：液体置换比重瓶法测定密度(ISO 8130-3:1992,IDT)；

——第4部分：爆炸下限值的计算(ISO 8130-4:1992,IDT)；

——第5部分：粉末空气混合物流动性的测定(ISO 8130-5:1992,IDT)；

——第6部分：在给定温度下热固性粉末涂料胶化时间的测定(ISO 8130-6:1992,IDT)；

——第7部分：烘烤时质量损失的测定(ISO 8130-7:1992,IDT)；

——第8部分：热固性粉末贮存稳定性的评定(ISO 8130-8:1994,IDT)；

——第9部分：取样(ISO 8130-9:1992,IDT)；

——第10部分：沉积效率的测定(ISO 8130-10:1998,IDT)；

——第11部分：倾斜板流动性的测定(ISO 8130-11:1997,IDT)；

——第12部分：相容性的测定(ISO 8130-12:1998,IDT)；

——第13部分：激光衍射法分析粒径(ISO 8130-13:2001,IDT)；

——第14部分：术语(ISO 8130-14:2004,IDT)。

本部分为GB/T 21782的第14部分。

本部分使用翻译法等同采用ISO 8130-14:2004《粉末涂料　第14部分：术语》。

为便于使用，对ISO 8130-14:2004本部分做的主要编辑性修改为：

——用“本部分”代替“ISO 8130的本部分”；

——删除国际标准的前言。

本部分由中国石油和化学工业协会提出。

本部分由全国涂料和颜料标准化技术委员会(SAC/TC 5)归口。

本部分起草单位：广东出入境检验检疫局、中海油常州涂料化工研究院。

本部分主要起草人：陈谷峰、赵玲、陈强、沈文洁、翟翠萍、李政军、林宏雄、郑建国。

粉末涂料
第 14 部分：术语

1 范围

GB/T 21782 的本部分规定了粉末涂料的术语。

有关色漆和清漆的其他术语和定义见 ISO 4618《色漆和清漆 术语和定义》。

2 术语和定义

2.1

结块 agglomeration

多个单独的颗粒结合在一起形成更大的聚集体的情形。

2.2

反电离 back ionization

静电排斥 electrostatic rejection/repulsion

电荷的过度积累而引起的在静电沉积粉末中的介质击穿。

注：此现象与涂层的破裂有关，导致涂膜表面出现缺陷最终导致整个涂膜出现损毁。

2.3

荷质比 charge-to-mass ratio

在粉末涂料上的电荷与其质量的比率。

注：为了达到粉末涂料涂装时的要求，粉末颗粒的荷质比至少为 10^{-4} C·kg^{-1}。

2.4

分级 classification

将粉末涂料样品分成两部分，一部分在预先设定的颗粒尺寸之上，另一部分则在其之下。

2.5

粉末涂料 coating powder

分散状态良好的热塑性或热固性树脂颗粒，通常混合了颜料、填料和添加剂，在适当的贮存条件下仍能保持细分状态，经熔化和固化后可形成连续的涂膜。

2.6

压实 compaction

在压力下颗粒形成结块。

2.7

沉积效率 deposition efficiency

沉积在底材上的粉末质量与喷涂的粉末质量之比。

2.8

静电流化床 electrostatic fluidized bed

可以使粉末样品流化同时使其颗粒带电的设备。

2.9

静电排斥 electrostatic rejection

见 2.2 反电离。

2.10

静电喷涂 electrostatic spraying

粉末颗粒带上电荷后被接地的待涂装工件所吸引而沉积附着在工件上的施涂过程。

2.11

法拉第笼效应 Faraday cage effect

在静电喷涂时,由于电力线转换至更易达到的接地端,故阻止带电颗粒进入并完全覆盖角落或凹进处。

2.12

细粉 fines

粒径尺寸在可接受的最小值之下的颗粒。

注:细粉通常在研磨加工过程被归类为不合格粉。

2.13

胶化 gelation

粉末涂料从熔融状态到不流动状态的转变过程。

2.14

胶化时间 gel time

在规定的条件下,特定体积的粉末涂料从熔融状态到不变形状态的时间。

2.15

混合型粉末涂料 hybrid coating powder

以含有不同种类的树脂为基础的粉末产品,其在熔融时不同种类树脂的官能团之间会发生部分或全部的交联反应。

2.16

撞击熔化 impact fusion

在喷涂过程中分散良好的粉末在施涂设备中与其他颗粒高速碰撞接触而导致的熔融倾向。

2.17

斜面流动性 inclined-plate flow

斜板流动性 inclined-plane flow

熔融的热固性粉末涂料在固定角度的斜面上流动特性的测量。

2.18

不相容性 incompatibility

两种不同的粉末涂料混合后其最终涂层的表面性能变差的倾向。

2.19

爆炸下限值 lower explosion limit

最小爆炸浓度值 minimum explosion concentration

在粉末和空气的混合物中粉末涂料的浓度低于该浓度值后火焰不可能自我蔓延。

注:爆炸下限值用 $g \cdot m^{-3}$ 表示。

2.20

熔融流动 melt flow

受热后液化的物质在重力场下的运动。

2.21

浊度 obscuration

在激光衍射法测试中,由于粉末涂料颗粒的消光(散射和/或吸收)导致入射光衰减的百分数或分数。

2.22

粗粉　oversize

颗粒尺寸在最大规定值之上的颗粒。

注：粗粉通常在研磨加工过程被归类为不合格粉。

2.23

粒径　particle size

粉末涂料颗粒的线尺寸。

注 1：粒径通常以平均值计。

注 2：粉末涂料颗粒的形状是不规则的，因此，根据某一具体的测定方法，其尺寸数据只有一个数值。

2.24

粒径分布　particle size distribution

在给定的粉末样品中各个粒径的分布情况，以一序列的处在给定的尺寸区间中的颗粒质量或体积百分比表示。

2.25

粉末结块　powder blocking

粉末涂料凝聚成团，导致不适于施涂应用。

2.26

粉末涂层　powder coating

粉末涂料施涂在底材上熔化（固化，必要时）形成连续的具有保护和/或装饰功能的涂层。

2.27

粉末流动性　powder flow

可浇注性　pourability

干粉的流动能力或可浇注性能。

2.28

粉末流动速率　powder flow rate

在规定时间内流过规定界面的粉末质量。

注：例如，可通过一个已知直径的管或规定开口的容器。

2.29

回收粉　reclaimed powder

经喷涂但未吸附在工件上而被回收再利用的粉末。

2.30

贮存稳定性　storage stability

在适当的条件下，粉末涂料贮存至规定的时间后，仍维持其正常的物理和化学性能的能力。

2.31

摩擦带电　tribo-charging

通过摩擦而不是使用静电发生器，从而使粉末涂料带上电荷的一种方式。
